7·9급 전산직·군무원 **시험대비**

박문각 공무원

기본서

합격까지 함께
전산직 만점 기본서

정확한 개념과 효율적인 이론 학습

단원별 기출문제와 예상문제 수록

부록 : 최신 기출문제

손경희 편저

동영상 강의 www.pmg.co.kr

손경희 컴퓨터일반

박문각

이 책의 머리말

전산직 공무원 시험에서 '컴퓨터일반'이라는 과목은 컴퓨터 분야의 기본적인 내용을 모두 포함하고 있는 중요한 과목입니다.

대부분의 전산직 공무원 시험에 포함되는 과목이며, 출제되는 범위도 다른 과목에 비해 넓게 분포되어 있습니다. 특히, 최근의 출제경향에서 보이는 것처럼 출제되는 범위가 예전에 비해 넓어지고 있으며, 난이도 역시 높아지고 있습니다. 문제의 형태도 단순한 암기식의 문제뿐만 아니라 전체적인 개념을 이해해야 풀이 할 수 있는 문제도 출제되고 있습니다.

따라서 본서에서는 이런 점들을 충분히 고려하여 실제 시험에서 가장 중요하게 다뤄야 하는 부분에 중점을 두어 기술하였습니다. 오랜 기간 전산직 수업을 진행하면서 수험생들이 느끼는 어려움들을 통계를 내어 컴퓨터일반을 보다 쉽게 접근할 수 있도록 교재를 구성하였습니다.

또한 방대한 양의 대학교재와 일반서적을 정리하였지만, 대학교재 형식이 아닌 공무원 시험 답안 형태로 만들어 실전에 대한 감각을 충분히 익힐 수 있도록 하였습니다. 이러한 구성의 특징을 잘 파악하고 학습한다면 분명히 여러분의 합격에 좋은 안내서가 되리라 믿습니다. 그리고 이 책이 나오기까지 고생하고 힘써주신 여러 고마운 분들에게 깊은 감사의 인사를 드립니다.

2024년 7월

손경희

출제 경향

■ 2024년

단원	국가직 9급(문제수)
컴퓨터 구조	정보량의 단위(1) 논리회로(1) 2의 보수(1) CISC(1) RAID(1) 클라우드 컴퓨팅(1)
데이터 통신 및 인터넷	네트워크 계층 프로토콜(1) 트리형 토폴로지(1) IPv4 B클래스(1)
운영체제	페이지 교체(1) CPU 스케줄링 알고리즘(1) 교착상태(1)
데이터베이스	병행 제어(1)
소프트웨어 공학	모듈 결합도(1)
자료구조	스택 연산(1) 해시 테이블(1)
프로그래밍 언어	파이썬 코드(2) C 코드(1)
정보보호	비대칭키 암호화 기법(1)

■ 2023년

단원	국가직 9급(문제수)	지방직 9급(문제수)
컴퓨터 구조	병렬처리(1) 플린(Flynn)의 분류(1) 컴퓨터 구성요소(1) CPU 제어장치(1) 인공지능(1)	문자데이터 표현(1) 시스템의 성능(1) 부울 대수(1) 4-way 집합 연관 사상(1) 고정 소수점 데이터 형식(1) 진수 변환(1) ICT 기술(1) 산술 우측 시프트(1)
데이터 통신 및 인터넷	DHCP(1) UDP(1) ICMP(1) 펄스부호변조(1)	IP(1) TCP/IP 프로토콜 계층(1) TCP(1)
운영체제	유닉스 시스템 관련(2) 페이지 테이블 기술(1)	LRU(1) 가상기억장치(1) SRT(1)
데이터베이스	좌측 외부조인(1) SQL 뷰(1)	데이터베이스 언어(1)
소프트웨어 공학	구조적 분석 도구(1) 리먼의 소프트에어 진화 법칙(1)	UML(1)
자료구조	해시 함수(1)	트리의 차수(1) 이진 탐색 트리(1)
프로그래밍 언어	C 프로그램(3)	C 프로그램(1) Java 프로그램(1)

출제 경향

■ 2022년

단원	국가직 9급(문제수)	지방직 9급(문제수)
컴퓨터 구조	기억장치(2) 어드레싱 모드(1) 클라우드(1) 기계학습 관련(1) 블록체인 관련(1)	빅데이터의 3대 특징(1) 진수 변환(1) JK 플립플롭(1) 인터럽트(1) 병렬 프로세서(1)
데이터 통신 및 인터넷	통신방식, 라우팅(2) TCP(1) RFID(1)	물리 계층 장치(1) RGB 방식/CMYK 방식(1) 패킷 교환(1) TCP Tahoe(1)
운영체제	프로세스(1) 세미포어(1) 디스크 스케줄링(1)	은행원 알고리즘(1) SJF 스케줄링 알고리즘(1) 연속 메모리 할당(1)
데이터베이스	스키마(1) 관계연산(1)	지연 갱신 회복 기법(1) SQL INSERT문(1)
소프트웨어 공학	ISO/IEC 품질 표준(1)	화이트박스 테스트(1) CMMI(1)
자료구조	정렬 알고리즘(1) 전위표기식(1)	알고리즘 조건(1) 삽입 정렬(1)
프로그래밍 언어	C 프로그래밍 언어(2)	C 프로그램(2)

■ 2011년 ~ 2021년

구분	출제 내용	11	12	13	14	15	16	17	17추	18	19	20	21
컴퓨터 구조	컴퓨터버스 / 논리회로 / 진수변환 / Flynn의 분류 / 논리식 간소화 / 주기억장치 / 캐시메모리 / 가상기억장치 / CISC/RISC / 부동소수점 연산 / 2진 연산 / 증강현실 / 인공신경만 / RAID / 레지스터	5	5	8	2	3	6	4	5	3	6	3	6
데이터 통신 및 인터넷	서브넷마스크 / 클라우드 / 프로토콜 / 매체접근제어 / 비동기식전송 / ARQ / OSI 7계층 / 유비쿼터스 / 멀티미디어 용어 / 다중 접속 방식 / 해밍코드	4	4	3	7	5	4	3	3	3	5	5	2
운영 체제	프로세스 스케줄링 / 캐시적중률 / 페이지교체 / 디스크 스케줄링 / 운영체제 종류 / 세마포어 / 교착상태 / 처리시스템 / 다중스레드	2	4	1	3	2	2	3	4	2	3	4	3
데이터 베이스	릴레이션 / 스키마 / SQL / 트랜잭션 / 지연갱신 / 클라이언트 · 서버 구조 / B 트리	2	3	1	2	2	2	2	1	3	1	2	1
소프트 웨어 공학	소프트웨어 프로세스 모델 / 소프트웨어 공학 개념 / 소프트웨어공학 용어 / 모듈 독립성 / CMMI / UML / 애자일 방법론	1	1	2	1	1	2	2	1	3	1	1	2
자료 구조	연결리스트 / 표기법 / 이진 트리순회 / 정렬 / 순서도 / 큐 / 시간복잡도 / 순서도 / 프림	2	2	1	2	3	2	1	3	2	–	2	3
프로 그래밍 언어	C언어 / 오토마타 / 객체지향 / Java / BNF	2	–	3	3	4	2	3	3	3	3	2	3
정보 보호	악성코드 / 스니핑 / 스푸핑 / 암호화 / 파밍	2	1	1	–	–	–	2	–	1	1	1	–

이 책의 **구성**

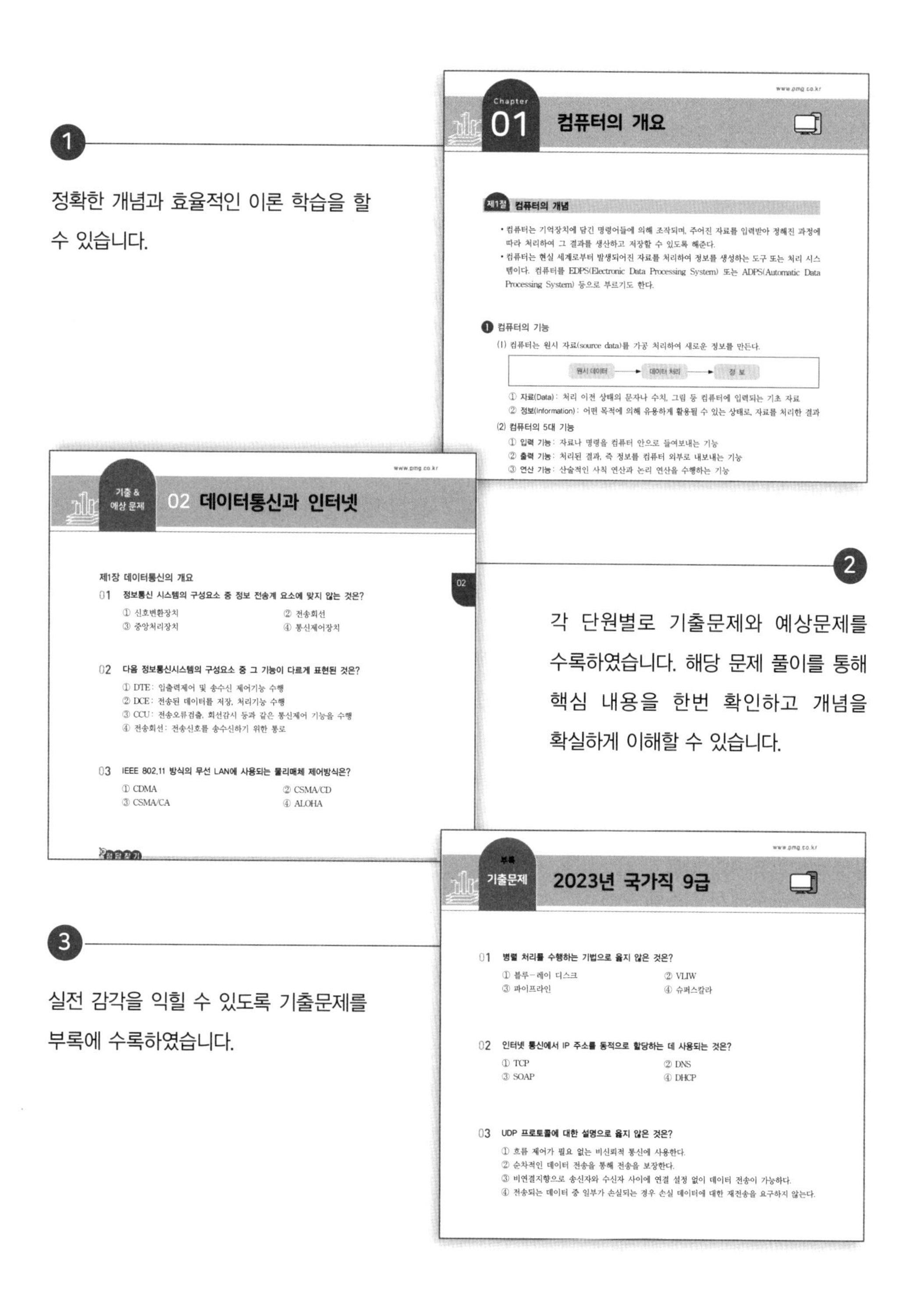

1

정확한 개념과 효율적인 이론 학습을 할 수 있습니다.

www.pmg.co.kr

Chapter 01 컴퓨터의 개요

제1절 컴퓨터의 개념

- 컴퓨터는 기억장치에 담긴 명령어들에 의해 조작되며, 주어진 자료를 입력받아 정해진 과정에 따라 처리하여 그 결과를 생산하고 저장할 수 있도록 해준다.
- 컴퓨터는 현실 세계로부터 발생되어진 자료를 처리하여 정보를 생성하는 도구 또는 처리 시스템이다. 컴퓨터를 EDPS(Electronic Data Processing System) 또는 ADPS(Automatic Data Processing System) 등으로 부르기도 한다.

❶ 컴퓨터의 기능

(1) 컴퓨터는 원시 자료(source data)를 가공 처리하여 새로운 정보를 만든다.

원시 데이터 → 데이터 처리 → 정 보

① 자료(Data): 처리 이전 상태의 문자나 수치, 그림 등 컴퓨터에 입력되는 기초 자료
② 정보(Information): 어떤 목적에 의해 유용하게 활용될 수 있는 상태로, 자료를 처리한 결과

(2) 컴퓨터의 5대 기능

① 입력 기능: 자료나 명령을 컴퓨터 안으로 들여보내는 기능
② 출력 기능: 처리된 결과, 즉 정보를 컴퓨터 외부로 내보내는 기능
③ 연산 기능: 산술적인 사칙 연산과 논리 연산을 수행하는 기능

2

각 단원별로 기출문제와 예상문제를 수록하였습니다. 해당 문제 풀이를 통해 핵심 내용을 한번 확인하고 개념을 확실하게 이해할 수 있습니다.

www.pmg.co.kr

기출 & 예상 문제 02 데이터통신과 인터넷

제1장 데이터통신의 개요

01 정보통신 시스템의 구성요소 중 정보 전송계 요소에 맞지 않는 것은?
① 신호변환장치 ② 전송회선
③ 중앙처리장치 ④ 통신제어장치

02 다음 정보통신시스템의 구성요소 중 그 기능이 다르게 표현된 것은?
① DTE: 입출력제어 및 송수신 제어기능 수행
② DCE: 전송된 데이터를 저장, 처리기능 수행
③ CCU: 전송오류검출, 회선감시 등과 같은 통신제어 기능을 수행
④ 전송회선: 전송신호를 송수신하기 위한 통로

03 IEEE 802.11 방식의 무선 LAN에 사용되는 물리매체 제어방식은?
① CDMA ② CSMA/CD
③ CSMA/CA ④ ALOHA

정답찾기

3

실전 감각을 익힐 수 있도록 기출문제를 부록에 수록하였습니다.

www.pmg.co.kr

부록 기출문제 2023년 국가직 9급

01 병렬 처리를 수행하는 기법으로 옳지 않은 것은?
① 블루-레이 디스크 ② VLIW
③ 파이프라인 ④ 슈퍼스칼라

02 인터넷 통신에서 IP 주소를 동적으로 할당하는 데 사용되는 것은?
① TCP ② DNS
③ SOAP ④ DHCP

03 UDP 프로토콜에 대한 설명으로 옳지 않은 것은?
① 흐름 제어가 필요 없는 비신뢰적 통신에 사용한다.
② 순차적인 데이터 전송을 통해 전송을 보장한다.
③ 비연결지향으로 송신자와 수신자 사이에 연결 설정 없이 데이터 전송이 가능하다.
④ 전송되는 데이터 중 일부가 손실되는 경우 손실 데이터에 대한 재전송을 요구하지 않는다.

CONTENTS

이 책의 차례

제3편 운영체제

제4편 데이터베이스

CONTENTS

이 책의 **차례**

제5편 소프트웨어 공학

제6편 자료구조

제7편 프로그래밍 언어

부록

손경희 컴퓨터일반

합격까지 박문각

Part

01

컴퓨터 구조

Chapter 01 컴퓨터의 개요

제1절 컴퓨터의 개념

- 컴퓨터는 기억장치에 담긴 명령어들에 의해 조작되며, 주어진 자료를 입력받아 정해진 과정에 따라 처리하여 그 결과를 생산하고 저장할 수 있도록 해준다.
- 컴퓨터는 현실 세계로부터 발생되어진 자료를 처리하여 정보를 생성하는 도구 또는 처리 시스템이다. 컴퓨터를 EDPS(Electronic Data Processing System) 또는 ADPS(Automatic Data Processing System) 등으로 부르기도 한다.

❶ 컴퓨터의 기능

(1) 컴퓨터는 원시 자료(source data)를 가공 처리하여 새로운 정보를 만든다.

① 자료(Data): 처리 이전 상태의 문자나 수치, 그림 등 컴퓨터에 입력되는 기초 자료

② 정보(Information): 어떤 목적에 의해 유용하게 활용될 수 있는 상태로 자료를 처리한 결과

(2) 컴퓨터의 5대 기능

① 입력 기능: 자료나 명령을 컴퓨터 안으로 들여보내는 기능

② 출력 기능: 처리된 결과, 즉 정보를 컴퓨터 외부로 내보내는 기능

③ 연산 기능: 산술적인 사칙 연산과 논리 연산을 수행하는 기능

④ 제어 기능: 각각의 모든 장치들에 대한 지시 또는 감독을 수행하는 기능

⑤ 저장 기능: 입력된 자료를 기억하거나 저장하는 기능

❷ 컴퓨터의 특징

(1) **고속성(신속성)**: 입력, 기억, 연산, 비교, 판단, 출력 등의 기능을 매우 빠른 속도로 처리한다.

◎ **컴퓨터의 처리속도 단위**

단위	속도(시간)
ms(mili second)	$10s^{-3}s$ (1/1,000)
μs(micro second)	$10^{-6}s$ (1/1,000,000)
ns(nano second)	$10^{-9}s$ (1/1,000,000,000)
ps(pico second)	$10^{-12}s$ (1/1,000,000,000,000)
fs(femto second)	$10^{-15}s$ (1/1,000,000,000,000,000)
as(atto second)	$10^{-18}s$ (1/1,000,000,000,000,000,000)
zs(zepto second)	$10^{-21}s$ (1/1,000,000,000,000,000,000,000)

(2) **정확성**: 정확한 프로그램과 자료가 주어지면 연산이나 처리를 정확하게 수행한다(프로그램과 데이터만 정확하다면 오류가 없다).

(3) **범용성**: 활용 분야가 광범위하여, 과학 계산뿐 아니라 사무처리 등 다목적으로 이용 가능하다.

(4) **공용성**: 다수 이용자가 공용으로 사용할 수 있다.

(5) **자동성**: 저장된 프로그램에 따라 자료를 자동 처리한다.

(6) **대용량성**: 많은 자료의 처리와 기억이 가능하다.

◎ **컴퓨터의 기억용량 단위**

단위	용량(크기)
K(Kilo)B	$1024 = 2^{10}$ Byte
M(Mega)B	$1024 \times KB = 2^{20}$ Byte
G(Giga)B	$1024 \times MB = 2^{30}$ Byte
T(Tera)B	$1024 \times GB = 2^{40}$ Byte
P(Peta)B	$1024 \times TB = 2^{50}$ Byte
E(Exa)B	$1024 \times PB = 2^{60}$ Byte
Z(Zetta)B	$1024 \times EB = 2^{70}$ Byte
Y(Yotta)B	$1024 \times ZB = 2^{80}$ Byte

3 컴퓨터의 역사

(1) 컴퓨터의 발전과정

기종	개발자	특징
해석기관	바베지	현대 컴퓨터의 개념 제시
튜링기계	튜링	컴퓨터의 기계식 자동 계산기
MARK-Ⅰ	에이컨	최초의 기계식 자동 계산기
ABC	아타나소프	최초로 진공관을 사용한 계산기
ENIAC	에커트	최초의 전자 계산기
EDSAC	윌키스	최초로 프로그램 내장 방식 도입
UNIVAX-Ⅰ	애커트	최초의 상업용 전자 계산기
EDVAC	폰 노이만	프로그램 내장 방식과 2진법 채택

프로그램 내장 방식
- 폴란드 수학자 폰 노이만이 제안한 방식
- 프로그램과 데이터를 주기억장치에 저장해 두고, 주기억장치에 있는 프로그램 명령어를 하나씩 차례대로 수행하는 방식
- 프로그램의 수정이 쉽고, 프로그램을 공동으로 사용할 수 있음

(2) 컴퓨터의 각 세대별 특징

세대별	제1세대 (~1950년대 후반)	제2세대 (1950년대 후반 ~1960년대 초반)	제3세대 (1960년대 초반 ~1970년대 중반)	제4세대 (1970년대 중반 ~1990년대 중반)	제5세대 (1990년대 중반 이후)
주요소자	진공관(Tube)	트랜지스터(TR)	집적회로(IC)	고밀도 집적회로, 초고밀도 집적회로(LSI, VLSI)	• VLSI • UVLSI • 광소자
연산속도	ms : $10s^{-3}s$	μs : $10^{-6}s$	ns : $10^{-9}s$	ps : $10^{-12}s$	fs : $10^{-15}s$
이용분야	• 과학기술계산 • 통계 • 군사용	사무처리	예측의사결정	경영정보	인공지능
특징	• 하드웨어 개발 • 일괄처리	• 소프트웨어 개발 • 운영체제 도입	• 시분할 처리시스템 • OMR, OCR	개인용 컴퓨터 등장	• 음성인식 • 패턴인식 • 퍼지이론 • 전문가시스템
사용언어	• 기계어 • 어셈블리어	• FORTRAN • COBOL • ALGOL	• PASCAL • LISP • 구조화된 언어	문제중심 언어	• 자연어 • 인공지능언어

제2절 컴퓨터시스템

❶ 컴퓨터시스템의 분류

1. 데이터 취급 방법에 따른 분류

컴퓨터가 취급하는 자료의 형태는 불연속적인 성격을 가지는 이산 자료와 연속적인 표현 방법의 아날로그 자료로 나뉠 수 있다.

(1) 디지털(Digital) 컴퓨터

① 부호화된 디지털 데이터로 연산을 하거나 논리 수행을 하는 등의 컴퓨터로 오늘날 우리가 볼 수 있는 컴퓨터는 대부분 디지털 컴퓨터이다.

② 디지털 컴퓨터의 특징으로는 모든 정보를 2진수의 데이터로 부호화하여 처리한다는 것이다.

③ 논리연산이나 사칙연산에 주로 사용되며, 아날로그 컴퓨터에 비해 정확도가 높다.

(2) 아날로그(Analog) 컴퓨터

시간에 따라 변화하는(연속적인) 물리량 등 아날로그 데이터를 입력받아 그것을 처리하고 그 결과를 여러 종류의 장치에 출력하는 컴퓨터이다.

(3) 하이브리드(Hybrid) 컴퓨터

① 디지털 컴퓨터와 아날로그 컴퓨터의 장점을 합쳐서 만들었다.

② 변환기를 통해 아날로그 형태로 입력된 데이터를 디지털 형태로 처리한 후에 결과는 아날로그 형태나 디지털 형태로 출력할 수 있는 특수 목적형 컴퓨터이다.

③ 어떠한 형태의 데이터라도 처리가 가능한 컴퓨터이며, A/D 변환기와 D/A 변환기가 필요하다.

아날로그 시스템과 디지털 시스템의 상호 연결

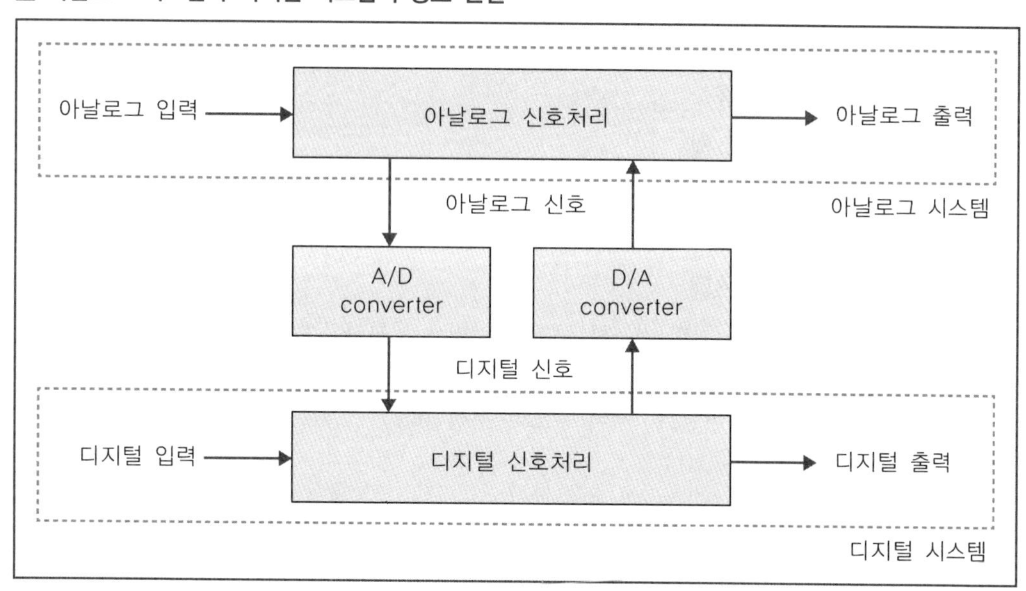

◎ 디지털 컴퓨터와 아날로그 컴퓨터의 비교

항목	디지털 컴퓨터	아날로그 컴퓨터
입력 형태	숫자, 문자	전류, 전압, 온도
출력 형태	숫자, 문자	곡선, 그래프
연산 형식	산술·논리 연산	미·적분 연산
구성 회로	논리회로	증폭회로
프로그래밍	필요	불필요
정밀도	필요한 한도까지	제한적임
기억 기능	있음	없음
적용 분야	범용	특수 목적용

2. 처리방법에 따른 분류

(1) 일괄처리(batch processing): 데이터를 일정량 또는 일정기간 동안 모아두었다가 주기적으로 처리하는 방식이다.

(2) 실시간처리(real-time processing): 데이터 입력 시 즉시 처리하는 방식으로 실시간으로 확인이 가능하다.

(3) 시분할처리(time-sharing processing): CPU의 처리시간을 분할(time slice)하여 여러 작업에 번갈아 할당함으로써 CPU를 공유하여 처리하는 방식이다.

(4) 다중처리(multi processing): 2개 이상의 처리기(Processor)를 사용하여 여러 작업을 동시에 처리하는 방식으로 듀얼(Dual) 시스템과 듀플렉스(Duplex) 시스템 형태가 있다.

(5) 분산처리(distributed processing): 여러 대의 컴퓨터에 작업을 나누어 처리하여 그 내용이나 결과가 통신망을 통해 상호교환되도록 연결되어 있는 형태이다.

3. 연결 형태에 따른 분류

(1) 중앙집중 컴퓨터시스템

① 발생한 데이터를 중앙컴퓨터(Host)로 집중하여 처리하는 시스템이다.

② 중앙컴퓨터(Host)에 장애가 발생되면, 전체가 마비되어 신뢰성이 떨어질 수 있다.

(2) 분산처리 컴퓨터시스템

① 발생한 데이터를 처리 가능한 근거리 지역으로 분산하여 처리하는 시스템이다.

② 네트워크를 이용하여 여러 시스템이 공유할 수 있다.

③ 일반적으로 클라이언트·서버 구조로 구성된다.

4. 사용목적에 따른 분류

(1) 특수용 컴퓨터

① 특정 분야의 문제 해결이나 제한된 범위의 문제만을 처리하기 위하여 설계되고 제작된 컴퓨터를 말한다.

② 이용 분야

㉠ **군사용**: 미사일이나 항공기의 궤도를 추적하는 일에 쓰인다.

㉡ **사업용**: 핵반응 시설을 제어하거나 공장에서 생산공정을 제어한다.

㉢ **업무용**: 지하철의 운행이나 개찰, 의료 단층 촬영 등에 이용한다.

㉣ 기타: 항공기 및 선박의 자동 조정 장치 등에 이용한다.

(2) 범용 컴퓨터

① 일반적인 자료 처리는 물론 여러 분야에서 광범위하게 사용할 수 있도록 설계되고 제작된 컴퓨터를 말한다.

② 이용 분야

㉠ 과학 기술에 필요한 수치 계산

㉡ 수치해석 분야, 선형 계획 프로그래밍, 모의실험 등의 기술 계산용

㉢ 자동차나 항공기의 설계, 제조, 관리

㉣ 생산, 판매, 재고, 급여, 인사, 회계 등의 기업업무나 행정, 금융 업무 등의 사무처리 분야

5. 처리능력에 따른 분류

(1) 슈퍼컴퓨터(Super Computer)

① 초대형 컴퓨터이다.

② 복잡한 계산을 초고속으로 처리한다.

③ 이용 분야: 우주항공, 기상예측, 첨단과학

(2) 메인 프레임(Main Frame)

① 대형 컴퓨터이다.

② 대표 기종: IBM 360/370

(3) 미니컴퓨터(Mini Computer): 중형 컴퓨터이다.

(4) 워크스테이션(WorkStation)

① RISC 마이크로프로세서를 사용한다.

② PC급 + 고성능 + 네트워크 기능 강화

(5) 마이크로컴퓨터(Micro Computer)

① 마이크로프로세서가 장착된 컴퓨터이다.

② 개인용 컴퓨터(PC ; Personal Computer)이다.

❷ 컴퓨터시스템의 구성요소

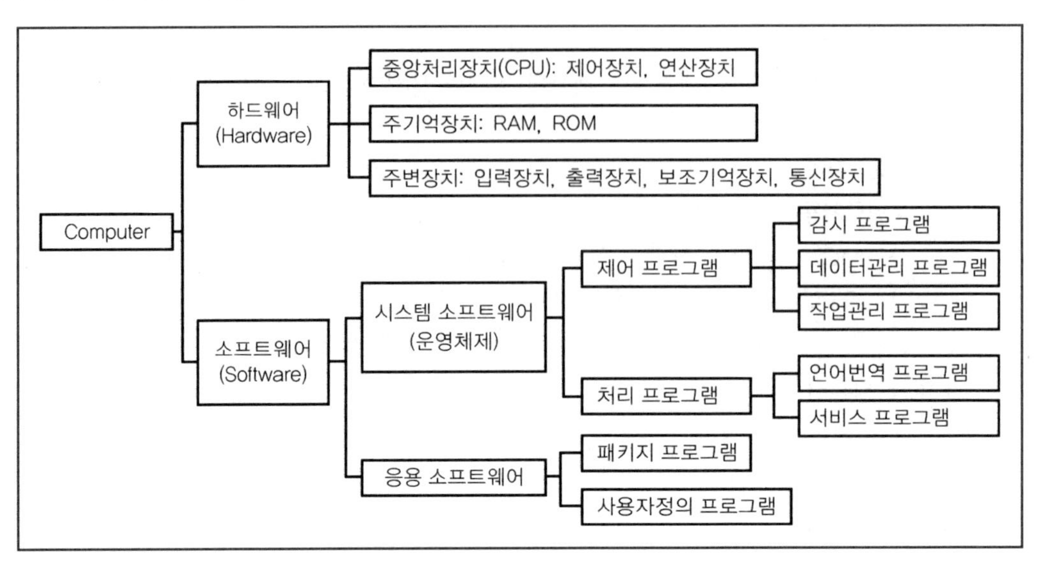

1. 하드웨어(Hardware) 요소

컴퓨터시스템을 구성하고 있는 모든 전자·기계적 장치를 말한다.

(1) 중앙처리장치(CPU ; Central Processing Unit)

컴퓨터의 핵심장치로서 제어장치와 연산 장치의 집합체

① 제어 장치(CU) : 명령의 해독과 각 장치들의 제어를 담당

② 연산 장치(ALU) : 산술 연산과 논리 연산 담당

(2) 주기억장치(Main Memory)

프로그램과 데이터를 저장하는 기능을 담당한다.

(3) 주변장치

① 입력장치(Input) : 외부 데이터를 컴퓨터 내부로 읽어 들여 주기억장치에 기억시키는 장치

예 마우스, 키보드, 카드 리더기, 스캐너, 디지타이저, OMR, OCR, MICR 등

② 출력장치(Output) : 처리된 데이터를 사용자가 이해할 수 있는 형태로 외부에 보여주는 장치

예 모니터, 프린터, 스피커, 플로터 등

③ 보조기억장치 : 주기억장치의 휘발성 및 한정된 용량 부족을 해결하는 외부 기억장치

예 하드디스크, 플로피디스크, 자기테이프, CD-ROM 등

2. 소프트웨어(Software) 요소

하드웨어 각 장치들의 동작을 지시하는 제어신호를 만들어서 보내주는 기능과 사용자가 컴퓨터를 사용하는 기술 모두를 말한다.

(1) 시스템 소프트웨어(System Software)

사용자가 컴퓨터에 지시하는 명령을 지시신호로 바꿔서 하드웨어와 사용자를 연결하여 사용자가 하드웨어를 원활히 사용할 수 있도록 하는 소프트웨어이다.

① **운영체제(OS ; Operating System)** : 하드웨어와 사용자 사이에서 컴퓨터의 작동을 위한 소프트웨어로 시스템의 감시, 데이터의 관리, 작업 관리를 담당한다(Windows, Unix, Dos 등).

② **언어처리 프로그램** : 원시 프로그램을 실행이 가능한 기계어로 변환하는 프로그램이다(컴파일러, 인터프리터, 어셈블러 등).

③ **데이터베이스 관리 프로그램** : 응용 프로그램과 데이터베이스 사이에서 중재자 역할을 한다.

④ **범용 유틸리티 소프트웨어**

⑤ **장치 드라이버**

(2) 응용 소프트웨어(Application Software)

① **패키지 프로그램** : 상용화된 프로그램

② **사용자 프로그램**

> **펌웨어(firmware)**
> - 컴퓨팅과 공학 분야에서 특정 하드웨어 장치에 포함된 소프트웨어로, 소프트웨어를 읽어 실행하거나 수정되는 것도 가능한 장치를 뜻한다.
> - 펌웨어는 ROM이나 PROM에 저장되며, 하드웨어보다는 교환하기가 쉽지만 소프트웨어보다는 어렵다.

Chapter 02 논리회로

제1절 논리게이트

1 논리게이트의 개요

(1) 보통 0과 1로 표시되는 두 가지 상태만을 가지는 신호를 디지털 신호(digital signal)라고 하는데, 보통 전자회로에서 0의 상태는 전압 0V, 1의 상태는 5V 정도의 유한한 전압에 대응한다.

(2) 디지털 체계에서 복잡한 정보는 여러 개의 0과 1의 조합으로 표현한다.

(3) 한 개 이상의 디지털 신호를 입력하여 AND, OR, NOT 등의 논리 연산(logic operation)을 수행하여 하나의 출력을 나타나게 하는 회로를 논리게이트라 한다.

(4) 디지털 컴퓨터에서 모든 정보는 '0' 또는 '1'을 사용하여 표현한다.

(5) 컴퓨터 내부의 전자적 회로는 많은 스위치를 연결한 것과 같으며, 기본적인 단위기능을 수행하는 것을 게이트(gate)라고 한다.

(6) 게이트의 동작은 부울대수로 표현되며, 게이트의 입력과 출력 관계는 진리표로 표현된다.

(7) 논리게이트는 게이트를 통해 2진 입력정보를 처리하여 0 또는 1의 신호를 만드는 기본적인 논리회로이다.

2 논리게이트의 종류

1. NOT 게이트(inverter)

(1) NOT의 논리 연산은 0에 대해서는 1, 1에 대해서는 0을 대응시키는 연산이다. 입력되는 것과 반대의 결과가 출력된다.

(2) 논리 변수 A에 대한 NOT 연산은 $\overline{A}$로 표현하며, 이 연산은 표와 같은 진리표로 나타낼 수 있다.

(3) 하나의 입력 A에 대해 $\overline{A}$를 출력하는 회로를 NOT 게이트라 하고, 그림과 같은 기호로 표현한다.

◎ NOT 연산의 진리표

A	$\overline{A}$
0	1
1	0

◎ NOT 게이트의 회로 기호

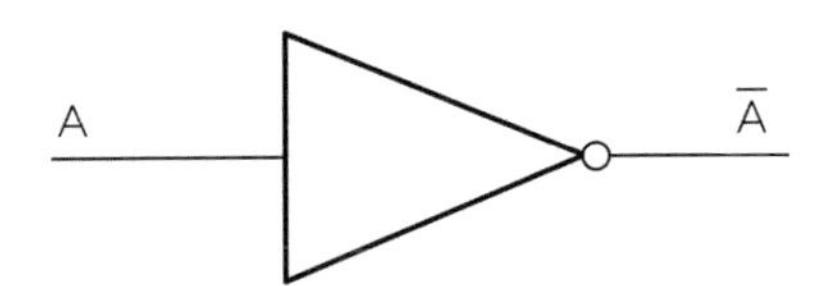

2. AND 게이트

(1) 두 개의 입력단자가 A, B일 때, 이들이 결합되는 네 가지 조합에 대하여 논리곱(AND)과 동일한 결과를 출력하는 회로이다.

(2) 두 개의 입력 중 하나만 0이 되면 결과가 0이 되고, 모두 1이면 결과가 1이 된다.

(3) 논리 변수가 A와 B의 두 개일 때 AND 연산은 A · B로 표현하며, 표와 같이 진리표로 나타낼 수 있다.

(4) AND 연산을 수행하는 회로를 AND 게이트라 하며, 그림과 같이 회로 기호로 나타낸다.

◎ AND 연산의 진리표

A	B	A · B
0	0	0
0	1	0
1	0	0
1	1	1

◎ AND 게이트의 회로 기호

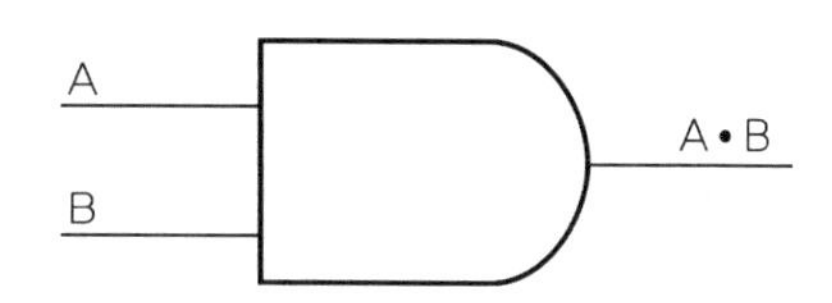

3. OR 게이트

(1) 두 개의 입력단자가 A, B일 때, 이들이 결합되는 네 가지 조합에 대하여 논리합(OR)과 동일한 결과를 출력하는 회로이다.

(2) 두 개의 입력 중 하나만 1이 되면 결과가 1이 되고, 모두 0이면 결과가 0이 된다.

(3) 논리 변수가 A와 B일 때 OR 연산은 A+B로 표현하며, 표와 같이 진리표로 나타낼 수 있다.

(4) OR 연산을 수행하는 회로를 OR 게이트라 하며, 그림과 같이 회로 기호로 나타낸다.

◎ OR 연산의 진리표

A	B	A+B
0	0	0
0	1	1
1	0	1
1	1	1

◎ OR 게이트의 회로 기호

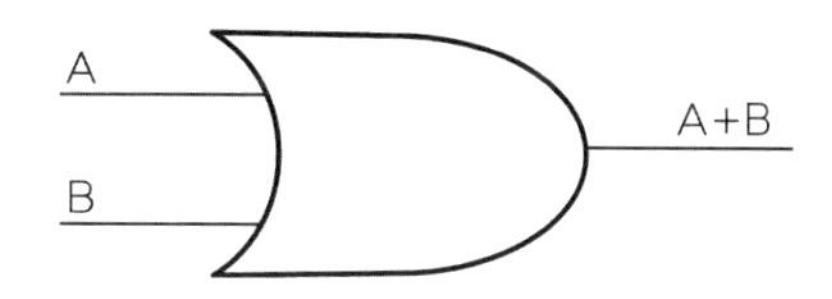

4. NAND 게이트

(1) AND 연산 후에 NOT 연산을 하는 복합 연산으로 $\overline{A \cdot B}$ 로 표현하고, 표와 같은 진리표를 갖는다.

(2) NAND 연산을 하는 NAND 게이트는 그림과 같이 회로 기호로 나타낸다.

◎ NAND 연산의 진리표

A	B	$\overline{A \cdot B}$
0	0	1
0	1	1
1	0	1
1	1	0

◎ NAND 게이트의 회로 기호

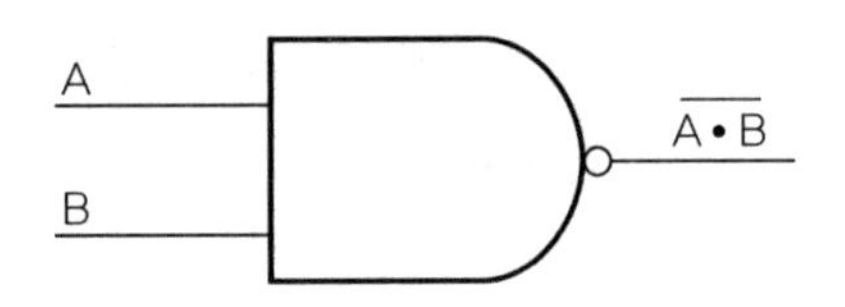

5. NOR 게이트

(1) NOR 연산은 OR 연산 후에 NOT 연산을 하는 복합 연산으로 $\overline{A+B}$로 표현하고, 표와 같은 진리표를 갖는다.

(2) NOR 연산을 하는 NOR 게이트는 그림과 같이 회로 기호로 나타낸다.

◎ NOR 연산의 진리표

A	B	$\overline{A+B}$
0	0	1
0	1	0
1	0	0
1	1	0

◎ NOR 게이트의 회로 기호

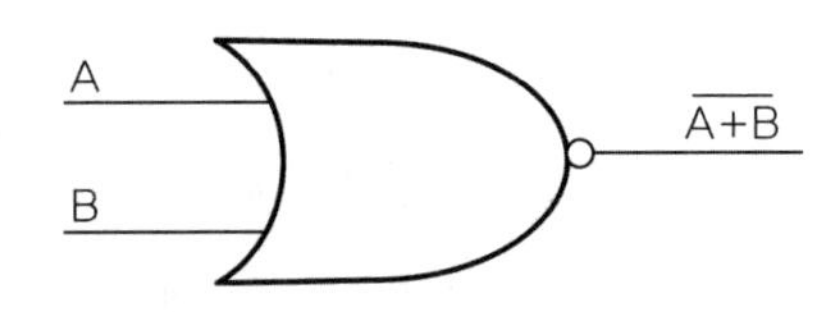

6. XOR 게이트

(1) 두 개의 입력단자에서 같은 입력이 주어지면 0이 출력되고, 서로 다른 내용이 입력되면 1이 출력된다.

(2) $A \oplus B = \overline{A}B + A\overline{B}$로 표현하고, 표와 같은 진리표를 갖는다.

(3) XOR 연산을 하는 XOR 게이트는 그림과 같이 회로 기호로 나타낸다.

◎ NOR 연산의 진리표

A	B	$A \oplus B$
0	0	0
0	1	1
1	0	1
1	1	0

◎ NOR 게이트의 회로 기호

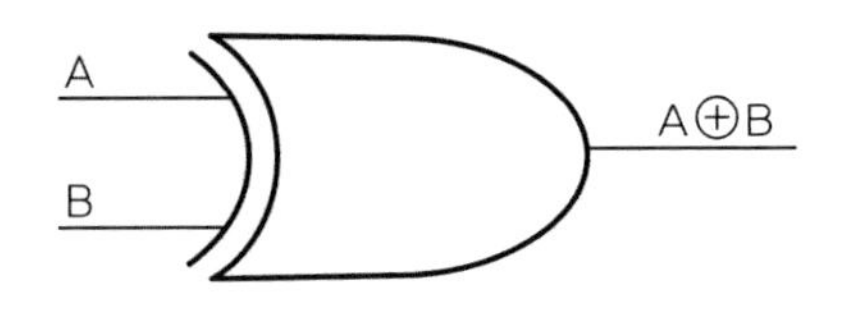

7. XNOR 게이트

(1) XOR 게이트에 NOT 게이트가 결합된 형태이며, 두 개의 입력단자에서 같은 입력이 주어지면 1이 출력되고, 서로 다른 내용이 입력되면 0이 출력된다.

(2) $A \odot B = \overline{A} \cdot \overline{B} + A \cdot B$로 표현하고, 표와 같은 진리표를 갖는다.

(3) XNOR 연산을 하는 XNOR 게이트는 그림과 같이 회로 기호로 나타낸다.

◎ XNOR 연산의 진리표

A	B	A⊙B
0	0	1
0	1	0
1	0	0
1	1	1

◎ XNOR 게이트의 회로 기호

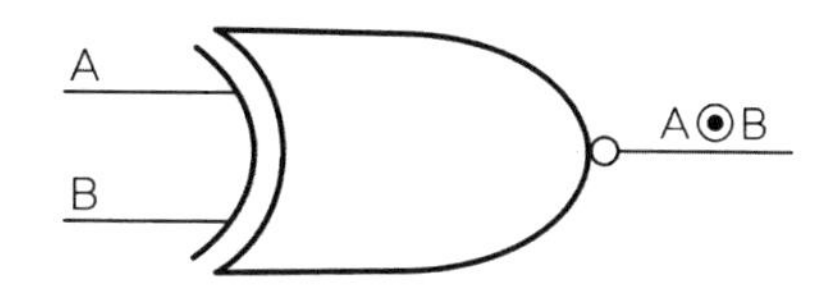

8. 유니버셜 게이트(Universal Gate)

(1) NAND 게이트와 NOR 게이트를 유니버셜 게이트 또는 범용 게이트라고 한다.

(2) NAND 게이트와 NOR 게이트는 디지털 시스템에서 사용되는 모든 논리게이트를 구성할 수 있다.

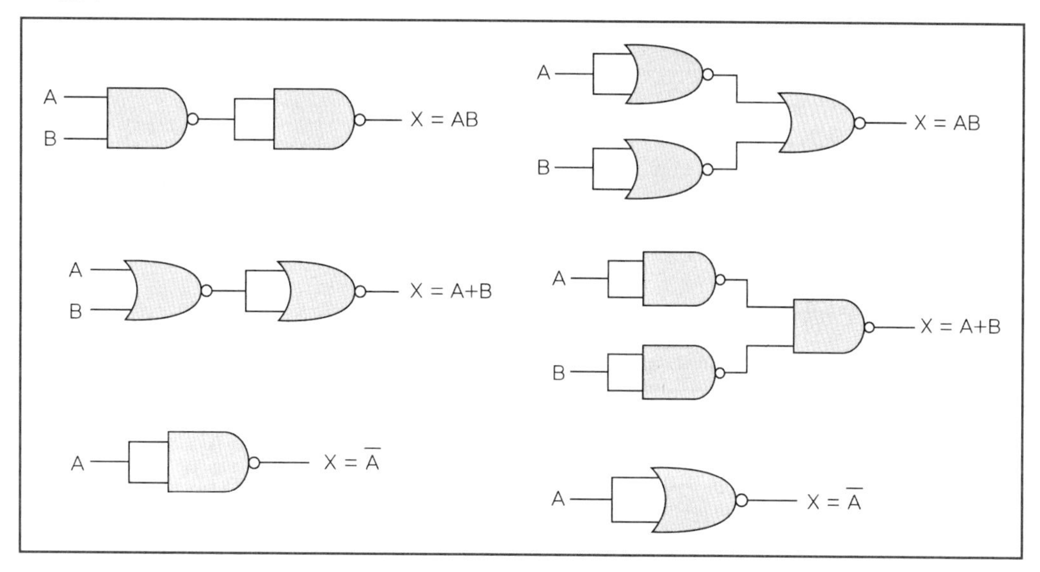

제2절 부울 대수(Boolean Algebra)

❶ 부울 대수의 개요

(1) 부울 대수는 영국의 수학자인 부울(Bool, George)에 의해서 논리학을 수학적으로 해석하기 위한 수단으로 어떤 명제가 참이면 1이고, 거짓이면 0으로 표시한다.

(2) 부울 대수는 논리회로의 형태와 구조를 기술하는 데 필요한 수학적인 이론이다.

(3) 부울 대수를 사용하면 변수들의 진리표 관계를 대수식으로 표현하기에 용이하다.

(4) 참과 거짓 또는 이것을 숫자로 바꾼 1과 0으로 연산을 하는데, 이것을 논리상수라 한다. 이들 값을 기억하는 변수를 논리변수 또는 2진변수라 한다.

(5) 부울 대수를 사용하면 컴퓨터 내부의 회로에 대한 것을 연산식으로 나타내어 설계와 분석을 쉽게 할 수 있고, 그 결과를 회로에 대응시킬 수 있으므로 논리회로를 다루기가 편리하다.

❷ 부울 대수의 기본연산

(1) 부울 대수의 연산은 1과 0인 두 가지에 대한 택일형 연산이다.

(2) 기본연산으로는 논리곱(AND), 논리합(OR), 논리부정(NOT), 베타적 논리합(XOR)이 있다.

❸ 부울 대수의 기본원칙

1. 부울 대수는 1과 0의 두 가지의 값으로만 연산하고, 그 결과도 두 가지 중의 하나가 되는 성질을 가지고 있다.

(1) 부울 대수 공리

공리 1	공리 2	공리 3	공리 4	공리 5
$A \neq 0$이면 $A = 1$ $A \neq 1$이면 $A = 0$ $A = 0$이면 $\overline{A} = 1$ $A = 1$이면 $\overline{A} = 0$	$0 \cdot 0 = 0$ $0 + 0 = 0$	$1 \cdot 1 = 1$ $1 + 1 = 1$	$0 \cdot 1 = 0$ $0 + 1 = 1$	$\overline{1} = 0$ $\overline{0} = 1$

(2) 부울 대수 기본정리

- 정리 1 : $A + 0 = A$, $A \cdot 0 = 0$
- 정리 2 : $A + \overline{A} = 1$, $A \cdot \overline{A} = 0$
- 정리 3 : $A + A = A$, $A \cdot A = A$
- 정리 4 : $A + 1 = 1$, $A \cdot 1 = A$

2. 교환 · 분배 · 결합 법칙이 있으며, 논리함수를 간소화시킬 수 있다.

(1) 교환 법칙

① 부울 대수식에서 연산순서를 바꾸어도 결과가 동일하게 되는 것이다.
② 논리곱이나 논리합이 연속될 때에는 연산순서에 관계없이 동일한 결과를 얻는다.

$A + B = B + A$	$A \cdot B = B \cdot A$

(2) 결합 법칙

괄호 내에서 먼저 결합된 것을 순서를 바꾸어 괄호 바깥의 것과 먼저 결합하여도 결과가 같게 되는 것이다.

$A + (B + C) = (A + B) + C$	$A \cdot (B \cdot C) = (A \cdot B) \cdot C$

(3) 분배 법칙

괄호로 동일한 연산을 묶은 것은 괄호 바깥의 요소가 내부의 요소에 공통적으로 할당되므로 개별적으로 할당한 것을 괄호 내부의 연산으로 수행하여도 결과가 같게 되는 정리이다.

$A \cdot (B + C) = (A \cdot B) + (A \cdot C)$	$A + (B \cdot C) = (A + B) \cdot (A + C)$

(4) 부정 법칙

현재의 명제를 부정하는 것이다(부정에 다시 부정을 하면 긍정).

$\overline{\overline{A}} = A$	$A + \overline{A} = 1$	$A \cdot \overline{A} = 0$

(5) 드모르간(De Morgan) 정리

두 개 이상의 변수가 함께 부정으로 묶여 있을 때 이들을 개별적으로 분리하는 경우와 이것과 반대되는 경우에 대한 정리이다.

- 드모르간의 제1법칙 : $\overline{A + B} = \overline{A} \cdot \overline{B}$
- 드모르간의 제2법칙 : $\overline{A \cdot B} = \overline{A} + \overline{B}$

4 논리함수의 간소화

논리함수가 회로를 설계하기 위하여 입력변수와 조합에 따른 것을 부울 대수식으로 표현하는 것으로, 보다 간단한 회로를 설계할 수 있다.

1. 부울 대수식을 이용한 간소화

(1) 부울 대수식은 입력과 출력 사이의 기본적인 법칙에 관한 관계를 나타낸 것이며, 이러한 정리를 이용하여 복잡한 논리식들을 간소화시켜 컴퓨터의 회로를 간단히 구성할 수 있다.

(2) 부울 대수식을 이용하는 방법은 논리식의 각 최소항(minterm) 사이의 공통 변수를 찾아내고 정리식에 따라 간소화한다.

(3) **최소항(minterm)**: 변수들이 AND로 결합된 것을 최소항이라 한다.

(4) **최대항(maxterm)**: 변수들이 OR로 연결된 것을 최대항이라 한다.

◎ **변수에 대한 최소항과 최대항 표현**

A	B	C	최소항 표현	최대항 표현
0	0	0	$\overline{A} \cdot \overline{B} \cdot \overline{C}$	$A + B + C$
0	0	1	$\overline{A} \cdot \overline{B} \cdot C$	$A + B + \overline{C}$
0	1	0	$\overline{A} \cdot B \cdot \overline{C}$	$A + \overline{B} + C$
0	1	1	$\overline{A} \cdot B \cdot C$	$A + \overline{B} + \overline{C}$
1	0	0	$A \cdot \overline{B} \cdot \overline{C}$	$\overline{A} + B + C$
1	0	1	$A \cdot \overline{B} \cdot C$	$\overline{A} + B + \overline{C}$
1	1	0	$A \cdot B \cdot \overline{C}$	$\overline{A} + \overline{B} + C$
1	1	1	$A \cdot B \cdot C$	$\overline{A} + \overline{B} + \overline{C}$

ex1 $F = A + AB$
$= A(1 + B)$
$= A$

ex2 $F = A + AB + A\overline{B}$
$= A + A(B + \overline{B})$
$= A + A$
$= A$

ex3 $F = AB + A(B + C) + B(B + C)$
$= AB + AB + AC + BB + BC$
$= AB + AB + AC + B + BC$
$= AB + AC + B(A + 1) + BC$
$= AB + AC + B + BC$
$= AB + AC + B(1 + C)$
$= AB + AC + B$
$= B(A + 1) + AC$
$= B + AC$

2. 카르노 맵(Karnaugh Map)을 이용한 부울함수의 간소화

(1) 도식적 표현을 사용해 부울 대수를 간소화하는 방법이다.

(2) 최소항의 합 방식과 최대항의 곱 방식이 모두 표현 가능하다.

(3) Karnaugh Map은 체계적인 맵을 사용하여 부울 대수를 효율적으로 간소화한다.

(4) 최소항의 합 방식으로의 간소화

① 함수식의 진리값을 Karnaugh Map에 표시한다.

② '1'로 표시된 진리값 중 인접한 값을 1, 2, 4, 8, 16개씩 묶는다.

③ 가능하면 큰 개수로 묶는 것이 함수식을 가장 최소화할 수 있다.

④ 진리값들은 각각 다른 묶음에 여러 번 중복하여 묶일 수 있다.

⑤ 인접한 값이 없는 경우 단독으로 묶이며 단독으로 묶인 집합은 간략화할 수 없다.

⑥ 각각의 묶인 집합을 간략화한다.

⑦ 각각의 간략화된 함수식을 OR 연산을 한다.

(5) 최소항의 합 방식에 따른 카르노 맵의 표현

① 변수가 2개인 경우

A \ B	0	1
0	$\overline{A}\,\overline{B}$	$\overline{A}B$
1	$A\overline{B}$	AB

② 변수가 3개인 경우

AB \ C	0	1
00	$\overline{A}\,\overline{B}\,\overline{C}$	$\overline{A}\,\overline{B}C$
01	$\overline{A}B\overline{C}$	$\overline{A}BC$
11	$AB\overline{C}$	ABC
10	$A\overline{B}\,\overline{C}$	$A\overline{B}C$

③ 변수가 4개인 경우

AB \ CD	00	01	11	10
00	$\overline{A}\,\overline{B}\,\overline{C}\,\overline{D}$	$\overline{A}\,\overline{B}\,\overline{C}D$	$\overline{A}\,\overline{B}CD$	$\overline{A}\,\overline{B}C\overline{D}$
01	$\overline{A}B\overline{C}\,\overline{D}$	$\overline{A}B\overline{C}D$	$\overline{A}BCD$	$\overline{A}BC\overline{D}$
11	$AB\overline{C}\,\overline{D}$	$AB\overline{C}D$	$ABCD$	$ABC\overline{D}$
10	$A\overline{B}\,\overline{C}\,\overline{D}$	$A\overline{B}\,\overline{C}D$	$A\overline{B}CD$	$A\overline{B}C\overline{D}$

(6) 카르노 맵을 이용한 간소화 예

① $\overline{A}\,\overline{B}\,\overline{C} + \overline{A}\,\overline{B}C = \overline{A}\,\overline{B}$

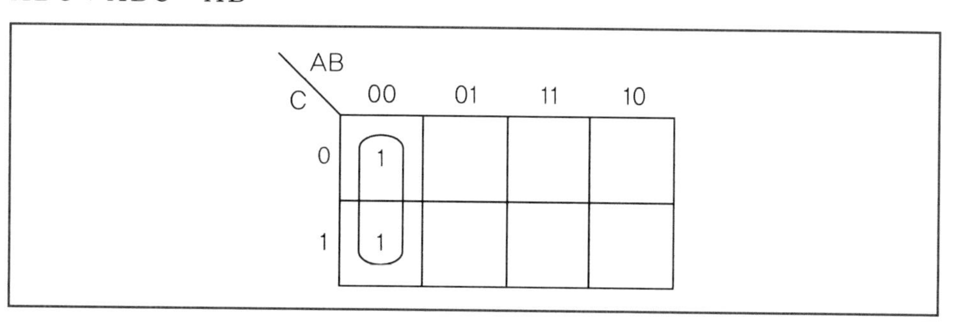

② $A\overline{B}\overline{C} + AB\overline{C} = A\overline{C}$

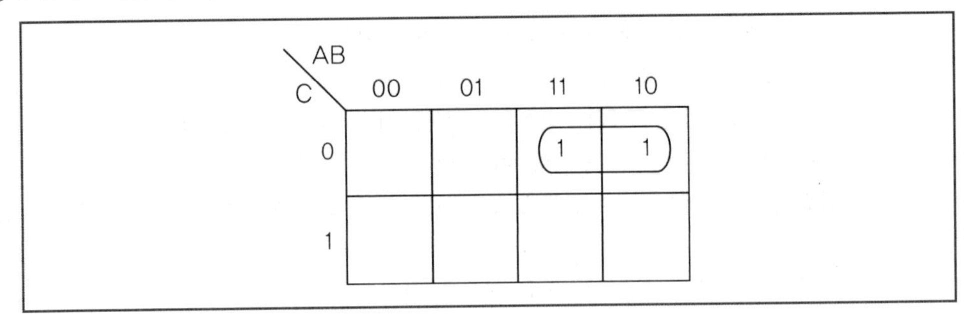

③ $\overline{A}B\overline{C} + A\overline{B}\overline{C} + AB\overline{C} + \overline{A}BC + ABC = B + A\overline{C}$

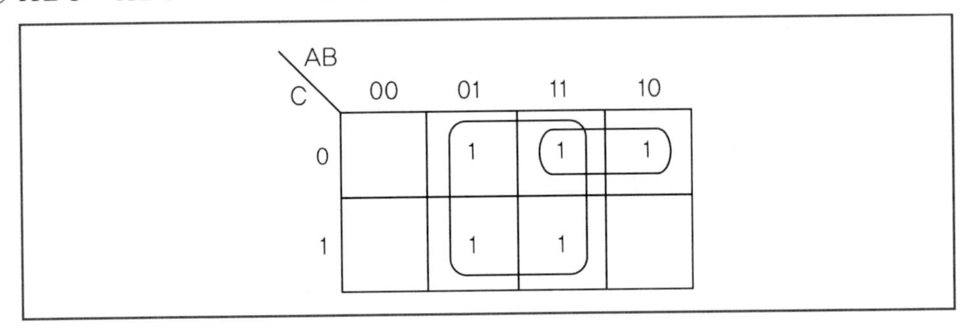

제3절 조합논리회로

❶ 조합논리회로의 개요

(1) 입력과 출력을 가진 논리게이트의 집합이며, 출력은 현재의 입력에 의해 결정된다.

(2) 출력값이 입력값에 의해서만 결정되는 논리게이트로 구성된 회로이다.

(3) 출력신호가 입력신호에 의해 결정되는 회로로서 기억소자는 포함하지 않으므로 기억 능력은 없다.

(4) 조합논리회로가 적용되는 것에는 반가산기, 전가산기, 감산기, 멀티플렉서, 디멀티플렉서 등이 있다.

❷ 반가산기(Half-Adder)

(1) 두 개의 입력과 출력 합(Sum)과 올림수(Carry)가 사용된다.

(2) 컴퓨터 내부에서 기본적인 계산을 수행하는 회로이다. 입력변수의 내용은 1과 0만 존재할 수 있다.

⊚ 반가산기의 계산법

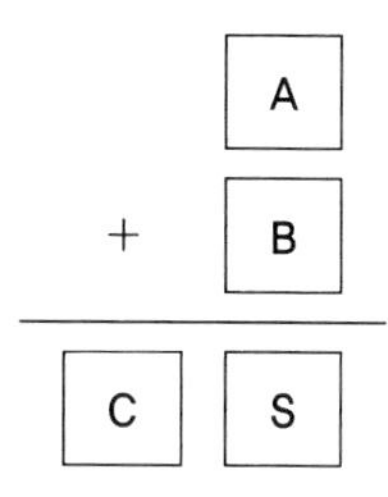

⊚ 반가산기의 진리표

A	B	올림수(C)	합(S)
0	0	0	0
0	1	0	1
1	0	0	1
1	1	1	0

올림수(Carry)와 합(Sum)에 대한 부울 대수식

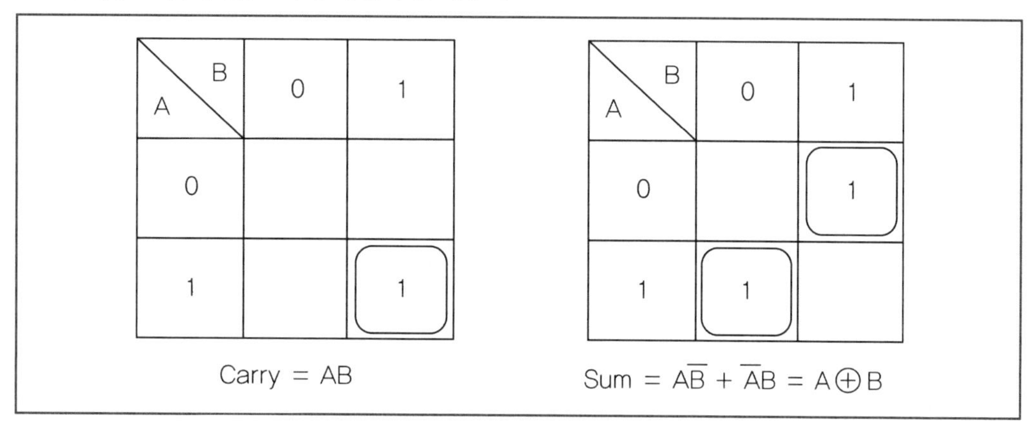

반가산기의 논리회로

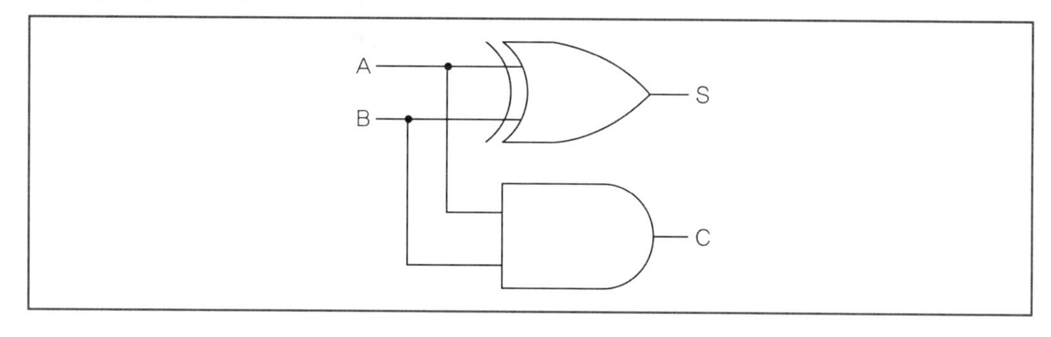

3 전가산기(Full-Adder)

(1) 두 입력과 하나의 올림수를 사용하여 덧셈을 수행한다.

(2) 전가산기의 입력은 A, B의 입력변수와 아랫자리에서 올라온 자리올림(C_0)이 여덟 개의 조합을 이루며, 출력은 합(Sum)과 자리올림(Carry)이 있다.

(3) 논리회로는 반가산기 2개와 OR 게이트로 구성된다.

◎ **전가산기의 계산법**

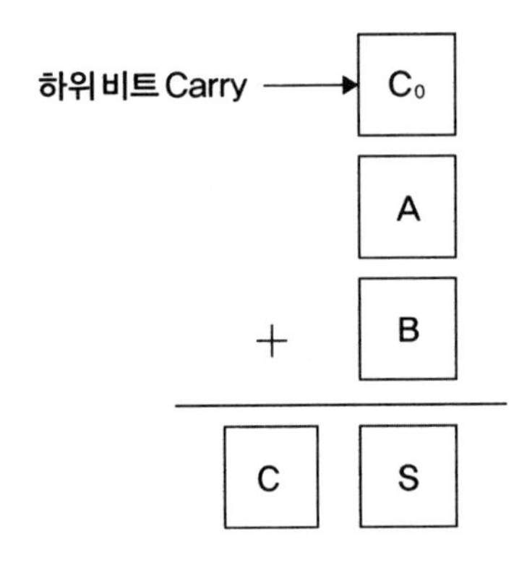

◎ **전가산기의 진리표**

A	B	C_0	C	S
0	0	0	0	0
0	0	1	0	1
0	1	0	0	1
0	1	1	1	0
1	0	0	0	1
1	0	1	1	0
1	1	0	1	0
1	1	1	1	1

올림수(Carry)와 합(Sum)에 대한 부울 대수식

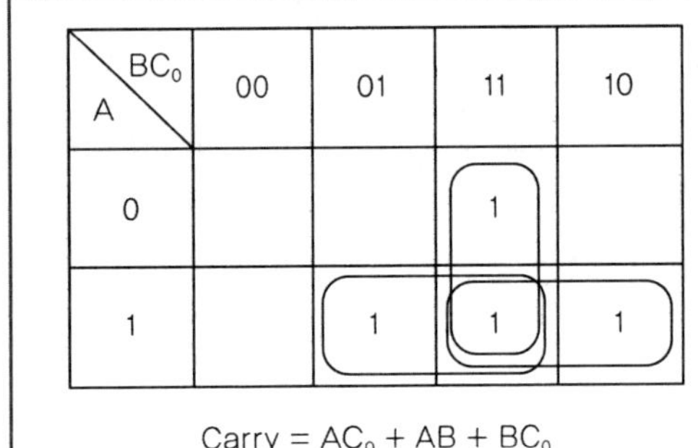

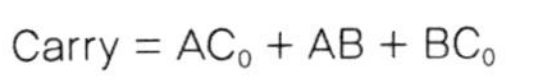

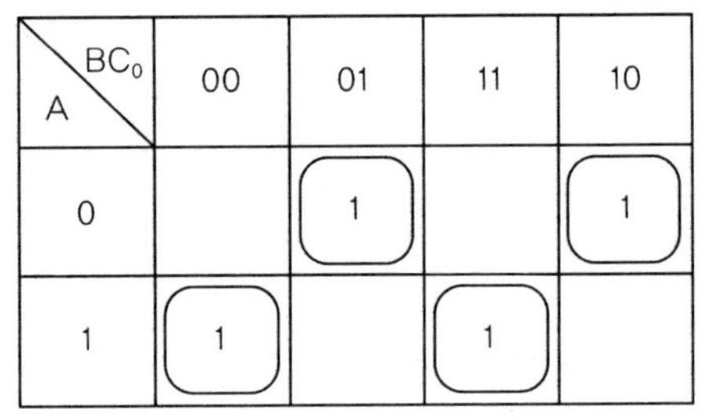

Sum = $A\overline{B}\overline{C_0} + \overline{A}\overline{B}C_0 + ABC_0 + \overline{A}B\overline{C_0}$

전가산기의 논리회로

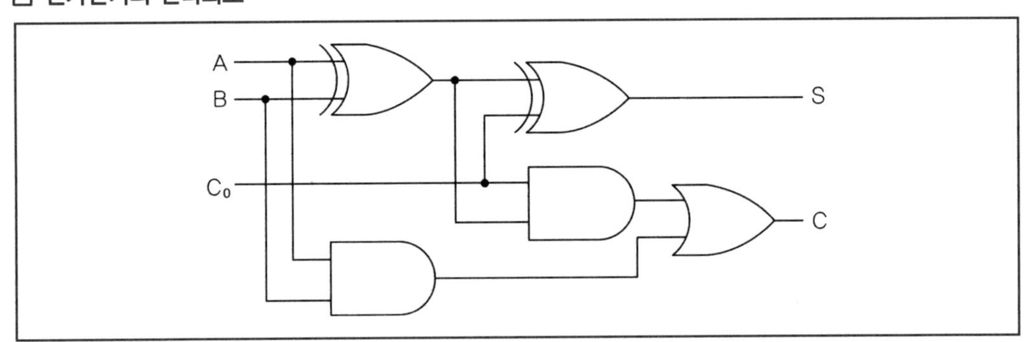

4 반감산기(Half-Subtractor)

두 개의 입력과 출력 차(difference)와 빌림수(borrow)가 사용된다.

◎ 반감산기의 계산법

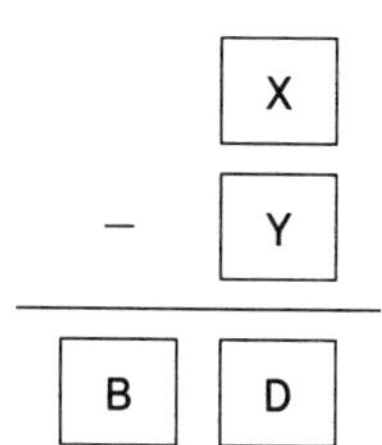

◎ 반감산기의 진리표

X	Y	빌림수(D)	차(D)
0	0	0	0
0	1	1	1
1	0	0	1
1	1	0	0

반감산기의 빌림수와 차에 대한 부울 대수식

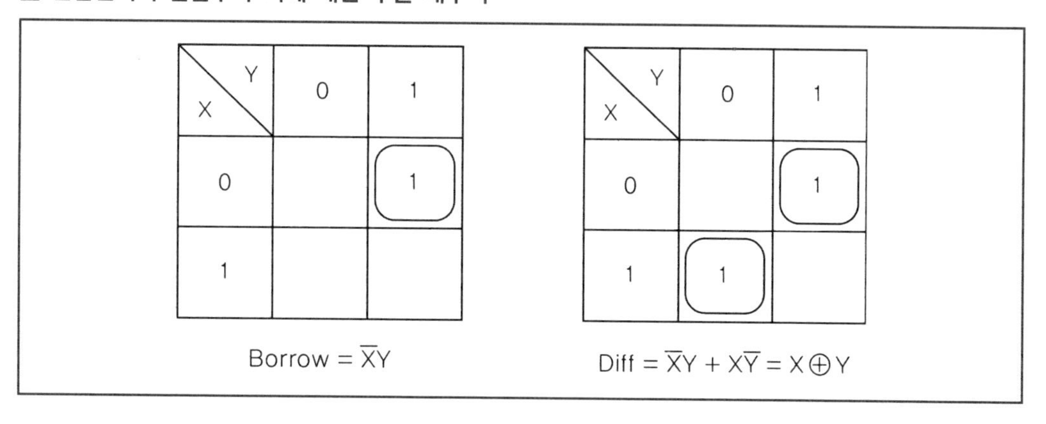

반감산기의 논리회로

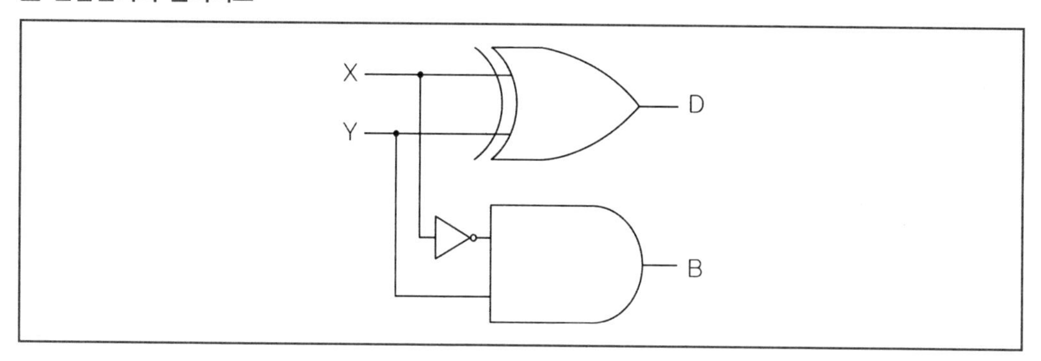

5 전감산기(Full-Subtractor)

두 개의 입력과 빌림수를 사용하여 뺄셈을 수행한다.

◎ 전감산기의 계산법

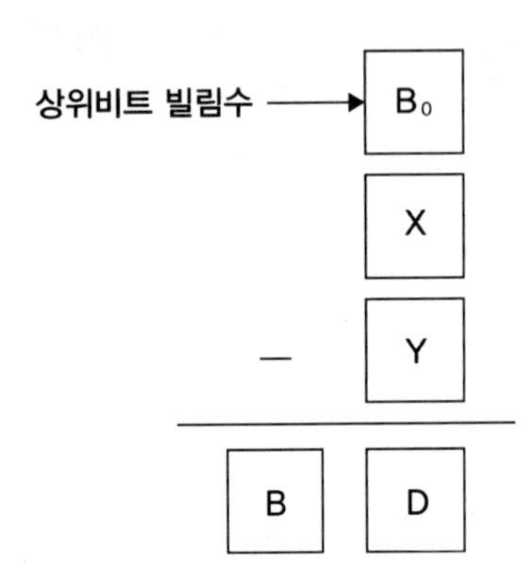

◎ 전감산기의 진리표

X	Y	B_0	B	D
0	0	0	0	0
0	0	1	1	1
0	1	0	1	1
0	1	1	1	0
1	0	0	0	1
1	0	1	0	0
1	1	0	0	0
1	1	1	1	1

전감산기의 빌림수와 차에 대한 부울 대수식

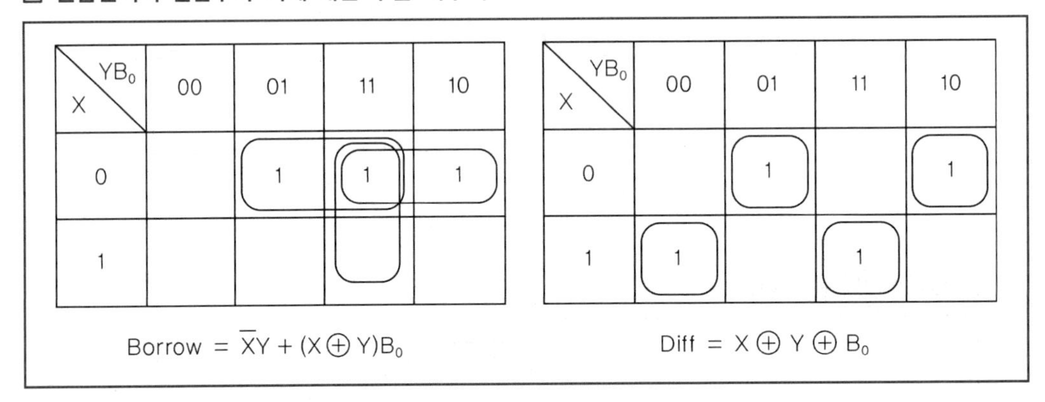

전감산기의 논리회로

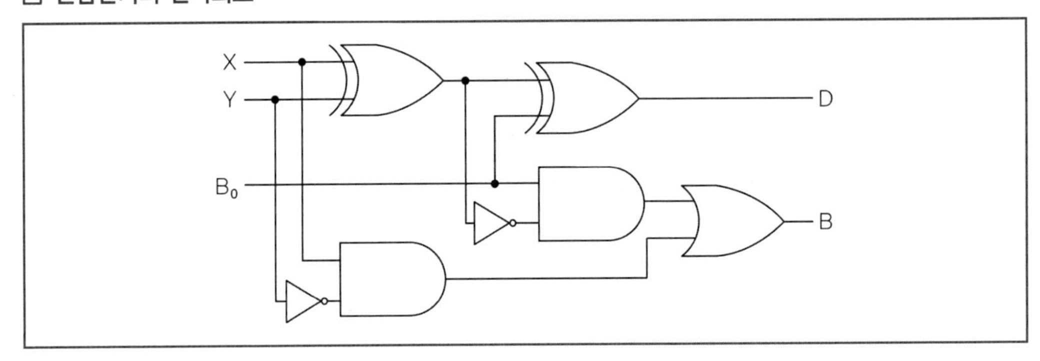

6 병렬 가감산기(Parallel-Adder/Subtracter)

(1) 병렬 가산기

전가산기 여러 개를 병렬로 연결하면 2비트 이상인 가산기를 만들 수 있다. 이를 병렬 가산기라 한다.

전가산기를 이용한 병렬 가산기

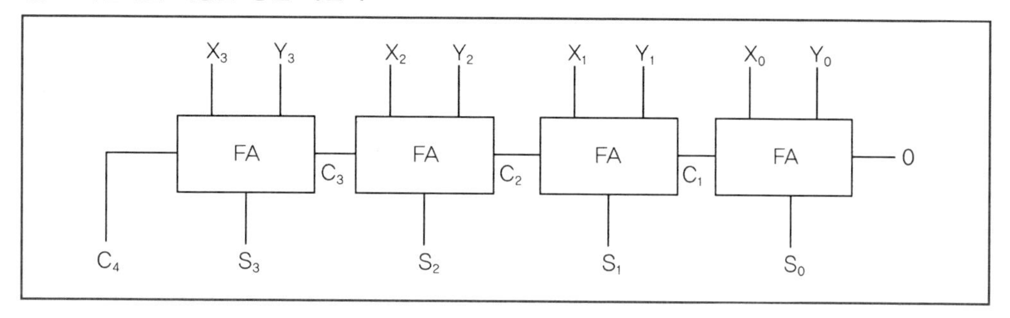

(2) 병렬 가감산기

① 병렬 가산기의 Y에 부호 S(sign)와 XOR하여 입력하면 덧셈과 뺄셈 모두가 가능하다.

② S가 1이면 Y의 값은 반전이 되어 1의 보수가 입력된다. 캐리의 값은 1이 입력되어 결과적으로 Y의 2의 보수가 만들어진다.

③ XOR 게이트에 입력되는 부호 선택 신호의 값이 0이면 덧셈을 수행하고, 부호 선택 신호의 값이 1이면 뺄셈을 수행한다.

병렬 가감산기

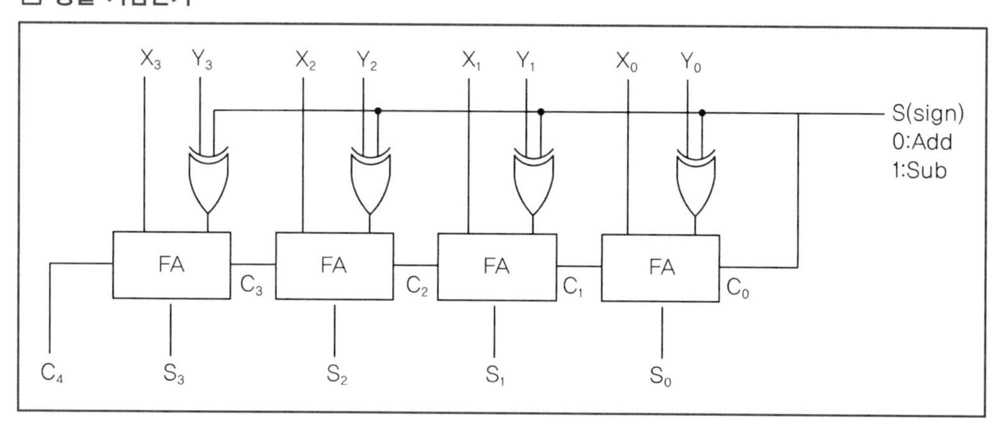

7 부호기(Encoder, 인코더)

(1) 여러 개의 입력단자 중 어느 하나에 나타난 정보를 여러 자리의 2진수로 코드화하여 전달한다.

(2) 2^n개의 입력신호로부터 n개의 출력신호를 만든다.

8×3 인코더의 회로도

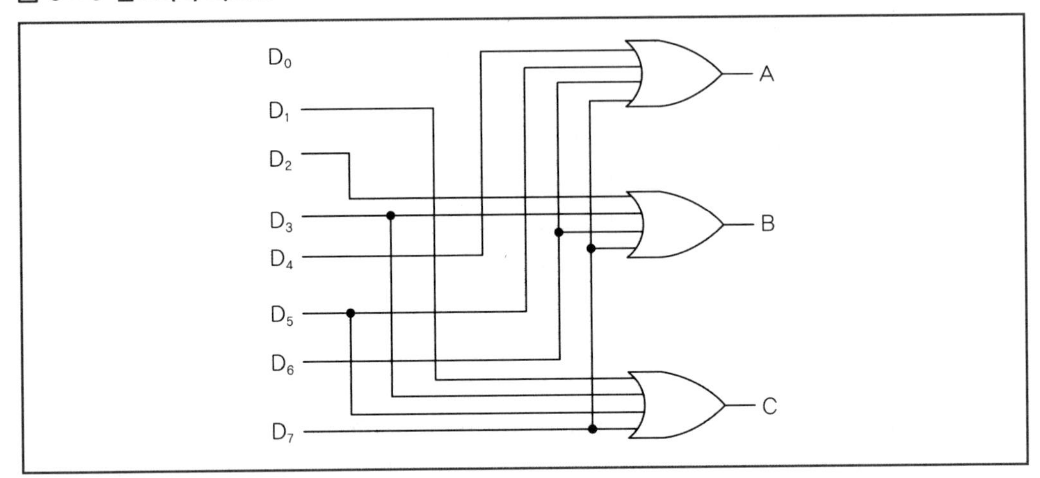

8×3 인코더의 진리표

D_7	D_6	D_5	D_4	D_3	D_2	D_1	D_0	A	B	C
0	0	0	0	0	0	0	1	0	0	0
0	0	0	0	0	0	1	0	0	0	1
0	0	0	0	0	1	0	0	0	1	0
0	0	0	0	1	0	0	0	0	1	1
0	0	0	1	0	0	0	0	1	0	0
0	0	1	0	0	0	0	0	1	0	1
0	1	0	0	0	0	0	0	1	1	0
1	0	0	0	0	0	0	0	1	1	1

8 해독기(Decoder, 디코더)

(1) 코드형식의 2진 정보를 다른 형식의 단일신호로 바꿔주는 회로이다.

(2) n비트의 2진 코드를 최대 2^n개의 정보로 바꿔주는 논리회로이다.

2×4 디코더의 회로도

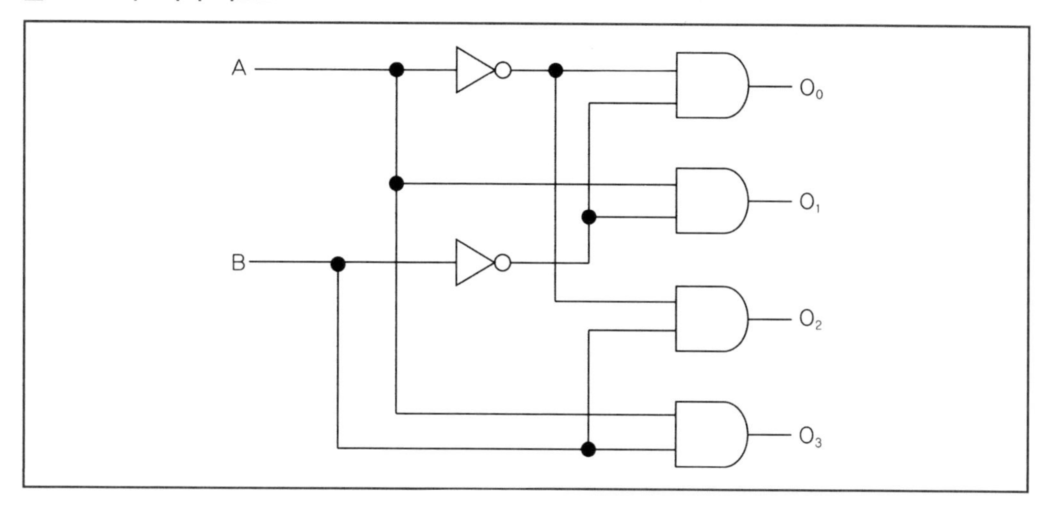

2×4 디코더의 진리표

A	B	O_0	O_1	O_2	O_3
0	0	1	0	0	0
0	1	0	0	1	0
1	0	0	1	0	0
1	1	0	0	0	1

9 멀티플렉서(Multiplexer)

(1) 여러 개의 입력선 중 하나의 입력선만을 출력에 전달해주는 조합 논리회로이다.

(2) 여러 회선의 입력이 한곳으로 집중될 때 특정 회선을 선택하도록 하므로, 선택기라고도 한다.

(3) 어느 회선에서 전송해야 하는지 결정하기 위하여 선택신호가 함께 주어져야 한다.

(4) 여러 개의 회로가 단일 회선을 공동으로 이용하여 신호를 전송하는 데 사용한다.

4×1 멀티플렉서 회로도

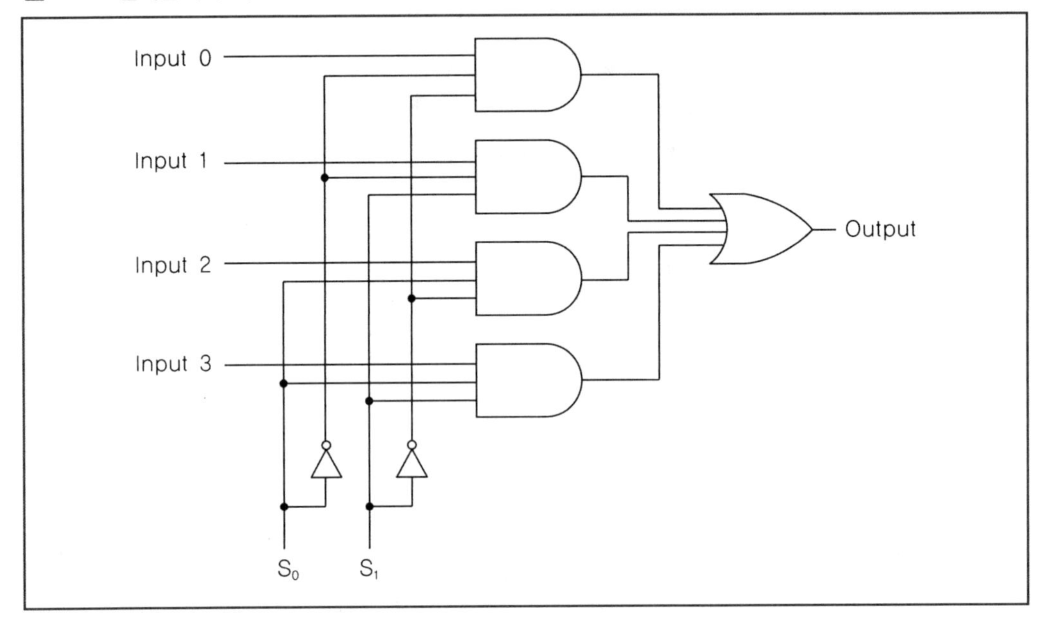

4×1 멀티플렉서 진리표

S_0	S_1	출력
0	0	Input 0
0	1	Input 1
1	0	Input 2
1	1	Input 3

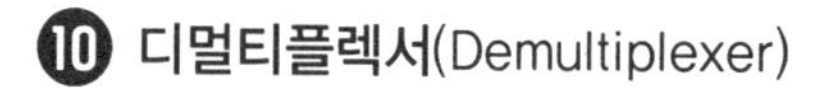

⑩ 디멀티플렉서(Demultiplexer)

(1) 멀티플렉서와 반대기능을 수행하며 하나의 입력회선을 여러 개의 출력회선으로 연결하여 선택신호에서 지정하는 하나의 회선에 출력하므로 분배기라고도 한다.

(2) 선택선이 n개인 경우 2^n개의 출력선이 존재한다.

1×4 디멀티플렉서 회로도

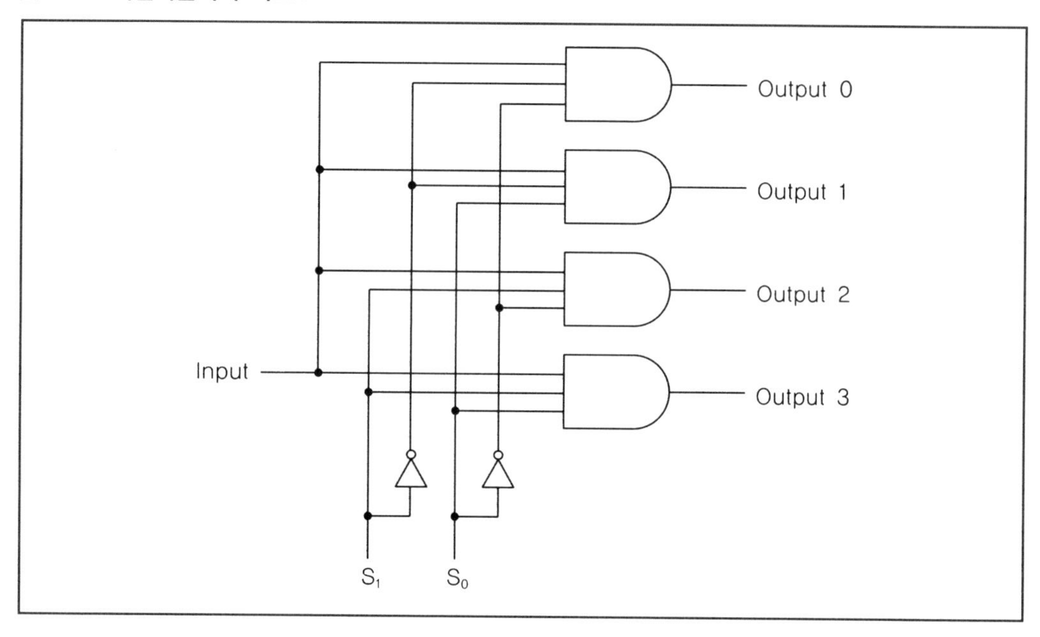

1×4 디멀티플렉서 진리표

S_1	S_0	Output 0	Output 1	Output 2	Output 3
0	0	1	0	0	0
0	1	0	1	0	0
1	0	0	0	1	0
1	1	0	0	0	1

제4절 순서논리회로

❶ 순서논리회로

(1) 플립플롭과 게이트로 구성되고, 출력은 외부입력과 회로의 현재 상태에 의해 결정되는 회로이다.

(2) 출력은 외부입력과 플립플롭의 현재 상태에 의해 결정되는 논리회로로서 출력신호의 일부가 입력으로 피드백되어 출력신호에 영향을 준다.

(3) 플립플롭과 게이트를 구성소자로 가지는 레지스터와 카운터가 대표적이다.

❷ 플립플롭(Flip Flop)

(1) 쌍안정 멀티바이브레이터(bistable multivibrator)의 입력신호에 의해서 상태를 바꾸라는 명령이 있을 때까지 현재의 상태를 유지하는 순서논리회로이다.

(2) 출력이 다시 입력으로 피드백되어 최종적인 출력을 결정하는 순차논리회로의 가장 기본적인 회로이다.

(3) 상태를 바꾸는 신호는 클럭 신호가 되거나 혹은 외부의 입력신호가 될 수 있다.

❸ 플립플롭의 종류

(1) RS 플립플롭

S(Set)와 R(Reset)인 두 개의 상태 중에서 하나의 상태를 안정되게 유지시키는 회로로서, 외부에서 입력되는 펄스가 1인 경우를 S, 0인 경우를 R로 하여 어느 펄스가 입력되었는지 그 상태를 보존시킨다.

RS 플립플롭 회로도

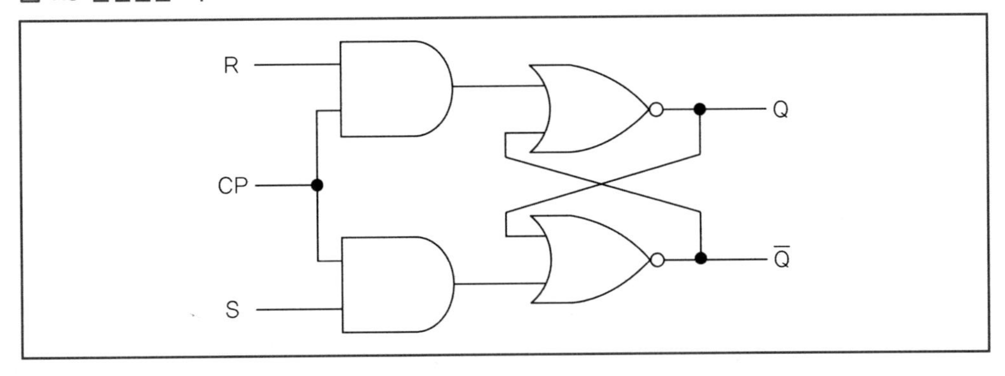

⚙ RS 플립플롭 진리표

입력		출력	
S	R	Q	$\overline{Q}$
0	0	불변	불변
0	1	0	1
1	0	1	0
1	1	불안정	불안정

(2) JK 플립플롭

① RS 플립플롭을 개량하여 S와 R이 동시에 입력되더라도 현재 상태의 반대인 출력으로 바꿔어 안정된 상태를 유지할 수 있도록 한 것이다.

② RS 플립플롭을 사용하여 JK 플립플롭을 만들 수 있다.

JK 플립플롭 회로도

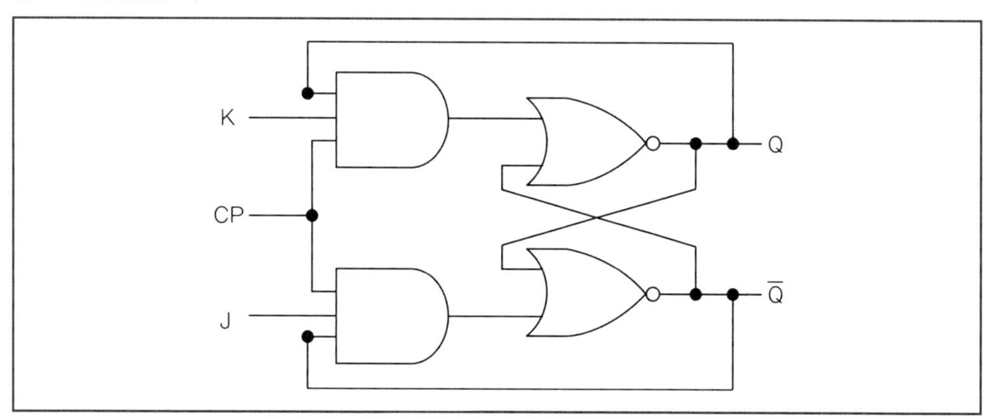

⚙ JK 플립플롭 진리표

입력		출력	
J	K	Q	$\overline{Q}$
0	0	불변	불변
0	1	0	1
1	0	1	0
1	1	$\overline{Q}$	Q

(3) D 플립플롭

① RS 플립플롭을 변형시킨 것으로 하나의 입력단자를 가지며, 입력된 것과 동일한 결과를 출력한다.

② RS 플립플롭의 S입력을 NOT 게이트를 거쳐서 R쪽에서도 입력되도록 연결한 것이기 때문에, RS 플립플롭의 (R=1, S=0) 또는 (R=0, S=1)의 입력만 가능하다.

D 플립플롭 회로도

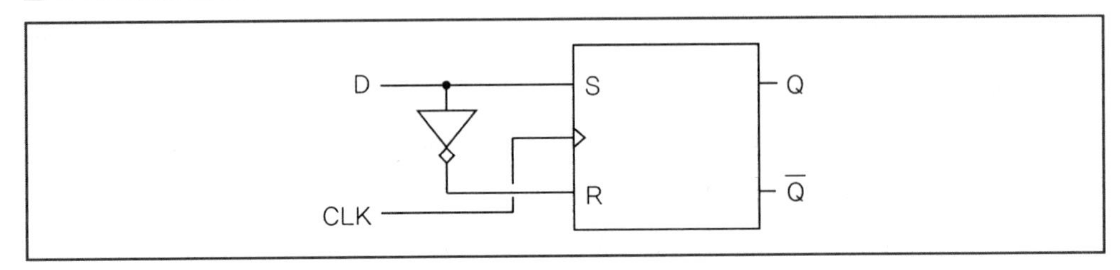

D 플립플롭 진리표

입력	RS 플립플롭		출력	
D	S	R	Q	$\overline{Q}$
0	0	1	0	1
1	1	0	1	0

(4) T 플립플롭

JK 플립플롭을 이용하여 만들 수 있으며, T의 값이 0일 경우 J와 K값이 둘 다 0이 되어 변하지 않고, T의 값이 1일 경우 J와 K값이 둘 다 1이 되어 출력값이 반전되는 효과가 있다.

T 플립플롭 회로도

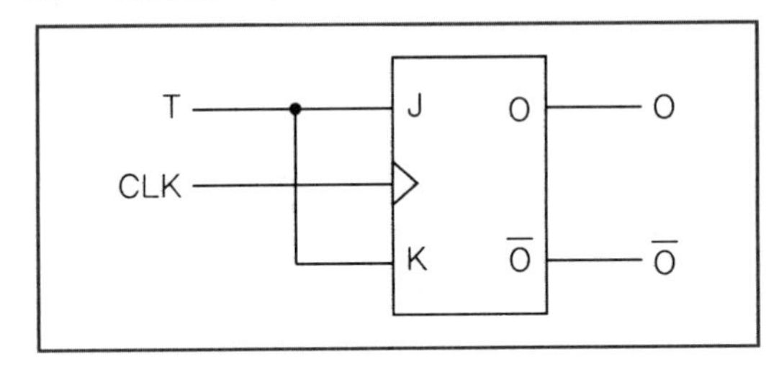

T 플립플롭 진리표

입력	출력	
T	Q	$\overline{Q}$
0	Q	$\overline{Q}$
1	$\overline{Q}$	Q

Chapter 03 자료의 표현과 연산

제1절 수의 표현

1 수의 표현

1. 개요

(1) 사람은 일반적으로는 10진수를 많이 사용하지만, 컴퓨터시스템에서는 2진수와 8진수, 16진수 등이 많이 사용되고 있다.

(2) 컴퓨터시스템은 수의 처리를 전기적 신호인 펄스에 의하여 인식하고 처리하기 때문에 2진법의 수의 체계를 가지게 된다(2진법은 0과 1로 모든 수를 나타내며, 2진법에 의하여 나타내는 수를 2진수라고 한다).

2. 진법

(1) 가장 일반적인 진법: 10진법(Decimal), 이진법(Binary), 8진법(Octal), 16진법(Hexadecimal)

(2) 수 N의 표시

$$N = d_{n-1}r^{n-1} + d_{n-2}r^{n-2} + \cdots + d_1r^1 + d_0r^0$$

(d: 디지트(digit), r: 기수(radix or base), n: 자릿수)

ex $(725)_{10} = 7 \times 10^2 + 2 \times 10^1 + 5 \times 10^0$
$(1011)_2 = 1 \times 2^3 + 0 \times 2^2 + 1 \times 2^1 + 1 \times 2^0$

(3) 각 진수에서의 수의 표현

10진수	2진수	8진수	16진수
0	0	0	0
1	1	1	1
2	10	2	2
3	11	3	3
7	111	7	7
8	1000	10	8
9	1001	11	9
10	1010	12	A
11	1011	13	B

12	1100	14	C
13	1101	15	D
14	1110	16	E
15	1111	17	F
16	10000	20	10
17	10001	21	11
18	10010	22	12

❷ 수의 변환

1. 10진수를 2진수, 8진수, 16진수로 변환

(1) 정수의 변환

10진수를 변환하고자 하는 진수의 밑수로 나누어질 때까지 계속 나누어 나머지를 역순으로 조합하여 나타낸다.

ex1 $(56)_{10}$을 2진수로 변환

```
2 | 56
2 | 28 ···0
2 | 14 ···0
2 |  7 ···0
2 |  3 ···1
     1 ···1
```

$(56)_{10} = (111000)_2$

ex2 $(256)_{10}$을 8진수로 변환

```
8 | 256
8 |  32 ···0
      4 ···0
```

$(256)_{10} = (400)_8$

ex3 $(524)_{10}$을 16진수로 변환

```
16 | 524
16 |  32 ···C
       2 ···0
```

$(524)_{10} = (20C)_{16}$

(2) 소수점이 있는 수의 변환

소수점 이상의 값은 정수의 변환으로 구하고 소수점 이하의 값은 0이 될 때까지 변환할 진수의 밑수를 곱하여 나오는 정수를 순서대로 조합하여 나타낸다.

ex1 $(56.5)_{10}$을 2진수로 변환

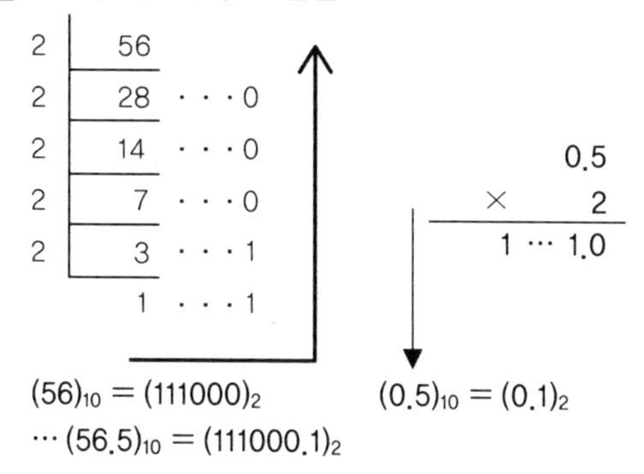

$(56)_{10} = (111000)_2$ $(0.5)_{10} = (0.1)_2$

$\therefore (56.5)_{10} = (111000.1)_2$

ex2 $(256.5)_{10}$을 8진수로 변환

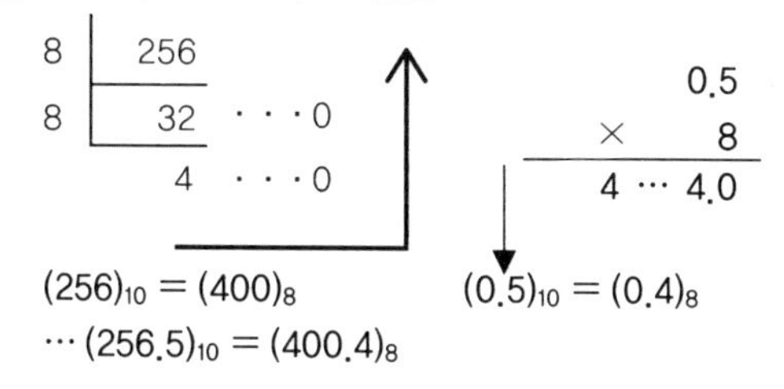

$(256)_{10} = (400)_8$ $(0.5)_{10} = (0.4)_8$

$\therefore (256.5)_{10} = (400.4)_8$

ex3 $(524.5)_{10}$을 16진수로 변환

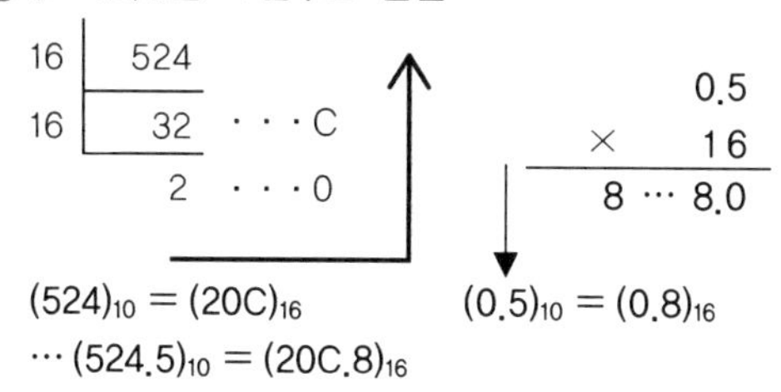

$(524)_{10} = (20C)_{16}$ $(0.5)_{10} = (0.8)_{16}$

$\therefore (524.5)_{10} = (20C.8)_{16}$

2. 2진수, 8진수, 16진수 사이의 상호변환

10진수를 2진수, 8진수, 16진수

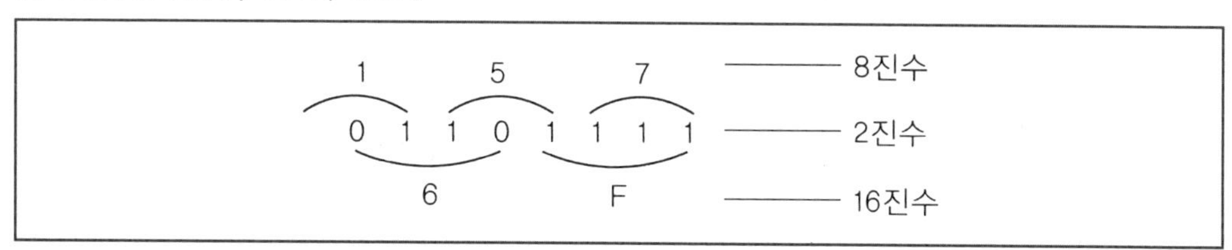

(1) 2진수와 8진수와의 상호변환

8진수의 밑수 8은 2^3이기 때문에 8진수 1자리는 2진수 3비트에 대응된다.

① **2진수를 8진수로 변환**: 소수점을 중심으로 왼쪽과 오른쪽으로 각각 3자리의 2진수로 묶어 1자리의 8진수로 표현한다.

② **8진수를 2진수로 변환**: 소수점을 중심으로 왼쪽과 오른쪽으로 각각 8진수 1자리를 2진수 3자리로 나타내어 표현한다.

ex $(10101011.100010)_2$를 8진수 변환

2 5 3 4 2

(1 0 1 0 1 0 1 1 . 1 0 0 0 1 0)₂

$(10101011.100010)_2 = (253.42)_8$

(2) 2진수와 16진수와의 상호변환

16진수의 밑수 16은 2^4이기 때문에 16진수 1자리는 2진수 4비트에 대응된다.

① **2진수를 16진수로 변환**: 소수점을 중심으로 왼쪽과 오른쪽으로 각각 4자리의 2진수로 묶어 1자리의 16진수로 표현한다.

② **16진수를 2진수로 변환**: 소수점을 중심으로 왼쪽과 오른쪽으로 각각 16진수 1자리를 2진수 4자리로 나타내어 표현한다.

ex $(111010100.110)_2$를 16진수 변환

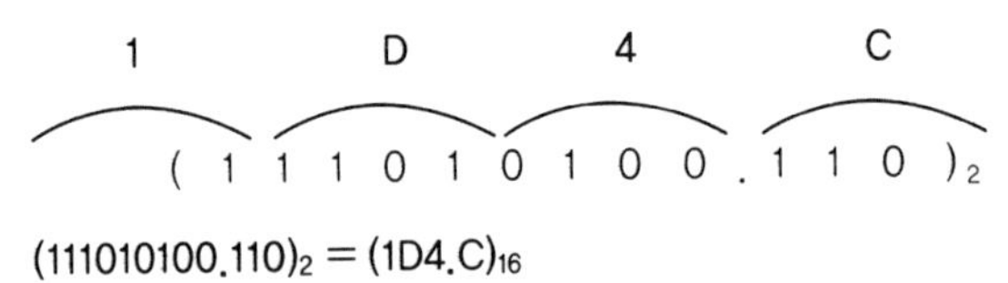

$(111010100.110)_2 = (1D4.C)_{16}$

3 수의 연산

1. 보수(Complement)

음의 수를 나타내기 위해 보수의 표현이 사용되는데, 2진수에는 1의 보수와 2의 보수가 있다.

(1) **1의 보수(1's Complement)**: 2진수의 0은 1로, 1은 0으로 변환한다.

ex $(1001101)_2$의 1의 보수: $(0110010)_2$

(2) **2의 보수(2's Complement)**: 1의 보수의 결과에 1을 더하여 구한다.

ex $(1001101)_2$의 2의 보수: 1의 보수는 $(0110010)_2$이므로 최하위 비트에 1을 더하면 2의 보수가 구해지며, 2의 보수는 $(0110011)_2$이다.

2. 2진수의 연산

(1) 덧셈

2진수는 0과 1만 표현할 수 있으므로 2진수 $(1)_2 + (1)_2$의 연산을 할 경우에 자리올림이 발생하여, $(10)_2$의 결과가 나온다.

ex $(110)_2 + (100)_2 = (1010)_2$

```
      110
 +    100
 ---------
     (1)010
      ↓
   자리올림수
```

(2) 뺄셈

① 1의 보수 이용

㉠ 감수를 1의 보수로 만들어 피감수와 더한다.

㉡ 자리올림수가 있으면 최하위 비트에 올림수를 더하며, 자리올림수가 없으면 얻은 결과의 1의 보수를 취하여 '−'부호를 붙인다.

ex1 $(110)_2 - (100)_2 = (010)_2$

- 먼저 감수 $(100)_2$의 1의 보수를 구한다. : $(011)_2$

```
     110
 +   011
 --------
    1001
```

- 자리올림수 $(1)_2$을 올림수를 제외한 결과값에 더한다. : $(001)_2 + (1)_2 = (010)_2$

ex2 $(100)_2 - (101)_2 = -(001)_2$

- 먼저 감수 $(101)_2$의 1의 보수를 구한다. : $(010)_2$

```
     100
 +   010
 --------
     110
```

- 자리올림수가 없으므로 결과값의 1의 보수를 취한 후, '−' 부호를 붙인다. : $-(001)_2$

② 2의 보수 이용

㉠ 감수를 2의 보수로 만들어 피감수와 더한다.

㉡ 자리올림수가 있으면 무시하고, 자리올림수가 없으면 결과값에 2의 보수를 취한 후 '−' 부호를 붙인다.

ex1 $(110)_2 - (100)_2 = (010)_2$

- 먼저 감수 $(100)_2$의 2 보수를 구한다. : $(100)_2$

```
      110
 +    100
 ---------
     (1)010
      ↓
   자리올림수
```

- 자리올림수가 있으므로 무시하고 결과값을 구한다. : $(010)_2$

ex2 $(100)_2 - (101)_2 = -(001)_2$

- 먼저 감수 $(101)_2$의 2의 보수를 구한다 : $(011)_2$

```
    100
+   011
-------
    111
```

- 자리올림수가 없으므로 결과값에 2의 보수를 취한 후, '−' 부호를 붙인다. : $-(001)_2$

(3) 곱셈

ex $(101)_2 \times (110)_2 = (11110)_2$

```
     101
×    110
--------
     000
    101
   101
--------
   11110
```

(4) 나눗셈

ex $(11001)_2 \div (101)_2 = (101)_2$

```
        101
101 ) 11001
      101
      -----
        101
        101
      -----
          0
```

제2절 자료의 표현

❶ 자료 표현의 단위

컴퓨터에서 표현하는 자료로는 크게 수치데이터와 문자데이터가 있다.

(1) 비트(bit)

① 비트는 컴퓨터의 정보를 나타내는 가장 기본적인 단위이다.

② 비트는 Binary Digit의 약자이며, 1비트는 1 또는 0의 값을 표현한다.

③ n개의 비트로 표현할 수 있는 데이터는 2^n개이다.

(2) 니블(nibble)

한 바이트의 반에 해당되는 4비트 단위를 니블이라고 한다.

(3) 바이트(Byte)

① 하나의 영문자, 숫자, 기호의 단위로 8비트의 모임이다.

② 문자 표현의 최소 단위이다.

1 Byte = 8 bit
2 Byte = 16 bit

(4) 워드(word)

① 1워드는 특정 CPU에서 취급하는 명령어나 데이터의 길이에 해당하는 비트 수이다.
② 컴퓨터 종류에 따라 2바이트, 4바이트, 8바이트로 구성된다.

half word = 2 Byte
full word = 4 Byte
double word = 8 Byte

비트, 니블 및 바이트의 관계

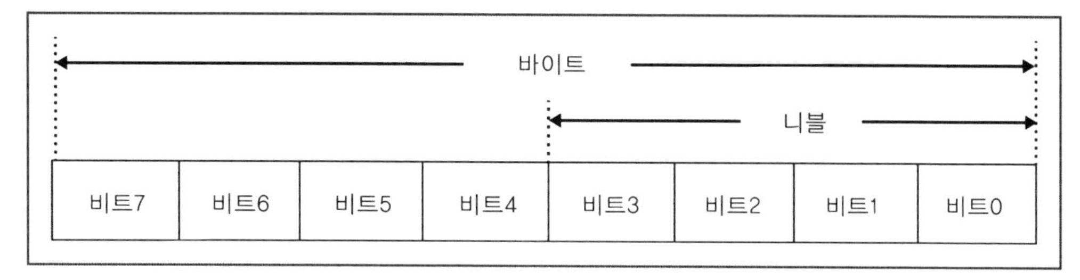

(5) 필드(Field)

하나의 수치 또는 일련의 문자열과 구성되는 자료처리의 최소단위이며, 항목(Item)이라고도 한다.

(6) 레코드(Record)

① 하나 이상의 필드가 모여서 구성되는 프로그램 처리의 기본 단위이다.
② 논리레코드와 물리레코드로 구성된다.

논리레코드 (Logical Record)	자료처리의 기본 단위로서 하나 이상의 필드들이 모여 구성된다.
물리레코드 (Physical Record)	하나 이상의 논리레코드가 모여서 구성되며, 주기억장치와 입·출력장치 사이에서 이동되는 입·출력 단위이다.

(7) 파일(File)

서로 연관된 레코드들의 집합이며, 프로그램 구성의 기본 단위이다.

(8) 데이터베이스(Database)

파일들의 집합이며, 자료의 중복을 최소화시키고 독립성을 높인 통합 데이터이다.

❷ 수치 데이터의 표현

- 수치 데이터는 사칙연산의 대상이 되는 데이터이다.
- 수치 데이터에는 고정 소수점 데이터 형식, 부동 소수점 데이터 형식, 10진 데이터 형식이 있다.

1. 고정 소수점 데이터 형식(fixed point data format)

(1) 표현 방식

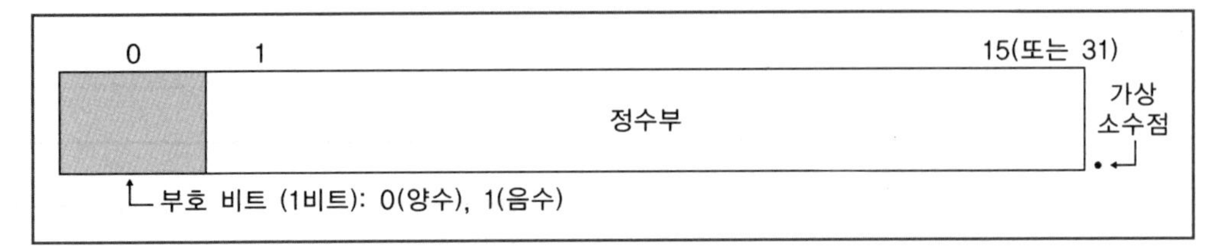

① 소수점의 위치가 항상 고정되어 있는 수이다.
② 정수를 컴퓨터 내부에서 표현하는 형식이며, 고정 소수점 데이터 형식이란 소수점이 맨 오른쪽에 고정되어 있다는 것으로 가정한다.
③ 양수를 표현할 때는 부호 절대치 방식만을 사용한다.
④ 음수를 표현하는 방법에는 부호 절대치, 1의 보수, 2의 보수 표현 방식이 있다.
⑤ 소수점이 없는 정수를 표현하는 형식으로 2바이트(16비트)와 4바이트(32비트) 형식이 있다.
⑥ 부호 비트와 정수부로 구성되며, 정수부는 10진수를 2진수로 변환시켜 표시한다.
⑦ 첫 번째 비트는 부호(sign)비트로서, 양수이면 0으로, 음수이면 1로 표시한다.

(2) 양수의 표현방법

부호비트에 0을 표시하고, 정수를 2진수로 변환하여 정수부에 오른쪽을 기준으로 저장한다.

◎ +23을 2바이트의 고정 소수점 데이터 형식으로 표현

0	000 0000 0001 0111

(3) 음수의 표현방법

① **부호 절대치 표현(signed magnitude)** : 부호는 1로 변경하고, 정수부는 변경하지 않는다.

◎ −23을 부호 절대치 표현

1	000 0000 0001 0111

② **1의 보수 표현(signed-1's complement)** : 부호는 1로 변경하고, 정수부는 1의 보수로 변경한다.

◎ −23을 1의 보수 표현

1	111 1111 1110 1000

③ **2의 보수 표현(signed-2's complement)** : 부호는 1로 변경하고, 정수부는 2의 보수로 변경한다.

◎ −23을 2의 보수 표현

1	111 1111 1110 1001

◎ 부호 있는 8비트 2진수의 표현

	부호 절대치	부호 1의 보수	부호 2의 보수
+127	01111111	01111111	01111111
:	:	:	:
+1	00000001	00000001	00000001
+0	00000000	00000000	00000000
−0	10000000	11111111	×
−1	10000001	11111110	11111111
:	:	:	:
−127	11111111	10000000	10000001
−128	×	×	10000000

✱ • 부호 절대치와 부호 1의 보수 표현에는 0이 2개(+0, −0) 존재한다.
• 부호 2의 보수 표현은 0이 1개(+0)만 존재하기 때문에 음수값은 부호 절대치나 부호 1의 보수 표현보다 표현범위가 1이 더 크다.

◎ 정수 표현 범위(n 비트일 때)

부호 절대치	$-(2^{n-1}-1) \sim +(2^{n-1}-1)$
부호 1의 보수	$-(2^{n-1}-1) \sim +(2^{n-1}-1)$
부호 2의 보수	$-(2^{n-1}) \sim +(2^{n-1}-1)$

2. 부동 소수점 데이터 형식(floating point data format)

(1) 표현 방식

① 컴퓨터 내부에서 소수점이 있는 실수를 표현할 때 사용하는 형식이다.
② 부호 비트, 지수부, 가수부로 구성된다.
③ 부호 비트는 양수이면 0, 음수이면 1로 표시한다.
④ 지수부는 8비트로 실제 지수에 기준수(바이어스 상수)를 더하여 나타낸다.
⑤ 가수부는 나머지 비트로 소수점 아래 부분(유효숫자)을 나타낸다.
⑥ 4바이트(32비트) 단정도 실수형과 8바이트(64비트) 배정도 실수형이 있다.
⑦ 고정 소수점 데이터 형식보다 복잡하고 연산속도가 느리다.
⑧ 실수 표현을 위하여 지수부와 가수부로 분리시키는 정규화(Normalization) 과정이 필요하다.

4바이트 실수형 표현 방식

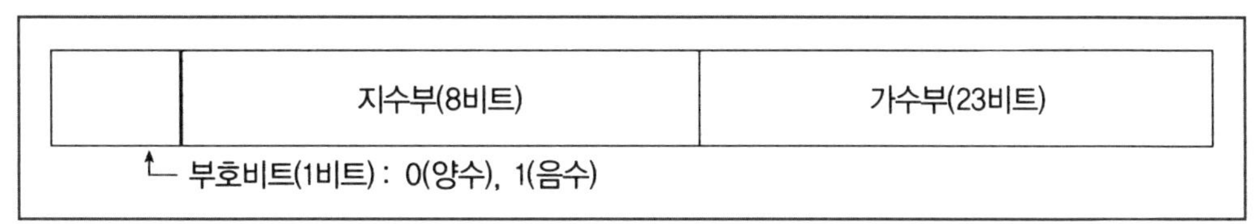

(2) IEEE 754 표준 형식

IEEE 754 표준 형식은 미국전기전자공학회(IEEE)에서 제시한 부동 소수점 수 표현에 관한 국제 표준안이다. 부동 소수점의 표현이 컴퓨터시스템에 따라 다르기 때문에 프로그램의 이식성이 매우 떨어져 IEEE 754라는 32비트(단정도)와 64비트(배정도) 부동 소수점 표현 방식에 대한 표준을 만들었다.

① 32비트 부동 소수점 표현 – Single Precision(단정도, float)

지수는 8비트, 가수는 23비트이며, 바이어스는 127이다.

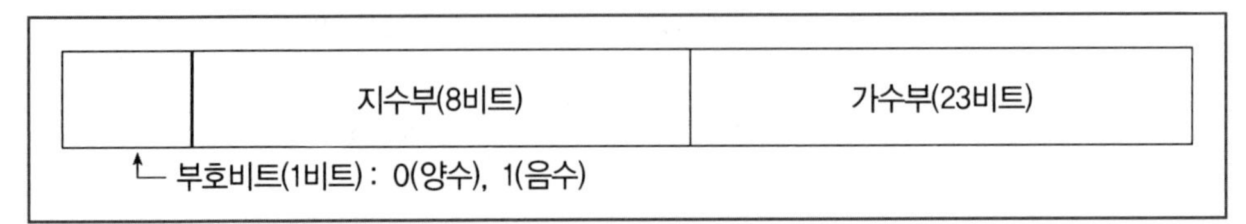

② 64비트 부동 소수점 표현 – Double Precision(배정도, double)

지수는 11비트, 가수는 52비트이며, 바이어스는 1023이다.

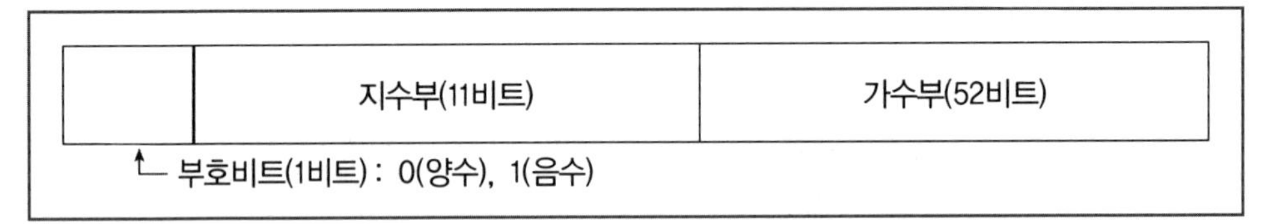

③ 표현방식에 따라 저장되는 과정

㉠ 2진수로 변환한다.

㉡ 정규화를 수행한다.

* 정규화 : 소수점의 위치를 최대 유효숫자 1 뒤에 위치하는 것

㉢ 부호비트 : 양수는 0, 음수는 1로 표현한다.

㉣ 지수부 : 지수값에 바이어스를 더해 표현한다. (지수값의 양수화)

㉤ 가수부 : 정규화된 수에서 가장 왼쪽에 있는 1.을 생략하고 표현한다.

ex $(-14.25)_{10}$ 표현 : 32비트 부동 소수점 표현(단정도, float)

1. $(-14.25)_{10} = (-1110.01)_2$
2. 정규화 : $(-1110.01)_2 = (-1.11001)_2 \times 2^3$
3. 부호비트는 1(음수)
4. 지수부 : $(3 + 127)_{10} = (10000010)_2$
5. 가수부 : 11001000000000000000000 (가장 왼쪽 1.은 생략하고, 나머지 가수부 비트는 0으로 채운다)

1	10000010	11001000000000000000000
부호비트(1비트)	지수부(8비트)	가수부(23비트)

(3) 부동 소수점 수의 연산

부동 소수점 수는 가수부와 지수부로 구성되므로, 두 부분을 별도로 분리하여 각각 고정 소수점 방식으로 처리해야 한다

① **가산과 감산**: 부동 소수점 수는 가수의 소수점의 위치가 지수에 의해 결정되므로, 다음과 같이 먼저 두 수의 지수가 같도록 가수를 조작한 후에 덧셈 혹은 뺄셈을 수행한다.

㉠ 피연산자가 0인지의 여부 조사

㉡ 지수 조정(지수 부분이 큰 것을 중심으로 가수의 위치를 조정함)

㉢ 가수의 덧셈 혹은 뺄셈 연산

㉣ 결과의 정규화

ex 부동 소수점 수의 덧셈

$(0.101100 \times 2^4) + (0.111000 \times 2^6)$

$= (0.001011 \times 2^6) + (0.111000 \times 2^6)$

$= (1.000011 \times 2^6) \rightarrow (0.1000011 \times 2^7)$

② **곱셈과 나눗셈**: 곱셈과 나눗셈에서는 지수 조정이 필요하지 않다. 가수끼리는 곱셈 혹은 나눗셈을 수행하고, 지수끼리는 곱셈의 경우 더하고, 나눗셈의 경우에는 빼면 된다.

곱셈

승수 또는 피승수가 0이면 결과는 0이다. 곱셈은 다음 순서로 행한다.

㉠ 0인지의 여부 조사

㉡ 지수의 덧셈

㉢ 가수의 곱셈

㉣ 결과의 정규화

ex 부동 소수점 수의 곱셈

$(0.101 \times 2^4) \times (0.11 \times 2^6)$

1. 승수 및 피승수 모두 0이 아님
2. 지수의 합: $4 + 6 = 10$
3. 가수의 곱: $0.101 \times 0.11 = 0.01111$
4. 정규화: $0.01111 \times 2^{10} \rightarrow 0.1111 \times 2^9$

나눗셈

지수의 뺄셈과 가수의 나눗셈으로 이루어진다. 제수가 0이면 오류('divide by zero')이고, 피제수가 0이면 결과는 0이다.

㉠ 0인지의 여부 조사

㉡ 부호의 결정

㉢ 피제수의 위치 조정(나눗셈 오버플로우를 방지하기 위해, 피제수 가수의 크기가 제수의 가수 크기보다 작도록 함)

㉣ 지수의 뺄셈

㉤ 가수의 나눗셈

㉥ 결과의 정규화

ex 부동 소수점 수의 나눗셈

$(0.1111 \times 2^9) \div (0.101 \times 2^4)$

1. 제수 및 피제수 모두 0이 아님
2. 피제수 및 제수의 부호가 양수이므로 결과인 몫의 부호는 양수
3. 피제수(가수)의 크기가 제수(가수)에 비해 크므로 피제수의 위치를 조정
   $(0.1111 \times 2^9) \div (0.101 \times 2^4) \rightarrow (0.001111 \times 2^{11}) \div (0.101 \times 2^4)$
4. 피제수의 가수 ÷ 제수의 가수 : $0.001111 \div 0.101 = 0.011$
5. 피제수의 지수 − 제수의 지수 : $11 - 4 = 7$
6. 정규화 : $0.011 \times 2^7 \rightarrow 0.11 \times 2^6$

3. 10진 데이터 형식(decimal data format)

- 고정 소수점 데이터를 표현하는 방법 중의 하나로 10진수를 2진수로 변환하지 않고 10진수 상태로 표현하는 것이다.
- 10진수 한 자리를 8비트로 표현하는 존 형식(zone format)과 4비트로 표현하는 팩 형식(pack format)으로 구분할 수 있다.
- 부호는 양수이면 1100(C), 음수이면 1101(D), 부호가 없으면 1111(F)로 나타낸다.

(1) 존(Zone) 형식 – 언팩Unpack) 10진 데이터 형식

① 10진수 한 자리를 8개의 비트로 표현하는 방법으로 존 4비트와 숫자 4비트를 사용한다.

② 입출력 데이터로 사용한다.

ex 존 형식으로 +3560이라는 수의 표현

1111	0011	1111	0101	1100	0110
F	3	F	5	C	6

(2) 팩(Packed) 10진 데이터 형식

① 10진수 한 자리를 4개의 비트로 표현하는 방법으로 1바이트에 2개의 숫자 표현이 가능하다.

② 연산용 데이터로 사용한다.

③ 숫자 부분만을 사용하는 10진수 연산으로 존(zone) 진수 형식을 사용하면 처리 시간과 기억 장소가 낭비되기 때문에 1바이트(8비트)에 두 자릿수를 기억한다.

ex 팩 형식으로 +3560이라는 수의 표현

0011	0101	0110	1100
3	5	6	C

❸ 문자데이터의 표현

(1) BCD 코드(2진화 10진 코드)

① BCD 코드는 2개의 존(zone) 비트와 4개의 숫자(digit) 비트의 6비트로 구성되어 있다.

② 6비트로 64(26)가지의 문자를 표현할 수 있으며, 영문 대문자와 소문자를 구별하지 못한다.

(2) ASCII 코드(미국표준코드)

① ASCII 코드는 3개의 존(zone) 비트와 4개의 숫자(digit) 비트의 7비트로 구성되어 있다.

② 7비트로 128(27)가지의 문자를 표현할 수 있으며, 마이크로컴퓨터와 데이터통신용 코드로 사용되고 있다.

(3) EBCDIC 코드(확장 2진화 10진 코드)

① EBCDIC 코드는 4개의 존(zone) 비트와 4개의 숫자(digit) 비트의 8비트로 구성되어 있다.

② 8비트로 256(28)가지의 문자를 표현할 수 있다.

(4) 유니코드(unicode)

① ASCII 코드와는 달리 언어와 상관없이 모든 문자를 표현할 수 있는 국제 표준 문자코드이다.

② 2바이트(16비트)로 표현한 것이며, 최대 65,000여 개의 문자를 표현 가능하다.

제3절 기타 코드

가중치(weighted) 코드	• 그 위치에 따라 정해진 값을 갖는 코드. 연산 가능 • 8421 코드, 2421 코드, 5421 코드, 84-2-1 코드, 51111 코드
비가중치(non-weighted) 코드	• 각각의 위치에 해당하는 값이 없는 코드. 연산 불가능 • 3초과 코드, 그레이 코드, 2 out of 5 코드, shift conuter 코드
자보수(self complement) 코드	• 2진수 상호 교환에 의해 보수를 얻을 수 있는 코드 • 3초과 코드, 2421 코드, 84-2-1 코드, 51111 코드
코드에러검출(error detected) 코드	• 에러를 검출할 수 있는 코드 • 패리티 비트, 해밍 코드

❶ 가중치 코드(weighted code)

가중치 코드란 2진수를 코드화했을 때, 각각의 비트마다 일정한 크기의 값을 갖는 코드를 말하며 연산에 사용할 수 있다.

1. 8421 코드(4비트 BCD 코드)

(1) 2진수 4비트를 이용하여 10진수 한 개의 값을 표현할 수 있다.

(2) 각 자릿수의 가중치가 왼쪽부터 8, 4, 2, 1의 값을 갖는 가중치 코드이다.

2. 2421 코드

(1) 자기보수화의 특징을 갖고 있다.

(2) 각 자릿수의 가중치가 왼쪽부터 2, 4, 2, 1의 값을 갖는 가중치 코드이다.

◎ **가중치 코드(weighted code)**: 그 위치에 따라 정해진 값을 갖는 코드

10진수	8421 코드 (BCD)	2421 코드	5421 코드	84-2-1 코드	51111 코드
0	0000	0000	0000	0000	00000
1	0001	0001	0001	0111	00001
2	0010	0010	0010	0110	00011
3	0011	0011	0011	0101	00111
4	0100	0100	0100	0100	01111
5	0101	1011	1000	1011	10000
6	0110	1100	1001	1010	11000
7	0111	1101	1010	1001	11100
8	1000	1110	1011	1000	11110
9	1001	1111	1100	1111	11111

❷ 비가중치 코드(non-weighted code)

2진수를 코드화했을 때 각각의 비트마다 일정한 크기의 값이 없는 코드를 의미하며 연산에는 부적합하다.

1. 3초과 코드(Excess-3 code)

(1) 자기보수화의 특징을 갖고 있다.

(2) 8421 코드에 3을 더한 것과 같은 결과를 갖는 코드이다.

2. 그레이 코드(Gray code)

데이터의 전송, 입・출력 장치, 아날로그-디지털 변환기(A/D 변환기) 및 주변장치에 사용된다.

(1) 2진 코드를 그레이 코드로 변환하는 방법

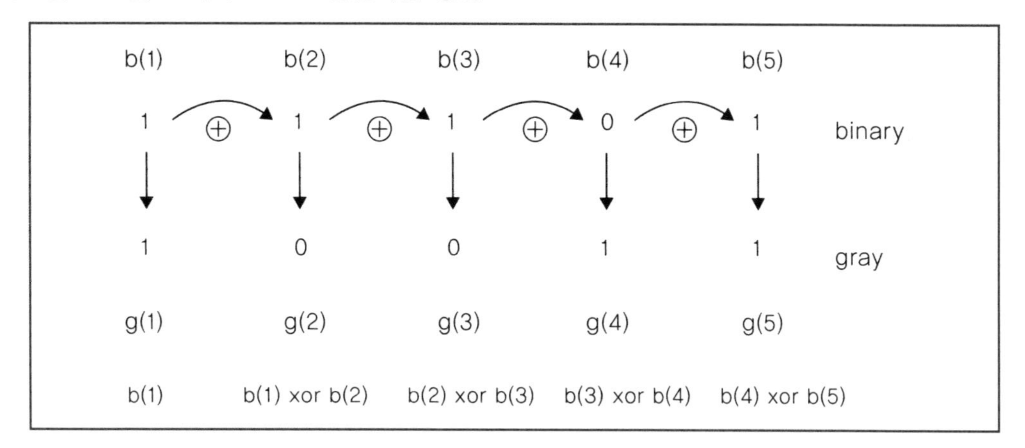

① 2진수의 첫번째(가장 왼쪽) 비트는 그레이 코드의 첫번째 비트이다.

② 왼쪽에서부터 오른쪽으로 이웃한 두 개의 2진 비트를 Exclusive OR(XOR) 연산을 하면 그레이 코드이다.

(2) 그레이 코드를 2진 코드로 변환하는 방법

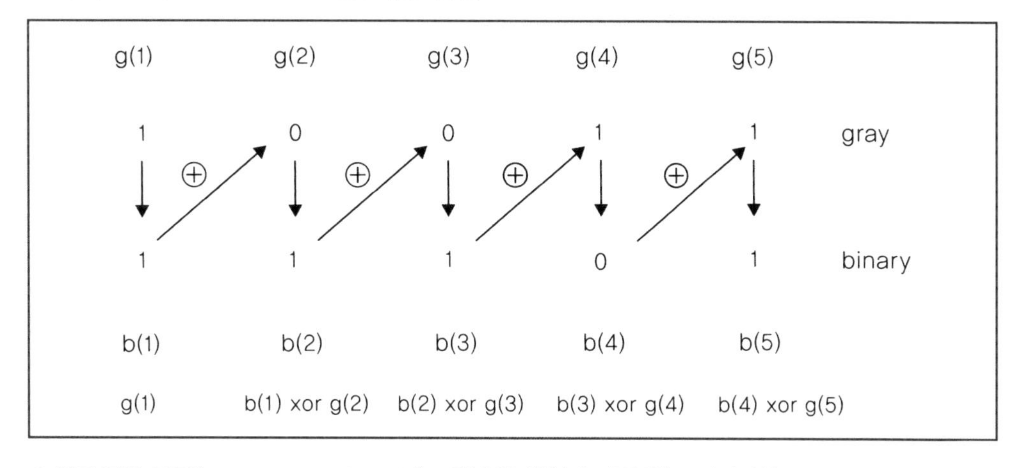

◎ **비가중치 코드(non-weighted code)**: 각각의 위치에 해당하는 값이 없는 코드

10진수	3-초과 코드	2-out-of-5(74210)	shift counter	그레이 코드
0	0011	11000	00000	0000
1	0100	00011	00001	0001
2	0101	00101	00011	0011
3	0110	00110	00111	0010
4	0111	01001	01111	0110
5	1000	01010	11111	0111
6	1001	01100	11110	0101
7	1010	10001	11100	0100
8	1011	100010	11000	1100
9	1100	10100	10000	1101

❸ 오류 검출 코드

데이터의 오류 발생 유무를 검사할 수 있는 코드이다.

1. 패리티 비트(parity bit)

(1) 원래 데이터 비트에 오류 발생 유무를 검사하기 위해 패리티 비트를 추가한다.

(2) 패리티 비트는 1비트 에러는 검출할 수 있지만 2비트 이상의 에러는 검출할 수 없다.

패리티 검사 방법

- **홀수 패리티 방법**: 2진 데이터 중에서 1의 개수가 홀수개일 때 에러 없음을 나타낸다.
- **짝수 패리티 방법**: 2진 데이터 중에서 1의 개수가 짝수개일 때 에러 없음을 나타낸다.

2. 해밍코드(hamming code)

(1) 오류 검출과 교정이 가능하다.

(2) 2의 거듭제곱 번째 위치에 있는 비트들은 패리티 비트로 사용한다. (1, 2, 4, 8, 16…번째 비트)

(3) 나머지 비트에는 부호화될 데이터가 들어간다. (3, 5, 6, 7, 9, 10, 11, 12 …번째 비트)

P1	P2		P3				P4			…

- **P1의 패리티 값**: 1, 3, 5, 7, 9, 11, …번째 비트들의 짝수(또는 홀수) 패리티 검사 수행
- **P2의 패리티 값**: 2, 3, 6, 7, 10, 11, …번째 비트들의 짝수(또는 홀수) 패리티 검사 수행
- **P3의 패리티 값**: 4, 5, 6, 7, 12, 13, 14, 15, …번째 비트들의 짝수(또는 홀수) 패리티 검사 수행
- **P4의 패리티 값**: 8, 9, 10, 11, 12, 13, 14, 15, 24, 25, …번째 비트들의 짝수(또는 홀수) 패리티 검사 수행

◎ **패리티 비트의 수 결정**

$$2^p - 1 \geq d + p$$

- p: 패리티 비트의 수
- d: 데이터 비트의 수
- 패리티 비트 p는 위의 수식을 만족하는 최소수이다.

ex 짝수 패리티를 사용하는 해밍코드 시스템에서 데이터가 2진수 1101일 때 패리티 비트 생성

1	0	1	0	1	0	1
P1	P2		P3			

Chapter 04 중앙처리장치(CPU)

중앙처리장치(CPU; Central Processing Unit)는 컴퓨터시스템에서 가장 중요한 기능을 담당하는 부분으로 명령어를 해석하고 명령어의 수행을 위한 과정을 준비하며, 명령어의 처리 과정을 제어하는 기능을 담당한다.

제1절 중앙처리장치의 구성

중앙처리장치의 구성요소는 연산 기능을 수행하는 산술 논리 연산장치(ALU; Arithmetic Logic Unit), 제어기능을 수행하는 제어장치(CU; Control Unit), 기억기능을 수행하는 레지스터(Register)와 전달기능을 수행하는 내부버스(internal bus)로 구성된다.

CPU의 내부구조

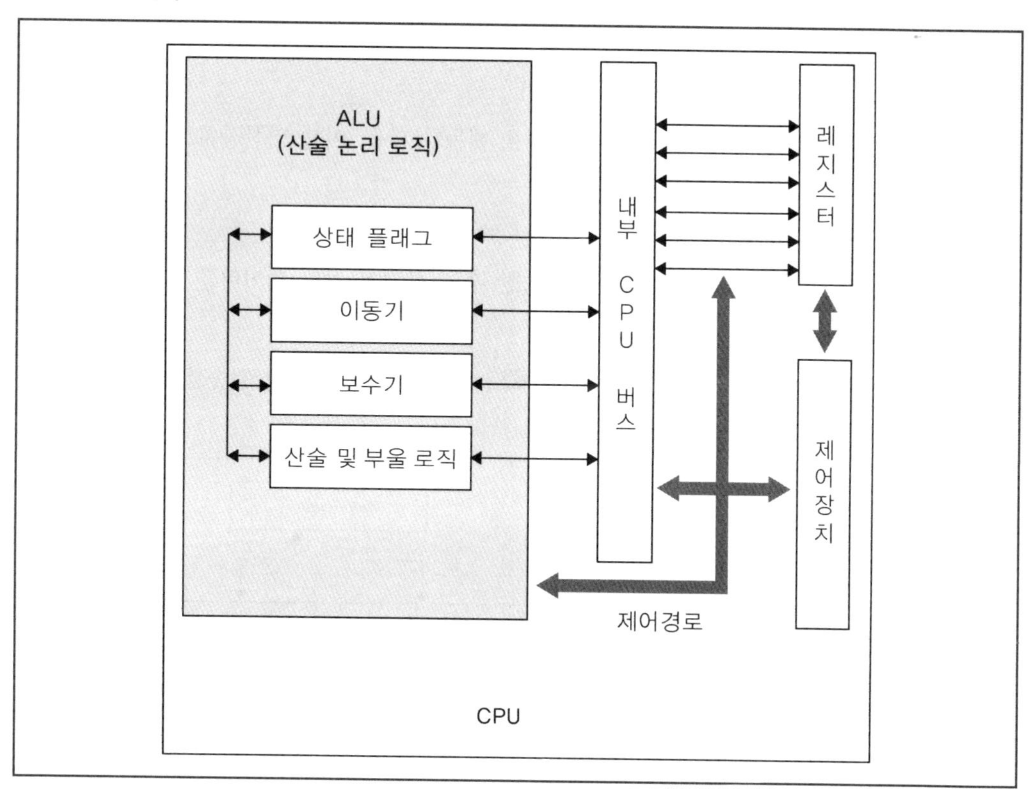

❶ 제어장치(CU ; Control Unit)의 구성

- 주기억장치에 기억된 프로그램을 차례로 읽어 그 내용을 해독하고, 해독된 의미에 따라 필요한 장치에 신호를 보내어 작동시키며, 그 결과를 검사하는 역할을 한다.
- 프로그램을 실행하는 도중에 예상치 않은 일이 발생하면 작동을 중단시킨 후 오류를 복구하여 실행을 계속할 수 있도록 한다(interrupt).

1. 제어장치의 구성요소

(1) 프로그램 카운터(PC ; Program Counter)

① 다음에 수행할 명령의 주소를 기억하는 레지스터이다.

② 컴퓨터의 실행순서를 제어하는 역할을 수행한다.

(2) 메모리 주소 레지스터(MAR ; Memory Address Register)

읽고자 하는 프로그램이나 데이터가 기억되어 있는 주기억장치의 어드레스를 임시로 기억한다.

(3) 메모리 버퍼 레지스터(MBR ; Memory Buffer Register)

어드레스 레지스터가 지정하는 주기억장치의 해당 어드레스에 기억된 내용을 임시로 보관한다.

(4) 명령(어) 레지스터(IR ; Instruction Register)

실행할 명령문을 기억 레지스터로부터 받아 임시로 보관하는 레지스터로서, 명령부와 어드레스부로 구성된다.

(5) 명령 해독기(ID ; Instruction Decoder)

명령 레지스터의 명령부에 기억된 명령을 해독한 다음, 이를 연산장치로 보내어 실행하도록 한다.

(6) 번지 해독기(Address Decoder)

명령어 레지스터가 보내온 주소를 해독한 후 저장되어 있던 데이터를 메모리로 보낸다.

(7) 부호기(Encoder)

명령 해독기에 의해 해독된 내용을 신호로 변환하여 각 장치에 전송한다.

제어장치의 구성

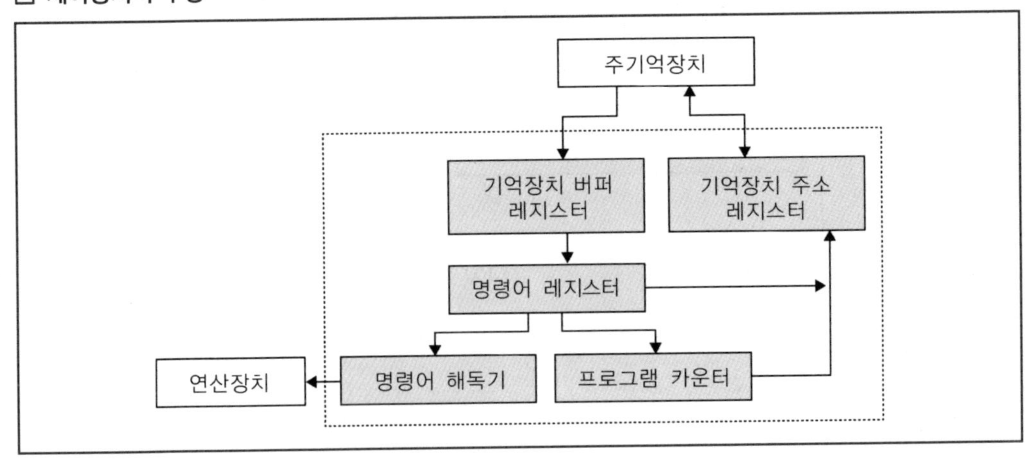

2. 제어장치의 기본 동작

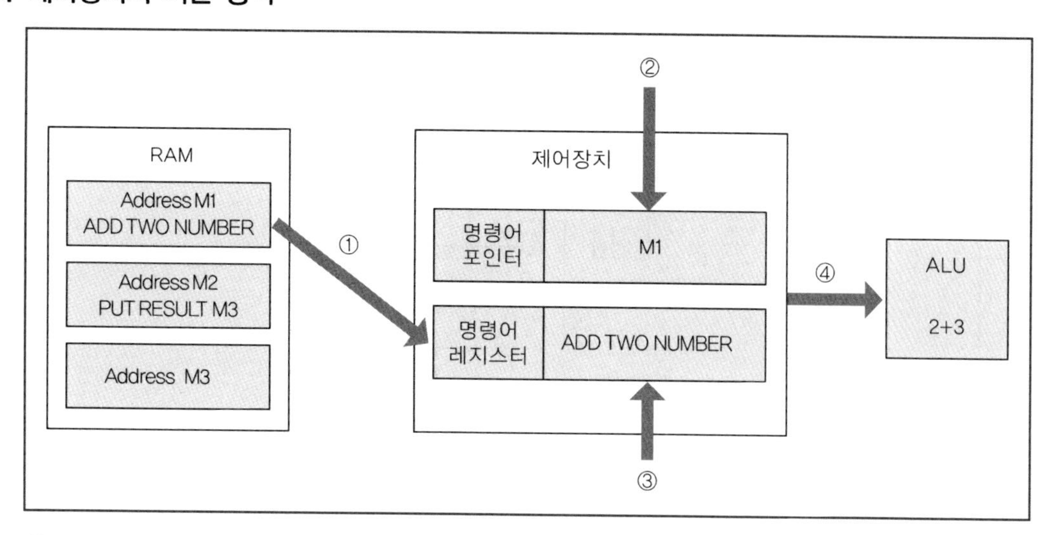

① 주기억장치(RAM)에서 명령어를 읽어서 제어장치 내에 명령어 레지스터로 저장된다.
② 명령어의 포인터에는 다음에 실행될 명령어의 주소가 저장된다.
③ 제어장치가 명령어 레지스터의 명령어를 해석한다.
④ 해석된 명령어는 해당되는 제어신호를 발생한다(위의 그림에서는 제어장치에서 발생된 제어 신호에 의해 ALU 동작).

❷ 연산장치(ALU ; Arithmetic Logic Unit)의 구성

1. 연산장치의 구성요소

(1) **누산기(AC ; Accumulator)** : 산술연산 및 논리연산의 결과를 일시적으로 기억하는 레지스터이다.

(2) **가산기(Adder)** : 데이터 레지스터에 보관된 값과 누산기의 값을 더하여 결과를 누산기에 보낸다. 반가산기와 전가산기로 구분된다.

(3) **데이터 레지스터(Data Register)** : 연산에 사용할 데이터를 일시적으로 기억하는 레지스터이다.

(4) **상태 레지스터(Status Register)** : 연산실행 결과의 양수와 음수, 자리올림과 오버플로 등의 상태를 기억한다.

(5) **범용 레지스터(General Register)** : 기능을 정해놓지 않은 레지스터로 주소지정, 연산을 위한 데이터 보관용, 제어용으로 사용할 수 있는 레지스터이다.

(6) **보수기(complementary)** : 감산 시에 빼는 수를 보수로 바꾸어 주는 회로이다. 보수기에서 사용하는 보수는 1의 보수와 2의 보수가 있으며, 일반적으로 2의 보수기를 많이 사용한다.

2. 연산장치의 구성도

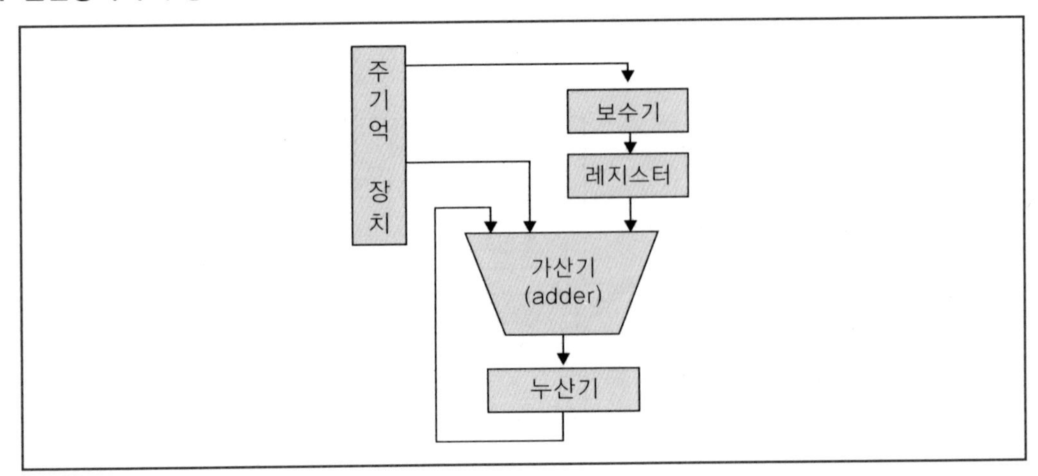

❸ 버스(bus)의 구성

(1) 버스는 레지스터 사이와 ALU와의 데이터 전송을 위해 필요하다.

(2) 내부버스는 중앙처리장치 내부에서의 데이터 전송과 논리 제어를 담당하는 경로이다.

(3) 외부버스는 중앙처리장치와 메모리나 주변장치를 연결하는 데이터 통로이다.

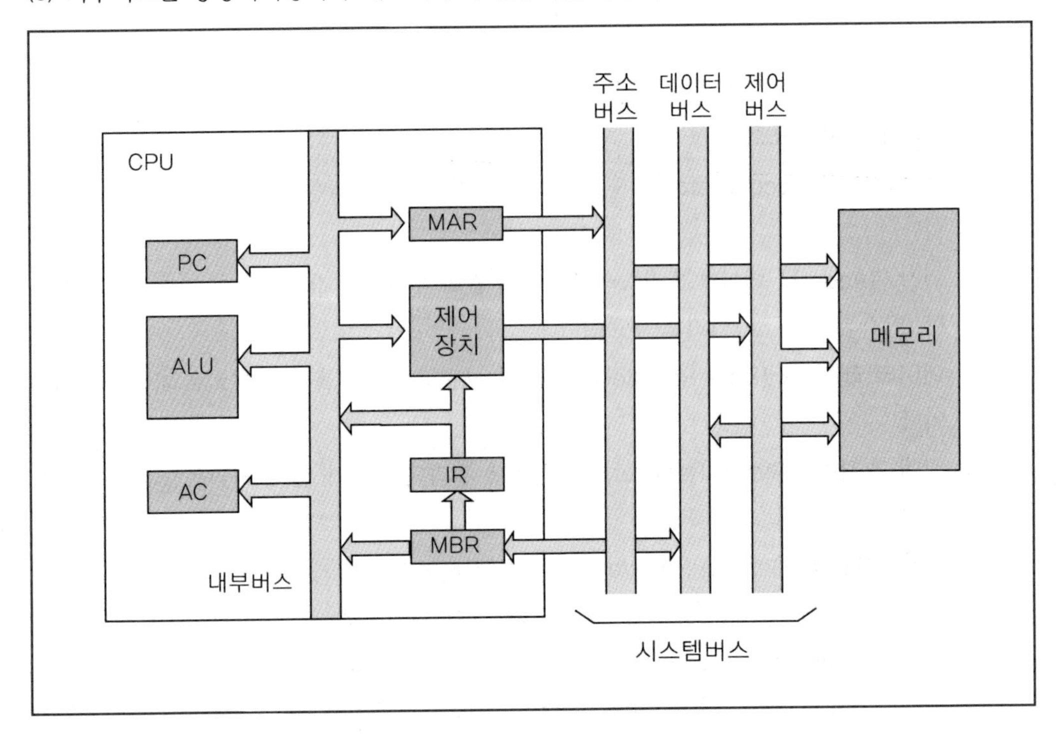

제2절 명령어(Instruction)

명령어는 실행해야 할 자료의 처리 내용을 표시하고, 이 자료의 처리 과정을 수행할 때 필요한 일련의 오퍼랜드 또는 자료들을 나타내는 것이다.

❶ 명령어의 구성

op-code (명령코드부)	operand (오퍼랜드부)

(1) op-code(operation code)

① 명령코드부는 사칙연산과 보수연산, 입출력, 시프트, 비교 등 연산 명령의 종류를 표시하는 부분이다.

② 명령코드부의 크기가 n비트로 구성되면 2^n개의 명령어 지정이 가능하다.

(2) operand(address)

① 오퍼랜드부는 주소부라 부르기도 하며, 명령을 수행하기 위하여 필요한 자료의 개수와 주기억장치나 보조기억장치에 위치한 자료의 저장된 주소를 표시하는 부분이다.

② 오퍼랜드부의 크기가 n비트로 구성되면 2^n개의 주소 지정이 가능하다.

❷ 명령어의 형식

오퍼랜드의 수에 따라 0-주소 명령어 형식부터 3-주소 명령어 형식이 있다.

(1) 0-주소 명령어 형식

op-code

① 명령어 형식에서 오퍼랜드부를 사용하지 않는 형식으로 처리 대상이 묵시적으로 지정되어 있는 형식이다.

② 명령어의 구조 가운데 가장 짧은 길이의 명령어로서 명령어 내에 주소 부분이 없는 명령어이며, 연산의 실행을 위해 언제나 stack에 접근한다.

③ 반드시 수식은 후위 연산자(postfix) 형태로 바꾸어야 한다.

ex 수식 X = (A + B) * (C + D)의 연산
후위 연산자(postfix) 형태로 변경 : XAB + CD + * =

PUSH	A	TOS ← A
PUSH	B	TOS ← B
ADD		TOS ← (A + B)
PUSH	C	TOS ← C
PUSH	D	TOS ← D
ADD		TOS ← (C + D)
MUL		TOS ← (C + D) * (A + B)
POP	X	M[X] ← TOS

※ TOS(Top of Stack)

(2) 1-주소 명령어 형식

op-code	피연산자의 주소 operand

모든 데이터의 처리가 누산기(AC ; ACcumulator)에 의해 이루어진다.

ex 수식 X = (A + B) * (C + D)의 연산

LOAD	A	AC ← M[A]
ADD	B	AC ← AC + M[B]
STORE	T	M[T] ← AC
LOAD	C	AC ← M[C]
ADD	D	AC ← AC + M[D]
MUL	T	AC ← AC * M[T]
STORE	X	M[X] ← AC

(3) 2-주소 명령어 형식

op-code	피연산자-1의 주소 operand 1	피연산자-2의 주소 operand 2

① 연산대상이 되는 두 개의 주소를 표현하고 연산결과를 그중 한곳에 저장하며, 컴퓨터에서 가장 많이 사용되는 형식이다.
② 피연산자-1의 주소에 있는 원시 자료가 파괴된다.

ex 수식 X = (A + B) * (C + D)의 연산

MOV	R1, A	R1 ← M[A]
ADD	R1, B	R1 ← R1+B
MOV	R2, C	R2 ← M[C]
ADD	R2, D	R2 ← R2+D
MUL	R1, R2	R1 ← R1 * R2
MOV	X, R1	M[X] ← R1

(4) 3-주소 명령어 형식

op-code	피연산자-1의 주소 operand 1	피연산자-2의 주소 operand 2	피연산자-3의 주소 operand 3

① 연산 대상이 두 개의 주소와 연산결과를 저장하기 위한 결과주소를 표현한다.
② 연산 후에도 입력 자료가 변하지 않고 보존된다.
③ 수식계산 시 프로그램의 길이가 짧아진다는 장점이 있으나, 기억장소를 여러 번 참조해야 하므로 명령어 수행시간이 길어진다.

ex 수식 X = (A + B) * (C + D)의 연산

명령어		동작
ADD	R1, A, B	R1 ← A + B
ADD	R2, C, D	R2 ← C + D
MUL	X, R2, R2	X ← R2 * R2

3 명령어의 종류

1. 데이터 전송 명령(data transfer instruction)

(1) 데이터를 내용의 변경 없이 한 장소에서 다른 장소로 이동시키는 명령이다.

(2) 메모리와 레지스터 사이의 전송, 레지스터 상호 간의 전송, 레지스터와 입출력장치 사이의 전송 등의 명령이 여기에 해당한다.

명령	설명
Load	메모리로부터 레지스터로의 전달명령
Store	레지스터로부터 메모리로의 전달명령
Move	레지스터와 레지스터 간의 전달명령
Input	레지스터와 입력장치 간의 전달명령
Output	레지스터와 출력장치 간의 전달명령
Push	레지스터로부터 스택으로의 전달명령
Pop	스택으로부터 레지스터로의 전달명령

2. 데이터 처리명령(data manipulation instruction)

데이터에 대해 산술연산, 논리연산 및 시프트 연산을 수행하는 명령이다.

(1) 산술연산 명령

① ADD, SUB, MUL, DIV : 사칙연산
② INC : 메모리나 레지스터의 내용을 1 증가시키는 명령(Increment)
③ DEC : 메모리나 레지스터의 내용을 1 감소시키는 명령(Decrement)

(2) 논리연산 명령

Clear, Complement, AND, OR, Exclusive-OR

(3) 시프트 명령

① 오퍼랜드의 내용을 왼쪽이나 오른쪽으로 한 칸씩 이동시키는 명령이다.

② 명령의 종류에는 논리 시프트, 순환 시프트, 산술 시프트 등이 있다.

㉠ 논리 시프트는 왼쪽이나 오른쪽 시프트에 관계없이 패딩(padding)되는 값이 항상 0이다.

㉡ 산술 시프트는 부호절대치 표현방법, 1의 보수에 의한 표현방법, 2의 보수에 의한 표현방법에 따라 패딩되는 값이 다르다.

㉢ 순환 시프트는 원형 시프트 형태로서 시프트되어 나가는 비트는 그 값을 잃어버리지 않고 다른 한쪽 끝으로 들어가게 된다.

3. 프로그램 제어명령(program control instructon)

(1) 프로그램의 수행순서를 제어하는 명령이다.

(2) 명령에는 조건 분기, 무조건 분기, 비교 명령과 테스트 명령 등이 있다.

4 주소 지정 방식

- 주소 지정 방식이란 오퍼랜드를 지정하기 위해 명령어의 주소 필드를 해석하거나 변환하는 규정이다.
- 연산에 필요한 데이터의 위치정보를 어떻게 나타낼 것인가의 문제이다.

1. 묵시적 주소 지정(implied addressing)

(1) 오퍼랜드가 기술되지 않으며 묵시적으로 명령의 정의에 따라 정해진다.

(2) 스택 구조의 0-주소 명령어 형식 지정 방식 등이 있다.

◎ 묵시적 주소 지정

operation code

2. 즉시 주소 지정(immediate addressing, 즉치 주소 지정)

(1) 명령어의 오퍼랜드 주소 자체가 오퍼랜드가 되므로, 메모리 참조 횟수가 0인 명령이다.

(2) 명령이 인출됨과 동시에 오퍼랜드로 인출되어 처리속도가 빠르지만, 오퍼랜드의 길이가 제한적이다.

◎ 즉시 주소 지정

op-code	operand (실제 데이터)

3. 직접 주소 지정(direct addressing)

(1) 명령어의 오퍼랜드 주소 필드의 내용이 오퍼랜드가 들어 있는 유효 주소인 경우이다.

(2) 오퍼랜드의 내용으로 실제 Data의 주소가 들어 있는 방식으로, 실제 Data에 접근하기 위해 주기억장치를 참조해야 하는 횟수가 1번이다.

직접 주소 지정

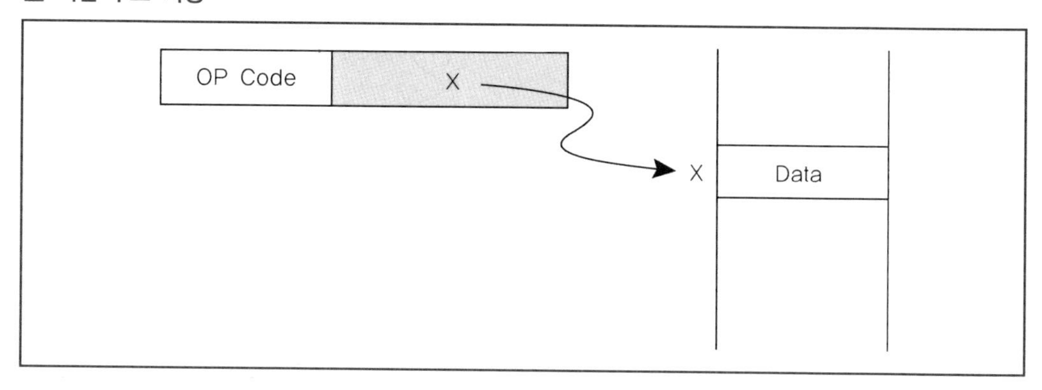

4. 간접 주소 지정(indirect addressing)

(1) 명령어의 오퍼랜드 주소 필드의 내용이 유효 주소가 저장된 기억장소의 주소인 경우이다.

(2) 오퍼랜드의 내용이 실제 Data의 주소를 가진 Pointer의 주소인 방식으로, 실제 Data에 접근하기 위해서는 주기억장치를 최소한 2번 이상 참조해야 된다.

간접 주소 지정

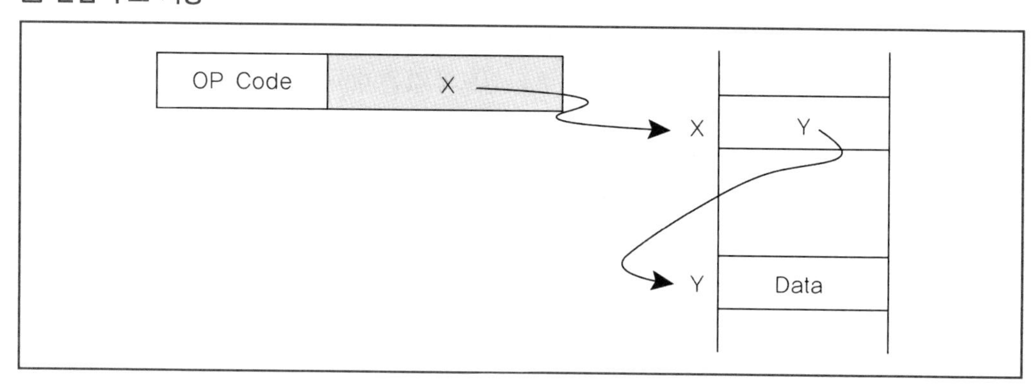

5. 레지스터 주소 지정(register addressing)

주소 필드는 레지스터를 지정하고 그 레지스터 속에는 데이터가 들어 있다.

6. 레지스터 간접 주소 지정(register indirect addressing)

주소 필드는 레지스터를 지정하고 그 레지스터 속에는 오퍼랜드가 들어 있다.

7. 계산에 의한 주소 지정(calculated addressing)

명령어의 Operand 값과 특정 Register의 값을 연산하여 실제 Data의 주소를 구하는 방식이다. 특정 레지스터로 프로그램 카운터, 인덱스 레지스터, 베이스 레지스터 등이 사용된다.

계산에 의한 주소 지정

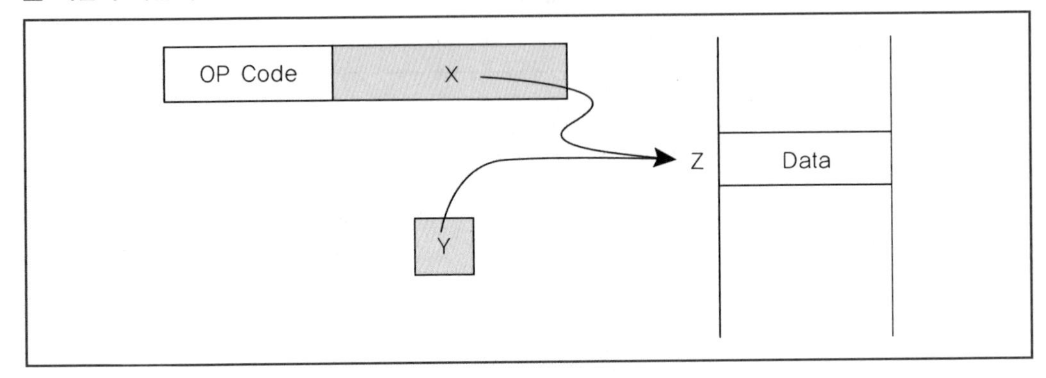

(1) 상대 주소 지정(relative addressing)

① 오퍼랜드 주소 필드의 내용과 프로그램 카운터(PC) 값을 더해 유효 주소를 결정하는 방식이다.

② 유효 주소 = 주소 필드값 + 프로그램 카운터값

(2) 베이스 레지스터 주소 지정(base register addressing)

① 베이스 레지스터의 값과 오퍼랜드 주소 필드의 값을 더하여 유효 주소를 결정하는 방식이다.

② 유효 주소 = 주소 필드값 + 베이스 레지스터값

(3) 인덱스 주소 지정(index register addressing)

① 인덱스 레지스터의 값과 오퍼랜드 주소 필드의 값을 더하여 유효 주소를 결정하는 방식이다.

② 유효 주소 = 주소 필드값 + 인덱스 레지스터값

5 명령어 파이프라이닝(instruction pipelining)

- CPU의 프로그램 처리 속도를 높이기 위하여 CPU 내부 하드웨어를 여러 단계로 나누어 동시에 처리하는 기술이므로 처리 속도를 향상시킨다.
- 하나의 명령어를 여러 단계로 나누어 처리하므로 한 명령어의 특정 단계를 처리하는 동안 다른 부분에서는 다른 명령어의 다른 단계를 처리할 수 있으므로 동시에 여러 개의 명령어를 실행할 수 있다.

1. 2-단계 명령어 파이프라인

(1) 명령어를 실행하는 하드웨어를 인출 단계(fetch stage)와 실행 단계(execute stage)라는 두 개의 독립적인 파이프라인 모듈들로 분리하여 수행한다.

(2) 두 단계에 동일한 클럭을 가하여 동작 시간을 일치시킨다.

① 첫 번째 클럭 주기 동안에 인출 단계가 첫 번째 명령어를 인출한다.

② 두 번째 주기에서는 그 명령어가 실행 단계로 보내져서 실행되며, 그와 동시에 인출 단계는 두 번째 명령어를 인출한다.

2-단계 파이프라인의 시간 흐름도

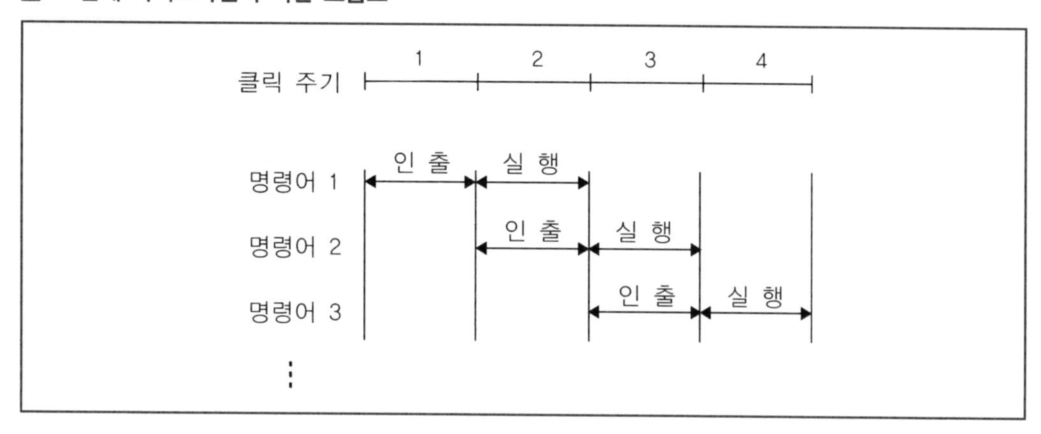

2. 4-단계 명령어 파이프라인

명령어 인출(IF)단계, 명령어 해독(ID)단계, 오퍼랜드 인출(OF)단계, 실행(EX)단계라는 네 개의 독립적인 파이프라인 모듈들로 분리하여 수행한다.

4-단계 파이프라인의 시간 흐름도

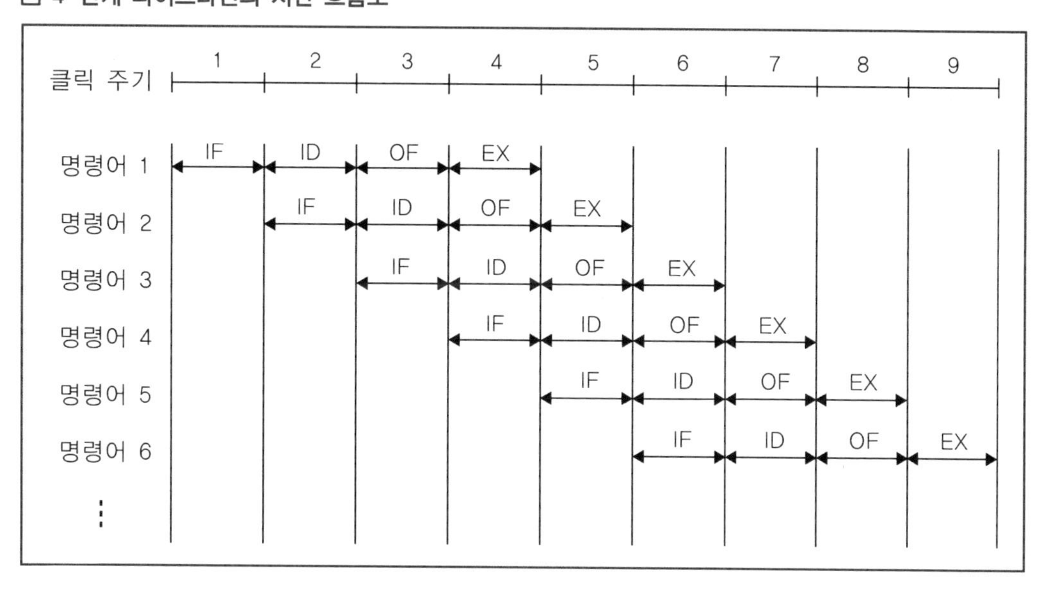

3. 파이프라이닝에 의한 속도 향상 관계식

각 파이프라인의 단계는 한 클록 주기씩 걸린다는 가정하에서 아래 관계식이 성립된다.

$$T = k + (N - 1)$$

- T: 파이프라이닝을 이용한 경우의 전체 명령어 실행 시간
- k: 파이프라인 단계의 수
- N: 실행할 명령어들의 수

슈퍼스칼라(superscalar)

CPU 내에 파이프라인을 여러 개 두어 명령어를 동시에 실행하는 기술이다. 파이프라인과 병렬 처리의 장점을 모은 것으로, 여러 개의 파이프라인에서 명령들이 병렬로 처리되도록 한 아키텍처이다. 여러 명령어들이 대기 상태를 거치지 않고 동시에 실행될 수 있으므로 처리속도가 빠르다.

VLIW(Very Long Instruction Word)

동시 실행이 가능한 여러 명령을 하나의 긴 명령으로 재배열하여 동시 처리한다.

4. 파이프라인 해저드

파이프라인에서 명령어 실행이 불가하여 지연 또는 중지가 발생하는 현상을 말하며, 파이프라인 해저드는 구조적 해저드, 데이터 해저드, 제어 해저드로 구분할 수 있다.

(1) 구조적 해저드

① 포트가 하나인 메모리에 동시에 접근하려고 하거나 ALU 등의 하드웨어를 동시에 사용하려고 할 때 발생할 수 있다.

② 메모리를 명령어 영역과 데이터 영역을 분리하여 사용한다든지, ALU 등의 하드웨어를 여러 개 사용하는 것 등을 통해 해결할 수 있다.

(2) 데이터 해저드

① 이전 명령어에서 레지스터의 값을 바꾸기 전에 후속 명령어가 그 값을 읽거나 쓰려고 하는 경우와 같이 사용하는 데이터의 의존성이 있는 경우 발생한다.

② 명령어 재배치나 전방전달(Data forwarding), No-operation insertion 등을 통해 해결할 수 있다.

(3) 제어 해저드

① 조건 분기로 인해 명령어의 실행 순서가 변경되어 명령어가 무효화되는 것을 말한다.

② 분기 예측이나 Stall 삽입법 등을 통해 해결할 수 있다.

5. RISC 파이프라인

(1) RISC는 명령어 집합이 단순하기 때문에 한 클럭 사이클에 수행되는 소수의 부연산들로 파이프라인을 구성할 수 있으며, 고정된 길이의 명령어 형식을 사용하기 때문에 연산의 디코딩과 레지스터의 선택을 동시에 할 수 있다. 모든 피연산자가 레지스터에 있는 것이므로 유효 주소를 계산하고 메모리로부터 피연산자를 읽어올 필요가 없다.

(2) 3/4/5단 명령 파이프라인을 사용할 수 있다.

① 3단 파이프라인 : Fetch instruction - Decode/Select Register - Excute/Store

② 4단 파이프라인 : Fetch instruction - Decode/Select Register - Excute - Store

③ 5단 파이프라인 : Fetch instruction - Decode - Select Register - Excute - Store

(3) RISC 파이프라인의 문제점

① **데이터 충돌** : 한 명령어가 결과값을 어떠한 레지스터에 저장하고, 다른 명령어가 그 값을 오퍼랜드로 사용할 때 발생할 수 있다.

② **분기 충돌** : 분기나 점프문에서 충돌 문제를 발생하는 것이다. 분기 충돌은 데이터 충돌과는 다르게 잘못된 데이터 값이 사용되는 것이 아니고 중앙처리장치가 실행되어서는 안 될 때 명령어를 실행시켜서 야기된다.

(4) RISC 파이프라인의 충돌 해결방법

① No-operation insertion

㉠ 컴파일러가 데이터 충돌을 감시하여 충돌을 피하기 위해 No-operation을 삽입하는 방법이다.

㉡ No-operation insertion은 충돌 문제를 해결할 수 있지만, 전체적인 시스템의 성능을 저하시킨다.

㉢ 이 방법은 데이터 충돌 문제를 해결할 수 있지만, 최적의 방법은 아니다.

② Instruction reordering

㉠ 어떤 프로그램에서 컴파일러는 데이터 충돌을 피하기 위해 몇몇 명령어를 재배치하는 방법을 사용한다.

㉡ Instruction reordering 방법은 No-operation insertion과는 다르게 클럭 주기를 낭비하지 않고 데이터 충돌을 해결할 수 있다.

㉢ 데이터 충돌을 방지하기 위하여 Instruction reordering 방법을 항상 사용할 수 있는 것은 아니고, 프로그램에 의해 계산 결과가 변경되지 않을 때에만 사용 가능하다.

㉣ Instruction reordering 방법으로 데이터 충돌의 문제를 해결할 수 없는 경우도 발생하므로, 이때 데이터 충돌을 방지하기 위해서는 No-operation insertion 방법에 의존해야 한다.

③ Stall insertion

㉠ 데이터 충돌을 해결하기 위해 하드웨어를 이용한 방법 중 하나이다.

㉡ 부가적인 하드웨어가 데이터 충돌을 감지하면 해결하기 위하여 Stall을 넣거나 지연을 준다.

㉢ 프로그램이 컴파일되는 동안 컴파일러에 의해 다루어지는 것이 아니라 프로그램이 실행되고 있는 동안 하드웨어에서 다루어진다는 것을 제외하면 이 방법은 No-operation insertion 방법과 유사하다.

㉣ 이 방법도 데이터 충돌 문제를 해결하지만 전체적인 시스템의 성능을 저하시킨다.

④ Data forwarding

데이터 충돌을 해결하기 위해 하드웨어를 이용한 방법 중 하나이며, 하나의 명령어가 실행된 후에 그 결과가 저장되면서 이 결과가 레지스터를 선택하는 단으로 직접 전달되는 방법이다.

제3절 명령실행과 제어

❶ 마이크로 오퍼레이션(Micro Operation)

1. 마이크로 오퍼레이션의 개념

(1) 명령어 하나를 수행하기 위해 여러 동작의 과정을 거치는데 이 과정의 동작 하나하나를 세분화한 것이다.

(2) 한 클럭 펄스(Clock Pulse) 동안 실행되는 기본 동작으로 마이크로 오퍼레이션 동작이 여러 개 모여 하나의 명령을 처리하게 된다.

(3) 명령을 수행하기 위해 CPU 내의 레지스터와 플래그가 의미 있는 상태로 바뀌게 하는 동작으로 레지스터에 저장된 데이터에 의해 이루어진다.

2. 마이크로 오퍼레이션의 종류

(1) 전송 마이크로 오퍼레이션

레지스터와 메모리 사이 혹은 레지스터 상호 간 이진 정보를 전송하는 마이크로 오퍼레이션이다.

① 레지스터 전송

㉠ 하드웨어 논리회로가 어떤 주어진 마이크로 오퍼레이션을 수행하고 결과를 동일 레지스터 혹은 다른 레지스터에 전송하는 것이다.

㉡ 직렬 전송, 병렬 전송, 버스 전송이 있다.

② 메모리 전송

메모리로부터 데이터를 읽거나 쓰기 위해서 동작하는 것이다.

(2) 산술 마이크로 오퍼레이션

① 레지스터에 저장된 수치 데이터에 대해 산술연산을 수행하는 것이다.

② 가산, 감산, 증가, 감소, 보수 등이 있다.

(3) 논리 마이크로 오퍼레이션

① 레지스터에 저장된 비수치 데이터에 대한 비트 조작을 수행하는 것이다.

② AND 논리, OR 논리, 배타적 OR 논리 등이 있다.

(4) 시프트 마이크로 오퍼레이션

① 레지스터에 저장된 데이터에 대한 시프트 연산을 수행하는 것이다.

② 좌측 시프트, 우측 시프트가 있다.

3. 마이크로 사이클 타임

(1) 하나의 마이크로 오퍼레이션을 수행하는 데 걸리는 시간을 말하며 CPU의 속도를 나타내는 단위로 이용한다.

(2) 마이크로 오퍼레이션은 클럭 펄스 발생 주기 동안 수행되도록 설계되어 있다.

(3) 마이크로 사이클 타임은 CPU 클럭 주기 및 마이크로 사이클 타임의 관계에 따라 동기 고정식, 동기 가변식, 비동기식으로 나눈다.

① 동기 고정식(Synchronous Fixed)

㉠ 마이크로 오퍼레이션 중에서 작업시간이 가장 긴 마이크로 오퍼레이션의 동작 시간을 마이크로 사이클 타임으로 정하는 방식이다.

㉡ 전체 마이크로 오퍼레이션의 수행 시간이 비슷할 때 유리하다.

㉢ 제어기의 구현이 단순하지만, 수행 시간이 짧은 마이크로 오퍼레이션에 대하여 CPU 자원 낭비가 심하다.

② 동기 가변식(Synchronous Variable)

㉠ 수행 시간이 유사한 마이크로 오퍼레이션을 그룹으로 묶어서 각 그룹별로 서로 다른 마이크로 사이클 타임을 지정하는 방식이다.

㉡ 마이크로 오퍼레이션의 수행 시간이 차이가 날 때 유리하다.

㉢ 제어기의 구현이 복잡하고, 수행 시간에 대한 CPU 자원 낭비가 적어진다.

③ 비동기식(Asynchronous)

㉠ 모든 마이크로 오퍼레이션에 대하여 각각의 마이크로 사이클 타임을 지정하는 방식이다.

㉡ CPU의 시간낭비가 없어지지만, 제어기 구현이 복잡하여 실제 사용하기는 어렵다.

2 메이저 스테이트(Major State)

1. 메이저 스테이트의 개념

(1) CPU가 현재 수행하는 작업의 상태를 나타내는 것으로, CPU가 수행 작업을 위해 어떤 목적으로 주기억장치에 접근하는가에 따라 인출(Fetch) 상태, 간접(Indirect) 상태, 실행(Execute) 상태, 인터럽트(Interrupt) 상태로 나눈다.

(2) 메이저 상태는 한 개의 명령어를 실행하는 데 필요한 4가지 사이클로 이루어지지만 반드시 4가지 사이클을 모두 거쳐 수행되는 것은 아니다.

(3) CPU는 위의 4가지 상태를 반복하면서 동작을 수행하고 이는 메이저 상태 레지스터를 통하여 확인한다.

2. 메이저 스테이트의 과정

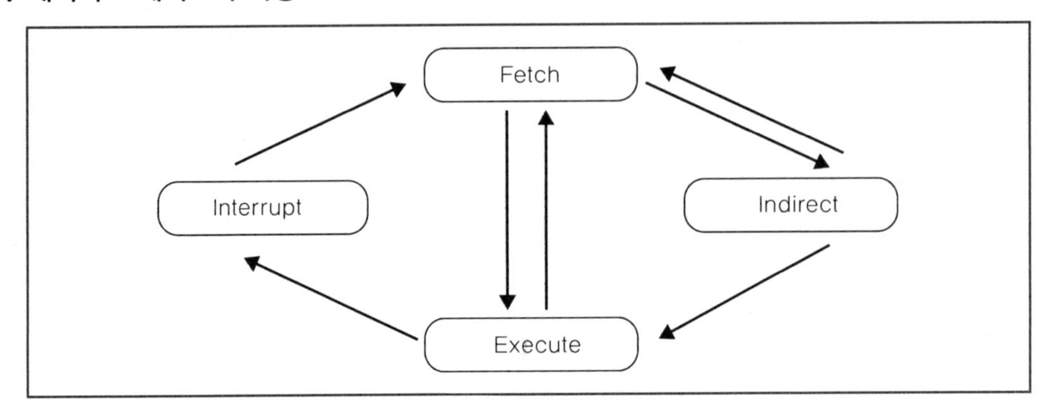

(1) Fetch Cycle(인출 단계)

주기억장치에 있는 명령어를 CPU의 명령 레지스터로 가져와서 해독하는 단계이다.

MAR ← PC	PC에 있는 내용을 MAR에 전달
MBR ← M[MAR], PC ← PC + 1	기억장치에서 MAR이 지정하는 위치의 값을 MBR에 전달하고, 프로그램 카운터는 1 증가
IR ← MBR	MBR에 있는 명령어 코드를 명령 레지스터에 전달

(2) Indirect Cycle(간접 단계)

① Fetch Cycle에 넘어온 주소부가 간접주소인 경우에 수행하는 단계이다.

② 해석된 주소가 간접주소이면 유효주소를 계산하기 위해 다시 Indirect Cycle로 넘어가고, 간접주소가 아니면 명령어에 따라 Execute Cycle 또는 Fetch Cycle로 넘어간다.

MAR ← IR[addr]	IR의 오퍼랜드를 MAR에 전달
MBR ← M[MAR]	기억장치에서 MAR이 지정하는 위치의 값을 MBR에 전달
IR[addr] ← MBR	명령어의 실제주소를 명령어의 오퍼랜드에 전달

(3) Execute Cycle(실행 단계)

인출 상태를 거쳐서 계산된 유효번지를 이용하여 해당 명령어를 실행하는 단계이다.

① 데이터 이동(LOAD addr 명령) : 메모리 내용을 누산기(AC)에 적재하는 명령이다.

MAR ← IR[addr]	IR의 오퍼랜드를 MAR에 전달
MBR ← M[MAR]	기억장치에서 MAR이 지정하는 위치의 값을 MBR에 전달
AC ← MBR	MBR의 내용을 AC로 전달

② 데이터 저장(STA addr 명령) : 누산기의 내용을 메모리로 저장하는 명령이다.

MAR ← IR[addr]	IR의 오퍼랜드를 MAR에 전달
MBR ← AC	저장할 데이터를 MBR에 전달
M[MAR] ← MBR	MBR의 내용을 MAR이 지정하는 위치에 전달

③ 데이터 처리(ADD addr 명령) : 기억장치에 저장된 데이터를 AC의 내용과 더하고, 그 결과를 다시 AC에 저장하는 명령이다.

MAR ← IR[addr]	IR의 오퍼랜드를 MAR에 전달
MBR ← M[MAR]	기억장치에서 MAR이 지정하는 위치의 값을 MBR에 전달
AC ← AC + MBR	데이터와 AC의 내용을 더하고 결과를 AC로 전달

④ 프로그램 제어(JUMP addr 명령) : 분기 명령의 하나이며, 현재의 PC 내용이 가리키는 위치가 아닌 다른 위치의 명령어로 실행 순서를 바꾸도록 한다.

PC ← IR[addr]	명령어에 포함된 오퍼랜드(분기 목적지 주소)를 PC로 전달

(4) Interrupt Cycle(인터럽트 단계)

① 정상적으로 실행과정을 계속할 수 없는 경우(정전, 고장, 입출력 요구 등)에 응급조치를 취한 후에 계속 실행할 수 있도록 상태를 보관하는 사이클이라 할 수 있다.

② 무조건 Fetch Cycle로 넘어가는 단계로 인터럽트 발생 시에는 현재 수행 중인 작업을 마친 후 복귀할 주소를 PC에 저장한 후, 제어의 순서를 인터럽트 처리로 넘기는 단계이다.

MBR ← PC, PC ← 0	다음에 수행할 명령 주소를 MBR로 전송하고, PC는 0으로 설정
MAR ← PC, PC ← PC + 1	• PC에 있는 0번지를 MAR에 전송 • 인터럽트 처리를 위한 주소를 가리키기 위해 PC를 하나 증가
M[MAR] ← MBR, IEN ← 0	• MBR이 가지는 다음에 수행할 명령어의 주소를 기억장치의 MAR이 가리키는 위치(0번지)에 저장 • 인터럽트 단계가 끝날 때까지 다른 인터럽트가 발생하지 않게 IEN에 0을 전달

3 제어장치(제어기)의 구현

• 제어장치의 주요 역할은 중앙처리장치의 마이크로 오퍼레이션을 순차적으로 수행하는 데 필요한 제어신호를 생성하는 것이다.

• 제어장치의 구현방법에는 하드웨어적인 고정배선(Hard-wired) 방식과 소프트웨어적인 마이크로프로그래밍(Micro Programming) 방식이 있다.

1. 고정배선(Hard-wired) 제어장치

(1) 제어신호의 조건 자체를 제어 데이터 및 제어장치의 상태로 표현하고 이에 대한 조합논리회로를 직접 설계하여 연결하는 방식이다.

(2) 속도가 빠르지만 비싸고, 명령회로 세트를 변경하지 못하며, 회로 자체가 복잡하고 비용이 많이 든다.

2. 마이크로프로그래밍(Micro Programming) 제어장치

(1) 제어신호의 조건 자체를 마이크로 명령어로 작성하는 것으로 소프트웨어적인 구현방식이다 (펌웨어방식).

(2) 마이크로프로그램을 이용하여 명령어 세트를 쉽게 조작·변경이 가능하고, 다양한 주소 모드를 가질 수 있으며, 구현이 쉬워서 복잡한 명령을 구현하기에 적합하다.

(3) 하드웨어적인 고정배선 방식보다 속도가 느리다.

마이크로프로세서의 분류

마이크로프로세서는 간단한 명령어 집합을 사용하여 하드웨어를 단순화한 RISC(Reduced Instruction Set Computer)와 복잡한 명령어 집합을 갖는 CISC(Complex Instruction Set Computer)가 있다.

CISC	RISC
• 명령어가 복잡하다. • 레지스터의 수가 적다. • 명령어를 고속으로 수행할 수 있는 특수 목적 회로를 가지고 있으며, 많은 명령어들을 프로그래머에게 제공하므로 프로그래머의 작업이 쉽게 이루어진다. • 구조가 복잡하므로 생산 단가가 비싸고 전력소모가 크다. • 제어방식으로 마이크로프로그래밍 방식이 사용된다.	• 명령어가 간단하다. • 레지스터의 수가 많다. • 전력소모가 적고 CISC보다 처리속도가 빠르다. • 필수적인 명령어들만 제공하므로 CISC보다 간단하고 생산단가가 낮다. • 복잡한 연산을 수행하기 위해서는 명령어들을 반복수행해야 하므로 프로그래머의 작업이 복잡하다. • 제어방식으로 Hard-Wired 방식이 사용된다.

4 인터럽트(Interrupt)

1. 인터럽트의 개념

(1) 컴퓨터가 프로그램을 수행하는 동안 컴퓨터의 내부 또는 외부에서 예기치 않은 사건이 발생했을 때 응급조치를 수행한 후 계속적으로 프로그램 처리를 수행하는 운영체제의 기능이다.

(2) 정상적인 명령어 인출 단계로 진행하지 못할 때 실행을 중단하지 않고 특별히 부여된 작업을 수행한 후 원래의 인출 단계로 진행하도록 하는 것이다.

(3) **인터럽트가 발생하는 경우**

① 정전이나 기계적 고장
② 프로그램상의 문제
③ 프로그램 조작자에 의한 의도적인 중단
④ 입출력 조작에 중앙처리장치의 기능이 요청되는 경우
⑤ 프로그램에서 오버플로나 언더플로 인터럽트 요청

(4) 인터럽트를 수행하기 위해서는 다음과 같은 요소로 구성되고 동작된다.

① 인터럽트 요청회로(Interrupt request circuit)

② 인터럽트 처리루틴(Interrupt processing routine)

③ 인터럽트 서비스 루틴(Interrupt service routine)

2. 인터럽트의 종류

(1) 하드웨어적 인터럽트

① 전원이상: 정전(power fail)

가장 높은 우선 순위를 가진다.

② 기계 착오(검사) 인터럽트: 기계의 기능적인 오동작

프로그램이 실행되는 중에 어떤 장치의 고장으로 인하여 제어 프로그램에 조치를 취해 주도록 요청하는 인터럽트이다.

③ 외부 인터럽트

㉠ 정해놓은 시간이 되었을 때 타이머에서 인터럽트를 발생시킨다.

㉡ 콘솔에서 인터럽트 키를 눌러서 강제로 인터럽트를 발생시킨다.

④ 입출력 인터럽트

입력이나 출력명령을 만나면 현재 프로그램의 진행을 정지하고, 입출력을 담당하는 채널 같은 기구에 입출력이 이루어지도록 명령하고 중앙처리장치는 다른 프로그램을 실행하도록 한다.

(2) 소프트웨어적 인터럽트

① 프로그램 검사 인터럽트

프로그램 실행 중에 잘못된 데이터를 사용하거나 보호된 구역에 불법 접근하는 프로그램 자체에서 잘못되어 발생되는 인터럽트이다.

② SVC(Supervisor Call Interrupt)

프로그램 내에서 제어 프로그램에 인터럽트를 요청하는 명령으로 프로그래머에 의해 프로그램의 원하는 위치에서 인터럽트시키는 방법이다.

3. 인터럽트 동작

(1) 동작 방법

인터럽트가 발생할 때 주 프로그램은 일시적으로 정지하고 ISR로 분기하고, ISR이 실행되고 연산이 수행된 후에 ISR 프로그램이 종료되면, 주 프로그램의 중지된 부분부터 다시 수행된다(ISR ; Intertupt Service Routine).

인터럽트가 있는 프로그램 실행

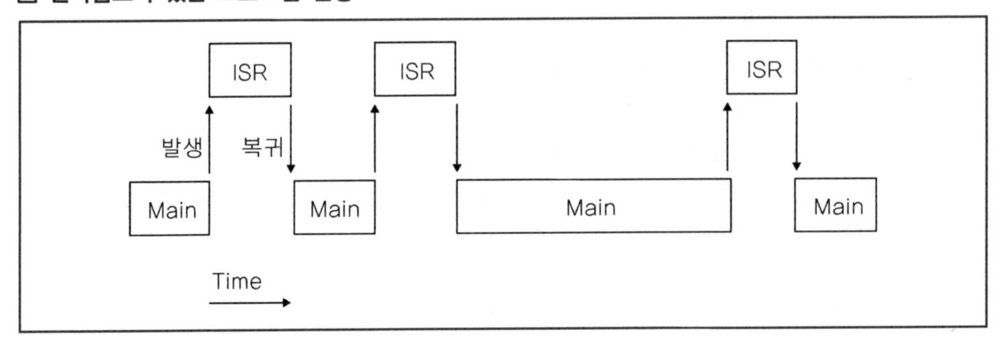

(2) 인터럽트의 순서

① **인터럽트 요청**: 인터럽트 발생장치로부터 인터럽트를 요청한다.

② **현재 수행 중인 프로그램 저장**: 제어 프로그램에서는 현재 작업 중이던 프로세서의 상태를 저장시킨다.

③ **인터럽트 처리**: 인터럽트의 원인이 무엇인지를 찾아서 처리하는 인터럽트 처리 루틴을 실행시킨다.

④ **조치**: 인터럽트 처리 루틴에서는 해당 인터럽트에 대한 조치를 취한다.

⑤ **프로그램 복귀**: 인터럽트 처리 루틴이 종료되면 저장되었던 상태를 이용하여 원래 작업이 계속되도록 한다.

인터럽트 동작원리

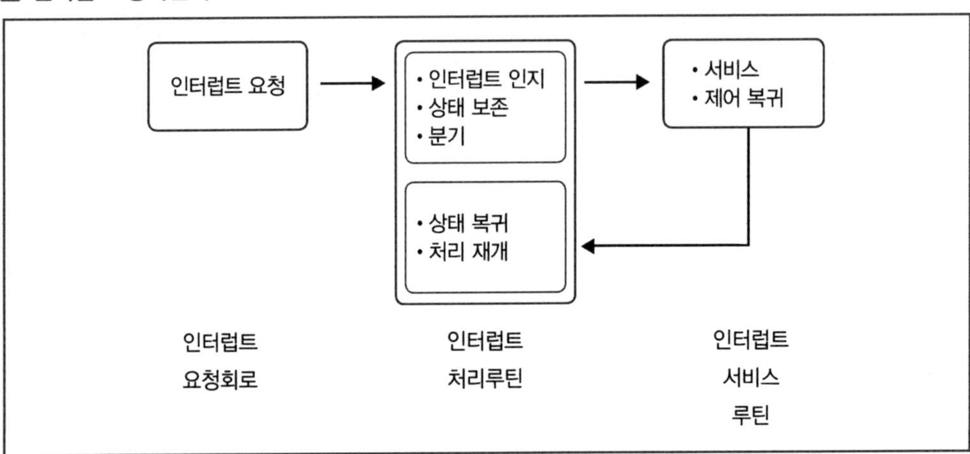

4. 인터럽트 요청 회선의 연결 방법

(1) 단일회선방법

① 단일회선으로 된 버스에 여러 장치를 인터페이스를 통하여 결합시키는 방법이다.

② 중앙처리장치는 인터럽트의 원인을 판별하는 기능을 필요로 한다.

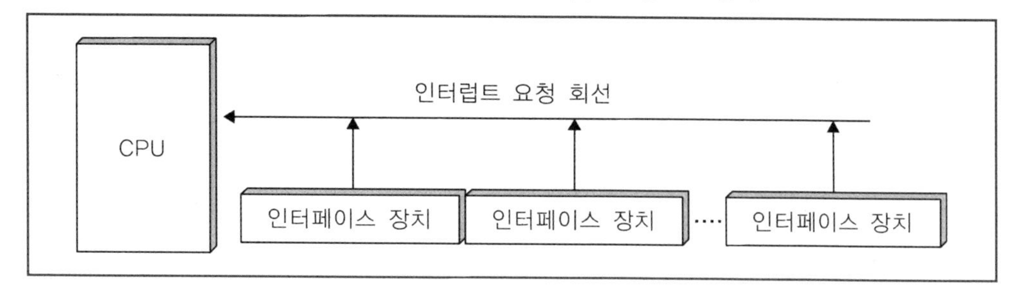

(2) 다중회선방법

① 각 장치의 독립적인 전용회선을 인터페이스를 중계하여 결합시키는 방법이다.

② 각 장치마다 고유의 회선이 있다.

③ 모든 장치들이 서로 다른 중앙처리장치의 인터럽트 요청 신호 회선들과 연결되어 있으므로 원인을 바로 판별할 수 있다.

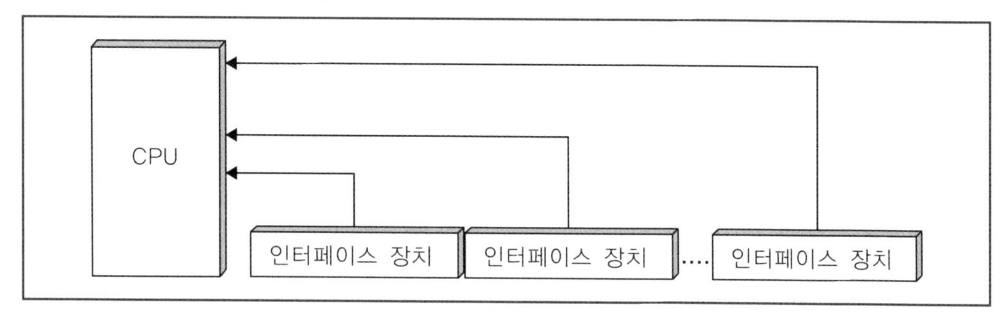

(3) 혼합회선방법

① 다중회선을 가지고 있고, 각 회선에는 여러 개의 장치들이 인터페이스를 통하여 결합되어 있는 방법이다.

② 단일회선방법과 다중회선방법을 혼합한 형태이다.

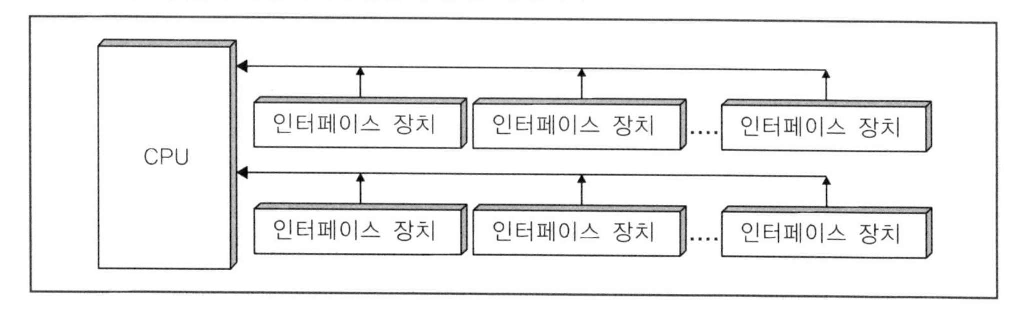

5. 인터럽트 체제

(1) 인터럽트 처리 후에 정상적인 프로그램 수행을 위해서는 인터럽트 처리 전 중앙처리장치의 상태와 복귀주소의 저장에 관한 것들이 인터럽트 체제에서 중요하다.

(2) 중앙처리장치의 상태는 PSW(Program Status Word)에 저장한다.

(3) 복귀주소(return address) 저장은 비벡터 방법과 벡터 방법이 있다.

① 비벡터 방법

㉠ 인터럽트 발생 시 메모리 주소 0번지에 복귀주소를 보관시킨다.

㉡ 이 방식은 인터럽트 수행 중에 또 다른 인터럽트가 요청되면 주소 0번지에 기억한 PC의 값이 파괴될 우려가 있다.

② 벡터 방법

인터럽트 발생 시 다음 실행 주소인 PC의 값을 메모리 0번지가 아닌 스택(stack)에 저장한다.

6. 인터럽트 우선순위 체제

(1) 인터럽트가 여러 장치에서 동시에 발생될 때, 우선순위를 결정해야 한다.

(2) 우선순위가 가장 높은 것이 먼저 처리되고 그 외의 인터럽트 요구는 모두 금지(mask)된다.

(3) 인터럽트 우선순위 결정은 소프트웨어적인 방법과 하드웨어적인 방법이 있다.

① 폴링(polling) 방식

㉠ 중앙처리장치가 각각의 주변장치들을 연속적으로 순환하며 인터럽트 요구가 있는지 없는지를 수시로 체크하는 방법으로 주변장치의 상태를 보존할 필요가 없다.

㉡ 소프트웨어적으로 우선순위를 결정하며, 여러 장치에 대하여 인터럽트 요구를 점검한다.

㉢ 인터럽트 발생 시 우선순위가 가장 높은 자원부터 인터럽트 요청 플래그를 차례로 검사하여 찾아서 이에 해당하는 인터럽트를 수행하는 방식이다.

㉣ 우선순위 변경이 간단하고 회로가 간단하게 구성되지만, 인터럽트를 조사하는 데 많은 시간이 걸릴 수 있어 인터럽트 반응 속도가 느리다.

㉤ 중앙처리장치가 주변장치를 연속하여 감시하는 폴링 방식에 의하여 입출력이 수행되므로, 중앙처리장치의 시간이 낭비되고 중앙처리장치의 처리 효율이 낮아진다.

② 벡터 인터럽트(vectored interrupt) 방식

㉠ 하드웨어적으로 우선순위를 결정하며, 인터럽트를 발생한 장치가 중앙처리장치에게 분기할 자원에 대한 정보를 제공하며, 이 정보를 인터럽트 벡터라고 한다.

㉡ 폴링과 같이 장치 식별을 위한 별도의 프로그램 루틴이 필요 없기 때문에 응답 속도가 빠르다.

㉢ 추가적으로 하드웨어가 필요하며, 회로가 복잡하고 융통성이 없다.

㉣ 구현 방법

ⓐ 중앙처리장치에 인터럽트 요청 신호를 보낸다(IR=1).

ⓑ 중앙처리장치는 인터럽트에 대한 응답으로 하드웨어에 의해 인터럽트 인정신호(INTACK; Interrupt acknowledge)를 내보낸다.

ⓒ 인터럽트를 요청한 장치 인터페이스는 INTACK 신호에 의해 장치번호를 전송한다. 중앙처리장치에 가까운 쪽에 있는 장치가 우선 이 인정신호를 받게 되고, 그 장치가 인터럽트를 요청한 경우에는 자신의 인터럽트 벡터를 데이터 버스로 중앙처리장치로 보낸다.

ⓓ 중앙처리장치가 이 벡터를 읽어 인터럽트 요청 장치를 식별하여 인터럽트를 받아들이면 IR = 0으로 한다.

벡터 방식의 인터럽트

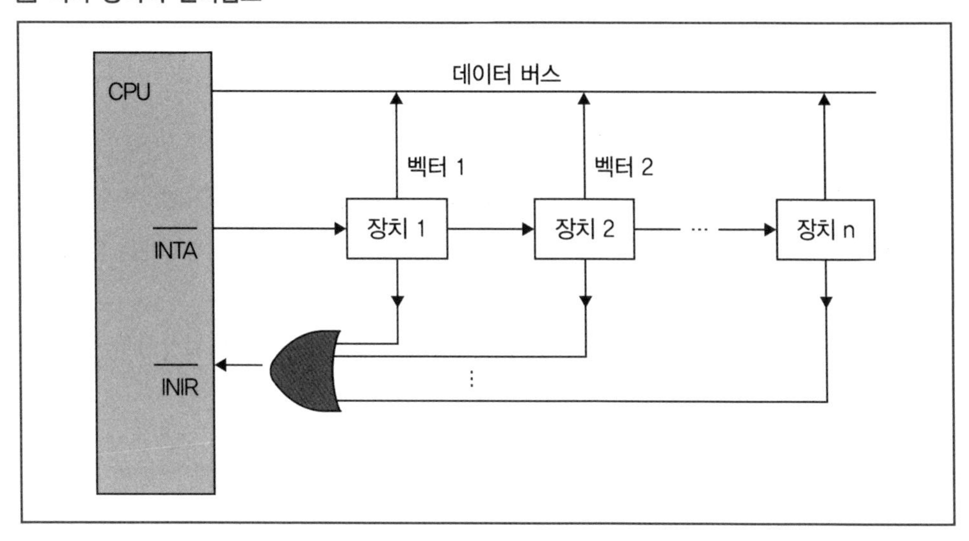

데이지체인(daisy chain) 방식

- 모든 장치들을 우선순위에 따라 직렬로 연결하고, 각 장치의 인터럽트 요청에 따라 각 비트가 개별적으로 Set 될 수 있는 Mask Register를 사용한다.
- 우선순위는 Mask Register의 비트 위치에 의해 결정되며, Mask Register는 우선순위가 높은 것이 서비스받고 있을 때 낮은 우선순위는 비활성화시킬 수 있다.

Chapter 05 기억장치와 입출력장치

제1절 기억장치

❶ 기억장치의 개념

1. 기억장치의 개요

(1) 기억장치는 프로그램과 데이터를 보관하고 있다가 필요시에 사용할 수 있도록 한 장치이다.

(2) 중앙처리장치의 요구에 따라 데이터와 프로그램을 저장하거나 제공하는 일을 담당하고 있는 장치이다.

(3) 기억장치는 크게 주기억장치와 보조기억장치로 구분할 수 있고, 컴퓨터의 성능을 개선하기 위해 다양한 기억장치들이 있다.

기억장치의 동작 방법

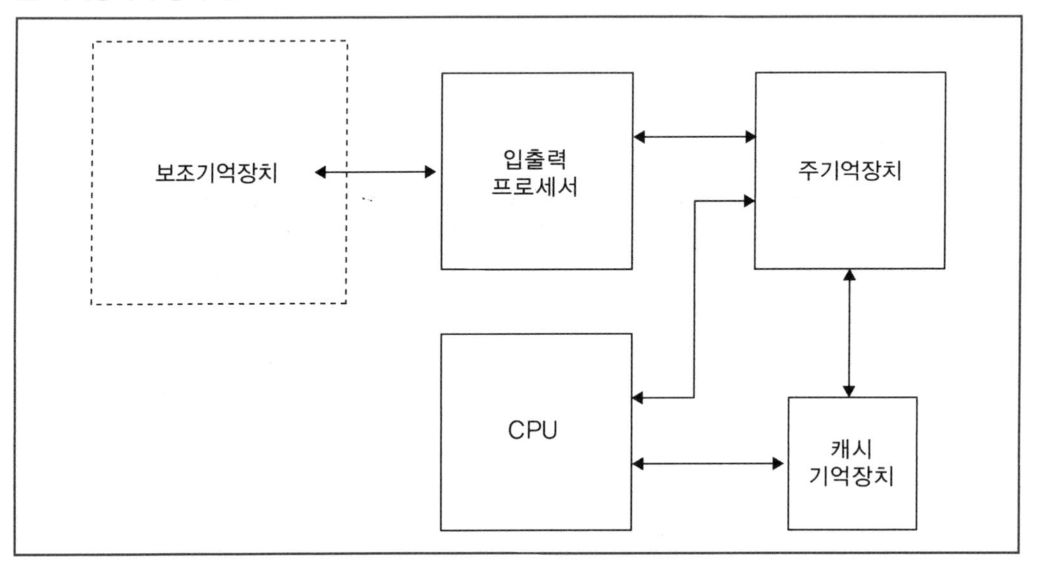

2. 기억장치의 계층

(1) 기억장치는 레지스터, 캐시기억장치, 주기억장치, 보조기억장치의 계층으로 이루어져 있다.

(2) 각 기억장치가 기억용량, 액세스 속도, 비용 요소 등이 다르기 때문에, 전체 메모리 시스템의 가격을 최소화하고 메모리 접근 속도를 최대화하는 데 그 목적이 있다.

기억장치의 계층구조

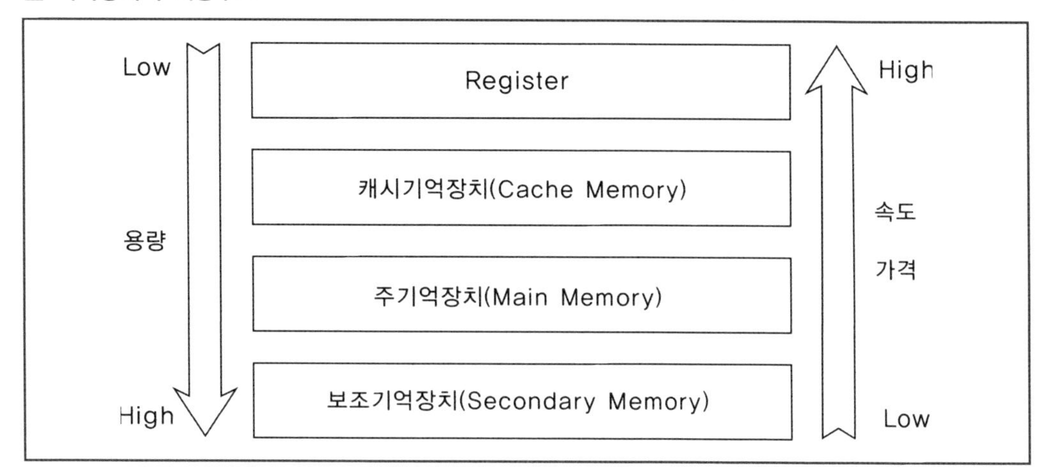

3. 기억장치의 성능

기억장치에서 고려해야 할 주요 성능은 액세스 속도와 용량(capacity)이다.

(1) 액세스 속도

① 액세스 속도는 단위 시간당 얼마나 많은 데이터를 기억장치로부터 읽고 쓸 수 있는가를 나타낸다.

② 액세스 속도와 관련된 요소는 액세스 시간, 메모리 사이클 시간 및 전송률의 세 가지가 있다.

㉠ 액세스 시간(access time) : CPU가 주소 내용을 주고, 내용을 읽어오는 데 걸리는 시간이다.

㉡ 메모리 사이클 시간(memory cycle time) : 액세스 시간과 다음 액세스를 시작하기 위해 필요한 동작에 걸리는 추가적인 시간을 합한 시간이다.

㉢ 전송률(bandwidth) : 전송률은 CPU의 기억장치 액세스에 의해 단위시간당 전송되는 문자 혹은 워드의 수이다.

(2) 기억용량

① 기억장치가 저장할 수 있는 최대의 데이터량을 말한다.

② 기억용량의 단위는 주기억장치의 경우 바이트(byte) 혹은 워드(word)를 사용하고, 보조기억장치의 용량은 바이트로 표현된다.

③ 전송단위는 CPU가 한 번의 기억장치 액세스에 의해 읽거나 쓸 수 있는 비트 수이다.

❷ 주기억장치(main memory)

- 컴퓨터의 동작 중 프로세서가 필요로 하는 프로그램과 데이터를 기억하는 메모리이다.
- CPU 명령에 의하여 직접 액세스(random access)가 가능하다.

1. 반도체 기억장치

(1) RAM(Random Access Memory)

전원이 끊어지면 기억내용이 소멸되는 휘발성 메모리로서 읽기와 쓰기가 가능하다. 임의장소에 데이터 또는 프로그램을 기억시키고 기억된 내용을 프로세서로 가져와서 사용 가능하다.

① SRAM(Static RAM, 정적램)

㉠ 메모리 셀이 한 개의 플립플롭으로 구성되므로 전원이 공급되고 있으면 기억내용이 지워지지 않는다.

㉡ 재충전(refresh)이 필요 없으며, 캐시 메모리에 이용된다.

㉢ DRAM과 비교하여 속도는 빠르지만, 가격이 고가이며, 용량이 적다.

② DRAM(Dynamic RAM, 동적램)

㉠ 메모리 셀이 한 개의 콘덴서로 구성되므로 충전된 전하의 누설에 의해 주기적인 재충전이 없으면 기억내용이 지워진다.

㉡ 재충전(refresh)이 필요하며, PC의 주기억장치에 이용된다.

㉢ SRAM과 비교하여 속도는 느리지만, 가격이 저가이며, 용량이 크다.

(2) ROM(Read Only Memory)

한번 기록한 정보에 대해 오직 읽기만을 허용하도록 설계된 비휘발성 기억장치이다. 기본 입출력 프로그램이나 글꼴 등의 펌웨어를 저장하는 데 사용한다.

① Mask Rom : 제조사에서 필요한 자료를 제조 과정에서 기록하여 제공되며, 사용자는 내용을 읽기만 가능하고, 기입하거나 변경할 수 없다.

② PROM(Programmable Rom) : 사용자가 특수장치를 이용하여 내용을 단 1회 기입할 수 있으나 기억된 내용은 변경이 불가능하다.

③ UV-EPROM(UV-Erasable PROM) : 소자에 강한 자외선을 비춤으로써 정보를 지울 수 있기 때문에 반복해서 여러 번 정보를 기록할 수 있다.

④ EEPROM(Electrical EPROM) : 사용자가 메모리 내의 내용을 수정할 수 있는 ROM으로 정상보다 더 높은 전압을 이용하여 반복적으로 지우거나, 다시 기록이 가능하다.

2. 메모리 주소와 용량

(1) 메모리 주소

① 메모리에서 데이터를 참조하기 위해 주소(address) 개념이 적용된다.

② 주소의 할당 단위는 바이트와 워드 단위로 부여할 수 있으며, 워드의 개수(주소의 개수)로 써 기억장치의 크기를 알 수 있다.

(2) 메모리 용량

① 메모리 용량은 주소(address) 수와 한 번에 읽을 수 있는 데이터의 크기(워드 크기)와 관련성이 있다.

② 주소 수는 입력선의 수와 관련이 있으며, 워드 크기는 출력선의 수와 관련된다.

㉠ 주소 입력선이 n개이면 주소지정 레지스터(MAR)의 크기도 n비트이고 2^n개의 주소를 지정한다.

㉡ 주소 출력선이 m개이면 워드 크기도 m비트이고 내용지정 레지스터(MBR) 크기도 m비트이다.

메모리 용량 = 주소 개수(2^n) × 워드 크기(m)

메모리 인터리빙(Memory Interleaving)

1. 인터리빙이란 여러 개의 독립된 모듈로 이루어진 복수 모듈 메모리와 CPU 간의 주소 버스가 한 개로만 구성되어 있으면 같은 시각에 CPU로부터 여러 모듈들로 동시에 주소를 전달할 수 없기 때문에, CPU가 각 모듈로 전송할 주소를 교대로 배치한 후 차례대로 전송하여 여러 모듈을 병행 접근하는 기법이다.
2. CPU가 버스를 통해 주소를 전달하는 속도는 빠르지만 메모리 모듈의 처리 속도가 느리기 때문에 병행 접근이 가능하다.
3. 메모리 인터리빙 기법을 사용하면 기억장치의 접근시간을 효율적으로 높일 수 있으므로 캐시기억장치, 고속 DMA 전송 등에서 많이 사용된다.
4. 메모리 인터리빙 방식

① Low-Order Interleaving
- 연속된 주소가 연속된 모듈에 따라서 다수의 모듈이 동시에 동작한다.
- 단점으로는 확장이 어렵고 어느 한 모듈의 오류 시 전체에 영향을 미칠 수 있다.

② High-Order Interleaving
- 주소의 상위 비트들에 의하여 모듈이 선택되고, 하위 비트들은 각 모듈 내의 기억장소의 주소를 나타낸다.
- 프로그램과 데이터들이 독립적이어서 각각의 기억 모듈에 저장하는 것이 더 효과적인 다중 프로그래밍에 사용한다.
- 오류 발생 시 주소공간의 일부에만 영향을 미친다.

③ High-Low Order Interleaving
- Low-High Order Interleaving의 혼합 방식이다.

❸ 보조기억장치

- 주기억장치의 기억용량이 한정되어 있고, 컴퓨터의 전원공급이 중단될 경우 기억된 내용이 모두 지워지므로 현재 사용하지 않는 프로그램이나 자료는 보조기억장치에 보관해 두었다가 필요할 때 사용할 수 있다.
- 보조기억장치는 주기억장치에 비해 속도는 느리지만, 기억용량이 크고 기억된 내용을 영구 보관할 수 있다.

1. 자기 테이프(magnetic tape)

(1) 순차적 접근 기억장치(SASD)로 대량의 데이터를 보관하는 데 사용된다.

(2) 주로 일괄처리 시스템의 데이터 저장장치나 백업 데이터 저장장치로 사용된다.

(3) 판독 및 기록 시에 비블록 형식이나 블록 형식으로 처리한다.

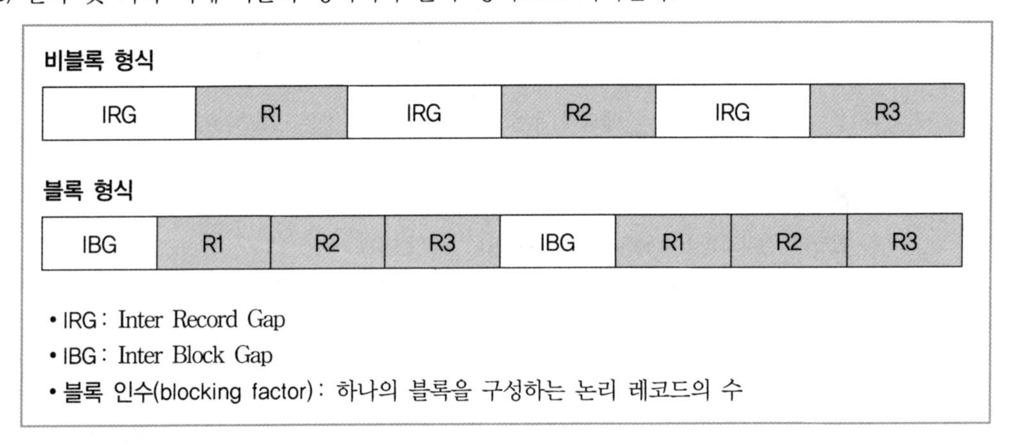

(4) 레코드 형식

① 고정길이 레코드

㉠ 비블록화 고정길이 레코드 : 전송효율과 경제성이 낮지만, 프로그램 작성이 쉽다.

㉡ 블록화 고정길이 레코드 : 전송효율과 경제성이 높고, 프로그램 작성도 용이하다.

② 가변길이 레코드

㉠ 비블록화 가변길이 레코드 : 전송효율과 경제성이 낮고, 길이정보 추가로 인하여 프로그램 작성이 어렵다.

㉡ 블록화 가변길이 레코드 : 전송효율과 경제성이 높지만, 길이정보 추가로 인하여 프로그램 작성이 어렵다.

2. 자기 디스크(magnetic disk)

(1) 데이터가 위치하는 주소를 지정함으로써 직접 액세스하는 직접 접근 장치(DASD)이다.

(2) 액세스암, R/W 헤드, 트랙, 실린더, 섹터로 구성된다.

(3) 디스크 접근시간(access time)

access time = seek time + latency time + transfer time

- seek time : R/W 헤드가 해당 레코드가 있는 트랙까지 이동하는 데 걸리는 시간
- latency time : R/W 헤드가 해당 레코드가 있는 섹터까지 이동하는 데 걸리는 시간
- transfer time : 레코드를 읽어 주기억장치로 보내는 데 걸리는 시간

자기 디스크 구조

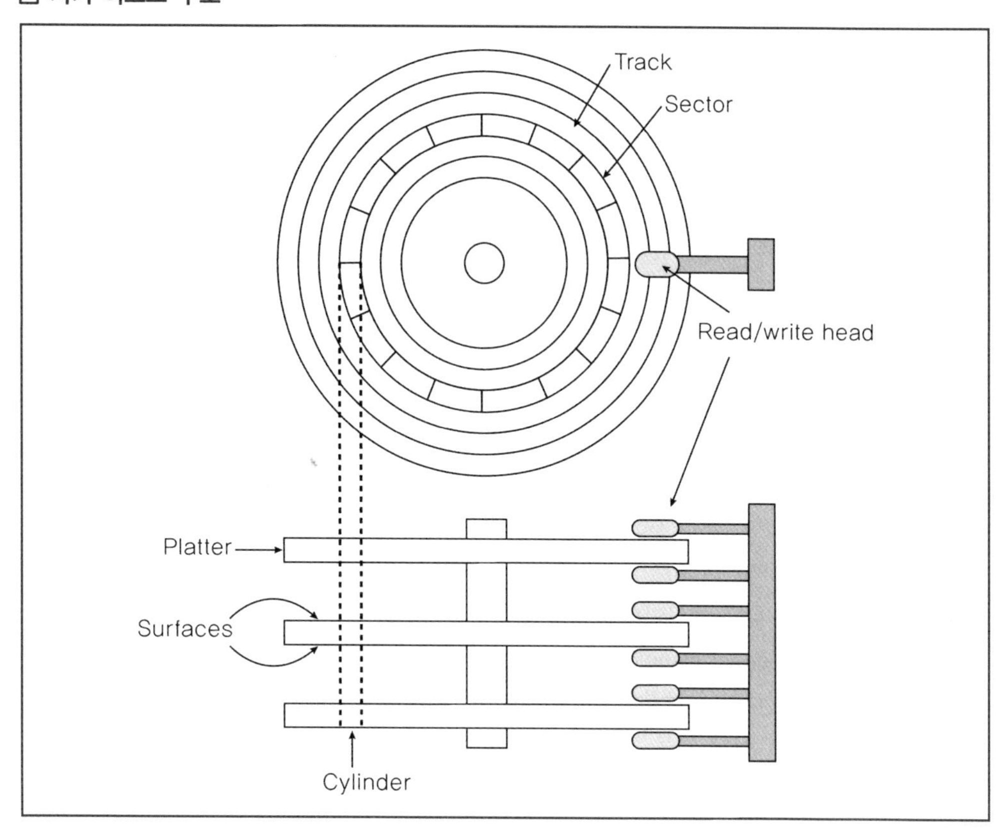

3. 광 디스크(optical disk)

유리 또는 아크릴수지로 만든 디스크에 알루미늄과 같은 반사성이 큰 물질로 코팅된 표면을 레이저를 이용하여 기록하고 읽어내는 기억장치이다.

(1) CD-ROM

컴팩트 디스크라는 저장매체에 데이터를 저장시키고, 오직 읽을 수만 있도록 구성한 저장매체이다.

(2) DVD

순수히 디지털비디오를 위하여 고안된 최초의 디지털비디오 재생매체이다.

❹ 특수 기억장치

1. 캐시기억장치(cache memory)

- 중앙처리장치와 주기억장치의 속도 차이를 개선하기 위한 기억장치이다.
- 주기억장치보다 용량은 작지만, SRAM으로 구성되어 고속처리가 가능하다.
- 캐시의 동작은 중앙처리장치가 메모리에 접근할 때, 먼저 캐시를 참조하여 적중(hit)되면 읽고 실패(miss)하면 주기억장치에 접근하여 해당 블록을 읽는다.

(1) 적중률(hit ratio)

중앙처리장치가 처리할 명령이 캐시에 있는 경우를 적중(hit)이라 한다.

$$\text{적중률(hit ratio)} = \frac{\text{적중횟수}}{\text{전체 참조횟수}} \times 100(\%)$$

(2) 캐시기반 평균 기억장치 접근시간

캐시기반 평균 기억장치 접근시간은 캐시에 적중시간과 캐시에 접근했지만 미적중된 실패 시의 시간의 합으로 구한다.

$$\text{Taverage} = \text{Hhit-ratio} \times \text{Tcache} + (1 - \text{Hhit-ratio}) \times \text{Tmain}$$

- Taverage : 평균 기억장치 접근시간
- Hhit-ratio : 적중률
- Tcache : 캐시 기억장치 접근시간
- Tmain : 주기억장치 접근시간

(3) 캐시의 사상(mapping)

주기억장치로부터 캐시기억장치로 데이터를 전송하는 것을 매핑 프로세스라고 한다.

① 직접 사상(direct mapping)

㉠ 주기억장치의 블록이 특정 라인에만 적재된다.

㉡ 캐시의 적중 여부는 그 블록이 적재될 수 있는 라인만 검사한다.

㉢ 간단하고 비용이 저렴한 장점이 있다(탐색이 필요하지 않으며, 배치 기법도 또한 간단하다).

㉣ 주기억장치의 블록이 적재될 수 있는 라인이 하나밖에 없다(프로그램이 동일한 라인에 적재되는 두 블록들을 반복적으로 액세스하는 경우 캐시 실패율이 매우 높아진다).

➡ 동일한 캐시 블록을 놓고 경쟁할 수 있다.

ex1 중앙처리장치가 00001번지 워드를 필요로 하는 경우

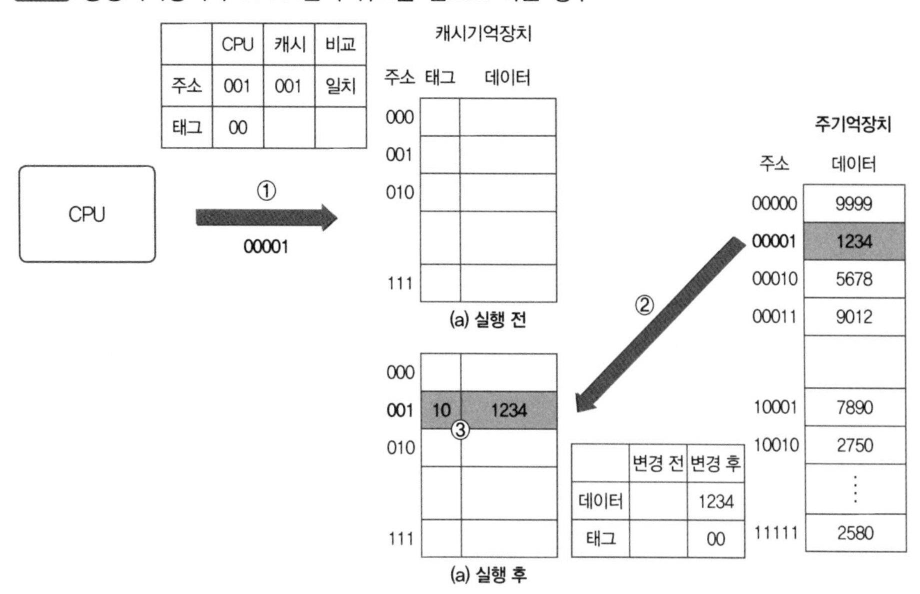

ex2 중앙처리장치가 10001번지 워드를 필요로 하는 경우

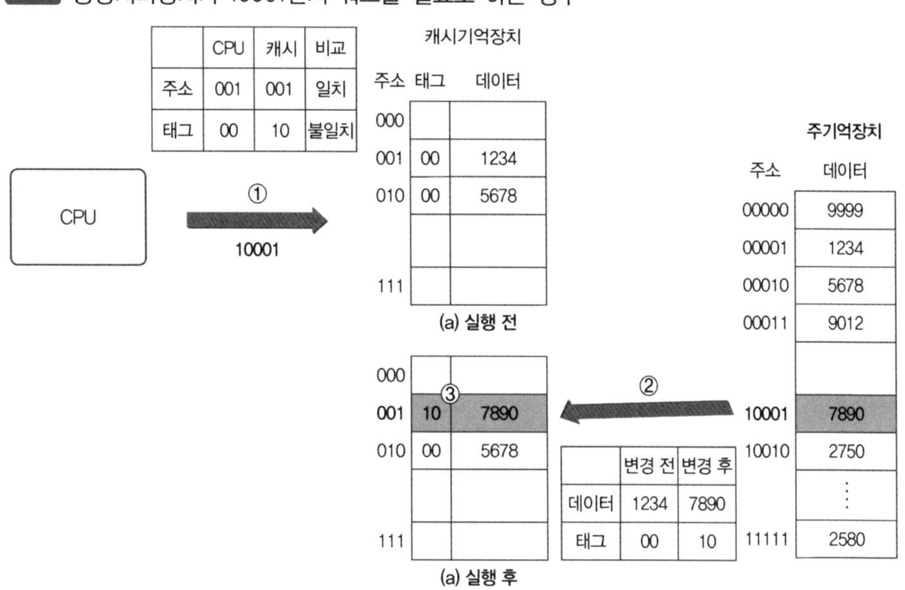

ex3 중앙처리장치가 00010번지 워드를 필요로 하는 경우

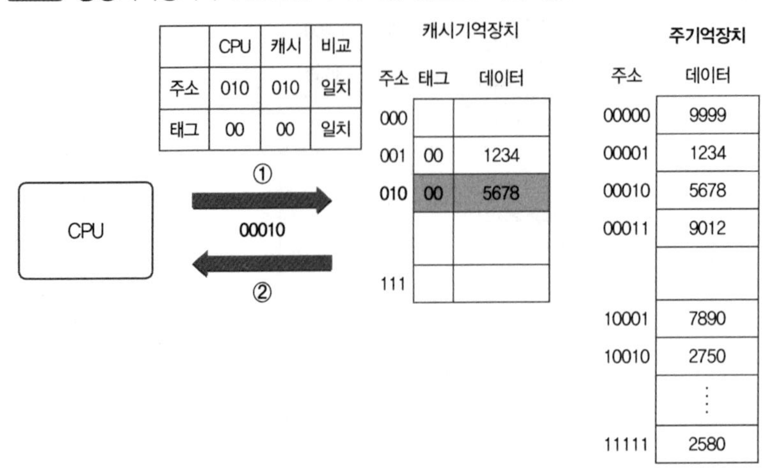

② 연관 사상(associative mapping)

㉠ 주기억장치의 블록이 캐시의 어느 라인에든 적재될 수 있어 직접 사상에서 발생하는 단점을 보완했다(주기억장치의 어떤 블록도 캐시의 어디든 놓일 수 있다).

㉡ 적중 검사가 모든 라인에 대해서 이루어져야 하므로 검사 시간이 길어진다.

㉢ 캐시 슬롯의 태그를 병렬로 검사하기 위해서는 매우 복잡하고 비용이 높은 회로가 필요하다(전체 태그 메모리를 동시에 검색하는 것은 많은 하드웨어를 필요로 한다).

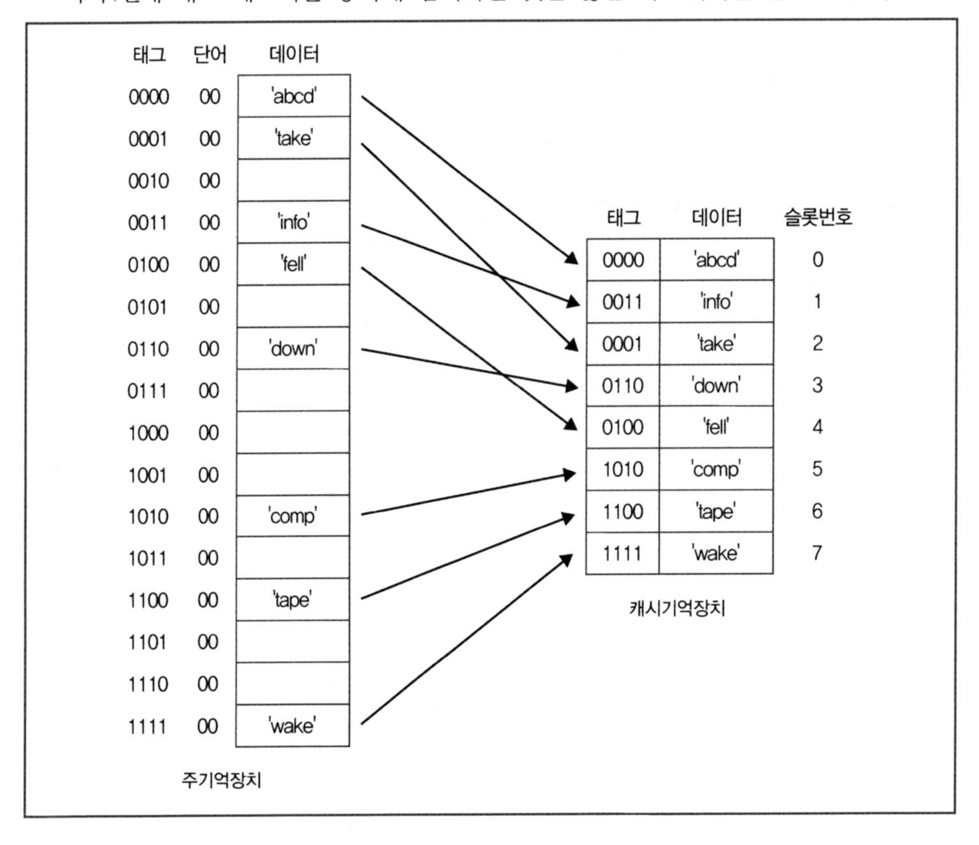

③ 집합 연관 사상(set associative mapping)

㉠ 직접 사상과 연관 사상 방식을 조합한 방식이다.

㉡ 하나의 주소 영역이 서로 다른 태그를 갖는 여러 개의 집합으로 이루어지는 방식이다.

㉢ 두 개의 집합을 갖는 집합 연관 캐시기억장치의 구조이다.

주소	태그	데이터	태그	데이터
000	00	1220	01	5678
111	01	4580	00	1234
	집합 1		집합 2	

(4) 캐시 쓰기 정책(Cache Write Policy)

① 캐시 블록이 수정되면 주기억장치에도 수정하여 무결성과 일관성을 유지해야 한다. 이때 캐시 내용이 수정될 때마다 주기억장치 내용도 수정하는 방법을 쓰기 정책이라 한다.

② 쓰기 정책으로는 Write Through와 Write Back 방식이 있다.

㉠ 즉시 쓰기(Write Through) 정책

ⓐ 프로세서에서 메모리에 쓰기 요청을 할 때마다 캐시의 내용과 메모리의 내용을 같이 바꾼다.

ⓑ 주기억장치와 캐시기억장치가 항상 동일한 내용을 기록한다.

ⓒ 구조가 단순하지만 쓰기 요청 시 매번 메인 메모리에 접근하므로 캐시에 의한 접근 시간 개선이 의미가 없어진다.

㉡ 나중 쓰기(Write Back) 정책

ⓐ CPU에서 메모리에 대한 쓰기 작업 요청 시 캐시에서만 쓰기 작업과 그 변경 사실을 확인할 수 있는 표시를 하여, 캐시로부터 해당 블록의 내용이 제거될 때 그 블록을 메인 메모리에 복사하는 방식이다.

ⓑ 캐시에서 데이터 내용이 변경된 적이 있다면 교체되기 전에 먼저 주기억장치에 갱신한다.

ⓒ 주기억장치와 캐시기억장치의 데이터가 서로 일치하지 않는 경우도 발생할 수 있다.

ⓓ 동일한 블록 내에 여러 번 쓰기를 실행하는 경우 캐시에만 여러 번 쓰고 메인 메모리에는 한 번만 쓰게 되므로 효율적이다.

(5) 캐시 일관성(cache coherence)

① 개념

㉠ 데이터가 분실되거나 겹쳐 쓰이지 않도록 캐시를 관리하는 것이다.

㉡ 데이터가 캐시 내에서는 갱신되었으나 주기억장치 또는 디스크로 아직 전달되지 않았을 때에 데이터가 파손되거나 오염될 가능성이 크다.

㉢ 캐시 일관성은 캐시의 내용과 그에 대응하는 주기억장치 또는 디스크의 내용이 항상 일치하도록 캐시를 관리하는 알고리즘을 잘 설계함으로써 확보된다.

㉣ 캐시 일관성은 복수의 처리장치가 주기억장치나 디스크를 공유하는 대칭적 다중 처리(SMP)에서 특히 더 중요하다.

㉤ 공유 메모리 시스템에서 각 프로세서가 가진 로컬 캐시 간의 일관성이다.

② **캐시 일관성 문제**

㉠ 캐싱은 멀티프로세서 시스템에서 메모리 액세스 시간을 줄이기 위해 반드시 필요하다.

㉡ 멀티 프로세서 시스템에서 개별 캐시는 일관성 문제를 발생시킬 수 있으며, 변수의 복사본이 여러 캐시에 있을 수 있다.

㉢ 프로세서가 읽은 값은 항상 최신의 값이기를 기대하며, 한 프로세서에 의해 쓰인 값은 다른 프로세서들이 보지 못할 수도 있다(쓰여진 결과가 다른 프로세서에게 보이지 않을 수 있다).

㉣ 단일 프로세서에서는 I/O를 제외하면 문제가 없으며, I/O 장치와 프로세서 캐시 간의 일관성 문제로 주로 DMA에 의해 발생한다.

㉤ 캐시 일관성 프로토콜은 어떤 주소가 읽혔을 때 그 데이터가 항상 최신의 값임을 보장해준다.

㉥ 일관성 미스: invalidate 기반 캐시 일관성 프로토콜에 의해 캐시라인이 invalidate 되어 발생한 미스

㉦ **캐시 일관성 구조 및 일관성 프로토콜**

ⓐ Snoopy, Directory protocols

ⓑ MSI, MESI, MOESI 등

ⓞ 공유 캐시는 일관성 문제가 발생하지 않는다.

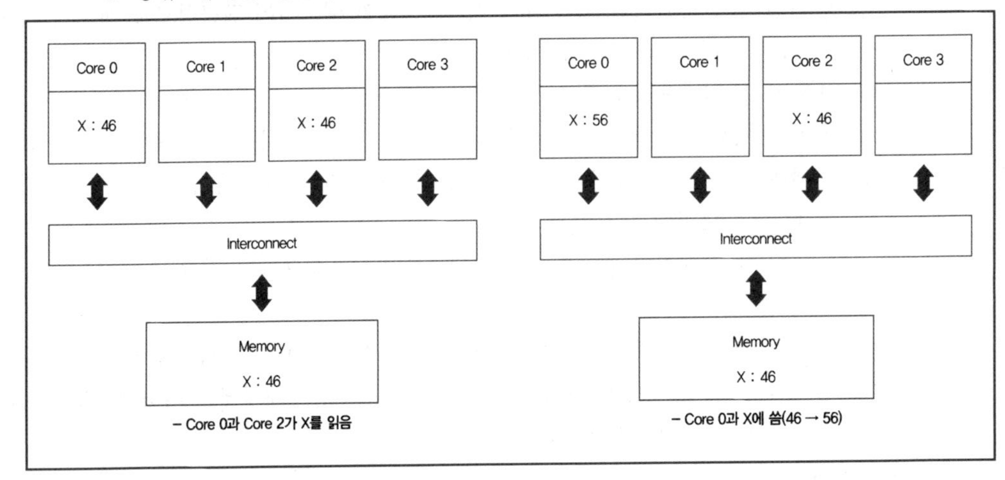

- Core 0과 Core 2가 X를 읽음

- Core 0과 X에 씀(46 → 56)

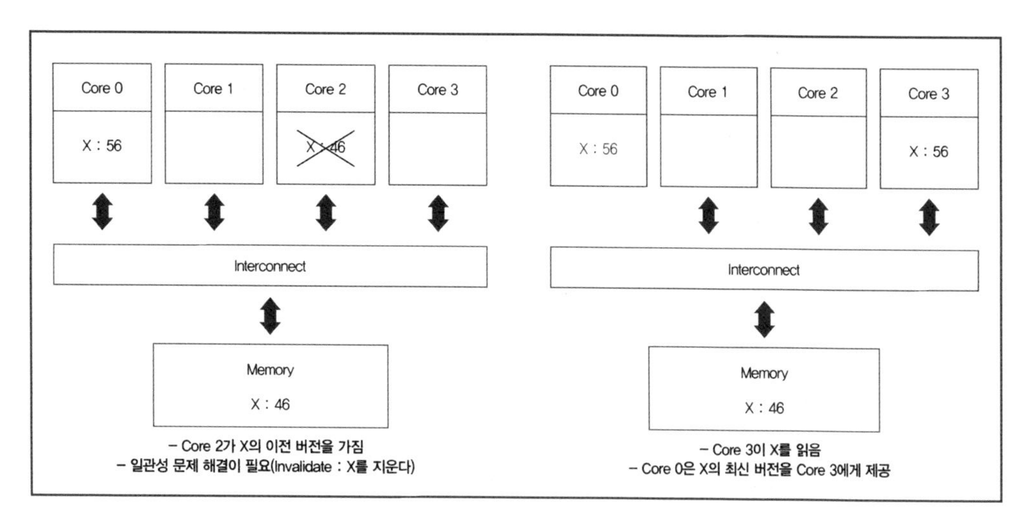

③ 캐시 일관성 구조

㉠ 디렉터리 기반 일관성 구조

캐시 블록의 공유 상태, 노드 등을 기록하는 저장 공간인 디렉터리를 이용하여 관리하는 구조이다.

㉡ 스누핑(Snooping)

ⓐ 각 프로세서는 메모리로 가는 요청을 감시(snoop)한다.

ⓑ 만약 어떤 프로세서가 요청된 캐시 블록의 수정본(dirty copy)을 갖고 있다면, 해당 블록을 요청한 프로세서에게 보내고 메모리 요청은 중단시킨다.

ⓒ 주소 버스를 항상 감시하여 캐시상의 메모리에 대한 접근이 있는지를 감시하는 구조이다. 다른 캐시에서 쓰기가 발생하면 캐시 컨트롤러에 의해서 자신의 캐시 위에 있는 복사본을 무효화시킨다.

④ 캐시 일관성 모델

㉠ MSI 프로토콜(MSI protocol)

ⓐ 멀티프로세서 시스템에서 사용되는 기초적인 캐시 일관성 프로토콜이다.

ⓑ MSI 프로토콜은 메모리가 가질 수 있는 세 가지의 캐시 상태를 정의한다.

Modified	블록이 캐시에서 수정된 상태이다. 메모리는 수정되지 않았으며 캐시만 수정되었기 때문에 캐시와 메모리는 다른 데이터를 가지고 있다. 이러한 캐시 블록을 캐시에서 내보낼 때(evict) 메모리에 그 변경된 내용을 반영해야 한다.
Shared	블록이 캐시로 공유된 상태이다. 캐시와 메모리의 상태가 동일하기 때문에 해당 블록을 캐시에서 내보낼 때 메모리에 쓰기 작업을 할 필요가 없다.
Invalid	블록이 유효하지 않은 상태이다. 해당 블록의 내용을 캐시로 올리기 위해서는 메모리나 다른 캐시에서 갱신된 내용을 확인할 필요가 있다.

ⓒ 프로그램이 M 상태나 S 상태에 있는 블록을 읽으려고 하는 경우에는 별다른 조치 없이 캐시에서 읽을 수 있다. 만약 I 상태의 메모리 블록을 읽으려고 하는 경우에는 다른 캐시에서 그 메모리를 M 상태로 가지고 있는지를 확인하며, 그에 따른 갱신 작업이 추가적으로 이루어진다.

ⓛ MESI 프로토콜

데이터 캐시는 태그당 두 개의 상태 비트를 포함하며 다음과 같은 상태 정보 중 하나를 저장한다.

Modified	캐시 내 라인이 수정되었으며, 그 라인은 캐시에만 있다.
Exclusive	캐시 내 라인은 주기억장치의 것과 동일하며, 다른 캐시에는 존재하지 않는다.
Shared	캐시 내 라인은 주기억장치의 것과 동일하며, 다른 캐시에도 있을 수 있다.
Ivalidate	캐시 내 라인은 유효한 데이터를 가지고 있지 않다.

2. 가상기억장치

- 한정된 주기억장치(실공간) 용량의 문제를 해결하기 위한 기술로 주소공간의 확대를 목적으로 한다.
- 보조기억장치의 공간(가상공간)을 가상기억장치 관리기법을 통해 주기억장치의 용량에 제한 없이 프로그램을 실행할 수 있는 환경을 제공한다.

(1) 구현기술

① 페이징(paging) 기법: 가상기억장치를 고정길이의 페이지로 구분하여 주기억장치로 페이지 단위로 이동하여 주소가 변환된다.

② 세그먼테이션(segmentation) 기법: 가상기억장치를 가변길이의 세그먼트로 구분하여 주기억장치로 세그먼트 단위로 이동하여 주소가 변환된다.

(2) 사상(mapping)

① 가상주소는 페이지번호와 변위(offset)로 구성된다.

② 페이지번호의 비트 수는 페이지 수를 나타낸다.

- 페이지번호 크기가 n비트이면 페이지 수는 2^n개가 지정된다.

③ 변위의 비트 수는 한 페이지의 크기를 나타낸다.

- 변위 크기가 m비트이면 한 페이지 크기는 2^m워드로 구성된다.

(3) 가상 메모리 페이징 주소계산

블럭 사상(mapping)을 통한 가상 주소변환

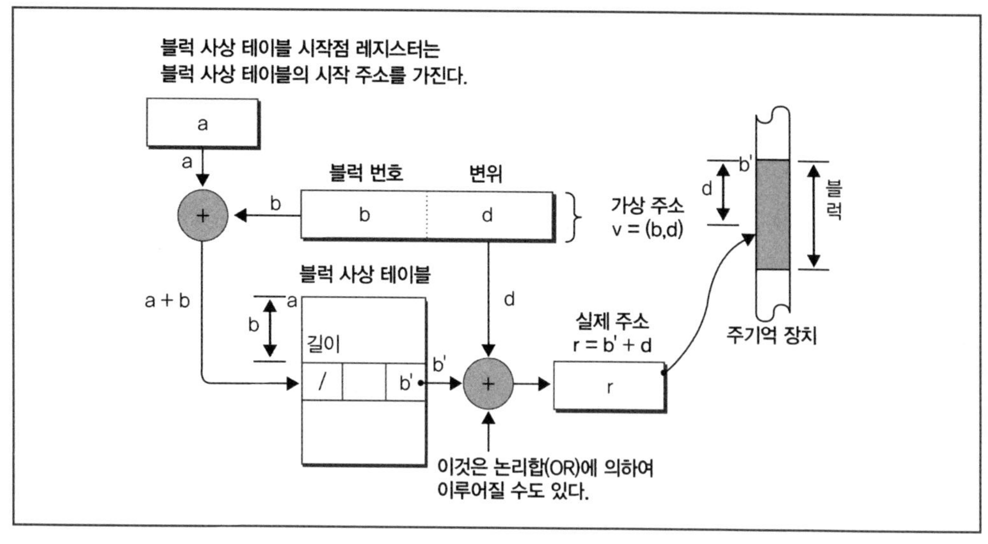

① 페이징 시스템에서의 가상 주소는 순서쌍 v=(p, d)로 표현
- ㉠ p는 가상 메모리 내에서 참조될 항목이 속해 있는 페이지 번호
- ㉡ d는 페이지 p 내에서 참조될 항목이 위치하고 있는 곳의 변위

② 순수 페이징 시스템에서의 가상 주소

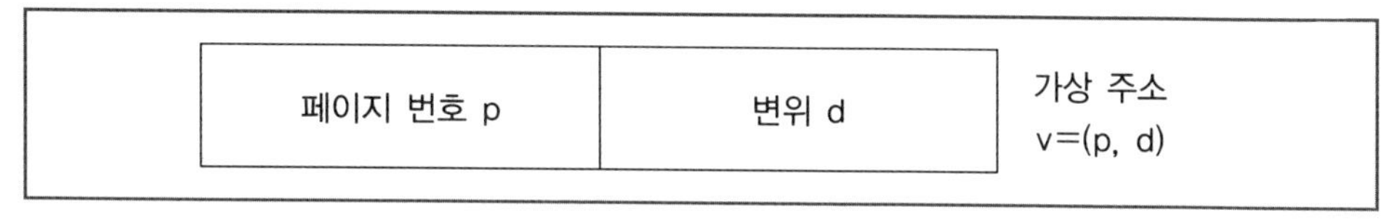

③ 페이징 기법하에서의 동적 주소 변환
- ㉠ 실행 중의 프로세스가 참조하는 가상 주소를 v=(p, d)라고 할 때, 페이지 사상 테이블(page mapping table)에서 페이지 p를 찾고, 페이지 p가 페이지 프레임 p′에 있음을 알아낸다.
- ㉡ 그 후 p′와 d를 더하여 주기억장치상의 실제 주소 r=p′+d를 구한다.

3. 연관(associative) 메모리

(1) 기억된 데이터의 내용에 의해 접근하는 기억장치로 CAM(Content addressble memory, 내용지정 메모리)라고 하기도 한다.

(2) 기억장치의 정보에 접근하기 위해서 주소를 사용하는 것이 아니라 기억된 정보의 일부분을 이용하여 원하는 정보가 기억된 위치를 알아낸 후 나머지 정보에 접근할 수 있는 메모리이다.

(3) 내용에 대한 병렬검색이 가능하고, 검색을 전체 워드 또는 일부만 가지고도 시행할 수 있다.

5 RAID(Redundant Array of Inexpensive Disks)

1. RAID의 개요

(1) RAID는 1988년 버클리 대학의 데이비드 패터슨, 가스 깁슨, 랜디 카츠에 의해 정의된 개념으로 <A Case for Redundant Array of Inexpensive Disks>라는 제목의 논문으로 발표된 데이터를 분할해서 복수의 자기 디스크 장치에 대해 병렬로 데이터를 읽는 장치 또는 읽는 방식이라고 정의할 수 있다.

(2) 작고 값싼 드라이브들을 연결해 비싼 대용량 드라이브 하나(Single Large Expensive Disk)를 대체하자는 것이었지만, 스토리지 기술의 지속적인 발달로 현재는 아래와 같이 정의할 수 있다.

2. RAID 시스템 출현 배경

(1) 하드디스크의 질과 성능이 크게 향상되긴 했지만 아직도 컴퓨터시스템 가운데 가장 취약한 부분으로 남아있다. 때로는 회복이 불가능할 정도로 손상되기도 하는데 시스템이 다운되면 회사로서는 큰 낭패가 아닐 수 없다. 그리고 네트워크에서 병목현상이 가장 심하게 일어나는 부분도 바로 하드디스크다.

(2) RAID 시스템은 그런 하드디스크의 결함을 비교적 저렴한 비용으로 해결할 수 있는 솔루션인 것이다.

3. RAID의 기본 정의

(1) 장애 발생요인을 최대로 제거한 고성능 대용량 저장장치이다.

(2) 여러 개의 HDD를 하나의 가상 디스크로 구성한 대용량 저장장치이다.

(3) 여러 개의 HDD에 데이터를 분할하여 멀티 전송함으로써 빠른 전송속도를 구현한다.

(4) 고장 시에도 새 디스크로 교체하면서 원래 데이터를 자동 복구한다.

4. RAID의 장점

(1) 높은 가용성(availability)과 데이터 보호(protection)

(2) 드라이브 접속성의 증대

(3) 저렴한 비용과 작은 체적으로 대용량 구현

(4) 특정 상황에서의 효율성 증가

(5) 데이터 분산에 의해 효율성을 높일 수 있음

5. RAID의 목적

(1) 여러 개의 디스크 모듈을 하나의 대용량 디스크로 사용

(2) 각 입출력 장치 간의 전송속도를 높임

(3) 장애가 발생하더라도 최소한의 데이터가 사라지는 것을 방지

6. RAID 시스템 레벨

- RAID는 여러 개의 하드디스크에 일부 중복된 데이터를 나눠서 저장하는 기술이다.
- 데이터를 나누는 다양한 방법이 존재하며, 이 방법들을 레벨이라 하는데, 레벨에 따라 저장장치의 신뢰성을 높이거나 전체적인 성능을 향상시키는 등의 다양한 목적을 만족시킬 수 있다.

(1) RAID 0 (Stripping)

① 데이터의 빠른 입출력을 위해 데이터를 여러 드라이브에 분산 저장한다.
② 데이터의 복구를 위한 추가 정보를 기록하지 않는다.
③ 성능이 뛰어나지만, 드라이브에서 장애가 발생하면 데이터는 모두 손실된다.

RAID 0의 구조

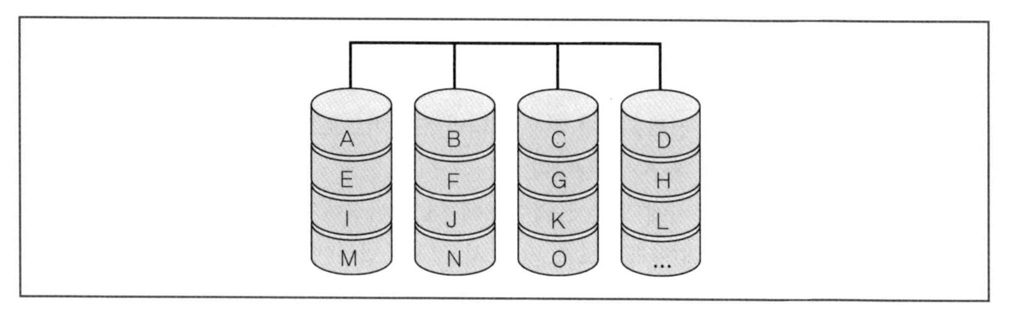

(2) RAID 1 (Mirroring)

① 빠른 기록 속도와 함께 장애 복구 능력이 요구되는 경우 사용한다.
② 한 드라이브에 기록되는 모든 데이터를 다른 드라이브에 복사 방법으로 복구 능력을 제공한다.
③ 읽을 때는 조금 빠르나, 저장할 때는 속도가 약간 느리다.
④ 두 개의 디스크에 데이터가 동일하게 기록되므로 데이터의 복구 능력은 높지만, 전체용량의 절반이 데이터를 기록하기 위해 사용되기 때문에 저장용량당 비용이 비싼 편이다.

RAID 1의 구조

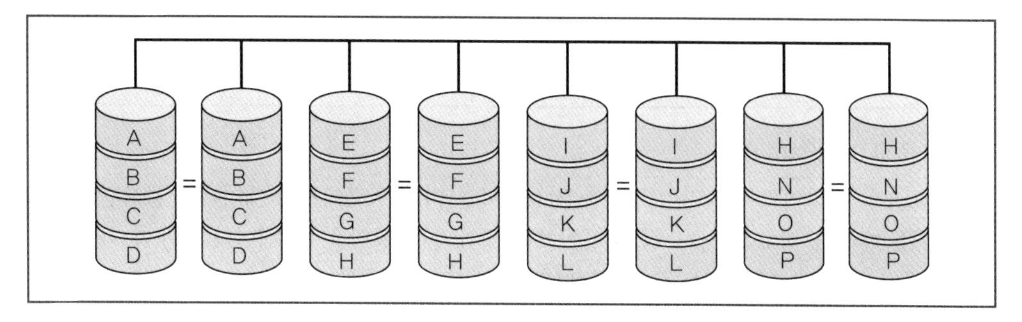

(3) RAID 2

① ECC(Error Checking and Correction) 기능이 없는 드라이브를 위해 해밍(hamming) 오류 정정 코드를 사용한다.
② SCSI 디스크 드라이브는 기본적으로 에러검출 능력을 갖고 있기 때문에 RAID 2는 사용되지 않는다.
③ RAID 3에 비해 장점이 없어 거의 사용하지 않는다.

RAID 2의 구조

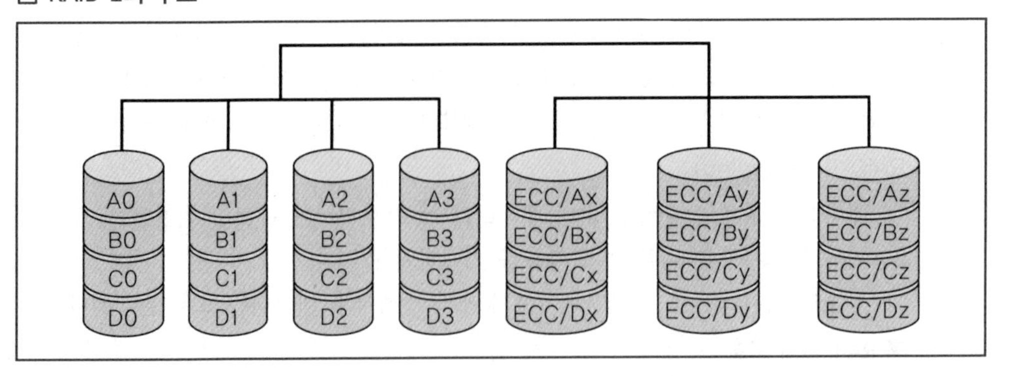

(4) RAID 3 (Block Striping : 전용 패리티를 이용한 블록 분배)

① 한 드라이브에 패리티 정보를 저장하고, 나머지 드라이브들 사이에 데이터를 분산한다.

② 문제가 생긴다면, 컨트롤러가 전용 패리티 드라이브로부터 문제가 생긴 드라이브의 손실된 데이터를 가져와 복구・재생한다.

③ 입출력 작업이 동시에 모든 드라이브에 대해 이루어지는 RAID 3은 입출력이 겹치게 할 수 없기 때문에 대형 레코드가 많이 사용되는 업무에서 단일 사용자 시스템에 적합하다.

RAID 3의 구조

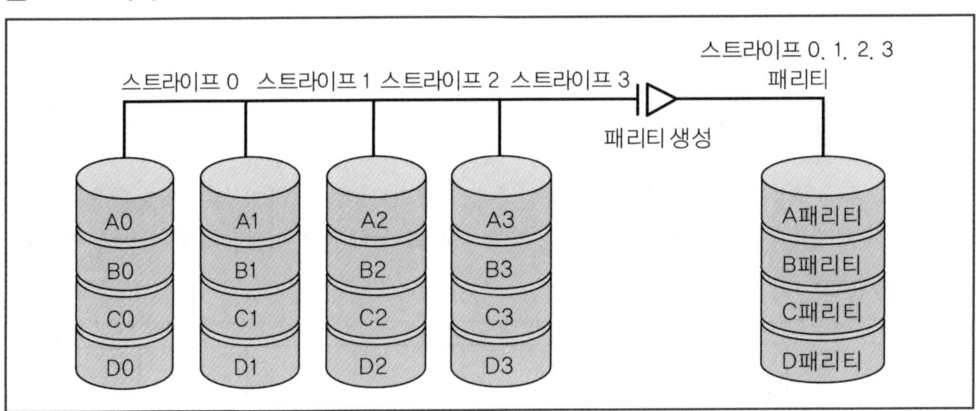

(5) RAID 4 (Parity)

① 한 드라이브에 패리티 정보를 저장하고 나머지 드라이브에 데이터를 블록단위로 분산한다.

② 패리티 정보는 어느 한 드라이브에 장애가 발생했을 때 데이터 복구가 가능하다.

③ 데이터를 읽을 때는 RAID 0에 필적하는 우수한 성능을 보이나, 저장할 때는 매번 패리티 정보를 갱신하기 때문에 추가적인 시간이 필요하다.

④ 작고 랜덤하게 기록할수록 느리며, 크고 순차적인 기록을 행할 때는 속도 저하가 없다.

⑤ 용량당 비용은 높지 않다.

⑥ 볼륨을 확장할 때 별도의 데이터 백업과 복구 과정을 거치지 않는 유연성을 제공한다.

⑦ 병목현상이 발생하면 전체 스토리지의 성능이 저하된다.

RAID 4의 구조

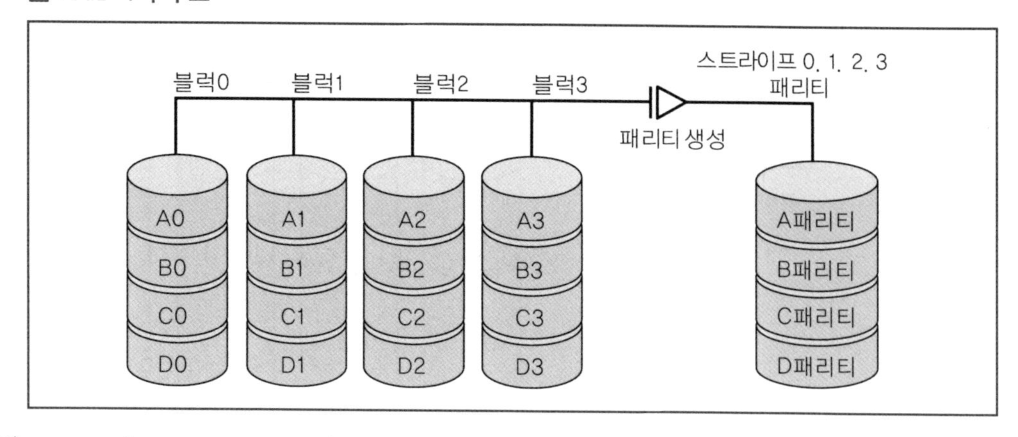

(6) RAID 5 (Distributed parity)

① 패리티 정보를 모든 드라이브에 나눠 기록한다.

② 패리티를 담당하는 디스크가 병목현상을 일으키지 않기 때문에, 멀티프로세스 시스템과 같이 작은 데이터의 기록이 수시로 발생할 경우 더 빠르다.

③ 읽기 작업일 경우 각 드라이브에서 패리티 정보를 건너뛰어야 하기 때문에 RAID 4보다 느리다.

④ 작고 랜덤한 입출력이 많은 경우 더 나은 성능을 제공한다.

⑤ 현재 가장 많이 사용되는 RAID 방식이다.

⑥ fail된 drive를 disk array 전체에 대한 power를 끄지 않고도 교체 가능하다(hot swapping).

RAID 5의 구조

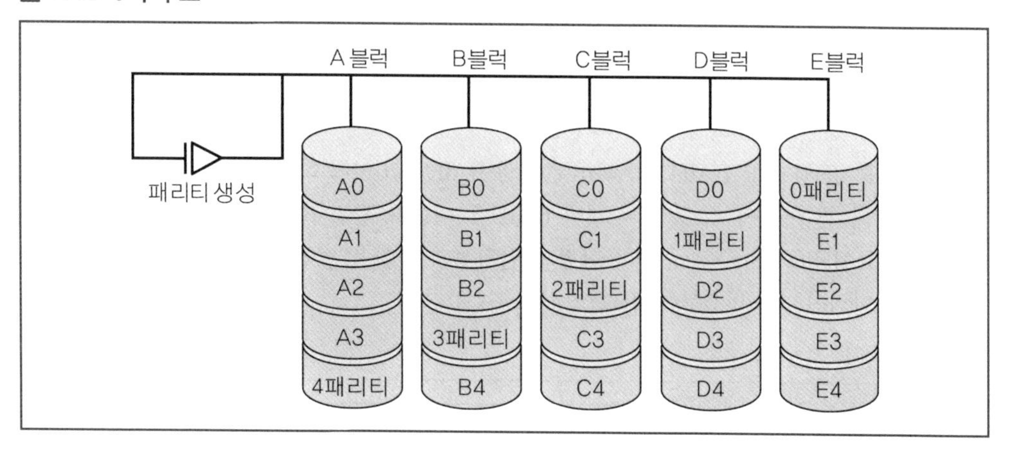

(7) RAID 6

① RAID 5와 비슷하지만, 다른 드라이브들 간에 분포되어 있는 2차 패리티 구성을 포함한다.

② 높은 장애 대비 능력을 제공한다.

RAID 6의 구조

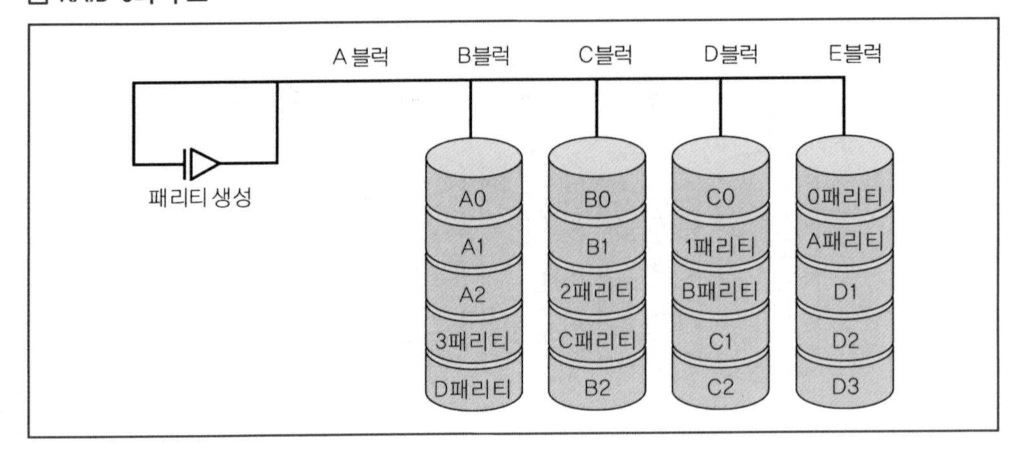

(8) RAID 7

컨트롤러가 내장된 실시간 운영체계를 사용하여, 속도가 빠른 버스를 통한 캐시, 독자적인 컴퓨터의 여러 가지 특성을 포함한다.

RAID 7의 구조

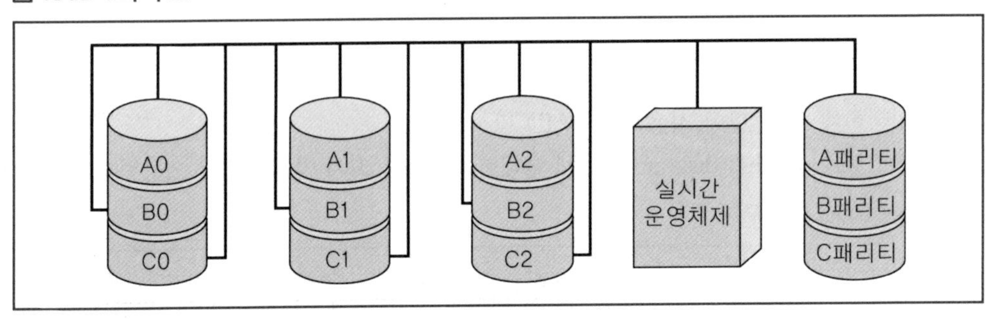

(9) RAID 0+1 (Striping & Mirroring)

① RAID 0+1은 RAID 0의 빠른 속도와 RAID 1의 안정적인 복구 기능을 합쳐 놓은 방식으로 네 개 이상의 디스크를 2개씩 RAID 1 기술로 묶고 RAID 0 기술로 다시 묶는다.

② RAID 0(stripe)의 중요한 단점인 안정성의 불안을 없앨 수 있고, RAID 1(mirror)의 최대 단점인 퍼포먼스를 대폭 향상시킬 수 있다.

RAID 0+1의 구조

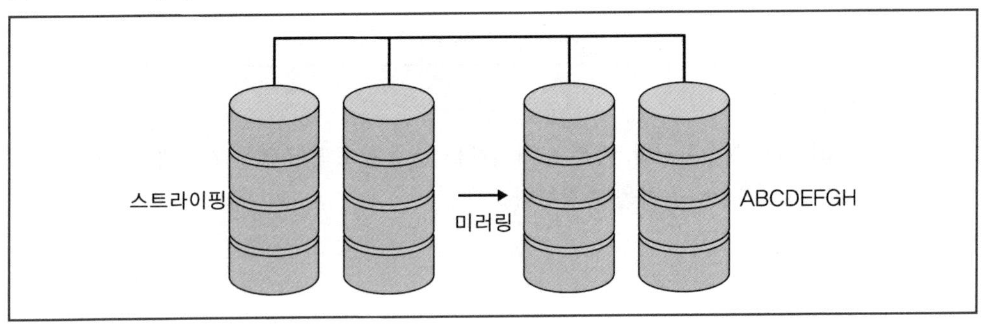

제2절 입출력장치

1. 입출력장치의 주소지정

(1) Memory-mapped I/O(기억장치 사상 입출력 방식)

① I/O 장치와 메모리의 주소 공간을 나누어 사용한다.

② 동일한 주소선과 제어선을 메모리와 입출력이 공유하되, 주소선에 실린 값으로서 메모리 주소와 입출력 주소를 구별하는 방식이다.

③ 메모리 읽기/쓰기 명령과 I/O 포트의 입출력 명령이 동일하다.

(2) Isolated I/O(분리형 입출력 방식)

① 메모리 공간과 I/O 공간이 분리되어 있다.

② 이 방식은 메모리 주소지정을 위한 주소 버스와 별도로 I/O 주소 라인을 사용한다.

③ 메모리 읽기/쓰기 명령과 I/O 포트의 입출력 명령이 다르다.

2. 입출력 제어 기법

(1) 중앙처리장치 직접 제어 방식

① 프로그램 입출력 방식

㉠ 중앙처리장치가 프로그램을 수행하는 도중에 입출력과 관련된 명령을 만나면 해당 입출력 모듈에 명령을 보내어 그 명령을 처리하는 방식이다.

㉡ 데이터의 입출력 동작이 CPU가 수행하는 프로그램의 I/O 명령에 의해 수행된다.

㉢ 중앙처리장치의 효율이 낮아진다.

② 인터럽트 입출력 방식

㉠ 프로그램 입출력 방식의 단점을 개선하기 위한 방식이다.

㉡ CPU가 계속해서 입출력 상태를 검사하고 있는 것이 아니라 입출력 장치가 데이터를 전송할 준비가 되면 CPU에 인터럽트를 발생시킨다.

(2) 입출력 제어장치에 의한 제어 방식

① DMA(Direct Memory Access)

㉠ 기억장치와 입출력 모듈 간의 데이터 전송을 DMA 제어기가 처리하고 중앙처리장치는 개입하지 않도록 한다.

㉡ CPU를 거치지 않고 주변장치와 메모리 사이에 직접 데이터를 전달하도록 제어하는 인터페이스 방식으로서, 고속 주변장치와 컴퓨터 간의 데이터 전송에 많이 사용한다.

㉢ DMA 제어기는 작업이 끝나면 CPU에게 인터럽트 신호를 보내 작업이 종료됐음을 알린다.

㉣ DMA 제어기는 CPU를 사용하지 않으므로 I/O 장치의 주소와 연산지정자(읽기/쓰기), 주기억장치 영역의 시작주소, 전송될 데이터 단어들의 수를 알 수 있도록 구성되어야 한다. 또한 Cycle stealing이 필요하고, 이는 CPU가 주기억장치를 액세스하지 않는 동안에 시스템의 버스를 사용하는 기능이 있어야 한다.

ⓜ DMA 방식을 이용하면 CPU는 작업에 직접 참여하지 않고 다음 명령을 계속 처리함으로써 시스템의 전반적인 속도가 향상된다.

DMA 수행과정

<table>
<tr><th>CPU</th><th>DMA 제어기</th><th>입출력장치</th><th>메모리</th></tr>
<tr><td colspan="2">① DMA 제어기 초기화 →</td><td></td><td></td></tr>
<tr><td></td><td colspan="2">← ② DMA 요청</td><td></td></tr>
<tr><td colspan="2">← ③ BUS 요청</td><td></td><td></td></tr>
<tr><td colspan="2">④ 버스 승낙 →</td><td></td><td></td></tr>
<tr><td></td><td colspan="2">⑤ DMA 승낙 →</td><td></td></tr>
<tr><td></td><td></td><td colspan="2">⑥ 자료전송 ↔</td></tr>
<tr><td colspan="2">← ⑦ DMA 완료 인터럽트</td><td></td><td></td></tr>
</table>

① CPU가 DMA 제어기에 명령(초기화)을 보냄(메모리 시작주소, 크기, 입출력장치 번호 등)
② 입출력장치가 DMA 요청
③ DMA 제어기는 CPU로 BUS 요청
④ CPU가 DMA에 BUS GRANT 신호를 보냄
⑤ DMA 제어기가 승낙
⑥ DMA 제어기가 메모리에서 데이터를 읽어 디스크에 저장
⑦ DMA 제어기가 CPU에 완료 신호를 보냄

② **입출력 채널(I/O Channel)**: 주변장치에 대한 제어 권한을 CPU로부터 넘겨받아 CPU 대신 입출력을 관리하는 입출력 전용 프로세서이다.

㉠ 채널의 특징

ⓐ 주기억장치와 입출력장치의 중간에 위치
ⓑ 입출력장치와 CPU의 속도차로 인한 단점을 해결
ⓒ CPU의 제어장치로부터 입출력 전송을 위한 명령어를 받으면 CPU와는 독립적으로 동작하여 입출력 완료
ⓓ 주기억장치에 기억되어 있는 채널 프로그램의 수행과 자료의 전송을 위하여 주기억장치에 직접 접근
ⓔ CPU나 DMA 대신 독립적 입출력 프로세서

㉡ 채널의 종류

구분	설명
선택채널 (Selector Channel)	• 고속 입출력장치와 IO를 위해 사용(자기디스크, 자기테이프, 자기드럼 등) • 특정한 한 개의 장치를 독점하여 입출력
다중채널 (Multiplexer Channel)	• 저속 입출력장치를 제어하는 채널(카드리더, 프린터 등) • 동시에 여러 개의 입출력장치 제어. Byte Multiplexer Channel이라고 하기도 함
블록 다중채널 (Block Multiplexer Channel)	• 고속 입출력장치 제어 • 동시에 여러 개의 입출력장치 제어

Chapter

06 고성능 컴퓨터시스템 구조

제1절 병렬처리의 개념 및 필요성

1 병렬처리의 개념

(1) 반도체 소자의 물리적인 특성에 의한 프로세서 속도상의 한계를 극복할 수 있게 해주는 기술이 병렬처리이다.

(2) 병렬처리(parallel processing)란 다수의 프로세서들을 이용하여 여러 개의 프로그램들 혹은 한 프로그램의 분할된 부분들을 분담하여 동시에 처리하는 기술을 말한다.

(3) 실제로 최근 대부분의 고성능 컴퓨터시스템의 설계에서는 성능의 향상을 위한 방법으로서 병렬처리 기술이 널리 사용되고 있다.

2 병렬처리를 구현하기 위한 조건

(1) 많은 수의 프로세서들로 하나의 시스템을 구성할 수 있도록, 작고 저렴하며 고속인 프로세서들의 사용이 가능해야 한다.

① 반도체 기술의 발전과 더불어 VLSI의 집적도가 크게 증가함에 따라 이러한 조건이 만족되고 있다.

② 작은 크기의 칩 상에 수천만 개의 트랜지스터들이 집적될 수 있고, 이러한 칩들을 이용하면 저렴한 가격으로 수백 개 이상의 프로세서들을 한 시스템 내에 통합할 수 있다.

(2) 한 프로그램을 여러 개의 작은 부분들로 분할하는 것이 가능해야 하며, 분할된 부분들을 병렬로 처리한 결과가 전체 프로그램을 순차적으로 처리한 경우와 동일한 결과를 얻을 수 있어야 한다.

① 문제 분할(problem partition)

㉠ 문제 분할이란 병렬처리를 위하여 하나의 문제(혹은 프로그램)를 여러 개로 나누는 것을 말한다.

㉡ 프로그램들 중에는 반드시 순차적으로 처리되어야 하는 것들도 있기 때문에, 병렬처리가 근본적으로 불가능한 경우도 있다.

㉢ 많은 수의 프로세서들이 제공되더라도 프로그램을 그 수만큼 분할할 수 없거나 균등한 크기로 분할할 수 없는 경우에는, 프로세서의 이용률(utilization)이 낮아져서 원하는 만큼의 성능 향상을 얻을 수 없기 때문에 문제 분할은 매우 중요하다. 이러한 경우 병렬처리의 효과를 높이기 위해서 순차적으로 처리해야 하는 부분을 최소화할 수 있는 병렬 알고리즘의 개발이 필요하게 된다.

② **프로세서 간 통신**(interprocessor communication)

㉠ 하나의 프로그램이 여러 개의 작은 부분들로 나누어져서 서로 다른 프로세서들에 의해 처리되는 경우 프로세서들 간 데이터 교환을 취한 통신이 필요로 하게 되고, 프로세서의 수가 증가하면 통신 선로의 수도 그만큼 많아지고 인터페이스를 위한 하드웨어도 복잡해진다.

㉡ 프로세서 간 통신을 제어하기 위한 소프트웨어 오버헤드와 하드웨어상의 지연 시간 때문에 통신에 소모되는 시간이 길어져 시스템의 성능 향상에 한계가 있게 된다.

(3) 고성능 병렬처리 시스템을 개발하기 위해서는 하드웨어 구조, 운영체제, 알고리즘, 프로그래밍 언어, 컴파일러 등 거의 모든 컴퓨터 기술들이 통합되어야 한다.

제2절 병렬처리의 단위

병렬처리에 참여하는 각 프로세서에 분담되는 단위 프로그램의 크기에 따라 다양한 수준의 병렬성(parallelism)들이 존재할 수 있으며, 병렬처리는 다양한 크기의 단위에 대하여 이루어질 수 있다.

❶ 작업-단위 병렬성(job-level parallelism)

(1) 서로 다른 사용자들에 의해 제출된 작업 프로그램들 혹은 한 사용자에 의해 제출된 여러 개의 독립적인 작업 프로그램 단위로 병렬처리를 수행하는 것을 의미한다.

(2) 이러한 단위의 병렬처리는 주로 다수의 사용자 요구들을 처리해주는 서버급 시스템이나 슈퍼컴퓨터에서 채택하는 형태이다.

(3) 이 분류의 시스템들은 대부분 다중프로세서 구조(multiprocessor architecture)를 가지고 있으며, 수십 개 혹은 그 이상의 프로세서들로 구성된다.

❷ 테스크-단위 병렬성(task-level parallelism)

(1) 하나의 큰 작업 프로그램은 내부적으로 서로 다른 기능을 수행하는 더 작은 프로그램들로 분리될 수 있다.

(2) 다중프로세서 시스템이나 대규모 계산을 분할하여 처리하는 슈퍼컴퓨터에 의해 지원되는 유형이며, 최근에는 멀티-코어 프로세서들도 이 단위의 병렬처리를 칩 내부에서 지원하고 있다.

❸ 스레드-단위 병렬성(thread-level parallelism)

(1) 사용자 프로그램 혹은 OS 프로그램은 여러 개의 스레드들로 분할될 수 있다.

* 스레드란 동시에 처리될 수 있는 가장 작은 크기의 독립적인 단위 프로그램을 말한다.

(2) 이 단위의 병렬처리를 멀티스레딩(multi-threading)이라고 부르며, 주로 다중프로세서 시스템에 의해 지원되지만 동적실행(dynamic execution) 능력을 가진 슈퍼스칼라 프로세서에서도 처리될 수 있다.

❹ 명령어-단위 병렬성(instruction-level parallelism)

(1) 컴퓨터 프로그램은 여러 개의 어셈블리 명령어들로 이루어지는데, 각 명령어는 필요한 입력 데이터를 받아서 연산을 수행한 후에 출력값을 생성한다. 만약 명령어가 사용할 데이터들 간에 의존관계가 존재하지 않는다면, 여러 명령어들을 동시에 수행하는 것이 가능해진다.

(2) 슈퍼스칼라 구조를 가진 프로세서들은 이 단위의 병렬성을 이용하여 처리 속도를 높이는 것이다.

제3절 병렬컴퓨터의 분류

❶ Flynn의 분류

1. Flynn의 분류 개요

(1) 컴퓨터시스템을 분류하는 방법으로는 프로그램 처리의 동시성을 기준으로 하는 Flynn의 분류가 가장 널리 사용되고 있다.

(2) 이 분류에서는 프로세서들이 처리하는 명령어와 데이터의 스트림(stream)의 수에 따라 디지털 컴퓨터를 네 가지로 분류하고 있다.

(3) 병렬컴퓨터는 프로그램 코드와 데이터를 병렬로 처리하는 시스템이므로, Flynn의 분류 중에서 SIMD와 MIMD 조직이 해당된다.

2. Flynn의 분류 조직

(1) SISD 조직

① 한 번에 한 개씩의 명령어와 데이터를 순서대로 처리하는 단일프로세서 시스템에 해당된다.

② 이러한 시스템에서는 명령어가 한 개씩 순서대로 실행되지만, 실행 과정은 파이프라이닝되어 있다.

(2) SIMD 조직

① 이 분류의 시스템은 배열 프로세서(array processor)라고도 부른다.

② 이러한 시스템은 여러 개의 프로세싱 유니트(PU ; Processing Unit)들로 구성되고, PU들의 동작은 모두 하나의 제어 유니트에 의해 통제된다.

③ 제어 유니트는 명령어를 해독하고, 그 실행을 위한 제어 신호를 모든 PU들로 동시에 보낸다. 그에 따라 PU들은 동일한 연산을 수행하게 되지만, 각 연산에서 처리하는 데이터는 서로 다르다.

④ 결과적으로 모든 PU들은 하나의 명령어 스트림을 실행하지만, 여러 개의 데이터 스트림들을 동시에 처리하게 되는 것이다.

⑤ 이러한 조직을 사용하는 병렬컴퓨터는 고속의 계산처리를 위하여 사용되던 과거의 슈퍼컴퓨터 유형이며, 최근에는 이 개념이 디지털 신호처리용 VLSI 칩 등에 주로 적용되고 있다.

(3) MISD 조직

① 한 시스템 내에 N개의 프로세서들이 있고, 각 프로세서들은 서로 다른 명령어들을 실행하지만, 처리하는 데이터들은 하나의 스트림이다.

② 프로세서들이 배열 형태로 연결되고, 한 프로세서가 처리한 결과가 다음 프로세서로 보내져 다른 연산에 수행되는 방식이다.

③ 이 조직은 실제 구현된 경우가 거의 없으며, 분류상으로 존재할 뿐이다.

(4) MIMD 조직

① 대부분의 다중프로세서 시스템들과 다중컴퓨터 시스템들이 이 분류에 속한다.

② 이 조직에서는 N개의 프로세서들이 서로 다른 명령어들과 데이터들을 처리한다.

③ 프로세서들 간의 상호작용 정도에 따라 두 가지로 나뉘어진다.

㉠ **밀결합 시스템(tightly-coupled system)** : 프로세서들 간의 상호작용 정도가 높은 구조

㉡ **소결합 시스템(loosely-coupled system)** : 프로세서들 간의 상호작용 정도가 낮은 구조

2 기억장치 액세스 모델에 따른 분류

최근 고성능 컴퓨터시스템 구조로서 가장 널리 채택되고 있는 MIMD 조직은 기억장치의 위치와 주소지정 방식 및 기억장치 액세스 유형에 따라 구분된다.

1. 균일 기억장치 액세스(UMA ; Uniform Memory Access) 모델

(1) 모든 프로세서들이 상호연결망에 의해 접속된 기억장치들을 공유한다.

(2) 프로세서들은 기억장치의 어느 영역이든 액세스할 수 있으며, 그에 걸리는 시간은 모두 동일하다.

(3) 이 모델에 기반을 둔 시스템은 하드웨어가 간단하고 프로그래밍이 용이하다는 장점이 있지만, 공유 자원들(상호연결망, 기억장치 등)에 대한 경합이 높아지기 때문에 시스템 규모에 한계가 있다.

2. 불균일 기억장치 액세스(NUMA ; Non-Uniform Memory Access) 모델

(1) 시스템 크기에 대한 UMA 모델의 한계를 극복하고 더 큰 규모의 시스템을 구성하기 위한 것으로서, 다수의 UMA 모듈들이 상호연결망에 의해 접속되며, 전역 공유-기억장치(GSM; Global Shared-Memory)도 가질 수 있다.

(2) 시스템 내 모든 기억장치들이 하나의 주소 공간을 형성하는 분산 공유-기억장치(distributed shared-memory) 형태로 구성되기 때문에, 프로세서들은 자신이 속한 UMA 모듈 내의 지역 공유-기억장치(LSM ; Local Shared-Memory)뿐 아니라 GSM 및 다른 UMA 모듈의 LSM들도 직접 액세스할 수 있다.

(3) 기억장치 액세스 시간은 어느 기억장치를 액세스하는지에 따라 달라진다.

① **지역 기억장치 액세스**(local memory access) : 자신이 속한 UMA 모듈 내의 기억장치(LSM)에 대한 액세스로서, 가장 짧은 시간이 소요된다.

② **전역 기억장치**(global memory access) : 프로세서가 원하는 데이터가 전역 공유-기억장치(GSM)에 있는 경우에 이루어지는 액세스이다.

③ **원격 기억장치 액세스**(remote memory access) : 다른 UMA 모듈에 위치한 기억장치(LSM)로부터 데이터를 액세스하는 경우로서, 가장 긴 시간이 소요된다.

3. 무-원격 기억장치 액세스(NORMA ; No-Remote Memory Access) 모델

(1) 프로세서가 원격 기억장치(다른 노드의 기억장치)는 직접 액세스할 수 없는 시스템 구조이다.

(2) 이 모델을 기반으로 하는 시스템에서는 프로세서와 기억장치로 구성되는 노드들이 메시지-전송 방식을 지원하는 상호연결망에 의해 서로 접속된다. 그러나 어느 한 노드의 프로세서가 다른 노드의 기억장치에 저장되어 있는 데이터를 필요로 하는 경우에, 그 기억장치를 직접 액세스하지 못한다. 대신에, 그 노드로 기억장치 액세스 요구 메시지(memory access request message)를 보내며, 메시지를 받은 노드는 해당 데이터를 인출하여 그것을 요구한 노드로 다시 보내준다.

(3) 이러한 시스템에서는 각 노드가 별도의 기억장치를 가지고 있기 때문에 분산-기억장치 시스템(distributed-memory system)이라고도 부른다.

(4) 이 모델을 위한 상호연결망으로는 메시(mesh), 하이퍼큐브(hypercube), 링(ring), 토러스(torus) 등이 사용된다.

❸ 시스템 구성 방법에 따른 분류

고성능 컴퓨터시스템들은 프로세서와 기억장치 및 상호연결망의 접속 방법에 따라 분류된다.

1. 대칭적 다중프로세서(SMP ; Symmetric Multi processors)

(1) 대략 16~64개 정도의 프로세서들로 구성되는 중형급 시스템으로서, 일반적으로 완전-공유 구조(shared-everything architecture)를 가진다.

(2) 프로세서들이 시스템 내의 모든 자원들(버스, 기억장치, I/O 장치 등)을 공유한다.

(3) 시스템 내에는 하나의 운영체제만 존재하며, 어느 프로세서든 공유 기억장치에 적재된 OS 코드를 수행할 수 있다.

(4) 대칭적이라는 명칭이 의미하듯이 모든 프로세서들은 동등한 권한으로 자원들을 공유하고, OS를 수행하며, 자신을 위한 작업 스케줄링도 직접 한다.

(5) **대칭적 다중프로세서에 속하는 시스템들의 주요 특징**

① 능력이 비슷한 다수의 프로세서들로 구성된다.

② 프로세서들은 주기억장치와 I/O 장치들을 공유하고, 버스 혹은 간단한 연결 방식에 의해 상호연결된다.

③ 모든 프로세서들은 동등한 권한을 가지며, 같은 수준의 기능들을 수행할 수 있다.

④ 프로세서들 간의 통신은 공유-기억장치를 통하여 이루어진다.

⑤ 작업 스케줄링 및 파일/데이터 수준에서의 프로그램들 간 상호작용은 하나의 OS에 의해 통합적으로 지원된다.

⑥ 상호연결망의 병목현상으로 인하여 시스템 규모(프로세서 수)에 한계가 있다.

2. 대규모 병렬프로세서(MPP ; Massively Parallel Processors)

(1) SMP와 반대되는 설계 개념으로서, 무공유 구조(shared-nothing architecture)를 기반으로 구성되는 대규모 병렬처리 시스템이다.

(2) 고속의 상호연결망을 통하여 서로 연결되는 수백 혹은 수천 개의 프로세싱 노드들로 이루어진다.

(3) 각 노드는 일반적으로 간단한 구조의 프로세서와 기억장치로 구성되며, 때로는 여러 개의 프로세서들이 하나의 노드에 포함되기도 한다.

(4) 노드들 중의 일부분은 디스크와 같은 주변장치들과의 인터페이스를 가지고 있으며, 각 노드에는 내부 자원 관리와 통신지원을 위한 독립적인 OS가 탑재되어 있다.

(5) 노드들 간의 통신은 메시지-전송 방식을 주로 사용하며, 통신 거리를 최대한 단축시키고 대역폭을 높이기 위하여 복잡도가 높은 상호연결망들을 사용한다.

3. 캐시-일관성 NUMA(CC-NUMA ; Cache-Coherent NUMA) 시스템

(1) CC-NUMA에서는 노드로서 UMA 혹은 NUMA 시스템이 사용되며, 그러한 노드들이 상호연결망에 의해 접속된다.

(2) 캐시 일관성 프로토콜에 의해 모든 노드에 포함된 캐시들과 주기억장치들 간에 데이터 일관성이 유지된다.

(3) 이 모델의 시스템을 구성하기 위해서는 모든 노드들이 가지고 있는 기억장치들이 전체적으로 하나의 공통 주소 공간을 가지는 분산 공유-기억장치 시스템(distributed shared-memory)으로 구성되어야 한다.

(4) 각 노드는 주기억장치를 공유하는 여러 개의 프로세서들을 포함하고 있으며, 각 프로세서는 캐시를 가지고 있다.

(5) 시스템 전체적으로 보면 각 노드가 별도의 기억장치를 가지고 있지만, 프로세서의 관점에서 보면 시스템 내 모든 기억장치들이 직접 액세스할 수 있는 하나의 거대한 기억장치이다. 따라서 각 기억 장소는 시스템 전체적으로 유일한 주소를 가지고 있다.

(6) CC-NUMA의 주요 장점은 소프트웨어를 거의 변경하지 않고도 SMP 수준의 병렬성을 이용할 수 있는 대규모 병렬컴퓨터시스템을 구성할 수 있다는 점이다.

4. 분산 시스템(Distributed system)

(1) 독립적인 컴퓨터시스템들이 전통적인 네트워크에 의해 연결되어 있는 컴퓨팅 환경을 말한다.

(2) 각 노드는 별도의 OS를 가지고 독립적인 컴퓨터로서 기능을 수행하며, 다른 노드들과 정보를 교환하거나 병렬처리를 수행할 때만 네트워크를 통하여 서로 통신한다.

(3) 노드는 PC, 워크스테이션, SMP, MPP 혹은 그들의 조합으로 이루어진다.

5. 클러스터 컴퓨터(Cluster computer)

(1) 고속 랜이나 네트워크 스위치에 의해 서로 연결된 PC 혹은 워크스테이션들의 집합체를 말한다.

(2) 분산 시스템과는 달리, 클러스터 컴퓨터에서는 모든 노드들에 포함된 자원들이 단일 시스템 이미지(SSI ; Single System Image)에 의해 사용될 수 있다. 즉, 어느 한 노드에 접속한 사용자는 클러스터를 모든 노드들에 포함된 프로세서들과 주기억장치 및 디스크들로 구성되는 하나의 큰 시스템으로 간주하고 사용할 수 있다.

제4절 다중프로세서 시스템 구조

❶ 공유-기억장치 시스템 구조(shared-memory system)

(1) 공유-기억장치 시스템 구조의 특징

① 이 시스템 구조는 밀결합 형태로서, 주기억장치가 어느 한 프로세서에 속하지 않고 모든 프로세서들에 의해 공유된다.

② 각 프로세서는 특수 프로그램을 저장하고 있는 적은 용량의 지역 기억장치를 별도로 가질 수는 있으나, 운영체제와 사용자 프로그램 및 데이터들은 모두 공유 기억장치에 저장된다.

(2) 공유-기억장치 시스템 구조의 장점

① 프로세서들이 공통으로 사용하는 데이터들이 공유 기억장치에 저장되므로, 별도의 프로세서 간 통신 메커니즘이 필요하지 않다.

② 프로그램 실행시간 동안에 각 프로세서들이 처리할 작업들을 동적으로 균등하게 할당할 수 있기 때문에, 프로세서 이용률을 극대화할 수 있어서 시스템 효율이 높아진다.

(3) 공유-기억장치 시스템 구조의 단점

① 프로세서들과 기억장치들 간의 통로(버스 또는 상호연결망) 상에 통신량이 많아지기 때문에 경합으로 인한 지연 시간이 길어질 수 있다.

② 두 개 이상의 프로세서들이 공유자원을 동시에 사용하려는 경우에는 한 개 이외의 프로세서들은 기다려야 한다.

2 분산-기억장치 시스템 구조(distributed-memory system)

(1) 선형 배열 구조

① n개의 노드들이 (n-1)대의 링크들에 의하여 차례대로 연결되는 선형 배열이며, 네트워크 지름은 (n-1)로서 다른 구조들에 비하여 평균 통신 시간이 매우 길다.

② 연결 토폴로지가 간단하며, 이 구조에서는 각 링크에서 동시에 전송 동작이 일어날 수 있으므로, 버스 구조보다 동시성이 더 높다는 장점이 있다.

③ 통신에 소요되는 시간이 노드들 간의 거리에 따라 서로 다르며, 노드의 수가 많아지면 통신 시간이 그에 비례하여 길어진다는 단점이 있다.

(2) 링 구조

① 선형 배열 구조에서 0번 노드와 (n-1)번 노드를 서로 연결해주는 링크를 하나 추가하면 링 구조가 된다.

② 네트워크 지름은 각 링크가 양방향성이라면 [n/2]이 되고, 단방향성이라면 (n-1)이 된다.

③ 링 구조에서 링크 수를 추가시킴으로써 새로운 구조를 구성할 수 있으며, 이러한 변형된 구조를 코달 링(chordal ring) 구조라고 부르며, 링크 수가 증가할수록 네트워크 지름은 감소된다.

(3) 트리 구조

① 트리 구조가 완전히 안정된 모습을 가지기 위해서는 층(level) m의 수를 k라고 할 때 $n = (2^k-1)$개의 노드들이 필요하다.

② 이 구조의 네트워크 지름은 2(k−1)이며, 시스템 요소들의 수가 증가함에 따라 성능이 선형적으로 향상되는 구조로 알려져 있으나, 네트워크 지름은 비교적 큰 편이다.

(4) 매시 구조

① 노드들을 2차원 배열로 연결하여 각 노드가 네 개의 주변 노드들과 직접 연결되는 구조를 매시 네트워크라고 부른다.

② 매시 네트워크의 변형된 구조로 토러스 네트워크(torus network)가 있으며, 토러스 구조는 매시 구조와 링 구조가 결합된 것이다.

(5) 하이퍼큐브 구조

하이퍼큐브(hypercube)는 $k = 2$인 n-차원 네트워크를 말하며, 이 네트워크는 2×2 노드 구조들을 3차원 혹은 그 이상으로 접속하여 구성할 수 있다.

제5절 클러스터 컴퓨터

1 클러스터 컴퓨터의 개요

(1) 클러스터 컴퓨터의 정의

① 프로세서 이용률이 낮은 컴퓨터들을 네트워크로 통합하여 병렬처리 시스템의 노드들로 사용함으로써, 유휴 사이클을 유용하게 사용하자는 것이다.

② 최근 대부분의 조직이 많은 컴퓨터를 보유하고 있기 때문에 네트워크로 통합하여 사용한다면 고가의 서버를 별도로 구입할 필요가 없다.

③ 독립적인 컴퓨터들이 네트워크를 통하여 상호 연결되어 하나의 통합된 컴퓨팅 자원으로서 동작하는 병렬처리 혹은 분산처리 시스템의 한 형태라고 볼 수 있다.

(2) 클러스터 컴퓨터의 출현 배경

① 대부분 컴퓨터들에서 프로세서들이 연산을 수행하지 않는 유휴 사이클들이 상당히 많다.

② 고속의 네트워크가 개발됨으로써 컴퓨터들 간의 통신 시간이 현저히 줄어들게 되었다.

③ 컴퓨터의 주요 부품들(프로세서, 기억장치 등)의 고속화 및 고집적화로 인하여 PC 및 워크스테이션들의 성능이 크게 높아졌다.

④ 슈퍼컴퓨터 및 고성능 서버의 가격이 여전히 매우 높다.

2 클러스터 컴퓨터의 기본 구조

(1) 클러스터 컴퓨터의 각 노드는 기억장치, I/O 장치 및 OS를 가진 단일 프로세서 시스템 혹은 다중프로세서 시스템으로 구성될 수 있다.

(2) **클러스터 컴퓨터의 구성요소**: 노드 컴퓨터들, 운영체제, 고속 네트워크, 네트워크 인터페이스 하드웨어, 통신 소프트웨어, 클러스터 미들웨어, 병렬 프로그래밍 환경 및 도구들 등

❸ 클러스터 컴퓨터의 분류

1. 노드의 하드웨어 구성에 따른 분류

(1) PC 클러스터(cluster of PCs ; COPs)

(2) 워크스테이션 클러스터(cluster of workstations ; COWs)

(3) 다중프로세서 클러스터(cluster of multiprocessors ; CLUMPs) : 가장 큰 규모의 클러스터를 구성하는 방법

2. 노드의 연결망에 따른 분류

(1) 개방형 클러스터(exposed cluster)

① 클러스터 노드들은 반드시 메시지를 이용하여 통신해야 하는데, 그 이유는 공공의 표준 통신망들은 대부분 메시지-기반 통신을 사용하기 때문이다.

② 다양한 통신 환경들을 지원해야 하는 표준 프로토콜을 사용해야 하기 때문에, 통신 오버헤드가 상당히 높다.

③ 통신 채널이 안전하지 못하다. 즉, 보안이 보장되지 못하며, 클러스터 내부 통신의 보안을 위해서는 추가적인 작업이 필요하다.

④ 구축하기가 매우 용이하다. 사실상 하드웨어는 추가될 것이 거의 없고, 각 노드에 클러스터링을 위한 소프트웨어들만 탑재하면 된다.

(2) 폐쇄형 클러스터(enclosed cluster)

① 노드들 간의 통신이 공유 기억장치, 공유 디스크, 혹은 메시지 등과 같은 여러 수단에 의해 이루어질 수 있다.

② 표준 프로토콜을 사용할 필요가 없기 때문에 통신 오버헤드가 매우 낮아지며, 프로토콜을 각 시스템에 적합하도록 더욱 효과적으로 정의하고 구현할 수 있다.

③ 통신 보안이 보장될 수 있어서, 노드들 간의 데이터 전송이 노드 내부 통신만큼 안전하게 이루어질 수 있다.

④ 외부 트래픽의 영향을 받지 않기 때문에 통신 지연이 줄어든다.

⑤ 공개형에 비하여 구현 비용이 더 많이 들고, 외부 통신망과의 접속은 어느 한 노드를 통해서만 이루어질 수 있다.

3. 각 노드의 소유권에 따른 분류

(1) 전용 클러스터(dedicated cluster)

특정 사용자가 어느 한 노드 컴퓨터를 별도로 소유할 수 없다. 즉, 클러스터 내의 모든 자원들은 공유되며, 병렬 컴퓨팅이 전체 클러스터를 통하여 수행된다.

(2) 비전용 클러스터(non-dedicated cluster)

각 사용자가 특정 노드 컴퓨터에 대한 소유권을 가지고 사용할 수 있다. 즉, 사용자가 클러스터 내의 지정된 어느 한 노드 컴퓨터를 사용하며, 큰 응용을 병렬로 처리하기 위하여 클러스터 전체 혹은 일부 노드들을 이용하고자 할 때만 노드 컴퓨터들을 통합하여 사용한다.

❹ 클러스터 미들웨어와 단일 시스템 이미지

1. **SSI**(Single System Image) **인프라**

(1) OS와 접착되어(glued) 있으며, 모든 노드들로 하여금 시스템 자원들을 통합적으로 액세스할 수 있도록 해준다.

(2) 사용자들로 하여금 자신의 응용 프로그램이 실제 어느 노드에서 실행되고 있는지 알 필요가 없게 해준다.

(3) 시스템 운영자 혹은 사용자로 하여금 특정 자원이 실제 어디에 위치하고 있는지를 알 필요가 없게 해준다. 또한, 필요할 경우에는 시스템 운영자가 자원들의 위치를 파악할 수 있도록 지원한다.

(4) 시스템 관리가 중앙집중식 혹은 분산식 중 어느 것으로든 가능하다.

(5) 시스템 관리를 단순화시켜 준다. 즉, 여러 자원들에 영향을 미치는 동작들이 하나의 명령에 의해 수행될 수 있다.

2. **SA**(System Availability) **인프라**

(1) **체크포인팅**(checkpointing) : 결함 발생에 대비하여 정기적으로 중간 결과들을 저장한다.

(2) **자동 페일오버**(automatic failover) : 어떤 노드에 결함이 발행하면, 다른 노드가 자동적으로 그 작업을 대신 수행하도록 해준다.

(3) **페일백**(failback) : 노드의 결함이 복구되면, 원래 노드로 작업 수행을 복원시킨다.

Chapter 07 최신 컴퓨팅 기술

제1절 유비쿼터스 컴퓨팅(Ubiquitous computing)

유비쿼터스(ubiquitous)란 '어디든지 존재한다' 또는 '편재한다'라는 의미를 가진 라틴어이다.

❶ 유비쿼터스 컴퓨팅의 개념

유비쿼터스 컴퓨팅은 전자공간과 물리공간을 연결해주는 차세대 기반 컴퓨팅 기술로 이동성, 인간성, 기능성 등에 따라 여러 가지 컴퓨팅 기술들로 구분될 수 있다.

❷ 유비쿼터스를 응용한 컴퓨팅 기술

(1) 웨어러블 컴퓨팅(Wearable computing)

유비쿼터스 컴퓨팅 기술의 출발점으로서, 컴퓨터를 옷이나 안경처럼 착용할 수 있게 해줌으로써 컴퓨터를 인간의 몸의 일부로 여길 수 있도록 하는 기술이다.

(2) 임베디드 컴퓨팅(Embedded computing)

① 사물에 마이크로칩(microchip) 등을 심어 사물을 지능화하는 컴퓨팅 기술이다.

② 예를 들면 다리, 빌딩 등과 같은 건축물에다 컴퓨터 칩을 장착하면 안정성 진단이나 조치가 가능할 것이다.

(3) 감지 컴퓨팅(Sentient computing)

감지 컴퓨팅은 컴퓨터가 센서 등을 통해 사용자의 상황을 인식하여 사용자가 필요로 하는 정보를 제공해주는 컴퓨팅 기술이다.

(4) 노매딕 컴퓨팅(Nomadic computing)

① 노매딕 컴퓨팅 환경은 어떠한 장소에서건 이미 다양한 정보기기가 편재되어 있어 사용자가 정보기기를 굳이 휴대할 필요가 없는 환경을 말한다.

② 사용자는 장소와 상관없이 일정한 사용자 인증을 거쳐 다양한 정보기기를 이용하여 동일한 데이터에 접근하여 사용할 수 있다.

(5) 퍼베이시브 컴퓨팅(Pervasive computing)

1998년 IBM을 중심으로 착안되었으며, 유비쿼터스 컴퓨팅과 비슷한 개념이다. 어디든지 어떤 사물이든지 도처에 컴퓨터가 편재되도록 하여 현재의 전기나 가전제품처럼 일상화된다는 비전을 담고 있다.

(6) 1회용 컴퓨팅(Disposable computing)

1회용 종이처럼 한 번 쓰고 버릴 수 있는 수준의 싼값으로 만들 수 있는 컴퓨터 기술인데, 1회용 컴퓨터의 실현은 어떤 물건에라도 컴퓨터 기술의 활용을 지향한다.

(7) 엑조틱 컴퓨팅(Exotic computing)

스스로 생각하여 현실세계와 가상세계를 연계해주는 컴퓨팅을 실현하는 기술이다.

제2절 클라우드 컴퓨팅(Cloud Computing)

1 클라우드 컴퓨팅의 개념

클라우드 컴퓨팅이란 인터넷 기술을 활용하여 '가상화된 IT 자원을 서비스'로 제공하는 컴퓨팅으로, 사용자는 IT 자원(소프트웨어, 스토리지, 서버, 네트워크)을 필요한 만큼 빌려서 사용하고, 서비스 부하에 따라서 실시간 확장성을 지원받으며, 사용한 만큼 비용을 지불하는 컴퓨팅이다.

2 클라우드 컴퓨팅의 특징

클라우드 컴퓨팅의 주요 특징은 인터넷상의 서버를 통한 데이터 저장, 콘텐츠 사용 등 IT 관련 서비스를 사용자가 직접 소유·관리하는 기존의 방식과 달리, 사용자가 필요한 만큼의 자원을 제공받음으로써 소유(클라우드 제공자)와 관리(사용자)를 분리하는 방식이다.

(1) On-demand self-service: 소비자는 서비스 제공자의 개입 없이 자동적으로 서버나 네트워크 저장소 같은 컴퓨팅 능력들을 독자적으로 준비할 수 있다.

(2) 광범위한 네트워크 접근(broad network access)

(3) 자원의 공유(resource pooling)

(4) 신속한 융통성(rapid elasticity)

(5) 측정된 서비스(measured service)

3 클라우드 컴퓨팅 서비스 분류

클라우드 컴퓨팅에서 제공하는 서비스는 제한적인 것은 아니지만 SaaS, PaaS, IaaS 세 가지를 가장 대표적인 서비스로 분류한다.

(1) 서비스 유형

① SaaS(Software as a Service)

㉠ 애플리케이션을 서비스 대상으로 하는 SaaS는 클라우드 컴퓨팅 서비스 사업자가 인터넷을 통해 소프트웨어를 제공하고, 사용자가 인터넷상에서 이에 원격 접속해 해당 소프트웨어를 활용하는 모델이다.

㉡ 클라우드 컴퓨팅 최상위 계층에 해당하는 것으로 다양한 애플리케이션을 다중 임대 방식을 통해 온디맨드 서비스 형태로 제공한다.

② PaaS(Platform as a Service)

㉠ 사용자가 소프트웨어를 개발할 수 있는 토대를 제공해 주는 서비스이다.

㉡ 클라우드 서비스 사업자는 PaaS를 통해 서비스 구성 컴포넌트 및 호환성 제공 서비스를 지원한다.

③ IaaS(Infrastructure as a Service)

서버 인프라를 서비스로 제공하는 것으로 클라우드를 통하여 저장장치 또는 컴퓨팅 능력을 인터넷을 통한 서비스 형태로 제공하는 서비스이다.

(2) 서비스 운용 형태

① Private Cloud : 기업 및 기관 내부에 클라우드 서비스 환경을 구성하여 내부자에게 제한적으로 서비스를 제공하는 형태이다.

② Public Cloud : 불특정 다수를 대상으로 하는 서비스로 여러 서비스 사용자가 이용하는 형태이다.

③ Hybrid Cloud

㉠ Public Cloud와 Private Cloud를 결합한 형태이다.

㉡ 공유를 원하지 않는 일부 데이터 및 서비스에 대해 프라이빗 정책을 설정하여 서비스를 제공한다.

4 엣지 컴퓨팅(Edge Computing)

(1) MEC(Mobile Edge Computing), 포그 컴퓨팅(Fog Computing) 등 여러 가지로 불리는 엣지 컴퓨팅은 말단 기기에서 컴퓨팅을 수행하는 것을 말한다.

(2) 클라우드 컴퓨팅은 데이터를 처리하는 곳이 데이터 센터에 있지만, 엣지 컴퓨팅은 사용자들이 사용하는 단말 장치들과 가까운 곳에 컴퓨팅 장치가 위치한다.

(3) 지금까지 '엣지'에 위치한 장비들이 단순히 데이터 전송의 역할만을 수행하거나 데이터 저장의 역할만 수행했다면, 엣지 컴퓨팅에서는 '엣지' 장비에 컴퓨팅 능력을 부가하여 데이터 분석을 할 수 있도록 만든다.

(4) 분산된 개방형 아키텍처로서 분산된 처리성능을 제공하여 모바일 컴퓨팅 및 IoT 기술을 지원한다.

제3절 인공지능(AI ; Artificial Intelligence)

❶ 인공지능의 개념

인간의 지능(인지, 추론, 학습 등)을 컴퓨터나 시스템 등으로 만든 것 또는 만들 수 있는 방법론이나 실현 가능성 등을 연구하는 기술 또는 과학을 말한다.

❷ 인공지능에 대한 여러 학자들의 정의

(1) 사람의 생각과 관련된 활동, 예를 들면 의사 결정, 문제 해결, 학습 등의 활동을 자동화하는 것(Bellman, 1978)

(2) 사람이 하면 더 잘할 수 있는 일을 컴퓨터가 하도록 하는 방법을 찾는 학문(Rich & Knight, 1991)

(3) 지능이 요구되는 일을 할 수 있는 기계를 만드는 예술(Kurzweil, 1990)

(4) 지능적인 에이전트를 설계하는 학문(Poole et al., 1998)

(5) 인지하고, 추론하고, 행동할 수 있도록 하는 컴퓨팅에 관련된 학문(Wilson, 1992)

(6) 인공물이 지능적인 행위를 하도록 하는 것(Nisson, 1990)

❸ 인공지능의 사고 해결 유무에 따른 구분

(1) 약한 인공지능(weak AI, narrow AI)

① 어떤 문제를 실제로 사고하거나 해결할 수 없는 컴퓨터 기반의 인공적인 지능을 만들어 내는 것에 대한 연구이며, 학습을 통해 특정한 문제를 해결한다.

② 특정 문제를 해결하는 지능적 행동으로 사람의 지능적 행동을 흉내 낼 수 있는 수준이며, 대부분의 인공지능 접근 방향이다.

③ 흉내 내는 수준을 지능적이라고 할 수 있는지는 중국인 방 사고실험(Chinese room thought experiment)을 통해서 대답할 수 있다.

(2) 강한 인공지능(strong AI)

① 실제로 사고하거나 해결할 수 있다는 점에서 약한 인공지능과 차이가 있으며, 인간의 사고와 같이 컴퓨터 프로그램이 행동 및 사고하는 인간형 인공지능과, 인간과 다른 형태의 사고 능력을 발전시키는 컴퓨터 프로그램인 비인간형 인공지능으로 구분한다.

② 사람과 같은 지능을 말하며, 마음을 가지고 사람처럼 느끼면서 지능적으로 행동하는 기계이다.

③ 강한 인공지능은 추론, 문제해결, 판단, 계획, 의사소통, 자아의식(self-awareness), 감정(sentiment), 지혜(sapience), 양심(conscience) 등의 인간의 모든 지능적 요소를 포함한다.

④ 강한 인공지능이 구현된다면 튜링 테스트를 완벽하게 통과할 것이다.

⑤ 강한 인공지능을 갖는 객체들이 만들어지면 이들의 권리, 대우 등에 대한 사회적 · 윤리적 · 법적 문제도 발생할 수 있다.

4 인공지능 기술의 특성

일반성	중요 성질을 공통적으로 가지고 있는 상황을 그룹화한다.
방대성	중요 성질이 공통적으로 형성되기 이전의 기초자료는 매우 방대하다.
부정확성	현실문제에서 주어지는 정보가 부정확하며, 그로 인해 표현 역시 불명확하다.
지식 이용	소프트웨어는 자료나 정보를 사용하는 반면 인공지능은 인간과 같은 지식을 이용한다.
추론기능	적은 자료로 해(解)를 찾거나 많은 자료에서 공통점을 찾아내는 것 등은 인간의 사고과정에서 발생하는 추론기능과 같다.
휴리스틱 탐색	경험적인 방법의 원리를 이용하여, 방대한 양의 탐색영역에서 최적의 해를 구하고자 일정한 규칙에 근거하여 해를 찾는 방법인 휴리스틱 탐색(heuristic search) 기능을 제공한다.
출력효율성 제고	입력정보가 비교적 완전 혹은 완벽하지 않더라도 결과물을 생성하는 기능이다.

5 연구 지능의 요소 기술

(1) 탐색(search)

문제의 답이 될 수 있는 것들의 집합을 공간(space)으로 간주하고, 문제에 대한 최적의 해를 찾기 위해 공간을 체계적으로 찾아보는 것이다.

(2) 지식표현(knowledge representation)

문제 해결에 이용하거나 심층적인 추론을 할 수 있도록 지식을 효과적으로 표현하는 방법이다.

(3) 추론(inference)

가정이나 전제로부터 결론을 이끌어내는 것을 말한다. 관심 대상의 확률 또는 확률분포를 결정하는 것이다.

(4) 기계 학습(machine learning)

경험을 통해서 나중에 유사하거나 같은 작업(task)을 더 효율적으로 처리할 수 있도록 시스템의 구조나 파라미터를 바꾸는 것을 말한다. 컴퓨터가 학습하는 방법을 다루는 분야를 기계학습이라 한다. 지도학습, 비지도학습, 강화학습이 있다.

① **지도학습(supervised learning)**: 문제(입력)와 답(출력)의 쌍으로 구성된 데이터들이 주어질 때, 새로운 문제를 풀 수 있는 함수 또는 패턴을 찾는 것이다.

② **비지도학습(unsupervised learning)**: 답이 없는 문제들만 있는 데이터들로부터 패턴을 추출하는 것이다.

③ **강화학습(reinforcement learning)**: 문제에 대한 직접적인 답을 주지는 않지만 경험을 통해 기대 보상(expected reward)이 최대가 되는 정책(policy)을 찾는 학습이다.

(5) 계획수립(planning)

현재 상태에서 목표하는 상태에 도달하기 위해 수행해야 할 일련의 행동 순서를 결정하는 것이다.

6 딥러닝

딥러닝을 통해서 신경망에 대한 관심이 다시 늘어남에 따라 머신러닝 연구에 다시 관심을 갖기 시작하고 있다.

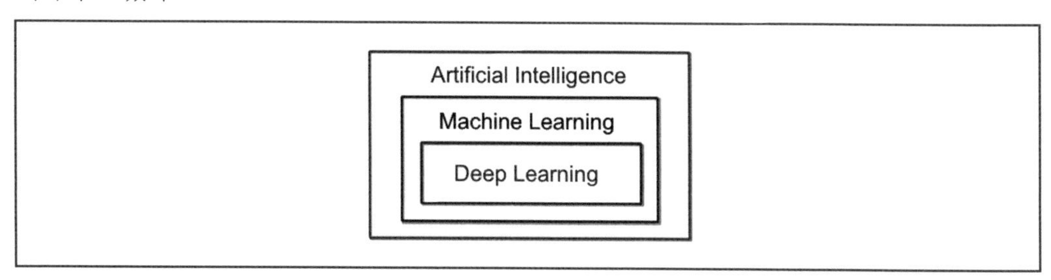

1. 머신러닝

인공적인 학습 시스템을 연구하는 과학과 기술, 즉 경험적인 데이터를 바탕으로 지식을 자동으로 습득하여 스스로 성능을 향상시키는 기술을 말한다.

(1) 데이터를 기반으로 모델을 자동으로 생성하는 기술이다.

(2) 실세계의 복잡한 데이터로부터 규칙과 패턴을 발견하여 미래를 예측하는 기술이다.

(3) 입출력 데이터로부터 알고리즘을 자동으로 생성하는 기술이다.

(4) 머신러닝은 지도학습(Supervised Learning)과 비지도학습(Unsupervised Learning)으로 구분되며, 지도학습은 분류(Classification)와 회귀(Regression)로, 비지도학습은 군집(Clustering)으로 크게 나뉠 수 있다.

2. 딥러닝

(1) 사람이 가르치지 않아도 컴퓨터가 스스로 사람처럼 학습할 수 있는 인공지능 기술이다.

(2) 많은 수의 신경층을 쌓아 입력된 데이터가 여러 단계의 특징 추출 과정을 거쳐 자동으로 고수준의 추상적인 지식을 추출하는 방식이다.

(3) 인공지능을 구성하기 위한 인공신경망(ANN ; Artificial Neural Networks)에 기반하여 컴퓨터에게 사람의 사고방식을 가르치는 방법이다.

(4) 신경망(ANN) : 시냅스의 결합으로 네트워크를 형성한 인공 뉴런(노드)이 학습을 통해 시냅스의 결합 세기를 변화시켜 문제 해결 능력을 가지는 모델 전반을 의미한다.

(5) 사진이나 문자, 음성 등이 입력되면 딥러닝에서 심층 아키텍처를 통한 특징 추출(하위단계구조 → 중간단계구조 → 상위단계구조)을 수행하고 연산자에 의해 분류 · 통합 · 변화가 되면 결과값을 출력하는 구조이다.

3. 퍼셉트론(Perceptron)

(1) 데이터의 입력층과 출력층만 있는 구조를 단층 퍼셉트론이라 한다.

(2) 인공 신경망인 단층 퍼셉트론은 한계가 있으며, 비선형적으로 분리되는 데이터에 대한 제대로 된 학습이 불가능하다는 것이다.

(3) 단층 퍼셉트론으로 AND 연산에 대해서는 학습이 가능하지만, XOR에 대해서는 학습이 불가능하다는 것이 증명되었다.

(4) 위의 문제를 극복하기 위한 방안으로 입력층과 출력층 사이에 하나 이상의 중간층을 두어 비선형적으로 분리되는 데이터에 대해서도 학습이 가능하도록 다층 퍼셉트론이 고안되었다.

단층 퍼셉트론

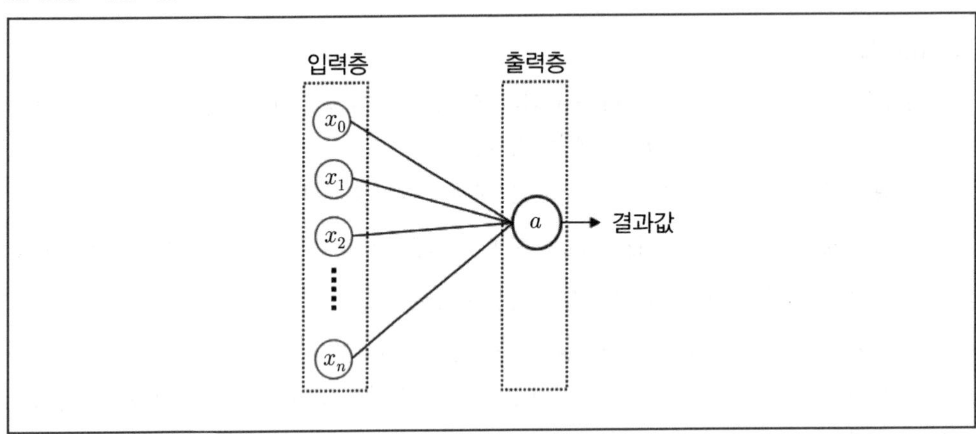

(5) 입력층과 출력층 사이에 존재하는 중간층을 은닉층이라 부른다. 입력층과 출력층 사이에 여러 개의 은닉층이 있는 인공 신경망을 심층 신경망이라 부르며, 심층 신경망을 학습하기 위한 알고리즘들을 딥러닝이라 말한다.

다층 퍼셉트론

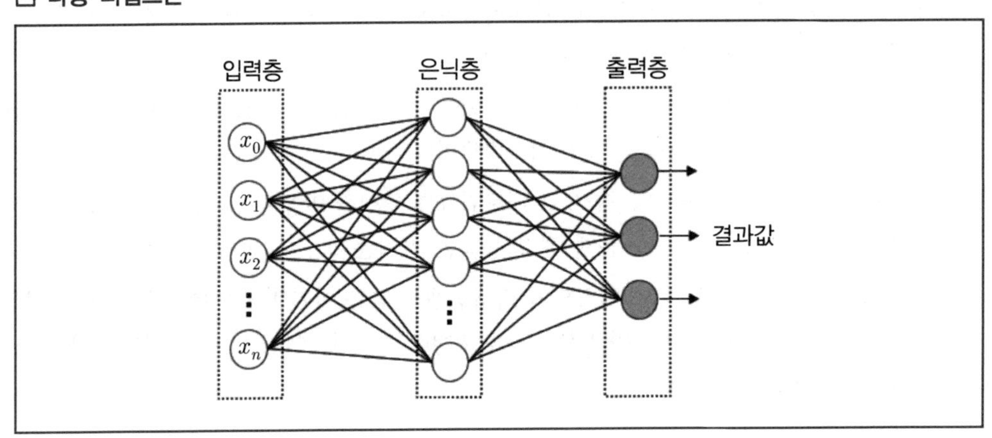

용어 해설

- CNN(Convolutional Neural Networks): 합성곱 신경망으로 기존의 방식은 데이터에서 지식을 추출해 학습이 이루어졌지만, CNN은 데이터의 특징을 추출하여 특징들의 패턴을 파악하는 구조이다.
- ResNET: 2015년 ILSVRC(ImageNet Large-Scale Visual Recognition Challenge)에서 1위를 차지한 바 있는 CNN 모델이다.
- 순환 신경망: 자연어 처리와 같은 순차적 데이터를 처리하는 데 주로 사용되는 것으로 이전 시점의 정보를 은닉층에 저장하는 방식을 사용한다. 하지만 입력값과 출력값 사이의 시점이 멀어질수록 이전 데이터가 점점 사라지는 기울기 소멸 문제가 발생하게 되었고, LSTM은 이전 정보를 기억하는 정도를 적절히 조절해 이러한 문제를 해결한다.
- LSTM(Long short-term memory): 순환 신경망(RNN) 기법의 하나이며, 기존 순환 신경망에서 발생하는 기울기 소멸 문제(Vanishing Gradient Problem)를 해결하였다.
- Deepfake: 특정 인물의 얼굴 등을 인공지능(AI) 기술을 이용해 특정 영상에 합성한 편집물이다. 인공지능(AI) 기술을 이용해 제작된 가짜 동영상 또는 제작 프로세스 자체라고 할 수 있다. 딥페이크(deepfake)는 딥러닝(deep learning)과 페이크(fake)의 합성어이다.

CNN(Convolution Neural Network, **합성곱 신경망**)

- 컴퓨터 영상처리에 적합한 합과 곱의 연산이 있는 신경망이다.
- 어떤 특성값들을 합한 뒤 곱하는 신경망이다.
- 합성곱 연산: 입력데이터를 필터라는 행렬과 연산하여 사용한다.

ex

1	2	3	0
0	1	2	3
3	0	2	2
2	3	0	1

입력 데이터

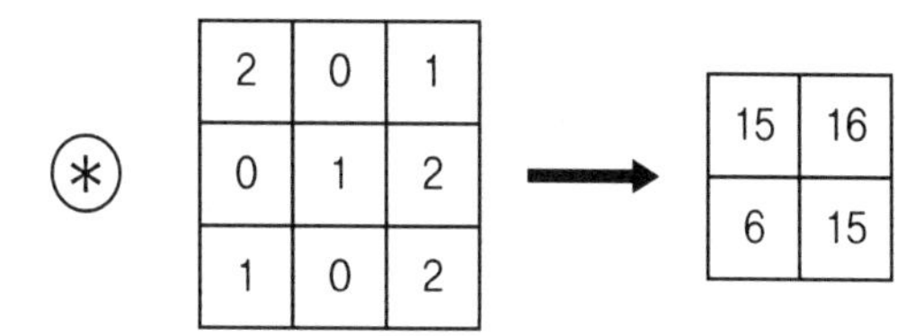

2	0	1
0	1	2
1	0	2

필터

15	16
6	15

1	2	3	0
0	1	2	3
3	0	1	2
2	3	0	1

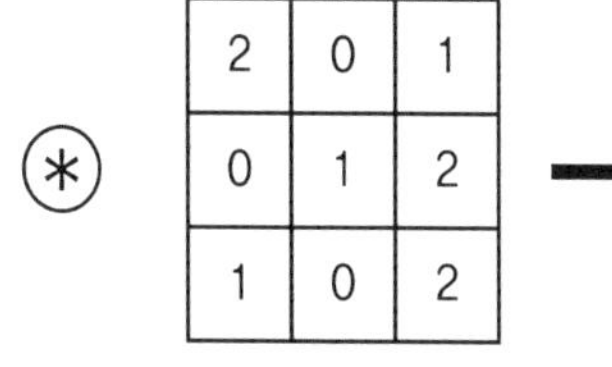

2	0	1
0	1	2
1	0	2

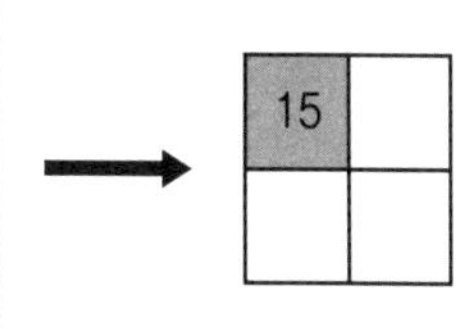

15	

기출 & 예상 문제

01 컴퓨터 구조

제1장 컴퓨터의 개요

01 다음 아래와 같이 컴퓨터를 분류하는 기준으로 옳은 것은?

대형 컴퓨터, 소형 컴퓨터, 미니 컴퓨터, 개인용 컴퓨터

① 사용 목적
② 크기
③ 자료 표현
④ 처리 능력

02 시스템 소프트웨어에 포함되지 않는 것은?

① 스프레드시트(spreadsheet)
② 로더(loader)
③ 링커(linker)
④ 운영체제(operating system)

03 다음 중 중앙처리장치의 구성요소가 아닌 것은?

① 연산장치
② 제어장치
③ 출력장치
④ 기억장치

04 다음 중 입력장치, 연산장치, 제어장치, 기억장치에 대한 설명으로 옳지 않은 것은?

① 기억장치 중에서 RAM은 컴퓨터 전원이 공급되는 동안에만 사용 가능하다.
② 제어장치는 프로그램의 명령을 해독하고 각 장치를 동작시키며 기억 레지스터와 주소 레지스터 등의 구성요소를 갖는다.
③ 연산장치는 연산과 논리동작을 담당하며 누산기, 가산기, 프로그램 카운터 등의 구성요소를 갖는다.
④ 입력장치를 외부에서 내부로 전송하는 장치로 중앙처리장치와 직접적으로 연결되지 않는다.

05 다중 프로그래밍(multi-programming)의 특징에 대한 설명으로 가장 적절한 것은?

① 메인 메모리와 캐시 메모리 등의 다중 계층 메모리 사용을 통한 소프트웨어 수행 시간을 단축시킨다.
② I/O 작업과 CPU 작업을 중첩함으로써 시스템 효율을 향상시킨다.
③ 여러 개의 저장장치를 동시에 지원한다.
④ 하나의 프로그램을 여러 개의 프로세서에서 처리하여 프로그램 수행 시간을 단축시킨다.

06 컴퓨터의 주요 장치에 대한 설명으로 옳은 것은?

① 입력장치는 시스템 버스를 통하여 컴퓨터 내부에서 외부로 데이터를 전송하는 장치이다.
② 기억장치 중 하나인 캐시기억장치는 주기억장치와 동일한 용량을 가져야 한다.
③ 제어장치는 주기억장치에 적재된 프로그램의 명령어를 하나씩 꺼내어 해독하는 기능을 가지고 있다.
④ 연산장치는 산술·논리 연산을 수행하는 장치로 누산기(accumulator), 명령 레지스터(instruction register), 주소 해독기 등으로 구성된다.

정답찾기

01 컴퓨터의 분류 기준

처리 능력에 따른 분류	대형 컴퓨터, 소형 컴퓨터, 미니 컴퓨터, 개인용 컴퓨터
사용 데이터에 따른 분류	디지털 컴퓨터, 아날로그 컴퓨터, 하이브리드 컴퓨터
사용 목적에 따른 분류	범용 컴퓨터, 전용 컴퓨터

02 • **시스템 소프트웨어**: 운영체제, 데이터베이스관리 프로그램, 컴파일러, 링커, 로더, 유틸리티 소프트웨어 등
• **스프레드시트**: 일상 업무에서 많이 발생되는 여러 가지 도표 형태의 양식으로, 계산하는 사무업무를 자동으로 할 수 있는 표 계산 프로그램으로 대표적으로 엑셀 프로그램이 있으며, 응용 소프트웨어에 해당된다.

03 중앙처리장치의 구성요소는 연산 기능을 수행하는 산술논리 연산장치(ALU ; Arithmetic Logic Unit), 제어기능을 수행하는 제어장치(CU ; Control Unit), 기억기능을 수행하는 레지스터(Register)와 전달기능을 수행하는 내부버스(internal bus)로 구성된다.

04 프로그램 카운터는 제어장치의 구성요소이다.

05 여러 개의 프로그램을 주기억장치 1개에 적재하고 번갈아 수행하여 I/O 작업과 CPU 작업을 중첩함으로써 시스템 효율을 향상시킬 수 있다.

06 ① 입력장치는 컴퓨터 외부에서 내부로 데이터를 전송하는 장치이며, 시스템 버스에 직접 접근할 수 없다.
② 기억장치 중 하나인 캐시기억장치는 주기억장치보다 적은 용량을 가진다.
④ 명령 레지스터(instruction register), 주소 해독기 등은 제어장치이다.

정답 01 ④ 02 ① 03 ③ 04 ③ 05 ② 06 ③

07 컴퓨터를 작동시켰을 때 발생하는 부트(boot) 과정에 대한 설명으로 옳지 않은 것은?

① 부트스트랩 프로그램은 일반적으로 운영체제가 저장된 하드디스크에 저장되어 있다.
② 부트 과정의 목적은 운영체제를 하드디스크로부터 메모리로 적재하는 것이다.
③ 부트 과정은 여러 가지 중요한 시스템 구성요소들의 진단 검사를 수행한다.
④ 부트 과정을 완료하면 중앙처리장치는 제어권을 운영체제로 넘겨준다.

08 바이오스(BIOS)에 관한 설명 중 옳지 않은 것은?

① 전원이 들어올 때 시스템을 초기화한다.
② 시스템의 이상 유무를 점검한다.
③ 운영체제를 적재하는 과정을 담당한다.
④ 바이오스의 동작 여부와 상관없이 컴퓨터는 제대로 동작한다.

09 전통적인 폰 노이만(Von Neumann) 구조에 대한 설명으로 옳지 않은 것은?

① 폰 노이만 구조의 최초 컴퓨터는 에니악(ENIAC)이다.
② 내장 프로그램 개념(stored program concept)을 기반으로 한다.
③ 산술논리 연산장치는 명령어가 지시하는 연산을 실행한다.
④ 숫자의 형태로 컴퓨터 명령어를 주기억장치에 저장한다.

10 임베디드(embedded) 시스템에 대한 설명으로 옳지 않은 것은?

① 제품에 내장되어 있는 컴퓨터시스템으로 일반적으로 범용보다는 특정 용도에 사용되는 컴퓨터시스템이라고 할 수 있다.
② 일반적으로 실시간 제약(real-time constraints)을 갖는 경우가 많다.
③ 휴대전화기, PDA, 게임기 등도 임베디드 시스템이라고 할 수 있다.
④ 일반적으로 임베디드 소프트웨어는 하드웨어와 밀접하게 연관되어 있지 않다.

11 미래 컴퓨터 기술에 대한 설명으로 옳지 않은 것은?

① 나노 컴퓨터(nano computer) : 원자나 분자 크기의 소자를 활용한 나노기술을 응용해서 만든 컴퓨터를 말한다.
② 바이오 컴퓨터(bio computer) : 단백질, DNA 등의 생체 고분자의 특수한 기능을 이용하는 바이오 소자를 활용하여 만든 컴퓨터를 말한다.
③ 광컴퓨터(optical computer) : 컴퓨터의 연산회로에 광학소자는 사용하지만 전광집적회로(electro-optical IC)는 사용하지 않는 컴퓨터를 말한다.
④ 양자 컴퓨터(quantum computer) : 양자 역학에 기반한 컴퓨터로서 원자 이하의 차원에서 입자의 움직임에 기반을 두고 계산이 수행되는 컴퓨터를 말한다. 기존의 이진수 비트(bit) 기반의 컴퓨터와 달리 하나 이상의 상태로 존재할 수 있는 큐비트(qubit)를 이용한다.

12 임베디드 시스템에 대한 설명으로 옳은 것은?

① 임베디드 시스템은 다른 시스템에 항상 의존하여 기능을 수행한다.
② 하드웨어와 소프트웨어가 조합된 형태이므로 변경이 매우 쉽고, 다양한 용도로 사용하기 때문에 소형 PC로 분류할 수 있다.
③ 특정 목적을 위해 하드웨어와 소프트웨어로 구현된 전자 제어 시스템으로 사용자와 상호작용이 가능하다.
④ 표준의 단일 솔루션을 제공하므로 제어 분야, 단말기기 분야, 정보 가전기기 분야, 네트워크 기기 분야 등에 쉽게 적용할 수 있다.

정답찾기

07 부트스트랩 프로그램은 일반적으로 운영체제가 저장된 하드디스크에 저장되어 있는 것이 아니라 ROM에 저장되어 있다.

08 바이오스(BIOS)는 컴퓨터의 동작을 위한 기본 입출력 시스템으로 바이오스의 동작 여부에 따라 컴퓨터시스템의 작동에 절대적인 영향을 준다고 할 수 있다.

09 에니악(ENIAC)은 프로그램 외장 방식을 사용했으며, 폰 노이만은 프로그램 내장 방식을 제안하였다.

10 임베디드 소프트웨어는 일반적으로 하드웨어를 제어하는 프로그램이기 때문에 하드웨어와는 밀접한 관련이 있다.

11 광컴퓨터(optical computer)는 전광집적회로(electro-optical IC)를 사용하는 컴퓨터를 말한다.

12 ① 임베디드 시스템은 다른 시스템에 의존하지 않고 독립적으로 기능을 수행한다.
② 하드웨어와 소프트웨어가 조합된 형태이므로 변경이 매우 어렵다.
④ 표준적이고 다양한 솔루션을 제공하므로 제어 분야, 단말기기 분야, 정보 가전기기 분야, 네트워크 기기 분야 등에 쉽게 적용할 수 있다.

정답 **07** ① **08** ④ **09** ① **10** ④ **11** ③ **12** ③

제2장 논리회로

13 다음 부울 함수식 F를 간략화한 결과로 옳은 것은?

$$F = ABC + ABC' + AB'C + AB'C' + A'B'C + A'B'C'$$

① $F = A' + B$
② $F = A + B'$
③ $F = A'B$
④ $F = AB'$

14 다음 부울 함수식 F를 간략화한 결과로 옳은 것은?

$$F = ABC + AB'C + A'B'C$$

① $F = AC + B'C$
② $F = AC + BC'$
③ $F = A'B + B'C$
④ $F = A'C + BC$

15 다음의 카르노 맵(Karnaugh-map)을 간략화한 결과를 논리식으로 올바르게 표현한 것은?

AB \ CD	00	01	11	10
00	1	1	1	1
01	1	1	1	1
11	0	1	1	0
10	1	0	0	1

① $A' + BD + B'D'$
② $A + BD + B'D'$
③ $D + AB + B'D'$
④ $D' + AB + B'D'$

16 다음 논리회로의 부울식으로 옳은 것은?

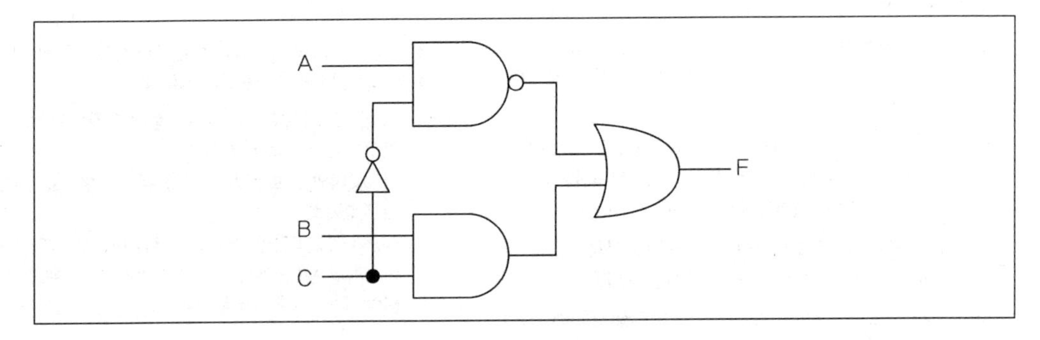

① $F = AC' + BC$
② $F(A, B, C) = \Sigma m(0, 1, 2, 3, 6, 7)$
③ $F = (AC')'$
④ $F = (A' + B' + C)(A + B' + C')$

17 다음 회로에 대한 설명으로 옳지 않은 것은?

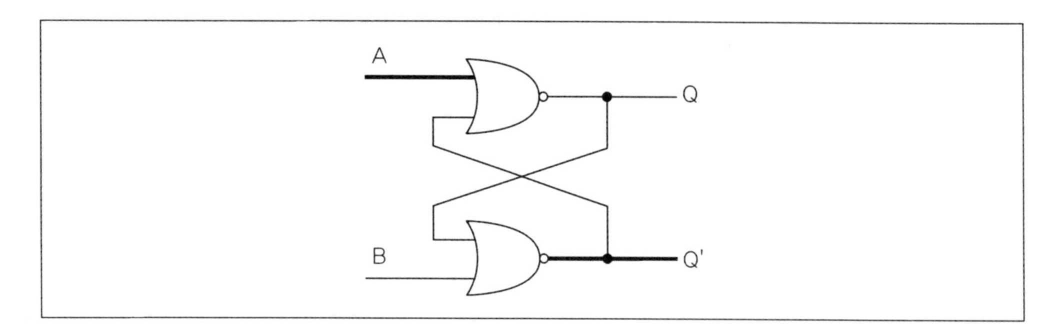

① B의 값이 1이고 A의 값이 0이면, Q의 값이 1이 된다.
② Q′의 값이 1이고 Q의 값이 0일 때, A=B=0이면 Q와 Q′의 값에는 변화가 없다.
③ Q′의 값이 0이고 Q의 값이 1일 때, A=1, B=0이면 Q와 Q′의 값에는 변화가 없다.
④ Q′의 값이 0이고 Q의 값이 1일 때, A=B=0이면 Q와 Q′의 값에는 변화가 없다.

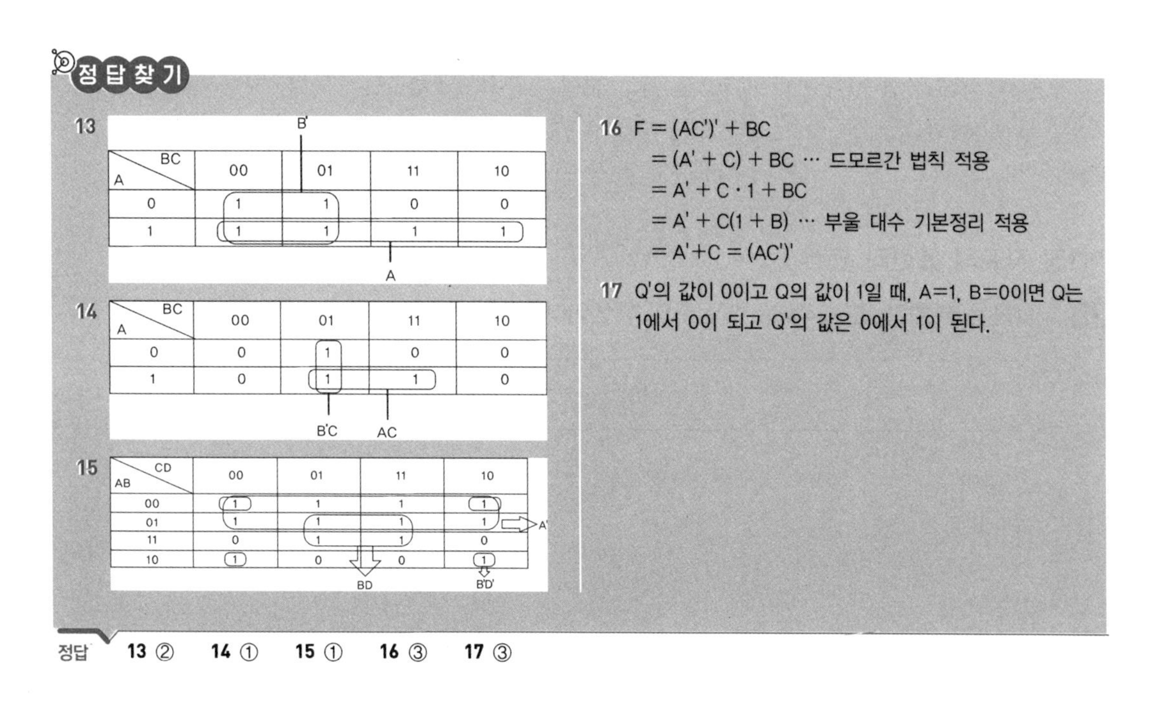

정답찾기

13

A \ BC	00	01	11	10
0	1	1	0	0
1	1	1	1	1

B′, A

14

A \ BC	00	01	11	10
0	0	1	0	0
1	0	1	1	0

B′C, AC

15

AB \ CD	00	01	11	10
00	1	1	1	1
01	1	1	1	1
11	0	1	1	0
10	1	0	0	1

A′, BD, B′D′

16 F = (AC′)′ + BC
= (A′ + C) + BC ··· 드모르간 법칙 적용
= A′ + C · 1 + BC
= A′ + C(1 + B) ··· 부울 대수 기본정리 적용
= A′+C = (AC′)′

17 Q′의 값이 0이고 Q의 값이 1일 때, A=1, B=0이면 Q는 1에서 0이 되고 Q′의 값은 0에서 1이 된다.

정답 **13** ② **14** ① **15** ① **16** ③ **17** ③

18 음수를 표현하기 위해 2의 보수를 사용한다고 가정할 때, 다음 회로에서 입력 M의 값이 1일 때 수행하는 동작은? (단, A = A3A2A1A0의 4비트, B = B3B2B1B0의 4비트, A3와 B3는 부호 비트이며, FA는 전가산기를 나타낸다)

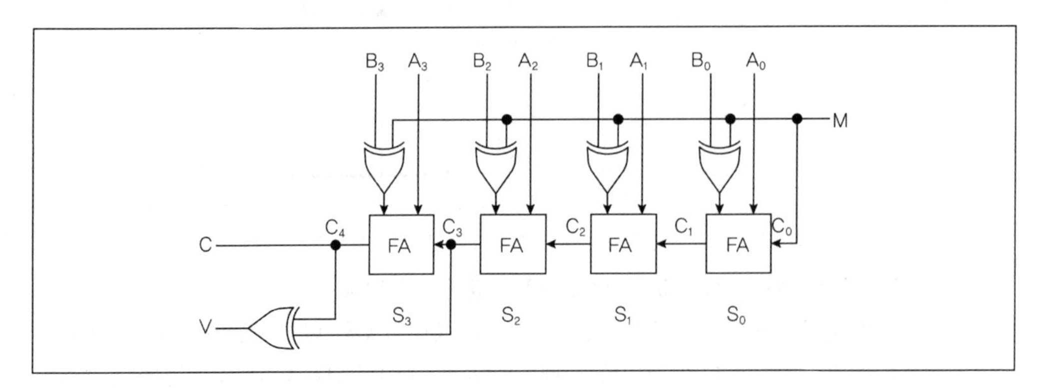

① A − B
② A + B + 1
③ A + B
④ B − A

19 다음 그림과 같은 동작을 하는 플립플롭은?

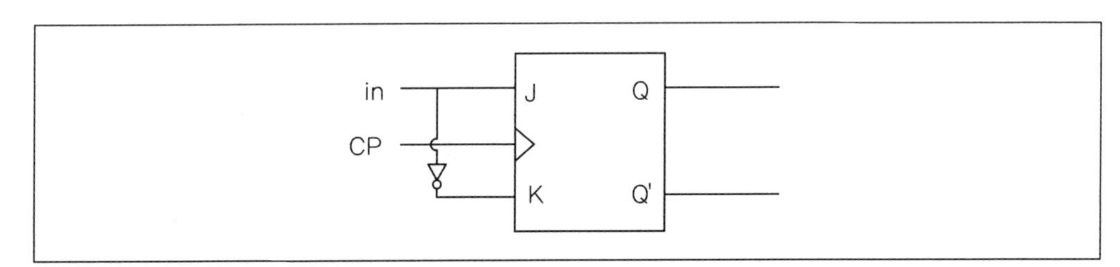

① T 플립플롭
② RS 플립플롭
③ D 플립플롭
④ JK 플립플롭

제3장 자료의 표현과 연산

20 다음은 부호가 없는 4비트 이진수의 뺄셈이다. ㉠에 들어갈 이진수의 2의 보수는?

1101_2 − (㉠) = 0111_2

① 0101_2
② 0110_2
③ 1010_2
④ 1011_2

21 다음 2진수 1010101110.11_2를 16진수로 정확히 표현한 것은?

① 2AE.316　　② AB2.C16
③ 2AE.C16　　④ AB2.316

22 다음은 2의 보수를 이용하여 4비트 2진수의 뺄셈 연산을 하는 과정이다. 괄호 안에 알맞은 값은?

$0111_2 - 0011_2 = 0111_2 + (\quad)_2 =$ 뺄셈 결과값

① 1011　　② 1100
③ 0011　　④ 1101

23 다음 2진수 산술 연산의 결과와 값이 다른 것은? (단, 두 2진수는 양수이며, 연산 결과 오버플로(overflow)는 발생하지 않는다고 가정한다)

10101110 + 11100011

① 2진수 110010001　　② 8진수 421
③ 10진수 401　　④ 16진수 191

정답찾기

18 병렬 가감산기이며, 전가산기로 입력되는 A와 B를 비교하면 B가 M과 XOR 연산을 수행한 값이 입력이 되므로 M이 0일 경우 B가 전달되고, M이 1일 경우 C_0의 값은 M과 동일하므로 B의 반전된 값에 1을 더해서 2의 보수가 된다. 즉, M이 0이면 가산이 되고, M이 1이면 감산이 된다.

19 D 플립플롭은 RS 플립플롭을 변형시킨 것으로 하나의 입력단자를 가지며, 입력된 것과 동일한 결과를 출력한다. RS 플립플롭의 S입력을 NOT데이트를 거쳐서 R쪽에서도 입력되도록 연결한 것이기 때문에, RS 플립플롭의 (R=1, S=0) 또는 (R=0, S=1)의 입력만 가능하다.

20 13−(㉠)=7의 식이며, ㉠의 값은 6에 해당되어 0110에 2의 보수(1010)를 취하면 된다.

21 2진수 4자리는 16진수 1자리와 동등하기 때문에 소수점을 기준으로 좌우 방향의 4자리씩 묶어서 표현한다.

22 0011을 1의 보수로 하면 1100이 되며 여기에 1을 더하면 2의 보수가 된다(1101). 즉, 0111+1101=10100이 되며, 최상위 올림수 1은 버린다(0100).

23 10101110+11100011=110010001이며, ②의 8진수 421은 100010001이다.

정답 **18** ① **19** ③ **20** ③ **21** ③ **22** ④ **23** ②

24 **프로그램의 연산자 실행의 우선순위가 높은 것에서 낮은 순으로 옳게 연결한 것은?**

① 괄호 안의 수식 – 산술 연산자 – 관계 연산자 – 논리 연산자
② 산술 연산자 – 관계 연산자 – 논리 연산자 – 괄호 안의 수식
③ 괄호 안의 수식 – 산술 연산자 – 논리 연산자 – 관계 연산자
④ 산술 연산자 – 관계 연산자 – 논리 연산자 – 괄호 안의 수식

25 **다음 중 가장 큰 수는? (단, 오른쪽 괄호 밖의 아래 첨자는 진법을 의미한다)**

① $(10000000000)_2$
② $(302)_{16}$
③ $(2001)_8$
④ $(33333)_4$

26 **보수를 이용한 4비트 2진수의 덧셈 연산 가운데 범람(overflow) 오류가 발생되는 것은?**

① 0100 + 0010
② 1011 + 0111
③ 1100 + 1010
④ 0110 + 1001

27 **4비트를 이용한 정수 자료 표현에서 2의 보수를 이용하여 음수로 표현했을 때 옳지 않은 것은?**

① 십진수 −4는 이진수 1100으로 표현된다.
② 십진수 8은 이진수 1000으로 표현된다.
③ 십진수 −1은 이진수 1111로 표현된다.
④ 십진수 5는 이진수 0101로 표현된다.

28 **다음 두 이진수에 대한 NAND 비트(bitwise) 연산 결과는?**

10111000_2 NAND 00110011_2

① 00110000_2
② 10111011_2
③ 11001111_2
④ 01000100_2

29 **부동 소수점(floating-point) 방식으로 표현된 두 실수의 덧셈을 수행하고자 할 때, 수행순서를 올바르게 나열한 것은?**

> ㄱ. 정규화를 수행한다.
> ㄴ. 두 수의 가수를 더한다.
> ㄷ. 큰 지수에 맞춰 두 수의 지수가 같도록 조정한다.

① ㄱ → ㄴ → ㄷ
② ㄱ → ㄷ → ㄴ
③ ㄷ → ㄱ → ㄴ
④ ㄷ → ㄴ → ㄱ

제4장 중앙처리장치(CPU)

30 **다음 중 중앙처리장치의 각 구성요소에 대한 설명으로 옳지 않은 것은?**

① 기억장치에서 꺼내진 명령어는 누산기가 기억한다.
② 다음에 실행될 명령어의 번지는 명령 계수기가 기억한다.
③ 명령 해독기는 명령어를 해독하여 필요한 장치로 제어 신호를 보낸다.
④ 번지 레지스터는 읽고자 하는 프로그램이나 데이터가 기억되어 있는 주기억장치의 번지를 기억한다.

정답찾기

24 일반적으로 프로그램 연산자 실행의 우선순위는 높은 것에서부터 정의하면, 괄호 안의 수식 – 단항 연산자 – 산술 연산자 – 관계 연산자 – 비트 연산자 – 논리 연산자 등의 순으로 진행된다.

25 수치가 크기 때문에 10진수로 변환하여 비교하는 것보다는 2진수로 변환하여 비교한다. 16진수는 4자리, 8진수는 3자리, 4진수는 2자리로 각 자리를 2진수로 변환한다.
① 10000000000
② 001100000010
③ 010000000001
④ 1111111111

26 4번째/3번째 캐리값을 XOR하여 결과값이 1이면 오버플로가 된다.

27 ②의 1000은 첫 번째 부호비트가 1이므로 양수 8로 볼 수 없다.

28 10111000 AND 00110000
= 00110000 (NOT) = 11001111

29 부동 소수점(floating-point) 방식으로 표현된 두 실수의 덧셈 수행 순서: 지수에 맞춰 두 수의 지수가 같도록 조정 – 두 수의 가수를 더한다 – 정규화를 수행

30 기억장치에서 꺼내진 명령어는 누산기에 기억하는 것이 아니라, MBR에 기억한다.

정답 **24** ① **25** ③ **26** ③ **27** ② **28** ③ **29** ④ **30** ①

31 **중앙처리장치(CPU)에 대한 설명으로 옳지 않은 것은?**

① CPU는 산술연산과 논리연산을 수행하는 ALU를 갖는다.
② CPU 내부의 임시기억장치로 사용되는 레지스터는 DRAM으로 구성된다.
③ MIPS(Million Instructions per Second)는 CPU의 처리속도를 나타내는 단위 중 하나이다.
④ CPU는 주기억장치로부터 기계 명령어(machine instruction)를 읽어 해독하고 실행한다.

32 **CISC와 비교하여 RISC의 특징으로 옳지 않은 것은?**

① 명령어의 집합 구조가 단순하다.
② 많은 수의 주소 지정모드를 사용한다.
③ 많은 수의 범용 레지스터를 사용한다.
④ 효율적인 파이프라인 구조를 사용한다.

33 **마이크로프로세서는 명령어의 구성방식에 따라 CISC와 RISC로 구분된다. 두 방식의 일반적인 비교 설명으로 옳은 것을 모두 고른 것은?**

ㄱ. RISC 방식은 CISC 방식보다 처리속도의 향상을 도모할 수 있다.
ㄴ. CISC 방식의 프로세서는 RISC 방식의 프로세서보다 전력 소모가 적은 편이다.
ㄷ. RISC 방식의 프로세서는 CISC 방식의 프로세서보다 내부구조가 단순하다.
ㄹ. CISC 방식은 RISC 방식보다 단순하고 축약된 형태의 명령어를 갖고 있다.

① ㄱ, ㄷ
② ㄱ, ㄹ
③ ㄴ, ㄷ
④ ㄴ, ㄹ

34 **다음 조건에서 메인 메모리와 캐시 메모리로 구성된 메모리 계층의 평균 메모리 접근 시간은? (단, 캐시 실패 손실은 캐시 실패 시 소요되는 총 메모리 접근 시간에서 캐시 적중 시간을 뺀 시간이다)**

- 캐시 적중 시간(cache hit time): 10ns
- 캐시 실패 손실(cache miss penalty): 100ns
- 캐시 적중률: 90%

① 10ns
② 15ns
③ 20ns
④ 25ns

35 컴퓨터 버스에 대한 설명으로 옳지 않은 것은?

① 주소 정보를 전달하는 주소 버스(address bus), 데이터 전송을 위한 데이터 버스(data bus), 그리고 명령어 전달을 위한 명령어 버스(instruction bus)로 구성된다.
② 3-상태(3-state) 버퍼를 이용하면 데이터를 송신하고 있지 않는 장치의 출력이 버스에 연결된 다른 장치와 간섭하지 않도록 분리시킬 수 있다.
③ 특정 장치를 이용하면 버스를 통해서 입출력장치와 주기억장치 간 데이터가 CPU를 거치지 않고 전송될 수 있다.
④ 다양한 장치를 연결하기 위한 별도의 버스가 추가적으로 존재할 수 있다.

36 인터럽트(interrupt)에 대한 설명 중 옳지 않은 것은?

① 연산오류가 발생할 경우에 인터럽트가 발생한다.
② 메모리 보호 구역에 접근을 시도하는 경우에 인터럽트가 발생한다.
③ 인터럽트 요구를 처리하는 서비스 프로그램의 시작 주소는 명령어의 주소 영역에 지정된다.
④ 입출력이 완료되었을 때 인터럽트가 발생한다.

37 다음 설명 중 인터럽트(interrupt)와 서브루틴 호출(subroutine call)이 공통적으로 갖는 특징은?

ㄱ. 순차적으로 다음 명령어가 아닌 다른 명령어 주소에서부터 명령어들을 실행한다.
ㄴ. 호출되는 루틴(routine)을 사용자(user) 프로그램이 선택할 수 있다.
ㄷ. 호출되는 루틴으로부터 돌아오기 위해 필요한 복귀주소(return address)를 저장한다.
ㄹ. 프로그램의 명령어 실행에 의해서만 발생한다.

① ㄱ, ㄴ　　② ㄱ, ㄷ　　③ ㄴ, ㄷ　　④ ㄴ, ㄹ

정답찾기

31 레지스터나 캐시 메모리는 SRAM으로, 주기억장치는 DRAM으로 구성된다.
32 RISC의 특징은 CISC와 비교하여 적은 종류의 명령어와 적은 수의 주소 지정모드를 사용한다는 것이다.
33 RISC 방식은 전력 소모가 적으며, 단순하고 축약된 형태의 명령어를 갖는다.
34 평균 기억장소 접근 시간=캐시 적중률×캐시 적중 시간+(1−캐시 적중률)×주기억장치 접근 시간=0.9×10+(1−0.9)×110=20ns
35 컴퓨터 버스는 제어 버스, 주소 버스, 데이터 버스가 있다.
36 인터럽트 요구를 처리하는 서비스 프로그램의 시작 주소는 PC(다음에 수행할 명령어의 번지를 기억하는 레지스터)에 기억시킨다.
37 서브루틴은 사용자 프로그램 명령어 실행에 의해서 실행되지만, 인터럽트는 운영체제에 의해서 정해진 루틴을 수행한다.

정답　31 ②　32 ②　33 ①　34 ③　35 ①　36 ③　37 ②

38 다음 조건에서 A 프로그램을 실행하는 데 소요되는 CPU 시간은?

- 컴퓨터 CPU 클록(clock) 주파수: 1GHz
- A 프로그램의 실행 명령어 수: 15만개
- A 프로그램의 실행 명령어당 소요되는 평균 CPU 클록 사이클 수: 5

① 0.75ms
② 75ms
③ 3μs
④ 0.3μs

39 명령어 파이프라이닝에 대한 설명으로 옳지 않은 것은?

① 여러 개의 명령어가 중첩 실행된다.
② 실행 명령어의 처리율을 향상시킨다.
③ 개별 명령어의 실행 속도를 높인다.
④ 하나의 명령어를 수행하는 데 여러 클럭(clock) 사이클이 필요하다.

40 다음 설명 중 옳은 것을 모두 묶은 것은?

ㄱ. 폰 노이만(von Neumann) 컴퓨터에서는 명령어 메모리와 데이터 메모리가 분리되어 존재하기 때문에, 명령어와 데이터를 동시에 접근할 수 있다.
ㄴ. 다섯 단계(stage)의 파이프라이닝(pipelining)을 사용하는 CPU는 파이프라이닝을 사용하지 않는 CPU보다 5배 더 빠르다.
ㄷ. 파이프라이닝을 사용하는 CPU의 각 파이프라인 단계는 서로 다른 하드웨어 자원을 사용한다.
ㄹ. 파이프라이닝을 사용하는 CPU에서는 파이프라인 해저드(pipeline hazard)로 인해 일부 명령어의 실행이 잠시 지연되기도 한다.

① ㄱ, ㄷ
② ㄴ, ㄷ
③ ㄴ, ㄹ
④ ㄷ, ㄹ

41 파이프라이닝(pipelining)에 대한 설명 중 옳지 않은 것은?

① 이상적인 경우에 파이프라이닝 단계 수 만큼의 성능 향상을 목표로 한다.
② 하나의 명령어 처리에 걸리는 시간을 줄일 수 있다.
③ 전체 워크로드(workload)에 대해 일정 시간에 처리할 수 있는 처리량(throughput)을 향상시킬 수 있다.
④ 가장 느린 파이프라이닝 단계에 의해 전체 시스템 성능 향상이 제약을 받는다.

42 **CPU가 명령어를 실행할 때 필요한 피연산자를 얻기 위해 메모리에 접근하는 횟수가 가장 많은 주소지정 방식(addressing mode)은? (단, 명령어는 피연산자의 유효 주소를 얻기 위한 정보를 포함하고 있다고 가정한다)**

① 직접 주소지정 방식(direct addressing mode)
② 간접 주소지정 방식(indirect addressing mode)
③ 인덱스 주소지정 방식(indexed addressing mode)
④ 상대 주소지정 방식(relative addressing mode)

43 **다음 기능을 수행하는 중앙처리장치(CPU)의 레지스터는?**

- 다음에 수행할 명령의 주소를 기억한다.
- 상대 주소지정 방식(relative addressing mode)에서 유효 주소번지(effective address)를 구하기 위해서는 이 레지스터의 내용을 명령어의 오퍼랜드(operand)에 더해야 한다.

① PC(program counter)
② AC(accumulator)
③ MAR(memory address register)
④ MBR(memory buffer register)

정답찾기

38 프로그램 실행 시 소요되는 CPU 시간 = 실행 명령어 수 × 실행 명령어당 평균 CPU 클럭 사이클 수 / 클럭 주파수 = 150000×5 / 1000000000 = 0.00075초

39 명령어 파이프라이닝은 명령어 실행 기간의 변화가 없이 단위시간 내에 실행되는 명령어의 수를 늘려 명령어 실행시간을 단축시키는 방법이다.

40 ㄱ. 폰 노이만(von Neumann) 컴퓨터에서는 명령어 메모리와 데이터 메모리가 분리되어 있지 않고, 하나의 버스를 가지고 있다.
ㄴ. 다섯 단계(stage)의 파이프라이닝(pipelining)을 사용하는 CPU는 파이프라이닝을 사용하지 않는 CPU보다 속도가 향상되지만, 반드시 5배 더 향상되지는 않는다.

41 파이프라이닝은 단위시간 내에 실행되는 명령어 수를 늘려서 명령어의 실행시간을 단축시키는 방법이다.

42 간접 주소지정 방식(indirect addressing mode)은 명령어를 주기억장치에서 IR로 가져올 때 유효한 주소를 얻기 위하여 한 번 더 접근해야 하기 때문에 접근 횟수가 가장 많은 방식이다.

43 다음에 수행할 명령의 주소를 기억하고 있는 레지스터가 PC이며, 상대 주소지정 방식은 주소부분(Operand)과 PC가 필요하다.

정답 **38** ① **39** ③ **40** ④ **41** ② **42** ② **43** ①

44 **축소명령어 세트 컴퓨터(RISC) 형식의 중앙처리장치(CPU)가 명령어를 처리하는 개별 단계이다. 처리 순서를 바르게 나열한 것은?**

> ㄱ. 명령어의 종류를 해독하는 단계
> ㄴ. 명령어에서 사용되는 피연산자(operand)를 가져오는 단계
> ㄷ. 명령어를 프로그램 메모리에서 중앙처리장치로 가져오는 단계
> ㄹ. 명령어를 실행하는 단계
> ㅁ. 명령어의 결과를 저장하는 단계

① ㄱ－ㄴ－ㄷ－ㄹ－ㅁ
② ㄷ－ㄱ－ㄴ－ㄹ－ㅁ
③ ㄱ－ㄷ－ㄴ－ㄹ－ㅁ
④ ㄷ－ㄴ－ㄹ－ㄱ－ㅁ

제5장 기억장치와 입출력장치

45 **메모리 시스템에 관한 설명 중 옳은 것만 모두 묶은 것은?**

> ㄱ. 캐시의 write-through 방법을 사용하면 메모리 쓰기의 경우에 접근시간이 개선된다.
> ㄴ. 메모리 인터리빙은 단위시간에 여러 메모리에 동시 접근이 가능하도록 하여 메모리의 대역폭을 높이기 위한 구조이다.
> ㄷ. 가상메모리는 메모리의 주소공간을 확장할 뿐만 아니라 메모리의 접근시간도 절약하는 데 효과적이다.
> ㄹ. 메모리 시스템은 CPU ↔ 캐시 ↔ 주메모리 ↔ 보조메모리 순서로 계층구조를 이룰 수 있다.

① ㄴ, ㄹ
② ㄱ, ㄹ
③ ㄱ, ㄷ
④ ㄴ, ㄷ

46 **RAID 레벨 0에서 성능 향상을 위해 채택한 기법은?**

① 미러링(mirroring) 기법
② 패리티(parity) 정보저장 기법
③ 스트라이핑(striping) 기법
④ 쉐도잉(shadowing) 기법

47 **컴퓨터시스템에서 일반적인 메모리 계층구조를 설계하는 방식에 대한 설명으로 옳지 않은 것은?**

① 상대적으로 빠른 접근 속도의 메모리를 상위 계층에 배치한다.
② 상대적으로 큰 용량의 메모리를 상위 계층에 배치한다.
③ 상대적으로 단위 비트당 가격이 비싼 메모리를 상위 계층에 배치한다.
④ 하위 계층에는 하드디스크나 플래시(flash) 메모리 등 비휘발성 메모리를 주로 사용한다.

48 **가상 메모리(virtual memory)에 대한 설명으로 옳지 않은 것은?**

① 가상 메모리는 프로그래머가 물리 메모리(physical memory) 크기 문제를 염려할 필요 없이 프로그램을 작성할 수 있게 한다.
② 가상 주소(virtual address)의 비트 수는 물리 주소(physical address)의 비트 수에 비해 같거나 커야 한다.
③ 메모리 관리 장치(memory management unit)는 가상 주소를 물리 주소로 변환하는 역할을 한다.
④ 가상 메모리는 페이지 공유를 통해 두 개 이상의 프로세스들이 메모리를 공유하는 것을 가능하게 한다.

정답찾기

44 명령어를 프로그램 메모리에서 중앙처리장치로 가져오는 단계(메모리 인출) - 명령어의 종류를 해독하는 단계(명령어 해독) - 명령어에서 사용되는 피연산자(operand)를 가져오는 단계(오퍼랜드 인출) - 명령어를 실행하는 단계(명령어 실행) - 명령어의 결과를 저장하는 단계(명령어 저장)

45 ㄱ. 캐시의 write-back 방법을 사용하면 메모리 쓰기의 경우에 접근시간이 개선된다.
ㄷ. 가상메모리는 메모리의 주소공간을 확장하지만, 메모리의 접근시간이 늘어난다.

46 RAID 레벨 0에서는 성능 향상을 위해 스트라이핑(striping) 기법을 사용한다.

47 상대적으로 큰 용량의 메모리를 하위 계층에 배치한다.

48 물리 주소(physical address)의 비트 수는 가상 주소(virtual address)의 비트 수에 비해 대부분 크다고 할 수 있다.

정답 **44** ② **45** ① **46** ③ **47** ② **48** ②

49 **다음은 캐시기억장치를 사상(mapping) 방식 기준으로 분류한 것이다. 캐시 블록은 4개 이상이고 사상 방식을 제외한 모든 조건이 동일하다고 가정할 때, 평균적으로 캐시 적중률(hit ratio)이 높은 것에서 낮은 것 순으로 바르게 나열한 것은?**

> ㄱ. 직접 사상(direct-mapped)
> ㄴ. 완전 연관(fully-associative)
> ㄷ. 2-way 집합 연관(set-associative)

① ㄱ - ㄴ - ㄷ
② ㄴ - ㄷ - ㄱ
③ ㄷ - ㄱ - ㄴ
④ ㄱ - ㄷ - ㄴ

50 **DRAM(Dynamic Random Access Memory)에 대한 설명 중 가장 거리가 먼 것은?**

① DRAM은 정보를 축전기(capacitor)의 충전에 의해 저장한다.
② 저장된 정보는 한 번 저장되면 주기적인 충전이 없어도 영구히 저장된다.
③ 비교적 가격이 싸고 소비 전력이 적다.
④ 동작 속도가 비교적 빠르며 집적도가 높아 대용량의 메모리에 적합하다.

51 **캐시 메모리가 다음과 같을 때, 캐시 메모리의 집합(set) 수는?**

> • 캐시 메모리 크기 : 64 Kbytes
> • 캐시 블록의 크기 : 32 bytes
> • 캐시의 연관 정도(associativity) : 4-way 집합 연관 사상

① 256
② 512
③ 1024
④ 2048

52 **가상 메모리에 대한 설명으로 옳지 않은 것은?**

① 가상 메모리는 물리적 메모리 개념과 논리적 메모리 개념을 분리한 것이다.
② 가상 메모리를 이용하면 개별 프로그램의 수행 속도가 향상된다.
③ 가상 메모리를 이용하면 각 프로그램에서 메모리 크기에 대한 제약이 줄어든다.
④ 프로그램의 일부분만 메모리에 적재(load)되므로 다중 프로그래밍이 쉬워진다.

53 중앙처리장치(CPU)와 주기억장치 사이에 캐시(cache) 메모리를 배치하는 이유로 옳은 것은?

① 주기억장치가 쉽게 프로세스를 복제하지 못하도록
② 중앙처리장치가 주기억장치에 접근하는 횟수를 줄이기 위해
③ 중앙처리장치와 주기억장치를 직접 연결할 수 없기 때문에
④ 캐시 제작비용이 주기억장치 제작비용보다 저렴하기 때문에

54 컴퓨터의 기억장치에 대한 설명으로 옳지 않은 것은?

① 기억장치의 계층구조는 중앙처리장치와 I/O 장치의 속도 차이를 효율적으로 해결하도록 구성한다.
② 기억장치의 계층구조에서 계층이 높을수록 기억장치의 용량은 감소하고 접근 속도는 증가한다.
③ 캐시는 주로 중앙처리장치와 보조기억장치 간의 속도 차이를 극복하기 위해 사용된다.
④ 보조기억장치로는 하드디스크, CD-ROM, DVD 등이 사용된다.

정답찾기

49 • **직접 사상(direct mapping)** : 블록이 단지 한곳에만 위치할 수 있는 방법이다. 이 방식은 구현이 매우 단순하다는 장점을 가지고 있지만 운영상 매우 비효율적인 면을 가지고 있다. 즉, 블록 단위로 나뉘어진 메모리는 정해진 블록 위치에 들어갈 수밖에 없으므로 비어 있는 라인이 있더라도 동일 라인의 메모리 주소에 대하여 하나의 데이터밖에 저장할 수 없다는 단점을 가지고 있다.

• **완전-연관 사상(fully-associative mapping)** : 블록이 캐시 내의 어느 곳에나 위치할 수 있는 방식이다. 이 매핑 방식은 캐시를 효율적으로 사용하게 하여 캐시의 적중률을 높일 수 있으나 CPU가 캐시의 데이터를 참조할 때마다 어느 위치에 해당 데이터의 블록이 있는지 알아내기 위하여 전체 태그 값을 모두 병렬적으로 비교해야 하므로 구성과 과정이 매우 복잡하다는 단점을 가지고 있다.

• **집합-연관 사상(set-associative mapping)** : 직접 사상의 경우 구현이 간단하다는 장점이 있고, 완전-연관 사상은 어떤 주소든지 동시에 매핑시킬 수 있어 높은 적중률을 가질 수 있다는 장점을 가지고 있으나 그에 준하는 단점 또한 가지고 있어 이들의 장점을 취하고, 단점을 줄이기 위한 절충안으로 나온 것이다. n-way 집합-연관 캐시는 각각 n개의 블록으로 이루어진 다수의 집합들로 구성되어 있다. 빠른 검색을 위해 n개의 블록을 병렬로 수행한다.

50 저장된 정보는 한 번 저장되면 주기적인 충전이 없어도 영구히 저장되는 것은 SRAM이다.

51 • 전체 블록 수 = 캐시 메모리 용량/캐시 블록의 크기
= 65535/32 = 2048
• 캐시 메모리의 집합 수
= 전체 블록 수/캐시의 연관 정도 = 2048/4 = 512

52 가상 메모리는 기술이 복잡하고 메모리 공간의 접근시간이 늘어난다는 단점이 있지만, 주소 공간을 확장할 수 있다.

53 중앙처리장치(CPU)와 주기억장치 사이에 캐시(cache) 메모리를 배치하는 이유는 중앙처리장치가 주기억장치에 접근하는 횟수를 줄여 둘 간에 처리속도 차이로 인한 병목현상을 해결하기 위함이다.

54 캐시 메모리는 중앙처리장치와 주기억장치 사이의 속도 차이를 극복하기 위해 사용되는 것이다.

정답 **49** ② **50** ② **51** ② **52** ② **53** ② **54** ③

55 **근래에 가장 손쉽게 사용하는 I/O 포트인 USB에 대한 설명으로 옳지 않은 것은?**

① 직렬 포트의 일종이다.
② 복수 개의 주변기기를 연결할 수 없다.
③ 주변기기와 컴퓨터 간의 플러그 앤 플레이 인터페이스이다.
④ 컴퓨터를 사용하는 도중에 주변기기를 연결해도 그 주변기기를 인식한다.

56 **컴퓨터의 입출력과 관련이 없는 것은?**

① 폴링(polling)
② 인터럽트(interrupt)
③ DMA(Direct Memory Access)
④ 세마포어(semaphore)

57 **I/O 장치(모듈)가 시스템 버스에 직접 접속되지 못하는 이유로 거리가 먼 것은?**

① I/O 장치는 시스템 버스를 통하여 CPU와 단방향으로 통신하기 때문이다.
② 종류에 따라 제어 방법이 서로 다른 I/O 장치들의 제어 회로들을 CPU 내부에 모두 포함시키는 것이 어려워 CPU가 그들을 직접 제어할 수 없기 때문이다.
③ I/O 장치들의 데이터 전송 속도가 CPU의 데이터 처리 속도에 비하여 훨씬 더 느리기 때문이다.
④ I/O 장치들과 CPU가 사용하는 데이터 형식의 길이가 서로 다른 경우가 많기 때문이다.

제6장 고성능 컴퓨터시스템 구조

58 **다중 프로세서 시스템에 대한 설명으로 옳지 않은 것은?**

① 다수의 프로세서가 하나의 운영체제하에서 동작할 수 있는 시스템이다.
② 밀결합 시스템(tightly-coupled system)은 모든 프로세서들이 공유 기억장치(shared memory)를 이용하여 통신한다.
③ 다중 프로세서 시스템에서는 캐시 일관성(cache coherence) 문제를 고려할 필요가 없다.
④ 하나의 프로그램에서 다수의 프로세서들에 의해 병렬처리가 가능하도록 프로그래머의 프로그램 작성이나 컴파일 과정에서 데이터 의존성이 없는 프로그램의 부분들을 분류할 수 있다.

59 명령어와 데이터 스트림을 처리하기 위한 하드웨어 구조에 따른 Flynn의 분류에 대한 설명으로 옳지 않은 것은?

① SISD는 제어장치와 프로세서를 각각 하나씩 갖는 구조이며 한 번에 한 개씩의 명령어와 데이터를 처리하는 단일 프로세서 시스템이다.
② SIMD는 여러 개의 프로세서들로 구성되고 프로세서들의 동작은 모두 하나의 제어장치에 의해 제어된다.
③ MISD는 여러 개의 제어장치와 프로세서를 갖는 구조로 각 프로세서들은 서로 다른 명령어들을 실행하지만 처리하는 데이터는 하나의 스트림이다.
④ MIMD는 명령어가 순서대로 실행되지만 실행과정은 여러 단계로 나누어 중첩시켜 실행 속도를 높이는 방법이다.

60 실험실의 PC들을 모두 접속하여 구성한 클러스터는 다음 중에서 어느 분류에 속하는가?

① CLUMPs ② COPs
③ COWs ④ CONs

정답찾기

55 I/O 포트인 USB 포트를 사용하여 여러 형태의 주변기기를 연결할 수 있으며, 최대 127개까지 연결이 가능하다.

56 세마포어(semaphore)는 다중 프로그래밍 기법에서 공유자원인 임계구역을 프로세스들이 동시에 접근하는 것을 막고자 하는 상호배제의 한 방법이다.

57 I/O 장치는 시스템 버스를 통하여 CPU와 직접 연결되지 않는다.

58 다중 프로세서 시스템에서는 캐시 일관성(cache coherence) 문제는 기억장치의 신뢰성과 관계되므로 캐시를 설계할 때 중요하다.

59 MIMD는 명령어가 동시에 실행될 수 있는 병렬시스템과 분산시스템의 구조이며, ④의 설명은 파이프라인이다.

60 • PC 클러스터(cluster of PCs ; COPs)
• 워크스테이션 클러스터(cluster of workstations ; COWs)
• 다중프로세서 클러스터(cluster of multiprocessors ; CLUMPs)

정답 55 ② 56 ④ 57 ① 58 ③ 59 ④ 60 ②

손경희 컴퓨터일반

합격까지 박문각

Part

02

데이터통신과 인터넷

Chapter 01 데이터통신의 개요

제1절 데이터통신과 정보통신

❶ 데이터통신의 정의

(1) **데이터(Data)**: 인간이나 어떤 자동화 도구로 현실 세계로부터 단순한 관찰이나 측정을 통하여 수집한 사실, 개념, 명령들에 대한 값을 의미한다.

(2) **정보(Information)**: 어떤 상황에 관한 의사 결정을 할 수 있게 하는 지식으로부터 약정된 규범에 따라 데이터의 유효한 해석이나 데이터 간의 상호관계를 의미한다. 즉, 정보는 데이터를 처리 가공하여 의미를 부여한 결과이며, 데이터를 우리가 원하는 형태로 가공할 때 이와 같은 데이터를 정보라 한다.

(3) **통신(Communication)**: 상대방에게 자신의 의사인 데이터를 전달하는 것을 의미한다. 통신은 송수신자가 데이터를 전달하기 위한 전송 매체를 통해서 정해진 규칙을 사용하여 의미를 전달하는 것을 말한다.

(4) **데이터통신**: 컴퓨터와 같은 통신기능을 갖춘 두 개 이상의 통신장치(communication devices) 사이에서 동선이나 광섬유, 혹은 무선 링크를 포함하는 전송미디어를 사용하여 정해진 규칙이다. 즉 통신 프로토콜에 따라 데이터로 표현되는 정보를 교환하는 과정이다.

• 데이터통신 = 데이터 전송 기술 + 데이터 처리 기술

(5) **정보통신**: 데이터를 가공한 정보를 필요로 하는 사람에게 전달함으로써 정보 가치의 상승을 가져오는 이동행위라 할 수 있다. 데이터통신의 개념보다 정보통신의 개념이 더 넓다.

• 정보통신=전기통신(정보전송) + 컴퓨터(정보처리)

❷ 데이터통신 시스템의 주요 특징

(1) 고속 및 고품질의 전송이 가능하고, 대용량 및 광대역 전송이 가능하다.

(2) 고도의 오류 제어 방식을 이용하므로, 시스템의 전반적인 신뢰도가 높다.

(3) 원거리 정보처리기기들의 효율적인 정보 교환을 이룰 수 있다(분산처리가 가능하다).

(4) 통신 회선의 효율적인 이용 및 거리와 시간의 한계를 극복한다.

(5) 통신 기밀의 유지를 위해서 보안 시스템의 개발이 필요하다.

❸ 정보통신기술의 발전

Morse(1844)	워싱턴과 볼티모어 간에 전신, 전기 통신의 시초
Bell(1876)	전화 발명, 음성 통신
SAGE(1958)	반자동 방공 시스템, 최초의 데이터통신
SABRE(1961)	상업용 시스템, 최초의 상업용 데이터통신
CTSS(1964)	MIT 공대의 컴퓨터 공동 이용, 최초의 시분할 시스템
미국 ARPA망(1969)	컴퓨터 네트워크, 전 미국 컴퓨터망
ALOHA(1970)	하와이 대학에서 실험적으로 설치한 무선 패킷 교환 시스템
SNA(1974)	IBM의 컴퓨터 간 접속 네트워크 시스템 표준
미국 Telnet사(1975)	패킷 교환 신호 방식, 패킷 서비스 개시
OSI 7 계층 참조모델(1977)	ISO에서 개발한 개방형 시스템 상호 접속 규정
1980년대 이후	• 종합 정보 통신망(ISDN) • 근거리 통신망(LAN) • 광대역 종합 정보 통신망(B-ISDN) • 부가가치 통신망(VAN)

제2절 데이터통신 시스템

❶ 구성요소

(1) 메시지(message)

데이터통신의 대상이 되는 정보(텍스트, 숫자, 그림, 비디오 정보 등)이다.

(2) 송신자(sender)

데이터를 보내는 장치로서 컴퓨터, 전화기, 비디오카메라 등이 될 수 있다.

(3) 수신자(receiver)

데이터를 수신하는 장치로서 컴퓨터, 전화기, TV 등이 될 수 있다.

(4) 전송매체(transmission media)

① 메시지가 전송자로부터 수신자에게까지 이동하는 물리적인 경로이다.

② 전송매체에는 트위스티드 페어 케이블, 동축 케이블, 광섬유 케이블, 레이저, 그리고 무선파 등이 있다.

(5) 프로토콜(protocol)

① 데이터통신을 통제하는 규칙의 집합으로서 통신하고 있는 장치들 사이의 상호합의를 나타낸다.

② 프로토콜이 없다면 통신장비가 연결되어 있어도 서로 통신할 수 없다.

❷ 기능적 분류

데이터통신 시스템의 분류

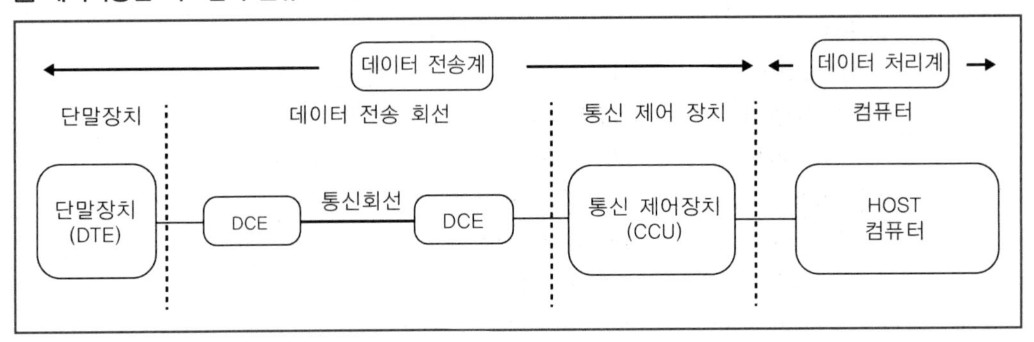

1. 데이터 단말장치(DTE ; Data Terminal Equipment)

(1) 데이터통신 시스템에서 최종적으로 데이터를 송신하거나 수신하는 기능의 장치이다.

(2) 전송할 데이터를 부호로 변환하거나 처리하는 장치로서 컴퓨터나 프린터 또는 터미널과 같은 디지털 장비를 말한다.

(3) **DTE의 중요 기능**: 입출력 기능, 데이터의 수집과 저장 기능, 데이터의 처리기능, 통신기능, 통신 제어 기능

2. 데이터 전송장치(DCE ; Data Communication Equipment)

(1) 컴퓨터 및 단말장치의 데이터를 통신회선에 적합한 신호로 변환하거나 그 반대의 역할을 수행한다. 이는 전송 회선의 양쪽 끝에 위치하기 때문에 회선 종단 장치라고도 한다.

(2) DTE에서 처리된 신호를 변환하거나, 통신 회선상에 놓여 있는 신호를 변환하는 장치로서 MODEM과 DSU 등이 해당된다.

신호 변환 장치	통신 회선 형태	신호 변환
전화	아날로그	아날로그 ↔ 아날로그
MODEM	아날로그	디지털 ↔ 아날로그
CODEC	디지털	아날로그 ↔ 디지털
DSU	디지털	디지털 ↔ 디지털

3. 통신회선

(1) 단말장치의 입력 데이터 또는 통신처리장치(컴퓨터)에서의 결과 데이터를 실제 전송하는 전송 선로이다.

(2) 유선매체(꼬임선, 동축 케이블, 광섬유 케이블), 무선매체(라디오파, 지상 마이크로파, 위성 마이크로파) 등이 있다.

4. 통신 제어장치(CCU ; Communication Control Unit)

(1) 데이터 전송 회선과 통신 데이터 처리 컴퓨터를 연결하는 장치로 통신 회선을 통하여 직렬로 수신한 데이터를 컴퓨터시스템이 처리하기 쉽도록 일정 크기로 묶는 작업을 한다.

(2) 전송 회선과 컴퓨터 사이에 위치하여 전기적인 결합과 전송문자를 조립하거나 분해하는 장치이다. 즉, 컴퓨터와 데이터통신망을 연결하는 기능을 한다.

(3) CCU의 주요 기능

① 전송 제어

㉠ **다중 접속 제어** : 하나의 전송 회선을 여러 개의 단말장치가 공유하는 경우에 전송 회선을 선택한다.

㉡ **교환 접속 제어** : 데이터 송수신을 위한 회선의 설정과 절단

㉢ **통신 방식 제어** : 단방향, 반이중, 전이중 결정

㉣ **우회 중계 회선 결정(경로 설정)** : 데이터의 송수신이 통신 회선의 문제 시 다른 경로의 전송이 가능하도록 통신 회선을 선택한다.

② 동기 및 오류 제어

㉠ **동기 제어** : 컴퓨터의 처리 속도와 통신 회선상의 전송 속도 차이 조정

㉡ **오류 제어** : 통신 회선 및 단말 장치에서 발생하는 오류를 제어

㉢ **흐름 제어** : 수신 가능한 데이터의 양을 송신측에 알려 원활한 정보 전송이 가능하게 조정

㉣ **응답 제어** : 수신지의 상태 정보 확인

㉤ **투과성** : 전송 데이터에 대한 비트 열에 확장 비트를 추가하거나 지움

㉥ **정보전송단위의 정합** : 전송 데이터를 패킷 등으로 일정 길이 단위로 결합하거나 분할

㉦ **데이터신호의 직렬 및 병렬 변환** : 통신 회선을 통한 직렬 데이터를 컴퓨터가 처리하도록 병렬구조로 변환하거나 그 반대의 작업

③ 기타 기능

㉠ **제어 정보 식별** : 일반 데이터 및 제어 데이터의 구분

㉡ **기밀 보호** : 암호화

㉢ **관리 기능** : 통신에 대한 요금, 통계 정보

데이터통신 시스템의 구성

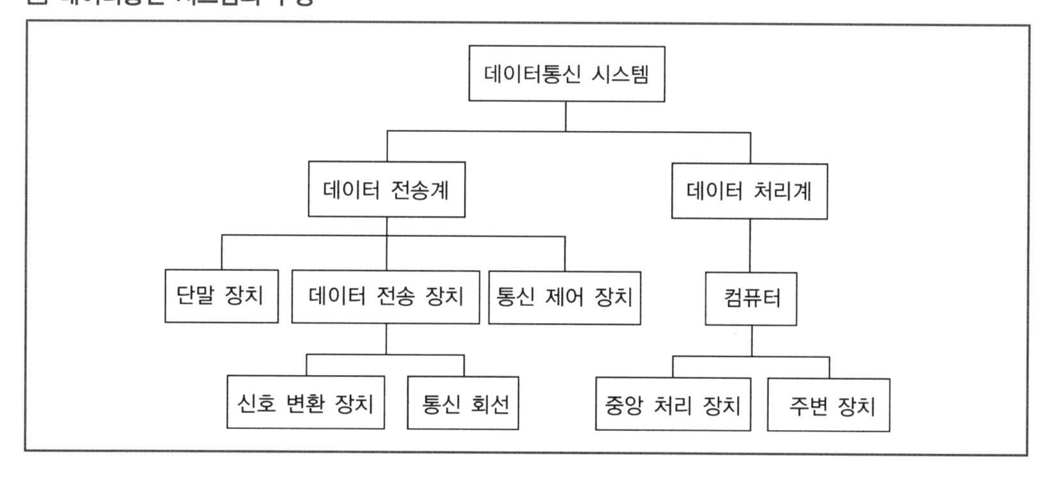

데이터 전송계	정보의 이동을 담당
데이터 처리계	정보의 가공, 처리, 보관 등의 기능 수행
단말 장치	정보의 입력 및 수신(DTE)
신호 변환 장치	변복조기 또는 DSU
통신 회선	변환된 신호의 이동 통로(또는 통신망)
주변 장치	보조 기억 장치, 프린터 등

제3절 데이터통신망

❶ 데이터통신망

1. 개요

(1) 데이터통신망은 단말기를 컴퓨터와 서로 밀접하게 결합한 형태로, 컴퓨터 네트워크라고도 한다.

(2) 멀리 떨어져 있는 컴퓨터 혹은 다수의 이기종 간 컴퓨터의 상호 연결된 물리적 장비 그리고 정보의 전송 계통을 가진 집합체라고 정의할 수 있다.

(3) 통신망의 전형적인 기능을 수행하기 위한 요구사항

① 전기적인 신호가 전송될 수 있는 경로
② 다른 형태를 갖는 신호 간의 상호 변환
③ 비트열의 그룹화로 프레임 또는 패킷의 구성
④ 잘못 전송된 전기적인 신호의 검출 및 복구
⑤ 경로의 유지 및 선택 기능

2. 데이터통신망의 장점

(1) 필요한 자원을 공유할 수 있다.

(2) 부하를 분산할 수 있다.

(3) 신뢰성이 좋아진다.

(4) 고장에 대한 복구가 용이해진다.

(5) 병렬처리가 가능해진다.

(6) 시간적, 공간적으로 제약이 적다.

3. 구조화 기법에 따른 분류

(1) 구조화 기법에 따라 방송망(Broadcast Network), 교환망(Switch Network) 그리고 하이브리드 통신망(Hybrid Network)으로 구분할 수 있다.

(2) 방송망은 한 명의 사용자에게 발생된 신호가 통신망에 접속된 모든 사용자에게 전송되는 방식이고, 교환망은 임의의 사용자가 전송한 정보가 스위치를 통해서 원하는 사용자에게만 전송되는 방식이다.

(3) 방송망

① LAN(Local Area Network)

㉠ 단일 기관이 동일한 지역 내(수 km 이내의 좁은 지역)에 컴퓨터와 사무자동화기기 등을 고속 전송로를 이용하여 접속해 놓은 통신망이다.

㉡ **하드웨어적인 특성**: 전송 선로를 통한 정보 전송의 제어 방식, 통신망과 통신 장비 간의 인터페이스

㉢ **소프트웨어적인 특성**: 통신 프로토콜의 집합 부분으로서 통신망에 존재하는 하드웨어를 통해서 정보를 전송하는 전송 제어 순서 등이 여기에 속한다. LAN 표준 프로토콜은 CSMA/CD, 토큰 버스, 토큰 링 등이 있다.

㉣ LAN은 일반적으로 10~100 Mbps의 전송 속도로 동작하며, 구조는 일반적으로 성형(star), 버스형(bus), 링형(ring)이 있다.

매체 접근 제어(MAC) 방식

1. 경쟁 방식

① ALOHA

② CSMA(Carrier Sense Multe-Access): 반송파 감지 다중 접근

③ CSMA/CD(Carrier Sense Multe-Access/Collision Detection): 프레임이 목적지에 도착할 시간 이전에 다른 프레임의 비트가 발견되면 충돌이 일어난 것으로 판단하며, 유선 Ethernet LAN에서 사용한다.

④ CSMA/CA(Carrier Sense Multe-Access/Collision Avoidance): 무선 네트워크에서는 충돌을 감지하기 힘들기 때문에 CSMA/CD 방식을 사용할 수 없으며, 따라서 충돌을 회피하는 방식을 사용한다.

2. 토큰 제어 방식

① Token Bus 방식: 물리적으로는 버스형이지만 논리적으로 링형으로 운용하는 매체 접근 방식이다.

② Token Ring 방식: 노드 수가 많거나 데이터량이 많은 경우에도 충돌이 발생하지 않아 데이터의 손실이 없으므로 CSMA/CD보다 안정적이다. 그러나 CSMA/CD보다 구현이 복잡하고 가격이 높으며, 토큰을 잃어버릴 가능성이 있으므로 적절한 토큰 관리가 필요하다.

IEEE 802 시리즈
- 802.1 : 상위 계층 인터페이스 및 MAC 브릿지
- 802.2 : LLC
- 802.3 : 이더넷(CSMA/CD)
- 802.4 : Token Bus
- 802.5 : Token Ring
- 802.6 : 도시형 네트워크(MAN)
- 802.11 : 무선 LAN
- 802.15 : Bluetooth

② MAN(Metropolitan Area Network)

㉠ 대도시 내의 근거리 통신망들과 인터넷 백본을 연결해주는 네트워크이다.

㉡ 근거리 통신망의 범위가 확대되어 네트워크가 전체 도시로 확장된 것이라고 할 수 있다.

㉢ 대략 10km에서 수백 km까지의 범위를 수용하는 네트워크 시스템으로, 케이블 TV 네트워크가 대표적인 예이다.

③ WAN(Wide Area Network)

㉠ 지리적인 제한이 없으며 지방이나 전국, 혹은 국제적으로 전개되는 광역 통신망이다.

㉡ 하나의 국가 내에서 도시와 도시, 혹은 국가와 국가 간을 연결하려는 목적으로 수백~수천 km까지의 범위를 포함할 수 있도록 구성된 광역 네트워크 시스템을 말한다.

④ 무선 통신망

⑤ 위성 통신망

(4) 교환망

① 회선 교환망(Circuit Switched Network)

두 사용자 사이에 전용의 통신로가 노드를 통하여 설정되어 있으므로 다른 사용자가 침범하지 못하며 전화망(PSTN)이 여기에 속한다.

② 패킷 교환망(Packet Switched Network)

㉠ 전송로가 전용으로 할당되지 않기 때문에 여러 사용자가 데이터를 공유할 수 있는데 이때 데이터를 패킷 조각으로 나누어 전송한다.

㉡ 각 노드에서는 각 패킷의 수신을 완료하면 잠시 저장한 후 다음 노드로 전송하며 터미널-컴퓨터, 컴퓨터-컴퓨터 사이의 통신에 흔히 사용된다.

RFID(Radio Frequency Identification)

1. RFID의 개념

- 마이크로칩과 무선을 통해 식품 · 동물 · 사물 등 다양한 개체의 정보를 관리할 수 있는 인식 기술을 지칭한다.
- '전자태그' 혹은 '스마트 태그', '전자 라벨', '무선식별' 등으로 불리며, 기업에서 제품에 활용할 경우 생산에서 판매에 이르는 전 과정의 정보를 초소형 칩에 내장시켜 이를 무선주파수로 추적할 수 있다.

2. RFID의 분류

- RFID 태그는 전원공급 유무에 따라 전원을 필요로 하는 능동형(Active)과 내부나 외부로부터 직접적인 전원의 공급 없이 리더기의 전자기장에 의해 작동되는 수동형(Passive)으로 나눌 수 있다.
- 능동형 : 리더기의 필요전력을 줄이고 리더기와의 인식거리를 멀리할 수 있다는 장점이 있지만, 전원공급장치를 필요로 하기 때문에 작동시간의 제한을 받으며 수동형에 비해 고가인 단점이 있다.
- 수동형 : 능동형에 비해 매우 가볍고 가격도 저렴하면서 반영구적으로 사용이 가능하지만, 인식거리가 짧고 리더기에서 훨씬 더 많은 전력을 소모한다는 단점이 있다.

4. 네트워크의 구성 형태

(1) 성형 네트워크

① 중앙에 서버 컴퓨터가 모든 클라이언트를 관리하는 방식이며, 중앙 컴퓨터와 터미널의 연결은 각각 개별로 하기 때문에 통신회선 비용이 많이 소요된다.

② 중앙 컴퓨터가 고장나면 모든 터미널이 마비되는 단점이 있으며, 업무의 집중 시에는 반응시간이 느리고 중앙 컴퓨터의 변경 및 확장이 어렵다.

(2) 버스형 네트워크

① 한 개의 통신 회선에 여러 대의 터미널 장치가 연결되고, 각 터미널 간의 통신은 공동의 통신 회선을 통해 이루어진다.

② 터미널 장치가 고장나더라도 통신망 전체에 영향을 주지 않으므로 신뢰성이 높으며, 데이터가 통신 회선에 보내지면 모든 장치에서 수신 가능하기 때문에 목적지를 알 수 있는 정보가 포함되어야 한다.

③ 전송 회선이 단절되면 전체 네트워크가 중단되는 단점이 있지만, 회선비용이 최소이다.

(3) 링형(루프형) 네트워크

① 양쪽 방향으로 접근이 가능하여 통신 회선 장애에 대한 융통성이 있으며, 한 노드가 절단되어도 우회로를 구성하여 통신이 가능하다.

② 컴퓨터나 단말, 통신 회선 중에서 하나라도 고장이 발생하면 통신망 전체가 마비될 수 있다.

(4) 트리형(계층형) 네트워크

① 처리능력을 가지고 있는 여러 개의 처리센터가 존재하며, 신속한 처리를 위한 프로세서의 공유 정보의 공유 목적하에 구성된 구조이다.

② 변경 및 확장에 융통성이 있으며, 허브 장비를 필요로 한다.

(5) Mesh형(망형) 네트워크

① 보통 공중 데이터통신 네트워크에서 주로 사용되며, 통신 회선의 총 경로가 다른 네트워크와 비교하여 가장 길다.

② node의 연결성이 높고 여러 단말기로부터 많은 양의 통신을 필요로 하는 경우에 유리하지만, 비용이 많이 든다.

네트워크의 구성 형태

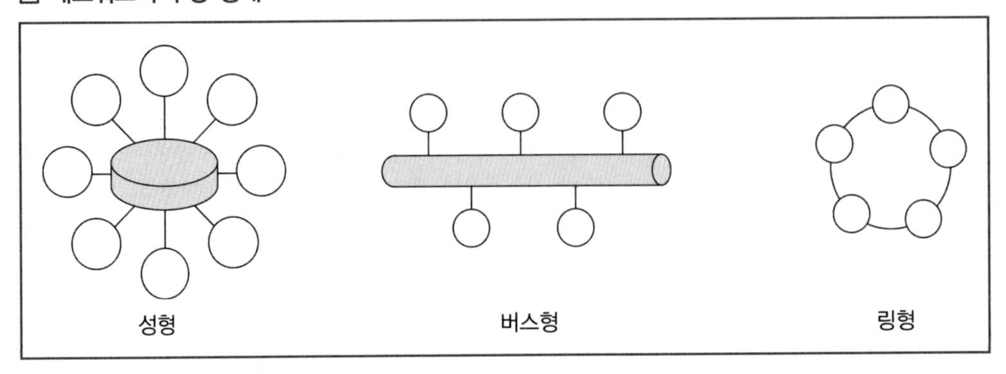

Chapter 02 데이터 전송 방식 및 기술

◎ 정보 전송 방식과 기술의 분류

정보 전송 방식	통신 회선의 구성방식, 통신 회선의 교환방식, 통신 회선의 이용방식, 통신 회선망의 구성방식, 데이터 전송방식, 캐스팅 모드의 전송방식
정보 전송 기술	정보 전송의 부호화, 정보 전송의 변조방식, 정보 전송의 다중화

제1절 정보 전송 방식

1 정보 전송의 원리

(1) 전화기, 컴퓨터 단말기, 팩스, 비디오카메라, 스캐너 등으로 생성되는 다양한 형태의 정보(음성, 데이터, 화상 비디오 등)는 전기적 신호로 변환되어 송신되며, 변환된 전기 신호는 시간에 따른 전압(또는 전류)의 변환 상태를 표시한 것이다.

(2) 컴퓨터의 출력인 디지털 데이터를 전송하려면 아날로그 형태의 전기적 신호로 바꾸어야 하고, 이 전기적 신호는 전송 선로의 영향을 적게 받도록 고주파수로 변환하는 변조(modulation) 과정을 거친 후 송신된다.

(3) 송신된 신호는 복조(demodulation) 과정을 거쳐 수신부에 디지털 신호로 입력된다. 이러한 변조와 복조의 기능을 수행하는 장치를 신호 변환 장치(모뎀 또는 디지털 서비스 유닛)라 한다.

2 정보 전송의 기본 요소

(1) 아날로그 신호

① 자연계에 포함되어 있는 연속적인 파형인 아날로그 신호는 주기 신호와 비주기 신호로 분류할 수 있다.

② 주기 신호는 정현파와 비정현파로 분류할 수 있으며, 비정현파에는 계단파, 직선파, 삼각파 등이 있는데, 대표적인 예로 컴퓨터 내부의 클록(clock) 파형을 들 수 있다.

③ 입력 형식은 연속적인 물리량이며, 출력 형식은 곡선, 그래프 등이다.

(2) 디지털 신호

① 디지털 신호는 이산적인 신호로, 물리량을 유한의 숫자로 표현하는 것이다.

② 2진수 0과 1에 대한 전압 펄스이며, 사칙 연산이 가능하다.

③ 아날로그 신호를 디지털화하기 위해서는 신호뿐만 아니라 시간에 대해서도 디지털화해야 한다.

(3) 진폭(Amplitude)

① 신호의 크기 또는 세기를 나타낸다. 예를 들어 음성의 크기를 진폭이라 할 수 있다.

② 신호의 높이이다(dB).

(4) 주파수(frequency)

① 단위 시간당 사이클을 반복하는 횟수를 의미하며, 단위는 Hz(cycle/second)이다.

② 1초 동안 주기가 반복되는 횟수이다.

(5) 위상(Phase)

① 임의의 시간에서 반송파 사이클의 상대적인 위치를 의미하며, 단위는 °(degree, 도)다.

② 1주기 내에서 시간에 대한 상대적 편차이다.

3 통신속도와 통신용량

1. 통신속도

데이터 전송의 통신속도는 단위 시간에 전송되는 정보의 양으로 표시되는데, 기본 단위는 bit(2진수)이다.

(1) 데이터 신호속도(bps)

1초 동안 전송되는 bit수로 'bit per second'의 약자이며, 가장 보편적이고 기본적인 통신속도 단위이다.

(2) 데이터 변조속도(Baud)

변조 과정에서 초당 상태 변화, 신호 변화의 횟수이다.

(3) Baud와 bps의 관계

① bps = bit(한 번의 변조로 전송 가능한 비트 수) × Baud 또는 bps = $B\log_2 M$ (B는 Baud, M은 위상)

② 전송 가능 비트 수

㉠ 1 bit = Onebit (2위상)

㉡ 2 Bit = Dibit (4위상)

㉢ 3 bit = Tribit (8위상)

㉣ 4 Bit = Quadbit (16위상)

2. 통신용량

(1) 채널의 용량은 정보가 오류 없이 그 채널을 통해서 보내질 수 있는 최대율을 의미한다.

(2) 데이터 전송에서는 이 비율을 bps로 나타낼 수 있으며, 이러한 채널의 전송용량은 채널의 대역폭과 비례한다.

(3) 통신용량을 증가시키는 방법에는 대역폭(W), 신호전력(S)을 증가시키고, 잡음전력(N)을 줄인다.

(4) 샤논(Shannon)의 정리에 의하면 전송로의 통신용량을 증가시키기 위해서는 대역폭(W), 신호전력(S)을 증가시키고, 잡음전력(N)을 줄여야 한다.

$$C = W \log_2(1+S/N)\text{bps}$$

(C: 통신용량, W: 대역폭, N: 잡음전력, S: 신호전력)

4 정보 전송 방식

1. 통신 회선의 접속 방식

(1) 점-대-점 회선 방식

① 점-대-점 회선(point to point line, peer-to-peer) 구성은 컴퓨터시스템과 단말기를 전용 회선으로 직접 연결하는 형식이다.

② 단말기를 여러 대 연결할 경우에도 일 대 일 연결이므로 언제든지 데이터의 송수신이 가능하다.

③ 이 방식은 전화 회선구성에도 이용되는데 교환기를 이용하여 공중회선을 사용할 수 있으며, 응답 속도가 빠르기 때문에 고속 처리에 이용된다.

(2) 다지점 회선 방식

① 다지점 회선(multipoint line, multidrop line)은 컴퓨터시스템에 연결된 한 개의 전송 회선에 여러 대의 단말기를 연결한 형식이다.

② 사용되는 전송 회선은 대부분 한 개의 전용 회선이므로 한 시점에는 한 단말기만이 컴퓨터로 데이터를 전송할 수 있다. 반면, 컴퓨터로부터 데이터를 수신할 경우에는 여러 대의 단말기가 데이터를 동시에 수신할 수 있다.

③ 단말기와 컴퓨터의 통신로를 구성하는 방법에는 폴링(polling)과 선택(selection), 경쟁(contention)이 있다.

폴링	• 단말기에서 컴퓨터로 데이터를 전송할 경우에 이용 • 컴퓨터 감시 프로그램 쪽에서 신호를 보내 송신할 데이터의 유무를 주기적으로 검사
선택	• 컴퓨터가 특정 단말기를 지정하여 데이터를 전송할 경우에 이용 • 특정 단말기를 지정하는 제어 문자를 데이터의 앞에 포함시켜 데이터를 전송 • 경제적이며 회선을 짧은 시간 동안 운영하므로 주로 조회 처리를 위한 방법 등에 이용
경쟁	단말 장치들이 서로 경쟁하여 회선에 접근하며 가장 간단하며 비효율적

(3) 집선 회선 방식

① 집선 회선(line concentration line) 방식은 일정 지역 내의 중심에 집선 장치를 설치하고 여기에 여러 대의 단말기를 연결하는 방식이다.

② 집선 장치는 단말기에서 저속으로 전송되는 데이터를 모아 컴퓨터에 고속으로 전송하는 역할을 한다.

③ 컴퓨터와 집선 장치 사이는 고속의 단일 회선을 연결하거나 단말기의 수보다 적게 연결할 수 있다.

④ 이 방식은 통신 회선을 효율적으로 사용할 수 있고, 다지점 회선 방식처럼 단말기의 회선 사용률이 낮을 경우에 적합하다.

(4) 회선 다중 방식

① 회선 다중(line multiplexing) 방식은 집선 회선 방식과 유사하다.

② 일정 지역 내에 있는 여러 대의 단말기를 지역의 중심에 설치된 다중화 장치(multiplexer)에 연결하고, 다중화 장치와 컴퓨터 사이는 대용량 회선으로 연결하는 방식이다.

③ 다중화 통신 회선은 회선사용률이 비교적 높은 단말기의 데이터통신에도 적용할 수 있다.

2. 통신 회선의 이용 방식

구분	단방향	반이중	전이중
방향	한쪽은 송신만, 다른 한쪽은 수신만 가능	양방향 통신 가능, 동시에 송수신은 불가능	동시에 양방향 송수신 가능
선로	1선식	2선식	4선식
사용 예	라디오, TV	전신, 텔렉스, 팩스	전화

3. 데이터 전송 방식

데이터 전송 방식에는 데이터를 보내는 방법에 따라 직렬 전송과 병렬 전송, 송수신측 간의 시간적 위치에 따라 동기식과 비동기식이 있다.

(1) 직렬 전송과 병렬 전송

① 직렬 전송(serial transmission)

㉠ 데이터의 최소 요소인 한 문자를 구성하는 각 비트가 하나의 전송 선로를 통하여 차례로 전송되는 방식이다.

㉡ 송수신측 간에 1개의 전송 회선으로 통신할 수 있어 대부분의 데이터통신 시스템에서 이용되고 있다.

㉢ 직렬 전송은 하나의 회선으로 순차적으로 전송하기 때문에 전송 시간이 많이 걸리는 단점이 있고, 송신 시에 바이트 문자열을 비트열로 바꾸는 병직렬 변환기, 수신 시에 비트열을 바이트로 바꿔주는 직병렬 변환기가 필요하다.

㉣ 전송로(전송 매체)의 비용이 적게 들고 간단하다는 장점도 있어 장거리 통신에 많이 이용되며, 대표적인 사용 예는 RS-232C 통신, 근거리 통신망의 일부 등이다.

② 병렬 전송(parallel transmission)

㉠ 한 문자를 이루는 각 비트가 7개 또는 8개의 전송 선로를 통하여 동시에 전송하는 방식이다.

㉡ 컴퓨터와 단말기 사이의 거리가 떨어지면 전송 선로의 구성 비용이 비싸다는 단점이 있으나, 전송 속도가 빠르고 단말기와의 연결이 단순하다.

㉢ 대표적인 사용 예는 컴퓨터와 하드디스크의 연결, 컴퓨터와 측정 장치 간의 연결 등이다.

(2) 비동기식 전송과 동기식 전송

① 비동기식 전송(asynchronous transmission)

㉠ 비동기식 전송이란 동기식 전송을 하지 않는다는 의미가 아니라 블록 단위가 아닌 글자 단위로 동기 정보를 부여해서 보내는 방식이다.

㉡ 시작-정지(start-stop) 전송이라고도 하며, 한 번에 한 글자씩 주고받는다.

② 동기식 전송(synchronous transmission)

㉠ 데이터를 글자가 아닌 블록 단위(프레임)로 전송한다.

㉡ 송신측과 수신측 사이에 미리 정해진 숫자만큼의 문자열을 한 묶음으로 만들어 일시에 전송한다.

㉢ 송신하려는 데이터가 많거나 고속 처리가 필요할 때는 비동기식보다 동기식이 훨씬 효율적이다.

③ 캐스팅 모드의 전송 방식

캐스팅 모드(casting mode)는 통신에 참여하는 송신자와 수신자의 수를 의미한다. 캐스팅 모드에는 유니캐스트(unicast), 브로드캐스트(broadcast), 멀티캐스트(multicast) 및 애니캐스트(anycast) 등이 있다.

㉠ 유니캐스트(unicast) : 정보를 송수신할 때 송신 노드와 수신 노드가 각각 하나인 경우다.

㉡ 브로드캐스트(broadcast) : 하나의 송신 노드가 네트워크에 연결된 모든 수신 가능 노드에 데이터를 전송하는 경우이며, 라디오나 TV 통신이 대표적인 예라 할 수 있다.

㉢ 멀티캐스트(multicast)

ⓐ 하나의 송신 노드가 네트워크에 연결된 하나 이상의 수신 노드에 데이터를 전송하는 경우이며, 이때 송신 노드는 수신될 노드를 미리 정한다.

ⓑ 전자우편 서비스를 할 때 주소록을 미리 등록하여 보내는 방식이 멀티캐스트의 대표적인 예라 할 수 있다.

㉣ 애니캐스트(anycast)

ⓐ 송신 노드가 네트워크에 연결된 수신 가능 노드 중에서 한 노드에 데이터를 전송하는 경우이다.

ⓑ 몇 대의 프린터 서버가 연결된 네트워크에서 송신 노드가 특정 수신 노드인 프린터 서버를 지정하지 않고 출력 서버에 출력하라는 명령을 주어도 프린트를 수행하고 있는 프린터 서버를 피해 다른 프린터 서버에서 출력할 수 있는 방식이다.

제2절 정보 전송 기술

❶ 정보 전송의 부호화(Encoding)와 변조(Modulation) 방식

1. 부호화(Encoding)

(1) 서로 떨어져 있는 송신자와 수신자가 정보 전송 시스템을 통해 데이터를 전송할 때 정보나 신호를 전송이 가능한 다른 신호로 변환하는 과정이다.

(2) 전송하려는 정보는 대부분 문자나 숫자 또는 기호다. 이 기호를 1바이트의 2진수로 표현 가능한데, 이것을 부호(code)라 하고 이 부호의 집합을 부호 체계라고 한다.

(3) 문자를 표현하는 방식은 다양하지만 그중에서도 많이 쓰이는 것이 미국 표준 코드인 ASCII(American Standard Code for Information Interchange) 코드, IBM에서 만든 EBCDIC(Extended Binary Coded Decimal Interchange Code) 코드, 2진화 10진 코드(BCD Code, Binary Coded Decimal Code)이다.

2. 정보 전송의 변조 방식

(1) 디지털 전송(직류 전송) 방식

① 디지털 전송 방식은 직류 전송 방식이라고도 한다.

② 이 방식은 통신 회선을 통해 정보를 전송할 때, 부호기를 통해 아날로그나 디지털 정보를 디지털 전송 신호로 변환해 전송한 후 복호기(decoder)를 통해 원래 정보로 변환한다.

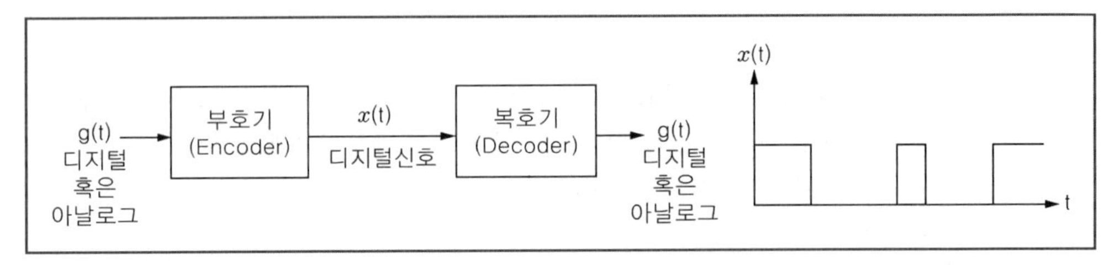

(2) 아날로그 전송(교류 전송) 방식

① 아날로그 전송 방식은 교류 전송 방식이라고도 한다.

② 이 방식은 통신 회선을 통해 정보를 전송할 때, 변조기(modulator)를 통해 아날로그나 디지털 정보를 아날로그 전송 신호로 변환해 전송한 후 복조기(demodulator)를 통해 원래 정보로 변환한다.

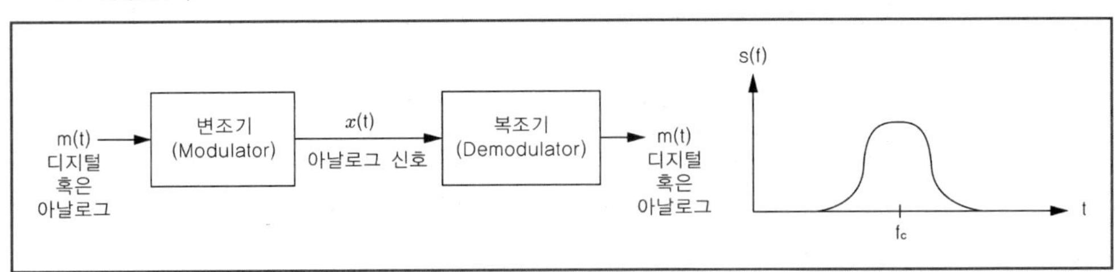

◎ 신호 방식에 따른 변조 방식

전송 형태	신호 방식	변조 방식
디지털 전송	디지털 정보의 디지털 신호 변환 방식	베이스밴드 방식
	아날로그 정보의 디지털 신호 변환 방식	펄스부호 변조 방식(PCM)
아날로그 전송	디지털 정보의 아날로그 신호 변환 방식(대역 전송 방식	디지털 변조 방식
	아날로그 정보의 아날로그 신호 변환 방식	아날로그 변조 방식

(3) 베이스밴드(Base Band) 방식

디지털 형태, 즉 0과 1로 출력되는 직류신호를 변조하지 않고 그대로 전송한다. 장거리 전송에는 적합하지 않고, 컴퓨터와 단말기의 통신, 근거리 통신에 사용된다.

① 2진수 1과 0비트를 전압 값으로 대응하여 나타내는 방법

㉠ 단극성(Unipolar) 방식

ⓐ 신호를 부호화할 때 동일한 부호의 전압(양 또는 음)으로 표현한다. 2진수의 0은 영 전압으로, 1은 양이나 음의 전압으로 표현한다.

ⓑ 예를 들어, 비트 0을 0V에, 비트 1을 +5V에 대응시키면 +극만 사용하는 단극성 부호화다.

㉡ 극성(Polar) 방식

ⓐ 비트 0을 −전압 값에, 비트 1을 + 전압 값에 대응시킨다. 복류 방식이라고도 한다.

ⓑ 예를 들어, 비트 0을 −5V에, 비트 1을 +5V에 대응시키면 극성 부호화다.

㉢ 양극성(Bipolar) 방식

ⓐ 신호를 부호화할 때 양의 전압과 음의 전압을 모두 사용한다. 즉, 비트 1이 전송될 경우에만 극성을 교대로 바꾸어 출력하고 0인 경우에는 영 전압으로 나타내는 신호 변환 방식이다.

ⓑ 예를 들어, 비트 0을 0V에, 비트 1을 +5V와 −5V에 교대로 대응시키면 양극성 부호화다.

ⓒ 베이스밴드에서 주로 사용하는 방법이며, 일명 AMI 방식(Alternate Mark Inversion)이라고도 한다.

② RZ(Return to Zero) 및 NRZ(None Return to Zero) 방식

㉠ RZ(Return to Zero) 방식

ⓐ 비트 신호 1이 전송될 때 비트 시간 길이의 약 1/2시간 동안 양 또는 음의 전압을 유지하고 그 나머지 시간은 0 상태로 돌아오는 방식이다.

ⓑ NRZ 방식보다 2배의 변조율을 가지고, NRZ 방식의 단점을 포함하므로 많이 사용하지 않는다.

㉡ NRZ(None Return to Zero) 방식

비트 0, 1의 값을 전압으로 표시한 후에 0V로 되돌아오지 않는 방식이다. 이 방식은 컴퓨터 주변기기인 단말기, 프린터 등에 많이 사용한다.

③ 2단계(Biphase) 방식

㉠ 비트 1은 전압이 낮은 곳에서 높은 곳으로 상태 변화할 때이고, 비트 0은 전압이 높은 곳에서 낮은 곳으로 상태 변화할 때다.

㉡ 2단계란 2개의 위상을 갖는다는 의미이며 RZ와 NRZ 방식의 단점을 보완한 방식으로, 일명 맨체스터(manchester) 방식이라고도 한다.

◎ **베이스밴드 신호 방식**

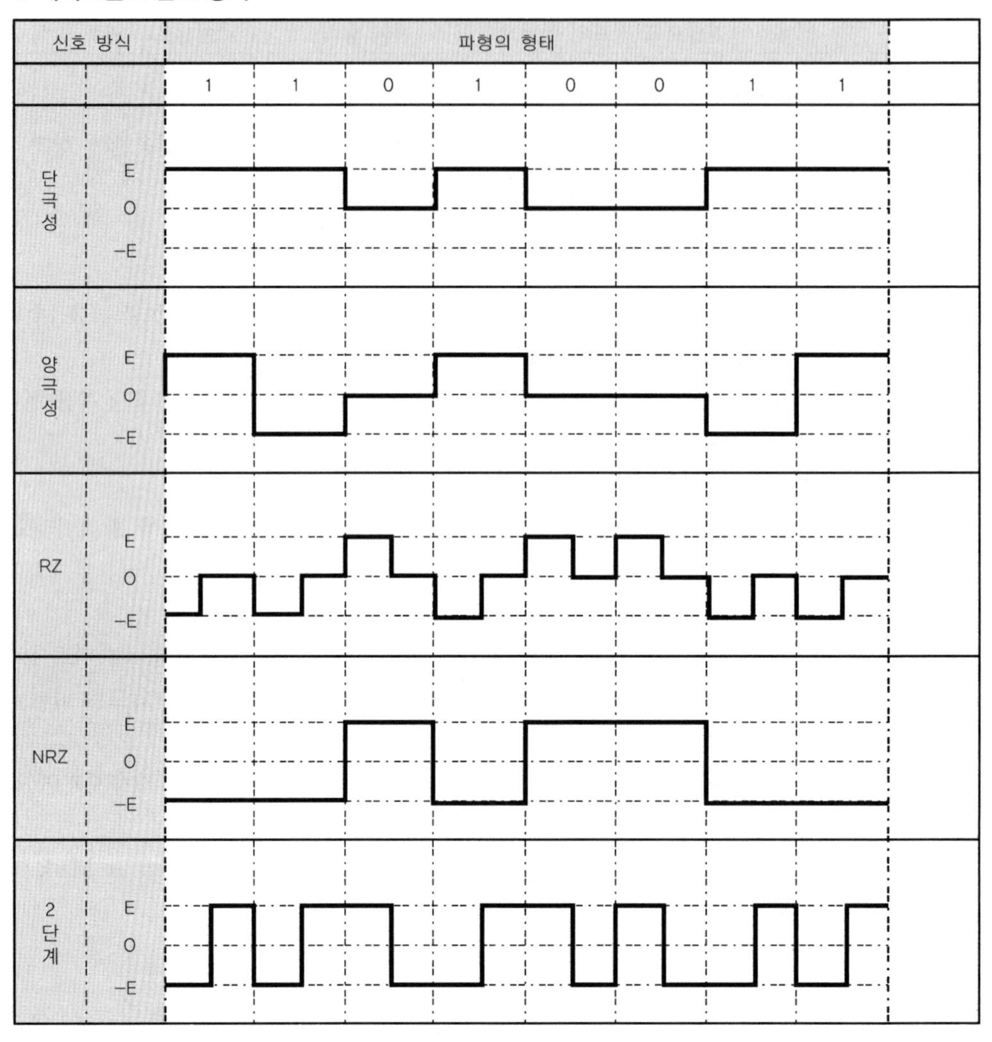

(4) 펄스 부호 전송 방식(PCM ; Pulse Code Modulation)

① 아날로그 신호를 디지털 신호로 변환하여 전송한다.

② 아날로그 정보를 표본화(sampling), 양자화(quantization), 부호화(encoding)하는 과정을 통해 디지털 신호(펄스 부호)로 변환하여 전송하고, 이를 다시 받아 원래의 아날로그 정보로 복구시킨다.

㉠ **표본화(sampling)**: 연속적인 아날로그 정보에서 일정 시간마다 신호 값을 추출하는 과정을 표본화라고 한다.

㉡ **양자화(quantization)**: 표본화된 신호 값을 미리 정한 불연속한 유한개의 값으로 표시해 주는 과정이 양자화다. 즉, 연속적으로 무한한 아날로그 신호를 일정한 개수의 대표 값으로 표시한다. 원 신호의 파형과 양자화된 파형 사이에는 약간의 차이가 존재하는데 이를 양자화 잡음(quantization noise) 또는 양자화 오차라고 한다.

㉢ **부호화(encoding)**: 양자화 과정에서 결과 정수 값을 2진수의 값으로 변환하는 것을 부호화라고 한다.

③ 잡음에 강하기 때문에 행성의 우주 탐사선 영상 전송, 위성 텔레비전의 음악 프로 등 무선 통신에 이용되고 있다.

펄스 부호 전송 방식

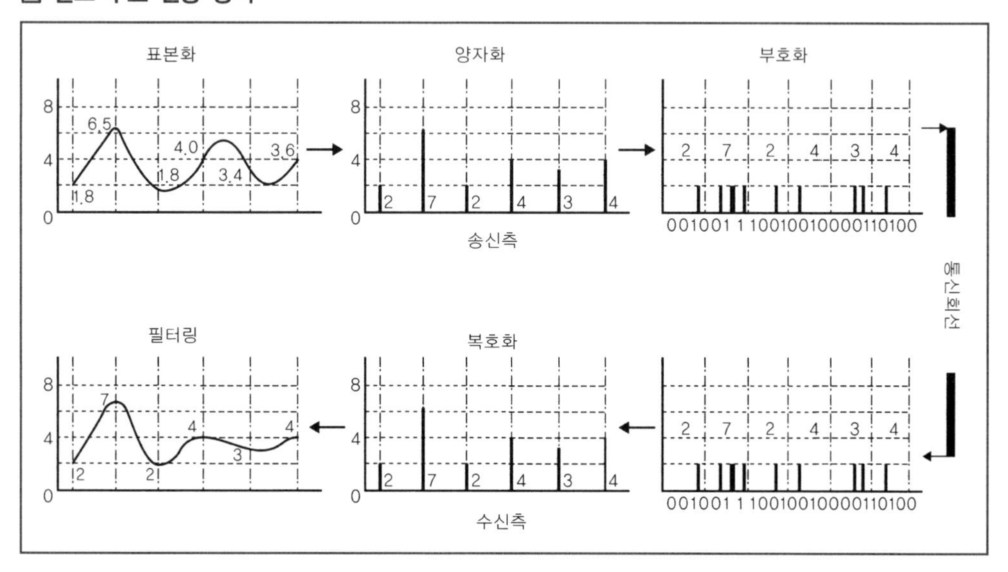

(5) 디지털 변조 방식(대역 전송 방식)

디지털 데이터를 아날로그 신호로 변환하는 변조 기능과 아날로그 신호로부터 다시 원래의 디지털 정보를 추출해내는 복조 기능을 갖는 신호 변환기를 모뎀(MODEM)이라 하며, 모뎀은 디지털 변조를 수행한다.

① **진폭 편이 변조(ASK; Amplitude Shift Keying)**

㉠ 반송파의 진폭을 2 또는 4가지로 정해놓고 데이터가 1 또는 0으로 변함에 따라 미리 약속된 진폭의 반송파를 수신측에 전송하는 방식이다.

㉡ 다른 변조 방식에 비해 오류가 많고 전송효율이 저하되어 디지털 전송인 경우에 거의 사용하지 않는다.

② **주파수 편이 변조(FSK; Frequency Shift Keying)**

㉠ 반송파의 주파수를 높은 주파수와 낮은 주파수로 정해놓고 데이터가 1이면 낮은 주파수, 0이면 높은 주파수를 전송하는 방식이다.

㉡ 진폭 편이 변조에 비해 잡음 등의 영향을 받지 않고 회로가 단순해 널리 이용되고 있다.

③ 위상 편이 변조(PSK ; Phase Shift Keying)

㉠ 송신측에서 반송파의 위상을 2, 4, 8등분 등으로 나누어 각각 다른 위상에 0 또는 1을 할당하거나 2나 3비트로 한꺼번에 할당하여 수신측에 전송하는 방식이다.

㉡ 2위상 변위 방식(180도의 위상 변화), 4위상 변위 방식(90도의 위상 변화), 8위상 변위 방식(45도의 위상 변화)이 있다.

④ 진폭 위상 편이 변조(QAM ; Quadrature Amplitude Modulation)

㉠ 진폭 변위 변조 방식과 위상 변위 변조 방식을 혼합한 방식이다.

㉡ 고속의 데이터 전송이 가능한 반면 변조 회로가 복잡하나 이미 LSI 기술의 발달에 힘입어 실현된 방식이다.

(6) 아날로그 변조 방식

디지털 변조 방식과 기본 원리는 유사하고 원래의 신호가 아날로그라는 점만 다르며, 라디오나 텔레비전과 같은 방송에서 많이 사용된다.

① 진폭 변조(AM ; Amplitude Modulation)

㉠ 반송파를 0, 1에 의해 off, on하는 방식이며, 설계가 간단하며 전송로의 주파수 변동에 강하다.

㉡ 전송로의 레벨 변동에 영향을 받기 쉬운 단점이 있으며, 잡음에 의한 불규칙 왜곡이 발생한다.

㉢ 전송로의 레벨 변동의 영향으로 왜곡이 발생해 수신측에 보상 회로가 필요하다.

② 주파수 변조(FM ; Frequency Modulation)

㉠ 2진 부호인 경우 FSK(frequency shift keying) 방식으로 0과 1에 해당하는 각각의 주파수를 전송하는 방식이다.

㉡ 전송로의 레벨 변동 및 잡음에 대한 영향이 적지만, 전송로의 주파수 변동에는 약한 단점이 있다.

㉢ 자동 주파수 제어 회로가 필요하고, 복조 회로 측에 주파수 판별기가 필요하다.

㉣ CCITT에서 데이터 전송의 표준 방식으로 권고하고 있으며, 1200bps 이하의 데이터 전송에 널리 쓰인다.

③ 위상 변조(PM ; Pulse Modulation)

㉠ 0과 1에 따라 반송파의 위상을 각각 0°, 180°, 90°, 45°로 하는 방식이며, 기준파의 위상에 비하여 반송파 위상의 변화에 따라 정보를 전송하는 방식이다.

㉡ 4상 위상 변조에 의한 2400bps, 8상 위상 변조에 의한 4800bps로 실현한다.

3. 아날로그 정보 전송의 다중화

다중화(multiplexing)란 하나의 전송로에 여러 개의 데이터 신호를 중복시켜 하나의 고속신호를 만들어 전송하는 방식으로, 전송로의 이용 효율이 높다. 이때 사용하는 장비를 다중화기(MUX, Multiplexer) 또는 다중화 장치라 한다.

(1) 주파수 분할 다중화(FDM ; Frequency Division Mulitplexing)

① 한 전송로의 대역폭을 여러 개의 작은 대역폭(채널)으로 분할하여 여러 단말기가 동시에 이용하는 방식이다.

② 정보를 동일 시간에 전송하기 위해 별도의 주파수인 채널을 설정해 이용한다.

③ 채널 간의 상호 간섭을 막기 위해 보호 대역(guard band)이 필요하고, 이 보호 대역은 채널의 이용률을 낮추게 된다.

④ 이러한 보호 대역을 두어도 상호 변조 잡음(intermodulation noise)은 극복해야 할 문제점으로 남는다.

⑤ 이 방식은 모뎀이 필요 없는 간단한 구조이므로 비용이 저렴하고, 사용자 추가가 용이하며, 각 사용자의 단말기에서 사용하는 코드와는 무관하게 다중화가 가능하다는 장점이 있다.

⑥ TV 방송이나 CATV 등에서 사용한다.

⑦ 별도의 변복조기가 필요 없는 이유는 주파수 분할 다중화기가 FSK 변복조기 기능을 수행하기 때문이다. FDM은 대역(브로드밴드) 방식을 사용하고 전체 주파수 대역을 사용자별로 나누어 배정한다.

02

(2) 시분할 다중화(TDM ; Time Division Multiplexing)

하나의 전송로 대역폭을 시간 슬롯(time slot)으로 나누어 채널에 할당함으로써 몇 개의 채널들이 한 전송로의 시간을 분할하여 사용한다.

① 동기식 시분할 다중화(TDM ; Time Division Multiplexing)

㉠ 통상적으로 사용하는 시분할 다중화 방식을 말하며, 하나의 전송로 대역폭을 시간 슬롯(time slot)으로 나누어 채널에 할당함으로써 몇 개의 채널이 한 전송로의 시간을 분할하여 사용한다. 특히, 비트 단위의 다중화에 사용된다.

㉡ 이 방식은 시간 슬롯이 낭비되는 경우가 많은데 이는 어떤 채널이 실제로 전송할 데이터가 없는 경우에도 시간 슬롯으로 나누어 채널에 할당 시간폭이 배정되기 때문이다.

② 비동기식 시분할 다중화(Asynchronous TDM)

㉠ 통계적(statistical) 시분할 다중화 방식, 또는 지능형(intelligent) 다중화 방식이라고도 한다. 동기식처럼 무의미하게 시간 슬롯을 할당하지 않고 실제로 전송 요구가 있는 채널에만 시간 슬롯을 동적으로 할당시켜서 전송 효율을 높이는 방법이다.

㉡ 장점은 동일 시간에 많은 양의 데이터를 전송할 수 있고, 전송 과정에서 통계적 추측 및 오류의 분포 등을 사전에 추측할 수 있으므로 적절한 방지책을 세울 수 있다는 점이다.

㉢ 단점은 동기식 시분할 다중화 방식보다 접속에 필요한 시간이 길고, 버퍼 기억장치 및 주소 제어장치 등 다양한 기능이 있어 가격이 비싸다는 점이다.

(3) 코드 분할 다중화 방식(CDM ; Code Division Multiplexing)

① 스펙트럼 확산(SS ; Spread Spectrum) 다중화라고도 하며, 이 방식은 여러 단계를 거친다.

② 이동 통신 시스템에서 이동국과 기지국 간의 무선망 접속 방식으로 통화 시 음성신호를 비트 단위로 분할해 코드화한 후, 이 신호를 통신 주파수 대역에 확산하는 방식이다.

③ CDM 시스템은 FDM보다 약 20배, TDM보다 약 5배 정도의 용량이 더 큰 것으로 알려져 있다.

❷ 교환 기술(Switching)

원하는 통신 상대방을 선택하여 데이터를 전송하는 기술을 교환 기술이라 한다. 즉, 다수의 통신망 가입자 사이에서 통신을 위해 경로를 설정하는 것이다.

1. 회선 교환 방식

(1) 두 지점 간 지정된 경로를 통해서만 전송하는 교환 방식이며, 물리적으로 연결된 회선은 정보 전송이 종료될 때까지 계속된다.

(2) 음성데이터를 전송하는 PSTN에서 사용하는 방법이며, 일단 연결이 이루어진 회선은 다른 사람과 공유하지 못하고 당사자만 이용이 가능하여 회선의 효율이 낮아진다는 단점이 있다.

2. 축적 교환 방식

(1) 패킷 교환 방식

메시지를 패킷 단위로 분할한 후 논리적 연결에 의해 패킷을 목적지에 전송하는 교환 방식이며, 동일한 데이터 경로를 여러 명의 사용자들이 공유할 수 있다.

(2) 메시지 교환 방식

① 회선 교환 방식의 제약조건을 해결하기 위해 고안되었으며, 메시지 단위로 데이터를 교환하는 방식이다.

② 송수신측이 동시에 운영 상태에 있지 않아도 되며, 여러 지점에 동시에 전송하는 방송통신 기능이 가능하다.

③ 응답시간이 느리고, 전송지연시간이 길기 때문에 실시간을 요구하는 방식에는 적합하지 않다.

Chapter 03 프로토콜

제1절 프로토콜

❶ 프로토콜의 개념

(1) 네트워크상에 있는 디바이스 사이에서 정확한 데이터의 전송과 수신을 하기 위한 일련의 규칙들(set of rules)이다.

(2) 통신을 원하는 두 개체 간에 무엇을, 어떻게, 언제 통신할 것인가를 서로 약속하여 통신상의 오류를 피하도록 하기 위한 통신 규약이다.

❷ 프로토콜의 구성요소

(1) **구문(syntax) 요소**: 데이터의 형식(format), 부호화 및 신호의 크기 등을 포함하여 무엇을 전송할 것인가에 관한 내용이 들어 있다.

(2) **의미(semantics) 요소**: 데이터의 특정한 형태에 대한 해석을 어떻게 할 것인가와 그와 같은 해석에 따라 어떻게 동작을 취할 것인가 등 전송의 조정 및 오류 처리를 위한 제어정보 등을 포함한다.

(3) **타이밍(timing) 요소**: 언제 데이터를 전송할 것인가와 얼마나 빠른 속도로 전송할 것인가와 같은 내용을 포함한다.

❸ 프로토콜의 기능

(1) **단편화(Fragmentation)와 재결합(Reassembly)**

① 송신기에서 발생된 정보에 대한 전송 효율을 증가시키기 위해서 적절한 크기로 분할하여 전송하는 것을 단편화라고 하며, 패킷 교환망의 가상 회선이나 데이터그램에서 구현되고 있다.

② 송신기에서 분할된 정보는 다시 원래의 정보로 재결합되어 최종적으로 사용자에게 전달된다.

(2) **정보의 캡슐화(Encapsulation)**

전송 데이터에 제어 정보(송・수신자의 주소, 오류검출 코드, 프로토콜 제어 등)를 추가하는 것이다.

(3) 오류 제어(Error Control)

① 전송 데이터나 제어 정보의 오류 유무를 검사하여 오류 발생 시 송신측에 재전송하게 하는 것이다.

② 오류 제어는 오류 발생만을 검출하는 방식(CRC, 패리티 비트)과 오류를 검출하여 정정하는 방식(해밍 코드, Convolutional Code)이 있다.

(4) 순서 지정(Sequencing)

패킷 교환망에서 사용되는 방식으로 정보가 분할되어 캡슐화 과정을 거쳐 전송될 때 통신 개시에 앞서 논리적인 통신 경로인 데이터 링크를 설정하고 순서에 맞는 전달 흐름 제어 및 에러 제어를 결정한다.

(5) 흐름 제어(Flow Control)

① 수신측의 처리능력을 초과하지 않도록 전송 데이터의 양과 속도를 조절하는 기능이다.

② 흐름 제어 기법으로는 정지-대기 흐름 제어로 수신측의 확인 신호(ACK)를 받기 전에는 데이터를 전송할 수 없게 하는 기법과 확인 신호를 수신하기 전에 일정량의 데이터를 송신할 수 있는 슬라이딩 윈도우 기법 등이 있다.

(6) 연결 제어(Connection Control)

한 개체에서 다른 개체로 데이터를 전송하는 방법에는 두 시스템이 서로 데이터를 교환할 때 연결 설정을 하는 연결 지향형 데이터 전송과 연결 설정을 하지 않는 비연결 지향형 데이터 전송이 있다.

(7) 주소 지정(Addressing)

송수신측의 주소를 명시함으로써 정확한 목적지에 데이터가 전달되도록 하는 기능으로 인터넷에서 각각의 호스트 및 터미널 등이 할당받은 IP 주소 등이 이에 속한다.

(8) 다중화(Multiplexing) 및 역다중화(Demultiplexing)

다중화는 두개 이상의 저수준의 채널들을 하나의 고수준의 채널로 통합하는 과정을 말하며, 역다중화 과정을 통해 원래의 채널 정보들을 추출할 수 있다.

4 전송 방식

프로토콜은 원격지에 위치한 송수신자 사이의 정보를 주고받을 때 전송 방식에 대한 정의를 필요로 하며, 데이터 링크 프로토콜의 경우 크게 문자 전송 방식과 비트 전송 방식으로 나누어 볼 수 있다.

(1) 문자 전송 방식

① 정보의 처음과 끝, 데이터 부분 등을 나타내기 위해 문자를 사용하는 것을 말한다.

② 예를 들어, 문자 제어 프로토콜인 BSC에서 프레임은 2개 이상의 동기문자(SYN)로 시작되며 이 뒤에는 시작문자(STX)가 뒤따른다. 데이터의 뒤에는 종료문자(ETX)가 오며 BCC로 프레임이 끝나게 된다.

(2) 비트 전송 방식

특수 문자 대신 임의의 비트열로써 정보의 처음과 끝을 나타내고 그 사이에 비트 메시지를 넣어 전송하는 방식으로 신뢰성이 높은 성능을 제공하며, HDLC, SDLC 등이 이에 속한다.

5 프로토콜 제정관련 표준화 기구

(1) ITU-T(International Telecommunication Union Telecommunication Standardization Sector)

① 국제전기통신 연합 전기통신 표준화 분과회이다.

② 전화 전송, 전화교환, 신호방법 등에 관한 여러 표준을 권고하고 있으며, 데이터통신과 직접 관련이 있는 표준안으로 V시리즈와 X시리즈 등이 있다.

(2) ISO(International Standards Organization)

① 국제 표준화 기구로서 핵에너지, 데이터 처리, 경제 분야 등 광범위한 분야에 걸쳐 현재 약 500여 개 이상의 표준안을 제정했다.

② OSI(Open System Interconnection) 참조 모델을 제안했으며, 이기종 간의 상호 접속을 가능케 하는 표준 개방형 통신 네트워크에 대한 제반 사항을 규정하였다.

(3) ANSI(American National Standard Institute)

① 미국의 표준안 제정기구로서, ANSI 표준안의 대부분은 IEEE(Institute of Electrical and Electronics Engineering)와 EIA(Electronics Industries Association)와 같은 관계그룹과 함께 만들었다.

② 표준 위원회 X3은 컴퓨터 정보처리에 관한 일을 하고 있으며, 여기에는 25개의 기술위원회가 있고, 이중 X3S3가 데이터통신 분야를 관장한다.

(4) EIA(Electronic Industries Association)

미국 전자산업협회이며, DTE/DCE Interface인 RS-232C를 제정했다.

(5) IEEE(Institute of Electrical and Electronics Engineers)

미국 전기전자공학회이며, LAN 표준안과 IEEE 1394 규격안을 발표했다.

제2절 ISO의 OSI 표준 모델

❶ OSI 7계층 참조 모델(ISO Standard 7498)

1. 정의

(1) Open System Interconnection(개방형 시스템)의 약자로 개방형 시스템과 상호 접속을 위한 참조 모델이다.

(2) ISO(International Organization for Standardization, 국제 표준화 기구)에서 1977년 통신기능을 일곱 개의 계층으로 분류하고 각 계층의 기능 정의에 적합한 표준화된 서비스 정의와 프로토콜을 규정한 사양이다.

(3) 같은 종류의 시스템만이 통신을 하는 것이 아니라 서로 다른 기종도 시스템의 종류, 구현방법 등에 제약을 받지 않고 통신이 가능하도록 통신에서 요구되는 사항을 정리하여 표준 모델로 정립하였다.

2. 목적

(1) 시스템 간의 통신을 위한 표준을 제공한다.

(2) 시스템 간의 통신을 방해하는 기술적인 문제들을 제거한다.

(3) 단일 시스템의 내부 동작을 기술하여야 하는 노력을 없앨 수 있다.

(4) 시스템 간의 정보교환을 하기 위한 상호 접속점을 정의한다.

(5) 관련 규격의 적합성을 조성하기 위한 공통적인 기반을 구성한다.

3. 기본 요소

(1) **개방형 시스템(open system)**: OSI에서 규정하는 프로토콜에 따라 응용 프로세스(컴퓨터, 통신제어장치, 터미널 제어장치, 터미널) 간의 통신을 수행할 수 있도록 통신기능을 담당하는 시스템

(2) **응용 실체/개체(application entity)**: 응용 프로세스를 개방형 시스템상의 요소로 모델화한 것

(3) **접속(connection)**: 같은 계층의 개체 사이에 이용자의 정보를 교환하기 위한 논리적인 통신 회선

(4) **물리매체(physical media)**: 시스템 간에 정보를 교환할 수 있도록 해주는 전기적인 통신 매체(통신회선, 채널)

4. OSI 7계층 참조 모델의 필요성

(1) **독립성 보장**: 계층을 구분하여 기술 간의 독립성을 보장한다.

(2) **문제 원인 확인**: 어느 계층에 문제가 있는지 확인하기가 쉽다.

5. OSI 7계층 참조 모델의 원리

(1) 상위 계층에서 하위 계층으로 내려올 때 헤더(Header), 트레일러(Trailer) 등을 첨수(Encapsulation) 한다.

(2) 하위 계층에서 상위 계층으로 올라갈 때 해당 헤더(Header)를 분석하고 분리한다.

(3) 계층은 2개의 그룹으로 분리한다. 상위 4계층은 이용자가 메시지를 교환할 때 사용하며, 나머지 3계층은 메시지가 호스트(Host)를 통과할 수 있도록 한다.

OSI 동작

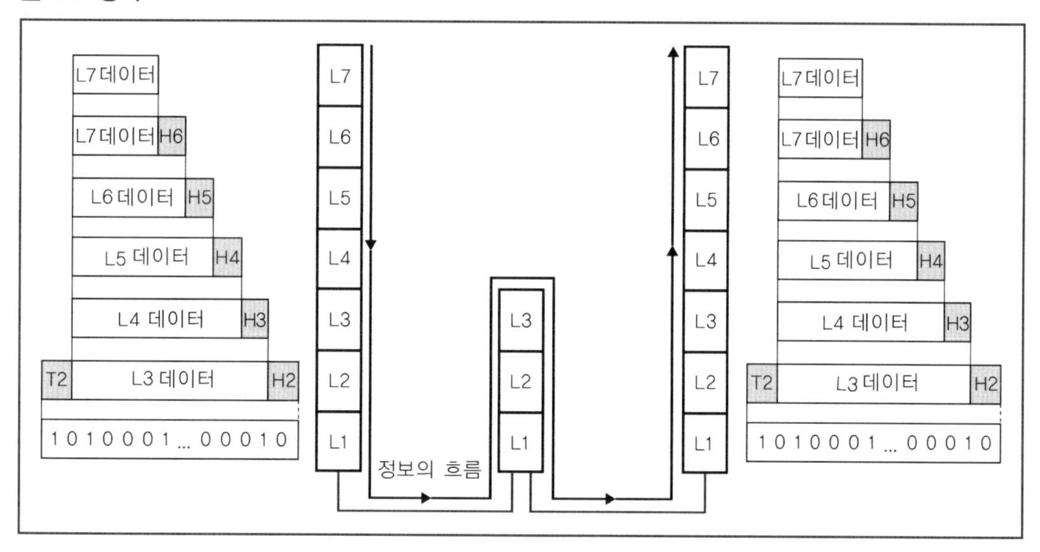

6. 각 레이어의 의미와 역할

(1) Physical layer(물리 계층)

① 물리 계층은 네트워크 케이블과 신호에 관한 규칙을 다루고 있는 계층으로 상위 계층에서 보내는 데이터를 케이블에 맞게 변환하여 전송하고, 수신된 정보에 대해서는 반대의 일을 수행한다. 다시 말해서 물리 계층은 케이블의 종류와 그 케이블에 흐르는 신호의 규격 및 신호를 송수신하는 DTE/DCE 인터페이스 회로와 제어순서, 커넥터 형태 등의 규격을 정하고 있다. 이 계층은 정보의 최소 단위인 비트 정보를 전송매체를 통하여 효율적으로 전송하는 기능을 담당한다.

② 전송매체는 송신자와 수신자 간에 데이터 흐름의 물리적 경로를 의미하며, 트위스트 페어 케이블, 동축 케이블, 광섬유 케이블, 마이크로파 등을 사용할 수 있다.

③ 장치(device)들 간의 물리적인 접속과 비트 정보를 다른 시스템으로 전송하는 데 필요한 규칙을 정의한다.

④ 비트 단위의 정보를 장치들 사이의 전송 매체를 통하여 전자기적 신호나 광신호로 전달하는 역할을 한다.

⑤ 물리 계층 프로토콜로는 X.21, RS-232C, RS-449/422-A/423-A 등이 있으며, 네트워크 장비로는 허브, 리피터가 있다.

(2) Data Link layer(데이터 링크 계층)

① 데이터 링크층은 통신 경로상의 지점 간(link-to-link)의 오류 없는 데이터 전송에 관한 프로토콜이다. 전송되는 비트의 열을 일정 크기 단위의 프레임으로 잘라 전송하고, 전송 도중 잡음으로 인한 오류 여부를 검사하며, 수신측 버퍼의 용량 및 양측의 속도 차이로 인한 데이터 손실이 발생하지 않도록 하는 흐름제어 등을 한다.

② 인접한 두 시스템을 연결하는 전송 링크상에서 패킷을 안전하게 전송하는 것이다.

③ 데이터통신 시스템에서 데이터를 송수신하기 위해서는 통신의 의사에 따른 상대방의 확인, 전송조건 및 오류에 대한 처리 등 다양한 전송 링크상에서 발생하는 문제들을 제어할 수 있는 기능이 필요하다. 데이터전송 제어방식이라고도 하며 ISO/OSI 기본 모델에서 데이터 링크 계층(Data link layer)의 기능에서 적용된다.

④ 데이터 링크 계층 프로토콜의 예로는 HDLC, CSMA/CD, ADCCP, LAP-B 등이 있으며, 네트워크 장비로는 브리지, 스위치가 있다.

HDLC 프레임 구성

플래그(F)	주소부(A)	제어부(C)	정보부(I)	프레임검사 순서(FCS)	플래그(F)
01111110	8bit	8bit	임의 bit	16bit	01111110

- **플래그**: 프레임 개시 또는 종료를 표시
- **주소부**: 명령을 수신하는 모든 2차국(또는 복합국)의 주소, 응답을 송신하는 2차국(또는 복합국)의 주소를 지정하는 데 사용
- **제어부**: 1차국(또는 복합국)이 주소부에서 지정한 2차국(또는 복합국)에 동작을 명령하고, 그 명령에 대한 응답을 하는 데 사용
- **정보부**: 이용자 사이의 메시지와 제어정보가 들어있는 부분(정보부의 길이와 구성에 제한이 없으며 송수신 간 합의에 따름)
- **FCS**: 주소부, 제어부, 정보부의 내용이 오류가 없이 상대측에게 정확히 전송되는가를 확인하기 위한 오류 검출용 다항식
- **플래그**: 프레임 개시 또는 종료를 표시

(3) Network layer(네트워크 계층)

① 네트워크층은 패킷이 송신측으로부터 수신측에 이르기까지의 경로를 설정해주는 기능과 너무 많은 패킷이 한쪽 노드에 집중되는 병목현상을 방지하기 위한 밀집제어(Congest control) 기능을 수행한다. 또한 이질적인 네트워크를 연결하는 데서 발생하는 프레임의 크기나 주소 지정방식이 다른 데서 발생하는 문제를 극복해주는 기능을 수행한다.

② 두 개의 통신 시스템 간에 신뢰할 수 있는 데이터를 전송할 수 있도록 경로선택과 중계기능을 수행하고, 이 계층에서 동작하는 경로배정(routing) 프로토콜은 데이터 전송을 위한 최적의 경로를 결정한다.

③ IP 프로토콜이 동작하면서 IP 헤더를 삽입하여 패킷을 생성하며 송신자와 수신자 간에 연결을 수행하고 수신자까지 전달되기 위해서는 IP 헤더 정보를 이용하여 라우터에서 라우팅이 된다.

④ IP, X.25 등이 네트워크 계층 프로토콜의 예이며, 네트워크 장비로는 라우터가 있다.

(4) Transport layer(전송 계층)

① 전송층은 수신측에 전달되는 데이터에 오류가 없고 데이터의 순서가 수신측에 그대로 보존되도록 보장하는 연결 서비스의 역할을 하는 종단 간(end-to-end) 서비스 계층이다.

② 종단 간의 데이터 전송에서 무결성을 제공하는 계층으로 응용 계층에서 생성된 긴 메시지가 여러 개의 패킷으로 나누어지고, 각 패킷은 오류 없이 순서에 맞게 중복되거나 유실되는 일 없이 전송되도록 하는데 이러한 전송 계층에는 TCP, UDP 프로토콜 서비스가 있다.

TCP	UDP
• 커넥션 기반 • 안정성과 순서를 보장한다. • 패킷을 자동으로 나누어준다. • 회선이 처리할 수 있을 만큼의 적당한 속도로 보내준다. • 파일을 쓰는 것처럼 사용하기 쉽다.	• 커넥션 기반이 아니다(직접 구현). • 안정적이지 않고 순서도 보장되지 않는다(데이터를 잃을 수도, 중복될 수도 있다). • 데이터가 크다면, 보낼 때 직접 패킷 단위로 잘라야 한다. • 회선이 처리할 수 있을 만큼 나눠서 보내야 한다. • 패킷을 잃었을 경우, 필요하다면 이를 찾아내서 다시 보내야 한다.

(5) Session layer(세션 계층)

① Session Layer는 두 응용 프로그램(Applications) 간의 연결 설정, 이용 및 연결해제 등 대화를 유지하기 위한 구조를 제공한다. 또한 분실 데이터의 복원을 위한 동기화 지점(sync point)을 두어 상위 계층의 오류로 인한 데이터 손실을 회복할 수 있도록 한다.

② 시스템 간의 통신을 원활히 할 수 있도록 세션의 설정과 관리, 세션 해제 등의 서비스를 제공하고 필요시 세션을 재시작하고 복구하기도 한다.

③ 세션 계층에는 두 시스템이 동시에 데이터를 보내는 완전-양방향 통신(Full-duplex) 그리고 두 시스템이 동시에 보낼 수는 없고 한번에 한 시스템만이 보낼 수 있는 반-양방향 통신(Half-duplex), 한쪽 방향의 통신만 가능한 단방향 통신(Simlex)이 있다.

(6) Presentation layer(표현 계층)

① Presentation Layer는 전송되는 정보의 구문(syntax) 및 의미(semantics)에 관여하는 계층으로, 부호화(encoding), 데이터 압축(compression), 암호화(cryptography) 등 3가지 주요 동작을 수행한다.

② 구체적으로 EBCDIC 코드를 ASCII 코드로 변환하거나, JPG, MPEG와 같은 데이터의 압축·보안을 위한 데이터의 암호화 서비스를 제공한다.

③ 프로토콜의 예로 ASN.1, XDR 등이 있다.

(7) Application layer(응용 계층)

① Application Layer는 네트워크 이용자의 상위 레벨 영역으로, 화면배치, escape sequence 등을 정의하는 네트워크 가상 터미널(network virtual terminal), 파일전송, 전자우편, 디렉터리 서비스 등 하나의 유용한 작업을 할 수 있도록 한다.

② 사용자들이 응용 프로그램을 사용할 수 있도록 다양한 서비스를 제공한다. 인터넷 브라우저를 이용하기 위한 HTTP 서비스, 파일 전송 프로그램을 위한 FTP 서비스, 메일 전송을 위한 SMTP, 네트워크 관리를 위한 SNMP 등의 서비스를 제공한다.

7. 각 계층의 기능을 수행하는 장비

(1) 라우터

① 리피터와 브릿지, 허브가 비교적 근거리에서 네트워크(LAN)를 통합하거나 분리하기 위해서 사용하는 반면, 라우터는 원거리에서 네트워크 간 통합을 위해서 사용되는 장비이다.

② 라우터를 이용해서 복잡한 인터넷상에서 원하는 목적지로 데이터를 보낼 수 있으며, 원하는 곳의 데이터를 가져올 수도 있다.

(2) 스위치

① 스위치는 일반적으로 스위칭 허브를 말하며, 더미 허브의 가장 큰 문제점인 LAN을 하나의 세그먼트로 묶어버린다는 점을 해결하기 위해서 세그먼트를 여러 개로 나누어준다.

② A 호스트에서 B 호스트로 패킷을 보내려고 할 때, 더미 허브는 허브에 연결된 모든 호스트에 패킷을 복사해서 보내지만 스위칭 허브는 B 호스트에게만 패킷을 보낸다.

③ 스위칭 허브는 MAC 주소를 이용해서 어느 세그먼트로 패킷을 보내야 할지를 결정할 수 있으며, 이를 위해서 맥 테이블(MAC table)을 메모리에 저장하여 기능을 수행한다.

(3) 브리지

① 브리지는 하나의 네트워크 세그먼트를 2개 이상으로 나누어서 관리하기 위해서 만들어진 장비이다.

② 하나로 통합해서 관리하기 위한 허브와 비교될 수 있다. 동일한 지역 네트워크에 있는 부서에서 호스트들을 2개로 분리하여 상호 영향을 미치지 않도록 하기 위해서 사용된다.

(4) 멀티 레이어 스위치

① 멀티 레이어 스위치는 스위치 자체가 레이어2 장비였는 데 비하여 상위 계층으로 점점 올라가면서 TCP, UDP 등의 프로토콜에 대한 컨트롤 역할을 수행하게 되면서 트래픽 제어 등의 기능이 추가되었다.

② L2(Layer 2) 스위치를 그냥 스위치라고 부르며, L3 스위치는 허브와 라우터의 역할, 즉 스위칭 허브에 라우팅 기능을 추가한 장비이고 L4 스위치는 서버나 네트워크의 트래픽을 로드밸런싱하는 기능을 포함한 장비이다.

(5) 허브

① 허브는 일반적으로 더미 허브(dummy hub)를 말하며, 허브 본래의 목적에 충실한 허브이다.

② A 호스트가 B 호스트에게 메시지를 보내고자 할 때, 메시지는 허브로 전달되고, 허브는 허브에 연결된 모든 호스트에게 메시지를 전달한다. 만일 수신자가 아닌 호스트가 메시지를 받은 경우 자신에게 보내어진 패킷이 아니라면 이 패킷은 버려지게 되고, 그렇지 않을 경우 최종적으로 애플리케이션 계층까지 전달되게 될 것이다.

(6) 리피터

① LAN 영역에서 다른 LAN 영역을 서로 연결하기 위한 목적으로 사용된다.

② 2개의 LAN 영역을 하나의 LAN 영역으로 통합하고자 할 때 발생하는 문제는 데이터가 전달되어야 하는 망이 길어진다는 문제가 있는데, 이에 따라서 데이터 전송매체인 전기적 신호가 감쇠되거나 잡음이 생길 수 있으므로 신호감쇠와 잡음을 처리하기 위한 장치를 필요로 하게 된다. 이러한 일을 해주는 네트워크 세그먼트 간 연결장치가 리피터이다.

8. 통신제어

(1) 회선제어

회선 구성방식은 점대점 또는 멀티포인트 회선 구성방식과 단방향, 반이중 및 양방향 등의 통신방식에 따라 사용되는 전송링크에 대한 제어 규범(line discipline)이다.

① 점대점 회선제어

㉠ 스테이션 A에서 B로 데이터를 보내려고 할 때, 우선 A는 B의 수신가능 여부를 알기 위한 신호를 전송하여 질의한다. B에서는 이에 대한 응답이 준비되었으면, ACK(Acknowledgement)를 보내고, 준비가 되지 않았거나 오류발생 시에는 NAK(Non-Acknowledgement)를 전송한다.

㉡ A에서 ACK를 받을 때 '회선의 설정'이라고 한다. 회선이 설정되면 A는 데이터를 프레임의 형태로 전송하며, 이에 대한 응답으로 B는 ACK 신호를 수신한 프레임의 번호와 함께 전송한다.

㉢ 마지막으로, A가 데이터를 모두 보내고 B로부터 ACK를 받은 후, A는 시스템을 초기 상태로 복귀하고 회선을 양도하기 위해서 EOT(End Of Transfer) 신호를 전송한다. 전송제어의 회선제어의 단계는 회선설정 단계, 데이터 전송 단계, 회선양도 단계이다.

② 멀티포인터 회선제어

㉠ 주스테이션(Master)과 부스테이션(Slave) 간의 데이터 교환 시 사용되는 회선제어 규범이며 폴-세렉트(Poll-select) 방식을 이용하여 설명한다. 폴(Poll)은 주스테이션이 부스테이션에게 전송할 데이터가 있는지의 여부를 묻는 것이고 세렉트는 주스테이션이 부스테이션에게 보낼 데이터를 준비하고 난 후, 부스테이션에게 데이터를 전송할 것이라는 것을 알려주는 것을 의미한다.

㉡ 이 방식의 데이터 전송은 주스테이션에 의해서 폴과 세렉트 방식에 따라 주도적으로 이루어지는 방식이다.

(2) 흐름제어(Flow Control)

흐름제어는 수신장치의 용량 이상으로 데이터가 넘치지 않도록 송신장치를 제어하는 기술이다. 즉, 수신장치가 이전에 받은 데이터를 자신의 버퍼에서 처리하기 전에 송신장치로부터 다른 데이터가 전송되지 않도록 하는 제어방식으로 정지-대기(Stop and Wait) 기법, 윈도우 슬라이딩(Window Sliding) 기법이 있다.

① 정지-대기(stop-and-wait) 흐름제어 기법

㉠ 흐름제어의 가장 간단한 방식으로, 송신장치에서 하나의 프레임을 한번에 전송하는 방식으로 송신장치의 프레임 전송 후 수신장치로부터 ACK 신호를 받을 때까지 다음 프레임을 보낼 수 없는 방식이다.

㉡ 이것은 보통 한 개의 연속적인 블럭 또는 프레임을 한번에 사용되며 커다란 연속적인 프레임을 작은 구간으로 분리해서 전송해야 한다.

정지 - 대기 방식

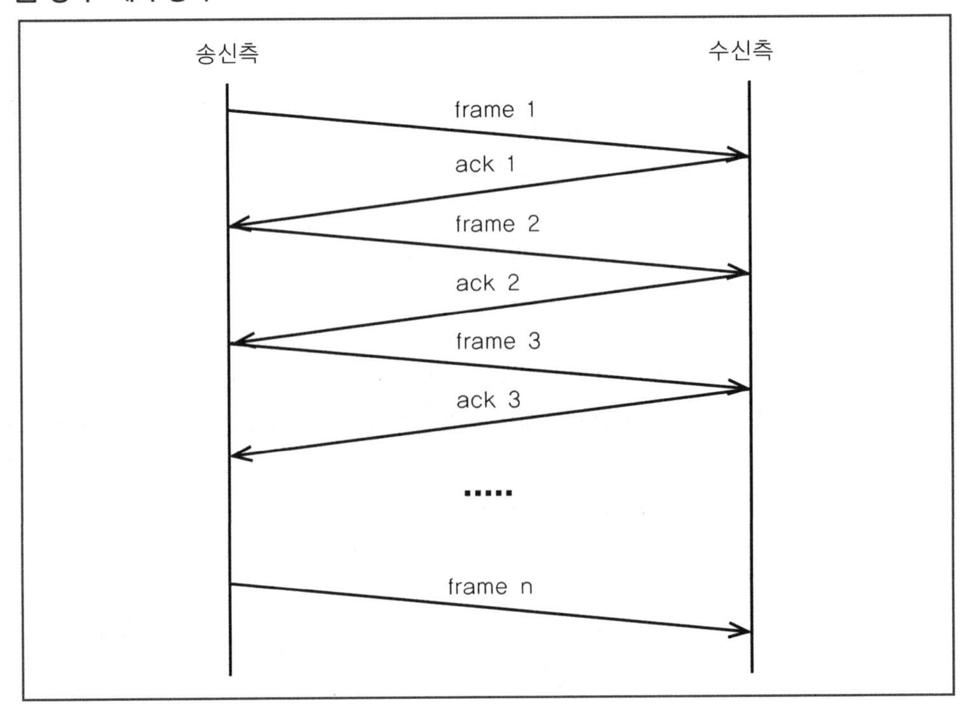

② 슬라이딩 윈도(sliding window) 기법

㉠ 한번에 여러 개의 프레임을 보낼 수 있는 방식으로, 수신측에 n개의 프레임에 대한 버퍼를 할당하고, 송신측에서 수신측의 ACK를 기다리지 않고 n개의 프레임을 보낼 수 있도록 하는 방식이다. 이 방식에서는 송수신의 흐름을 위해서 각 프레임에 순서번호(Sequence Number)를 부여한다.

㉡ 이것은 수신측에서 기대하는 다음 프레임의 순서번호를 포함하는 ACK를 송신측으로 보내줌으로써 계속 받을 수 있는 프레임들의 번호를 알려준다(Acknowledge).

슬라이딩 윈도 방식

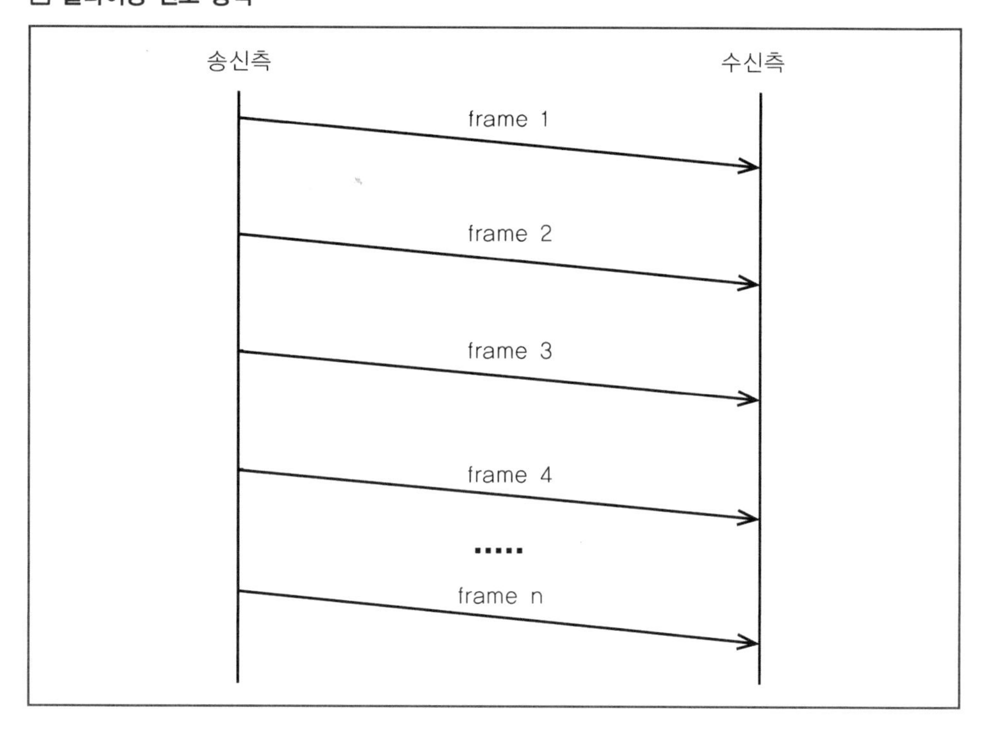

(3) 오류제어

여러 가지 원인(전원, 주파수혼란, 감쇠, 잡음 등)으로 인해 전송된 데이터에서 발생할 수 있는 오류의 해결을 위한 제어방식이다.

① **후진 오류 수정방식(Backward error Correction)**: 오류 발생 시 재전송이 요구하는 방식으로 송신측에서 데이터 전송 시 오류를 검출할 수 있는 정도의 부가정보를 함께 전송하고, 수신측에서 이를 이용하여 오류를 검출하여 오류의 발생 여부를 알고 송신측에게 데이터의 재전송을 요구하는 방식이다.

② **전진 오류수정(Forward error Correction) 방식**: 오류 발생 시에 재전송이 불필요한 방식으로 송신측에서 전송할 문자 또는 프레임에 부가정보를 함께 전송하고, 수신측에서 오류 발생 시에 이 부가정보를 이용하여 오류의 검출 및 정확한 정보로의 유출이 가능한 방식이다.

9. 에러 검출 방식

(1) 패리티 검사(Parity Check)

① 한 블록의 데이터 끝에 한 비트를 추가하며, 구현이 간단하여 널리 사용된다.

② 종류

㉠ **짝수 패리티**: 1의 전체 개수가 짝수개

㉡ **홀수 패리티**: 1의 전체 개수가 홀수개

③ 동작 과정

㉠ 송신측: 짝수 또는 홀수 패리티의 협의에 따라 패리티 비트 생성 ➡ ASCII문자(7bit)+패리티 비트(1bit) 전송

㉡ 수신측: 1의 개수를 카운터하여 에러 여부를 판단(짝수 또는 홀수)하여 맞지 않다면 재전송 요청

(2) 블록 합 검사(Block Sum Check)

① 이차원 패리티 검사: 가로와 세로로 두 번 관찰한다.

② 검사의 복잡도 증가: 다중 비트 에러와 폭주 에러를 검출할 가능성을 높인다.

③ 동작 과정

㉠ 데이터를 일정 크기의 블록으로 묶는다.

㉡ 각 블록을 배열의 열로 보고 패리티 비트를 계산하여 추가한다.

㉢ 각 블록의 행에 대한 패리티 비트를 계산하여 추가한 후 전송한다.

(3) CRC(Cyclic Redundancy Check)

① 전체 블록을 검사하며, 이진 나눗셈을 기반으로 한다.

② 계산 방법

㉠ 메시지는 하나의 긴 2진수로 간주하여, 특정한 이진 소수에 의해 나누어진다.

㉡ 나머지는 송신되는 프레임에 첨부되며, 나머지를 BCC(Block Check Character)라고도 한다.

㉢ 프레임이 수신되면 수신기는 같은 제수(generator)를 사용하여 나눗셈의 나머지를 검사하며, 나머지가 0이 아니면 에러가 발생했음을 의미한다.

(4) 해밍코드(Hamming Code) 방식

① 자기 정정 부호의 하나로 비트 착오를 검출해서 1bit 착오를 정정하는 부호 방식이며, 전진 에러수정 방식이라고도 한다.

② 패리티 비트는 에러를 검출만 하지만, 해밍코드는 에러를 검출하고 정정까지 한다.

③ 2^n자리 = 패리티 비트(1, 2, 4, 8, 16 …)

10. 에러 제어 방식

자동 반복 요청(ARQ; Automatic Repeat reQuest): 통신 경로에서 에러 발생 시 수신측은 에러의 발생을 송신측에 통보하고 송신측은 에러가 발생한 프레임을 재전송한다.

(1) 정지-대기(Stop-and-Wait) ARQ

① 송신측이 하나의 블록을 전송한 후 수신측에서 에러의 발생을 점검한 다음 에러 발생 유무 신호를 보내올 때까지 기다리는 방식이다.

② 수신측에서 에러 점검 후 제어 신호를 보내올 때까지 오버헤드(overhead)가 효율 면에서 부담이 크다.

(2) 연속(Continuous) ARQ

① Go-Back-N ARQ

㉠ 에러가 발생한 블록 이후의 모든 블록을 다시 재전송하는 방식이다.

㉡ 에러가 발생한 부분부터 모두 재전송하므로 중복 전송의 단점이 있다.

㉢ HDLC 방식에서 사용한다.

② 선택적 재전송(Selective-Repeat ARQ)

㉠ 수신측에서 NAK를 보내오면 에러가 발생한 블록만 재전송한다.

㉡ 복잡한 논리회로와 큰 용량의 버퍼를 필요로 한다.

(3) 적응적(Adaptive) ARQ

데이터 블록의 길이를 채널의 상태에 따라 동적으로 변경시키는 방식이다.

11. 라우팅 프로토콜

(1) 라우팅의 목표는 모든 목적지로의 가장 좋은 경로를 찾기 위함이다.

(2) 가장 좋은 경로

경로상의 데이터통신망 링크를 통과하는 비용의 합이 가장 작은 경로이다.

(3) 라우팅 프로토콜

① 라우팅 테이블의 효율적인 설정과 갱신을 위해 라우터 상호 간에 교환하는 메시지의 종류, 교환 절차, 메시지 수신 시의 행위 규정이라 할 수 있다.

② 자치 시스템(AS ; Autonomous System) 내에 운영되는 라우팅 프로토콜을 IGP라고 하며, AS 간에 라우팅 정보를 교환하기 위한 프로토콜을 EGP라도 한다.

③ 자치 시스템(AS-Autonomous System) : 인터넷상의 개별적인 라우팅 단위(ISP, 대형 기관 등)이며, 전체 인터넷을 여러 개의 AS로 나누고 각 라우터는 자신의 AS 내의 라우팅 정보만 유지한다(AS 간 라우팅은 각 AS의 대표 라우터들 간에 이루어진다).

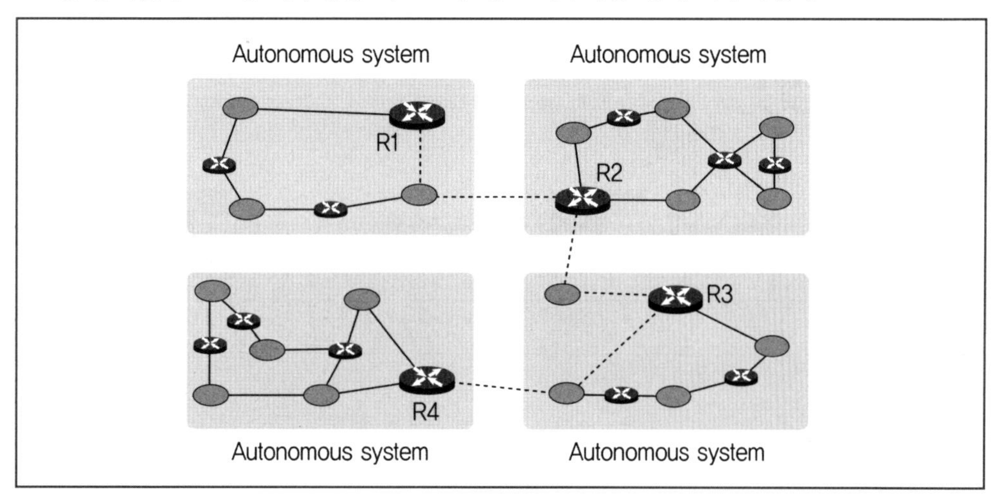

(4) 내부 라우팅과 외부 라우팅으로의 분류

① 내부 라우팅(Interior Routing) : AS 내의 라우팅
- ㉠ RIP(Routing Information Protocol)
- ㉡ OSPF(Open Shortest Path First)
- ㉢ IGRP(Interior Gateway Routing Protocol)
- ㉣ EIGRP(Enhanced Interior Gateway Routing Protocol)
- ㉤ IS-IS(Intermediate System-to-Intermediate System)

② 외부 라우팅(Exterior Routing) : AS 간 라우팅
- BGP(Border Gateway Protocol)

(5) RIP v1/v2

① 대표적인 내부 라우팅 프로토콜이며, 가장 단순한 라우팅 프로토콜이다.

② Distance-vector 라우팅을 사용하며, hop count를 매트릭으로 사용한다.

③ Distance vector Routing : 두 노드 사이의 최소 비용 경로의 최소거리를 갖는 경로이며, 경로를 계산하기 위해 Bellman-Ford 알고리즘을 사용한다.

④ RIP의 경우 자신의 라우터에서 15개 이상의 라우터를 거치는 목적지의 경우 unreachable (갈 수 없음)로 정의하고 데이터를 보내지 못하기 때문에 커다란 네트워크에서 사용하기는 무리가 있다.

RIP 초기 라우팅 테이블

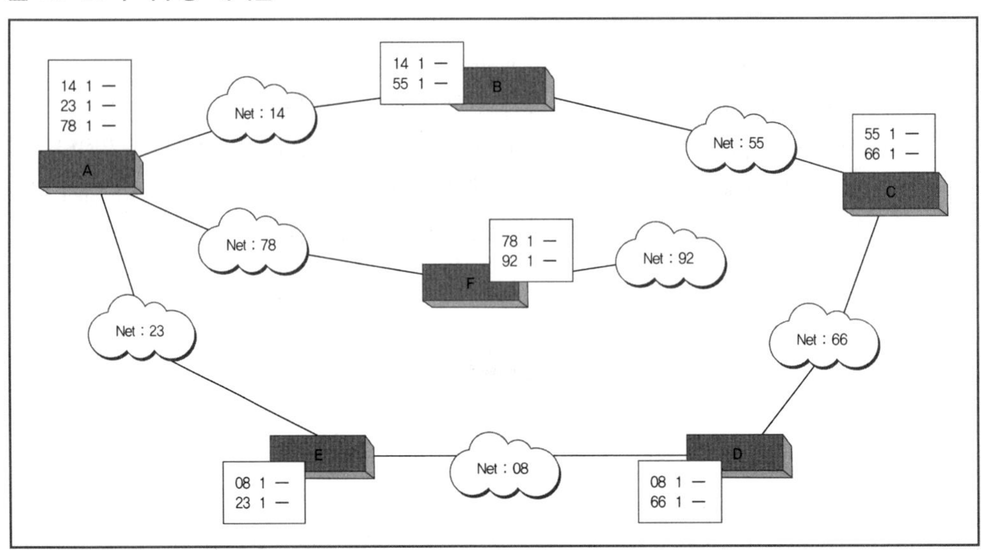

RIP 최종 라우팅 테이블

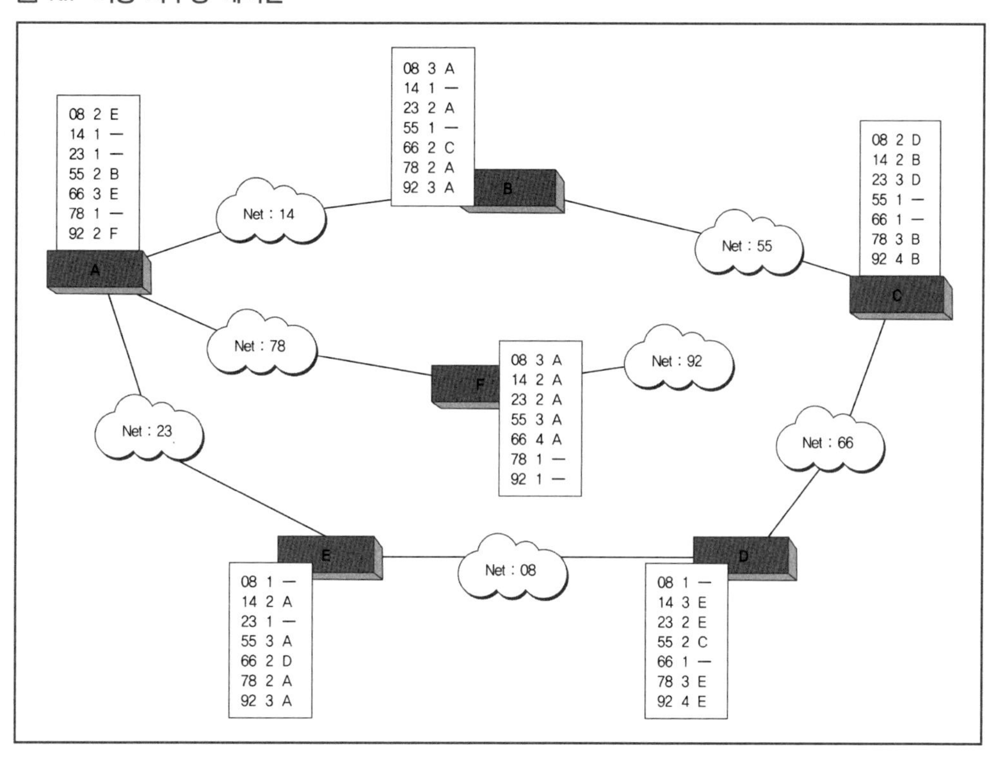

IGRP(Interior Gateway Routing Protocol)
시스코사의 고유 프로토콜이며, RIP의 단점을 개선하여 15홉 이상의 인터네크워크를 지원할 수 있다는 것과 매트릭 계산 요소를 개선했다.

(6) OSPF(Open Shortest Path First)

① Link State Routing 기법을 사용하며, 전달 정보는 인접 네트워크 정보를 이용한다.

② 모든 라우터로부터 전달받은 정보로 네트워크 구성도를 생성한다.

③ Link State Routing : 모든 노드가 전체 네트워크에 대한 구성도를 만들어서 경로를 구한다. 최적경로 계산을 위해서 Dijkstra's 알고리즘을 이용한다.

(7) BGP(Border Gateway Protocol)

① 대표적인 외부 라우팅 프로토콜이며, Path Vecter Routing을 사용한다.

② Path Vecter Routing : 네트워크에 해당하는 next router과 path가 매트릭에 들어있으며, path에 거쳐가는 AS번호를 명시한다.

2 TCP/IP 프로토콜

- TCP/IP 프로토콜은 1960년대 후반, 이기종 컴퓨터 간의 원활한 데이터통신을 위해 미 국방성에서 개발한 통신 프로토콜이다. TCP/IP는 취약한 보안 기능 및 IP 주소 부족의 제한성에도 불구하고 전 세계적으로 가장 널리 사용하는 업계 표준 프로토콜이며, 현재는 거의 모든 컴퓨터에 이 프로토콜이 기본으로 제공되는 인터넷 표준 프로토콜이다.
- TCP/IP 프로토콜은 OSI 7계층 모델을 조금 간소화하여 네트워크 인터페이스(Network interface), 인터넷(internet), 전송(Transport), 응용(Application) 등 네 개의 계층구조로 되어 있다.

OSI 7계층과 TCP/IP 프로토콜

<table>
<tr><th>OSI 7 계층</th><th>TCP/IP 프로토콜</th><th colspan="4">계층별 프로토콜</th></tr>
<tr><td>애플리케이션 계층</td><td rowspan="3">애플리케이션 계층</td><td rowspan="3" colspan="4">Telnet, FTP, SMTP, DNS, SNMP</td></tr>
<tr><td>프리젠테이션 계층</td></tr>
<tr><td>세션 계층</td></tr>
<tr><td>트랜스포트 계층</td><td>트랜스포트 계층</td><td colspan="4">TCP, UDP</td></tr>
<tr><td>네트워크 계층</td><td>인터넷 계층</td><td colspan="4">IP, ICMP, ARP, RARP, IGMP</td></tr>
<tr><td>데이터링크 계층</td><td rowspan="2">네트워크
인터페이스 계층</td><td rowspan="2">Ethernet</td><td rowspan="2">Token
Ring</td><td rowspan="2">Frame
Relay</td><td rowspan="2">ATM</td></tr>
<tr><td>물리적 계층</td></tr>
</table>

1. 네트워크 인터페이스(Network interface) 계층

(1) 네트워크 인터페이스 계층은 상위계층(IP)에서 패킷이 도착하면 그 패킷의 헤더부분에 프리앰블(preamble)과 CRC(Cyclic Redundancy Check)를 추가하게 된다.

(2) 운영체제의 네트워크 카드와 디바이스 드라이버 등과 같이 하드웨어적인 요소와 관련된 모든 것을 지원하는 계층이다.

(3) 송신측 단말기는 인터넷 계층으로부터 전달받은 패킷에 물리적 주소인 MAC 주소 정보를 갖는 헤더를 추가하여 프레임을 만들어 전달한다.

(4) 이더넷, 802.11x, MAC/LLC, SLIP, PPP 등이 있다.

2. 인터넷(internet) 계층

인터넷 계층은 패킷의 인터넷 주소(Internet Address)를 결정하고, 경로배정(routing) 역할을 담당한다.

(1) IP(Internet Protocol)

① IP는 연결 없이 이루어지는 전송 서비스(Connectionless delivery service)를 제공하는데, 이는 패킷을 전달하기 전에 대상 호스트와 아무런 연결도 필요하지 않다는 것을 의미한다.

IP 패킷의 구조

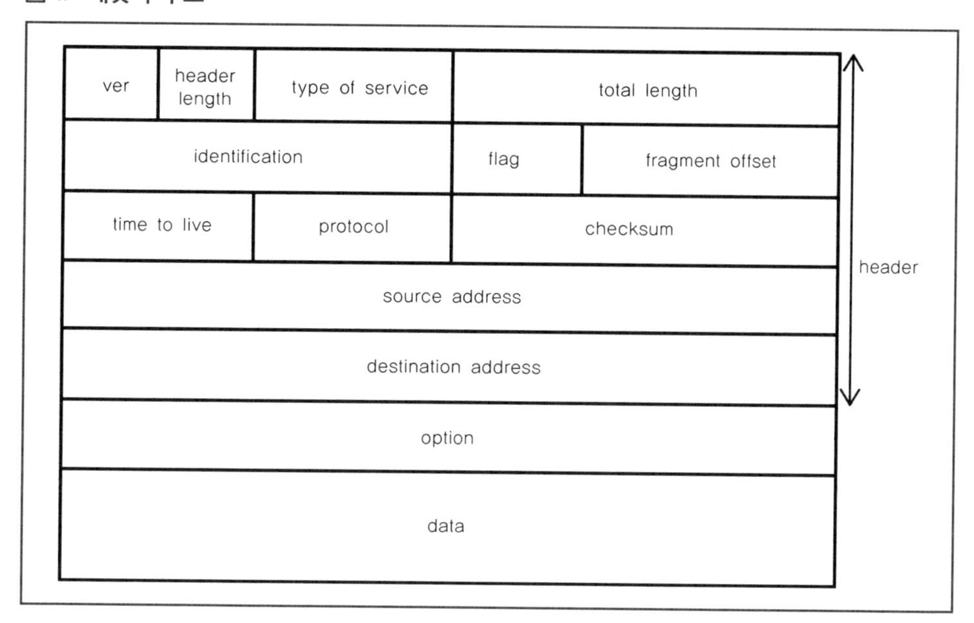

② IP 패킷의 중요한 헤더 정보는 IP 주소이다. IP 헤더 주소에는 자신의 IP 주소, 목적지 IP 주소 그리고 상위 계층의 어느 프로토콜을 이용할 것인지를 알려주는 프로토콜 정보, 패킷이 제대로 도착했는지를 확인하기 위한 용도로 사용되는 Checksum 필드, 그리고 패킷이 네트워크상에서 존재하지 않는 호스트를 찾기 위해 네트워크 통신망을 계속 돌아다니는 경우가 없도록 하기 위한 TTL 등의 정보가 포함된다.

(2) ARP(Address Resolution Protocol)

① IP 패킷을 라우팅할 때 물리적인 통신을 담당하는 네트워크 어댑터 카드가 인식할 수 있는 하드웨어 주소가 필요한데, 이것이 물리적 주소(MAC 주소)이다.

② IP는 MAC 주소를 알아내야만 통신을 할 수 있으며, 이러한 IP의 요구에 해답을 제공해주는 프로토콜이 주소변환프로토콜(ARP)이다.

(3) ICMP(Internet Control Message Protocol)

① ICMP는 IP가 패킷을 전달하는 동안에 발생할 수 있는 오류 등의 문제점을 원본 호스트에 보고하는 일을 한다.

② 라우터가 혼잡한 상황에서 보다 나은 경로를 발견했을 때 방향재설정(redirect) 메시지로서 다른 길을 찾도록 하며, 회선이 다운되어 라우팅할 수 없을 때 목적지 미도착(Destination Unreachable)이라는 메시지 전달도 ICMP를 이용한다.

(4) IGMP(Internet Group Message Protocol)

① 네트워크의 멀티캐스트 트래픽을 자동으로 조절, 제한하고 수신자 그룹에 메시지를 동시에 전송한다.

② 멀티캐스팅 기능을 수행하는 프로토콜이다.

③ 라우터가 멀티캐스트를 받아야 할 호스트 컴퓨터를 판단하고, 다른 라우터로 멀티캐스트 정보를 전달할 때 IGMP를 사용한다.

3. 전송(Transport) 계층

네트워크 양단의 송수신 호스트 사이의 신뢰성 있는 전송 기능을 제공한다. 시스템의 논리 주소와 포트를 가지므로 각 상위 계층의 프로세스를 연결하며, TCP와 UDP가 사용된다.

(1) UDP(User Datagram Protocol)

① 비연결형(connectionless) 프로토콜이며, TCP와는 달리 패킷이나 흐름제어, 단편화 및 전송 보장 등의 기능을 제공하지 않는다.

② UDP 헤더는 TCP 헤더에 비해 간단하므로 상대적으로 통신 과부하가 적다.

③ UDP를 사용하는 대표적인 응용 프로토콜로는 DNS(Domain Name System), DHCP (Dynamic Host Configuration Protocol), SNMP(Simple Network Management Protocol) 등이 있다.

DHCP(Dynamic Host Configuration Protocol)
- 한정된 개수의 IP 주소를 여러 사용자가 공유할 수 있도록 동적으로 가용한 주소를 호스트에 할당해 준다.
- 자동이나 수동으로 가용한 IP 주소를 호스트(host)에 할당한다.

UDP 패킷의 구조

source port(16)	destination port(16)
total length(16)	checksum(16)
data	

(2) TCP(Transport Control Protocol)

① 연결지향형(connection oriented) 프로토콜이며, 이는 실제로 데이터를 전송하기 전에 먼저 TCP 세션을 맺는 과정이 필요함을 의미한다(TCP3-way handshaking).

② 패킷의 일련번호(sequence number)와 확인신호(acknowledgement)를 이용하여 신뢰성 있는 전송을 보장하는데 일련번호는 패킷들이 섞이지 않도록 순서대로 재조합 방법을 제공하며, 확인신호는 송신측의 호스트로부터 데이터를 잘 받았다는 수신측의 확인 메시지를 의미한다.

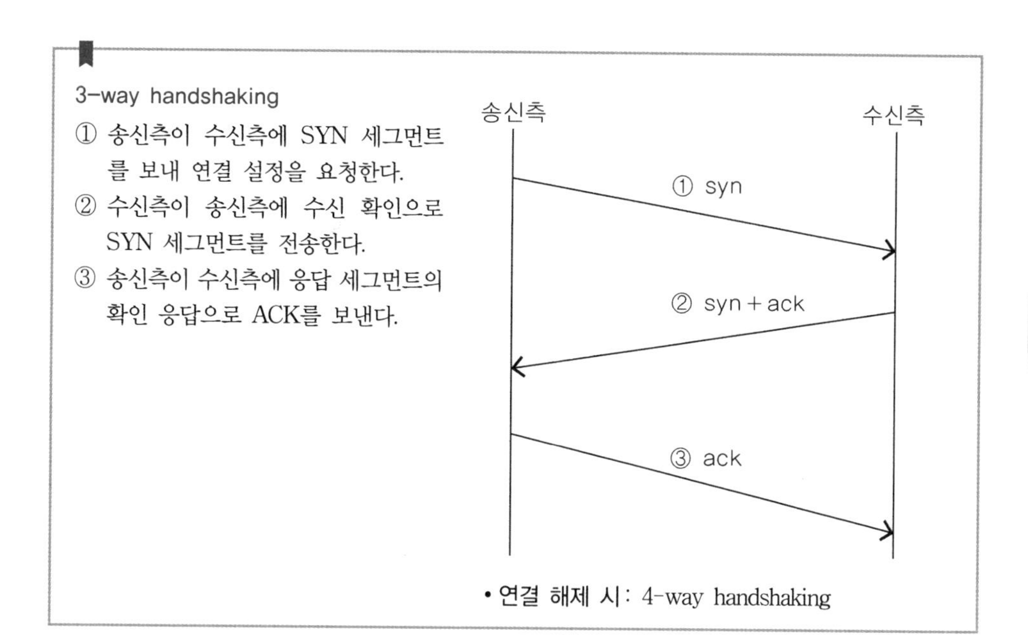

③ TCP 프로토콜은 전송을 위해 바이트 스트림을 세그먼트(segment) 단위로 나누며, TCP 헤더와 TCP 데이터를 합친 것을 TCP 세그먼트라고 한다.

④ TCP 패킷의 구조

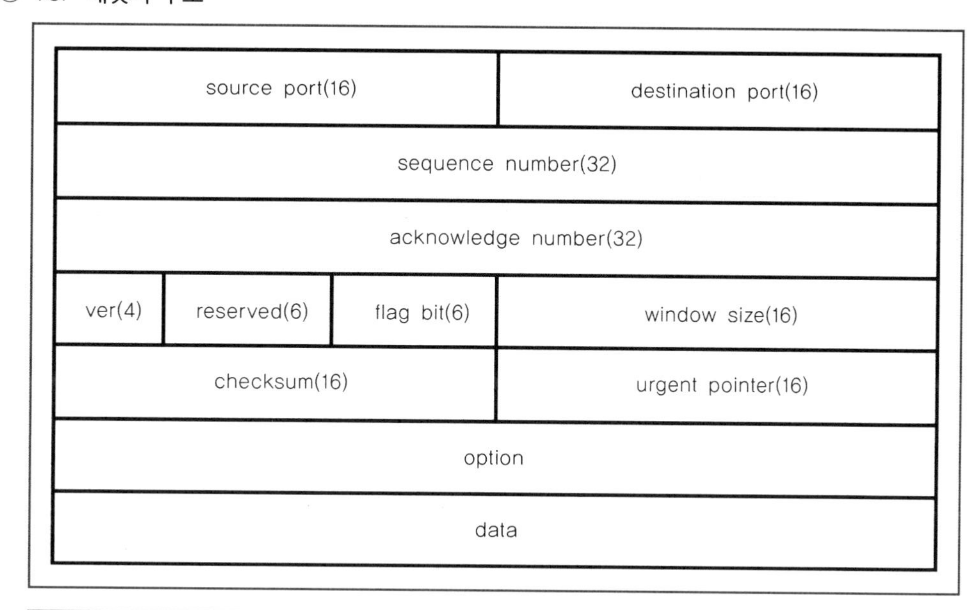

송신지 포트	세그먼트를 전송하는 호스트에 있는 응용 프로그램의 포트 번호
수신지 포트	수신지 호스트상에서 수행되는 프로세스에 의해 사용되는 포트 번호
순서 번호	신뢰성 있는 연결을 보장하기 위해 전송되는 각 바이트마다 부여한 번호
확인응답 번호	세그먼트를 수신하는 노드가 상대편 노드로부터 수신하고자 하는 바이트의 번호
윈도우 크기	상대방에서 유지되어야 하는 바이트 단위의 윈도우 크기
검사합	헤더의 오류를 검출하기 위한 검사합 계산값

네트워크 혼잡 방지 알고리즘: TCP Tahoe, Reno
- TCP Tahoe와 Reno는 네트워크 혼잡 방지 알고리즘으로써 네트워크의 부하에 의한 패킷 손실을 줄이는 것이 목적이다.
- TCP Tahoe: 처음에는 Slow Start를 사용하다가 임계점(Threshold)에 도달하면 그때부터 AIMD 방식을 사용한다. timeout을 만나면 임계점을 window size의 절반으로 줄이고 window size를 1로 줄인다.
- TCP Reno: timeout을 만나면 window size를 1로 줄이고 임계점은 변하지 않는다.
- 느린 출발(slow-start): 송신측이 window size를 1부터 패킷 손실이 일어날 때까지 지수승(exponentially)으로 증가시키는 것이다.

◎ **포트번호와 통신 프로토콜**

포트 번호	프로토콜	포트 번호	프로토콜
20	TCP FTP	80	TCP HTTP
22	TCP SSH	110	TCP POP3
23	TCP Telnet	161	UDP SNMP
25	TCP SMTP	443	TCP SSL
53	UDP DNS		

4. 응용(Application) 계층

(1) OSI 참조모델의 세션, 표현, 응용 계층을 합친 것이라 할 수 있다.

(2) 프로토콜 서비스

① 전자우편(E-mail): 인터넷상에서 서로 메시지를 주고받기 위한 서비스

② 원격 로그인(Remote Login): 원격지 호스트에 접속하여 이용하는 서비스

③ 인터넷 뉴스그룹(Usenet-User's Network): 관심 있는 분야의 정보를 교환하는 장소

④ WWW(World Wide Web): 결과 데이터를 검색하고 보여주는 하이퍼텍스트 기반의 도구

⑤ SNMP(Simple Network Management Protocol): 관리자가 네트워크의 활동을 감시하고 제어하는 목적으로 사용하는 서비스

◎ **OSI 7계층과 TCP/IP 프로토콜에서의 캡슐화**

OSI 7 Layer	Data		TCP/IP 4 Layer
Application	Message		Application
Presentation			
Session			
Transport	Segment	TCP Header	Transport
Network	Packet (Datagram)	IP Header	Internet
Data Link	Frame	Frame Header	Network Access
Physical	Bit (Signal)		

Chapter 04 인터넷

제1절 인터넷의 개요

❶ 인터넷의 정의

(1) 서로 다른 컴퓨터 간에 신호교환을 위해 TCP/IP라는 전송규약을 사용하여 연결된 모든 네트워크의 집합체이다.

(2) INTERconnected NETwork에서 만들어진 합성어이다.

(3) 인터넷은 프로그램이나 하드웨어 또는 시스템의 집합이라는 의미보다는 상호작용이 보장된 정보기기 간의 네트워크라는 의미가 강조된다.

❷ 인터넷의 특징

(1) 인터넷은 TCP/IP를 기본 Protocol로 사용하며, UNIX 기반의 Network로 출발하였다.

(2) 실시간, 양방향의 멀티미디어 네트워크

기술의 발전으로 문자나 음성정보 외에 동화상 정보의 전달이 가능하고 지역과 호스트 기종에 관계없이 상호 간 데이터의 송수신이 가능하며 다양한 정보에 접근할 수 있다.

(3) 개방적 네트워크

① 인터넷은 세계적인 규모의 개방성으로 인해 방대한 '정보의 바다'라고 할 수 있으며, 기존의 조직 내 정보시스템과의 통합이 용이하다.

② 개인용 컴퓨터에 설치된 소프트웨어나 하드웨어를 통해 접속하거나 전용 회선을 통해 조직 내에서 네트워크처럼 활용할 수 있다.

(4) 소유자나 운영자가 없는 무정부 네트워크

단지 네트워크에 연결된 각 컴퓨터가 일정한 규칙에 의해 주소를 갖도록 유도하거나 정기적으로 점검하고 표준을 제시하는 등 일부 관리기관만 존재한다.

(5) 대중적인 네트워크

컴퓨터 통신을 위한 간단한 장치와 통신 소프트웨어만 있으면 사용이 가능하고 검색 소프트웨어 기술의 발달로 누구나 손쉽게 사용할 수 있다.

(6) 용도가 무한한 가능성의 네트워크

디지털 통신 및 멀티미디어 단말기의 발달로 인터넷 성능의 고도화가 지속되고 분산형 데이터베이스가 서로 연결되며, 네트워크가 지능화됨에 따라 인공지능과 같은 기능의 추가가 기대된다.

제2절 인터넷의 주소체계

1 IP 주소체계

(1) IP 주소

① IP 주소는 인터넷에 연결된 컴퓨터가 실제로 인식하는 고유의 숫자로 표현된 주소이다.

② 0에서 255 사이의 10진수로 표시하며, 세 개의 점으로 구분한다. 예 192.168.12.31

③ IPv4로 32비트 체계이며, IPv6는 32비트에서 128비트로 확장한다.

④ IPv6의 주소표현은 4개의 16진수 단위 8개를 사용하며, 콜론으로 구분한다.

(2) IP 주소 클래스

① IP 주소는 네트워크와 호스트 부분으로 구성된다.

② IP 주소는 5개의 클래스로 나누어지며 주로 A, B, C 클래스가 사용된다.

③ D 클래스는 멀티캐스트용이며, E 클래스는 실험용이다.

◎ 클래스별 연결 가능한 호스트 수

구분	주소 범위	연결 가능한 호스트 개수
A 클래스	0.0.0.0 ~ 127.255.255.255	16,777,214개
B 클래스	128.0.0.0 ~ 191.255.255.255	65,534개
C 클래스	192.0.0.0 ~ 223.255.255.255	254개

IP 주소 클래스

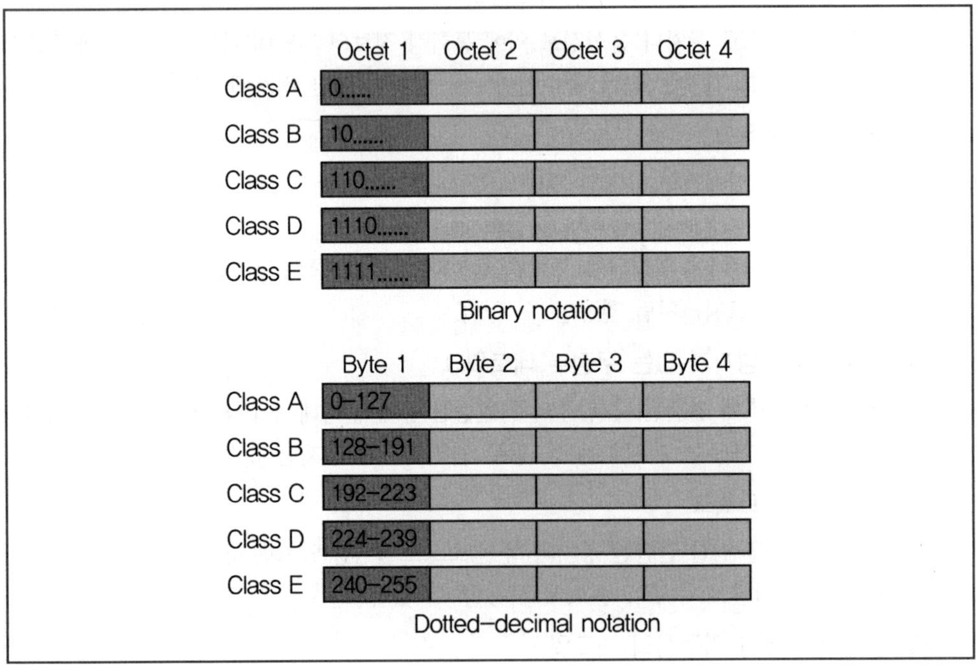

	Octet 1	Octet 2	Octet 3	Octet 4
Class A	0......			
Class B	10......			
Class C	110......			
Class D	1110......			
Class E	1111......			

Binary notation

	Byte 1	Byte 2	Byte 3	Byte 4
Class A	0–127			
Class B	128–191			
Class C	192–223			
Class D	224–239			
Class E	240–255			

Dotted–decimal notation

Netid와 hostid

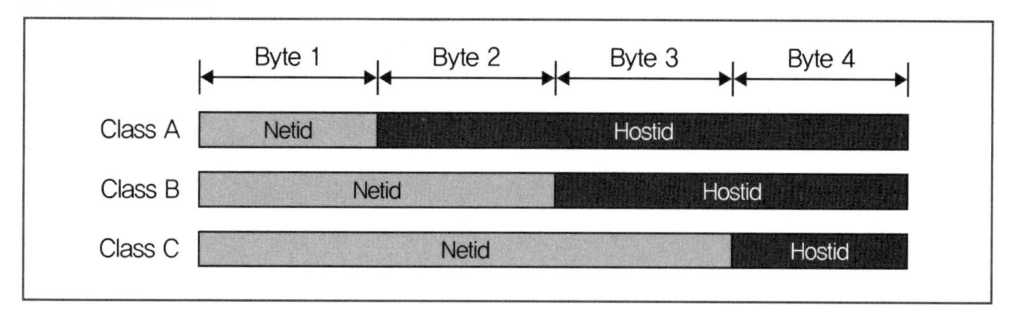

목적지 주소를 이용하여 네트워크 주소를 찾아내는 데 사용한다. 디폴트 마스크(default mask)라고도 한다.

네트워크 마스크

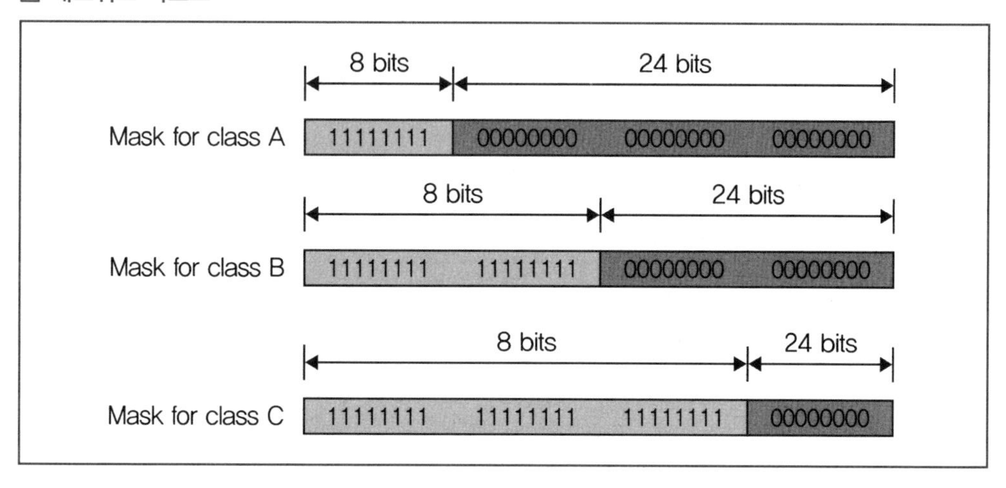

❷ 도메인 이름(Domain Name)

(1) IP 주소는 숫자로 구성되어 있어 사용이 어려우므로 문자를 이용해 사용자가 알기 쉽게 표기하는 주소 방식이다.

(2) 주 컴퓨터명(호스트 이름), 기관명(기관 이름), 기관 유형(기관 종류), 국가 코드(국가 도메인)로 구성된다.

❸ DNS(Domain Name Service)

(1) 영문자의 도메인 주소를 숫자로 된 IP 주소로 변환시켜 주는 작업을 의미한다.

(2) 이러한 작업을 전문으로 하는 컴퓨터를 도메인 네임 서버(DNS)라고 한다.

(3) 도메인 네임 서버는 자신의 도메인에 속한 IP 주소와 도메인 이름을 모두 보유하고 있다.

4 URL(Uniform ResourceLocator)

인터넷에 있는 정보의 위치를 표기하기 위한 방법으로 웹에서 사용되는 표준 방법이다.

[표기 방법] 프로토콜://서버의 주소[:포트 번호]/[디렉터리명]/[파일명]

5 서브 네트워크

(1) TCP/IP에서는 IP 주소를 효과적으로 사용하기 위하여 서브 네트워크 방식을 사용한다.

(2) 서브 네트워크 주소는 호스트 식별자 부분을 서브 네트워크 식별자와 호스트 식별자를 두어 하나의 네트워크 식별자에 여러 개의 호스트 식별자를 갖는다.

(3) 서브 네트워크를 사용하기 위해서는 서브 네트워크 마스크 비트(Mask bit)를 사용한다.

(4) 서브 네트워크 마스크 비트는 호스트 식별자 중에서 서브 네트워크로 사용하려는 비트 수만큼을 네트워크 식별자로 구분해 준다.

(5) 아래의 경우는 클래스 B에 대해서 서브 네트워크 마스크를 사용한 경우이다.

서브 네트워크 마스크 사용 예

16비트		16비트		
네트워크 식별자		호스트 식별자		클래스 B
16비트		8비트	8비트	
네트워크 식별자		서브 네트워크 식별자	호스트 식별자	클래스 B
11111111	11111111	11111111	00000000	서브넷 마스크 (255.255.255.0)

(6) 실질적으로 클래스 B를 내부적으로 서브 네트워크로 나누어서 사용하고 있지만 외부적으로는 서브 네트워크를 알 수 없으며, 라우팅 테이블을 줄일 수 있다.

6 클래스 없는 주소지정

(1) 가변길이 블록

각 기관은 가변길이 블록으로 21,22,23,24,25···232개의 주소를 갖는 블록을 지정 가능하다.

(2) 프리픽스와 서픽스

① **프리픽스(Prefix)**: netid와 동일 기능

② **서픽스(suffix)**: hostid와 동일 기능

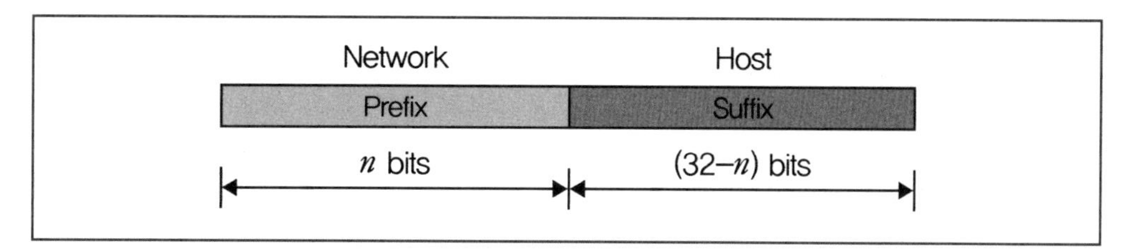

(3) 프리픽스(Prefix) 길이 : 슬래시 표기법

프리픽스의 길이는 주소에 포함되지 않으므로 프리픽스 길이를 슬래시로 구분하여 주소에 추가하여 나타낸다. 이를 클래스 없는 인터도메인 라우팅(CIDR ; Classless InterDomain Routing)이라 하고, 비공식적 슬래시 표기법(slash notation)으로도 불린다.

(4) 주소에서 정보 추출

프리픽스의 길이가 n인 블록의 주소가 주어지면 아래의 세 가지 정보를 찾을 수 있다.

① 블록 내의 주소 수 : $N = 2^{32-n}$

② 첫 번째 주소 : 제일 왼쪽의 n비트는 유지, 제일 오른쪽은 (32-n)개의 비트는 0으로 설정

③ 마지막 주소 : 제일 왼쪽의 n비트는 유지, 제일 오른쪽은 (32-n)개의 비트는 1로 설정

(5) 주소 마스크

블록 내의 첫 번째 주소와 마지막 주소를 찾는 데 주소 마스크를 사용할 수 있다. 주소 마스크는 프리픽스인 처음 n개의 비트는 1로, 나머지 (32-n)개의 비트는 0으로 설정한다.

① 블록 내의 주소 수 : N = NOT(Mask) + 1

② 첫 번째 주소 : (블록 내 임의의 주소) AND (Mask)

③ 마지막 주소 : (블록 내 임의의 주소) OR (NOT(Mask))

(6) 블록 할당

① 클래스 없는 주소지정에서 블록 할당은 ICANN(Internet Coporation for Assigned Names and Numbers)이 결정한다.

② CIDR의 바람직한 동작을 위해 블록 할당에 두 가지 제한사항이 있다.

㉠ 요청된 주소 수 N은 2의 제곱 승이어야 한다. 이유는 $N = 2^{32-n}$ 혹은 $n = 32 - \log_2 N$이기 때문이다. 만약 N이 2의 제곱 승이 아니라면, 정수의 n을 가질 수 없다.

㉡ 블록 내에서 연속된 주소 공간이 있어야 한다.

(7) 서브네팅

① 서브네팅을 사용하여 더 많은 계층을 만들 수 있다. 일정 범위의 주소를 가진 기관은 범위를 부범위로 나누고 이를 서브네트워크에 할당할 수 있다.

② 서브넷 설계

㉠ 가정

- 할당된 전체 주소의 수 = N
- 각 서브넷에 할당된 주소의 수 = N_{sub}
- 각 서브넷의 접두사의 길이 = n_{sub}

㉡ 서브넷 설계 과정

1. 각 서브넷 주소의 수는 2의 제곱 승이다.
2. 각 서브넷의 프리픽스 길이는 $n_{sub}=32-\log_2 N_{sub}$이다.
3. 각 서브넷의 첫 주소는 서브 네트워크의 주소 수로 나눌 수 있어야 한다. 이는 더 큰 서브 네트워크에 주소를 먼저 할당하면 된다.

7 IPv6

1. IPv4의 문제점

IP 설계 시 예측하지 못했던 많은 문제점이 발생하였다.

(1) IP 주소 부족 문제

① 클래스별 주소 분류 방식으로 인한 문제가 가속화되었다.

② 국가별로 보유한 IP 주소 개수의 불균형이 초래되었다.

③ 주소 부족 문제 해결을 위해 한정된 IP 주소를 다수의 호스트가 사용하는 NAT(Network Address Translation) 또는 DHCP(Dynamic Host Configuration Protocol) 방법을 사용하였지만, IPv4의 근본적인 한계와 성능 저하 문제를 극복하지는 못하였다.

(2) 유무선 인터넷을 이용한 다양한 단말기 및 서비스가 등장하였다.
효율적이고 안정적인 서비스 지원을 위해 네트워크 계층에서의 추가적인 기능이 요구되었다.

(3) 인터넷 보안이 취약하다.

2. IPv6의 등장: RFC 2460

(1) 차세대 IP(IPng ; Internet Protocol Next Generation)에 대한 연구가 IETF(Internet Engineering Task Force)에서 진행되었다.

(2) IPv6(IP version 6, RFC 2460)이 탄생했다.

① IPv6은 128비트 주소 길이를 사용한다.

② 보안 문제, 라우팅 효율성 문제의 해결책을 제공한다.

③ QoS(Quality of Service) 보장, 무선 인터넷 지원과 같은 다양한 기능을 제공한다.

3. IPv6 특징

(1) 확장된 주소 공간

① IP 주소 공간의 크기를 32비트에서 128비트로 증가

② 128비트의 공간은 대략 3.4×10^{32}만큼의 주소 사용 가능

③ 주소 부족 문제를 근본적으로 해결

(2) 헤더 포맷의 단순화

① IPv4에서 자주 사용하지 않는 헤더 필드를 제거

② 추가적으로 필요한 기능은 확장 헤더를 사용하여 수행

(3) 향상된 서비스 지원

(4) 보안과 개인 보호에 대한 기능 지원

4. IPv6 주소 표기법

(1) 기본 표기법

IPv6 주소는 128비트로 구성되는데, 긴 주소를 읽기 쉽게 하기 위해서 16비트씩 콜론으로 나누고, 각 필드를 16진수로 표현하는 방법을 사용한다.

(2) 주소 생략법

0 값이 자주 있는 IPv6 주소를 쉽게 표현하기 위해서 몇 가지 생략 방법이 제안되었다. 0으로만 구성된 필드가 연속될 경우 필드 안의 0을 모두 삭제하고 2개의 콜론만으로 표현하며, 생략은 한 번만 가능하다.

ex1 1080 : 0000 : 0000 : 0000 : 0008 : 0800 : 200C : 417A에서 앞 비트에 0이 있는 5번째 자리의 0008과 6번째 자리의 0800은 → 1080 : 0 : 0 : 0 : 8 : 800 : 200C : 417A 이때 각 자리가 모두 0일 때 이를 더블 콜론(::)으로 다시 축약 가능 → 1080::8 : 800 : 200C : 417A 여기서 주의할 것은 0이 반복될 경우 축약은 한 섹션(자리)만 가능

ex2 1080 : 0 : 0 : 8 : 0 : 0 : 200C : 417A 이를 축약하면 1080::8 : 0 : 0 : 200C : 417A 혹은 1080 : 0 : 0 : 8::200C : 417A 이 두 가지만 가능하고 1080::8::200C : 417A는 사용할 수 없음. 또한 IPv4 표기와의 혼용도 가능. 각 16비트인 6자리까지는 16진수 (:)으로 표기하고 나머지 32비트는 10진수 (.)으로 표기

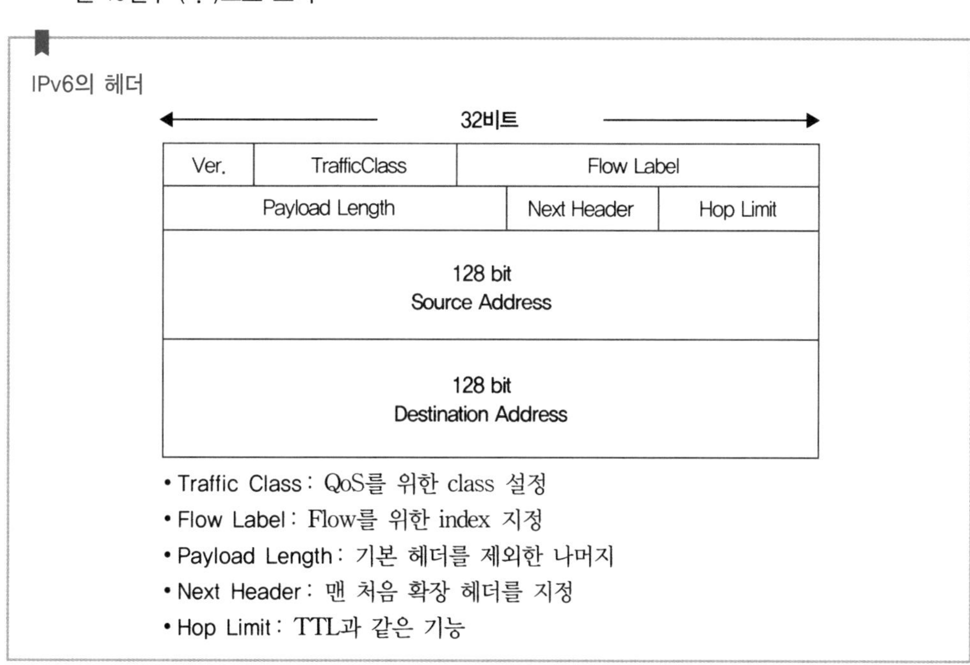

(3) 주소 프리픽스의 표기 방법

① IPv6 주소 네트워크 프리픽스 표기법은 IPv4의 CIDR(Classless Inter-Domain Routing) 표기법과 유사하다.

② IPv6의 주소 뒤에 '/'를 표기하고 네트워크 프리픽스 길이를 10진수로 적는다.

ex 3ffe:0501:97ff::efab / 70
호스트의 주소: 3ffe:0501:97ff::efab
네트워크 프리픽스 주소의 길이는 70비트

8 IPv4에서 IPv6로 변환

IETF에서 이런 변환을 돕기 위해 이중 스택, 터널링, 그리고 헤더 변환의 세 가지 방안을 제시하였다.

(1) 이중 스택(Dual Stack)

① **이중 스택 시스템의 주소 설정**: IPv4와 IPv6, 두 가지 프로토콜을 모두 지원하기 때문에 IPv4 주소와 IPv6 주소 모두 설정이 가능하다.

② **이중 스택 시스템의 DNS 이름 해석**: IPv6 DNS 주소 저장 방식인 AAAA 레코드 유형과 IPv4 DNS 저장방식인 A 레코드를 모두 처리할 수 있어야 한다[이 기능을 위해서는 DNS 주소 해석 라이브러리(DNS Resolver Library)가 두 가지 유형을 모두 지원 필요].

(2) 터널링(Tunneling)

① IPv6를 사용하는 두 호스트가 통신을 할 때 패킷이 IPv4를 사용하는 지역을 지나는 경우 사용 가능한 방법이다.

② 이 지역을 지나기 위하여 패킷은 IPv4의 주소가 필요하며, IPv6 패킷은 IPv4 패킷으로 캡슐화되고 이 지역을 벗어날 때 역캡슐화된다.

(3) 헤더 변환(Header Translation)

① 인터넷의 대부분이 IPv6로 변경되고 일부분만이 IPv4를 사용할 때 필요한 방법이다.

② 송신자는 IPv6를 사용하고 싶지만 수신자는 IPv4를 사용한다. 수신자가 IPv4의 패킷을 수신해야 하기 때문에 터널링을 사용할 수 없으며, 이 경우 헤더 변환을 통해 헤더의 형태가 완전히 변경되어야 한다.

Chapter 05 멀티미디어

제1절 멀티미디어의 개요

1 멀티미디어의 정의

(1) 다양한 매체를 두 가지 이상 사용하며, 미디어의 사용을 위해 하나의 시스템을 사용한다.

(2) 여러 형식의 정보 콘텐츠와 정보처리(텍스트, 오디오, 그래픽, 애니메이션, 비디오, 상호작용)를 사용하여 사용자에게 정보를 제공하는 미디어를 뜻한다.

(3) 둘 이상의 미디어가 결합되어 일정한 통합 시스템을 통해 형성되는 미디어이며, 사용자는 시스템과 상호작용할 수 있어야 한다.

2 멀티미디어 시스템의 구성

(1) 기존의 컴퓨터시스템의 구성요소에 멀티미디어의 입출력, 저장, 구현이 가능한 하드웨어 및 소프트웨어 Interface가 필요하다.

(2) 동영상 형식의 분류

① 애니메이션(Animation): 2차원이나 3차원 그래픽의 움직이는 화면으로 특수효과, 광고, 만화, 영화 등의 분야에 사용된다.

② AVI(Audio Video Interleaved): PC에서 동영상을 지원하기 위한 규격으로 마이크로소프트사에서 개발하였고, 영상신호를 디지털 신호로 변환하여 파일형태로 압축 · 저장 후 사용한다.

③ Quick Time: 애플사에서 개발한 동영상 규격이며, AVI와 유사하다.

④ MPEG(Motion Picture Expert Group): 비디오 CD를 PC에서 활용하기 위한 동영상의 압축 및 복원에 관한 규격으로 하드웨어적인 장치(MPEG BOARD)나 소프트웨어(MPEG S/W)가 필요하다.

3 멀티미디어의 구성요소

1. 텍스트(Text)

(1) 다수의 아스키(ASCII) 문자로 구성된 문장이다.

(2) 텍스트 편집기나 워드프로세서를 이용하여 텍스트를 생성, 편집 등을 한다.

(3) **텍스트 파일의 형식**: *.txt, *.wri, *.hwp, *.doc, *.ps

2. 이미지(그래픽)

(1) 이미지와 그래픽의 차이점

구분	이미지	그래픽
제작방법	정지이미지, 비트맵이미지, 페인팅	벡터그래픽, 벡터드로잉
특징	• 화면에 보여주는 속도 빠름 • 기억공간 많이 차지 • 이동 · 회전 · 변형이 복잡	• 화면에 보여주는 속도 느림 • 기억공간 적게 차지 • 이동 · 회전 · 변형이 용이
소프트웨어	페인팅 도구, 이미지 편집기	드로잉 도구, 그래픽 편집기

(2) 이미지 파일의 형식

*.pcx	DOS형 포맷	*.wmf	메타파일 형식
*.bmp	파일의 용량이 큼	*.AI	어도브사 일러스터용
*.gif	압축률이 높음	*.cdr	코렐 드로우용
*.jpeg	사진 파일의 압축형	*.png	Portable Network Graphic 파일형식
*.eps	포스터스크립터 활용	*.tif	Tagged Interchange 파일형식

(3) 비트맵(bitmap) 방식

① 동일한 크기의 정사각형 모양의 픽셀(pixel)로 이루어진 비트맵 위에 만들고자 하는 글자 또는 그림의 모양대로 픽셀들을 칠하는 방식이다(image).

② 컴퓨터 스크린의 해상도는 pixel의 개수로 정의된다.

③ 장점: 컬러의 점진적인 변화를 표현하는 데 유리하여 사진이나 사실적인 그림을 표현할 때에 적합하다.

④ 단점: 기억용량을 많이 차지하며, 확대할 경우 화질이 급격히 나빠진다.

(4) 벡터(vector) 방식

① 나타내려고 하는 문자 또는 그림의 윤곽선을 수학적인 함수를 통하여 표현한다(graphics).

② 장점: 확대하거나 축소하여도 그림의 형태가 그대로 유지된다.

③ 단점: 세밀한 부분을 표현하기 어렵고 미세한 컬러의 변화를 표현하기 어렵다.

3. 오디오(사운드)

(1) 오디오 데이터는 소리를 나타내는 아날로그 파형을 디지털화해서 표현하는 디지털 오디오 데이터 및 음을 특정 표기법에 따라 숫자나 문자로 상징적으로 표현하는 MIDI 데이터가 있다.

(2) 오디오 파일의 형식

*.wav	IBM과 마이크로소프트사에서 개발, 용량 큼, 디지털 샘플링 방식
*.mid	wav에 비해 적은 용량, 웹페이지의 배경 음악으로 사용되는 파일형식
*.ra(ram)	리얼 네트워크사의 스트리밍 기술로 구현, 실시간 다운과 동시에 실행 가능
*.mp3	MPEG 기술 이용, 뛰어난 압축률, 데이터의 용량이 적음

4. 비디오(동영상)

(1) 이미지와 오디오로 구성된 멀티미디어 데이터이다.

(2) 완전화면(Full Screen): 전체화면을 차지하는 비디오

(3) 완전모션 비디오(Full Motion): 초당 30프레임(Frame)이 보여지는 비디오

(4) 완전화면 완전모션(FSFM): 전체화면으로 초당 30프레임이 보여지는 비디오

(5) AVI 파일(.avi): Audio Video Interleaved. Windows에서 사용하는 동영상과 음성을 함께 다루기 위한 표준 형식이다.

(6) MPEG 파일(.mpg/.mpeg/.mp2): ISO의 하부조직에 해당되는 Moving Picture Experts Group(MPEG)이란 단체가 표준화한 디지털 동영상 및 음성압축규격이다.

(7) MOV 파일(.mov): QuickTime

(8) FLC 파일: Autodesk animation format 2

제2절 멀티미디어 압축기술

❶ 압축의 개념

(1) 저장공간과 전송 대역폭의 효율적 이용을 위해 데이터의 크기(전체 비트 수)를 줄이는 것이다.

(2) 이미지, 오디오, 비디오 등의 대용량 멀티미디어 데이터의 저장과 전송을 위해 압축 기술은 필수적이다.

(3) 주요 압축 방식으로는 JPEG, MPEG, DVI, QuickTime, Video for Windows 등이 있다.

(4) 압축 후 복원 시 정보의 손실이 발생하는 손실(lossy) 기법과 복원 시 원래의 데이터가 완전히 재생되는 무손실(lossless) 기법이 있다.

❷ 압축 알고리즘

(1) 무손실 압축

① 압축 이전의 데이터에 포함된 모든 정보를 손실 없이 인코딩한다.
② 동일한 정보의 반복적인 출현에 의해 나타나는 중복성만을 제거한다.
③ 문서 데이터 압축에 필수적인 사항이다.

(2) 손실 압축

① 데이터에 포함된 정보 중 내용을 인식하는 데 크게 영향을 주지 않는 정보들을 삭제한다.
② 무손실 압축에 비해 압축률이 높다.

(3) 혼성 압축

① 손실 압축 기법과 무손실 압축 기법을 혼용한 방식이다.
② 20:1~200:1 정도의 압축률을 얻을 수 있다.
③ 대부분의 표준 압축 기법에서 이용된다.

3 압축 표준

(1) JPEG(Joint Photographic Experts Group)

① 정지 이미지 압축 기술의 표준화 규격이다.
② 연속적인 톤을 가진 이미지 정보의 압축에 효과적이다.
③ 프레임 단위로 중복되는 정보를 삭제함으로써 컬러 정지 화상의 데이터를 압축하는 방식이다.

(2) MPEG(Moving Picture Experts Group)

① 동영상과 사람의 음성이나 여러 가지 소리의 음향까지 압축한다.
② 압축 속도가 느리지만 실시간 압축 재생이 가능하다.
③ 프레임 간의 연관성을 이용하여 압축률을 높이는 방식으로 인접한 프레임 간의 중복된 정보를 제거한다.
④ MPEG 표준은 MPEG-1, MPEG-2, MPEG-4가 있으며 각각에 대해 MPEG-Video, MPEG-Audio, MPEG-System으로 구성되어 있다.

MPEG-1	• 비디오와 오디오 압축에 대한 표준이다. • 화면의 품질은 VHS 테이프 수준이다.
MPEG-2	• 압축 효율이 향상되고 용도가 넓어졌으며 방송망이나 고속망 환경에 적합하다. • 화면의 품질은 HDTV 수준이다.
MPEG-4	• 객체 지향 멀티미디어 통신을 위한 표준이다. • 오디오와 비디오 데이터를 대화형 서비스 및 무선 서비스와 결합하여 제공할 수 있다.

RGB 모드

- RGB 모드는 빛으로 나타내는 색상을 의미한다.
- R(Red), G(Green), B(Blue)의 빛을 혼합하여 영상장치(TV, 스마트폰, PC 모니터 등)의 색상을 표현한다.
- CMYK 모드와 차이점은 검정(Black)색상이 없다는 것이고, 영상장치의 전원이 꺼진 상태(색상)가 RGB에서는 검정색이 된다.

CMYK 모드

- CMYK 모드는 일반 잉크의 색상을 나타낸다.
- C(Cyan), M(Magenta), Y(Yellow), K(Black 또는 Key)의 잉크를 혼합하여 각종 재질에 인쇄를 한다.
- CMYK 모드는 RGB 모드와는 반대로 하얀색 잉크가 없다.

기출 & 예상 문제 02 데이터통신과 인터넷

제1장 데이터통신의 개요

01 정보통신 시스템의 구성요소 중 정보 전송계 요소에 맞지 않는 것은?

① 신호변환장치 ② 전송회선
③ 중앙처리장치 ④ 통신제어장치

02 다음 정보통신시스템의 구성요소 중 그 기능이 다르게 표현된 것은?

① DTE: 입출력제어 및 송수신 제어기능 수행
② DCE: 전송된 데이터를 저장, 처리기능 수행
③ CCU: 전송오류검출, 회선감시 등과 같은 통신제어 기능을 수행
④ 전송회선: 전송신호를 송수신하기 위한 통로

03 IEEE 802.11 방식의 무선 LAN에 사용되는 물리매체 제어방식은?

① CDMA ② CSMA/CD
③ CSMA/CA ④ ALOHA

정답찾기

01 • **데이터 전송계**: 단말장치, 데이터전송회선, 통신제어장치
• **데이터 처리계**: 컴퓨터시스템(중앙처리장치, 주변장치)

02 • DTE(Data Terminal Equipment): 입출력, 전송제어 기능
• **DCE(Data Circuit Termination Equipment, 데이터 회선 종단 장치)**: 주 컴퓨터와 모뎀, 단말장치와 모뎀 사이에서 데이터를 송수신할 때 그 규격에 대한 정의를 의미하며 기계적, 전기적, 기능적, 절차적으로 구분한다.
• CCU(Commuication Control Unit): 전송회선과 단말장치 사이에 위치해서 프로토콜의 정의에 따라 통신제어기능을 담당하게 되는 장치로, 전송된 데이터의 저장 및 처리기능은 정보처리시스템이 담당한다.

03 • CSMA(Carrier Sense Multe-Access): 반송파 감지 다중 접근
• CSMA/CD(Carrier Sense Multe-Access/Collision Detection): 프레임이 목적지에 도착할 시간 이전에 다른 프레임의 비트가 발견되면 충돌이 일어난 것으로 판단하며, 유선 Ethernet LAN에서 사용한다.
• CSMA/CA(Carrier Sense Multe-Access/Collision Avoidance): 무선 네트워크에서는 충돌을 감지하기 힘들기 때문에 CSMA/CD 방식을 사용할 수 없으며, 따라서 충돌을 회피하는 방식을 사용한다.

정답 **01** ③ **02** ② **03** ③

04 이더넷(Ethernet)의 매체 접근 제어(MAC) 방식인 CSMA/CD에 대한 설명으로 옳지 않은 것은?

① CSMA/CD 방식은 CSMA 방식에 충돌 검출 기법을 추가한 것으로 IEEE 802.11B의 MAC 방식으로 사용된다.
② 충돌 검출을 위해 전송 프레임의 길이를 일정 크기 이상으로 유지해야 한다.
③ 전송 도중 충돌이 발생하면 임의의 시간 동안 대기하기 때문에 지연시간을 예측하기 어렵다.
④ 여러 스테이션으로부터의 전송 요구량이 증가하면 회선의 유효 전송률은 단일 스테이션에서 전송할 때 얻을 수 있는 유효 전송률보다 낮아지게 된다.

05 전자우편에 사용되는 프로토콜이 아닌 것은?

① IMAP　　② SMTP
③ POP3　　④ VPN

06 네트워크 통신 장치들에 대한 설명으로 옳지 않은 것은?

① 리피터(Repeater)는 네트워크 각 단말기를 연결시키는 집선 장치로 일종의 분배기 역할을 한다.
② 브리지(Bridge)는 데이터 링크 계층에서 망을 연결하며 패킷을 적절히 중계하고 필터링하는 장치이다.
③ 라우터(Router)는 네트워크 계층에서 망을 연결하고 라우팅 알고리즘을 이용하여 최적의 경로를 선택하여 패킷을 전송한다.
④ 게이트웨이(Gateway)는 두 개의 서로 다른 형태의 네트워크를 상호 연결시켜주는 관문 역할을 하는 장치이다.

07 분산처리시스템에 대한 설명으로 옳지 않은 것은?

① 분산되어 있는 자원을 공유할 수 있으며 분산처리를 통해 컴퓨팅 성능을 향상시킬 수 있다.
② 성(star)형 연결 구조의 경우 중앙 노드에 부하가 집중되어 성능이 저하되거나 중앙 노드 고장 시 전체 시스템이 마비될 수 있다.
③ 계층 연결 구조의 경우 인접 형제 노드 간 통신은 부모 노드를 거치지 않고 이루어질 수 있다.
④ 다중 접근 버스 연결 구조의 경우 한 노드의 고장이 다른 노드의 작동이나 통신에 거의 영향을 주지 않는다.

08 네트워크 토폴로지(topology)의 연결 형태에 대한 설명으로 옳지 않은 것은?

① 버스(bus) 토폴로지는 각 노드의 고장이 전체 네트워크에 영향을 거의 주지 않는다.
② 스타(star) 토폴로지는 중앙 노드에서 문제가 발생하면 전체 네트워크의 통신이 곤란해진다.
③ 링(ring) 토폴로지는 데이터가 한 방향으로 전송되기 때문에 충돌(collision) 위험이 없다.
④ 메쉬(mesh) 토폴로지는 다른 토폴로지에 비해 많은 통신 회선이 필요하지만, 메시지 전송의 신뢰성은 높지 않다.

09 무선 통신 기술에 대한 설명으로 옳은 것은?

① Wi-Fi의 통신 범위는 셀룰러 통신망에 비해 넓다.
② Wi-Fi는 IEEE 802.3 표준에 기반을 둔 무선 통신 기술이다.
③ WiBro는 국내에서 개발한 무선 인터넷 서비스로서 2.5G에 해당하는 기술이다.
④ 무선 단말기의 이동성의 한계를 극복하기 위해 IMT-2000 표준 기술이 사용되고 있다.

10 다음 중 전송제어와 오류관리를 위한 제어정보를 포함하는 프로토콜의 기본적 요소는?

① Syntax ② Semantics
③ Timing ④ Synchronize

정답찾기

04 • CSMA/CD(Carrier Sense Multiple Access With Collision Detection, 반송파 감지 다중 접근/충돌 탐지)은 버스형 통신망의 이더넷에서 주로 사용된다. 통신회선이 사용 중이면 일정시간 동안 대기하고 통신회선상에 데이터가 없을 때만 데이터를 송신하며, 송신 중에도 전송로의 상태를 계속 감시한다.
• IEEE 802.3은 CSMA/CD 액세스 제어 방식을 사용하며, 이더넷 표준이다. IEEE 802.11b은 IEEE가 정한 무선 LAN 규격인 IEEE 802.11의 차세대 규격이다.

05 VPN은 전자우편에 사용되는 프로토콜이 아니라, 가상사설망이다.

06 • **허브**: 네트워크 각 단말기를 연결시키는 집선 장치로 일종의 분배기 역할을 한다.
• **리피터**: LAN 영역에서 다른 LAN 영역을 서로 연결하기 위한 목적으로 사용된다.

07 계층 연결 구조는 트리형이며, 인접 형제 노드 간 통신은 부모 노드를 거쳐야만 이루어질 수 있다.

08 메쉬(mesh) 토폴로지는 통신회선이 많고, 그만큼 신뢰성도 매우 높다고 할 수 있다.

09 Wi-Fi는 IEEE 802.11b 표준에 기반을 둔 무선 통신 기술이며, 통신 범위는 셀룰러 통신망에 비해 좁다.

10 **프로토콜 기본 요소**

구문(syntax)	데이터 형식, 부호화, 신호 레벨 등을 규정
의미(semantic)	효율적, 정확한 전송을 위한 개체 간의 전송제어와 에러제어
순서(timing)	접속되는 개체 간의 통신 속도의 조정과 메시지의 순서제어

정답 **04** ① **05** ④ **06** ① **07** ③ **08** ④ **09** ④ **10** ②

11 **다음 중 프로토콜에 대한 설명으로 옳은 것은?**

① 시스템 간 정확하고 효율적인 정보전송을 위한 일련의 절차나 규범의 집합이다.
② 아날로그 신호를 디지털 신호로 변환하는 방법이다.
③ 자체적으로 오류를 정정하는 오류제어방식이다.
④ 통신회선 및 채널 등의 정보를 운반하는 매체를 모델화한 것이다.

제2장 데이터 전송 방식 및 기술

12 **데이터 전송에서 보오(Baud) 속도가 1600[baud]이고 트리비트(tribit)를 사용한다면 bps 속도는 얼마인가?**

① 1600[bps] ② 3200[bps]
③ 4800[bps] ④ 6400[bps]

13 **다음 네트워크 토폴로지(topology) 중 링크의 고장으로 인해 통신 두절이 가장 심하게 발생하는 구조는?**

① 링(ring) ② 메쉬(mesh)
③ 스타(star) ④ 트리(tree)

14 **다중접속(multiple access) 방식에 대한 설명으로 옳지 않은 것은?**

① 코드분할 다중접속(CDMA)은 디지털 방식의 데이터 송수신 기술이다.
② 시분할 다중접속(TDMA)은 대역확산 기법을 사용한다.
③ 주파수분할 다중접속(FDMA)은 할당된 유효 주파수 대역폭을 작은 주파수 영역인 채널로 분할한다.
④ 시분할 다중접속(TDMA)은 할당된 주파수를 시간상에서 여러 개의 조각인 슬롯으로 나누어 하나의 조각을 한 명의 사용자가 사용하는 방식이다.

15 **슬라이딩 윈도우 기법에 대한 설명으로 옳지 않은 것은?**

① 흐름제어와 에러제어를 위한 기법으로 윈도우 크기만큼의 데이터 프레임을 연속적으로 전송할 수 있는 방법이다.
② 윈도우 크기를 지정하여 응답 없이 전송할 수 있는 데이터 프레임의 최대 개수를 제한할 수 있다.
③ 송신측 윈도우는 데이터 프레임을 전송할 때마다 하나씩 줄어들고 응답을 받을 때마다 하나씩 늘어나게 된다.
④ 수신측 윈도우는 데이터 프레임을 수신할 때마다 하나씩 늘어나고 응답을 전송할 때마다 하나씩 줄어들게 된다.

16 **패킷교환 방식과 회선교환 방식에 대한 설명으로 옳지 않은 것은?**

① 패킷교환 방식은 두 호스트 간에 전용 통신 경로가 설정되지 않아도 된다.
② 일반적으로 패킷교환 방식은 회선교환 방식보다 통신선로 사용의 효율성이 낮다.
③ 회선교환 방식은 패킷교환 방식보다 전송 지연이 적다.
④ 기존 유선 전화는 회선교환 방식을 사용한다.

정답찾기

11 아날로그 신호를 디지털 신호로 변환하는 것은 PCM 신호변환기의 역할이다.

통신 프로토콜의 목적
- 네트워크 기능 간의 표준화된 인터페이스 제공
- 네트워크 내의 각 노드에서 수행되는 기능들의 대칭성 제공
- 네트워크 로직에서 일어나는 변경 사항을 예측하고 제어하는 수단을 제공

12 3bit×1600[Baud]=4800bps

13 스타형이나 트리형, 메쉬형은 링크의 고장으로 인한 통신 두절에 크게 영향받지 않지만, 링형은 링크에 고장이 발생하면 통신망 전체가 마비되는 경우도 있다.

14 대역확산기법을 사용하는 것은 코드분할 다중접속(CDMA)이다.

15 수신측 윈도우에 수신된 프레임 개수를 확인하고, 지정된 윈도우 크기만큼 모두 수신되었으면 송신측에 다음 수신 윈도우의 크기를 보내준다.

16 일반적으로 패킷교환 방식은 회선을 공유하는 방식이기 때문에 회선교환 방식에 비해 통신선로 사용의 효율성이 높다.

정답 **11** ① **12** ③ **13** ① **14** ② **15** ④ **16** ②

17 네트워크에서 1비트의 패리티 비트(parity bit)를 사용하여 데이터의 전송 에러를 검출하려 한다. 1바이트 크기의 데이터 A, B, C, D, E 다섯 개를 전송하였다. 그중 두 개의 데이터에서 1비트 에러가 발생하였고 나머지는 정상적으로 전송되었다고 가정하자. 다음 표에서 에러가 발생한 두 개의 데이터는?

데이터 이름	데이터 비트열	패리티 비트
A	01001101	1
B	01110110	1
C	10111000	0
D	11110001	0
E	10101010	0

① A, D
② B, C
③ B, E
④ C, E

제3~4장 프로토콜, 인터넷

18 다음 프로토콜에 관한 설명 중 옳지 않은 것은?

① TCP는 데이터의 흐름과 데이터 전송의 신뢰성을 관리한다.
② IP는 데이터가 목적지에 성공적으로 도달하는 것을 보장한다.
③ TCP/IP는 인터넷에 연결된 다른 기종의 컴퓨터 간에 데이터를 서로 주고받을 수 있도록 한 통신 규약이다.
④ UDP를 사용하면 일부 데이터의 손실이 생길 수 있지만 TCP를 사용할 때보다 빠른 전송을 요구하는 서비스에 사용될 수 있다.

19 다음은 OSI 7계층 중 어떤 계층을 설명한 것인가?

- 순서제어: 정보의 순차적 전송을 위한 프레임 번호 부여
- 흐름제어: 연속적인 프레임 전송 시 수신 여부의 확인
- 프레임 동기: 정보 전송 시 컴퓨터에서 처리가 용이하도록 프레임 단위로 전송

① 세션 계층(Session Layer)
② 데이터 링크 계층(Data Link Layer)
③ 네트워크 계층(Network Layer)
④ 트랜스포트 계층(Transport Layer)

20 데이터 링크 계층(Data link layer)에서 수행하는 기능이 아닌 것은?

① 프레임 기법
② 오류제어(Error control)
③ 흐름제어(Flow control)
④ 연결제어(Connection control)

21 TCP/IP 프로토콜에 대한 설명으로 옳지 않은 것은?

① ARP(Address Resolution Protocol)는 IP 주소를 물리주소로 변환해준다.
② IP는 오류제어와 흐름제어를 통하여 패킷의 전달을 보장한다.
③ TCP는 패킷 손실을 이용하여 혼잡(congestion) 정도를 측정하여 제어하는 기능도 있다.
④ HTTP, FTP, SMTP와 같은 프로토콜은 전송 계층 위에서 동작한다.

22 프로토콜에 대한 설명으로 옳지 않은 것은?

① ARP는 데이터 링크 계층의 프로토콜로 MAC 주소에 대해 해당 IP 주소를 반환해준다.
② UDP를 사용하면 일부 데이터의 손실이 발생할 수 있지만 TCP에 비해 전송 오버헤드가 적다.
③ MIME는 텍스트, 이미지, 오디오, 비디오 등의 멀티미디어 전자우편을 위한 규약이다.
④ DHCP는 한정된 개수의 IP 주소를 여러 사용자가 공유할 수 있도록 동적으로 가용한 주소를 호스트에 할당해준다.

정답찾기

17 홀수 패리티와 짝수 패리티 어떤 것이 쓰였는지를 찾는 문제이다. 데이터 이름 A는 패리티 비트를 포함하여 1의 개수가 총 5개이므로 홀수, B–짝수, C–짝수, D–홀수, E–짝수개이다. 홀수가 2개이고 짝수가 3개 있으며, 문제에서 2개의 오류가 발행한 것이라고 했기 때문에 짝수 패리티를 사용했다고 볼 수 있다.

18 IP는 데이터가 목적지에 성공적으로 도달하도록 하지만 비연결형으로 신뢰성이 낮다. 연결형으로 신뢰성이 높은 것은 TCP이다.

19 데이터 링크 계층은 흐름제어, 오류제어, 순서제어, 프레임 동기 등의 전송 제어 기능을 수행한다.

20 데이터 링크 계층은 오류제어, 순서제어, 프레임 동기, 물리주소 지정, 흐름제어 등을 수행한다.

21 IP는 제어 기능이 부족하며, 비연결형이다. TCP가 연결형으로 여러 가지 제어를 한다.

22 ARP(Address Resolution Protocol)는 네트워크상에서 IP 주소를 MAC 주소로 대응시키기 위해 사용되는 프로토콜이다. ①은 RARP(Reverse ARP)에 대한 설명이다.

정답 **17** ① **18** ② **19** ② **20** ④ **21** ② **22** ①

23 인터넷 접속 장비가 급격히 늘어남에 따라 신규로 할당할 수 있는 IP 주소의 고갈이 예상된다. 다음 중 IP 주소 고갈 문제에 대한 해결방안과 연관이 있는 것을 모두 고른 것은?

> ㄱ. NAT(network address translation)
> ㄴ. IPv6
> ㄷ. DHCP(dynamic host configuration protocol)
> ㄹ. ARP(address resolution protocol)

① ㄱ, ㄹ
② ㄴ, ㄷ
③ ㄱ, ㄴ, ㄷ
④ ㄴ, ㄷ, ㄹ

24 IP 주소에 대한 설명으로 옳지 않은 것은?

① IP 주소는 컴퓨터에 부여된 유일한 주소로서 컴퓨터를 이동하여 다른 네트워크에 접속하여도 항상 이전과 동일한 IP 주소를 사용한다.
② CIDR은 IP 주소 할당 방법의 하나로, 기존 8비트 단위로 통신망부와 호스트부를 구획하지 않는다.
③ IP 버전에 따라 사용되는 주소 표현 형식이 다르다.
④ 자동 주소 설정 시에 사용될 수 있는 프로토콜은 DHCP(dynamic host configuration protocol)이다.

25 OSI 7 계층과 관련된 표준의 연결로 옳지 않은 것은?

① 물리 계층 – RS-232C
② 데이터 링크 계층 – HDLC
③ 네트워크 계층 – X.25
④ 전송 계층 – ISDN

26 OSI 7계층 중 브리지(bridge)가 복수의 LAN을 결합하기 위해 동작하는 계층은?

① 물리 계층
② 데이터 링크 계층
③ 네트워크 계층
④ 전송 계층

27 TCP/IP 프로토콜의 계층과 그 관련 요소의 연결이 옳지 않은 것은?

① 데이터 링크 계층(data link layer) : IEEE 802, Ethernet, HDLC
② 네트워크 계층(network layer) : IP, ICMP, IGMP, ARP
③ 전송 계층(transport layer) : TCP, UDP, FTP, SMTP
④ 응용 계층(application layer) : POP3, DNS, HTTP, TELNET

28 DHCP(Dynamic Host Configuration Protocol)에 대한 설명으로 옳은 것은?

① 자동이나 수동으로 가용한 IP 주소를 호스트(host)에 할당한다.
② 서로 다른 통신규약을 사용하는 네트워크들을 상호 연결하기 위해 통신규약을 전환한다.
③ 데이터 전송 시 케이블에서의 신호 감쇠를 보상하기 위해 신호를 증폭하고 재생하여 전송한다.
④ IP 주소를 기준으로 네트워크 패킷의 경로를 설정하며 다중 경로일 경우에는 최적의 경로를 설정한다.

29 IPv6(Internet Protocol version 6)에 대한 설명으로 옳지 않은 것은?

① 128비트의 IP 주소 크기
② 40바이트의 크기를 갖는 기본 헤더(header)
③ IP 데이터그램의 비트 오류를 검출하기 위해 헤더 체크섬(checksum) 필드가 헤더에 존재한다.
④ 중간 라우터에서는 IP 데이터그램을 조각화(fragmentation)할 수 없다.

정답찾기

23 ARP(address resolution protocol)는 논리적 주소인 IP를 MAC 주소로 변환하는 프로토콜이며 부족한 IP 주소의 해결방안은 아니다.

24 IP 주소는 컴퓨터에 부여된 유일한 주소가 아니라 논리적인 주소이다.

25 • **네트워크 계층** : ISDN 베어러 서비스 계층
• **전 계층** : ISDN 텔리 서비스 계층

26 브리지(bridge)는 네트워크에 있어서 케이블을 통과하는 데이터를 중계하는 기기이며, 데이터 링크 계층의 중계기기이다. 서로 비슷한 MAC 프로토콜을 사용하는 LAN 사이를 연결한다.

27 FTP, SMTP는 전송 계층의 프로토콜이 아니고, 응용 계층의 프로토콜이다.

28 ② 서로 다른 통신규약을 사용하는 네트워크들을 상호 연결하기 위해 통신규약을 전환하는 것은 게이트웨이이다.
③ 데이터 전송 시 케이블에서의 신호 감쇠를 보상하기 위해 신호를 증폭하고 재생하여 전송하는 것은 증폭기이다.
④ IP 주소를 기준으로 네트워크 패킷의 경로를 설정하며 다중 경로일 경우에는 최적의 경로를 설정하는 것은 라우터이다.

29 데이터 링크 계층에서 비트 오류를 줄이기 위한 체크섬이 행해지기 때문에 IPv6의 헤더에서 데이터그램의 비트 오류를 검출하기 위한 헤더 체크섬 필드는 생략되었다.

정답 23 ③ 24 ① 25 ④ 26 ② 27 ③ 28 ① 29 ③

30 **다음 용어에 대한 설명으로 옳지 않은 것은?**

① 텔넷(TELNET)은 사용자가 원격지 호스트에 연결하여 이를 자신의 로컬 호스트처럼 사용하는 프로토콜이다.
② SNMP는 일반 사용자를 위한 응용프로토콜이 아니고, 망을 관리하기 위한 프로토콜이다.
③ 텔넷(TELNET), FTP, SMTP 등은 TCP/IP의 응용 계층에 속하는 대표적인 프로토콜이다.
④ TCP/IP 프로토콜 중에서 UDP는 비연결형 데이터 전송방식을 사용하여 신뢰도가 높은 데이터 전송에 사용된다.

31 **서브넷 마스크(subnet mask)를 255.255.255.224로 하여 한 개의 C클래스 주소 영역을 동일한 크기의 8개 하위 네트워크로 나누었다. 분할된 네트워크에서 브로드캐스트를 위한 IP 주소의 오른쪽 8비트에 해당하는 값으로 옳은 것은?**

① 0　　② 64
③ 159　　④ 207

32 **컴퓨터 그래픽에서 벡터(vector) 방식의 이미지에 대한 설명으로 옳지 않은 것은?**

① 직선과 도형을 이용하여 이미지를 구성한다.
② 색상의 미묘한 차이를 표현하기 용이하여 풍경이나 인물 사진에 적합하다.
③ 이미지 용량은 오브젝트의 수와 수학적인 함수의 복잡도에 따라 정해진다.
④ 이미지를 확대·축소하더라도 깨짐이나 변형이 거의 없다.

정답찾기

30 UDP는 비연결형 데이터 전송방식을 사용하며, 신뢰성을 보장하지 않는다.

31 • 서브넷 마스크(Subnet Mask)는 커다란 네트워크를 서브넷으로 나눠주는 네트워크의 중요한 방법 중 하나이다. 브로드캐스트의 단점을 보완하기 위한 방법으로 할당된 IP 주소를 네트워크 환경에 알맞게 나누어주기 위해 만들어지는 이진수의 조합이다.
• 8개 하위 네트워크로 나누기 위해 3비트가 필요하며, 오른쪽 8비트에서 하위 5비트가 모두 1인 경우는 8가지이다(00011111, 00111111, 01011111, 01111111, 10011111, 10111111, 11011111, 11111111). 즉, (31, 63, 95, 127, 159, 191, 223, 255)이다.

32 색상의 미묘한 차이를 표현하기 위해서는 해상도가 중요하기 때문에 오히려 풍경이나 인물 사진에는 비트맵 방식이 적합하다.

정답　30 ④　31 ③　32 ②

Part

03

운영체제

Chapter 01 운영체제의 개요

제1절 운영체제의 개념

1 운영체제의 정의

(1) 컴퓨터의 제한된 각종 자원을 효율적으로 관리·운영함으로써 사용자에게 편리성을 제공하고자 하는 인간과 컴퓨터 사이의 인터페이스를 위한 시스템 소프트웨어이다.

(2) 컴퓨터시스템의 모든 부분(소프트웨어, 하드웨어)을 제어하는 프로그램으로서 그 시스템에서 제공하는 기능을 사용할 수 있게 하는 소프트웨어이다.

(3) 일반적으로 컴퓨터에서 항상 수행되는 프로그램(커널)이며, 그 외 모든 프로그램은 응용 프로그램이라 할 수 있다.

2 운영체제의 역할

(1) 사용자와의 인터페이스를 정의

(2) 사용자들 간에 하드웨어를 공동으로 사용 가능

(3) 사용자들 간에 데이터를 공유

(4) 사용자들 간의 자원 스케줄링

(5) 다른 사용자와의 간섭 배제

(6) 입출력에 대한 용이성 제공(입출력 보조 역할)

(7) 오류의 복구

(8) 자원 사용의 평가

(9) 병렬연산에 대한 용이성 제공

(10) 보안 및 빠른 액세스를 위한 데이터의 조직화

(11) 네트워크 통신 처리

❸ 운영체제의 구성

1. 제어 프로그램(Control Program)

컴퓨터 전체의 동작 상태를 감시, 제어하는 기능을 수행하는 프로그램을 말한다.

(1) 감시 프로그램

제어 프로그램의 중추적 기능을 담당하는 프로그램으로서 처리 프로그램의 실행 과정과 시스템 전체의 동작 상태를 감독하고 지원하는 프로그램이다.

(2) 데이터 관리 프로그램

컴퓨터에서 취급하는 각종 파일과 데이터를 표준적인 방법으로 처리할 수 있도록 관리하는 프로그램 그룹을 의미하고 주기억장치와 보조기억장치 사이의 데이터 전송, 파일의 조직 및 활용, 입출력 데이터와 프로그램 논리의 연결 등을 담당한다.

(3) 작업 관리 프로그램

어떤 업무를 처리하고 다른 업무를 자동적으로 이동하기 위한 준비 및 그 완료 처리를 담당하는 기능을 수행한다.

(4) 통신제어

통신 회선을 경유하는 터미널과 중앙의 컴퓨터 사이에서 데이터를 주고받는 경우라든가 또는 컴퓨터에서의 데이터를 송수신하는 경우에 사용되는 프로그램이다.

2. 처리 프로그램(Processing Program)

제어 프로그램의 감시하에 특정 문제를 해결하기 위한 데이터 처리를 담당하는 프로그램을 말한다.

(1) 언어번역 프로그램

컴퓨터 언어로 작성된 프로그램을 시스템이 이해할 수 있는 기계어로 바꾸어주는 프로그램으로 컴퓨터 언어의 종류에 따라 각각의 언어번역 프로그램을 갖고 있다.

(2) 서비스 프로그램

컴퓨터 사용에 있어 공통으로 사용빈도가 높은 기능을 미리 프로그램으로 작성하여 사용자에게 제공함으로써 사용자의 시간 및 노력을 경감시키고 업무처리의 능률을 향상시킬 수 있다.

(3) 사용자 프로그램

사용자가 업무상의 문제를 컴퓨터로 처리하기 위해서 작성한 프로그램이다.

❹ 운영체제의 발전

구분	특징
제0세대 (1940년대)	① 운영체제 부재 ② 기계어 사용
제1세대 (1950년대)	① IBM 701(운영체제 효시) ② 작업 간의 원활한 변환 ③ 버퍼링, 스풀링, 일괄처리 시스템
제2세대 (1960년대 초기)	① 고급언어로 운영체제 작성 ② 장치 독립성 ③ 다중 프로그래밍, 다중 처리, 시분할 시스템
제3세대 (1960년대 중반~1970년대 중반)	① IBM 360 시리즈, 유닉스 ② 범용 시스템 ③ 다중 모드 시스템
제4세대 (1970년대 중반~1980년대)	① 네트워크 시스템 ② 정보의 안전관리 문제 대두, 암호화 주목 ③ 개인용 컴퓨터
제5세대 (1990년대~현재)	① 지식기반 시스템 ② 분산 컴퓨팅 ③ 인공지능의 실현

제2절 운영체제의 구조와 분류

❶ 운영체제의 5계층 구조

계층	특징
프로세서 관리(계층1)	동기화 및 프로세서 스케줄링 담당
메모리 관리(계층2)	메모리의 할당 및 회수 기능을 담당
프로세스 관리(계층3)	프로세스의 생성 및 제거, 메시지 전달, 시작과 정지 등의 작업
주변장치 관리(계층4)	주변장치의 상태파악과 입출력장치의 스케줄링
파일(정보) 관리(계층5)	파일의 생성과 소멸, 파일의 열기와 닫기, 파일의 유지 및 관리 담당

2 운영체제의 분류

(1) 단일 프로그래밍 시스템(Single-programming System)

① 하나의 실행 프로그램이 컴퓨터시스템 전체를 독점적으로 사용하도록 설계된 시스템이다.
② 하나의 프로그램이 주기억장치, 중앙처리장치, 프린터 등 자원 전부를 독점적으로 사용한다.

(2) 다중 프로그래밍 시스템(Multi-programming System)

① 독립된 두 개 이상의 프로그램이 동시에 수행되도록 중앙처리장치를 각각의 프로그램들이 적절한 시간 동안 사용할 수 있도록 스케줄링하는 시스템이다.
② 중앙처리장치가 대기상태에 있지 않고 항상 작업을 수행할 수 있도록 만들어 중앙처리장치의 사용 효율을 향상시킨다.

(3) 다중 처리 시스템(Multi-processing System)

① 거의 비슷한 능력을 가진 두 개 이상의 처리기가 하드웨어를 공동으로 사용하여 자신에게 맡겨진 일을 동시에 수행하도록 하는 시스템이다.
② 대량 데이터를 신속히 처리해야 하는 업무, 또는 복잡하고 많은 시간이 필요한 업무처리에 적합한 구조를 지닌 시스템이다.

(4) 일괄 처리 시스템(Batch processing System)

① 사용자들의 작업 요청을 일정한 분량이 될 때까지 모아서 한꺼번에 처리하는 시스템이다.
② 작업을 모아서 처리하여 초기 시스템의 작업 준비 시간(setup time)을 줄일 수 있다.
③ 경비가 적게 든다는 장점이 있지만 생산성이 떨어진다는 단점이 있다.

(5) 시분할 처리 시스템(Time Sharing System ; TSS)

① 중앙처리장치의 스케줄링 및 다중프로그램 방법을 이용하여 컴퓨터 사용자가 자신의 단말기 앞에서 컴퓨터와 대화식으로 사용하도록 각 사용자에게 컴퓨터 이용시간을 분할하는 방법이다.
② 각 사용자들에게 중앙처리장치에 대한 일정 시간(time slice)을 할당하여 주어진 시간 동안 직접 컴퓨터와 대화 형식으로 프로그램을 수행할 수 있도록 만들어진 시스템으로, 라운드로빈 방식이라고도 불린다.
③ 동시에 다수의 작업들이 기억장치에 상주하므로 기억장치를 관리해야 하고 중앙처리장치의 스케줄링 기능도 제공해야 하므로 복잡한 구조를 가진다.

(6) 분산 처리 시스템(Distributed Processing System)

① 복수 개의 처리기가 하나의 작업을 서로 분담하여 처리하는 방식의 시스템이다.
② 분산 처리 시스템의 목적 : 자원 공유, 연산속도 증가, 신뢰성 향상, 통신

(7) 실시간 처리 시스템(Real-Time System)

① 데이터가 발생하는 즉시 처리하는 시스템이다.
② 실시간 시스템은 입력되는 작업이 제한 시간을 갖는 경우가 있는 시스템을 의미한다.
③ 요구된 작업에 대하여 지정된 시간 내에 처리함으로써 신속한 응답이나 출력을 보장하는 시스템이다.

3 버퍼링과 스풀링

입출력장치의 느린 속도를 보완하기 위해 이용되는 방법이다.

(1) 버퍼링(Buffering)

① 한 개의 작업에 대해 CPU 작업과 I/O 작업으로 분할하여 동시에 수행한다.

② 주기억장치를 사용한다.

③ CPU의 효율을 높이는 방식으로 버퍼를 2개 또는 그 이상 사용하는 방식을 이용하여 버퍼링 효과를 높일 수 있다.

(2) 스풀링(SPOOLing ; Simulation Peripheral Operation On Line)

① 여러 개의 작업에 대해서 CPU 작업과 I/O 작업으로 분할하여 동시에 수행한다.

② 보조기억장치를 사용한다.

Chapter 02 프로세스 관리

제1절 프로세스의 개념

❶ 프로세스

1. 프로세스의 정의

(1) 프로세스는 컴파일된 프로그램이 메모리에 load되어 실행되는 일련의 명령어들의 집합이다.

(2) 현재 실행 중이거나 곧 실행이 가능한 PCB를 가진 프로그램이다.

(3) 시스템의 작업 단위로 프로그램에 입출력 상태를 결합한 형태이며, 중앙처리장치에 의해 수행되는 시스템 및 사용자 프로그램을 프로세스라고 한다.

(4) 프로그램은 수동적 개체(passive entity)이고, 프로세스는 능동적 개체(active entity)로서 프로세스의 실행은 순차적으로 실행되어야 한다.

2. 프로세스의 특징

(1) 우선순위: 우선순위 지정이 가능해야 한다.

(2) 상태의 전이: 상황에 따른 상태 전이가 수행되어야 한다.

(3) 다중 사용자 컴퓨터시스템에서 사용자 요구 처리의 핵심이다.

(4) 자원 할당, 지정된 연산 수행, 프로세스 간 통신 수행이 가능해야 한다.

3. 프로세스의 상태도

프로세스 상태 전이도

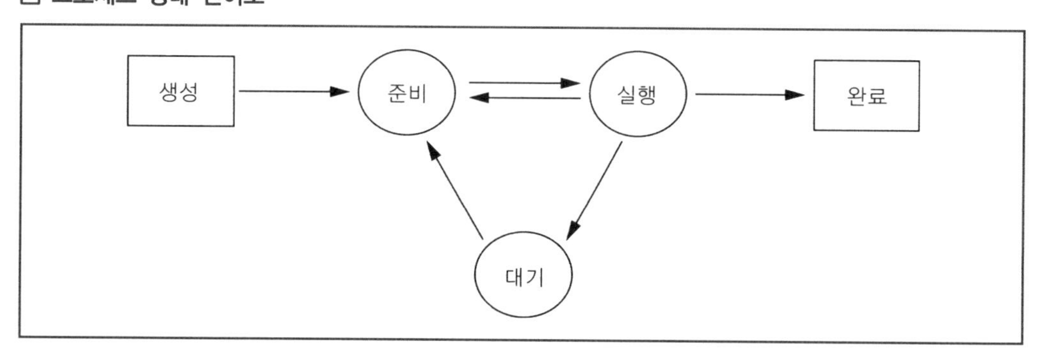

(1) **생성(New) 상태**: 작업이 제출되어 스풀 공간에 수록

(2) **준비(Ready) 상태**: 중앙처리장치가 사용 가능한(할당할 수 있는) 상태

(3) **실행(Running) 상태**: 프로세스가 중앙처리장치를 차지(프로세스를 실행)하고 있는 상태

(4) **대기(Block) 상태**: I/O와 같은 사건으로 인해 중앙처리장치를 양도하고 I/O 완료 시까지 대기 큐에서 대기하고 있는 상태

(5) **완료(Exit) 상태**: 중앙처리장치를 할당받아 주어진 시간 내에 수행을 종료한 상태

4. 프로세스의 상태 전환

(1) Dispatch(**준비상태 → 실행상태**): 준비 상태의 프로세스들 중에서 우선순위가 가장 높은 프로세스를 선정하여 중앙처리장치를 할당함으로써 실행상태로 전환

(2) Timer runout(**실행상태 → 준비상태**): 중앙처리장치의 지정된 할당 시간을 모두 사용한 프로세스를 다른 프로세스를 위해 다시 준비상태로 전환

(3) Block(**실행상태 → 대기상태**): 실행 중인 프로세스가 입출력 명령을 만나면 입출력 전용 프로세서에게 중앙처리장치를 스스로 양도하고 자신은 대기상태로 전환

(4) Wake up(**대기상태 → 준비상태**): 입출력 완료를 기다리다가 입출력 완료 신호가 들어오면 대기 중인 프로세스는 준비상태로 전환

5. 프로세스 제어 블록(PCB; Process Control Block)

(1) 프로세스 제어 블록의 개념

① 프로세스는 운영체제 내에서 프로세스 제어 블록이라 표현하며, 작업 제어 블록이라고도 한다.

② 프로세스를 관리하기 위해 유지되는 데이터 블록 또는 레코드의 데이터 구조이다.

③ 프로세스 식별자, 프로세스 상태, 프로그램 카운터 등의 정보로 구성된다.

④ 프로세스 생성 시 만들어지고 메인 메모리에 유지, 운영체제에서 한 프로세스의 존재를 정의한다.

⑤ 프로세스 제어 블록의 정보는 운영체제의 모든 모듈이 읽고 수정 가능하다.

(2) 프로세스 제어 블록의 정보

① **프로세스 식별자**: 각 프로세스에 대한 고유 식별자 지정

② **프로세스 현재 상태**: 생성, 준비, 실행, 대기, 중단 등의 상태 표시

③ **프로그램 카운터**: 프로그램 실행을 위한 다음 명령의 주소 표시

④ **레지스터 저장 영역**: 누산기, 인덱스 레지스터, 범용 레지스터, 조건 코드 등에 관한 정보로 컴퓨터 구조에 따라 수나 형태가 달라진다.

⑤ **프로세서 스케줄링 정보**: 프로세스의 우선순위, 스케줄링 큐에 대한 포인터, 그 외 다른 스케줄 매개변수를 가진다.

⑥ **계정 정보**: 프로세서 사용시간, 실제 사용시간, 사용 상한 시간, 계정 번호, 작업 또는 프로세스 번호 등
⑦ **입출력 상태 정보**: 특별한 입출력 요구 프로세스에 할당된 입출력장치, 개방된(Opened) 파일의 목록 등
⑧ **메모리 관리 정보**: 메모리 영역을 정의하는 하한 및 상한 레지스터(경계 레지스터) 또는 페이지 테이블 정보

6. 실행 유형에 따른 프로세스 종류

(1) 운영체제 프로세스

① 커널 프로세스 또는 시스템 프로세스라 불린다.
② 프로세스 실행 순서 제어, 사용하고 있는 프로세스가 다른 사용자나 운영체제 영역을 침범하지 못하게 감시하는 기능을 담당한다.
③ 사용자 프로세스 생성, 입출력 프로세스 등 시스템 운영에 필요한 작업을 수행한다.

(2) 사용자 프로세스: 사용자 코드 수행

(3) 병행 프로세스

프로세스 여러 개가 동시에 실행되며, 독립 프로세스와 협동 프로세스로 구분된다.

① 독립 프로세스
㉠ 프로세스 여러 개가 병행하여 수행 시 주어진 초기값에 따라 항상 같은 결과를 보여준다.
㉡ 서로 독립적으로 실행되어 다른 프로세스에 영향을 받지 않고, 데이터를 공유하지 않는다.

② 협동 프로세스
㉠ 다른 프로세스에 영향을 주거나 다른 프로세스에 의해 영향을 받는다.
㉡ 컴퓨터시스템의 제한된 자원을 공유하는 프로세스들이 통제되어 상호 작용해야 하는 경우 발생한다.
㉢ 서로 협동해야 하는 경우, 통신을 위한 수단과 동기화 기능이 필요하다.

7. 스레드(Thread)

(1) 스레드의 특징

① 프로세스의 구성은 제어흐름 부분(실행 부분)과 실행 환경 부분으로 분리할 수 있으며, 스레드는 프로세스의 실행 부분을 담당하여 실행의 기본 단위가 된다.
② 입출력 자원의 할당에는 관계하지 않고, 중앙처리장치 스케줄링의 단위로만 사용되는 경량 프로세스이다.
③ 프로세서를 사용하는 기본 단위이며, 명령어를 독립적으로 실행할 수 있는 하나의 제어 흐름이다.
④ 프로세스와 마찬가지로 스레드들도 중앙처리장치를 공유하며, 한순간에 오직 하나의 스레드만이 수행을 한다.
⑤ 프로세스 스케줄링에 따른 프로세스 문맥교환(Context Swiching)의 부담을 줄여서 성능을 향상시키기 위한 프로세스의 다른 표현 방식이라 할 수 있다.

(2) 단일 스레드와 다중 스레드 모델

① 단일 스레드 프로세스 모델

프로세스를 하나의 스레드, 스레드가 가진 레지스터와 스택으로 표현된다.

② 다중 스레드 프로세스 모델

㉠ 프로세스를 각각의 스레드가 고유의 레지스터, 스택으로 표현하고 프로세스 주소 영역을 모든 스레드가 공유한다.

㉡ 프로세스의 모든 스레드는 해당 프로세스의 자원과 상태를 공유하고 같은 주소 공간에 존재하며 동일한 데이터에 접근한다.

㉢ 다중 스레드의 장점: 응답성, 자원공유, 경제성, 다중 처리기 구조의 활용

단일 스레드와 다중 스레드

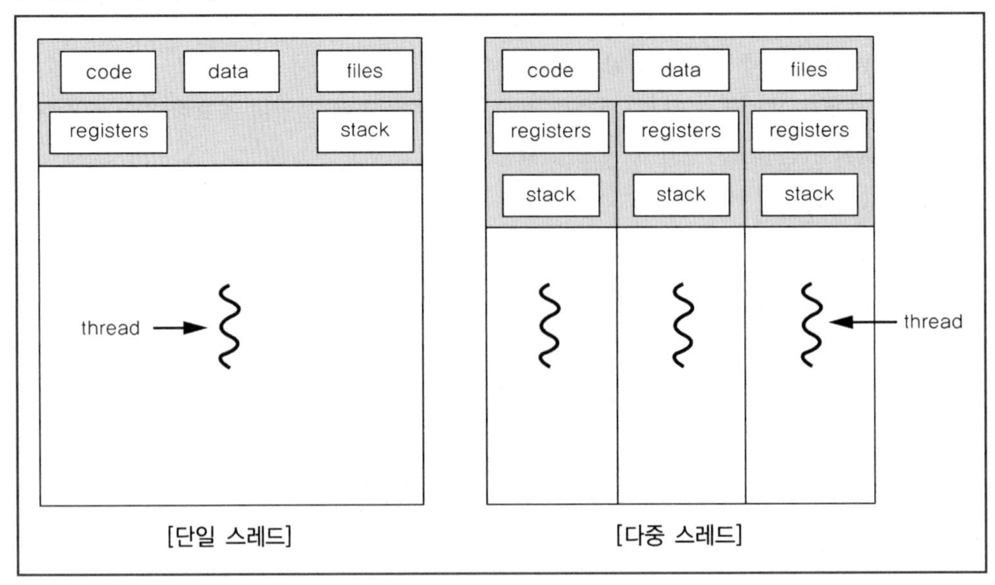

(3) 스레드의 구현

① 사용자 수준 스레드

㉠ 커널 스레드를 지원하지 않는 운영체제에서 사용한다.

㉡ 사용자 수준 스레드는 여러 개가 커널 스레드(프로세스) 하나로 매핑되는 방식이다.

㉢ 다중 스레드 프로세스에 대해 프로세서(실행 문맥) 하나를 할당하므로 다대일 스레드 매핑이라고 부른다.

㉣ 사용자 수준(공간)에서 스레드 관리가 효율적으로 이루어지므로 스레드와 관련된 모든 과정을 응용 프로그램이 수행한다.

㉤ 커널과 상관없이 다양한 목적의 응용 프로그램이나 언어 인터페이스의 요구에 적용할 수 있는 융통성을 가진다.

② 커널 수준 스레드

㉠ 커널 수준 스레드는 사용자 수준 스레드의 한계를 극복하는 방법으로, 커널이 스레드와 관련된 모든 작업을 관리한다.

㉡ 한 프로세스에서 다수의 스레드가 프로세서를 할당받아 병행으로 수행하고, 스레드 한 개가 대기 상태가 되면 동일한 프로세스에 속한 다른 스레드로 교환이 가능하다.

③ 혼합형 스레드

㉠ 혼합형 스레드는 사용자 수준 스레드와 커널 수준 스레드를 혼합한 구조이다.

㉡ 시스템 호출을 할 때 다른 스레드를 중단하는 다대일 매핑의 사용자 수준 스레드와 스레드 수를 제한하는 일대일 매핑의 커널 수준 스레드 문제를 극복하는 방법이다.

8. 병행 프로세스

(1) 병행 프로세스의 기본

① 병행 프로세스는 프로세스 여러 개가 동시에 수행 상태에 있는 것을 말한다.

② 병행 프로세스 사이에서 발생하는 상호작용이 성공할 수 있도록 아래에 있는 여러 문제가 해결되어야 한다.

㉠ 공유자원을 배타적으로 사용해야 한다.

㉡ 프로세스 사이에 데이터 교환을 위한 통신이 이루어져야 한다.

㉢ 교착 상태를 해결해야 한다.

㉣ 프로세스들 사이에 동기화가 이루어져야 한다.

㉤ 수행과정에서 상호 배제를 보장해야 한다.

(2) 상호 배제와 동기화

① 임계(Critical) 영역

㉠ 두 개 이상의 프로세스들이 공유할 수 없는 자원을 임계자원이라 하는데, 이 자원을 이용하는 부분을 임계영역이라 한다.

㉡ 한순간에 반드시 단 하나의 프로그램만이 임계영역에 허용된다.

㉢ 임계영역 내에서는 반드시 빠른 속도로 수행되어야 하며, 무한루프에 빠지지 않아야 한다.

② 세마포어(Semaphore)

㉠ Dijkstra에 의해 제안되었으며, 상호 배제를 해결하기 위한 새로운 동기 도구라 할 수 있다.

㉡ 세마포어에서 플래그로 사용되는 변수는 음의 값이 아닌 정수를 갖는다.

㉢ 세마포어의 동작

- P : 검사 (Proberen), V : 증가 (Verhogen)

㉣ 이진 세마포어와 계수형 세마포어가 있다.

③ 모니터

㉠ 상호 배제를 구현하기 위한 고급 동기화 도구로 세마포어와 비슷한 역할을 한다.

㉡ 모니터 안에서 정의된 프로시저는 모니터의 지역 변수와 매개변수만 접근할 수 있다.

㉢ 모니터의 구조는 한순간에 하나의 프로세스만 모니터 안에서 활동하도록 보장해 준다.

제2절 프로세스 스케줄링

❶ 스케줄링(Scheduling) 개요

(1) 프로세스들에게 컴퓨터 자원(CPU, 기억장치, 주변장치 등)을 적절히 할당해주는 작업이다.

(2) 스케줄링은 다중프로그래밍을 가능하게 하는 운영체제의 기본으로, CPU 할당을 원활하게 하여 컴퓨터시스템의 생산성을 향상시킬 수 있다.

❷ 스케줄링의 종류

(1) 장기 스케줄링(Long-term Scheduler)

① 작업 스케줄링, 상위 스케줄링이라고도 하며, 작업 스케줄러에 의해서 수행된다.

② 어느 작업을 개시하여 시스템 자원을 이용하게 할 것인가를 장기 스케줄링에 의해 결정된다.

③ 장기 스케줄링은 몇 분 또는 그 이상의 시간 단위로 발생하기 때문에 수행시간이 가장 오래 걸린다.

(2) 중기 스케줄링(Mid-term Scheduler)

① 중기 스케줄러에 의해서 수행된다.

② 형성된 프로세스들 또는 프로세스 그룹에서 어느 것을 활성화시키고, 보류할 것인가를 중기 스케줄링에 의해 결정된다.

③ 시스템에서 단기적인 부하를 조절하는 버퍼 역할을 한다.

(3) 단기 스케줄링(Short-term Scheduler)

① 프로세스 스케줄링이라고도 하며, 프로세스 스케줄러에 의해서 수행된다.

② 활성화된 프로세스는 단기 스케줄링에 의해서 디스패치되어 실행상태로 전이되거나 실행상태의 프로세스는 선점이나 시간초과로 활성화된 프로세스로 전이된다.

③ 프로세스 대기리스트에 있는 프로세스들 중에서 어느 프로세스에게 프로세서를 할당할 것인가를 결정한다.

❸ 프로세스 스케줄링 목적

(1) 모든 프로세스에게 자원(CPU, 기억장치, 주변장치)을 공정히 할당한다.

(2) 프로세서(CPU) 사용률을 증가시켜, 시간당 프로세스 처리량을 최대화한다.

(3) CPU 낭비시간을 줄이고, 프로세스를 실행하는 시간을 증가시킨다.

(4) 프로세스 우선순위(Priority)를 부여하여 우선순위가 높은 프로세스를 먼저 수행한다.

(5) 시스템 내의 자원을 사용하지 않는 시간이 없도록 유지해야 한다.

4 스케줄링의 방법별 분류

(1) 비선점형 기법

① 프로세스가 프로세서를 점유하면, 다른 프로세스는 현재 프로세스를 중단시킬 수 없는 기법이다.

② 프로세스가 프로세서를 할당받으면, 프로세스가 완료될 때까지 프로세서를 사용한다.

③ 모든 프로세스에 대한 공정한 처리가 가능하며, 일괄처리에 적합하다.

(2) 선점형 기법

① 프로세스가 프로세서를 점유하면, 다른 프로세스는 현재 프로세스를 중단시킬 수 있는 기법이다.

② 우선순위가 높은 프로세스들을 처리할 때 유용하며, 대화식 시분할처리에 적합하다.

③ 선점으로 인해 많은 오버헤드를 발생시킨다.

5 비선점형(Non Preemptive) 스케줄링 기법

1. FCFS 기법

(1) 가장 대표적인 비선점형 스케줄링 기법이다.

(2) 대기리스트에 가장 먼저 도착한 프로세스 순서대로 CPU를 할당하므로, 알고리즘이 간단하고, 구현하기 쉽다.

◎ **FCFS 평균 반환시간**

프로세스	실행시간	도착시간
A	4	0
B	3	2
C	2	1

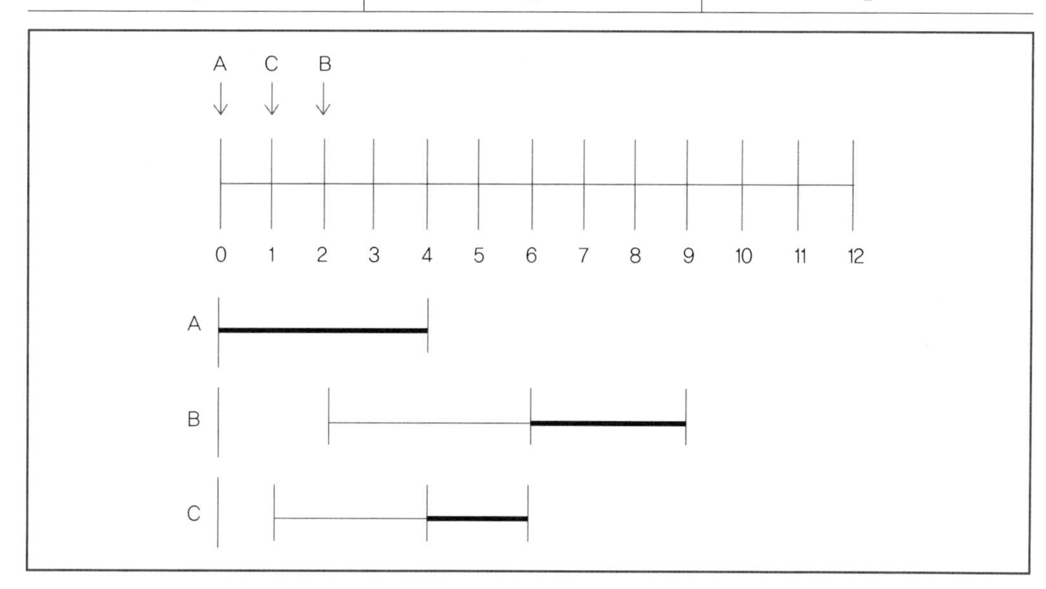

• 평균 실행시간 = (4 + 3 + 2) / 3 = 3
• 평균 대기시간 = (0 + 4 + 3) / 3 = 2.33…
• 평균 반환시간 = 3 + 2.33… = 5.33…

2. SJF(Shortest Job First)

(1) FCFS를 개선한 기법으로, 대기리스트의 프로세스들 중 작업이 끝나기까지의 실행시간 추정치가 가장 작은 프로세스에 CPU를 할당한다.

(2) FCFS보다 평균 대기시간이 작지만, 실행시간이 긴 작업의 경우 FCFS보다 대기시간이 더 길어진다.

◎ **SJF 평균 반환시간**

프로세스	실행시간	도착시간
A	5	0
B	3	2
C	4	1

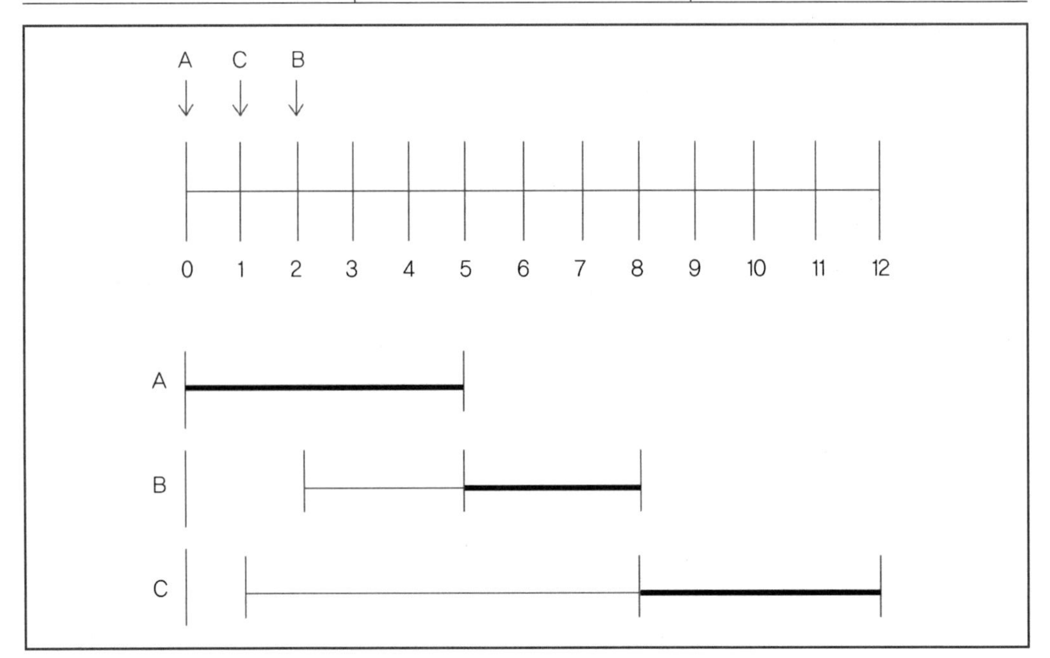

• 평균 실행시간 = (5 + 3 + 4) / 3 = 4
• 평균 대기시간 = (0 + 3 + 7) / 3 = 3.33…
• 평균 반환시간 = 4 + 3.33… = 7.33…

3. HRN(Highest Response Next)

(1) SJF의 단점인 실행시간이 긴 프로세스와 짧은 프로세스의 지나친 불평등을 보완한 기법이다.

(2) 대기시간을 고려하여 실행시간이 짧은 프로세스와 대기시간이 긴 프로세스에게 우선순위를 높여준다

(3) 우선순위 계산식에서 가장 큰 값을 가진 프로세스를 스케줄링한다.

우선순위 = (대기시간 + 서비스 받을 시간) / 서비스 받을 시간

◎ **HRN 평균 반환시간**

프로세스	실행시간	도착시간
A	5	0
B	3	1
C	2	2

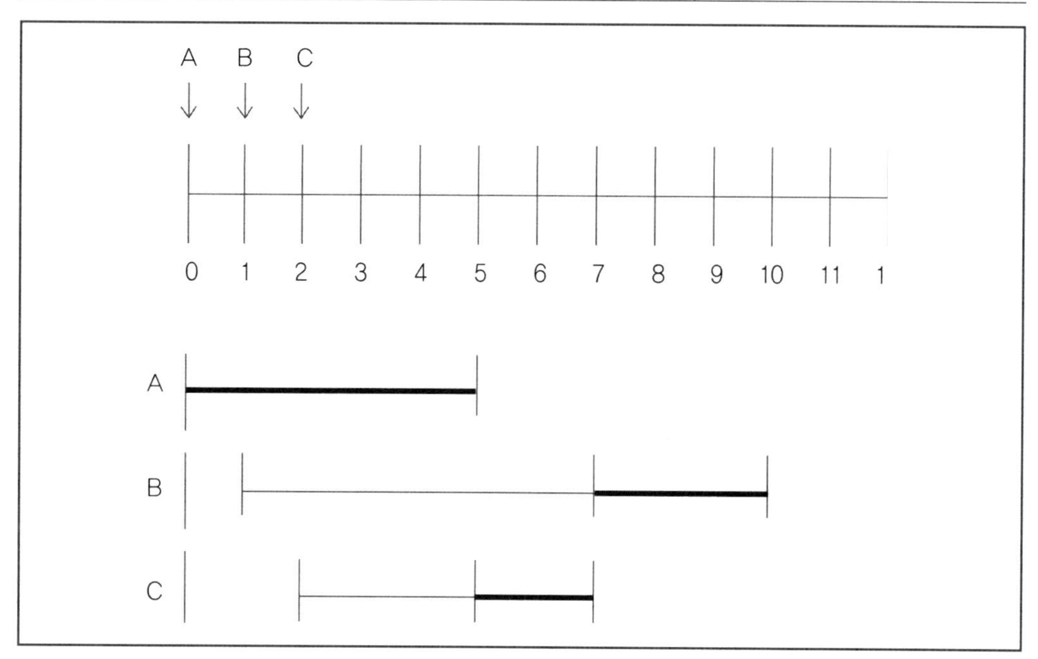

- 평균 실행시간 = (5 + 3 + 2) / 3 = 3.33…
- 평균 대기시간 = (0 + 6 + 3) / 3 = 3
- 평균 반환시간 = 3.33… + 3 = 6.33…

6 선점형(Preemptive) 스케줄링 기법

1. RR(Round Robin, 라운드 로빈)

(1) FCFS를 선점형 스케줄링으로 변형한 기법이다.

(2) 대화형 시스템에서 사용되며, 빠른 응답시간을 보장한다.

(3) RR은 각 프로세스가 CPU를 공평하게 사용할 수 있다는 장점이 있지만, 시간 할당량의 크기는 시스템의 성능을 결정하므로 세심한 주의가 필요하다.

◎ **RR 평균 반환시간(시간 할당량 : 3)**

프로세스	실행시간	도착시간
A	4	0
B	3	2
C	2	1

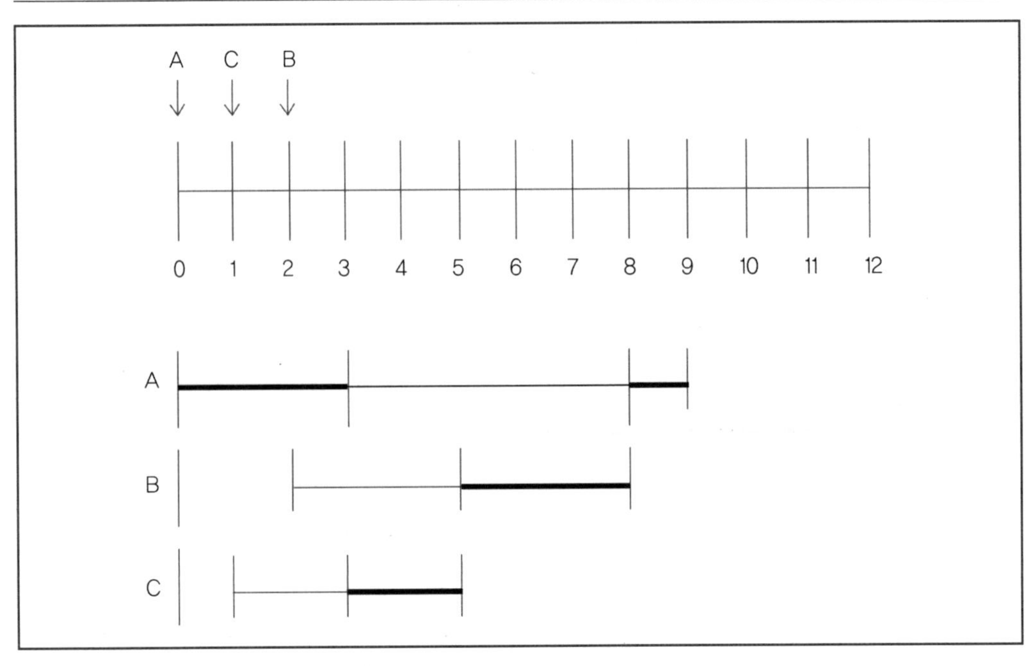

- 평균 실행시간 = (4 + 3 + 2) / 3 = 3
- 평균 대기시간 = (5 + 3 + 2) / 3 = 3.33…
- 평균 반환시간 = 3 + 3.33… = 6.33…

2. SRT(Shortest Remaining Time)

(1) SJF를 선점형 스케줄링으로 변형한 기법이다.

(2) 대기리스트의 모든 프로세스의 잔여 실행시간을 실시간으로 알아야 하므로, 오버헤드가 증가한다.

◎ SRT 평균 반환시간

프로세스	실행시간	도착시간
A	5	0
B	2	2
C	3	1

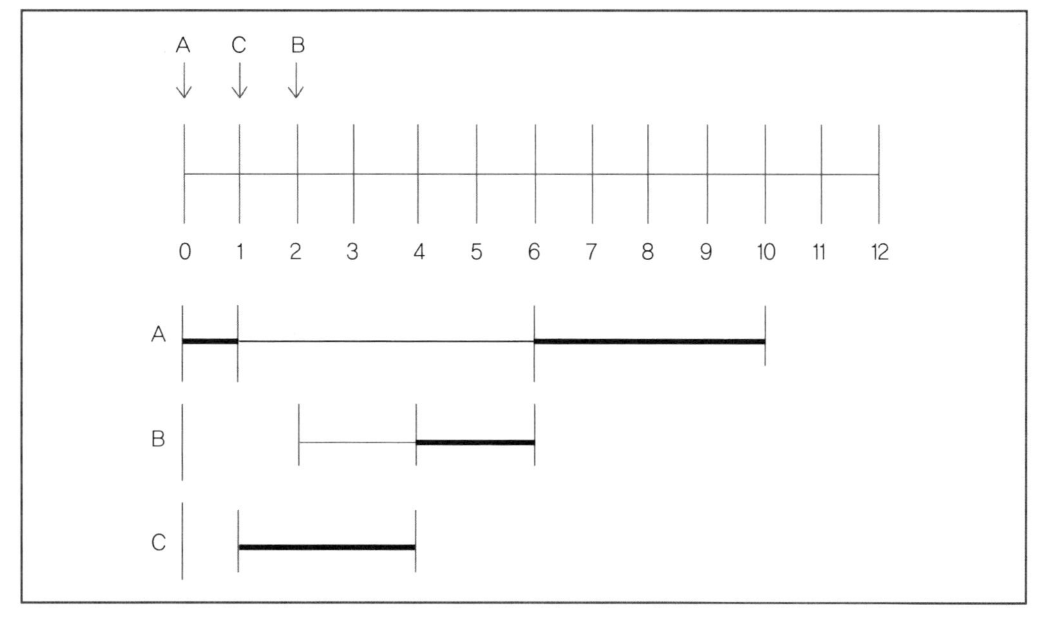

- 평균 실행시간 = (5 + 2 + 3) / 3 = 3.33…
- 평균 대기시간 = (5 + 2 + 0) / 3 = 2.33…
- 평균 반환시간 = 3.33… + 2.33… = 5.66…

3. MLQ(Multi-level Queue, 다단계 큐)

(1) MLQ는 여러 종류의 대기리스트를 준비하고, 작업 유형별로 프로세스를 분류하여 대기리스트에 입력한다.

(2) 우선순위에 따라 시스템, 대화형, 편집, 시스템 배치, 사용자 배치 프로세스로 구분하고, 대기리스트를 상위, 중위, 하위 단계로 배치한다.

(3) MFQ(다단계 피드백 큐)와 달리 대기리스트 간 프로세스 이동은 불가능하다.

4. MFQ(Multi-level Feedback Queue, 다단계 피드백 큐)

(1) MFQ는 우선순위를 갖는 여러 대기리스트를 준비하고 수행시간이 긴 프로세스일수록 낮은 우선순위를 갖도록 조정하여 낮은 우선순위 대기리스트로 이동시키는 스케줄링 기법이다.

(2) MLQ와 MFQ는 여러 대기리스트를 사용한다는 점에서 유사하지만 여러 대기리스트를 분류하는 기준이 다른데, MLQ는 프로세스 특성에 따라 대기리스트를 분류하지만 MFQ는 프로세스 처리시간을 기준으로 대기리스트를 분류한다.

제3절 교착상태

❶ 교착상태(Deadlock) 개요

(1) 다중 프로그래밍 환경에서는 프로세스가 필요한 모든 자원을 점유해야 작업을 수행할 수 있으며, 모든 프로세스는 공유자원을 점유하기 위해 경쟁 상태에 있다.

(2) 둘 이상의 프로세스가 자원을 공유한 상태에서, 서로 상대방의 작업이 끝나기만을 무한정 기다리는 현상이다.

❷ 교착상태 4대 발생조건

(1) 상호배제(Mutual Exclusion)

① 다중프로그래밍 시스템에서는 제한된 공유자원의 효율적 사용을 위해 상호 배제를 유지해야 한다.

② 상호 배제는 여러 프로세스를 동시에 처리하기 위해 공유자원을 순차적으로 할당하면서 동시에 접근하지 못하므로, 한 번에 하나의 프로세스만이 자원을 사용할 수 있다.

(2) 점유와 대기(Hold & Wait)

① 하나의 프로세스만 실행된다면, 모든 자원을 점유한 상태에서 실행하여 교착상태가 발생되지 않지만, 시스템 성능이 떨어지게 된다.

② 다중프로그래밍 시스템에서는 시스템 성능을 향상시키기 위해 여러 프로세스를 동시에 운영하면서 공유자원을 순차적으로 할당해야 하므로, 어느 하나의 프로세스가 자원을 점유하면서 다른 프로세스에게 할당된 자원을 차지하기 위해 대기해야 한다.

(3) 비선점(Non Preemption)

① 비선점은 프로세스가 사용 중인 공유자원을 강제로 빼앗을 수 없으므로, 어느 하나의 프로세스에게 할당된 공유자원의 사용이 끝날 때까지 다른 하나의 프로세스가 강제로 중단시킬 수 없다.

② 이렇듯 자원을 빼앗을 수 없다면, 공유자원을 사용하기 위해 대기하던 프로세스는 자원을 사용하지 못할 수도 있기 때문에 교착상태 발생조건 중 하나가 된다.

(4) 환형대기(순환대기, Circular Wait)

① 공유자원들을 여러 프로세스에게 순서적으로 분배한다면, 시간은 오래 걸리지만 교착상태는 발생하지 않는다. 그러나 프로세스들에게 우선순위를 부여하여 공유자원 할당의 사용시기와 순서를 융통성 있게 조절한다면, 공유자원의 점유와 대기는 환형대기 상태가 될 수 있다.

② 여러 프로세스들이 공유자원을 사용하기 위해 원형으로 대기하는 구성으로, 앞이나 뒤에 있는 프로세스의 자원을 요구한다.

❸ 교착상태 발견(탐지, Detection)

컴퓨터시스템에 교착상태가 발생했는지 교착상태에 있는 프로세스와 자원을 발견하는 것으로, 교착상태 발견 알고리즘과 자원할당 그래프를 사용한다.

❹ 교착상태 회복(복구, Recovery)

교착상태가 발생한 프로세스를 제거하거나 프로세스에 할당된 자원을 선점하여 교착상태를 회복한다.

(1) 프로세스 제거

① 교착상태에 있는 프로세스를 제거하여 교착상태를 회복한다.
② 우선순위가 낮은 프로세스, 수행 횟수가 적은 프로세스, 기아상태에 있는 프로세스 등을 제거한다.

(2) 자원선점

① 교착상태에 있는 프로세스의 자원을 선점하여 교착상태를 회복한다.
② 자원을 선점할 때는 자원을 선점한 프로세스를 선택하는 희생자 선택, 자원을 선점한 프로세스 복귀 문제, 기아상태 문제를 고려해야 한다.

(3) 복귀

① 시스템에 검사 지점을 두고, 교착상태가 발생하면 그 검사 지점을 기준으로 복귀하여 교착상태를 회복한다.
② 검사 지점에는 기억장치 환경, 현재 프로세스의 자원할당 상태 등을 포함한다.

❺ 교착상태 예방(방지, Prevention)

사전에 교착상태가 발생되지 않도록 교착상태 필요조건에서 상호 배제를 제외하고, 어느 것 하나를 부정함으로 교착상태를 예방한다. 만약 상호 배제를 부정한다면, 공유자원의 동시 사용으로 인하여 하나의 프로세스가 다른 하나의 프로세스에게 영향을 주므로, 다중프로그래밍에서 프로세스를 병행 수행할 수 없는 결과가 나온다.

(1) 점유와 대기 부정

① 어느 하나의 프로세스가 수행되기 전에 프로세스가 필요한 모든 자원을 일시에 요청하는 방법으로, 모든 자원 요청이 받아지지 않는다면 프로세스를 수행할 수 없도록 한다.
② 공유자원의 낭비와 기아상태를 발생시킬 수 있는 단점이 있다.

(2) 비선점 부정

① 프로세스가 사용 중인 공유자원을 강제로 빼앗을 수 있도록 허용한다.
② 프로세스가 공유자원을 반납한 시점까지의 작업이 무효가 될 수 있으므로 처리비용이 증가하고, 자원 요청과 반납이 무한정 반복될 수 있다는 단점이 있다.

(3) 환형대기 부정

① 모든 공유자원에 순차적으로 고유번호를 부여하여 프로세스는 공유자원의 고유번호 순서에 맞게 자원을 요청한다.

② 프로세스는 공유자원의 고유번호 순서에 맞게 자원을 요구하므로 프로그램 작성이 복잡해지고, 자원의 낭비가 심해지는 단점이 있다.

6 교착상태 회피(Avoidance)

(1) 교착상태가 발생할 가능성은 배제하지 않으며, 교착상태 발생 시 적절히 피해가는 기법이다.

(2) 시스템이 안전상태가 되도록 프로세스의 자원 요구만을 할당하는 기법으로 은행원 알고리즘이 대표적이다.

Chapter 03 기억장치 관리

제1절 기억장치 관리 전략

1 기억장치 관리 전략 개요

(1) 컴퓨터시스템에서 한정된 용량의 기억장치를 효과적으로 관리하기 위해 기억장치를 어떻게 사용할 것인가에 대한 전략을 의미한다.

(2) 기억장치 관리는 일반적으로 주기억장치의 효율적 관리를 의미하며, 보조기억장치의 프로그램 또는 데이터를 주기억장치에 반입(Fetch), 배치(Placement), 교체(Replacement)하는 기법을 의미한다.

2 반입(Fetch) 전략

보조기억장치의 프로그램이나 데이터를 주기억장치로 가져오는 시기를 결정한다.

(1) 요구반입(Demand Fetch)

① 주기억장치에서 프로그램이나 데이터의 요구가 있을 때, 주기억장치로 반입한다.

② 사용자가 일반적인 응용 프로그램을 실행하는 것처럼 사용자의 요구에 의해 프로그램이 주기억장치에 적재된다.

(2) 예상반입(Anticipatory Fetch)

① 주기억장치에서 앞으로 사용할 가능성이 큰 프로그램이나 데이터를 예상하여 주기억장치로 반입한다.

② 가상기억장치를 사용할 때 주로 사용되는 기법으로, 워킹셋(Working Set)과 구역성(Locality)의 원리를 이용한다.

3 배치(Placement) 전략

보조기억장치의 프로그램이나 데이터를 주기억장치 내의 위치를 결정한다.

(1) 최초적합(First Fit)

① 주기억장치의 공백들 중에서 프로그램이나 데이터 배치가 가능한 첫 번째 가용공간에 배치한다.

② 주기억장치 배치 전략 중에서 작업의 배치결정이 가장 빠르며, 후속적합(Next Fit)의 변형이다.

(2) 최적적합(Best Fit)

① 주기억장치의 공백들 중 프로그램이나 데이터 배치가 가능한 가장 알맞은 가용공간에 배치한다.

② 주기억장치 배치 전략 중에서 작업의 배치결정이 가장 느리다.

(3) 최악적합(Worst Fit)

① 주기억장치의 공백들 중 프로그램이나 데이터 배치가 가능한 가장 큰 가용공간에 배치한다.

② 프로그램이나 데이터를 적재하고 남는 공간은 다른 프로그램이나 데이터를 배치할 수 있어 주기억장치 공간의 효율적 사용이 가능하다.

4 교체(대치, Replacement) 전략

주기억장치의 모든 공간이 사용 중일 때, 새로운 프로그램이나 데이터를 적재하기 위해서 주기억장치 내의 프로그램 또는 데이터를 교체하여 가용공간을 확보한다. 가상기억장치 요구 페이징 기법으로, 페이지 교체 알고리즘이라고도 한다.

(1) FIFO(First In First Out)

① 주기억장치에서 가장 먼저 입력되었던 페이지를 교체한다.

② 다른 페이지 교체 알고리즘에 비하여 페이지 교체가 가장 많다.

순번	1	2	3	4	5	6	7	8	9
요구 페이지	1	1	2	3	4	1	5	4	2
페이지 프레임	1	1	1	1	4	4	4	4	2
			2	2	2	1	1	1	1
				3	3	3	5	5	5
페이지 부재	○		○	○	○	○	○		○

(2) LRU(Least Recently Used)

① 주기억장치에서 가장 오랫동안 사용되지 않은 페이지를 교체한다.

② 계수기 또는 스택과 같은 별도의 하드웨어가 필요하며, 시간적 오버헤드(Overhead)가 발생한다.

③ 최적화 기법에 근사하는 방법으로, 효과적인 페이지 교체 알고리즘으로 사용된다.

순번	1	2	3	4	5	6	7	8	9
요구 페이지	1	1	2	3	4	1	5	4	2
페이지 프레임	1	1	1	1	4	4	4	4	4
			2	2	2	1	1	1	2
				3	3	3	5	5	5
페이지 부재	○		○	○	○	○	○		○

(3) OPT(최적화 교체, OPTimal replacement)

① 앞으로 가장 오랫동안 사용하지 않을 페이지를 교체한다.

② 벨레이디(Belady)가 제안한 방식으로, 페이지 부재가 가장 적게 발생하는 가장 효율적인 알고리즘이다.

순번	1	2	3	4	5	6	7	8	9
요구 페이지	1	1	2	3	4	1	5	4	2
페이지 프레임	1	1	1	1	1	1	5	5	5
			2	2	2	2	2	2	2
				3	4	4	4	4	4
페이지 부재	○		○	○	○		○		

(4) LFU(Least Frequently Used)

① 주기억장치에서 참조 횟수가 가장 적은 페이지를 교체한다.

② 자주 사용된 페이지는 사용 횟수가 많아 교체되지 않고 계속 사용된다.

③ 프로그램의 실행 초기에 집중적으로 발생하는 페이지가 있을 경우, 프로그램이 종료될 때까지 페이지 프레임을 차지하고 있다는 단점이 있다.

순번	1	2	3	4	5	6	7	8	9
요구 페이지	1	1	2	3	4	1	5	4	2
페이지 프레임	1	1	1	1	1	1	1	1	1
			2	2	4	4	4	4	4
				3	3	3	5	5	2
페이지 부재	○		○	○	○		○		○

(5) NUR(Not Used Recently)

① 주기억장치에서 최근에 사용되지 않은 페이지를 교체한다.

② 최근에 사용되지 않은 페이지는 이후에도 사용되지 않을 가능성이 높다는 것을 전제로, LRU의 오버헤드를 줄일 수 있다.

③ 최근 사용여부를 판단하기 위하여 각 페이지에 참조비트와 변형비트를 사용한다.

(6) SCR(FIFO의 2차 기회, Second Change)

① 주기억장치에서 가장 오래 있었던 페이지 중 자주 참조된 페이지 교체를 방지한다.

② FIFO 알고리즘의 단점을 보완한 것이며, 2차 기회 교체 알고리즘이라고도 한다.

(7) 무작위 페이지 교체(Random Page Replacement)

① 주기억장치에서 페이지 교체가 가능한 임의의 페이지를 교체한다.

② 특별한 기준은 없으며, 별도의 제어가 필요 없어 경제적이나 적중률이 낮아 거의 사용되지 않는다.

(8) MFU(Most Frequently Used)

① 주기억장치에서 참조 횟수가 가장 많은 페이지를 교체한다.

② 참조 횟수는 계수기로 저장하고, 가장 작은 계수를 가진 페이지는 방금 입력된 페이지이며 앞으로 사용될 확률이 높다는 것을 의미한다.

제2절 주기억장치 할당

❶ 주기억장치 할당 기법

주기억장치 할당은 프로세스를 수행하기 위해 주기억장치상의 가용공간을 확보하는 것이다. 주기억장치 할당 기법에는 일반적으로 크게 연속할당과 비연속할당(분산할당)으로 분류된다.

1. 연속할당

프로그램의 하나의 연속된 블록을 주기억장치에 연속적으로 할당하여, 한 번에 한 명의 사용자만이 주기억장치를 사용할 수 있다. 주기억장치에 적재되어 실행될 프로그램의 크기가 주기억장치 가용공간보다 크다면 프로그램을 실행할 수 없다.

(1) 단일프로그램(단일할당)

① 주기억장치에 하나의 프로그램만 실행된다. 초창기 운영체제에서 사용하던 기법으로 가장 단순한 방식이며, 주기억장치의 낭비가 심하다.

② 하나의 프로그램만 적재되어 실행되므로, 다른 프로그램이 주기억장치를 사용할 경우에는 현재 사용 중인 프로그램을 보조기억장치에 보존하고, 다른 프로그램을 주기억장치에 적재하여 실행하는 스와핑(Swapping) 기법을 사용할 수 있다.

(2) 다중프로그램(다중할당)

① 초창기 단일프로그램 방식에서 하나의 프로그램을 처리하기 위해, 프로그램을 실행하기 위한 준비시간과 실행된 프로그램을 종료하기 위한 제거시간이 필요하였다.
② 프로그램 처리를 위한 실행시간과 제거시간에 CPU의 유휴시간이 발생되므로, CPU 유휴시간에 다른 프로그램을 처리할 수 있는 다중프로그램 기법이 발전하였다.
③ 다중프로그램은 CPU의 이용률과 시스템에서 처리할 수 있는 작업량이 향상된다.

2. 비연속할당(분산할당)

(1) 프로그램과 데이터를 여러 개의 블록(페이지, 세그먼트)으로 분리하고, 이 블록들은 주기억장치 내의 어느 공간에도 적재할 수 있으며, 각 공간은 연속적으로 인접하지 않아도 된다.

(2) 연속할당보다 주기억장치 이용률과 다중프로그래밍의 효율을 높일 수 있으며, 단편화 문제를 적극적으로 해결할 수 있다.

2 단편화 해결

다중프로그램 주기억장치 할당 기법에서 발생하는 단편화 현상은 주기억장치의 낭비를 초래한다. 사용하지 못하는 단편화 공간을 하나로 모아 다시 사용할 수 있도록 통합과 압축을 수행하여 주기억장치를 효율적으로 사용할 수 있다.

(1) 통합(Coalescing)

① 주기억장치의 인접한 단편화 공간을 하나로 가용공간으로 만든다.
② 가변분할 방법에서 분할 영역의 작업이 끝났을 때, 통합을 수행한다.

(2) 압축(Compaction)

① 주기억장치에서 서로 떨어져 있는 단편화 공간을 하나의 가용공간으로 만들어 주기억장치 한쪽 끝으로 옮긴다.
② 쓰레기 수집(Garbage Collection) 또는 집약이라고도 한다.

제3절 가상기억장치

❶ 가상기억장치(Virtual Memory)

1. 가상기억장치의 개념

주기억장치보다 큰 용량의 프로그램을 실행할 수 있는 기억장치로, 주기억장치 공간의 확대가 주 목적이다. 주기억장치의 비연속(분산) 할당방식으로, 연속할당 방식의 단편화를 적극적으로 해결한다.

2. 가상기억장치의 기술 용어

(1) 페이지부재(PF ; Page Fault)

① 프로세서 실행 시 주기억장치에 참조할 페이지가 없는 현상이다.

② 페이지 프레임(Page Frame)이 많으면 페이지부재가 감소되고, 페이지 프레임이 적으면 페이지부재가 증가된다.

(2) 스래싱(Thrashing)

① 페이지부재가 지나치게 발생하여 프로세스가 수행되는 시간보다 페이지 이동에 시간이 더 많아지는 현상이다.

② 다중프로그래밍 정도를 높이면 어느 정도까지는 CPU 이용률이 증가되지만, 스래싱에 의해 CPU 이용률은 급격히 감소된다.

역 페이지 테이블(Inverted Page Table)
- 메모리 프레임마다 하나의 페이지 테이블 항목을 할당하여 프로세스 증가와 관계없이 크기가 고정된 페이지 테이블에 프로세스를 매핑하여 할당하는 메모리 관리 기법이다.
- 페이지 테이블의 크기가 증가되지 않아 효율적인 메모리 관리를 통해 스래싱을 예방 가능하다.

(3) 워킹세트(Working Set)

① 데닝(Denning)이 제안한 프로그램의 움직임에 대한 모델로, 프로그램의 구역성(Locality) 특징을 이용한다.

② 페이지 크기가 작을수록 더 효과적인 워킹세트를 구성할 수 있으며, 스래싱(Thrashing)을 방지하는 방법 중 하나이다.

(4) 구역성(국부성, 지역성, Locality)

① 데닝(Denning)에 의해 구역성의 개념이 증명되었으며, 프로세스 수행 중 일부 페이지가 집중적으로 참조되는 경향을 의미한다.

② 스래싱을 방지하기 위한 워킹세트 이론의 기반이 되었으며, 가상기억장치 관리와 캐시메모리 시스템의 이론적인 근거가 된다.

⑸ 프리페이징(Prepaging)

① 시스템의 과도한 페이지 부재를 방지하기 위해 페이지의 요구상태를 미리 예측하여 필요할 것 같은 모든 페이지를 페이지 프레임에 적재하는 기법이다.

② 미리 적재된 페이지들 중 일부는 사용되지 않을 페이지가 많아질 수 있으므로, 예측 페이지의 결정은 신중해야 한다.

2 페이징(Paging)

1. 페이징의 특징

⑴ 분할된 프로그램 일부를 페이지(Page)라 하고, 페이지를 저장할 수 있는 주기억장치 영역을 페이지 프레임(frame)이라고 한다.

⑵ 페이징은 내부 단편화는 나타날 수 있으며, 외부 단편화는 나타나지 않는다.

2. 페이지 크기에 따른 페이징 시스템의 특징

⑴ 페이지 크기가 작을 때

① 페이지 크기가 작으면, 상대적으로 페이지 크기가 큰 것보다 페이지 개수가 많아진다.

② 한 개의 페이지를 주기억장치로 이동하는 데 걸리는 시간은 줄어들지만, 디스크에 접근하는 횟수가 많아져서 전체적인 입출력 시간은 늘어난다.

⑵ 페이지 크기가 클 때

① 페이지 크기가 크면, 상대적으로 페이지 크기가 작은 것보다 페이지 개수가 적어진다.

② 페이지 크기가 크므로, 참조되는 정보와 무관한 정보가 주기억장치에 적재된다.

③ 한 개의 페이지를 주기억장치로 이동하는 데 걸리는 시간은 늘어나지만, 디스크에 접근하는 횟수가 적어져 전체적인 입출력 시간이 줄어든다.

3. 페이징 주소

⑴ 가상주소 형식

① 페이지 번호(p)는 가상기억장치에서 페이지 번호를 의미한다.

② 변위(d)는 실제 데이터가 위치하고 있는 거리를 의미한다.

⑵ 실제주소 형식

① 페이지 프레임 번호(p′)는 페이지 번호(p)에 대응되어 주기억장치에서 실제 페이지를 참조하는 데 필요한 페이지 프레임 번호를 의미한다.

② 변위(d)는 실제 데이터가 위치하고 있는 거리를 의미한다.

(3) 페이지 맵 테이블

① 디스크 주소(s)는 페이지가 주기억장치에 없을 때, 보조기억장치 주소를 의미한다.
② 페이지 프레임 번호(p')는 페이지가 주기억장치에 있을 때, 페이지 프레임 번호를 의미한다.
③ 상태 비트(r)가 0일 때, 주기억장치에 페이지가 존재하지 않은 경우이며, 상태 비트(r)가 1일 때, 주기억장치에 페이지가 존재하는 경우이다.

4. 페이징 기법

(1) 직접 사상(Direct Mapping)

① 페이지 맵 테이블의 모든 항목은 테이블(표)의 단일 접근으로 직접 위치시키므로, 직접 사상은 첨자를 통해 배열의 위치로 접근하는 것과 유사하다.
② 주기억장치 주기는 보통 명령실행 주기를 필요로 하여 컴퓨터시스템 속도가 느려지므로, 캐시메모리에서 페이지 맵 테이블을 구성하기도 한다.

(2) 연관 사상(Associative Mapping)

① 연관 사상은 페이지 맵 테이블을 위치지정이 아닌 내용지정의 연관기억장치(Associative Memory)에 저장한다.
② 직접 사상보다 연관 사상은 페이지 맵 테이블을 구성하는 데 더욱 빠르게 동작한다.

(3) 연관/직접 사상(Associative/Direct Mapping)

① 캐시기억장치와 연관기억장치의 사용은 직접 사상의 주기억장치를 사용하는 것보다 가격이 훨씬 비싸기 때문에 직접 사상과 연관 사상을 적절하게 혼합한 방식이다.
② 전체 페이지 맵 테이블의 일부만 저장할 수 있는 크기의 연관기억장치를 구성하고, 최근에 참조된 페이지는 또다시 참조되기 쉽다는 구역성 원리를 이용하여 가장 최근에 참조된 페이지 항목들만을 유지시킨다.

3 세그먼테이션(Segmentation)

(1) 세그먼테이션의 특징

① 프로그램 크기를 다양한 크기로 분할하며, 분할된 프로그램 일부는 세그먼트(Segment)라고 한다.
② 세그먼테이션의 위치 지정은 다중 프로그래밍에서 보통 사용되는 최초적합과 최적적합 방법과 동일하다.

(2) 세그먼테이션 접근제어

① 컴퓨터시스템 내의 모든 세그먼트에 대해 각각의 프로세스들이 제한 없이 접근하는 것이 바람직하지 않다.
② 세그먼테이션의 가장 큰 특징 중 하나는 세그먼트에 대한 접근제어에 있다.

(3) 세그먼테이션 주소

① 가상주소 형식

㉠ 세그먼트 번호(s)는 가상기억장치에서 세그먼트 번호를 의미한다.

㉡ 변위(d)는 실제 데이터가 위치하고 있는 거리를 의미한다.

② 실제주소 형식

㉠ 세그먼트 시작 번지(s′)는 세그먼트 번호(s)에 대응되어 주기억장치에서 실제 페이지를 참조하는 데 필요한 시작 번지를 의미한다.

㉡ 변위(d)는 실제 데이터가 위치하고 있는 거리를 의미한다.

③ 페이지 맵 테이블

㉠ 디스크 주소(a)는 세그먼트가 주기억장치에 없을 때, 보조기억장치 주소를 의미한다.

㉡ 세그먼트 존재비트(r)가 0일 때, 주기억장치에 세그먼트가 존재하지 않은 경우이며, 세그먼트 존재비트(r)가 1일 때, 주기억장치에 세그먼트가 존재하는 경우이다.

④ 직접 사상에 의한 세그먼테이션 기법

세그먼테이션 기법은 페이징 기법과 같이 직접 사상, 연관 사상, 연관/직접 사상 방법을 사용할 수 있다.

4 페이징/세그먼테이션

(1) 페이징/세그먼테이션의 특징

① 페이징과 세그먼테이션을 혼용한 기법으로, 두 가지 기법의 장점을 모두 제공한다.

② 일반적으로 연관기억장치를 사용한다.

(2) 페이징/세그먼테이션 가상주소 형식

① 세그먼트 번호(s)는 가상기억장치에서 세그먼트 번호를 의미한다.

② 변위(d)는 실제 데이터가 위치하고 있는 거리를 의미한다.

(3) 연관 사상 과정

① 실행되는 프로그램은 가상주소 s, p, d를 참조한다.

② 세그먼트 s의 페이지 p에 대응하는 페이지 프레임 번호 ′p를 반환한다.

Chapter 04 파일관리

제1절 파일 기본

1 파일(File)

1. 파일 개요

(1) 프로그램에 의하여 처리되는 데이터 집합이다.

(2) 파일은 각각의 이름을 가지고 있으며, 보조기억장치(보통 디스크 또는 테이프)에 저장되어 프로그램을 구성하는 기본 단위이다.

2. 파일 특성을 결정하는 기준

소멸성(Volatility)	• 파일에 데이터를 추가하거나 제거하는 작업의 빈도수를 의미한다. • 빈도수가 낮은 경우는 정적 파일, 빈도수가 높은 경우는 동적 파일(휘발성 파일)이라고 한다.
활성률(Activity)	프로그램이 한 번 수행되어 처리되는 레코드 수의 백분율을 의미한다.
크기(Size)	파일에 저장된 정보의 양을 의미한다.

3. 파일 구조

필드(Field)	레코드에서 항목(Item)으로, 파일(File)을 구성하는 최소 단위로 사용된다.
레코드(Record)	• 관련된 필드들이 모여서 하나의 레코드로 구성된다. • 자료처리 및 논리적 데이터 구성단위로, 논리레코드(Logical Record)라고도 한다.
블록(Block)	자료를 입출력하는 단위로, 물리레코드(Physical Record)라고도 한다.
파일(File)	프로그램을 구성하는 최소 단위로, 보조기억장치에 저장되는 단위로 사용된다.
데이터베이스(Database)	여러 관련된 파일들의 집합이다.

4. 레코드(Record) 구성

(1) 비블록화 고정길이 레코드(Unblocking Fixed Length Record)

① 길이가 같은 하나의 논리레코드를 비블록화하여 구성한 형태이다.

② 비블록화 방식은 처리속도가 느리며, 경제성이 낮다.

(2) 블록화 고정길이 레코드(Blocking Fixed Length Record)

① 같은 여러 논리레코드를 블록화하여 구성한 형태이다.
② 블록화 방식은 처리속도가 빠르며, 경제성이 높다.

(3) 비블록화 가변길이 레코드(Unblocking Variable Length Record)

① 길이가 다른 하나의 논리레코드를 비블록화하여 구성한 형태이다.
② 비블록화 방식은 처리속도가 느리며, 경제성이 낮다.

(4) 블록화 가변길이 레코드(Blocking Variable Length Record)

① 길이가 다른 여러 논리레코드를 블록화하여 구성한 형태이다.
② 블록화 방식은 처리속도가 빠르며, 경제성이 높다.

2 파일 분류

파일은 매체, 내용, 편성법에 따라 다음과 같이 분류된다.

1. 매체에 따른 분류

데이터를 접근(Access)하는 방법에 따라 직접접근저장장치(DASD)와 순차접근저장장치(SASD)로 분류된다.

(1) 직접접근저장장치(DASD ; Direct Access Storage Device)

① 직접접근이 가능한 저장매체로 순차접근과 직접(랜덤)접근이 가능하다.
② 접근시간이 빠르고 레코드의 추가, 삭제, 수정이 쉽다.

(2) 순차접근저장장치

① 순차접근만 가능한 저장매체이다.
② 일괄처리 시 경제적이며, 기록밀도가 좋다.

2. 내용에 따른 분류

파일 내용에 따라 데이터 파일(Data File), 프로그램 파일(Program File), 작업 파일(Work File)로 분류된다.

(1) 데이터 파일

① 데이터 처리를 위해 데이터가 저장된 파일이다.
② 마스터 파일, 트랜잭션 파일, 요약 파일, 히스토리 파일, 트레일러 파일 등이 있다.

(2) 프로그램 파일

처리를 위한 프로그램이 저장된 파일로 제어프로그램 파일(Control Program File)과 처리프로그램 파일(Process Program File)이 있다.

(3) 작업 파일

① 어느 프로그램에서 처리된 결과를 다른 프로그램의 입력으로 사용되는 임시 파일이다.
② 입력데이터 파일, 출력데이터 파일, 중간 임시 파일, 체크포인트 파일 등이 있다.

3. 편성법에 따른 분류

① 순차 파일, ② 색인순차 파일, ③ 랜덤 파일, ④ 리스트 파일, ⑤ 인덱스 파일

제2절 디렉터리

1 디렉터리의 개요

(1) 디스크에 존재하는 파일의 정보들을 담고 있는 특수한 형태의 파일이다.

(2) 파일의 이름, 형태, 위치, 크기, 구성, 최종 수정시간, 접근횟수, 소유자 등의 다양한 정보를 가지고 있다.

2 디렉터리의 종류

(1) 1단계(단일) 디렉터리

① 가장 간단한 형태의 구조로, 모든 파일이 한 계층의 디렉터리에 있으며, 파일명은 유일하다.
② 사용자 수 또는 파일이 많아지면, 파일관리가 복잡해진다.

(2) 2단계 디렉터리

① 중앙에 마스터 파일 디렉터리가 있고, 그 아래 사용자 파일 디렉터리가 존재하는 2단계 구조이다.
② 마스터 파일 디렉터리는 사용자 파일 디렉터리를 관리하며, 사용자 파일 디렉터리는 사용자별 파일을 관리한다.

(3) 트리(계층) 디렉터리

① 하나의 루트 디렉터리와 종속(하위, 서브) 디렉터리들로 구성된다.
② Unix, Dos, Windows 등의 운영체제에서 많이 사용된다.

(4) 비순환(비주기) 그래프 디렉터리

① 트리 디렉터리 구조와 유사하며, 하나의 파일이나 디렉터리를 상위 디렉터리에서 공용할 수 있다.
② 기억공간을 절약할 수 있으나, 하나의 파일에 다수의 경로가 존재하여 복잡하다.
③ 사이클이 허용되지 않는 비순환 구조이다.

(5) 일반 그래프 디렉터리

① 디렉터리를 N : M으로 연결하여 파일 탐색이 용이하다.

② 트리 디렉터리 구조에 링크(Link)를 추가하여 하나의 파일이나 디렉터리를 상위 디렉터리에서 공용할 수 있다.

③ 사이클을 허용하는 순환 구조이다.

제3절 디스크 스케줄링

1 디스크 스케줄링 개요

(1) 디스크 스케줄링의 정의

① 디스크에 분산된 데이터에 접근하기 위해 디스크 헤드를 트랙 또는 실린더에 이동시키면서 헤드의 움직이는 경로를 결정한다.

② 탐색시간(Seek Time)을 최적화하기 위해 수행된다.

(2) 디스크 스케줄링의 목적

① **처리량(Throughput) 최대화** : 일정 시간에 디스크 입출력 요구를 최대화한다.

② **응답시간(Response Time) 최소화** : 어떤 작업을 요청한 후, 결과가 나올 때까지 걸리는 시간을 최소화한다.

③ **응답시간 편차(Mean Response Time) 최소화** : 각 작업 요청의 평균 응답시간 편차를 최소화한다.

2 디스크 스케줄링의 종류

1. **FCFS**(First-Come First-Service)

(1) 입출력 요청 대기 큐에 들어온 순서대로 서비스를 하는 방법이다.

(2) 가장 간단한 스케줄링으로 디스크 대기 큐를 재배열하지 않고, 먼저 들어온 트랙에 대한 요청을 순서대로 디스크 헤드를 이동시켜 처리한다.

(3) 시스템에 부하가 커질수록 디스크 대기 큐가 포화되기 쉽고, 응답시간이 길어진다.

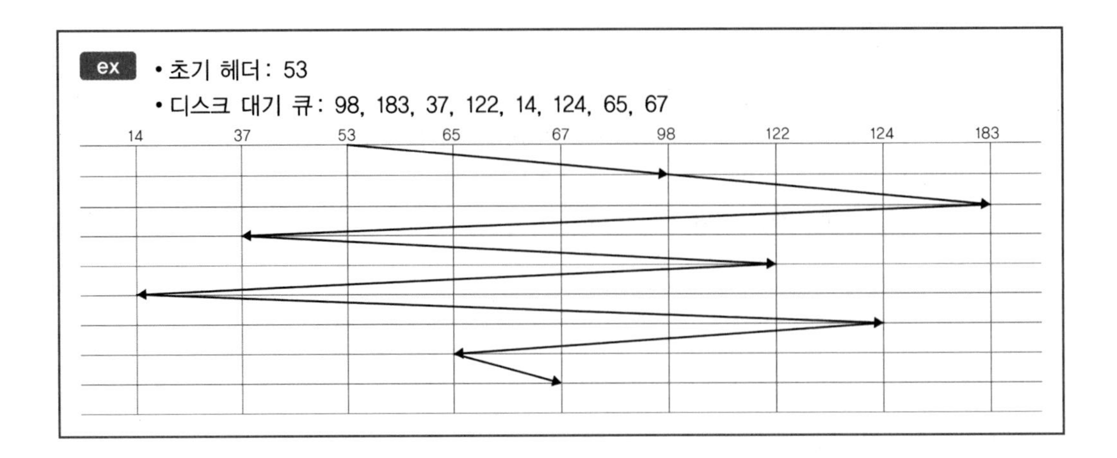

2. SSTF(Shortest Seek Time First)

(1) FCFS보다 처리량이 많고 평균 응답시간이 짧다.

(2) 탐색 거리가 가장 짧은 트랙에 대한 요청을 먼저 서비스하는 기법이다.

(3) 디스크 헤드는 현재 요청만을 먼저 처리하므로, 가운데를 집중적으로 서비스한다.

(4) 디스크 헤드에서 멀리 떨어진 입출력 요청은 기아상태(Starvation State)가 발생할 수 있다.

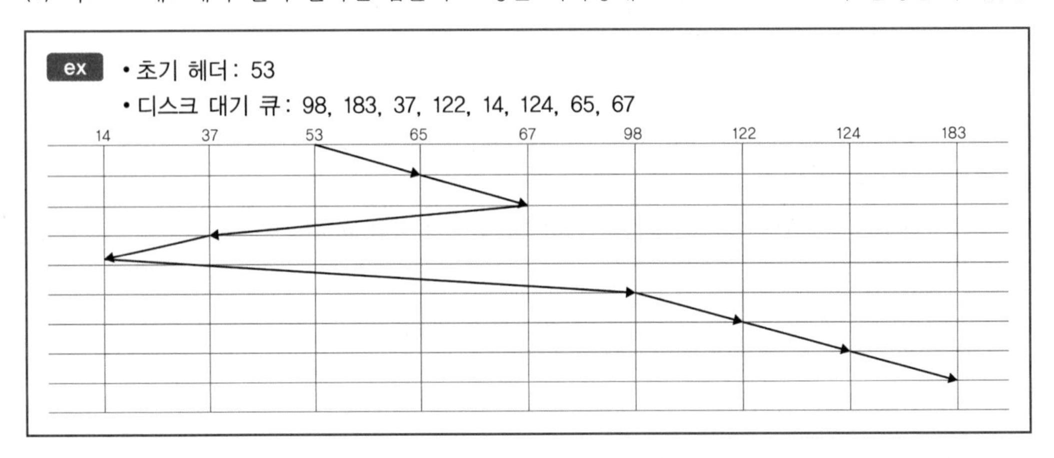

3. SCAN

(1) SSTF가 갖는 탐색 시간의 편차를 해소하기 위한 기법이며, 대부분의 디스크 스케줄링의 기본 전략으로 사용된다.

(2) 현재 진행 중인 방향으로 가장 짧은 탐색 거리에 있는 요청을 먼저 서비스한다.

(3) 현재 헤드의 위치에서 진행 방향이 결정되면 탐색 거리가 짧은 순서에 따라 그 방향의 모든 요청을 서비스하고 끝까지 이동한 후 역방향의 요청 사항을 서비스한다.

4. LOOK

(1) SCAN 기법을 개선한 기법이다.

(2) 디스크 헤드는 이동 방향의 마지막 입출력 요청을 처리한 다음, 디스크의 끝까지 이동하는 것이 아니라 바로 역방향으로 이동하여 입출력 요청을 처리한다.

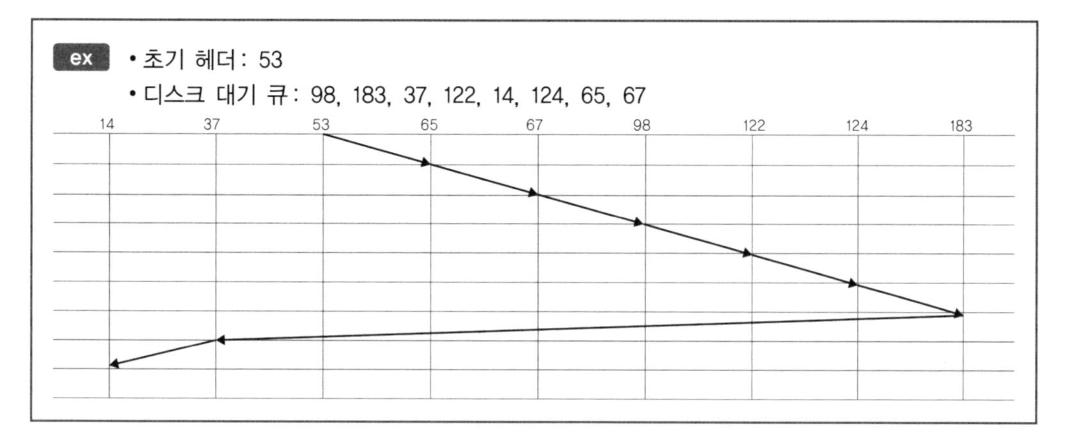

5. C-SCAN

(1) 항상 바깥쪽에서 안쪽으로 움직이면서 가장 짧은 탐색거리를 갖는 요청을 서비스한다.

(2) 헤드는 트랙의 바깥쪽에서 안쪽으로 한 방향으로만 움직이며 서비스하여 끝까지 이동한 후, 안쪽에 더 이상의 요청이 없으면 헤드는 가장 바깥쪽의 끝으로 이동한 후 다시 안쪽으로 이동하면서 요청을 서비스한다.

(3) 응답시간의 편차가 적으며, 디스크의 안쪽과 바깥쪽 트랙의 차별대우가 모두 없으므로 서비스가 공평하다.

6. C-LOOK

(1) C-SCAN 기법을 개선한 기법이다.

(2) 디스크 헤드가 바깥쪽에서 안쪽으로 이동하는 것을 기본 헤드의 이동방향이라고 한다면, 트랙의 바깥쪽에서 안쪽 방향의 마지막 입출력 요청을 처리한 다음, 디스크의 끝까지 이동하는 것이 아니라 다시 가장 바깥쪽 트랙으로 이동한다.

7. N-step SCAN

(1) SCAN 기법을 개선한 기법이다.

(2) SCAN의 무한 대기 발생 가능성을 제거한 것으로 SCAN보다 응답시간의 편차가 적고, SCAN과 같이 진행 방향상의 요청을 서비스하지만, 진행 중에 새로이 추가된 요청은 서비스하지 않고 다음 진행 시에 서비스하는 기법이다.

8. Eschenbach 기법

탐색시간과 회전지연시간을 최적화하려는 최초의 기법으로, 부하가 매우 큰 항공 예약 시스템을 위해 개발되었다.

9. SLTF(Shortest Latency Time First)

(1) 섹터 큐잉(Sector Queueing)이라고도 한다.

(2) SSTF와 유사한 방법이며, 디스크 회전시간의 최적화를 위한 기법으로 가장 짧은 회전지연시간의 섹터 입출력 요청을 먼저 처리한다.

(3) 섹터 간의 탐색순서를 최적화하여 회전지연시간을 줄이는 방법으로, 디스크 헤드의 이동이 거의 없거나 고정헤드 장치인 경우에 사용되는 기법이다.

제4절 파일 및 자원보호 기법

❶ 파일보호(File Protection) 기법

(1) 파일 명명(Naming)

파일이름을 알고 있는 사람만이 파일에 접근을 허용한다.

(2) 비밀번호(암호, Password)

각 파일에 판독암호와 기록암호를 부여하여 암호를 알고 있는 사람만이 파일에 접근을 허용한다.

(3) 접근제어(Access Control)

각 파일에 접근목록을 두어 사용자에 따라 접근 가능한 파일과 디렉터리를 규정하여 접근을 허용한다.

❷ 자원보호(Resource Protection) 기법

컴퓨터시스템에서 주체가 객체에 대한 불법적인 접근과 객체의 물리적인 손상을 방지하기 위한 기법을 의미한다.

(1) 접근제어행렬(ACM)

① 일반적인 자원보호 기법으로, 객체에 대한 접근권한을 행렬로 표시한다.

② 행은 영역(사용자, 프로세스)이며, 열은 객체를 나타낸다. 각 항은 접근권한의 집합으로 표시된다.

(2) 전역데이블(Global Table)

① 가장 단순한 자원보호 기법으로 세 개의 영역, 객체, 접근권한의 집합을 목록으로 표시한다.
② 테이블이 너무 커져서 주기억장치에 저장하지 못할 수도 있어, 가상기억장치를 사용하기도 한다.

(3) 접근제어리스트(ACL)

① 접근제어행렬의 각 열(객체)에 대해 영역, 접근권한으로 접근제어리스트를 표시한다.
② 접근권한이 없는 영역은 표시하지 않는다.

(4) 권한리스트(자격리스트, CL)

① 접근제어행렬의 각 행(영역)을 중심으로 권한리스트를 표시한다.
② 각 영역에 대한 권한리스트는 객체와 그 객체에 허용된 권한으로 구성된다.

(5) 로크-키(Lock-Key)

① 접근제어리스트와 권한리스트를 혼합한 기법이다.
② 각 객체는 로크, 각 영역은 키라는 유일한 값을 가지고 있어 영역과 객체가 일치하는 경우에만 개체에 접근할 수 있다.

기출 & 예상 문제 03 운영체제

제1장 운영체제의 기본

01 운영체제 종류에 대한 설명으로 옳지 않은 것은?

① 분산 처리 시스템(distributed processing system)은 하나의 시스템에서 두 개 이상의 프로세스를 동시에 수행시켜 작업의 처리능력을 향상시키고자 하는 시스템이다.
② 시분할 시스템(time-sharing system)은 하나의 시스템을 여러 사용자들에게 일정 시간씩 나누어줌으로써 각 사용자의 작업을 처리하는 시스템이다.
③ 실시간 처리 시스템(real-time processing system)은 요구된 작업에 대하여 지정된 시간 내에 처리함으로써 신속한 응답이나 출력을 보장하는 시스템이다.
④ 다중 프로그래밍 시스템(multi-programming system)은 두 개 이상의 여러 프로그램을 주기억장치에 적재시켜 마치 동시에 실행되는 것처럼 처리한다.

02 다음 중 운영체제의 목적으로 옳지 않은 것은?

① 응답시간을 단축시킨다.
② 처리량을 향상시킨다.
③ 반환시간을 최대화시킨다.
④ 신뢰도를 향상시킨다.

03 PCB(process control block)의 포함 정보가 아닌 것은?

① 프로세스의 현재 상태
② 프로세스의 생성률 및 부재율
③ 프로세스의 고유 식별자
④ 프로세스의 우선순위

04 운영체제의 제어 프로그램 중 다음 설명에 해당하는 것은?

작업의 연속 처리를 위한 스케줄 및 시스템 자원 할당의 기능을 수행한다.

① 서비스(service) 프로그램
② 감시(supervisor) 프로그램
③ 데이터 관리(data management) 프로그램
④ 작업 제어(job control) 프로그램

제2장 프로세스 관리

05 운영체제의 프로세스에 대한 설명으로 옳지 않은 것은?

① 운영체제 프로세스는 사용자 작업 처리를 위해 시스템 관리 기능을 담당하는 프로세스이다.
② 사용자 프로세스는 사용자 응용 프로그램을 수행하는 프로세스이다.
③ 여러 개의 프로세스들이 동시에 수행상태에 있다면 교착상태(deadlock) 프로세스라고 한다.
④ 독립 프로세스는 한 프로세스가 시스템 안에서 다른 프로세스에게 영향을 주지 않거나 또는 다른 프로세스에 의해 영향을 받지 않는 프로세스이다.

06 교착상태가 발생하는 필요조건에 해당하지 않는 것은?

① 상호 배제(mutual exclusion)
② 점유와 대기(hold and wait)
③ 비환형 대기(non-circular wait)
④ 비선점(non-preemption)

정답찾기

01 다중 처리 시스템은 하나의 시스템에서 두 개 이상의 프로세스를 동시에 수행시켜 작업의 처리능력을 향상시키고자 하는 시스템이다.

02 운영체제를 사용하는 목적은 사용자에게 편리성을 제공하며, 처리량 증대, 응답시간 감소, 신뢰도 향상, 반환시간 감소 등이 있다.

03 PCB 항목
- 프로세스 식별자
- 프로세스 현재 상태
- 부모, 자식 프로세스를 가리키는 포인터
- 프로그램 카운터(계수기)
- 프로세스 우선순위
- 프로세스가 적재된 기억장치 부분을 가리키는 포인터
- 프로세스에 할당된 자원을 가리키는 포인터
- 처리기 레지스터 정보
- CPU의 각종 레지스터 상태를 가리키는 포인터
- 기억장치 관리 정보

04 ② 감시 프로그램(Supervisor Program): 시스템 전체의 동작 상태를 감시, 관리, 감독
③ 데이터 관리 프로그램(Data Management Program): 파일의 조작과 처리, 기억장치 간의 데이터 전송 및 데이터의 갱신기능 수행
④ 작업 제어 프로그램(Job Control Program): 실행되어질 작업을 관리하는 프로그램으로 어떤 업무를 처리하고 다른 업무로의 이행을 자동적으로 수행하기 위한 준비 및 그 처리 완료를 담당하는 기능을 수행

05 여러 개의 프로세스들이 동시에 수행상태에 있다면 병행 프로세스라고 한다.

06 **교착상태의 필요충분조건**: 상호배제 조건, 점유와 대기 조건, 비선점(on-preemptive) 조건, 순환 대기의 조건

정답 **01** ① **02** ③ **03** ② **04** ④ **05** ③ **06** ③

07 교착상태(Dead lock)가 발생할 수 있는 조건 중 비선점(non-preemption) 조건에 대한 설명으로 옳은 것은?

① 프로세스가 자신에게 이미 할당된 자원을 보유하고 있으면서 다른 프로세스에 할당된 자원을 요구하면서 기다리는 경우이다.
② 한 프로세스에게 할당된 자원은 그 프로세스가 사용을 완전히 종료하기 전까지는 해제되지 않는 경우이다.
③ 여러 프로세스들이 같은 자원을 동시에 사용하지 못하게 하는 경우이다.
④ 각 프로세스들이 서로 다른 프로세스가 가지고 있는 자원을 요구하며 하나의 순환(Cycle) 구조를 이루는 경우이다.

08 프로세스 상태(process state)에 대한 설명으로 옳은 것은?

① 종료상태(terminated state)는 프로세스가 기억장치를 비롯한 모든 필요한 자원을 할당받은 상태에서 프로세서의 할당을 기다리고 있는 상태이다.
② 대기상태(waiting/blocked state)는 프로세스가 원하는 자원을 할당받지 못해서 기다리고 있는 상태이다.
③ 실행상태(running state)는 사용자가 요청한 작업이 커널에 등록되어 커널 공간에 PCB 등이 만들어진 상태이다.
④ 준비상태(ready state)는 프로세스의 수행이 끝난 상태이다.

09 교착상태에 대한 설명으로 옳지 않은 것은?

① 교착상태를 예방하기 위한 방법에는 점유와 대기 조건의 방지, 비선점(non-preemptive) 조건의 방지, 순환 대기 조건의 방지 방법이 있다.
② 교착상태를 회피하기 위한 방법으로 은행가 알고리즘(banker algorithm)이 있다.
③ 둘 이상의 프로세스들이 서로 다른 프로세스가 점유하고 있는 자원을 기다리느라 어느 프로세스도 진행하지 못하는 상태를 말한다.
④ 상호 배제 조건, 점유와 대기 조건, 비선점(non-preemptive) 조건, 순환 대기의 조건 중 어느 하나만 만족하면 발생한다.

10 **프로세스의 상태를 생성, 준비, 실행, 대기, 종료의 5가지로 나누어 설명할 때 각 상태에 대한 설명으로 옳지 않은 것은?**

① 생성 : 프로세스의 작업 공간이 메인 메모리에 생성되고 운영체제 내부에 프로세스의 실행 정보를 관리하기 위한 프로세스 제어 블록(PCB)이 만들어진다.
② 준비 : 프로세스가 CPU 할당을 기다리는 상태로, 단일 프로세서 시스템에서 여러 개의 프로세스들이 동시에 이 상태에 있을 수 있다.
③ 실행 : 프로세스가 CPU를 할당받아 작업을 수행하고 있는 상태로, 단일 프로세서 시스템에서는 오직 하나의 프로세스만 이 상태에 있을 수 있다.
④ 종료 : 프로세스가 작업 수행을 끝낸 상태로, 프로세스에 할당된 모든 자원을 부모 프로세스에게 돌려준다.

11 **세마포어(semaphore)에 대한 설명으로 옳지 않은 것은?**

① 세마포어는 임계구역 문제를 해결하기 위해 사용할 수 있는 동기화 도구이다.
② 세마포어의 종류에는 이진(binary) 세마포어와 계수형 (counting) 세마포어가 있다.
③ 구현할 때 세마포어 연산에 바쁜 대기(busy waiting)를 추가하여 CPU의 시간 낭비를 방지할 수 있다.
④ 표준 단위연산인 P(wait)와 V(signal)에 의해서 접근되는 정수형 공유변수이다.

정답찾기

07 ① 점유와 대기 조건이다.
③ 상호 배제 조건이다.
④ 환형 대기 조건이다.

08 ① 준비상태에 대한 설명이다.
③ 생성상태에 대한 설명이다.
④ 종료상태에 대한 설명이다.

09 교착상태는 상호 배제 조건, 점유와 대기 조건, 비선점(non-preemptive) 조건, 순환 대기의 조건이 필요충분 조건이다.

10 **종료** : 프로세스가 작업 수행을 끝낸 상태로, 프로세스에 할당된 모든 자원을 해제한다.

11 바쁜 대기(busy waiting)는 한 프로세서가 임계영역에 있을 때, 이 임계영역에 진입하려는 프로세스는 코드에서 계속 반복해야 하는 상태이다. 공유자원을 동시에 사용할 수 없도록만 하면 바쁜 대기는 증가하여 중앙처리 장치의 시간을 낭비할 수 있다.

정답 **07** ② **08** ② **09** ④ **10** ④ **11** ③

12 **운영체제에서 임계구역에 대한 설명으로 옳은 것은?**

① 동시에 여러 개의 프로세스가 진입 가능하나 한 개 프로세스만 공유 데이터 읽기가 가능하다.
② 동시에 여러 개의 프로세스가 진입 가능하나 한 개 프로세스만 공유 데이터 쓰기만 가능하다.
③ 주어진 시점에 오직 하나의 프로세스만 진입할 수 있고 공유 데이터의 읽기와 쓰기는 불가능하다.
④ 주어진 시점에 오직 하나의 프로세스만 진입할 수 있고 공유 데이터의 읽기와 쓰기는 가능하다.

13 **한 프로세스가 CPU를 독점하는 폐단을 방지하기 위해서 각 프로세스에게 할당된 일정한 시간(Time Slice) 동안만 CPU를 사용하도록 하는 스케줄링 기법으로 범용 시분할 시스템에 적합한 것은?**

① FIFO(First-In-First-Out)
② RR(Round-Robin)
③ SRT(Shortest-Remaining-Time)
④ HRN(High-Response-ratio-Next)

14 **다음 글이 설명하는 것은?**

> 모든 프로세스들이 임계지역(critical section)에 진입할 때 다른 프로세스가 같은 임계지역에 진입하는 일이 발생하지 않도록 하는 것으로 둘 이상의 프로세스가 동시에 하나의 임계지역에 진입하지 않게 된다.

① 상호 배제(mutual exclusion)
② 교착상태 회피(deadlock avoidance)
③ 교착상태 예방(deadlock prevention)
④ 프로세스 대기(process watiting)

15 **프로세스들의 도착시간과 실행시간이 다음과 같다. CPU 스케줄링 정책으로 라운드 로빈(round-robin) 알고리즘을 사용할 경우 평균 대기시간은 얼마인가? (단, 시간 할당량은 10초이다)**

프로세스 번호	도착시간	실행시간
1	0초	10초
2	6초	18초
3	14초	5초
4	15초	12초
5	19초	1초

① 10.8초
② 12.2초
③ 13.6초
④ 14.4초

16 다음 표는 단일 CPU에 진입한 프로세스의 도착시간과 처리하는 데 필요한 실행시간을 나타낸 것이다. 프로세스 간 문맥 교환에 따른 오버헤드는 무시한다고 할 때, SRT(shortest remaining time) 스케줄링 알고리즘을 사용한 경우 네 프로세스의 평균 반환시간(turnaround time)은?

프로세스	도착시간	실행시간
P_1	0	8
P_2	2	4
P_3	4	1
P_4	6	4

① 4.25
② 7
③ 8.75
④ 10

정답찾기

12 공유 데이터를 프로세스가 액세스하는 동안 그 프로세스는 임계영역 내에 있다고 한다.

13 범용 시분할 시스템에 가장 적합한 스케줄링 기법은 RR(Round-Robin)이다.

14 **상호 배제(Mutual Exclusion)**
- 다중프로그래밍 시스템에서는 제한된 공유자원의 효율적 사용을 위해 상호 배제를 유지해야 한다.
- 상호 배제는 여러 프로세스를 동시에 처리하기 위해 공유자원을 순차적으로 할당하면서 동시에 접근하지 못하므로, 한 번에 하나의 프로세스만이 자원을 사용할 수 있다.

15

프로세스 번호	1	2	3	4	5	2	4
시간 할당량	10	10	5	10	1	8	2
남은 작업량	0	8	0	2	0	0	0

- 프로세스 1의 대기시간: 0초
- 프로세스 2의 대기시간: 10+(5+10+1)−6=20초
- 프로세스 3의 대기시간: (10+10)−14=6초
- 프로세스 4의 대기시간: (10+10+5)+(1+8)−15=19초
- 프로세스 5의 대기시간: (10+10+5+10)−19=16초
- 평균 대기시간: (0+20+6+19+16)/5=12.2초

16
- SRT(Shortest Remaining Time) 스케줄링은 실행 중인 작업이 끝날 때까지 남은 실행시간의 추정값보다 더 작은 추정값을 갖는 작업이 들어 오게 되면 언제라도 현재 실행 중인 작업을 중단하고 그것을 먼저 실행시키는 스케줄링 기법이다.
- 처음에 프로세스 P_1의 실행이 시작되며, 시간 2가 되면 프로세스 P_2가 도착하는데 전체 실행시간이 P_1은 6(8−2)이고 P_2의 실행시간이 4이므로 선점하여 실행하는 순으로 진행된다.
- 시간 4가 되면 P_3가 시작되어 시간 5에 종료되면, 다시 P_2가 실행되어 시간 7에 종료되면 P_4가 시간 11까지 실행된 후 나머지 P_1이 시간 17까지 실행된다.
- 반환시간: P_1(17), P_2(7−2 = 5), P_3(5−4 = 1), P_4(11−6=5), (17+5+1+5) / 4=7

정답 **12** ④ **13** ② **14** ① **15** ② **16** ②

17 임계영역과 병행성에 대한 설명으로 옳지 않은 것은?

① 병행성은 여러 개의 처리기를 가진 시스템뿐만 아니라 단일 처리기 환경에서의 다중 프로그래밍 시스템에도 관련이 있다.
② 임계영역을 갖는 프로세스는 진입영역(entry section), 임계영역, 해제영역(exit section), 잔류영역(remainder section) 순으로 구성된다.
③ 한 프로세스가 임계영역에 대한 진입 요청을 한 후부터 그 요청이 받아들여질 때까지의 기간 내에는 다른 프로세스들이 임계영역을 수행할 수 있는 횟수에 제한이 없다.
④ 임계영역 바깥에 있는 프로세스가 다른 프로세스의 임계영역 진입에 영향을 끼치지 않아야 한다.

제3장 기억장치 관리

18 페이징(paging) 기법에서 페이지 크기에 대한 설명으로 옳지 않은 것은?

① 페이지 크기가 작아지면 페이지 테이블의 크기도 줄어든다.
② 주기억장치는 페이지와 같은 크기의 블록으로 나누어 사용된다.
③ 페이지 크기가 커지면 내부 단편화(internal fragmentation)되는 공간이 커진다.
④ 페이지 크기가 커지면 참조되지 않는 불필요한 데이터들이 주기억장치에 적재될 확률이 높아진다.

19 주기억장치의 현재 사용 중인 영역과 사용 가능한 영역의 크기가 다음 그림과 같다. 메모리 할당 시스템은 최악적합(worst-fit) 방법으로 요청 영역을 배당한다. 만일 15K 기억공간을 요청받은 경우 메모리 할당 시스템이 배당한 영역 번호는?

영역번호	1	2	3	4	5	6	7
사용 가능 크기	40K	사용 중	145K	사용 중	300K	사용 중	15K

① 1　　② 3
③ 5　　④ 7

20 페이징 기법을 사용했을 때 페이지 크기에 대한 설명으로 옳지 않은 것은?

① 페이지의 크기는 일반적으로 2의 멱승(2^k)이다.
② 페이지의 크기가 커지면 페이지의 수가 감소하므로 페이지 테이블의 크기는 작아진다.
③ 페이지 크기가 작아지면 페이지 크기가 클 때보다 내부 단편이 작아지기 때문에 메모리 사용 효율이 증가한다.
④ 동일한 크기의 데이터를 디스크에 입출력할 때 걸리는 시간은 페이지 크기와 상관없이 동일하다.

21 운영체제의 디스크 스케줄링에 대한 설명으로 옳지 않은 것은?

① FCFS 스케줄링은 공평성이 유지되며 스케줄링 방법 중 가장 성능이 좋은 기법이다.
② SSTF 스케줄링은 디스크 요청들을 처리하기 위해서 현재 헤드 위치에서 가장 가까운 요청을 우선적으로 처리하는 기법이다.
③ C-SCAN 스케줄링은 양쪽 방향으로 요청을 처리하는 SCAN 스케줄링 기법과 달리 한쪽 방향으로 헤드를 이동해 갈 때만 요청을 처리하는 기법이다.
④ 섹터 큐잉(sector queuing)은 고정 헤드 장치에 사용되는 기법으로 디스크 회전 지연 시간을 고려한 기법이다.

22 다음 글이 설명하는 것은?

컴퓨터 운영체제의 메모리 관리 방법 가운데 하나로 프로세스와 주기억장치를 고정된 크기의 블록 단위로 나누고, 프로세스 실행 시 필요한 블록만을 보조기억장치에서 주기억장치로 가져오므로 프로세스의 물리적인 저장 공간을 비연속적으로 할당하는 것이 가능하다.

① 페이징(Paging)
② 컨텍스트 스위칭(context switching)
③ 스와핑(swapping)
④ 스풀링(spooling)

정답찾기

17 한 프로세스가 임계영역에 대한 진입 요청을 한 후부터 그 요청이 받아들여질 때까지의 기간 내에는 다른 프로세스들이 임계영역을 수행할 수 있는 횟수에 제한이 있다.

18 페이지 크기가 작아지면 페이지 테이블의 크기는 증가한다.

19 최악적합(worst-fit) 방법으로 요청한다고 했으므로 현재 사용 가능한 크기 중에 가장 큰 공간에 배치된다.

20 페이지 크기가 크면, 상대적으로 페이지 크기가 작은 것보다 페이지 개수가 적어지며, 한 개의 페이지를 주기억장치로 이동하는 데 걸리는 시간은 늘어나지만, 디스크에 접근하는 횟수가 적어져 전체적인 입출력 시간이 줄어든다.

21 운영체제의 디스크 스케줄링 중에서 FCFS 스케줄링은 공평성이 유지되지만, 스케줄링 방법 중 가장 성능이 나쁜 기법이다.

22 **페이징(Paging)**: 가상 메모리를 구현하는 방법으로 고정된 크기의 블록(페이지)을 사용한다.

정답 **17** ③ **18** ① **19** ③ **20** ④ **21** ① **22** ①

손경희 컴퓨터일반

합격까지 박문각

Part

04

데이터베이스

Chapter 01 데이터베이스 개요

제1절 데이터베이스의 정의

1 정보와 데이터

(1) 데이터

관찰이나 측정을 통해서 수집된 사실이나 값(수치, 스트링)

(2) 정보

① 자료를 가공하여 얻은 결과로서 부가가치를 지니며 의사결정을 할 수 있게 하는 유효한 해석(interpretation)이나 상호관계(relationship)이다.

② 정보가 유용성을 갖기 위해서는 정확성과 현재성을 가지고 있어야 한다.

2 데이터베이스

(1) 정의

어느 한 조직에서 다수의 응용 시스템들이 공용으로 사용하기 위해 통합·저장된 운영 데이터의 집합이며, 상호 연관 있는 데이터들의 체계적인 집합체이다.

(2) 데이터베이스의 장점

① 데이터의 논리적 독립성

② 데이터의 물리적 독립성

③ 데이터의 무결성 유지

④ 데이터 중복성 최소화

⑤ 데이터의 불일치 제거

⑥ 데이터 공유의 편리

⑦ 데이터 표준화의 용이

⑧ 데이터 보안성 유지의 편리함

(3) 데이터베이스 일반성

① 실시간 접근이 가능

② 계속적인 변화

③ 동시 공유 가능

④ 내용에 의한 참조 가능

(4) 데이터베이스의 특징 3요소

① 자료 추상(Data Abstraction)
㉠ 복잡한 자료를 쉽게 사용
㉡ 추상화 = 개념화, 일반화

② 자료 독립(Data Independency)
프로그램을 변경하지 않고 자료를 변경(자료 변경에도 프로그램은 그대로 사용)

③ 자기 정의(Self Definition)
㉠ 자료의 구성과 내용을 데이터베이스가 기억하고 관리하는 기능
㉡ 정의는 DBMS 카탈로그(catalog)에 저장

(5) 데이터베이스의 논리적 구성

① 개체(entity)
㉠ 표현하려는 유형, 무형 정보의 대상으로 존재하면서 서로 구별이 되는 것
㉡ 생각하는 개념이나 정보의 단위로 하나 이상의 속성으로 구성

② 속성(attribute)
개체의 특성이나 상태를 기술하는 것(단독으로 존재하기는 어렵다)

③ 관계(relationship)
개체 간 또는 속성 간의 상호작용(1 : 1, 1 : n, n : m)

(6) 데이터베이스 구조

① 논리적 구조: 일반 사용자 관점에서 본 구조
② 물리적 구조: 저장장치 관점에서 본 구조

04

제2절 자료처리 시스템의 형태

1 일괄처리 시스템(Batch Processing System)

(1) **개념**: 자료의 발생순으로 자료를 모았다가 한꺼번에 일괄적으로 컴퓨터에 입력하여 처리하는 형태(자료수집, 분류, 정렬 → 한꺼번에 처리)

(2) **특징**: 시스템 중심의 데이터 처리 방법

(3) **장점**: 시스템 사용 효율이 높다.

(4) **단점**: 사전 준비 작업이 있어야 한다.

❷ 온라인처리 시스템(On-Line System)

(1) **개념**: 사전 준비 작업 없이 곧바로 데이터를 처리하는 방식이며, 온라인 실시간(On-Line RealTime) 처리라고도 한다.

(2) **특징**: 사용자 중심 처리 방법(낮은 시스템 성능과 높은 처리 비용)

(3) **장점**: 사전 작업이 없음, 데이터 입력 오류 즉시 수정 가능, 데이터 현재성 유지

> **실시간(Real-Time)과 온라인(On-Line) 비교**
> - **실시간**: 시간의 제약
> - **온라인(소프트 실시간)**: 지정된 시간 없이 오직 빠른 시간 안에 처리

❸ 분산처리 시스템(distributed processing system)

(1) **개념**: 지리적(물리적)으로 분산된 처리기와 데이터베이스를 네트워크로 연결시켜 사용자에게 논리적으로 하나의 시스템인 것처럼 데이터를 처리하는 시스템

(2) **특징**: 분산 처리기(컴퓨터시스템)와 분산 데이터베이스, 통신 네트워크가 필요, 클라이언트/서버 시스템 운영 형태

(3) **장점**: 신뢰성 증대, 지역업무에 대한 책임한계 명확

(4) **단점**: 보안의 어려움, 업무 통제의 어려움

Chapter 02 데이터베이스 관리 시스템

제1절 파일 시스템

1 개념

(1) 각각의 응용 프로그램은 개별적으로 자기 자신의 데이터 파일을 관리·유지한다.

(2) 각각의 응용 프로그램은 자기의 데이터 파일에 접근하고 관리하기 위해 검색, 삽입, 삭제, 갱신을 할 수 있는 루틴을 포함하고 있어야 한다.

2 파일 시스템의 문제점

(1) 논리적 파일 구조와 물리적 파일 구조 간에 일대일(1:1)로 사상

(2) 물리적 데이터 구조에 대한 접근 방법을 응용 프로그램에 구현

(3) 데이터 종속성, 데이터 중복성

데이터 종속성(Data Dependency)
- 응용 프로그램과 데이터 간에 상호 의존 관계로 이루어짐
- 데이터의 구성 방법이나 접근 방법의 변경으로 관련된 응용 프로그램도 같이 변경

데이터 중복성(Data Redundancy)
- 한 시스템 내에 같은 내용의 데이터가 중복되어 저장, 관리
- 문제점: 내부적 일관성(internal consistency)이 없음, 보안성(security) 결여, 경제성(economics) 저하, 무결성(integrity) 유지 곤란

파일 시스템

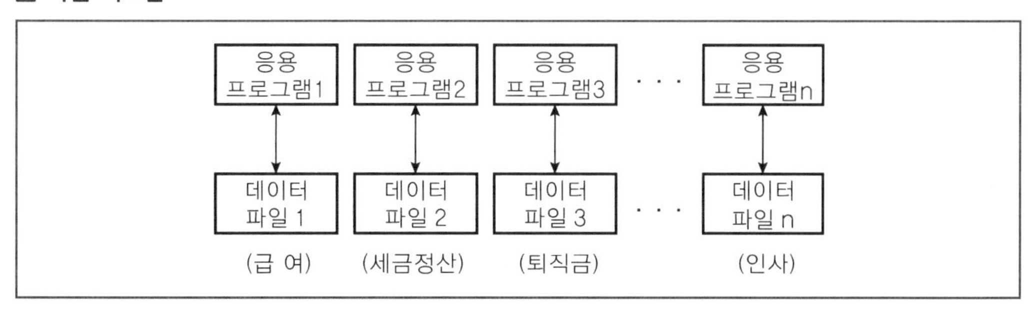

제2절 데이터베이스 관리 시스템

1 DBMS의 정의와 특성

(1) DBMS의 정의

① 응용 프로그램과 데이터의 중재자로서, 모든 응용 프로그램들이 데이터베이스를 공유할 수 있도록 관리해 주는 소프트웨어 시스템

② 데이터베이스를 액세스하기 위해 필요한 제어, 접근방법, 관리 등의 기능을 수행하는 소프트웨어

(2) DBMS의 특성

① 종속성·중복성 문제의 해결

② 전체적으로 통제할 수 있는 프로그램들로 구성되어 있으므로 응용 프로그램의 요청을 책임지고 수행

③ 자료 독립, 표준화로 유지보수 비용 감소

④ 선진 개발 방법론의 도입 → 프로그램의 단순화, 개발 기간의 단축 가능

2 DBMS의 기능

(1) DBMS의 제공 기능

① 데이터 정의

② 데이터 조작

③ 최적화와 실행

④ 데이터의 보안과 무결성

⑤ 데이터 회복과 병행수행

⑥ 데이터 사전 기능

(2) DBMS의 필수 기능

① **정의 기능**: 데이터의 형태, 구조, 데이터베이스의 저장에 관한 내용 정의

② **조작 기능**: 사용자의 요구에 따라 검색, 갱신, 삽입, 삭제 등을 지원하는 기능

③ **제어 기능**: 정확성과 안전성을 유지하는 기능

㉠ 무결성 유지

㉡ 보안, 권한 검사

㉢ 병행수행 제어(concurrency control)

❸ DBMS의 장단점

장점	단점
• 데이터 중복의 최소화 • 데이터 공유 • 일관성 유지 • 무결성 유지 • 데이터 보안 보장 • 표준화 가능 • 지속성 제공 • 백업과 회복 제공	• 많은 운영비 • 자료처리의 복잡 • backup, recovery의 어려움 • 시스템의 취약성

DBMS

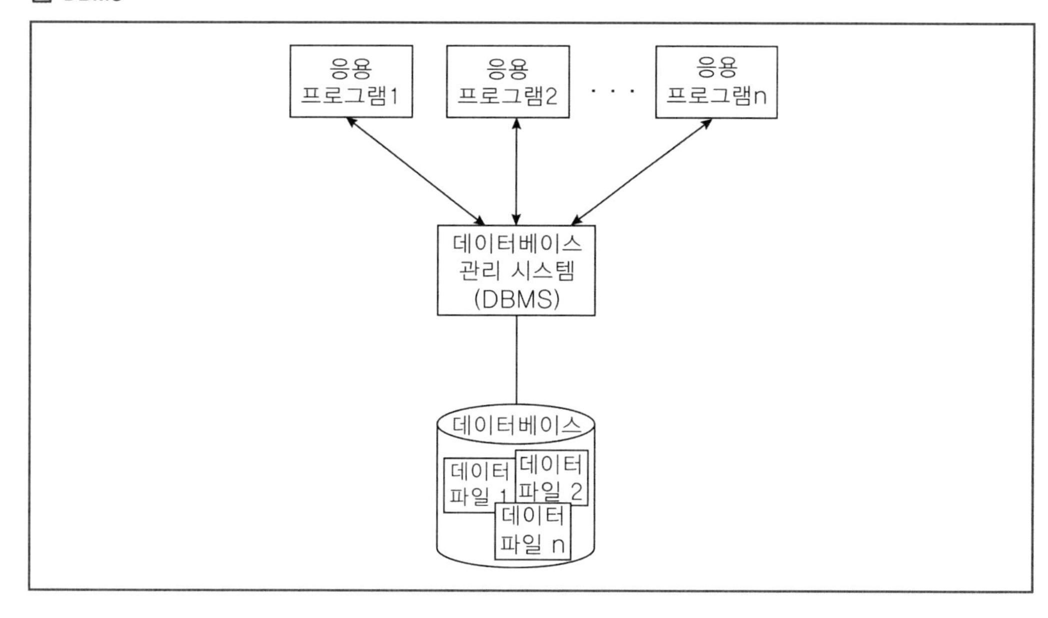

제3절 데이터 독립성

- DBMS의 궁극적인 목적은 데이터 독립성(data independency)을 제공하는 것
- 상위 단계의 스키마 정의에 영향을 주지 않고 스키마의 정의를 수정할 수 있는 능력

❶ 논리적 데이터 독립성

(1) DB의 논리적 구조의 변화에 대해 응용 프로그램들이 영향을 받지 않는 능력

(2) 기존 응용 프로그램에 영향을 주지 않고 데이터베이스의 논리적 구조를 변경시킬 수 있는 능력

❷ 물리적 데이터 독립성

(1) 응용 프로그램이나 데이터베이스의 논리적 구조에 영향을 주지 않고 데이터베이스의 물리적 구조를 변경할 수 있는 능력

(2) 물리적 독립성에 의해 응용 프로그램이나 데이터베이스의 논리적 구조가 물리적 구조의 변경으로부터 영향을 받지 않음

(3) 시스템 성능(performance)을 향상시키기 위해 필요

데이터 구조 간의 사상과 데이터 독립성

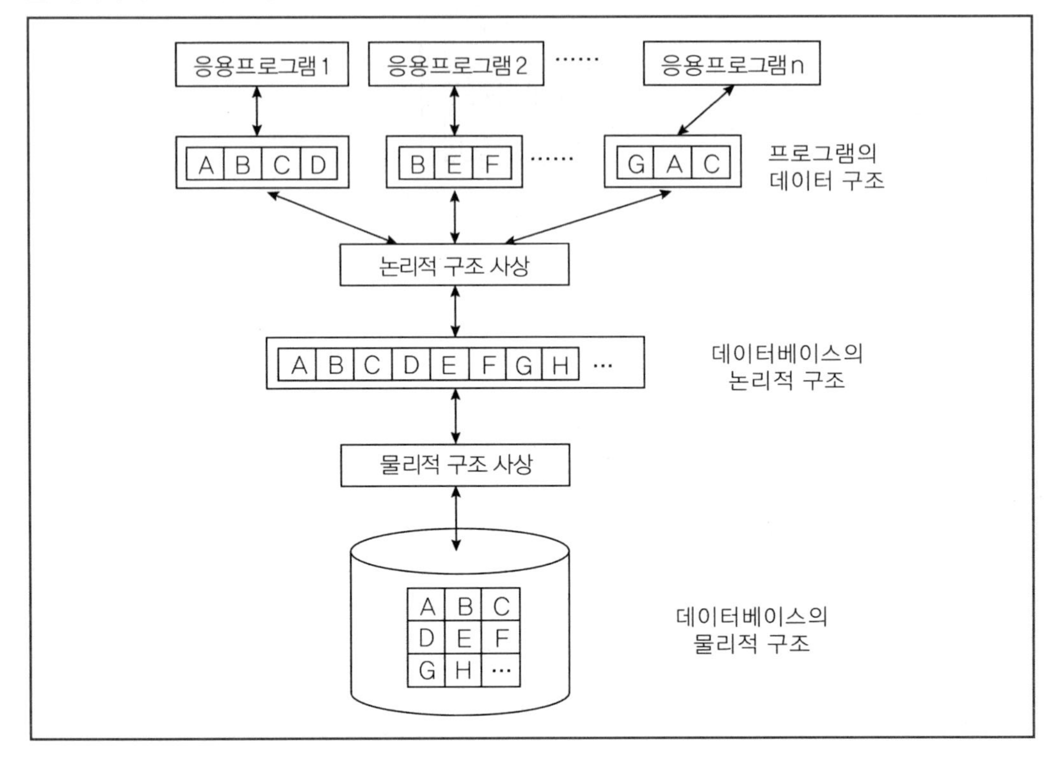

Chapter 03 데이터베이스 시스템

❶ 데이터베이스 시스템

(1) 데이터를 데이터베이스로 저장 관리하여 필요한 정보를 생성하는 컴퓨터 중심 시스템

(2) DBS는 단순히 전산화된 레코드 유지 시스템이다.

(3) DBS의 구성요소

DBS = DB + DBMS + user + DL(Data Language) + DBA + DB 컴퓨터

* 일반적으로 DBS를 구성하는 요소로는 DB, DBMS, 데이터 언어, 사용자, DBA, 그리고 DB에 관한 연산을 전문적이고 효율적으로 실행시키는 DB 컴퓨터를 포함한다.

❷ 3단계 스키마

- 스키마(schema)란 데이터베이스의 구조(개체, 속성, 관계)에 대한 정의와 이에 대한 제약 조건 등을 기술한 것으로 컴파일되어 데이터 사전에 저장한다.
- 어떤 입장에서 데이터베이스를 보느냐에 따라 스키마는 다르게 될 수밖에 없다(ANSI/SPARC 3 Level Architecture – 외부, 개념, 내부).

(1) 외부 스키마

① 가장 바깥쪽 스키마로, 전체 데이터 중 사용자가 사용하는 한 부분에서 본 구조(사용자가 무엇을 사용하느냐에 따라 다름) – 서브스키마, 뷰라고도 함

② 사용자 개개인이 보는 자료에 대한 관점과 관련

③ 사용자 논리 단계(user logical level)

(2) 개념 스키마

① 논리적 관점에서 본 구조로 전체적인 데이터 구조(일반적으로 스키마라 불림)

② 범기관적 입장에서 데이터베이스를 정의(기관 전체의 견해)

③ 조직 논리 단계(community logical level)

④ 모든 데이터 개체, 관계, 제약조건, 접근권한, 무결성 규칙, 보안정책 등을 명세

(3) 내부 스키마

① 물리적 저장장치 관점에서 전체 데이터베이스가 저장되는 방법 명세

② 실제로 저장되는 내부 레코드 형식, 저장 데이터 항목의 표현 방법, 인덱스 유무, 내부 레코드의 물리적 순서를 나타냄(하지만 블록이나 실린더를 이용한 물리적 저장장치를 기술하는 의미는 아님)

(4) 3단계 간의 사상(Mapping)

① 응용 interface(외부 스키마 – 개념 스키마): 논리적 독립성 지원(Mapping 정보의 수정을 통해 독립성 확보)

② 저장 interface(개념 스키마 – 내부 스키마): 물리적 독립성 지원

③ 장치 interface(내부 스키마 – 장치): 내부 스키마와 물리적인 장치 간의 인터페이스 정의

3단계 스키마

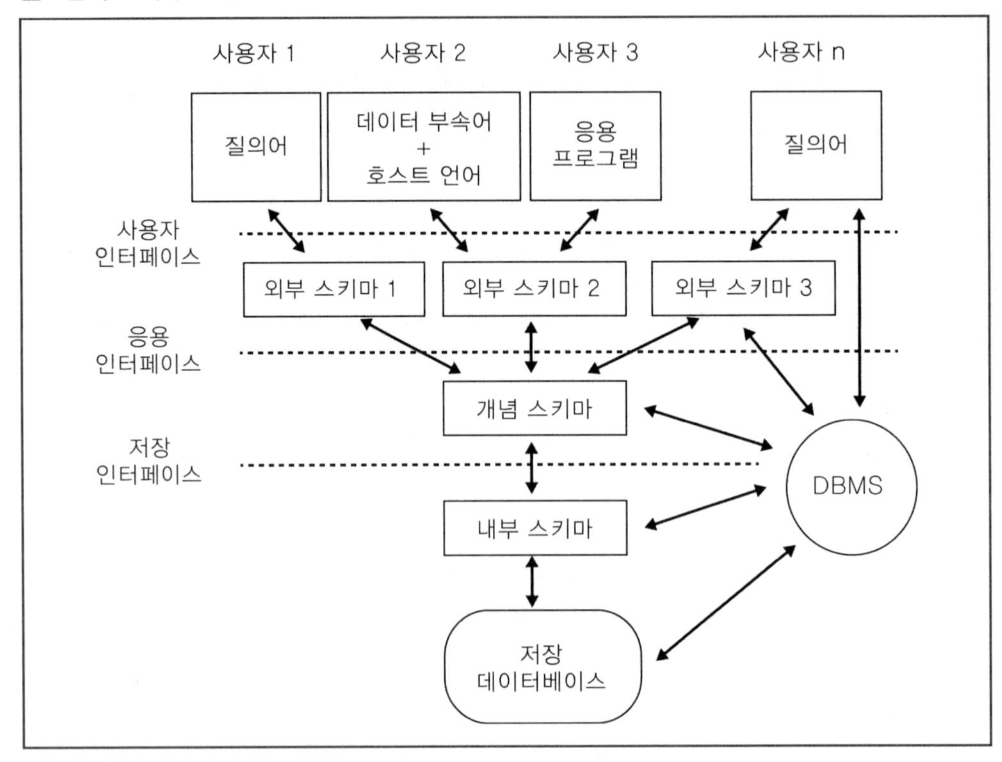

3 데이터 언어

(1) 정의어(DDL; Data Definition Language)

① 데이터베이스의 정의 및 수정 등에 사용

② 스키마에 사용되는 개체의 정의, 속성, 관계, 제약조건, 사상(Mapping) 명세 포함

(2) 조작어(DML; Data Manipulation Language)

① 데이터베이스 내에서 검색, 삽입, 수정, 삭제 등에 사용되는 언어

② 사용자(응용 프로그램)와 DBMS 사이의 Interface를 제공

③ 절차적(procedural) 데이터 조작어

㉠ 무슨(what) 데이터와 그 데이터를 어떻게(how) 접근하는지를 명세해야 되는 초급 데이터 언어

㉡ 데이터베이스에서 '한번에 하나의 레코드(one-record-at-a-time)'를 검색해서 호스트 언어와 함께 처리되기 때문에 독자적으로 사용되지 못함

㉢ 응용 프로그램 속에 삽입되어 사용하므로 DML 예비 컴파일러가 필요

㉣ 응용 프로그래머가 사용

④ 비절차적(non-procedural) 데이터 조작어

㉠ 무슨(what) 데이터를 원하는지만 명세하는 고급 데이터 언어(선언적 언어)

㉡ 데이터베이스로부터 '여러 개의 레코드(set-of-record-at-a-time)'를 검색하여 처리하는 특성이 있고, 어떻게 데이터를 검색하는지를 DBMS에게 위임하므로 독자적으로 사용 가능

㉢ 일반 사용자는 대화식으로 사용(host 프로그램에 삽입시켜 사용 가능)

(3) 제어어(DCL ; Data Control Language)

① 데이터를 보호하고 관리하는 목적으로 사용되는 언어

② 무결성 유지, 데이터 보안 및 권한, 병행수행 제어, 회복 기법, 질의 최적화 기법

4 사용자

(1) **일반 사용자(user)**: 비절차적 DML(질의어)을 통한 데이터베이스 접근 가능

(2) **응용 프로그래머(application programmer)**

① host 프로그래밍 언어에 데이터 조작어(DML)를 삽입시켜 데이터베이스를 접근

② 트랜잭션의 명세를 프로그램으로 구현하고, 미리 작성된 트랜잭션을 유지·관리

(3) **데이터베이스 관리자(DBA)**: 데이터 정의어(DDL)와 데이터 제어어(DCL)를 통해 데이터베이스를 정의하고 제어하는 사람 또는 그룹

(4) **데이터베이스 설계자(database designer)**: 데이터베이스에 저장될 데이터를 선정하고, 데이터를 나타내고 저장하는 구조를 정의하는 역할

5 데이터베이스 관리자(DBA ; DataBase Administrator)

(1) **정의**: 데이터베이스 시스템의 전체적인 관리 운영에 대한 책임을 지는 사람 또는 집단

(2) **주요 역할**

① 데이터베이스 설계와 운영

② 행정 및 불평 해결

③ 시스템 감시 및 성능 분석

6 DBMS

- DBMS의 구성요소: 질의어 처리기, DDL 컴파일러, 트랜잭션 관리자, 예비 컴파일러, DML 컴파일러, 런타임 데이터베이스 처리기, 저장 데이터 관리자, 로깅 서브시스템

(1) DDL 컴파일러

① DDL로 명세된 스키마를 내부 형태로 변환하여 카탈로그에 저장

② 메타 데이터를 처리하여 시스템 카탈로그에 저장

(2) 질의어 처리기(query processor)

질의문을 파싱, 분석, 컴파일하여 런타임 데이터베이스 처리기를 호출하면서 이것을 실행할 수 있도록 만든다.

(3) 예비 컴파일러(DML 예비 컴파일러, precompiler)

① 응용 프로그램에 삽입된 DML(DSL)을 추출

② 추출된 DML은 DML 컴파일러로 전달

③ DML 선행번역기(precompiler)라고도 함

DBMS 구성요소

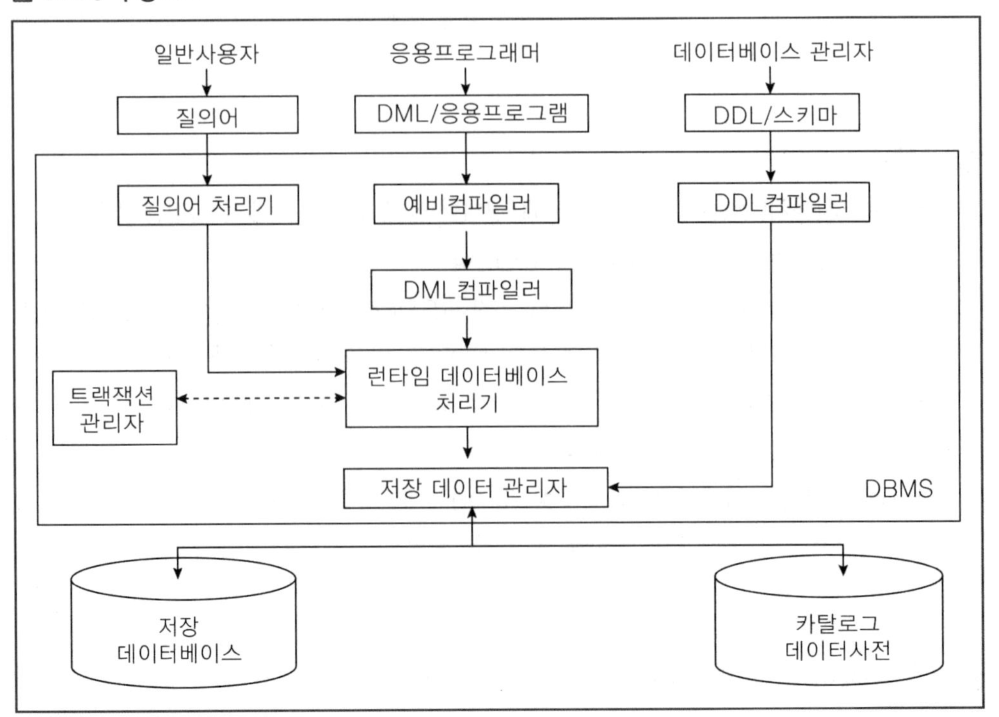

(4) DML 컴파일러: DML 명령어를 목적 코드로 변환

(5) 런타임 데이터베이스 처리기(run-time database processor)

① 실행 시간에 데이터베이스 접근을 취급

② 데이터베이스 연산을 저장 데이터 관리자를 통해 디스크에 저장된 데이터베이스에 실행

(6) 트랜잭션 관리자(transaction manager)

① 무결성과 권한 제어

② 병행제어와 회복 작업 수행

(7) 저장 데이터 관리자(stored data manager)

① 디스크에 있는 데이터베이스 접근을 제어

② 기본 OS 모듈(파일 관리자, 디스크 관리자)을 이용

7 데이터 사전과 데이터 디렉터리

1. 데이터 사전(data dictionary)

(1) 개요

① 시스템 자신이 필요로 하는 스키마 및 여러 가지 객체에 관한 정보를 포함하고 있는 시스템 데이터베이스

② 시스템 목록(catalog), 메타 데이터베이스, 시스템 데이터베이스, 기술자 정보 등으로 불림

③ 기본 테이블, 뷰, 인덱스, 데이터베이스, 응용 계획, 패키지, 접근 권한 등의 정보 저장

④ 분산 시스템에서 카탈로그는 보통의 릴레이션, 인덱스, 사용자 등의 정보를 포함할 뿐만 아니라 위치 단편화 및 중복 독립성을 제공하기 위해 필요한 모든 제어 정보 포함

(2) 관계 데이터베이스에서 데이터 사전의 특징

① 카탈로그 자체도 일반 사용자 테이블과 같이 시스템 테이블로 구성

② 시스템 카탈로그에 저장되는 내용을 메타 데이터(metadata)라고도 함

③ SQL을 이용하여 시스템 테이블의 내용을 검색할 수 있으나, 카탈로그의 정보를 SQL의 UPDATE, DELETE, INSERT문으로 직접 갱신하는 것은 불가능

④ SQL문을 실행하면 시스템이 자동적으로 관련 카탈로그 테이블을 갱신

(3) 데이터 사전 저장내용

① 시스템이 저장해야 하는 정보의 형태들

㉠ 릴레이션 이름

㉡ 각 릴레이션 속성의 이름

㉢ 속성의 도메인과 길이

㉣ 데이터베이스에 정의된 뷰의 이름과 이 뷰에 대한 정의들

㉤ 무결성 제약조건

② 시스템의 사용자에 대한 정보유지

㉠ 권한이 부여된 사용자의 이름

㉡ 사용자의 시스템 사용료에 관한 정보

㉢ 사용자를 인증하기 위해 사용하는 비밀번호 혹은 다른 정보

③ 릴레이션에 대한 정적이고 설명적인 정보를 저장
㉠ 각 릴레이션 튜플 수
㉡ 각 릴레이션의 저장 메소드 **예** 클러스터링, 비클러스터링
④ 릴레이션의 저장구조와 각 릴레이션이 저장된 위치
⑤ 인덱스에 대한 정보 저장
⑥ 기타
㉠ 질의 최적화 정보
㉡ 다단계 인덱스에 대한 블록 접근 수
㉢ 액세스 방법에 대한 정보
㉣ 통계정보

2. 데이터 디렉터리(data directory)

(1) 데이터 사전에 수록된 데이터에 실제로 접근하는 데 필요한 정보를 관리·유지하는 시스템

(2) 데이터 사전은 사용자와 시스템이 공동으로 접근할 수 있는 반면, 디렉터리는 시스템만 접근할 수 있다.

Chapter 04

데이터 모델링

❶ 데이터 모델링

1. 데이터 세계

3개의 데이터 세계

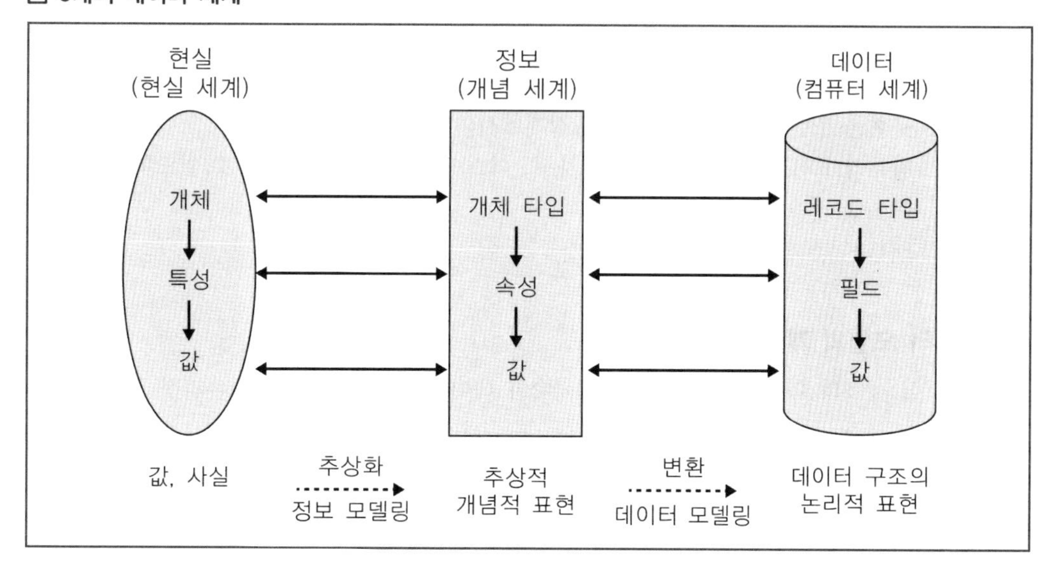

데이터 모델링
- 현실 세계를 데이터베이스에 표현하는 중간과정
- 정보처리 대상이 되는 업무와 업무들 간의 관계를 개체를 활용하여 최적의 데이터베이스 구조를 체계적으로 표현하는 것
- 데이터베이스 시스템 모델의 설계 순서
(요구 조건 분석 – 개념적 설계 – 논리적 설계 – 물리적 설계 – 데이터베이스 구현)

2. 데이터베이스 설계

현실 세계를 데이터베이스로 표현하기 위해서는 개념적인 구조와 논리적인 구조를 거쳐 실제 데이터를 저장할 수 있는 물리적 구조로 변환되어야 하는데, 이런 모든 과정을 총칭하여 데이터베이스 설계라 한다.

(1) 개념적 설계(conceptual design)

① 현실 세계를 정보 모델링을 통해 개념적으로 표현

② 속성들로 기술된 개체 타입과 이 개체 타입들 간의 관계를 이용하여 현실 세계를 표현하는 방법

③ DBMS와 Hardware에 독립적

(2) 논리적 설계(logical design)

① 개념 세계를 데이터 모델링을 통해 논리적으로 표현

② 데이터 필드로 기술된 데이터 타입과 이 데이터 타입들 간의 관계를 이용하여 현실 세계를 표현하는 방법

③ DBMS 종속적, Hardware 독립적

(3) 물리적 설계(physical design)

① 구현을 위한 데이터 구조화(저장장치에서의 데이터 표현)

② 컴퓨터가 접근할 수 있는 저장장치, 즉 디스크에 데이터가 표현될 수 있도록 물리적 데이터 구조로 변환하는 과정

③ DBMS 종속적, Hardware 종속적

3. 데이터 모델의 개념

(1) 현실 세계의 데이터구조를 컴퓨터 세계의 데이터 구조로 기술하는 논리적 구조

(2) 현실 세계를 데이터베이스에 표현하는 중간과정에서 필요한 도구

(3) DBMS나 컴퓨터에 맞게 데이터의 크기 및 유형을 결정하고, 레코드 타입을 결정

(4) 데이터 모델 : D = 〈S, O, C〉

① 데이터 구조(Structure) : 정적 성질(추상적 개념)로서 개체 타입과 이들 간의 관계를 명세

② 연산(Operation) : 동적 성질로서 개체 인스턴스에 적용 가능한 연산에 대한 명세

③ 제약 조건(Constraint) : 데이터에 대한 논리적 제약으로 개체 인스턴스의 허용 조건을 의미하며, 이는 구조(Structure)로부터 파생되는 의미상 제약

4. 개체와 관계

(1) 개체(Entity)

① 단독으로 존재하며 다른 것과 구분되는 객체

② 개체는 애트리뷰트들이 집합을 가짐

(2) 관계(Relationship)

① 개체 집합의 구성원소인 인스턴스 사이의 대응성(correspondence), 즉 사상(mapping)을 의미

② 사상의 원소수(mapping cardinality)

> 현실 세계의 다양한 관계를 분류하는 기준
> - 1:1 (일 대 일) fx:x → y와 fy:y → x가 모두 함수적
> - 1:n (일 대 다) fx:x → y와 fy:y → x 중 하나만 성립 (n > =0)
> - n:m (다 대 다) fx:x → y와 fy:y → x가 모두 성립하지 않음

(3) 관계의 구분

① 개체 관계(entity relationship): 개체 간의 연관(association) 상태를 기술

② 속성 관계(attribute relationship): 개체에 속하는 속성 간의 관계를 기술

③ 개체-속성 관계(entity-attribute relationship): 개체의 특성(characteristics)을 기술

2 개체 – 관계 모델(E-R; Entity-Relationship Model)

(1) E-R 모델은 현실 세계의 개념적 표현으로서 개체 타입과 관계 타입을 기본 개념으로 현실 세계를 개념적으로 표현하는 방법으로 1976년 P. Chen이 제안했다.

(2) 최초에는 Entity, Relationship, Attribute와 같은 개념들로 구성되었으나 나중에 일반화 계층 같은 복잡한 개념들이 첨가되어 확장된 모델로 발전하였다.

(3) 개체 타입과 관계 타입을 기본 개념으로 현실 세계를 개념적으로 표현하는 방법

① 개체 타입: 한 개체 타입에 속하는 모든 개체 인스턴스

② 관계 타입: 한 관계 타입에 속하는 모든 관계 인스턴스

(4) 사상방법: 일대일(1:1), 일대다(1:n), 다대다(n:m)

◎ E-R 다이어그램 표기법

기호	의미
	개체 타입
	약한 개체 타입
	속성
	다중속성: 여러 개의 값을 가질 수 있는 속성
	관계: 개체 간의 상호작용
	식별 관계 타입
	키속성: 모든 개체들이 모두 다른 값을 갖는 속성(기본키)
	부분키 애트리뷰트
	복합속성: 하나의 속성이 부분으로 나누어질 수 있는 속성

(5) E-R 다이어그램의 특징

① 하나의 관계는 둘 이상의 개체 타입이 관련된 다원 관계일 수 있다.
② 두 개체 타입 사이에 둘 이상의 다중 관계가 될 수도 있다.
③ 관계 타입은 관계를 기술하는 속성도 가질 수 있다.
④ 관계와 관계 사이의 관계성을 표현할 수 없다(확장 ER 모델에서 가능).

예 E-R 다이어그램
① 한 명의 학생은 여러 과목을 수강할 수 있고, 하나의 과목은 여러 명의 학생이 수강할 수 있다.
② 학생은 고유의 학번을 가지며, 추가로 성명이나 전공 등의 정보를 가진다.
③ 학생 개체의 성명속성은 복합속성으로 성과 이름으로 나누어질 수 있다.
④ 과목은 고유의 과목번호를 가지며, 추가로 과목명의 정보를 가질 수 있다.

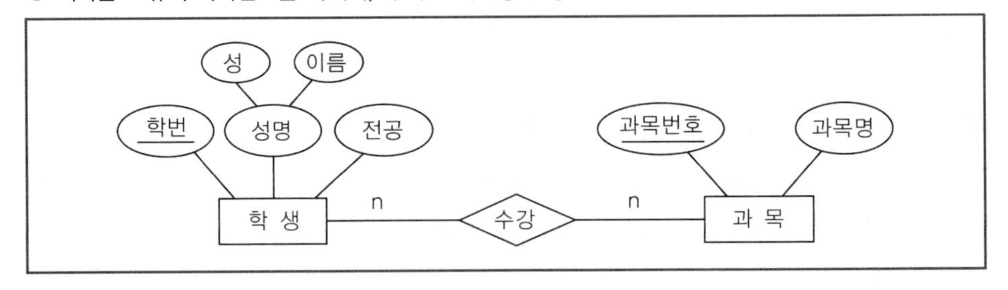

3 개체 타입

실세계의 유형, 무형의 사물로서 다른 객체와는 구별

(1) 약한 개체 타입(weak entity type)

① 자기 자신의 키 애트리뷰트를 가질 수 없는 타입이다(자신의 애트리뷰트로 구성된 키를 가진 개체 타입을 강한 개체 타입이라 한다).
② 약한 개체 타입과 관련짓는 관계 타입을 그 약한 개체 타입의 식별 관계라 한다.
③ 약한 개체 타입은 보통 부분키(partial key)를 가진다.
④ 주키를 형성하기에 충분하지 못한 애트리뷰트를 가진 개체집합으로, 약 개체집합의 주키는 존재종속 관계에 강 개체집합의 주키와 약 개체집합의 부분키를 합쳐 만든다.
⑤ 식별관계 집합은 임의의 어떤 필요한 속성도 약한 개체집합과 연관될 수 있기 때문에 설명속성을 가지면 안 된다.

ex 전체 참여와 부분 참여

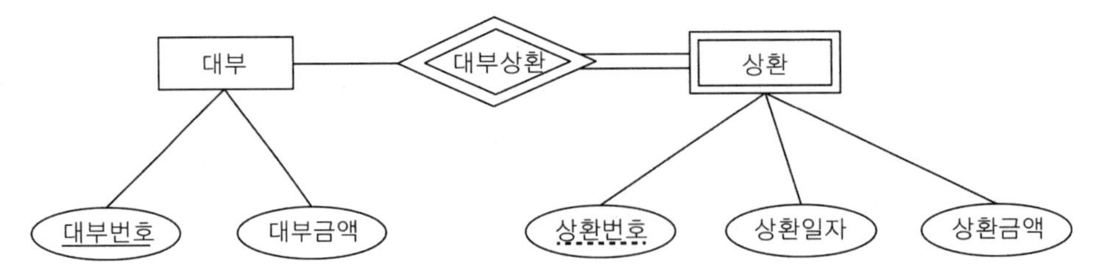

전체 참여와 부분 참여
- 전체 참여는 어떤 관계에 엔티티 타입 E1의 모든 엔티티들이 관계 타입 R에 의해서 어떤 엔티티 타입 E2의 어떤 엔티티와 연관되는 것을 의미
- 부분 참여는 어떤 관계에 엔티티 타입 E1의 일부 엔티티만 참여하는 것을 의미
- 약한 엔티티 타입은 항상 관계에 전체 참여
- 전체 참여는 ER 다이어그램에서 이중 실선으로 표시
- 카디날리티 비율과 함께 참여 제약조건은 관계에 대한 중요한 제약조건

❹ 속성 유형

(1) 단순 속성(simple attribute)과 복합 속성(composite attribute)

① 단순 속성: 더 이상 의미적으로 분해될 수 없는 속성

② 복합 속성: 독립적인 의미를 가질 수 있는 여러 기본 속성으로 구성된 속성

(2) 단일값(single-valued) 속성과 다중값(multi-valued) 속성

① 단일값 속성: 특정 개체에 대하여 하나의 값을 갖는 속성 예 나이, 학년

② 다중값 속성: 어떤 개체에 대해 특정 애트리뷰트는 몇 개의 값을 가질 수 있음 예 취미, 학위

(3) 저장(stored) 속성과 유도(derived) 속성

① 저장 속성: 기본 속성

② 유도 속성: 다른 관련된 애트리뷰트나 엔티티의 값으로부터 유도된 속성

(4) 널 애트리뷰트

① 엔티티가 애트리뷰트에 값을 갖지 않을 때 사용

② 널은 '허용할 수 없음', '해당사항 없음'이라는 의미(공백, 0과는 다르다)

❺ 논리적 데이터 모델

(1) 관계 데이터 모델

표 데이터 모델이라고도 하며, 구조가 단순하고 사용이 편리하다. n:m 표현이 가능하다.

(2) 네트워크 데이터 모델

망 데이터 모델이라고도 하며, 레코드 타입 간의 관계에 대한 도형적 표현(그래프 형태) 방법이다. 오너-멤버 관계, 즉 1:n 관계로 이루어져 있다.

(3) 계층 데이터 모델

트리 데이터 모델이라고도 하며, 부모-자식 관계, 즉 1:n 관계로 이루어져 있다.

DBMS 종류

- 관계형 DBMS : DB2, Ingres, Informix, SQL Server, Oracle, Sybase, SQL/DS
- 계층형 DBMS : IMS(IBM), System 2000
- 네트워크형 DBMS : DBTG(CODASYSL), IDMS, IDS II, Total, DMS/1100
- 객체지향형 DBMS : GemStone, Versant ODBMS, O2

6 사상(mapping) 방법

(1) E-R 모델 → 관계형 모델

① attribute → column : attribute

② entity → row : tuple

③ entity type → table : relation

(2) 사상 방법

한 릴레이션의 기본키를 관계에 참여하는 다른 릴레이션의 외래키로 대응

Chapter 05 데이터베이스 저장과 접근

제1절 데이터베이스의 저장과 접근

1 데이터베이스의 내부적 운영

(1) 데이터베이스 내부 관리를 위해 데이터를 실제로 저장하고 접근하는 일련의 작업이다.

(2) 데이터베이스는 물리적으로 직접접근 저장장치(DASD ; Direct Access Storage Device)에 저장된다.

(3) 물론 디스크 어레이(RAID)나 광디스크와 같은 대량 저장장치가 사용되기도 하지만, 우리가 보는 내용에서는 디스크라는 용어를 중심으로 보기로 한다.

2 데이터베이스의 저장구조

(1) 디스크에 데이터가 배치되어 저장되어 있는 형태를 저장구조라 함

(2) 다수의 저장구조 지원

(3) DB의 부분별로 적절한 저장

(4) 성능요건 변경 시 저장구조 변경

(5) 데이터베이스의 물리적 설계

(6) DB의 사용 방법, 응용, 응용 실행 빈도수에 따라 적절한 저장표현을 선정하는 과정

3 데이터베이스의 접근

(1) 데이터베이스의 일반적인 접근 과정

① DBMS는 사용자가 요구하는 정보가 어떤 저장 파일의 레코드인가를 결정해서 파일 관리자에게 검색을 요구한다.

② 파일 관리자는 DBMS가 원하는 저장 레코드가 어떤 페이지(Page)에 저장되어 있는가를 결정해서 디스크 관리자에게 그 페이지를 요청한다.

③ 마지막으로 디스크 관리자는 파일 관리자가 원하는 페이지(블록)의 물리적 위치를 알아내어 그 페이지 전송에 필요한 디스크 입출력 명령을 내린다.

데이터베이스의 접근 과정

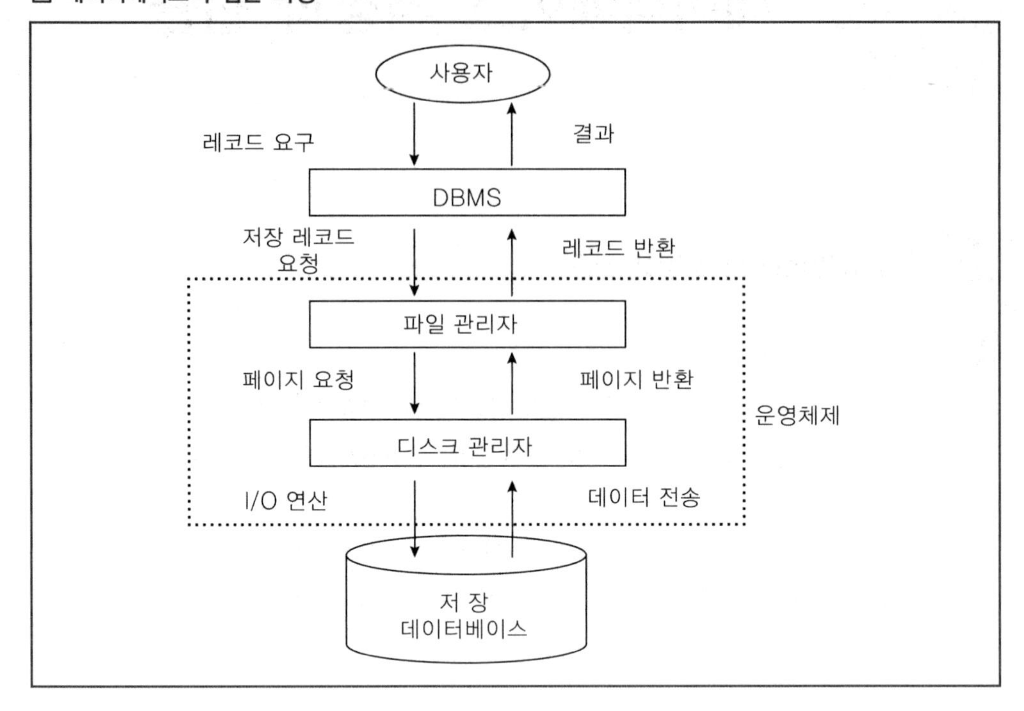

(2) 디스크 관리자(disk manager)

① 디스크 관리자는 운영체제의 한 구성요소로서, 기본 입출력 서비스(basic I/O service)라고도 한다.

② 모든 물리적 I/O 연산에 대한 책임을 진다.

③ 디스크 관리자는 반드시 물리적 디스크 주소에 대하여 알고 있어야 한다.

④ 운영체제의 한 구성요소이다.

(3) 파일 관리자(file manager)

DBMS가 저장 데이터베이스를 저장파일들의 집합으로 취급할 수 있도록 지원한다.

제2절 파일 조직

❶ 파일 설계과 조직 방법

(1) **파일 설계**: 데이터베이스는 궁극적으로 시스템 내부의 파일로 구현된다.

필드(field) – 레코드(record) – 파일(file) – 데이터베이스(database)

* • 필드(field): 속성(attribute) • 레코드(record): 튜플(tuple) • 파일(file): 릴레이션(relation)

(2) 파일 조직 방법

① **파일 조직**: 데이터베이스의 물리적 저장방법, 레코드의 저장과 접근방법이다.

② **파일 조직 방법**: 저장된 레코드를 어떻게 접근하느냐에 따라 순차 방법, 인덱스 방법, 해싱 방법 등이 있다.

2 B, B+, B* 트리

1. B-트리

(1) 균형된 m-원 탐색 트리로서 효율적인 알고리즘을 제공한다.

(2) 차수가 m인 B-트리는 다음과 같은 특성을 갖는 m-원 탐색트리로 정의할 수 있다.

① 루트와 리프(leaf)를 제외한 모든 노드는 최소 $\lceil m/2 \rceil$, 최대 m개의 서브트리를 갖는다.

② 루트는 리프가 아닌 이상 최소 두 개의 서브트리를 갖는다.

③ 모든 리프는 같은 레벨에 있다.

④ 리프가 아닌 노드의 키값의 수는 그 노드의 서브트리 수보다 1이 적으며, 각 리프 노드는 최소 $\lceil m/2 \rceil-1$개, 최대 m−1개의 키값을 갖는다.

⑤ 한 노드 안의 키값은 오름차순을 유지한다.

(3) 노드 안에 표시된 각 키값은 레코드의 실제 저장주소도 포함하고 있다.

(4) 연산

① **직접탐색**: 키값에 의존한 분기

② **순차탐색**: 중위 순회

③ **삽입, 삭제**: 트리의 균형 유지

(5) 삽입

① 삽입에 있어서 새로운 값은 항상 리프에 삽입한다.

② 빈 공간이 있을 경우에는 단순삽입한다.

③ 빈 공간이 없을 경우 오버플로우(overflow)가 발생하는데 이때에는 이 노드를 두 개의 노드로 분할(Split)한다.

④ $\lceil m/2 \rceil$째의 키값은 부모노드로 보낸다.

⑤ 나머지는 반씩 나누어 왼쪽, 오른쪽 서브트리로 삼는다.

ex 1. 노드 m에 25 삽입

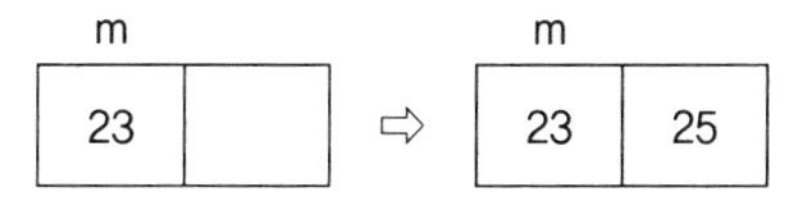

2. 노드 n에 57 삽입

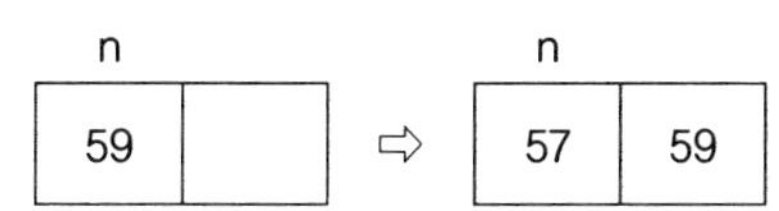

3. 노드 o에 59 삽입

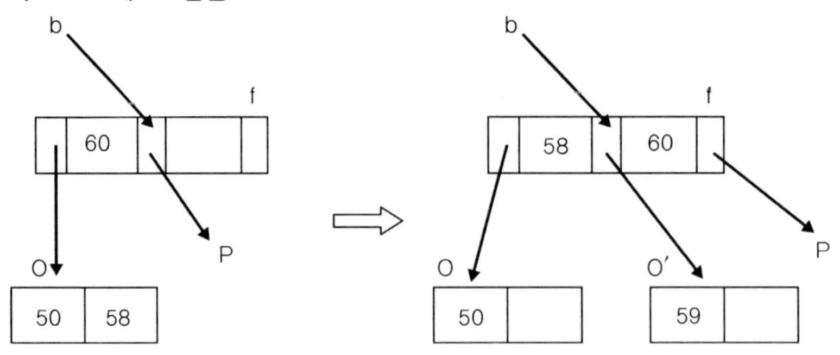

(6) 삭제

① 삽입과 같이 리프 노드에서 수행
② 삭제키가 리프가 아닌 노드에 있을 때
③ 후행키 값과 자리교환(후행키는 항시 리프 노드에 존재)하여 리프 노드에서 삭제
④ 삭제 후 남아있는 키값 수가 노드가 유지해야 할 최소 키값 수($\lceil m/2 \rceil - 1$)에 미달 시에 언더플로 발생
⑤ 재분배나 합병으로 최소 키값 수를 유지
⑥ **재분배(redistribution)**: 해당 노드의 오른쪽이나 왼쪽 형제 노드에 최소 키값 수보다 많은 키값들이 있는 노드를 선택하여 그 노드로부터 한 개의 키값을 차출하여 이동
⑦ **합병(merge)**: 재분배 방법이 불가능할 때(형제노드가 최소의 키값만 가진 경우) 적용하여 삽입의 분할과정과 반대

ex 1. 노드 m에 키값 65의 삭제

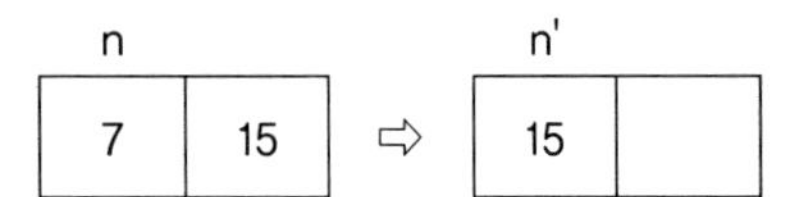

2. 노드 n에서 키값 7의 삭제

n			n'	
7	15	⇨	15	

3. 노드 f에서 키값 60의 삭제

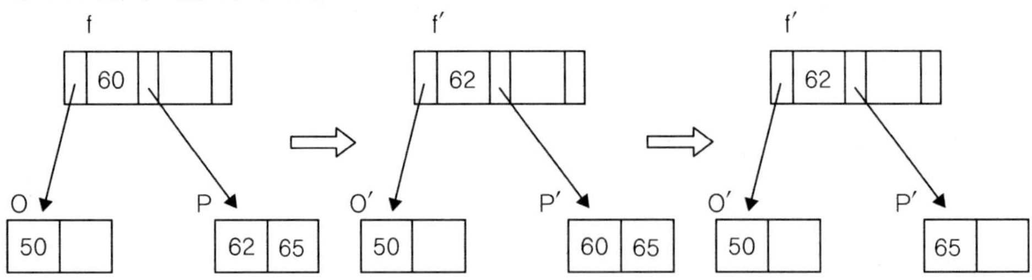

4. 노드 l에서 키값 26의 삭제

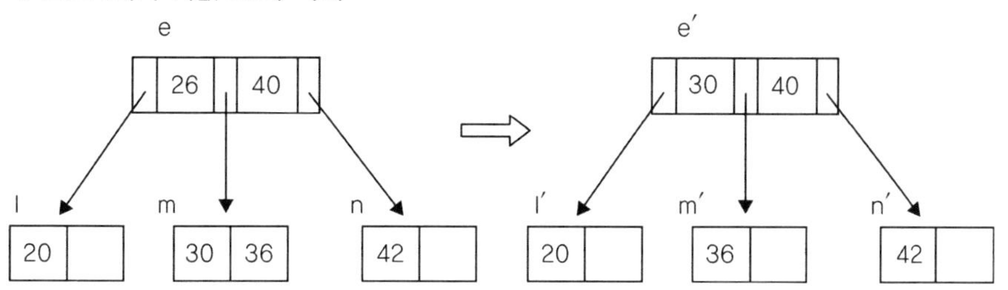

2. B+-트리

(1) 구성

① 인덱스 세트(index set)

㉠ 리프가 아닌 노드로 구성

㉡ 리프에 있는 키들에 대한 경로정보 제공(키값만 존재)

② 순차 세트(sequence set)

㉠ 리프 노드로 구성되며 모든 키값들을 포함하고 있음(키값과 관련된 데이터레코드의 주소 포함)

㉡ 순차적으로 연결되어 인덱스 세트를 이용한 직접접근과 순차접근이 모두 가능

(2) 특성

① 루트의 서브트리 : 0, 2, ⌈m/2⌉~m

② 노드의 서브트리(루트, 리프 제외) : ⌈m/2⌉~m

③ 모든 리프는 동일 레벨에 존재

④ 리프가 아닌 노드의 키값 수 : 서브트리 수−1

⑤ 리프 노드(leaf node) : 데이터 파일의 순차세트(리스트로 연결)

B-트리와 B+-트리의 차이점

① B+-트리는 리프 노드와 내부 노드는 그 구조가 서로 다르다.

② B+-트리에서는 인덱스 세트에 있는 키값은 리프 노드에 있는 키값을 찾아갈 수 있도록 경로를 제공하는 목적으로 사용한다.

③ B+-트리에서 인덱스 세트에 키값이 있다고 해서 리프 노드에 반드시 그 키값이 있는 것은 아니다.

④ B+-트리는 순차 세트의 모든 노드가 순차적으로 서로 연결되어 있다.

⑤ 일반적으로 B+-트리에서 키값의 삭제는 B-트리보다 훨씬 간단하다.

❸ 다차원 공간 파일

(1) 다차원 데이터(multidimensional data)

① 전통적인 1차원 데이터 레코드가 아니라 CAD(computer aided design)나 지리 정보 시스템(geographical information system)에서의 선(line), 면(plane), 위치(location)와 같은 데이터

② 다차원 데이터를 나타내는 (x, y) 또는 (x, y, z)는 차원당 하나의 값

③ 다차원 데이터는 단일 키 파일 구조로 처리 불가

④ 다차원 데이터의 접근을 위해서는 다차원 인덱스(multidimensional index) 구조가 필요

(2) 다차원 공간 파일

① 여러 개의 필드(차원)를 동시에 키로 사용하는 파일

② 다차원 공간 파일을 트리로 표현

㉠ k-d 트리(´75)

㉡ k-d-B 트리(´81)

㉢ 격자 파일(Grid File)(´84)

㉣ 사분 트리(Quadtree)(´84)

㉤ R-트리(´84), R+-트리(´87), R*-트리(´90)

제3절 RAID(Redundant Array of Inexpensive Disks)

1. RAID의 개요

(1) RAID는 1988년 버클리 대학의 데이비드 패터슨, 가스 깁슨, 랜디 카츠에 의해 정의된 개념으로 <A Case for Redundant Array of Inexpensive Disks>라는 제목의 논문으로 발표된 데이터를 분할해서 복수의 자기 디스크 장치에 대해 병렬로 데이터를 읽는 장치 또는 읽는 방식이라고 정의할 수 있다.

(2) 작고 값싼 드라이브들을 연결해 비싼 대용량 드라이브 하나(Single Large Expensive Disk)를 대체하자는 것이었지만, 스토리지 기술의 지속적인 발달로 현재는 다음과 같이 정의할 수 있다.

> 여러 개의 하드디스크를 하나의 Virtual Disk로 구성하여 대용량 저장장치로 사용, 여러 개의 하드디스크에 데이터를 분할·저장하여 전송속도의 향상 시스템 가동 중 생길 수 있는 하드디스크의 에러를 시스템 정지 없이 교체, 데이터 자동복구

2. RAID 시스템 출현 배경

(1) 하드디스크의 질과 성능이 크게 향상되긴 했지만 아직도 컴퓨터시스템 가운데 가장 취약한 부분으로 남아 있다. 때로는 회복이 불가능할 정도로 손상되기도 하는데 시스템이 다운되면 회사로서는 큰 낭패가 아닐 수 없다. 그리고 네트워크에서 병목현상이 가장 심하게 일어나는 부분도 바로 하드디스크다.

(2) RAID 시스템은 그런 하드디스크의 결함을 비교적 저렴한 비용으로 해결할 수 있는 솔루션인 것이다.

3. RAID의 기본 정의

(1) 장애 발생요인을 최대로 제거한 고성능 대용량 저장장치

(2) 여러 개의 HDD를 하나의 가상 디스크로 구성한 대용량 저장장치

(3) 여러 개의 HDD에 데이터를 분할하여 멀티 전송함으로써 빠른 전송속도 구현

(4) 고장 시에도 새 디스크로 교체하면서 원래 데이터를 자동복구

4. RAID의 장점

(1) 높은 가용성(availability)과 데이터 보호(protection)

(2) 드라이브 접속성의 증대

(3) 저렴한 비용과 작은 체적으로 대용량 구현

5. RAID의 목적

(1) 여러 개의 디스크 모듈을 하나의 대용량 디스크로 사용

(2) 각 입출력 장치 간의 전송속도를 높임

(3) 장애가 발생하더라도 최소한 데이터가 사라지는 것을 방지

Chapter 06 관계 데이터 모델

제1절 관계 데이터 구조 및 제약

❶ 관계 데이터 구조

1. 릴레이션의 개념

(1) 릴레이션(relation) R의 수학적 정의

① 카티션 프로덕트의 부분집합: $R \subseteq D_1 \times D_2 \times \cdots \times D_n$

② 정보 저장의 기본 형태가 2차원 구조의 테이블

(2) attribute(속성): 테이블의 각 열을 의미

속성의 형태	• 단순 속성: 더 이상 작은 단위로 나뉘어지지 않는 속성 예 성별 • 복합 속성: 더 작은 단위로 나뉘어질 수 있는 속성 예 성명 → 성, 명
속성값	• 단일값 속성: 의미 객체에서 최대 카디널리티가 1인 속성 • 다중값 속성: 최대 카디널리티가 1보다 큰 의미 객체의 속성

(3) 도메인: 애트리뷰트가 취할 수 있는 값들의 집합

(4) 튜플: 테이블이 한 행을 구성하는 속성들의 집합

(5) 차수(Degree): Attribute의 개수

(6) 기수(대응수; Cadinality): Tuple의 개수

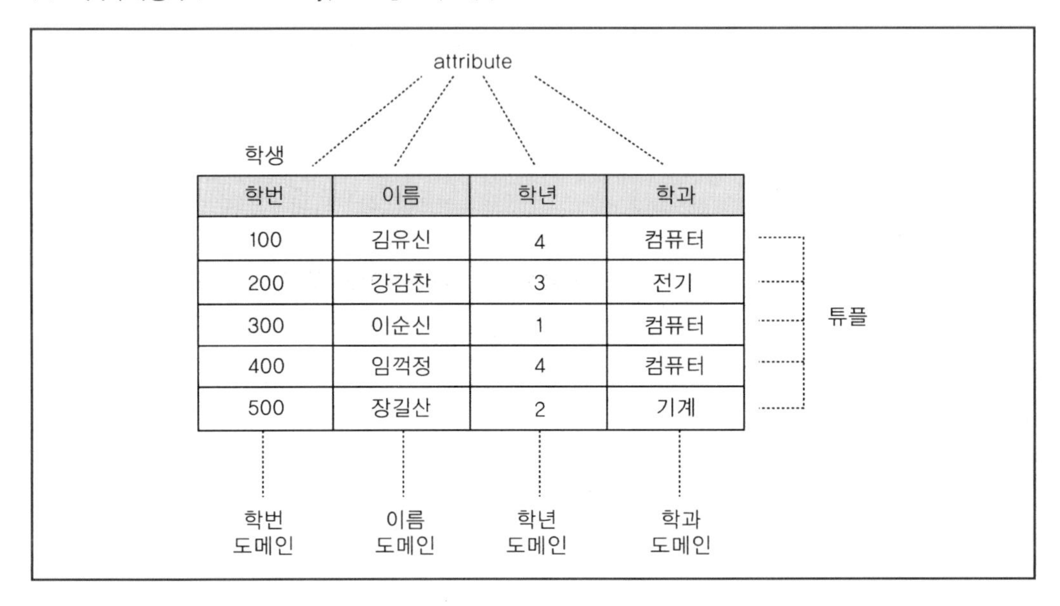

학번	이름	학년	학과
100	김유신	4	컴퓨터
200	강감찬	3	전기
300	이순신	1	컴퓨터
400	임꺽정	4	컴퓨터
500	장길산	2	기계

2. 릴레이션의 특성

(1) 릴레이션의 튜플들은 모두 상이하다.

(2) 릴레이션에서 애트리뷰트들 간의 순서는 의미가 없다.

(3) 한 릴레이션에 포함된 튜플 사이에는 순서가 없다.

(4) 애트리뷰트는 원자 값으로서 분해가 불가능하다.

3. 키의 종류

(1) 슈퍼키(super key)

① 유일성은 갖지만 최소성을 만족시키지 못하는 애트리뷰트 집합

② 테이블을 구성하는 속성의 집합으로, 해당 집합에서 같은 튜플이 발생하지 않는 키

(2) 후보키(candidate key)

① 속성 집합으로 구성된 테이블의 각 튜플을 유일하게 식별할 수 있는 속성이나 속성의 조합들을 후보키라 한다(유일성, 최소성).

② 후보키의 슈퍼집합은 슈퍼키이다.

③ 후보키의 논리적 개념은 '유일한 인덱스'의 물리적 개념과는 다르다.

(3) 기본키(primary key)

① 개체 식별자

② 튜플을 유일하게 식별할 수 있는 애트리뷰트 집합(보통 key라고 하면 기본키를 말하지만 때에 따라서 후보키를 뜻하는 경우도 있음)

③ 기본키는 그 키값으로 그 튜플을 대표하기 때문에 기본키가 null 값을 포함하면 유일성이 깨진다.

(4) 대체키(alternate key): 기본키를 제외한 후보키들

(5) 외래키(foreign key)

① 다른 테이블을 참조하는 데 사용되는 속성

② 두 개의 릴레이션 R1, R2에서 R1에 속한 애트리뷰트인 외래키가 참조 릴레이션 R2의 기본키가 되며, 릴레이션 R1을 참조하는 릴레이션(referencing relation), 릴레이션 R2를 참조되는 릴레이션(referenced relation)이라 한다.

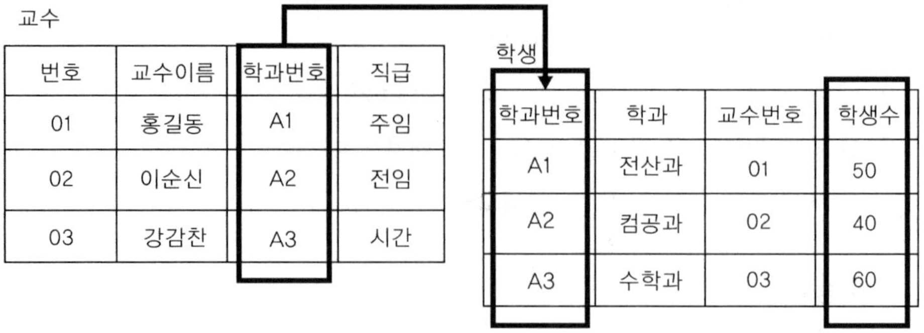

교수

번호	교수이름	학과번호	직급
01	홍길동	A1	주임
02	이순신	A2	전임
03	강감찬	A3	시간

학생

학과번호	학과	교수번호	학생수
A1	전산과	01	50
A2	컴공과	02	40
A3	수학과	03	60

- 개체 무결성: 기본키 값은 언제 어느 때고 널(Null)일 수 없음.
- 참고 무결성: 외래키 값은 널이거나 참조 릴레이션에 있는 기본키 값과 같아야 함.

❷ 관계 데이터 제약

(1) 데이터 무결성(data integrity)의 정의

① 데이터의 정확성 또는 유효성을 의미한다.

② 무결성이란 데이터베이스에 저장된 데이터 값과 그것이 표현하는 현실 세계의 실제 값이 일치하는 정확성을 의미한다.

③ 데이터베이스 내에 저장되는 데이터 값들이 항상 일관성을 가지고 유효한 데이터가 존재하도록 하는 제약조건들을 두어 안정적이며 결함이 없이 존재시키는 데이터베이스의 특성이다.

④ 무결성 제약조건은 데이터베이스 상태가 만족시켜야 하는 조건이다.

㉠ 사용자에 의한 데이터베이스 갱신이 데이터베이스의 일관성을 깨지 않도록 보장하는 수단

㉡ 일반적으로 데이터베이스 상태가 실세계에 허용되는 상태만 나타낼 수 있도록 제한

(2) 무결성의 종류

① **개체 무결성(entity integrity)**: 기본 릴레이션의 기본키를 구성하는 어떤 속성도 NULL일 수 없고, 반복입력을 허용하지 않는다는 규정

② **참조 무결성(referential integrity)**: 외래키 값은 널이거나, 참조 릴레이션에 있는 기본키와 같아야 한다는 규정(FK는 상위개체의 PK와 같아야 한다)

③ **도메인 무결성(domaim integrity)**: 특정 속성의 값이 그 속성이 정의된 도메인에 속한 값이어야 한다는 규정

제2절 관계 데이터 연산

❶ 관계대수

- 릴레이션 조작을 위한 연산의 집합으로 연산자를 이용하여 표현된다(절차적 언어).
- 관계대수는 원래 E. F. Codd가 관계 데이터 모델을 처음 제안할 때 정의하였으나 그 뒤 많은 변형들이 나왔다.
- 관계대수는 연산들로, 관계해석은 정의로 릴레이션을 얻을 수 있다.

(1) 일반 집합 연산자: 합집합, 교집합, 차집합, 카티션 프로덕트

① 합집합(union, ∪): $R \cup S = \{t \mid t \in R \vee t \in S\}$

② 교집합(intersect, ∩): $R \cap S = \{t \mid t \in R \wedge t \in S\}$

③ 차집합(difference, −): $R - S = \{t \mid t \in R \wedge t \notin S\}$

④ 카티션 프로덕트(cartesian product, ×): $R \times S = \{r \cdot s \mid r \in R \wedge s \in S\}$

✱ 결과: 릴레이션의 차수는 두 릴레이션의 차수의 합이고, 카디널리티는 두 릴레이션의 카디널리티를 곱한 것이다.

✱ 특징: 카티션 프로덕트를 제외한 합집합, 교집합, 차집합은 연산자들이 요구하는 피연산자로 두 릴레이션은 합병 가능(union-compatible)해야 된다.

(2) 순수 관계 연산자: SELECT, PROJECT, JOIN, DIVISION

① 셀렉트(SELECT, σ): 선택 조건을 만족하는 릴레이션의 수평적 부분 집합(horizontal subset), 행의 집합

- 표기 형식 → σ〈선택조건〉(테이블 이름)

② 프로젝트(PROJECT, π): 수직적 부분 집합(vertical subset), 열(column)의 집합

- 표기 형식 → π〈속성 리스트〉(테이블 이름)

ex (학생)테이블

학번	이름	학년	전공	점수
01	김유신	3	컴퓨터	80
02	강감찬	2	화학	85
03	이순신	1	화학	70
04	이대현	1	화학	79

σ점수 ≥ 80 (학생) → '학생' table에서 점수 속성값이 80점 이상인 튜플 선택

학번	이름	학년	전공	점수
01	김유신	3	컴퓨터	80
02	강감찬	2	화학	85

π 전공 (학생) → '학생' table에서 전공 속성 선택

전공
컴퓨터
화학

③ 조인(JOIN, ⋈)

㉠ 두 관계로부터 관련된 튜플들을 하나의 튜플로 결합하는 연산이다.

㉡ 카티션 프로덕트와 셀렉트를 하나로 결합한 이항 연산자로, 일반적으로 조인이라 하면 자연조인을 말한다.

㉢ 두 개 이상의 릴레이션으로부터 상호 연관성을 구하기 위한 연산자이다.

㉣ 릴레이션의 차수는 릴레이션 R의 차수와 S의 차수를 합한 것과 같다.

④ 디비전(DIVISION, ÷)

㉠ 동시에 포함하는 속성

㉡ 릴레이션 R(X), S(Y)에 대하여 $Y \subseteq X$이고, $X - Y = X'$이면 $R(X) = (X', Y)$

$$R \div S = \{ r' \mid r' \in \pi x'(R) \land \langle r' \cdot s \rangle \in R, \forall s \in S \}$$

㉢ 나누어지는 R의 차수는 (m+n)이고 나누는 릴레이션 S의 차수가 n일 때, 이 디비전의 결과 릴레이션의 차수는 m이 된다.

2 관계해석

(1) 원하는 릴레이션을 정의하는 방법을 제공하며 비절차적(non-procedural)인 언어이다.

(2) 튜플 관계해석과 도메인 관계해석의 두 종류가 있는데, 둘 다 정형식(WFF)과 조건식을 갖는다.

(3) 기본적으로 관계해석과 관계대수는 관계 데이터베이스를 처리하는 기능과 능력 면에서 동등하다.

(4) 수학의 Predicate Calculus에 기반을 두고 있다.

Chapter 07 SQL 언어

❶ SQL 언어의 개요

(1) SQL 언어의 유래

① SQL(구조적 질의어): IBM에서 개발된 데이터베이스에 사용되는 언어
② 1974년 IBM 연구소에서 발표한 SEQUEL(Structured English QUEry Language)에 연유
③ IBM뿐만 아니라 ORACLE, INFORMIX, SYBASE, INGRES 등과 같은 다른 회사에서도 채택

(2) SQL의 특징

① 관계대수와 관계해석을 기초로 한 고급 데이터 언어
② 이해하기 쉬운 형태
③ 대화식 질의어로 사용 가능
④ 데이터 정의, 데이터 조작, 제어 기능 제공
⑤ COBOL, C, PASCAL 등이 언어에 삽입
⑥ 레코드 집합 단위로 처리
⑦ 비절차적 언어

(3) SQL 표준안: SQL-86, SQL-89, SQL-92, SQL3, SQL-99

❷ SQL 정의어

- 스키마, 도메인, 테이블, 뷰, 인덱스를 정의하거나 제거하는 데 사용
- 정의된 내용은 메타 데이터(meta data)가 되며, 시스템 카탈로그(system catalog)에 저장

1. CREATE 문

스키마, 도메인, 테이블, 뷰, 인덱스의 정의에 사용

(1) 스키마 정의

[구문] CREATE SCHEMA 스키마_이름 AUTHORIZATION 사용자_id

SQL 스키마는 스키마의 이름과 소유자나 허가권자를 나타내는 식별자와 스키마에 속하는 모든 요소에 대한 기술자까지 포함한다. 스키마 요소에는 테이블, 뷰, 도메인, 스키마를 기술하는 내용(허가권, 무결성) 등이 있다.

(2) 도메인 정의

[구문] CREATE DOMAIN 도메인_이름 데이터_타입

SQL에서의 도메인은 일반 관계 데이터 모델과 달리 SQL이 지원하는 데이터 타입만으로 정의할 수 있다.

데이터 타입
- 정수: INTEGER(INT), SMALLINT
- 실수: FLOAT, REAL, DOUBLE PRECISION
- 정형 숫자: DECIMAL(i, j), NUMERIC(i, j)
- 고정길이 문자: CHAR(n), CHARACTER(n)
- 가변길이 문자: VARCHAR(n), CHAR VARYING(n), CHARACTER VARYING(n)
- 비트 스트링: BIT(n), BIT VARYING(n)
- 날짜: YYYY-MM-DD
- 시간: HH:MM:SS

(3) 테이블 정의

[구문]
```
CREATE TABLE 테이블_명
 ( {열_이름 데이터_타입 [NOT NULL][DERAULT 묵시값] }
   [PRIMARY KEY (열_이름)]
   {[UNIQUE(열_이름)]}
   {[FOREIGN KEY(열_이름) REFERENCES 기본테이블]}
    [ON DELETE 옵션]
    [ON UPDATE 옵션]
    [CHECK (조건식)] )
```
* { }: 반복을 의미, [ ]: 생략을 의미

① SQL 테이블에는 기본 테이블(base table), 뷰 테이블(view table), 임시 테이블(temporary table)이 있다.

② FOREIGN KEY는 참조 무결성을 나타내는데 참조하는 행의 삭제나 변경 시 무결성 제약조건이 위반될 때 취해야 할 조치를 첨가할 수 있으며, 옵션에는 NO ACTION, CASCADE, SET NULL, SET DEFAULT가 있다.

ex

```
CREATE TABLE 직원
        ( 사번 CHAR(15),
        이름 CHAR(4) NOT NULL,
        부서번호 CHAR(10),
        경력 INT,
        주소 VARCHAR(250),
        기본급 INT,
        PRIMARY KEY (사번),
        FOREIGN KEY (부서번호) REFERENCES 부서(부서번호),
        CHECK 기본급 >= 1000000 );
```

(4) 인덱스 정의: CREATE INDEX 문에 의해 생성, 시스템이 자동적으로 관리

```
[구문]
CREATE [UNIQUE] INDEX 인덱스_이름
        ON 테이블_이름 ( {열_이름 [ASC | DESC]} )
        [CLUSTER] ;
```


2. ALTER문

기존 테이블에 대해 새로운 열의 첨가, 값의 변경, 기존 열의 삭제 등에 사용

```
[구문]
ALTER TABLE 테이블_이름 ADD 열_이름 데이터_타입
ALTER TABLE 테이블_이름 ALTER 열_이름 SET DEFAULT 값
ALTER TABLE 테이블_이름 DROP 열_이름 CASCADE
```

* ADD: 열 추가, ALTER: 값 변경, DROP: 열 삭제

3. DROP문

스키마, 도메인, 테이블, 뷰, 인덱스 제거 시 사용(전체 삭제)

```
[구문]
DROP SCHEMA 스키마_이름 [CASCADE or RESTRICTED]
DROP DOMAIN 도메인_이름 [CASCADE or RESTRICTED]
DROP TABLE 테이블_이름 [CASCADE or RESTRICTED]
DROP INDEX 인덱스_이름
```

* • RESTRICTED: 삭제할 요소가 참조 중이면 삭제되지 않는다.
  • CASCADE: 삭제할 요소가 참조 중이더라도 삭제된다.

3 SQL 조작어

1. 검색문(SELECT)

```
[구문]
SELECT [ALL | DISTINCT 열_리스트(검색 대상)]
FROM 테이블_리스트
[WHERE 조건]
[GROUP BY 열_이름 [HAVING 조건] ]
[ORDER BY 열_이름 [ASC | DESC] ]
```

(1) GROUP BY: 그룹으로 나누어줌

(2) HAVING: 그룹에 대한 조건, GROUP BY에서 사용

(3) ORDER BY: 정렬 수행(default는 ASC)

(4) **부분 매치 질의문**: % → 하나 이상의 문자, _ → 단일 문자

* 부분 매치 질의문에서는 '=' 대신 LIKE 사용

(5) 널(NULL) 값 비교 시는 '=' (또는 <>) 대신 IS (또는 IS NOT)을 사용

ex1 인사과의 부서장 이름을 검색하라.

```
Select 부서장
From 부서
Where 부서명 = '인사과';
```

ex2 직원 봉급을 중복된 값 없이 검색하라.

```
Select Distinct 봉급
From 직원;
```

ex3 봉급이 100 이상인 직원에 대해 나이의 오름차순으로, 같은 나이에 대해서는 봉급의 내림차순으로 직원의 이름을 검색하라.

```
Select 이름
From 직원
Where 봉급 > = 100
Order By 나이 Asc, 봉급 Desc;
```

ex4 'D1' 부서의 직원 수 검색

```
Select Count(직원번호)
From 직원
Where 부서번호 = 'D1';
```

* • 집계함수: COUNT, SUM, AVG, MAX, MIN
  • SUM과 AVG의 입력은 숫자들의 집합이어야 하지만, 다른 연산들은 문자열 등과 같은 숫자가 아닌 데이터형의 집합일 수 있다.

ex5 부서별 봉급의 평균을 검색하라.

```
Select 부서번호, AVG(봉급)
From 직원
Group By 부서번호;
```

ex6 소속직원이 3명 이상인 부서번호를 검색하라.

```
Select 부서번호
From  직원
Group By 부서번호
Having Count(*) >= 3;
```

ex7 전화번호의 국번이 '777'인 직원의 이름을 검색하라.

```
Select 이름
From 직원
Where 전화번호 LIKE '777%';
```

ex8 부서번호가 널(NULL)인 직원번호와 이름을 검색하라.

```
Select 번호, 이름
From 직원
Where 부서번호 IS NULL;
```

ex9 과목번호 'C413'에 등록한 학생의 이름을 검색하라. [부속 질의문(subquery)]

```
SELECT 이름
FROM 학생
WHERE 학번 IN (SELECT 학번   /* ↔ NOT IN */
               FROM 등록
               WHERE 과목번호 = 'C413');
```

* WHERE 절에 SELECT 절이 포함된 부속 질의어를 사용한 검색은 조인을 사용한 질의어보다 효율적이나 최종 검색 속성이 한 테이블에서만 나오게 된다.

ex10 등록 테이블에서 학번이 500인 학생의 모든 기말성적보다 좋은 기말성적을 받은 학생의 학번과 과목번호를 검색하라. [부속 질의문(subquery) – 집합비교]

```
SELECT 학번, 과목번호
FROM 등록
WHERE 기말성적 > ALL
                 (SELECT 기말성적
                  FROM 등록
                  WHERE 학번 = 500);
```

* • >ALL 구문은 "모든 것보다 큰"이라는 문장이다.
  (<ALL, <=ALL, >=ALL, =ALL, <>ALL 비교도 허용)
  • >SOME 구문은 "하나 이상보다 큰"이라는 문장이다.
  (<SOME, <=SOME, >=SOME, =SOME, <>SOME 비교도 허용)

2. 삽입문(INSERT)

기존 테이블에 행을 삽입하는 경우 사용

```
[구문]
INSERT
INTO 테이블[(열_이름...)]
VALUES (열값_리스트)
```

(1) 하나의 테이블만을 대상으로 한다.

(2) NULL 값을 입력할 수 있고 부속 질의어를 포함할 수 있다.

(3) 모든 열의 값을 입력할 때는 테이블명 다음의 열 이름을 생략할 수 있다.

(4) order by 절은 포함시킬 수 없다.

ex1 직원번호 600, 이름 '김유신', 나이 25, 부서 'D2'인 직원을 삽입하라.

```
Insert into 직원(번호, 이름, 나이, 부서번호)
Values(600, '김유신', 25, 'D2');
```

ex2 부서번호가 'D1'인 직원의 번호, 이름, 봉급을 검색해 '인사과 직원' 테이블에 삽입하라.

```
Insert Into 인사과직원(번호, 이름, 봉급)
Select 번호, 이름, 봉급
From 직원
Where 부서번호 = 'D1';
```

3. 갱신문(UPDATE)

기존 레코드 열값을 갱신할 경우 사용

```
[구문]
UPDATE 테이블
SET 열_이름=변경_내용
[WHERE 조건]
```

(1) 새로 변경되는 값은 산술식이나 NULL이 될 수 있다.

(2) 하나의 테이블에 여러 개의 열을 갱신할 수 있다.

ex 'D1' 부서의 봉급을 10% 인상하라.

```
Update 직원
Set 봉급 = 봉급 * 1.1
Where 부서번호 = 'D1' ;
```

4. 삭제문(DELETE)

기존 테이블의 행을 삭제할 경우 사용

> **[구문]** DELETE FROM 테이블 [WHERE 조건]

(1) 하나의 테이블만을 대상으로 한다.

(2) 만일 외래키를 가지고 있는 테이블이 있다면 그 테이블에서도 같은 삭제 연산이 이루어져야 한다. 그렇지 않으면 참조 무결성을 유지할 수 없기 때문이다.

ex 번호가 200인 직원을 삭제하라.

```
Delete From 직원
Where 번호 = 200;
```


4 SQL 뷰

- 하나 이상의 테이블로부터 유도되어 만들어진 가상 테이블
- 실행시간에만 구체화되는 특수한 테이블

(1) 뷰의 특징

① 뷰가 정의된 기본 테이블이 제거(변경)되면, 뷰도 자동적으로 제거(변경)된다.
② 외부 스키마는 뷰와 기본 테이블의 정의로 구성된다.
③ 뷰에 대한 검색은 기본 테이블과 거의 동일(삽입, 삭제, 갱신은 제약)하다.
④ DBA는 보안 측면에서 뷰를 활용할 수 있다.
⑤ 뷰는 CREATE문에 의해 정의되며, SYSVIEWS에 저장된다.
⑥ 한 번 정의된 뷰는 변경할 수 없으며, 삭제한 후 다시 생성된다.
⑦ 뷰의 정의는 ALTER문을 이용하여 변경할 수 없다.
⑧ 뷰를 제거할 때는 DROP문을 사용한다.

(2) 뷰의 생성

```
[구문]
CREATE VIEW 뷰_이름[(열_이름_리스트)]
        AS SELECT 문
        [ WITH CHECK OPTION ];
```

① AS SELECT 문은 일반 검색문과 같지만 UNION이나 ORDER BY를 사용할 수 없다.
② WITH CHECK OPTION 절은 이 뷰에 대한 갱신이나 삽입 연산이 허용되어 이 연산이 실행될 때 뷰 정의 조건을 위배하면 실행을 거절시킨다는 것을 명세한다(검색 시는 해당 안 됨).

ex

```
CREATE VIEW CSTUDENT(SNO, SNAME, YEAR)
          AS SELECT SNO, SNAME, YEAR
              FROM STUDENT
              WHERE DEPT = '컴퓨터'
          WITH CHECK OPTION ;
```

③ 기본 테이블 학생(STUDENT)의 컴퓨터과 학생(CSTUDENT) 뷰

학번(SNO)	이름(SNAME)	학년(YEAR)	학과(DEPT)
100	김유신	4	컴퓨터
200	홍길동	3	전기
300	이순신	1	컴퓨터
400	장길산	4	컴퓨터
500	강감찬	2	기계

(3) 뷰의 제거

① 뷰의 정의는 ALTER 문을 이용하여 변경할 수 없다.

② 뷰를 제거할 때는 다음과 같은 형식의 DROP 문을 사용한다.

```
DROP VIEW 뷰_이름{ RESTRICT | CASCADE } ;
```

(4) 뷰의 조작 연산

① 기본 테이블에서 사용할 수 있는 검색문은 뷰에서도 사용 가능하다.

② 뷰에서 삽입, 삭제, 갱신 연산에는 많은 제약이 따른다. 이론적인 부분과 실제적인 부분의 차이가 있을 수 있다.

③ 뷰가 기본키를 포함한 행과 열과 부분 집합으로 구성된다면 갱신 연산은 가능할 수 있다.

(5) 뷰의 장단점

장점	단점
• 논리적 독립성을 제공한다. • 데이터 접근제어로 보안이 가능하다. • 사용자의 데이터 관리를 간단하게 한다. • 하나의 테이블로 여러 개의 상이한 뷰를 정의한다.	• 뷰는 독자적으로 인덱스를 가질 수 없다(기본 테이블을 통해서는 가능). • 뷰는 정의를 변경할 수 없다. • 뷰는 삽입, 삭제, 갱신 연산에 많은 제약이 따른다.

5 내장(Embedded) SQL

(1) 내장 SQL의 개요

① 내장(Embedded) SQL : 호스트 프로그래밍 언어(C, C++, 비주얼베이직)로 작성되는 응용 프로그램 속에 내장해서 사용하는 SQL이다.

② 대화식으로 사용할 수 있는 모든 SQL 문은 응용 프로그램에서 사용할 수 있지만, 응용 프로그램에서 사용할 수 있는 모든 SQL 문이 대화식으로 모두 사용할 수 있다는 것은 아니다.

③ 이중모드 원리(dual mode)는 SQL 언어 전체에 적용되는 것으로서 데이터 조작 연산에만 국한되지 않는다. 그리고 Host Program의 컴파일 시 DML 예비 컴파일러에 의해 내장 SQL 문은 분리되어 컴파일된다.

(2) 응용 프로그램의 특징

① EXEC SQL을 앞에 붙인다.

② 내장 SQL 실행문은 호스트 실행문이 나타나는 어느 곳에서나 사용 가능하다.

③ SQL 문에 사용되는 호스트 변수는 콜론(:)을 앞에 붙인다.

④ 호스트 변수와 대응하는 필드의 데이터 타입과 일치한다.

⑤ 호스트 변수와 데이터베이스 필드의 이름은 같아도 무방하다.

⑥ select에 의한 검색 결과는 튜플로 구성된 테이블이지만 호스트 언어들은 한 번에 하나의 레코드만 취급한다(커서의 필요성).

⑦ 내포된 질의어를 처리하기 위해서는 프리프로세서가 필요하다.

(3) 커서(Cursor)

① 검색 결과 테이블의 튜플을 순서대로 지시한다.

② 커서는 응용 프로그램의 삽입 SQL에만 사용되는 새로운 객체이다.

③ 응용 프로그램에서 결과 테이블을 한꺼번에 받아들일 메모리 공간이 없으므로 커서를 이용해 튜플 단위로 조작한다.

④ 단일 검색문과 삽입, 삭제, 갱신문은 커서가 필요 없다.

⑤ 커서 관련 문장

㉠ DECLARE : 커서와 관련된 SQL 문을 정의

㉡ OPEN : 커서를 개방(실행 가능)

㉢ FETCH : 커서를 가리키는 결과 테이블의 한 튜플을 호스트 변수로 가져옴

㉣ CLOSE : 커서를 폐쇄(작업의 종료)

Chapter 08 데이터베이스 설계와 정규화

제1절 데이터베이스 설계

❶ 데이터베이스 설계 단계

(1) 개요

① 데이터베이스 설계는 사용자의 요구조건에서부터 데이터베이스 구조를 도출해내는 과정

② 데이터베이스 설계 작업은 두 종류로 구분(일반적으로 설계는 병행적으로 진행)

㉠ 데이터 중심(data-driven) DB 설계: DB의 내용과 구조를 설계

㉡ 처리 중심(processing-driven) DB 설계: 데이터의 처리와 응용(트랜잭션)을 설계

③ 데이터베이스 설계 시 고려사항: 무결성, 일관성, 회복, 보안, 효율성, 데이터베이스 확장 등

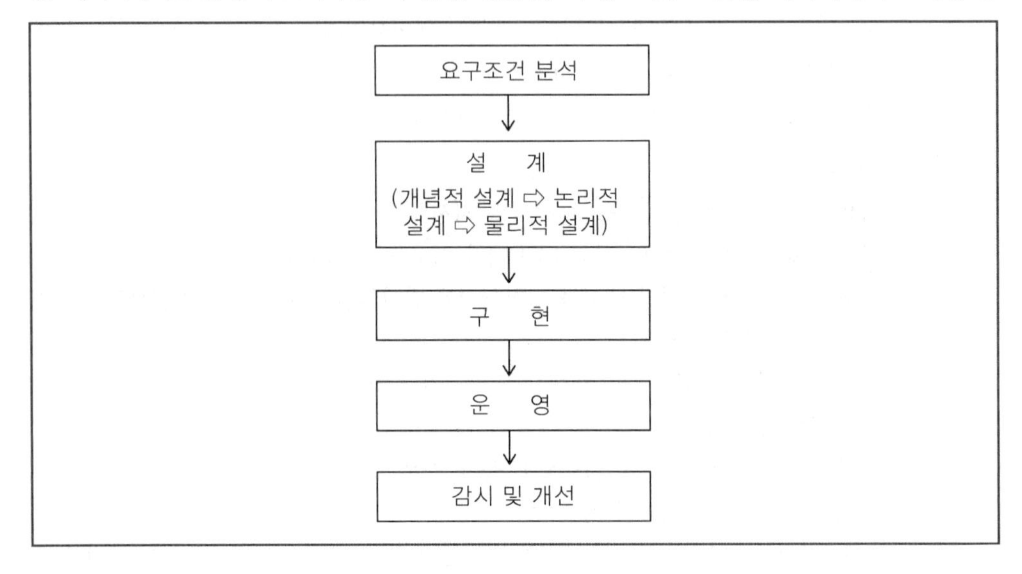

(2) 요구 조건 분석

① 사용자가 원하는 데이터베이스의 용도를 파악하는 것

② 사용자의 요구 조건을 수집하고 분석해서 공식적인 요구 조건 명세를 생성한다.

(3) 개념적 설계

① 사용자들의 요구사항을 이해하기 쉬운 형식으로 간단히 기술하는 단계이다.

② 개념 스키마 모델링과 트랜잭션 모델링을 병행적으로 수행한다.

㉠ 개념 스키마 모델링: 데이터의 조직과 표현을 중심으로 한 데이터 중심 설계

㉡ 트랜잭션 모델링: 응용을 위한 데이터 처리에 주안점을 둔 처리 중심 설계

(4) 논리적 설계

① 개념적 설계에서 만들어진 구조를 구현 가능한 data 모델로 변환하는 단계이다.

② 논리적 데이터 모델링은 목표 DBMS가 구현되어 있는 특수 환경과 특성까지는 고려하지 않고 해당 DBMS가 지원하는 데이터 모델에 적합하게 모델로 변환한다(DBMS 종속적).

③ 논리적 설계 단계는 앞 단계의 개념적 설계 단계에서 만들어진 정보 구조로부터 특정 목표 DBMS가 처리할 수 있는 스키마를 생성하는 것이다. 이 스키마는 요구 조건 명세를 만족해야 될 뿐 아니라, 무결성과 일관성 제약 조건도 만족하여야 한다.

④ 논리적 설계 단계

㉠ 논리적 데이터 모델로 변환

㉡ 트랜잭션 인터페이스 설계(응용 프로그램의 인터페이스 설계)

㉢ 스키마의 평가 및 정제

(5) 물리적 설계

① 논리적 데이터베이스 구조를 내부 저장장치 구조와 접근 경로 등으로 설계하는 단계이다.

② 물리적 데이터베이스의 기본적인 데이터 단위는 저장 레코드이다.

③ 파일이 동일한 타입의 저장 레코드 집합이라면, 물리적 데이터베이스는 여러 가지 타입의 저장 레코드 집합이라는 면에서 단순한 파일과 다르다.

④ 물리적 데이터베이스 구조는 데이터베이스에 포함될 여러 파일 타입에 대한 저장 레코드의 양식, 순서, 접근 경로, 저장 공간의 할당 등을 기술한다.

⑤ 물리적 설계 대상

㉠ 저장 레코드 양식 설계

㉡ 레코드 집중(clustering)의 분석 및 설계

㉢ 접근 경로 설계

제2절 관계 데이터베이스의 정규화

❶ 정규화

(1) 개념

① 이상 문제를 해결하기 위해 애트리뷰트 간의 종속관계를 분석하여 여러 개의 릴레이션으로 분해하는 과정이다.

② 릴레이션의 애트리뷰트, 엔티티, 관계성을 파악하여 데이터의 중복성을 최소화하는 과정이다.

③ 논리적 설계 단계에서 수행한다.

④ 정규화를 통해 릴레이션을 분해하면 일반적으로 연산시간이 증가한다.

(2) 목적

① 데이터베이스 연산의 여러 가지 이상을 없애기 위함이다.

② 데이터베이스의 물리적 구조나 물리적 처리에 영향을 주는 것이 아니라, 논리적 처리 및 품질에 큰 영향을 미친다.

(3) 이상(anomaly)

애트리뷰트 간에 존재하는 여러 종속관계를 하나의 릴레이션에 표현함으로 인해 발생하는 현상(삽입 이상, 삭제 이상, 갱신 이상)이다.

◎ **수강 릴레이션**

학번	과목번호	성적	학년
100	C413	A	4
100	E412	A	4
200	C123	B	3
300	C312	A	1
300	C324	C	1
300	C413	A	1
400	C312	A	4
400	C324	A	4
400	C413	B	4
400	E412	C	4
500	C312	B	2

① 삽입 이상: 원하지 않는 정보를 강제 삽입해야 하는 경우와 불필요한 데이터가 함께 삽입되는 경우이다.

ex 위의 [수강 릴레이션]에서 만일 학번이 600인 학생이 2학년이라는 정보를 삽입하려고 할 때 교과목을 등록하지 않으면 삽입이 불가능하다.

② 삭제 이상: 튜플을 삭제함으로써 유지되어야 하는 정보까지도 연쇄 삭제(triggered delete)되는 정보의 손실(loss of information)을 삭제 이상이라 한다.

ex 위의 [수강 릴레이션]에서 만일 학번이 200인 학생이 과목 C123을 취소하여 이 튜플을 삭제할 경우 학년 3이라는 정보까지 함께 삭제된다.

③ 갱신 이상: 중복된 튜플 중에서 일부의 attribute만 갱신시킴으로써 정보의 모순성(inconsistency)이 생기는 현상이다.

ex 위의 [수강 릴레이션]에서 만일 학번이 400인 학생의 학년을 4에서 3으로 변경하고자 할 때 모두 4번의 갱신이 필요하다.

(4) 스키마 변환의 원리

① 정보의 무손실 표현　　② 데이터 중복성 감소

③ 분리의 원칙　　④ 종속성 보존

(5) 함수적 종속(functional dependency ; FD)

① 어떤 릴레이션에서 속성들의 부분 집합을 X, Y라 할 때, 임의 튜플에서 X의 값이 Y의 값을 함수적으로 결정한다면, Y가 X에 함수적으로 종속되었다고 하고, 기호로는 X → Y로 표기한다.

② 함수종속 다이어그램(FD diagram)

수강 릴레이션의 함수종속 다이어그램

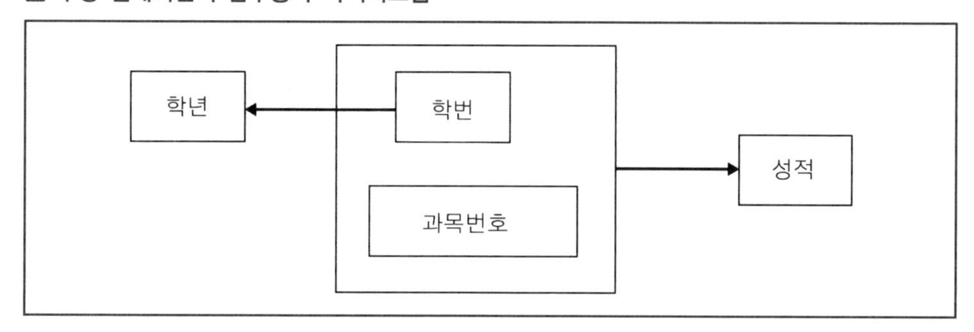

③ 함수종속의 추론 규칙(Armstrong's axioms)

㉠ 재귀 규칙 : X ⊇ Y이면 X → Y이다.

㉡ 증가 규칙 : X → Y이면 WX → WY이고 WX → Y이다.

㉢ 이행 규칙 : X → Y이고 Y → Z이면 X → Z이다.

2 정규화 체계

수강지도 릴레이션

학번	지도교수	학과	과목번호	성적
100	P1	컴퓨터	C413	A
100	P1	컴퓨터	E412	A
200	P2	전기	C123	B
300	P3	컴퓨터	C312	A
300	P3	컴퓨터	C324	C
300	P3	컴퓨터	C413	A
400	P1	컴퓨터	C312	A
400	P1	컴퓨터	C324	A
400	P1	컴퓨터	C413	B
400	P1	컴퓨터	E412	C

- **수강지도**: (학번, 지도교수, 학과, 과목번호, 성적)
- **기본키** : (학번, 과목번호)
- **함수종속**: (학번, 과목번호) → 성적
  학번 → 지도교수
  학번 → 학과
  지도교수 → 학과

수강지도 릴레이션의 함수종속 다이어그램

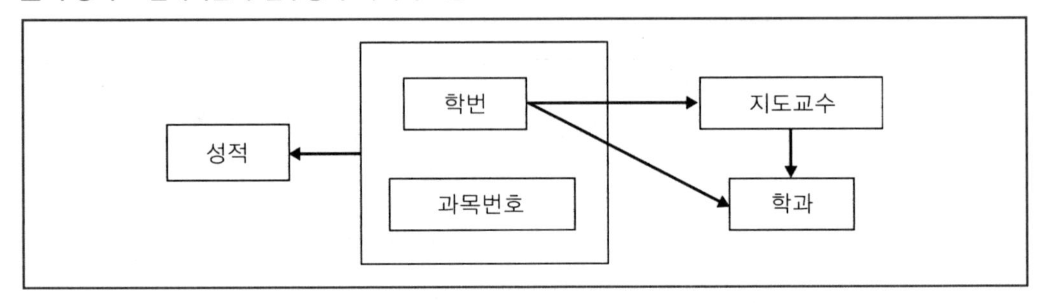

1. 제1정규형(1NF)

어떤 릴레이션 R에 속한 모든 도메인이 원자 값(atomic value)만으로 되어 있다면, 제1정규형(1NF)에 속한다.

(1) 모든 정규화 릴레이션은 제1정규형에 속한다.

(2) address와 같은 복합속성(composite attribute)은 원자적 도메인이 아니다.

① **삽입 이상**: 어떤 학생이 교과목을 등록하지 않고는 그 학생의 지도교수를 삽입할 수가 없다. 즉, 학번이 500인 학생의 지도교수가 P4라는 사실을 삽입할 수 없다.

② **삭제 이상**: 학번이 200인 학생이 과목 C123을 취소하여 이 튜플을 삭제할 경우 지도교수가 P2라는 정보까지도 잃어버리게 된다.

③ **갱신 이상**: 학번이 400인 학생의 교수가 P1에서 P3으로 변경되었다면 학번 400이 나타난 모든 튜플을 P1에서 P3으로 변경해 주어야 한다.

2. 제2정규형(2NF)

어떤 릴레이션 R이 1NF이고 키(기본)에 속하지 않은 애트리뷰트는 모두 기본키의 완전함수종속이면, 제2정규형(2NF)에 속한다.

(1) 1NF이면서 2NF가 아닌 릴레이션은 프로젝션을 하여 의미상으로 동등한 두 개의 2NF로 분해할 수 있고, 자연조인(natural join)을 통해 아무런 정보손실 없이 원래의 릴레이션으로 복귀가 가능하다.

(2) 2NF에서는 함수종속 관계 A → B, B → C이면 A → C가 성립하는 이행적 함수종속(transitive FD)이 존재한다. 이는 이상 현상의 원인이 된다.

- 지도 (학번, 지도교수, 학과)
  - 학번 → 지도교수
  - 학번 → 학과
  - 지도교수 → 학과
- 수강 (학번, 과목번호, 성적)
  - (학번, 과목번호) → 성적

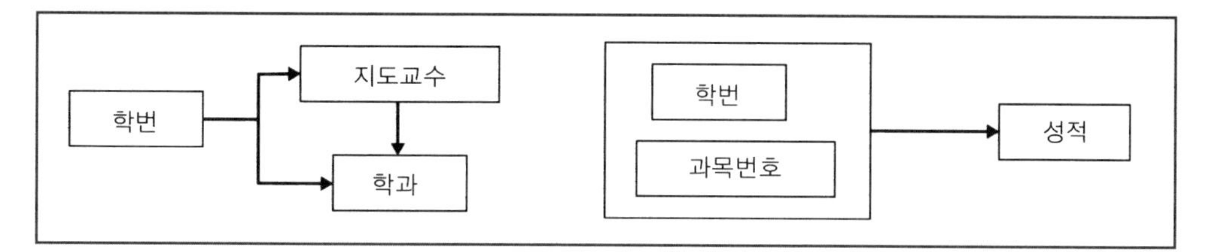

◎ 지도 릴레이션

학번	지도교수	학과
100	P1	컴퓨터
200	P2	전기
300	P3	컴퓨터
400	P1	컴퓨터

◎ 수강 릴레이션

학번	과목번호	성적
100	C413	A
100	E412	A
200	C123	B
300	C312	A
300	C324	C
300	C413	A
400	C312	A
400	C324	A
400	C413	B
400	E412	C

① 삽입 이상 : 기본키 이외의 속성 삽입 시 기본키가 널(null)이 되는 문제가 있다. 즉, 어떤 교수가 특정 학과에 속한다는 사실을 삽입하려 할 때, 이 교수의 지도를 받는 학생의 학번이 없이는 불가능하다.

② 삭제 이상 : 학번이 200인 학생이 교수 P2와의 관계를 취소하여 튜플이 삭제되면 교수 P2가 어떤 학과에 속해 있다는 정보까지도 삭제된다.

③ 갱신 이상 : 교수 P1의 학과가 컴퓨터에서 전기로 바뀐다면 학번 100과 400에 있는 학과의 값을 모두 변경해 주어야 한다.

3. 제3정규형(3NF)

어떤 릴레이션 R이 2NF이고 키(기본)에 속하지 않은 모든 애트리뷰트들이 기본키에 이행적 함수종속이 아닐 때 제3정규형(3NF)에 속한다.

(1) **무손실 분해**: 원래의 릴레이션에서 얻을 수 있는 정보는 분해된 릴레이션들로부터 얻을 수 있으나 그 역은 성립하지 않는다.

- 학생지도 (학번, 지도교수)
  기본키: {학번}, 외래키: {지도교수} 참조: 지도교수학과
  학번 → 지도교수
- 지도교수학과 (지도교수, 학과)
  기본키: {지도교수}
  지도교수 → 학과

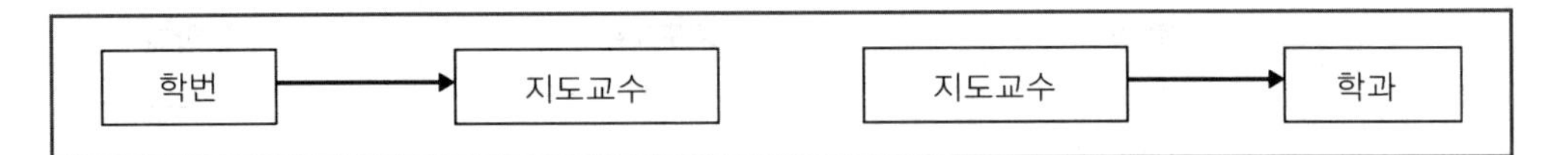

◎ **학생지도 릴레이션**

학번	지도교수
100	P1
200	P2
300	P3
400	P1

◎ **지도교수학과 릴레이션**

지도교수	학과
P1	컴퓨터
P2	전기
P3	컴퓨터

(2) 제1정규형부터 제3정규형까지는 Codd의 원본적 정의로서 모두 하나의 후보키, 즉 하나의 기본키만 가진 것으로 가정하였다.

4. 보이스/코드 정규형(BCNF)

릴레이션 R의 모든 결정자(determinant)가 후보키(candidate key)이면 릴레이션 R은 보이스/코드 정규형(BCNF)에 속한다.

(1) BCNF는 1NF, 2NF, 기본키, 이행 종속 등의 개념을 이용하지 않고 정의될 수 있기 때문에 개념적으로 3NF보다 간단하다.

(2) BNCF는 제3정규형보다 강력하다고 볼 수 있고 그래서 이 BCNF를 '강한 제3정규형(Strong 3NF)'이라고도 한다.

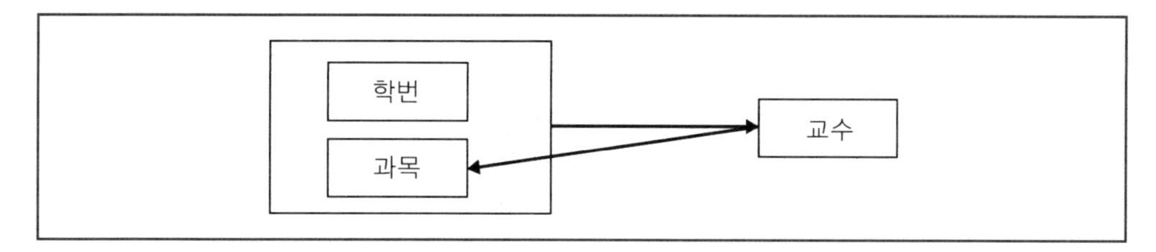

◎ 수강과목 릴레이션 (기본키 : {학번, 과목})

학번	과목	교수
100	프로그래밍	P1
100	자료구조	P2
200	프로그래밍	P1
200	자료구조	P3
300	자료구조	P3
300	프로그래밍	P4

① 삽입 이상 : 교수 P5가 자료구조를 담당하게 되었다는 사실만 입력하고 싶을 때, 학생의 학번을 입력하지 않고는 삽입이 불가능하다.

② 삭제 이상 : 학번이 100인 학생이 자료구조 과목을 취소하여 튜플이 삭제된다면 이때 교수 P2가 자료구조 과목을 담당하고 있다는 정보마저 없어져 버리게 된다.

③ 갱신 이상 : 교수 P1의 담당과목의 프로그래밍에서 자료구조로 변경되었다면 P1이 나타난 모든 튜플에 대해 갱신이 있어야 한다. ➡ 이와 같은 변경 이상의 원인은 사실상 애트리뷰트 교수가 결정자이지만 후보키로 취급하고 있지 않기 때문이다.

5. 제4정규형(4NF)

릴레이션 R에 MVD A ↠ B가 존재할 때 R의 모든 애트리뷰트들도 또한 A에 함수종속(즉, R의 모든 애트리뷰트 X에 대해 A → X이고 A가 후보키)이면 릴레이션 R은 제4정규형에 속한다.

6. 제5정규형(5NF)

릴레이션 R에 존재하는 모든 조인 종속이 릴레이션 R의 후보키를 통해서만 성립된다면 릴레이션 R은 제5정규형에 속한다.

정규화 과정

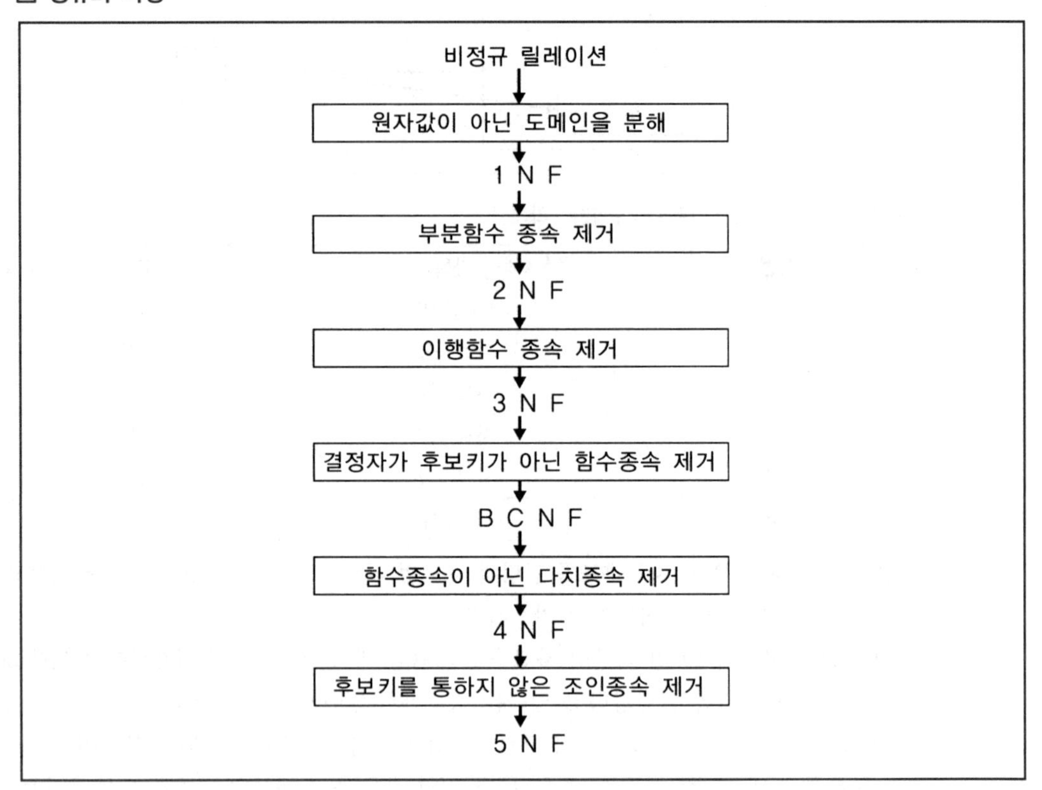

비정규 릴레이션
원자값이 아닌 도메인을 분해
1 N F
부분함수 종속 제거
2 N F
이행함수 종속 제거
3 N F
결정자가 후보키가 아닌 함수종속 제거
B C N F
함수종속이 아닌 다치종속 제거
4 N F
후보키를 통하지 않은 조인종속 제거
5 N F

Chapter 09 질의어 처리

1 질의어 처리 단계

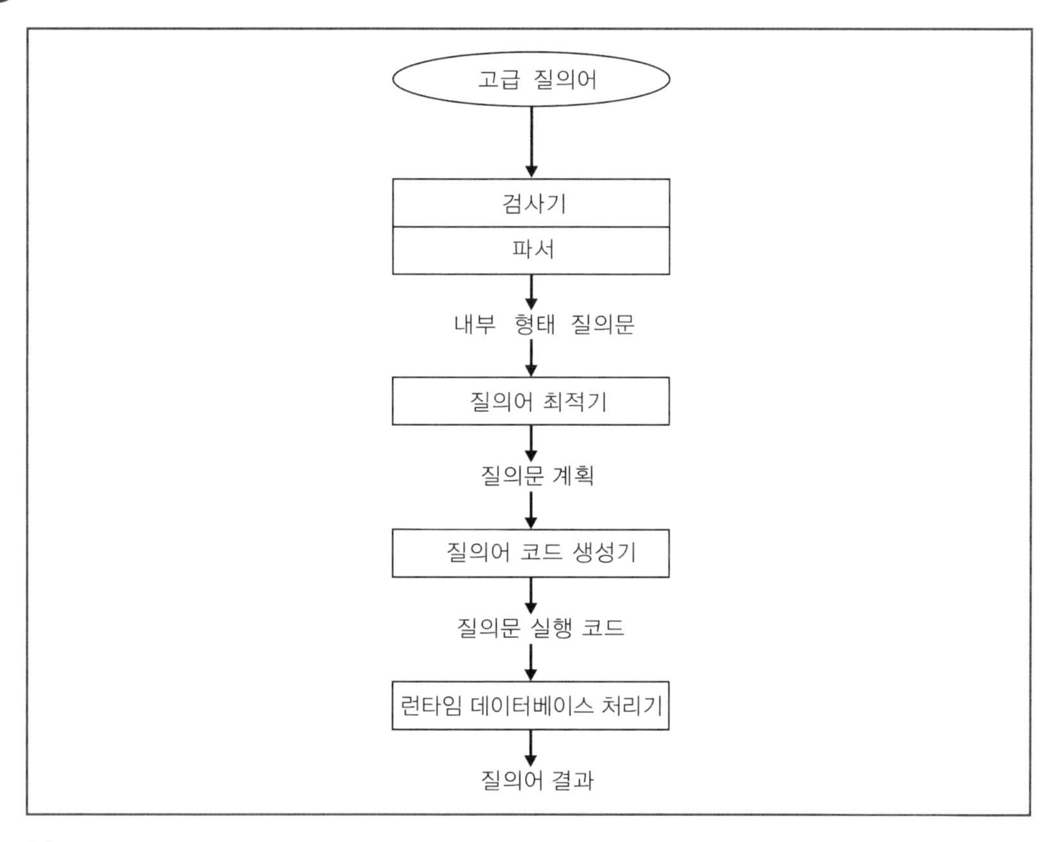

(1) SQL과 같은 고급 질의어로 표현되는 질의문은 먼저 검사를 하고, 파싱을 한다.
   ① 검사기(scanner)는 질의문에 나온 언어의 요소(토큰)들을 식별한다.
   ② 파서(parser)는 이 질의문을 분석해서 질의어의 구문법(syntax rule)에 맞는지 여부를 검사한다.

(2) 컴퓨터가 처리할 수 있는 트리나 그래프 자료 구조의 내부 표현으로 변환한다.

(3) 질의어 최적기는 질의문 계획을 생성 · 선정한다.

(4) 질의문 지시에 따라 데이터를 처리할 수 있는 실행계획을 세운다.

(5) 계획을 실행시키기 위한 코드를 생성한다.

(6) 코드 생성이 끝나면 런타임 데이터베이스 처리기가 이 코드를 실행시켜 질의문 처리 결과를 생성한다.

❷ 질의어 최적화

(1) 질의문을 어떤 형식의 내부 표현으로 변환시키는 것이다.

(2) 이 내부 표현을 논리적 변환 규칙을 이용해 의미적으로 동등한, 그러나 처리하기에는 보다 효율적인 내부 표현으로 변환시킨다.

(3) 이 변환된 내부 표현을 구현시킬 후보 프로시저들을 선정한다.

(4) 프로시저들로 구성된 질의문 계획들을 평가하여 가장 효율적인 것을 결정하는 것이다.

ex "과목 'C413'에 등록한 학생의 이름(Sname)을 검색하라"

$\pi Sname(\sigma_{Cno\ =\ 'C413'}(E \bowtie_{Sno\ =\ Sno} S)$

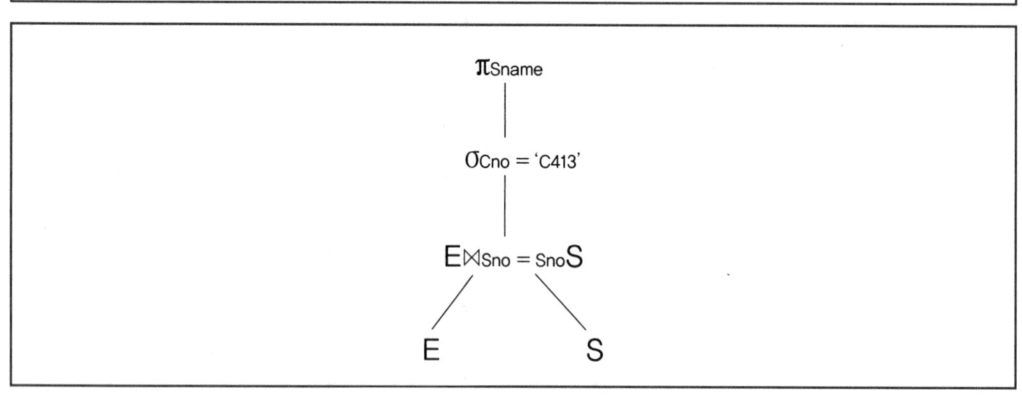

❸ 내부 형태 변환 규칙

한 질의문의 내부 형태, 즉 질의문 트리를 또 다른 질의문 트리로 변환할 때의 기본 원칙은 이 질의문 트리들이 모두 동등하여야 된다는 것이다.

1. 구문 변환 규칙

[규칙 1] 논리곱으로 연결된 선택조건 → 일련의 개별적인 선택조건

$\sigma c1\ AND\ c2\ AND...AND\ cn(R) \equiv \sigma c1(\sigma c2(...(\sigma cn(R))...))$

[규칙 2] 선택연산은 교환적

$\sigma c1(\sigma c2(R)) \equiv \sigma c2(\sigma c1(R))$

[규칙 3] 연속적인 프로젝트 연산(P) → 마지막 것만 실행

$\Pi 1(\Pi 2(...(\Pi n(R))...)) \equiv \Pi 1(R)$

[규칙 4] 셀렉트의 조건 c가 프로젝트 애트리뷰트만 포함하고 있다면 이들은 교환적

$\Pi(\sigma c(R)) \equiv \sigma c(\Pi(R))$

[규칙 5] 셀렉트의 조건이 카티션 프로덕트(×)에 관련된 릴레이션 하나에만 국한 → 조인조건

$\sigma c\ (R \times S) \equiv R \bowtie c\ S$

$\sigma c1\ (R \bowtie c2\ S) \equiv R \bowtie c1c2\ S$

[규칙 6] 셀렉트의 조건이 조인 또는 카티션 프로덕트에 관련된 릴레이션 하나와만 관련이 되어 있을 때

$\sigma c\ (R \bowtie S) \equiv \sigma c(R) \bowtie S$

$\sigma c\ (R \times S) \equiv \sigma c(R) \times S$

[규칙 7] c1은 릴레이션 R과 관련되어 있고, c2는 릴레이션 S와 관련이 되어 있을 때

$c = (c1\ AND\ \ c2)$

$\sigma c\ (R \bowtie S) \equiv (\sigma c1\ (R)) \bowtie (\sigma c2(S))$

$\sigma c\ (R \times S) \equiv (\sigma c1\ (R)) \times (\sigma c2(S))$

[규칙 8] ×, ∪, ∩, ⋈는 교환적

$R \times S \equiv S \times R$

$R \cup S \equiv S \cup R$

$R \cap S \equiv S \cap R$

$R \bowtie S \equiv S \bowtie R$

[규칙 9] L1은 릴레이션 R에 관련되어 있고, L2는 릴레이션 S에 관련되어 있을 때 L=(L1, L2)

$\Pi\ L(R \bowtie S) \equiv (\Pi\ L1(R)) \bowtie (\Pi\ L2\ (S))$

$\Pi\ L(R \times S) \equiv (\Pi\ L1(R)) \times (\Pi\ L2\ (S))$

[규칙 10] 집합연산과 관련된 셀렉트의 변환

$\sigma c(R \cup S) \equiv \sigma c(R) \cup \sigma c(S)$

$\sigma c(R \cap S) \equiv \sigma c(R) \cap \sigma c(S)$

$\sigma c(R - S) \equiv \sigma c(R) - \sigma c(S)$

[규칙 11] 합집합과 관련된 프로젝트의 변환

$\Pi\ (R \cup S) \equiv (\Pi\ (R)) \cup (\Pi\ (S))$

[규칙 12] ∪, ∩, ×, ⋈는 연합적

$(R \bowtie S) \bowtie T \equiv R \bowtie (S \bowtie T)$

$(R \cup S) \cup T \equiv R \cup (S \cup T)$

$(R \cap S) \cap T \equiv R \cap (S \cap T)$

$(R \times S) \times T \equiv R \times (S \times T)$

[규칙 13] OR로 연결된 조건식을 AND로 연결된 논리곱 정형식(conjunctive nomal form)으로 변환

$C1 \cup (C2 \cap C3) \equiv (C1 \cup C2) \cap (C1 \cup C3)$

2. 초기 트리를 최적화된 트리로의 변환방법

(1) 논리곱으로 된 조건을 가진 셀렉트 연산은 분해, 일련의 개별적 셀렉트 연산으로 변환

(2) 셀렉트 연산의 교환법칙을 이용해서 셀렉트 연산을 트리의 가능한 한 아래까지 내림

(3) 가장 제한적인 셀렉트 연산이 가장 먼저 수행될 수 있도록 단말 노드를 정렬(가장 적은 튜플 수 또는 가장 작은 선택도)

(4) 카티션 프로덕트와 해당 셀렉트 연산을 조인연산으로 통합

(5) 프로젝트 연산은 가능한 한 프로젝트 애트리뷰트를 분해하여 개별적 프로젝트로 만들어 이를 먼저 실행할 수 있도록 트리의 아래로 내림

(6) OR로 연결된 조건식은 논리곱 정형식으로 변환

① 중간결과물의 최소화

② 논리곱 정형식을 통한 쉬운 failure detect 방법

ex ① 릴레이션

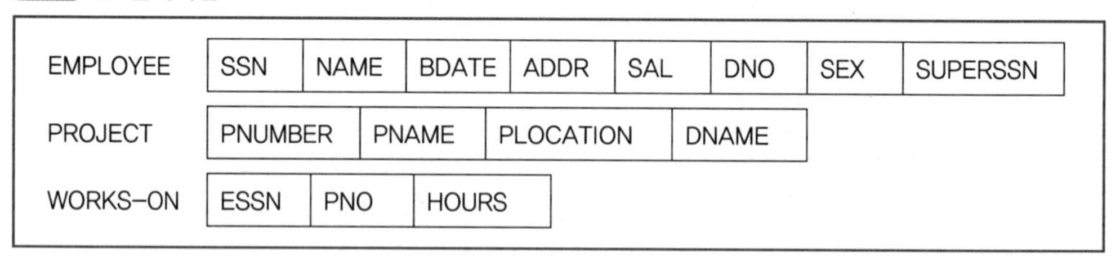

EMPLOYEE	SSN	NAME	BDATE	ADDR	SAL	DNO	SEX	SUPERSSN
PROJECT	PNUMBER	PNAME	PLOCATION	DNAME				
WORKS-ON	ESSN	PNO	HOURS					

② SQL문 : 프로젝트 ALPHA에 참여한 사람 중 1957년 이후에 태어난 사람의 이름을 검색하라.

```
SELECT NAME
FROM EMPLOYEE, WORKS-ON, PROJECT
WHERE PNAME = 'ALPHA'
  AND PNUMBER = PNO
  AND ESSN = SSN
  AND BDATE > 'DEC-31-1957'
```

③ SQL 질의에 대한 최초 트리

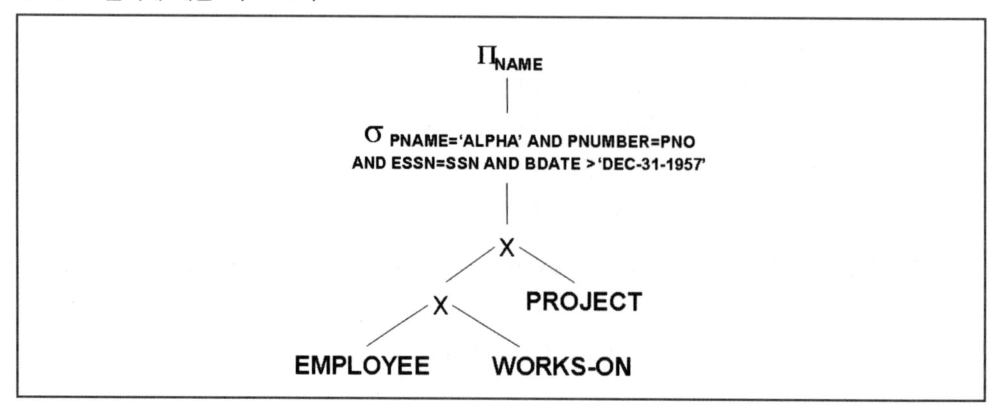

④ 선택연산의 이동

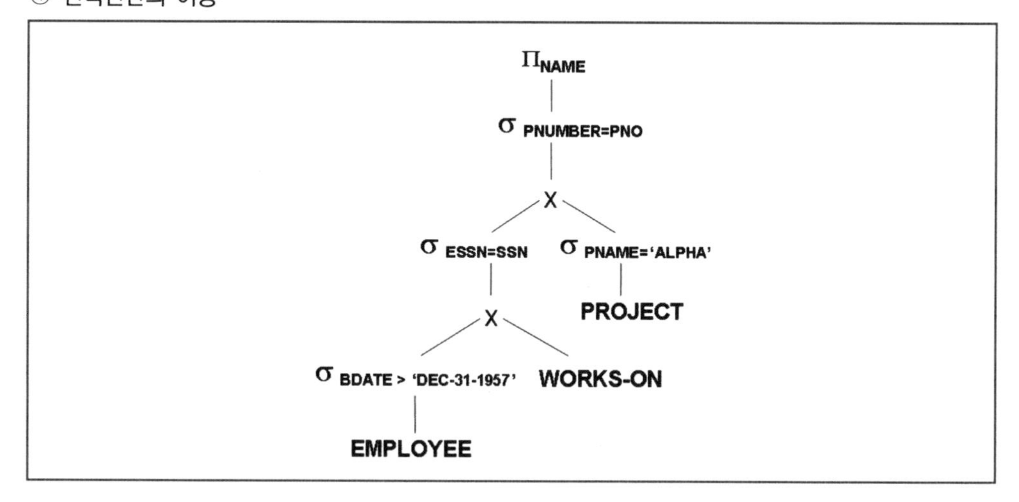

⑤ 튜플 선택이 가장 작은 선택연산의 이동

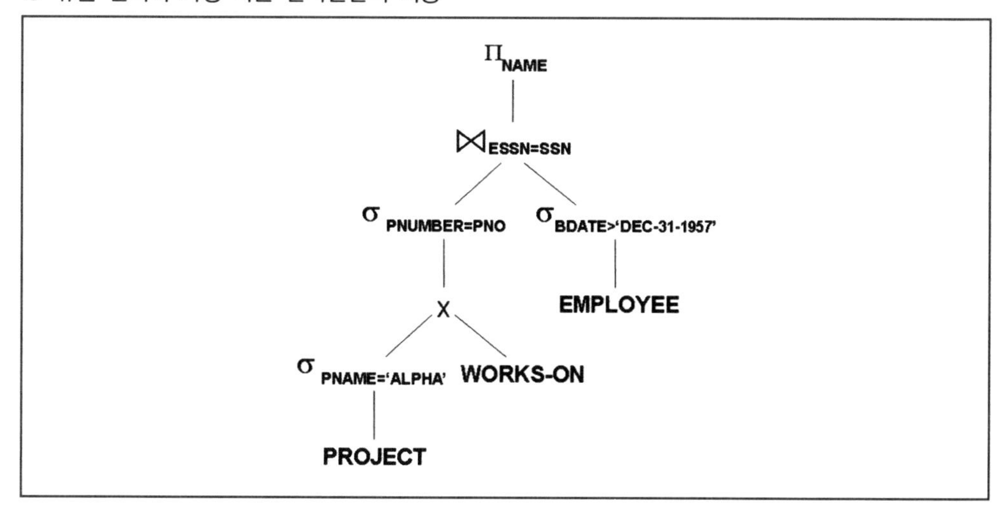

⑥ 카티션 프로덕트와 선택연산을 조인연산으로 대체

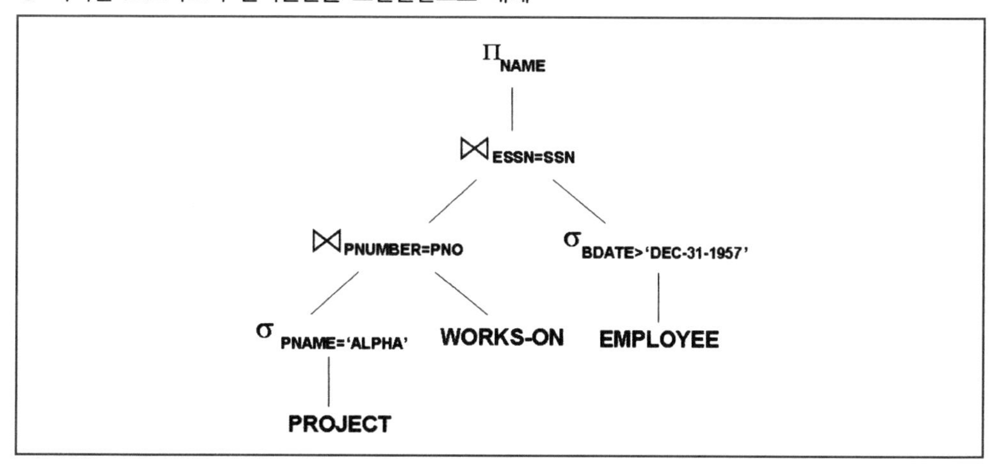

⑦ 프로젝션 선택연산들의 이동

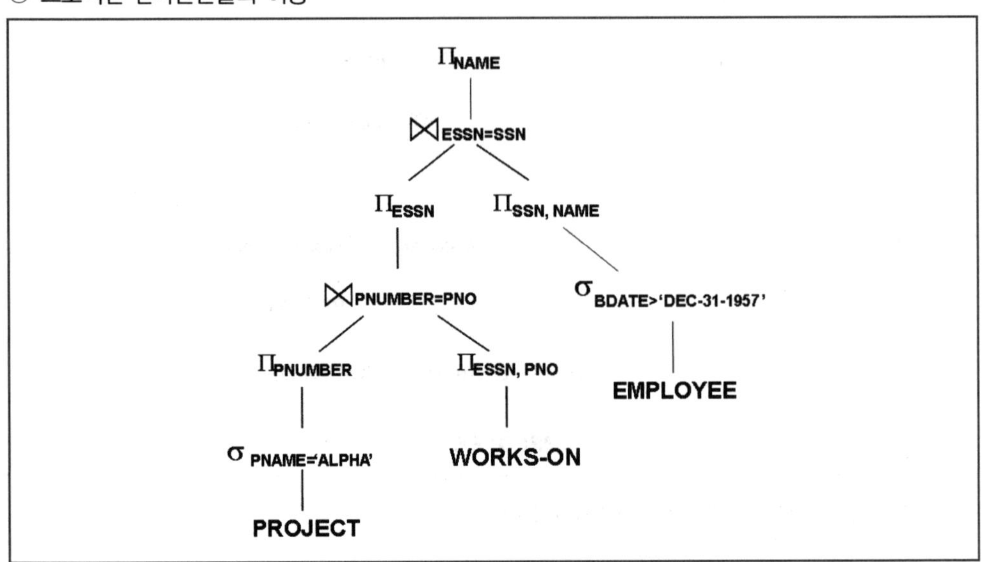

Chapter 10 회복

❶ 트랜잭션

(1) 트랜잭션의 특징

① 한꺼번에 모두 수행되어야 할 일련의 데이터베이스 연산들

> • 응용 프로그램 = 하나 이상의 트랜잭션
> • 트랜잭션 = 하나 이상의 데이터베이스 연산(SQL명령)

② 병행제어 및 회복 작업의 논리적 단위

③ 원자성(atomicity)을 가짐

④ OLTP와 OLAP : 단순 레코드를 위주로 한 은행 계좌 처리, 항공 예약 처리 등의 단순 트랜잭션 처리응용을 OLTP(OnLine Transaction Processing)라고 하고, 대규모 레코드를 대상으로 시장 분석, 판매 동향 분석 등을 수행하는 DSS, EIS, Data Warehouse 등의 복잡한 트랜잭션 처리 응용을 OLAP(OnLine Analytical Processing)라고 한다.

(2) 트랜잭션의 성질

원자성(atomicity)	트랜잭션은 전부, 전무의 실행만이 있지 일부 실행으로 트랜잭션의 기능을 가질 수는 없다.
일관성(consistency)	트랜잭션이 그 실행을 성공적으로 완료하면 언제나 일관된 데이터베이스 상태로 된다라는 의미이다. 즉, 이 트랜잭션의 실행으로 일관성이 깨지지 않는다.
격리성(isolation)	연산의 중간결과에 다른 트랜잭션이나 작업이 접근할 수 없다라는 의미이다.
영속성(durability)	트랜잭션이 일단 그 실행을 성공적으로 끝내면 그 결과를 어떠한 경우에라도 보장받는다라는 의미이다.

(3) 트랜잭션의 원자성과 관련된 연산

① COMMIT : 트랜잭션의 성공적인 종료

㉠ 데이터베이스는 일관적인 상태에 놓임

㉡ 데이터베이스에 대한 갱신 작업이 영구적으로 반영됨

② ROLLBACK : 트랜잭션의 비정상적인 종료

㉠ 데이터베이스는 비일관적인 상태에 놓임

㉡ 데이터베이스에 대한 갱신 작업이 취소되어야 함(undo)

(4) 트랜잭션의 상태

① 활동(active) : 트랜잭션이 실행을 시작하여 실행 중인 상태

② 부분 완료(partially committed) : 트랜잭션이 마지막 명령문을 실행한 직후의 상태

③ 장애(failed) : 정상적 실행을 더 이상 계속할 수 없어서 중단한 상태

④ 철회(aborted) : 트랜잭션이 실행에 실패하여 ROLLBACK 연산을 수행한 상태

⑤ 완료(committed) : 트랜잭션이 실행을 성공적으로 완료하여 COMMIT 연산을 수행한 상태

트랜잭션의 상태

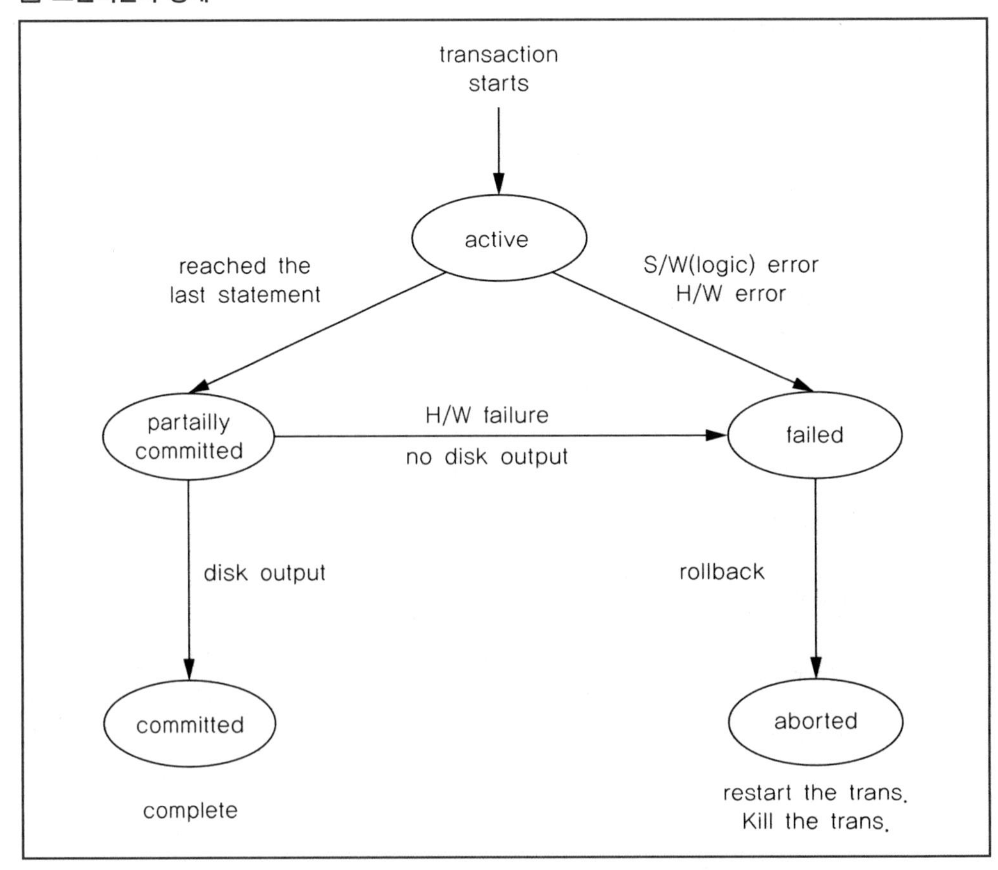

(5) 트랜잭션의 철회(ROLLBACK) 시 조치

① 트랜잭션의 재시작(restart)

② 트랜잭션의 폐기

❷ 회복(Recovery)

(1) 장애의 유형

① **트랜잭션 장애**: 트랜잭션 내의 오류나 내부 조건, 즉 입력 데이터의 불량, 데이터의 불명, 시스템 자원의 과다 사용 요구 등으로 정상적인 실행을 계속할 수 없는 상태

② **시스템 장애**: 하드웨어의 오동작으로 메인 메모리에 있는 정보의 손실이나 교착 상태가 발생하여 더 이상 실행을 계속할 수 없는 상태

③ **미디어 장애**: 디스크 헤드 붕괴나 고장으로 인해 저장장치의 데이터베이스 일부 또는 전부가 손상된 상태

④ **행동 장애**: 데이터를 발견하지 못했거나 연산 실패이면 그 행동을 철회하고 응용 프로그램에 통보한다.

(2) 회복의 기본 원리: 정보의 중복(Redundancy)

① **복사 및 덤프**: 아카이브

② **로그(log) 또는 저널(journal)**: 갱신된 속성의 옛 값/새 값

(3) 회복 조치 유형

① REDO: 아카이브 사본 + 로그 → 회복된 데이터베이스

② UNDO: 로그 + 후향(backward) 취소 연산 → 시작 상태

(4) 미디어 장애 시 회복 기법

① 최신의 아카이브 덤프로부터 데이터베이스를 적재

② 그 덤프 이후에 종료된 모든 트랜잭션들을 로그를 이용해 REDO

(5) 시스템 고장 시 회복 기법

① **지연 갱신**: 오류 무시

㉠ 출력을 트랜잭션이 종료되는 시점까지 미루었다가 한꺼번에 처리 고장이 발생하면 출력을 하지 않는다.

㉡ undo 연산자가 필요 없다.

② **즉시 갱신**: 오류가 나면 우선적으로 오류 해결, redo와 undo 이용

③ **체크포인트**: 체크포인트까지만 인정

㉠ redo와 undo 이용

㉡ 다섯 가지 트랜잭션과 체크포인트의 예제

> 고장이 발생하게 되면 시스템을 재시작한 후에 체크포인트 시점으로 모든 로그파일에 존재하는 모든 트랜잭션에 대해 취소(undo) 작업을 수행한다. 이후에 로그 파일을 대상으로 순차적으로 수행하면서 트랜잭션 수행(active)을 감지하게 되면 취소-리스트에 첨가하고, 시스템 고장 이전에 완료(committed) 문장을 만나면 취소-리스트에서 재실행(redo)-리스트로 이동시킨다. 시스템 고장 시점에 도달하여 로그 파일의 후진을 통해 취소-리스트에 존재하는 트랜잭션을 수행하고, 다시 전진을 통해 재실행-리스트의 트랜잭션을 수행하게 된다.

㉢ 트랜잭션 유형

ⓐ T1 : 체크포인트 시점 a 이전에 완료

➡ 체크포인트 이후에 시스템 고장이 발생하였으므로 모든 작업을 인정하며, 재시작 프로세서의 수행대상에서 제외한다.

ⓑ T2 : 체크포인트 이전에 수행되어 시스템 고장 시점 b 이전에 종료

➡ 실행의 완료 문장을 만나 재실행-리스트에 포함된다.

ⓒ T3 : 체크포인트 이전에 수행이 시작되어 시스템 고장 시점까지 수행 중

➡ 실행이 완료되지 않았으므로 취소-리스트에 포함된다.

ⓓ T4 : 체크포인트 이후에 수행이 시작되어 다음 체크포인트 이전에 종료

➡ 체크포인트 이후에 실행이 되므로 취소-리스트에 포함되었다가 시스템 고장 이전에 종료되어지므로 다시 재실행-리스트에 포함된다.

ⓔ T5 : 체크포인트 이후에 수행이 시작되어 시스템 고장 시점까지 수행 중

➡ 실행이 완료되지 않았으므로 취소-리스트에 포함된다.

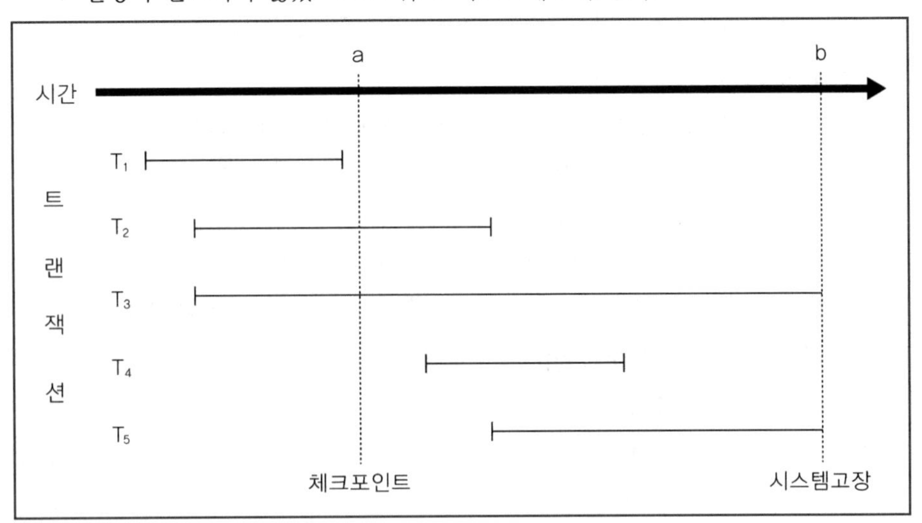

Chapter 11

병행제어(Concurrency Control)

❶ 병행제어의 필요성

다중 사용자 환경에서는 여러 개의 트랜잭션이 섞여서 실행되는데 이러한 병행 실행은 특별한 제어 방법을 사용하지 않을 경우 갱신 손실 등의 문제를 야기한다. 여러 트랜잭션의 '병행 수행으로 인한 문제를 제거하는 방법'을 '병행제어'라 한다. 대표적인 병행제어 방법으로 2단계 로킹(Locking) 방법을 들 수 있다.

1. 병행제어(Concurrency Control)

(1) 목적: 공유도는 최대, 응답시간은 최소, 시스템 활용도는 최대

(2) 필요성: 여러 사용자가 공유된 데이터베이스를 동시 접근 시 여러 문제가 발생 가능

2. 병행제어를 안 할 때의 문제점

(1) 갱신 분실(lost update): 일련의 갱신 작업 시 일부 갱신 사실의 반영이 안 된다.

ex

```
T1: read A
T2: read A
T1: update A        // lost update
T2: update A
```

(2) 모순성(inconsistency)

ex

```
T1: read A
T2: read/update A
T2: read/update B
T1: read B          // T1이 읽고자 했던 값이 아님
```

(3) 연쇄 복귀(cascading rollback)

ex

```
T1: read A
T1: update A
T2: read A          // T2가 T1이 갱신한 값 사용
T2: update A        // T2 commit
T1: rollback        // 이미 commit된 T2는 rollback 불능 → 회복 불능
```

3. 직렬 가능성(Serializability)

트랜잭션들을 병행 처리한 결과가 트랜잭션들을 순차적으로(직렬로) 수행한 결과와 같아지는 것이다.

❷ 주요 병행제어 방법 : 로킹 기법

1. 기본 로킹(locking) 방법

(1) lock과 unlock 연산을 통해 트랜잭션의 데이터 아이템을 제어한다.

(2) 하나의 트랜잭션만이 lock을 걸고 unlock할 수 있다.

(3) lock된 데이터는 다른 트랜잭션이 접근할 수 없으며, unlock될 때까지 대기하여야 한다.

(4) 이러한 방법은 실제 유용하게 사용되지만 서로 다른 트랜잭션이 변경이 없이 참조만 하는 경우 시간 낭비를 초래한다.

2. 확장된 로킹(locking) 방법

(1) **공유 로크(lock-S ; shared lock)** : 참조만 하는 경우 읽기만을 허용하여 다른 트랜잭션도 접근 가능

(2) **독점 로크(lock-X ; exclusive lock)** : 읽기와 쓰기를 허용함으로써 다른 트랜잭션의 접근 불허

- 트랜잭션이 모두 공용일 때만 한 영역에 존재 가능, 즉 어느 한 트랜잭션이 독점 로크를 갖는다면 나머지 트랜잭션들은 대기상태에서 대기하여야 한다.
- 로킹 규약을 따른다고 할지라도 직렬 가능성을 보장할 수 없다.
  ✱ 직렬 가능성 : 트랜잭션들을 병행으로 처리한 결과와 순차적으로 수행한 결과가 동일하게 나타나는 것

◎ **로크의 형태에 따른 중복 접근 가능성 표현 도표**

	X	S	–
X (배타 로크)	N (접근 불가)	N (접근 불가)	Y (접근 가능)
S (공유 로크)	N (접근 불가)	Y (접근 가능)	Y (접근 가능)
– (로크 없음)	Y (접근 가능)	Y (접근 가능)	Y (접근 가능)

3. 2단계 로킹 규약

(1) **확장(growing phase, lock 수행)**: unlock을 수행할 수 없다.

(2) **축소(shrinking phase, unlock 수행)**: lock을 수행할 수 없다.

> • 모든 트랜잭션이 2단계 로킹 규약을 준수하면 직렬 가능성을 갖는다.
> • 충분조건을 만족한다.

4. 교착상태(Deadlock)

(1) 교착상태

두 개 이상의 트랜잭션이 동시에 대기상태에 있으면서 각 트랜잭션은 연산을 계속 수행하기 위해 다른 트랜잭션 중 하나가 갖는 자원을 요구하며 대기하고 있는 상황을 말한다.

(2) 필요충분조건

① 상호 배제(mutual exclusion): 데이터는 공유되지 않는다.
② 점유 대기(hold and wait): 점유한 데이터는 완전히 처리될 때까지 반환하지 않는다.
③ 비선점(non-preemption): 강제적으로 실행 중인 트랜잭션이 종료되지 않는다.
④ 순환 대기(circular wait): 대기상태가 순환적으로 나타난다.

(3) 해결

① 회피: 교착상태가 일어나지 않도록 자원을 할당할 때마다 검사 후 자원을 할당한다.
② 예방: lock을 요청하는 과정에 제약을 가한다.
③ 탐지: 대기 그래프(Wait-For Graph)를 이용하여 순환을 탐지하고, 순환 경로상에 위치한 트랜잭션들 중 하나의 트랜잭션을 희생물(Victim)로 선택한다. 선택된 트랜잭션은 롤백(ROLLBACK)시키고, 점유하고 있는 데이터를 해제하여 다른 트랜잭션이 연산을 수행할 수 있도록 한다.

5. 타임-스탬프(TS ; time-stamp)

(1) 트랜잭션 읽기와 기록한 데이터 항목에 대해 타임-스탬프 부여

(2) 트랜잭션 타임-스탬프: 트랜잭션이 시스템에 들어오는 순서대로 실행 시작 시간을 정의

(3) 데이터 항목(x)에 대한 타임-스탬프

① read_TS(x): Read (x)를 성공적으로 수행한 트랜잭션 중 가장 최근에 수행된 트랜잭션의 타임-스탬프
② write_TS(x): Write (x)를 성공적으로 수행한 가장 최근에 수행된 트랜잭션의 타임-스탬프

(4) 수행 방식

① 대기-소멸(Wait-Die) 방식

㉠ 먼저 시작된 트랜잭션이 나중에 시작된 트랜잭션이 소유하고 있는 로크를 요구하는 경우 먼저 시작된 트랜잭션은 해당 락을 소유할 때까지 대기

㉡ 나중에 시작된 트랜잭션이 먼저 시작된 트랜잭션이 소유하고 있는 로크를 요구하는 경우 나중에 시작된 트랜잭션은 ROLLBACK

② 손해-대기(Wound-Wait) 방식

㉠ 나중에 시작된 트랜잭션이 먼저 시작된 트랜잭션이 소유하고 있는 로크를 요구하는 경우 나중에 시작된 트랜잭션은 해당 로크를 소유할 수 있을 때까지 대기

㉡ 먼저 시작된 트랜잭션이 나중에 시작된 트랜잭션이 소유하고 있는 로크를 구하는 경우 먼저 시작된 트랜잭션은 나중에 시작된 트랜잭션의 실행을 ROLLBACK하고 해당 로크를 소유

(5) 단점

① 교착상태가 발생하지 않더라도 트랜잭션의 실행이 취소되는 경우가 발생한다.

② 먼저 시작된 트랜잭션이 해당 데이터에 대한 로크를 장기간 소유하는 경우 다른 트랜잭션은 취소와 실행을 여러 번 반복하게 된다(starvation).

Chapter 12

데이터 웨어하우스와 데이터 마이닝

❶ 데이터 웨어하우스와 OLAP

1. 데이터 웨어하우스(Datawarehouse)

(1) 정의

① 의사결정 지원을 위한 주제 지향의 통합적이고 영속적이면서 시간에 따라 변하는 데이터의 집합

② 여러 소스의 데이터를 수집해 하나의 통일된 스키마를 이용하여 단일 사이트에 저장한 정보 저장소 또는 정보 아카이브

(2) 특징

① 복잡한 분석, 지식 발견, 의사결정 지원을 위한 데이터의 접근을 제공한다.

② 의사결정 지원을 위한 데이터는 장기간 보관되며 판독 전용(read only)으로 사용된다.

③ 데이터에 대한 통합된 단일 인터페이스를 제공하므로 의사결정 과정에서 필요한 정보를 빠르고 정확하게 얻도록 도움을 준다.

(3) 구축 단계

① 추출(extract): 내부・외부 소스에서 데이터 추출

② 여과(filter): 불필요한 부분 삭제

③ 검사(validate): 사용에 적합한지의 여부 측정

④ 합병(merge): 다른 추출 데이터와 합병

⑤ 집계(aggregate): 필요에 따라 요약 정보 생성

⑥ 적재(load): 생성된 데이터를 데이터 웨어하우스에 적재

⑦ 기록(archive): 오래된 데이터를 아카이브에 보관

2. OLAP(On Line Analytical Processing)

(1) 정의

① 대규모의 다차원 데이터를 동적으로 온라인에서 분석하고, 통합하고, 보고서를 만드는 과정

② OLAP을 위한 데이터는 마치 다차원 배열로 저장되어 있는 것으로 취급하고 처리하는 것이 보통임

(2) 특징

① 데이터 웨어하우스에 저장된 데이터는 보통 대규모이므로 필요한 정보를 생성하기 위해서는 데이터를 여러 가지 형태로 그룹핑할 것이 요구된다.

② 데이터를 다차원 배열로 표현한 것을 다차원 데이터(multidimensional data)라고 한다.

㉠ 롤 업(roll up) : 세부적인 데이터로부터 더 큰 단위로 통합하는 작업

㉡ 드릴 다운(drill down) : 롤 업의 반대 과정

③ 일반적으로 n차원 릴레이션의 애트리뷰트의 부분집합들은 n차원 큐브의 모서리들로 시각화가 가능하다.

(3) OLAP의 종류

① ROLAP(Relational OLAP) : 관계 데이터베이스를 이용해 테이블에 데이터를 저장

② MOLAP(Multidimensional OLAP) : 다차원 배열을 이용

2 데이터 마이닝

(1) 정의

① 대량의 데이터로부터 관련된 정보를 발견하는 과정, 즉 지식 발견(knowledge discovery) 과정

② 체계적이고 자동적으로 데이터로부터 통계적 규칙(rule)이나 패턴(pattern)을 찾음

(2) 종류

① 분류(Classification) : 주어진 데이터를 분리된 그룹으로 분할하는 규칙을 발견

예 신용카드사의 신용도 등급 판단

② 연관 규칙(Association Rule) : 데이터 아이템 간의 관련성을 표현

예 빵을 구입한 고객은 우유도 구입할 가능성이 높다.

③ 순차 상관관계(Sequence Correlation) : 순차적인 값들 간의 상관관계

예 금리가 오르면 주가가 하락한다.

(3) 연관 규칙(Association Rule)

① 어떤 속성들이 가지는 값이 자주 나타나는 조건을 보여주는 것

② 형식적으로는 A1∧A2∧...∧An ⇒ B1∧B2∧...∧Bm 같이 논리적 폼으로 쓰여질 수 있다.

③ 여기서 프레디킷(Predicate) Ai와 Bj에는 각각 속성과 그 값이 나타내며 ∧는 논리곱을 의미한다.

ex 나이(X,"35..45")∧성별(X,"남자")∧자녀여부(X,"예")⇒구매(X,"컴퓨터")
[지지도=40%, 신뢰도=75%]라는 연관 규칙
➡ "나이가 35에서 45세 사이에 있고 자녀가 있는 남자는 컴퓨터를 구매한다"를 의미

④ 연관 규칙은 지지도(support)와 신뢰도(confidence)가 같이 수반될 때 연관성 법칙으로서의 의미가 제대로 파악될 수 있다.

㉠ **지지도** : 전체 자료에서 관련성이 있다고 판단되는 품목 A와 B, 두 개의 항목이 동시에 일어날 확률

㉡ **신뢰도**: 품목 A가 구매되었을 때 품목 B가 추가로 구매될 확률인 조건부 확률

ex
- 위에서 지지도와 신뢰도의 확률 계산이 트랜잭션 숫자에 기준한 통계로 이루어졌다면, 지지도=40%가 의미하는 바는 전체 백화점 판매 데이터베이스에서 나타나는 트랜잭션 숫자 중에서 나이가 35에서 45세 사이에 있고 자녀가 있는 남자가 컴퓨터를 구매한 트랜잭션의 숫자의 비율이 0.4임을 의미
- 신뢰도=75%가 의미하는 바는 나이가 35에서 45세 사이에 있고 자녀가 있는 남자가 구매한 트랜잭션 가운데 컴퓨터를 구매한 트랜잭션의 비율이 0.75라는 의미

㉢ 일반적으로 높은 지지도와 높은 신뢰도를 가진 연관 규칙일수록 좋은 규칙이라 할 수 있다.

㉣ 최소 지지도와 최소 신뢰도를 시스템이 정하고 이를 넘는 지지도와 신뢰도를 가진 연관성 법칙을 스트롱(Strong) 연관성 법칙이라 부른다.

기출 & 예상 문제

04 데이터베이스

제1~3장 개요, DBMS, DBS

01 다음 설명 중 정보의 영역에 속하지 않는 것은?

① 의사 결정을 할 수 있는 지식
② 데이터의 유효한 해석이나 데이터 상호 간의 관계
③ 데이터를 처리해서 얻은 결과
④ 현실 세계의 측정을 통하여 수집된 사실이나 값

02 자료처리 시스템은 자료의 처리 형태에 따라 일괄처리, 온라인 처리, 분산처리 시스템으로 구분할 수 있다. 다음 중 일괄처리 시스템에 대한 설명으로 옳지 않은 것은?

① 일괄처리 시스템은 시스템 중심의 자료처리 방법이다.
② 테이프와 같은 순차 접근 방법을 사용하는 업무에 적합하다.
③ 각 트랜잭션당 처리비용이 많이 든다.
④ 단위 시간당 처리하는 작업수가 많으므로 시스템 성능은 높다.

03 데이터베이스의 특성이 아닌 것은?

① 실시간 접근성(real-time accessibility)
② 내용에 의한 참조(content reference)
③ 동시 공유(concurrent sharing)
④ 이산적 변화(discrete evolution)

04 데이터베이스의 특징 3요소에 해당하지 않는 것은?

① 자료 추상(Data Abstraction)
② 자료 독립(Data Independency)
③ 자기 추상(self Abstraction)
④ 자기 정의(Self Definition)

05 **데이터베이스의 특성이 아닌 것은?**

① 데이터의 독립성이 제공되어야 한다
② 데이터의 무결성을 보장해야 한다.
③ 보안 기능을 제공해야 한다.
④ 물리적 주소에 의해 참조되어야 한다.

06 **파일 시스템과 비교하여 데이터베이스 시스템의 특징을 바르게 설명한 것은?**

① 자료의 중복 유지와 자료의 독립성 유지
② 자료의 중복 배제와 자료의 독립성 유지
③ 자료의 중복 유지와 자료의 독립성 배제
④ 자료의 중복 배제와 자료의 독립성 배제

07 **데이터베이스를 구성하는 데이터 개체, 이들의 속성, 이들 간에 존재하는 관계 그리고 데이터의 조작 시 이들 데이터 값들이 갖는 제약 조건에 관한 정의를 총칭한 것은?**

① 스키마(schema)
② 뷰(view)
③ 질의어(query language)
④ 관계대수

정답찾기

01 현실 세계의 측정을 통하여 수집된 사실이나 값은 자료이다.

02 일괄처리는 시스템 중심의 방법이며, 작업을 일정량이나 일정 시간 동안 모았다가 처리하기 때문에 처리비용이 상대적으로 적게 든다.

03 이산적 변화가 아닌 계속적인(지속적인) 변화이다.

04 **데이터베이스의 특징 3요소**: 자료 추상, 자료 독립, 자기 정의

05 데이터베이스는 물리적 주소에 의한 참조가 아닌 내용에 의한 참조이다.

06 데이터베이스는 자료 중복의 최소화와 독립성을 최대화시킨다.

07 스키마(schema)란 데이터베이스의 구조(개체, 속성, 관계)에 대한 정의와 이에 대한 제약 조건 등을 기술한 것으로 컴파일되어 데이터 사전에 저장한다.

정답 **01** ④ **02** ③ **03** ④ **04** ③ **05** ④ **06** ② **07** ①

08 범기관적 입장에서 데이터베이스를 정의한 것으로서 데이터베이스에 저장될 데이터의 종류와 데이터 간의 관계를 기술하며 데이터 보안 및 무결성 규칙에 대한 명세를 포함하는 것은?

① 외부 스키마
② 내부 스키마
③ 개념 스키마
④ 물리 스키마

09 데이터베이스 스키마(schema)에 대한 설명으로 옳지 않은 것은?

① 스키마(schema)는 데이터베이스의 논리적 정의인 데이터의 구조와 제약 조건에 대한 명세를 기술한 것이다.
② 외부 스키마(external schema)는 데이터베이스의 개별 사용자나 응용 프로그래머가 접근하는 데이터베이스를 정의한 것이다.
③ 내부 스키마(internal schema)는 여러 개의 외부 스키마를 통합하는 관점에서 논리적인 데이터베이스를 기술한 것이다.
④ 개념 스키마(conceptual schema)는 모든 응용 시스템들이나 사용자들이 필요로 하는 데이터를 통합한 조직 전체의 데이터베이스를 기술한 것으로 하나의 데이터베이스 시스템에는 하나의 개념 스키마만 존재한다.

10 〈보기 2〉의 역할을 〈보기 1〉의 용어와 바르게 연결시킨 것은?

〈보기1〉

가. 예비 컴파일러(precompiler)
나. DDL 컴파일러
다. 저장 관리자
라. 런타임 데이터베이스 관리자

〈보기2〉

㉠ 호스트 언어로 된 원시 모듈을 분석하여 모든 SQL 명령문을 분리해내고, 그 자리에 호스트 언어의 적절한 CALL 문으로 대치하여 수정된 원시 모듈을 생성해낸다.
㉡ DBA가 작성한 데이터 정의문(DDL)을 메타데이터를 갖는 테이블로 변환한다. 이러한 테이블은 데이터 사전에 저장된다.
㉢ 응용 프로그램이 실행되는 동안 주기억장치에 상주하면서 응용 프로그램의 실행을 감독한다.
㉣ 데이터베이스에 저장된 레코드의 탐색, 검색, 변경, 삭제, 삽입과 데이터의 적재, 인덱스 관리 등을 수행한다.

① 가 – ㉡, 나 – ㉠
② 나 – ㉡, 다 – ㉣
③ 나 – ㉠, 라 – ㉡
④ 가 – ㉡, 라 – ㉠

제4장 데이터 모델링

11 데이터 모델(data model)의 개념으로 가장 적절한 것은?

① 현실 세계의 데이터 구조를 컴퓨터 세계의 데이터 구조로 기술하는 개념적인 도구이다.
② 컴퓨터 세계의 데이터 구조를 현실 세계의 데이터 구조로 기술하는 개념적인 도구이다.
③ 현실 세계의 특정한 한 부분의 표현이다.
④ 가상 세계의 데이터 구조를 현실 세계의 데이터 구조로 기술하는 개념적인 도구이다.

12 데이터 모델에 관한 설명 중 옳지 않은 것은?

① 관계 데이터 모델은 개체와 관계 모두가 테이블로 표현된다.
② 계층 데이터베이스는 부자관계(parent-child relationship)를 나타내는 트리 형태의 자료 구조로 표현된다.
③ 네트워크 데이터베이스는 오너-멤버관계(owner-member relation)를 나타내는 트리 구조로 표현된다.
④ 데이터 모델은 데이터, 데이터의 관계, 데이터의 의미 및 일관성 제약조건 등을 기술하기 위한 개념적 도구들의 모임이다.

정답찾기

08 • **외부 스키마**: 사용자나 응용 프로그래머 관점
• **개념 스키마**: 범기관적 입장에서 데이터베이스 전체 관점
• **내부 스키마**: 내부 물리적 저장장치 관점

09 여러 개의 외부 스키마를 통합하는 관점에서 논리적인 데이터베이스를 기술한 것은 개념 스키마이며, 내부 스키마는 물리적 저장장치의 관점이다.

10 • **예비 컴파일러(DML 예비 컴파일러)**: 응용 프로그램에 삽입된 DML(DSL)을 추출
• **DDL 컴파일러**: DDL로 명세된 스키마를 내부 형태로 변환하여 카탈로그에 저장
• **저장 데이터 관리자(stored data manager)**: 디스크에 있는 데이터베이스 접근을 제어
• **런타임 데이터베이스 관리자**: 실행 시간에 데이터베이스 접근을 취급

11 **데이터 모델의 개념**: 현실 세계의 데이터 구조를 컴퓨터 세계의 데이터 구조로 기술하는 논리적 구조

12 네트워크 데이터베이스는 오너-멤버관계(owner-member relation)를 나타내는 그래프 구조로 표현된다.

정답 08 ③ 09 ③ 10 ② 11 ① 12 ③

13 **개체-관계 다이어그램(E-R Diagram)에서 유도 애트리뷰트(derived attribute)를 나타내는 요소는?**

① 일반 타원
② 이중 타원
③ 점 타원
④ 밑줄 타원

14 **개념 세계의 정보 구조를 컴퓨터가 이해하고 처리할 수 있는 컴퓨터 세계의 환경에 맞도록 변환시키는 변환 과정을 무엇이라 하는가?**

① 논리적 모델링
② 데이터 모델링
③ 개념 모델링
④ 정보 모델링

15 **개체(entity)에 대한 설명으로 적합하지 못한 것은?**

① 서로 분별되는 객체이다.
② 어떤 의미를 나타낸다.
③ 속성을 갖는다.
④ 단독으로 존재할 수 없다.

16 **E-R(Entity-Reationship) 모델에 관한 내용 중 틀린 것은?**

① 1976년 Peter Chen에 의해 제안된 이래 개념적 설계에 가장 많이 사용되는 모델로서 더욱 더 일반적으로 쓰이고 있다.
② 최초에는 Entity, Relationship, Attribute와 같은 개념들로 구성되었으나 나중에 일반화 계층 같은 복잡한 개념들이 첨가되어 확장된 모델로 발전하였다.
③ Entity란 가상 세계의 객체를 나타낸다. 예를 들면 사람, 남자, 여자, 회사원, 도시 등과 같은 것들로 사각형으로 나타낸다.
④ Attribute는 Entity 또는 Relationship의 성질로 작은 원으로 표시된다.

제5장 데이터베이스 저장과 접근

17 **데이터베이스 설계 과정에서 목표 DBMS의 구현 데이터 모델로 표현된 데이터베이스 스키마가 도출되는 단계는?**

① 요구사항 분석 단계
② 개념적 설계 단계
③ 논리적 설계 단계
④ 물리적 설계 단계

18 **다음 중 데이터베이스에서 데이터 저장을 위한 디스크 장치가 바뀌어도 소프트웨어 지원으로 문제 없이 대처할 수 있는 특성은?**

① 데이터의 종속성 ② 데이터의 무결성
③ 물리적 데이터 독립성 ④ 논리적 데이터 독립성

19 **Indexed Sequential File은 일반적으로 세 영역으로 구성된다. 다음 중 세 영역에 포함되지 않는 것은?**

① master area ② prime area
③ index area ④ overflow area

20 **데이터베이스 접근순서를 바르게 나열한 것은?**

① 사용자 → DBMS → 디스크 관리자 → 파일 관리자 → 데이터베이스
② 사용자 → 파일 관리자 → DBMS → 디스크 관리자 → 데이터베이스
③ 사용자 → 파일 관리자 → 디스크 관리자 → DBMS → 데이터베이스
④ 사용자 → DBMS → 파일 관리자 → 디스크 관리자 → 데이터베이스

정답찾기

13 ③ 점 타원: 유도 속성
① 일반 타원: 속성
② 이중 타원: 다중 속성
④ 밑줄 타원: 기본키

14 **데이터 모델링**: 개념 세계의 정보 구조를 컴퓨터가 이해하고 처리할 수 있는 컴퓨터 세계의 환경에 맞도록 변환시키는 변환 과정

15 개체는 단독으로 존재할 수 있으며, 속성은 단독으로 존재하지 않는다.

16 Entity란 현실 세계의 객체를 나타낸다. 예를 들면 사람, 남자, 여자, 회사원, 도시 등과 같은 것들로 사각형으로 나타낸다.

17 **논리적 설계 단계**: 앞 단계의 개념적 설계 단계에서 만들어진 정보 구조로부터 목표 DBMS가 처리할 수 있는 스키마를 생성한다. 이 스키마는 요구 조건 명세를 만족해야 되고, 무결성과 일관성 제약 조건도 만족하여야 한다.

18 • **논리적 데이터 독립성**: 데이터의 구조가 변한다 해도 그에 따른 프로그램의 구조가 변경되지 않는다.
• **물리적 데이터 독립성**: 데이터 저장장치가 바뀐 경우 물리적 기술만 바꾸면 된다.

19 색인 순차 파일은 index area, prime area, overflow area으로 구성된다.

20 **데이터베이스 접근순서**: 사용자 → DBMS → 파일 관리자 → 디스크 관리자 → 데이터베이스

정답 13 ③ 14 ② 15 ④ 16 ③ 17 ③ 18 ③ 19 ① 20 ④

21 **디스크 접근성과 신뢰성을 증진시키는 방법으로 사용하는 RAID에 대한 설명으로 옳지 않은 것은?**

① RAID는 여러 개의 디스크 모듈을 하나의 대용량 디스크로 사용한다.
② RAID level 1은 한 드라이브에 기록되는 모든 데이터를 다른 드라이브에 복사해주는 방법으로 복구능력을 제공한다.
③ RAID level 0은 장애발생에 대비한 여분의 중복되는 데이터를 갖고 있다.
④ RAID level 5는 패리티 정보를 모든 드라이브에 나눠 기록한다.

제6~7장 관계 데이터 모델, SQL 언어

22 **관계형 모델(relational model)의 릴레이션(relation)에 대한 설명으로 옳지 않은 것은?**

① 릴레이션의 한 행(row)을 튜플(tuple)이라고 한다.
② 속성(attribute)은 릴레이션의 열(column)을 의미한다.
③ 한 릴레이션에 존재하는 모든 튜플들은 상이해야 한다.
④ 한 릴레이션의 속성들은 고정된 순서를 갖는다.

23 **관계 데이터베이스에 있어서 관계에 대한 키(key)가 가져야 할 성질은?**

① 식별성
② 중복성
③ 연결성
④ 공유성

24 **"릴레이션은 참조할 수 없는 외래키 값을 가질 수 없다."는 제약조건을 의미하는 것은?**

① 개체 무결성
② 참조 무결성
③ 보안 무결성
④ 정보 무결성

25 아래의 R과 S에 대해 다음과 같은 관계대수를 적용한 결과는?

$$(\pi_{A,\ B}(\sigma_{C<3}(R)))\ \bowtie_N\ (\sigma_{D=2\ or\ D=3}(S))$$

R

A	B	C
1	2	3
1	1	2
2	2	2
3	2	1

S

D	B	C
1	2	3
2	1	2
3	1	2

①

A	B	C	D
1	1	2	2

②

A	B	C	D
1	1	2	2
1	1	2	3

③

A	B
1	1
2	2

④

A	B
1	1
2	3

정답찾기

21 RAID 0(Stripping): 데이터의 빠른 입출력을 위해 데이터를 여러 드라이브에 분산 저장하여 성능이 뛰어나며, 데이터의 복구를 위한 추가 정보를 기록하지 않는다.

22 데이터베이스에서 릴레이션의 특성에 관한 기초적인 문제이다. 릴레이션의 특성 중에서 "한 릴레이션을 구성하는 애트리뷰트 사이에는 순서가 없다."를 출제하였다.

23 키가 반드시 가져야 하는 가장 중요한 성질은 식별성(유일성)이다.

24 **참조 무결성**: 외래키 값은 널이거나, 참조 릴레이션에 있는 기본키와 같아야 한다는 규정

25
- $(\pi_{A,\ B}(\sigma_{C<3}(R)))$: 릴레이션 R에서 속성 C의 값이 1과 2인 것의 A, B 추출
- $(\sigma_{D=2\ or\ D=3}(S))$: 릴레이션 S에서 속성 D의 값이 2나 3인 튜플 추출
- $\bowtie_N$: 자연조인

정답 **21** ③ **22** ④ **23** ① **24** ② **25** ②

26 **어떤 릴레이션의 스키마가 다음과 같다.**

직원(직원번호, 이름, 직급, 나이)

현재 3명 이상인 직급에 대하여 각 직급별 최고령 나이를 구하려고 한다면 다음 괄호 안에 들어가야 할 내용은?

```
SELECT 직급, MAX(나이) FROM 직원(    )
```

① GROUP BY 직급 HAVING COUNT(*) > 2
② WHERE COUNT(*) > 2 GROUP BY 직급
③ WHERE COUNT(*) > 2 HAVING 직급
④ GROUP BY COUNT(*) > 2 HAVING 직급

27 **뷰(view)에 대한 설명으로 옳지 않은 것은?**

① 뷰는 Create view 명령을 사용하여 정의한다.
② 뷰는 일반적으로 ALTER 문으로 변경할 수 없다.
③ 뷰를 제거할 때는 DROP 문을 사용한다.
④ 뷰에 대한 검색은 일반 테이블과는 다르다.

28 **SQL 검색문 중 오류가 있는 것은?**

① SELECT　FROM　WHERE
② SELECT　FROM　ORDER BY
③ SELECT　FROM　HAVING
④ SELECT　FROM　GROUP BY

29 **EMPLOYEE 테이블의 DEPT_ID 열의 값이 'D1'인 튜플이 2개, 'D2'인 튜플이 3개, 'D3'인 튜플이 1개라고 하자. 다음 SQL 문 ㉠, ㉡의 실행 결과 튜플 수를 올바르게 나타낸 것은?**

```
㉠ SELECT DEPT_ID FROM EMPLOYEE;
㉡ SELECT DISTINCT DEPT_ID FROM EMPLOYEE;
```

① 3, 1
② 3, 3
③ 6, 1
④ 6, 3

30 다음의 관계대수를 SQL로 옳게 나타낸 것은?

π 이름, 학년(δ 학과 = '컴퓨터' (학생))

① SELECT 이름, 학년 FROM 학과 WHERE 학생 = '컴퓨터' ;
② SELECT 학과, 컴퓨터 FROM 학생 WHERE 이름 = '학년' ;
③ SELECT 이름, 학과 FROM 학년 WHERE 학과 = '컴퓨터' ;
④ SELECT 이름, 학년 FROM 학생 WHERE 학과 = '컴퓨터' ;

31 "회사원"이라는 테이블에서 "사원명"을 검색할 때, "연락번호"가 들어 있는 "사원명"을 모두 찾을 경우의 SQL 질의로 옳은 것은?

① SELECT 사원명 FROM 회사원 WHERE 연락번호 != NULL;
② SELECT 사원명 FROM 회사원 WHERE 연락번호 <> NULL;
③ SELECT 사원명 FROM 회사원 WHERE 연락번호 IS NOT NULL;
④ SELECT 사원명 FROM 회사원 WHERE 연락번호 DON'T NULL;

정답찾기

26 직급을 그룹으로 묶어서 3명 이상인 조건을 걸기 위해 having 절을 사용하였다.

27 뷰에 대한 검색은 기본 테이블과 거의 동일(삽입, 삭제, 갱신은 제약)하다.

28 HAVING 절은 GROUP BY에 조건이 들어갈 때 사용된다.

29 ㉠의 문장은 전체 튜플을 다 검색한다. ㉡의 문장에서는 DISTINCT 문을 사용하여 중복되는 것을 제거하였다.

30 δ의 조건을 WHERE 절에 넣고, 이름과 학년 속성을 SELECT 문으로 표현한다.

31 '연락번호가 들어 있는' 이 문장은 '연락번호가 널이 아닌'과 같은 의미이며, WHERE 절이 '연락번호 IS NOT NULL'과 같이 구성되어야 한다.

정답 **26** ① **27** ④ **28** ③ **29** ④ **30** ④ **31** ③

32 **다음 릴레이션 R과 S에 대해 아래의 SQL 문을 실행한 결과는?**

R

A	B	C	D
1	a	1	x
2	b	2	x
3	c	1	y

S

D	E	F
x	1	5
y	m	5
z	n	6

```
SELECT B
FROM R
WHERE D = (SELECT D
           FROM S
           WHERE E = '1');
```

① a

② a
b

③ a
c
c

④ a
b
c

제8~9장 설계, 정규화, 질의어 처리

33 **데이터베이스의 설계 순서로 맞는 것은?**

① 요구조건 분석 → 개념적 설계 → 논리적 설계 → 물리적 설계 → 구현
② 요구조건 분석 → 논리적 설계 → 개념적 설계 → 물리적 설계 → 구현
③ 개념적 설계 → 요구조건 분석 → 논리적 설계 → 물리적 설계 → 구현
④ 요구조건 분석 → 개념적 설계 → 물리적 설계 → 논리적 설계 → 구현

34 **다음과 같이 어떤 릴레이션 R과 그 릴레이션에 존재하는 종속성이 주어졌을 때 릴레이션 R은 몇 정규형인가?**

R(A, B, C) 기본키 : (A, B)
함수적 종속성 : {A, B} → C, C → B

① 제1정규형
② 제2정규형
③ 제3정규형
④ 보이스/코드 정규형

35 정규화의 의미로 틀린 것은?

① 함수적 종속성 등의 종속성 이론을 이용하여 잘못 설계된 관계형 스키마를 더 작은 속성의 세트로 쪼개어 바람직한 스키마로 만들어 가는 과정이다.
② 좋은 데이터베이스 스키마를 생성해 내고 불필요한 데이터의 중복을 방지하여 정보 검색을 용이하게 할 수 있도록 허용해준다.
③ 정규형에는 제1정규형, 제2정규형, 제3정규형, BCNF형, 제4정규형, 제5정규형 등이 있다.
④ 어떠한 relation 구조가 바람직한 것인지, 바람직하지 못한 relation을 어떻게 합쳐야 하는지에 관한 구체적인 판단기준을 제공한다.

36 다음은 어느 기관의 데이터베이스 테이블을 나타낸 것이다.

직원

직원 번호	이름	부서
10	김	B20
20	이	A10
30	박	A10
40	최	C30

부서

부서 번호	부서명
A10	기획과
B20	인사과
C30	총무과

정책

정책 번호	정책명	제안자
100	인력양성	40
200	주택자금	20
300	친절교육	10
400	성과금	10
500	신규고용	20

다음 관계대수식을 적용한 결과의 카디널리티(cardinality)로 옳은 것은?

$$\Pi_{\text{이름, 부서명, 정책명}}(\text{부서} \bowtie_{\text{부서번호} = \text{부서}} (\Pi_{\text{정책명, 이름, 부서}}(\text{정책} \bowtie_{\text{제안자}=\text{직원번호}} \text{직원})))$$

① 3
② 4
③ 5
④ 6

정답찾기

32 부속 질의어에서 x를 검색하고, R 릴레이션에서 속성 D가 x값을 갖고 있는 속성 B를 검색하면 된다.

33 **데이터베이스의 설계 순서**: 개념적 설계 → 논리적 설계 → 물리적 설계

34 문제의 종속성에서 키가 아닌 결정가(C)가 존재하기 때문에 제3정규형이다.

35 어떠한 relation 구조가 바람직한 것인지, 바람직하지 못한 relation을 어떻게 분해해야 하는지에 관한 구체적인 판단기준을 제공한다.

36 가장 안쪽의 괄호부터 해결하여 정책 릴레이션과 직원 릴레이션을 (제안자=직원번호)에 따라 조인하여 그때의 정책명, 이름, 부서 속성을 검색하고, 여기에 부서 릴레이션과 조인을 하여 이름, 부서명, 정책명을 검색한다.

정답 32 ② 33 ① 34 ③ 35 ④ 36 ③

제10~11장 회복, 병행제어

37 **다음 중 트랜잭션에 대한 설명이 잘못된 것은?**

① 하나의 트랜잭션은 여러 개의 데이터베이스 연산들로 구성된다.
② 하나의 응용 프로그램은 하나 이상의 트랜잭션으로 구성된다.
③ 병행제어 및 회복 작업의 논리적 단위(Logical Unit of Work)이다.
④ 트랜잭션 내의 연산들을 모두 한꺼번에 완료할 필요는 없다.

38 **다음은 트랜잭션의 ACID 성질이다. 각 성질에 대한 설명이 옳게 짝지어진 것은?**

- 원자성(Atomaicity)
- 일관성(Consistency)
- 격리성(Isolation)
- 영속성(Durability)

가. 트랜잭션 내의 모든 연산은 반드시 한꺼번에 완료되어야 하며 한꺼번에 취소되어야 한다.
나. 트랜잭션이 성공적으로 완료되면 일관성 있는 데이터베이스 상태로 변환한다.
다. 트랜잭션이 실행 중에 있는 연산의 중간 결과는 다른 트랜잭션이 접근 못한다.
라. 성공적으로 완료한 트랜잭션의 결과는 영속적이다.

	원자성	일관성	격리성	영속성
①	나	다	라	가
②	가	다	라	나
③	가	나	다	라
④	다	나	라	가

39 **로킹(locking)을 사용하여 동시성 제어를 하는 시스템에 대한 설명으로 옳지 않은 것은?**

① 로킹 단위가 크면 로킹 단위가 작은 경우보다 동시 수행 정도가 감소한다.
② 로킹 단위가 작으면 로킹 단위가 큰 경우보다 로킹에 따른 오버헤드가 증가한다.
③ 로킹 단위가 크면 로킹 단위가 작은 경우보다 데이터베이스의 일관성이 증가한다.
④ 로킹 단위가 크면 로킹 단위가 작은 경우보다 트랜잭션 간의 충돌 가능성이 증가한다.

40 데이터베이스에서 트랜잭션(transaction)이 가져야 할 ACID 특성으로 옳지 않은 것은?

① 원자성(atomicity)
② 고립성(isolation)
③ 지속성(durability)
④ 병행성(concurrency)

41 데이터베이스 시스템의 트랜잭션이 가져야 할 속성에 대한 설명으로 옳지 않은 것은?

① 트랜잭션에 포함된 연산들이 수행 중에 오류가 발생할 경우에 어떠한 연산도 수행되지 않은 상태로 되돌려져야 한다.
② 만약 데이터베이스가 처음에 일관된 상태에 있었다면 트랜잭션이 실행되고 난 후에도 계속 일관된 상태로 유지되어야 한다.
③ 동시에 수행되는 트랜잭션들은 상호작용할 수 있다.
④ 트랜잭션이 성공적으로 수행 완료된 후에 시스템의 오류가 발생한다 하더라도 트랜잭션에 의해 데이터베이스에 변경된 내용은 보존된다.

정답찾기

37 트랜잭션 내의 연산들은 모두 한꺼번에 완료되어야 하며 이런 성질을 원자성이라 한다.

38
- **원자성**: 트랜잭션 내의 모든 연산은 반드시 한꺼번에 완료되어야 하며 한꺼번에 취소되어야 한다.
- **일관성**: 트랜잭션이 성공적으로 완료되면 일관성 있는 데이터베이스 상태로 변환한다.
- **격리성**: 트랜잭션이 실행 중에 있는 연산의 중간 결과는 다른 트랜잭션이 접근 못한다.
- **영속성**: 성공적으로 완료한 트랜잭션의 결과는 영속적이다.

39 로킹 단위가 크면 로킹 단위가 작은 경우보다 트랜잭션 간의 충돌 가능성이 일반적으로 감소한다.

40 **트랜잭션(transaction)이 가져야 할 ACID 특성**: 원자성(Atomaicity), 일관성(Consistency), 격리성(Isolation), 영속성(Durability)

41 트랜잭션의 실행 중에는 다른 트랜잭션의 간섭을 받아서는 안 되며, 동시에 수행되는 트랜잭션들은 서로 상호작용해선 안 된다.

정답 37 ④ 38 ③ 39 ④ 40 ④ 41 ③

42 **지연갱신(deferred update)을 기반으로 한 회복기법을 사용하는 DBMS에서 다음과 같은 로그 레코드가 생성되었다. 시스템 실패가 발생하여 DBMS가 재시작할 때, 데이터베이스에 수행되는 연산으로 옳지 않은 것은? (단, 〈Tn, A, old, new〉는 트랜잭션 Tn이 데이터 A의 이전 값(old)을 이후 값(new)으로 갱신했다는 의미이다)**

```
<T1, Start>                    시간
<T1, A, 900, 1000>              ↓
<T1, Commit>
<T4, Start>
<T3, Start>
<T2, Start>
<검사점 연산(Checkpoint)>
<T2, B, 2100, 2200>
<T2, Commit>
<T3, C, 1700, 1800>
<T3, Abort>
<T4, A, 600, 700>
시스템 실패
```

① T1 : no operation　　② T2 : redo
③ T3 : no operation　　④ T4 : undo

43 **분산처리 시스템의 이점에 해당되지 않는 것은?**

① 시스템 운영에 큰 영향을 주지 않고 노드의 폐쇄나 확장이 가능하다.
② 자료처리 업무의 중앙통제가 용이하다.
③ 작업 부하의 분산화가 이루어진다.
④ 시스템 장애에 대비한 신뢰성이 증대될 수 있다.

제12장 데이터 웨어하우스와 데이터 마이닝

44 **다음 중 데이터 웨어하우스에 대한 설명으로 틀린 것은?**

① 의사결정 지원을 위한 데이터는 장기간 보관되며 판독 전용(read only)으로 사용된다.
② 기존 정보의 분석을 통해 필요한 정보를 유추해 내는 것이다.
③ 사용자의 의사결정을 지원하기 위해 축적한 데이터를 주제별로 통합한다.
④ 정보의 가치가 있는 필요한 데이터를 모아 놓은 것이다.

45 식품매장에서 발생한 1000개의 트랜잭션을 분석한 결과 '빵 ⇒ 우유'라는 연관 규칙(association rule)의 지지도(support) = 20%, 신뢰도(confidence) = 50%로 밝혀졌다. 항목 '빵'을 포함한 트랜잭션의 수와 항목 '빵'과 '우유'를 모두 포함한 트랜잭션의 수는?

① 400, 200　② 200, 400
③ 300, 500　④ 500, 300

04

정답찾기

42 지연 갱신에서는 로그에 old value가 표현되지 않고, undo를 하지 않는다.

43 분산처리 시스템은 시스템을 분산해서 처리하는 기술이기 때문에 자료처리 업무의 중앙통제가 용이하지 않다.

44 ②는 데이터 마이닝의 개념이다.

45
- 지지도(support)=x와 y를 다 포함하는 트랜잭션 개수/전체 트랜잭션 개수
  20%=x와 y를 다 포함하는 트랜잭션 개수/1000
  x와 y를 다 포함하는 트랜잭션 개수 = 200
- 신뢰도(confidence)=x와 y를 다 포함하는 트랜잭션 개수/x를 포함하는 트랜잭션 개수
  50%=200/x를 포함하는 트랜잭션 개수
  x를 포함하는 트랜잭션 개수=400

정답　**42** ④　**43** ②　**44** ②　**45** ①

손경희 컴퓨터일반

Part

05

소프트웨어 공학

Chapter 01 소프트웨어 공학의 개요

제1절 소프트웨어 공학

❶ 소프트웨어 공학의 개념

1. 소프트웨어 공학의 정의

(1) 컴퓨터 프로그램을 설계하고 개발하며, 개발 · 운용 · 유지보수에 관련된 문서를 작성하는 데 필요한 과학적인 지식의 실용화(Boehm)

(2) 소프트웨어의 개발 · 운용 · 유지보수 및 폐기처분을 위한 제도적인 접근방법(IEEE)

(3) 학문으로서의 의미: 최소의 경비로 품질 높은 소프트웨어 상품의 개발, 유지보수 및 관리를 위한 모든 기법, 도구, 방법론의 총칭으로서, 전산학(기술적 요소), 경영학(관리적 요소), 심리학(융합적 요소)을 토대로 한 종합학문

2. 소프트웨어 공학의 목적

(1) 소프트웨어 공학은 소프트웨어 위기를 극복하기 위해 개발한 학문으로, 소프트웨어 제품의 품질을 향상시키고, 생산성과 작업 만족도 증대, 신뢰도 높은 소프트웨어의 생산 등을 목적으로 하는 학문

(2) 소프트웨어의 개발 및 유지보수, 생산성 향상과 품질향상

(3) 유지보수가 용이하도록 소프트웨어를 개발하여 재사용성을 높임

(4) 최소의(최적의) 비용과 자원 안에서 품질 좋은 소프트웨어를 기간 내에 생산하는 것이 소프트웨어 공학의 주된 목적

3. 소프트웨어 공학의 역사

(1) 1960년대

① IBM360/OS 개발 시 소프트웨어 위기 인식 시작

② Dijkstra, GOTO문의 유해성 주장

③ 1968년 NATO에서 '소프트웨어 공학' 탄생

(2) 1970년대

① 소프트웨어 생명주기와 개발도구의 제안

② 1973년 IEEE, 소프트웨어 신뢰성과 공학기법에 관한 심포지엄

③ 구조적 프로그래밍에서 더 나아가 구조적 분석 및 설계의 개념이 소프트웨어 위기의 극복 수단으로 각광받기 시작

(3) 1980년대

① 소프트웨어 공학의 개념이 정립되고, 소프트웨어 개발 생명 주기와 비용 모형이 제안됨
② 구조적 방법, Jackson 방법, Warnier-Orr 방법 등 분석·설계 방법들의 활용과 시험·유지보수·프로젝트 관리·개발환경 등 소프트웨어 개발 기술의 발전
③ 객체지향 분석·설계·프로그래밍, 4세대 언어, 소프트웨어 재사용, CASE, 피플웨어, 정보공학, 품질보증, 형상관리, 프로토타이핑 등으로 개발 및 관리

(4) 1990년대

① 객체지향, 정보공학, CASE 등의 활용 단계
② 분산 객체지향 소프트웨어 구조 및 설계

2 소프트웨어

1. 소프트웨어의 개요

(1) 컴퓨터시스템에서 사용되는 각종 프로그램의 총칭으로, H/W 운영이나 각종 목적에 따라 운영되는 컴퓨터 명령어들의 모임이나 프로그램을 말한다.

(2) 프로그램 자체와 프로그램의 개발, 사용 및 유지보수에 이르기까지 모든 제반 문서와 관련 정보 일체를 포함하는 개념이다.

(3) 프로그램 이외의 모든 문서와 정보를 소프트웨어의 정의에 포함시키는 것은 이들 모두가 소프트웨어 개발 과정의 결과물이기 때문이다.

(4) 소프트웨어는 개발·설계되며 제조되지는 않는다.

(5) 소프트웨어는 마모되는 것이 아니라 변경으로 인해 기능이 퇴화될 뿐이다.

2. 소프트웨어의 특징

(1) **유형성**: 프로그램 코드, 소프트웨어 구조와 관련된 분석, 설계, 구현 문서가 가시화될 수 있다.

(2) **동적 행위성**: 소프트웨어는 하드웨어상에서 작동하는 프로그램이다.

(3) **비마모성**: 계속 사용하더라도 마모되지 않지만, 잦은 변경으로 인해 품질이 저하된다.

(4) **상품성**: 사용자의 구매의사 결정이 가능한 상품이다.

(5) **견고성**: 소프트웨어 구조의 파괴는 유지보수를 어렵게 하고, 또한 소프트웨어의 행위는 예측하기 힘들고, 수정이 용이하지 못하다.

3. 소프트웨어의 분류

시스템 소프트웨어, 실시간 소프트웨어, 업무용 소프트웨어, 공학·과학용 소프트웨어, 내장 소프트웨어 등 여러 분야별로 분류된다.

4. 소프트웨어 개발의 특성

(1) 소프트웨어의 비제조성

① 소프트웨어는 하드웨어처럼 제조되어 생산되어지는 것이 아니라 개발되어진다.
② 하드웨어와는 달리 소프트웨어는 개발 과정이 품질에 영향을 미친다.
③ 근래에는 소프트웨어도 하드웨어처럼 부품조립식의 제조하는 방안이 추진 중이지만 아직은 초기단계이다.

(2) 소프트웨어의 비조립성: 하드웨어처럼 완벽한 조립화 단계에 이르지는 못했다.

(3) 소프트웨어의 비과학성: 소프트웨어 개발은 모든 것이 수학적이지 못하고 관리 기술을 중시한다. 또 개발에서의 일정, 예산 그리고 인력 등에 영향을 많이 받기 때문에 수학적이고 과학적인 측정이 어렵다.

5. 공학적으로 잘 작성된 소프트웨어

(1) 사용 용이성이 있어야 하며 사용자가 원하는 대로 동작해야 한다.

(2) 가능한 한 잠재적 오류가 적어야 한다.

(3) 유지보수가 용이해야 한다.

(4) 신뢰도가 높아야 하며, 효율적이어야 한다.

6. 소프트웨어 기술발전 추이

1세대 (50~60년대 초)	2세대 (60년대 초~70년대 초)	3세대 (70년대 초~80년대 중후반)	4세대 (80년대 후반~)
• 일괄처리 시스템 • 주문형 S/W	• 멀티유저 • 실시간 S/W • 데이터베이스	• 분산 시스템 • 내장 시스템 • 사용자층 확대	• 객체지향 기술 • 전문가 시스템 • 인공지능

7. 소프트웨어의 위기

(1) 용어

소프트웨어 위기(sofrware crisis)란 소프트웨어 공학 초기에 사용되던 용어로 F. L. Bauer가 1968년 독일에서 열린 첫 번째 나토 소프트웨어 공학회에서 처음 사용하였다.

(2) 소프트웨어 위기의 원인

① 소프트웨어 규모의 대규모화, 복잡화에 따른 개발비용 증대
② 하드웨어 비용에 대한 소프트웨어 가격 상승폭 증가
③ 유지보수의 어려움과 개발적체 현상 발생
④ 프로젝트 개발 및 소요예산 예측의 어려움
⑤ 신기술에 대한 교육 및 훈련의 부족

컴퓨터시스템 구축 시 하드웨어와 소프트웨어의 구성률 추이

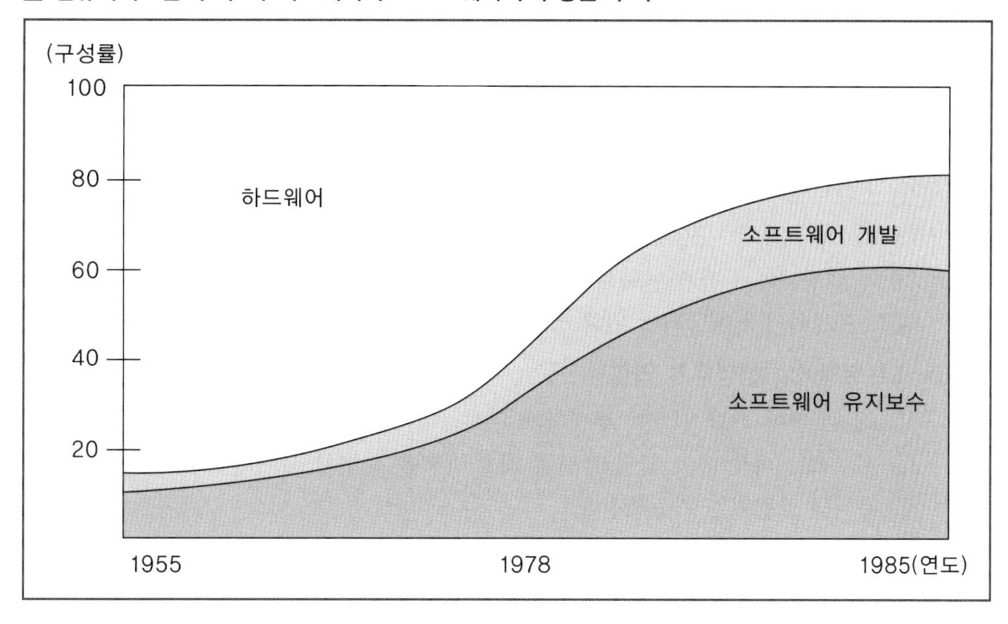

(3) 소프트웨어의 위기로 인해 나타나는 증상

① 프로젝트 예산이 초과
② 프로젝트 일정이 지연
③ 소프트웨어가 비효율적
④ 소프트웨어 품질이 낮음
⑤ 소프트웨어가 요구사항을 만족시키지 못하는 일이 빈번히 일어남
⑥ 프로젝트는 관리 불가능하며 코드 관리가 어려움

(4) 소프트웨어의 위기의 해결방안

① 소프트웨어 개발 주기를 작성하여 그에 따라 실행해야 한다.
② 소프트웨어에 대한 강력한 도구 및 자동화된 기술 개발을 사용해야 한다.
③ 프로젝트를 관리하는 기법 개선이 필요하다.
④ 문서화를 잘해야 한다.
⑤ 소프트웨어 개발에 공학적인 접근 방법을 시도해야 한다.

제2절 소프트웨어 수명 주기

❶ 소프트웨어 수명 주기

(1) 소프트웨어의 생명주기 개요

① 소프트웨어 제작 공정 과정이다.

② 시스템 개발주기(System Development Life Cycle ; SDLC)라 부른다.

③ 개발 단계에서 점차 변화해 가면서 나오는 소프트웨어 형상(Configuration)을 가시화한다.

④ 소프트웨어가 개발되기 위해 정의되고 사용이 완전히 끝나 폐기될 때까지의 전 과정이다.

(2) 소프트웨어의 생명주기 역할

① 소프트웨어 개발 단계를 뚜렷하게 구분하여 개발 진행 상황을 명확히 파악할 수 있다.

② 프로젝트 비용 예측 산정과 전체 개발 계획을 수립할 수 있는 중요한 기본 골격이 된다.

③ 용어의 표준화가 가능해진다.

④ 문서화가 충실한 프로젝트 관리를 가능하게 한다.

(3) 일반적인 소프트웨어 생명주기

단계	내용
정의 단계	• 무엇(What)을 개발할 것인지를 명확히 밝히는 단계 • 시스템 정의와 프로젝트 계획 및 사용자 요구분석을 하는 단계 • 관리자와 사용자의 참여가 가장 높은 단계
개발 단계	• 어떻게(How) 개발할 것인지에 대한 절차를 밝히는 단계 • 설계와 구현, 시험 단계 • 설계는 품질에 많은 영향을 미치는 단계
지원 단계 (유지보수 단계)	• 수정 및 변경에 관한 문제를 다루는 단계 • 가장 오랜 시간이 들며 비용이 가장 많이 들어가는 단계 • 유지보수의 유형 : 완전, 수정, 적응, 예방 유지보수

❷ 소프트웨어 수명 주기 모형

1. **폭포수형 모형**(선형순차모형, 전형적인 생명주기 모형 ; Boehm, 1979)

(1) 개요

① 소프트웨어의 개발 시 프로세스에 체계적인 원리를 도입할 수 있는 첫 방법론이다.

② 적용사례가 많고 널리 사용된 방법이다.

③ 단계별 산출물이 명확하다.

④ 각 단계의 결과가 확인된 후에 다음 단계로 진행하는 단계적, 순차적, 체계적인 접근 방식이다.

⑤ 기존 시스템 보완에 좋다.

⑥ 응용 분야가 단순하거나 내용을 잘 알고 있는 경우 적용한다.

⑦ 비전문가가 사용할 시스템을 개발하는 데 적합하다.

폭포수 모형의 프로세스

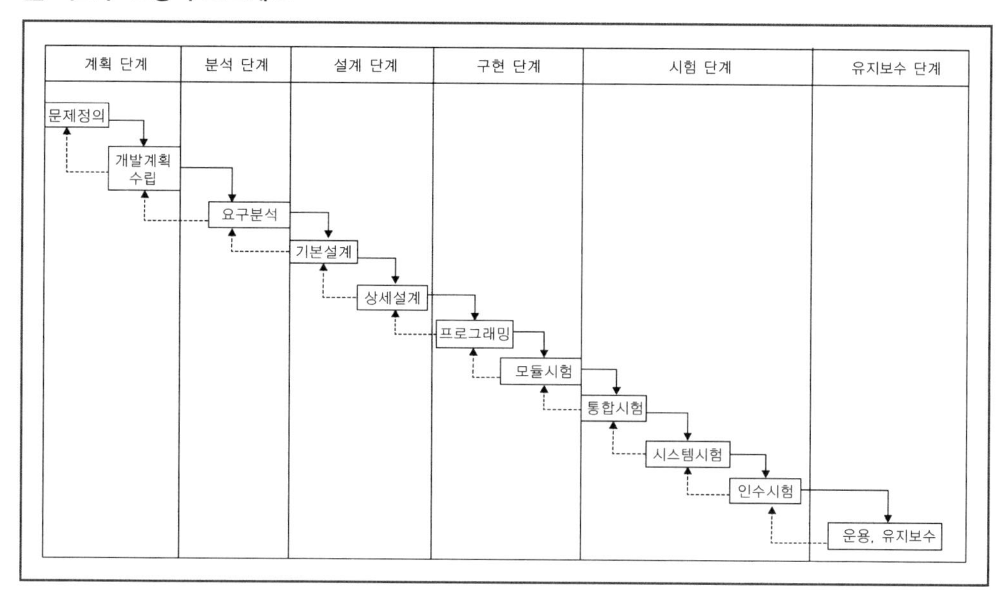

(2) 단계

① 계획 단계

㉠ 문제를 파악하고 시스템의 특성을 파악하여 비용과 기간을 예측한다.

㉡ 개발의 타당성을 분석하고 전체 시스템이 갖추어야 할 기본기능과 성능 요건을 파악한다.

② 요구 분석 단계

㉠ 사용자 요구를 정확히 분석, 이해하는 과정으로 구현될 시스템의 기능이나 목표, 제약사항 등을 정확히 파악한다.

㉡ 소프트웨어의 기능, 성능, 신뢰도 등 목표 시스템의 품질을 파악하는 것이다.

㉢ 개발자(분석가)와 사용자 간의 의사소통이 중요하며, 명확한 기능 정의를 해야 한다.

③ 설계 단계

㉠ 요구사항을 하드웨어 또는 소프트웨어 시스템으로 분배하는 과정이다.

㉡ 모든 시스템의 구조를 결정하게 되는데, 소프트웨어 설계는 프로그램의 데이터 구조, 소프트웨어 구조, 인터페이스 표현, 알고리즘의 세부 사항들에 초점을 맞춰 진행한다.

㉢ 한 개 이상의 실행 가능한 프로그램으로 변환할 수 있는 형태로 소프트웨어의 기능을 표현한 것이다.

④ 구현 단계

㉠ 설계의 각 부분을 실제로 프로그래밍 언어를 이용하여 코드화하는 단계이다.

㉡ 각 모듈(module) 단위로 코딩을 한다.

⑤ 시험 단계

각 프로그램 단위의 내부적으로 이상 여부 및 입력에 따라 요구되는 결과로 작동하는지의 여부를 확인한다.

⑥ 운용(operation) 및 유지보수(maintenance) 단계
사용자에게 전달되어 실제로 사용되며, 전달 이후에 발생하는 변경이 있다면 변경 요구를 수용하고 계속적인 유지를 해주어야 한다.

(3) 문제점

① 단계별로 구현되지만, 병행되어 진행되거나 다시 거슬러 올라갈 수 없으며, 반복을 허용하지 않는다.
② 실제 프로젝트가 순차적이라기보다는 반복적인 성향을 가지므로 개발 모델로 적합하지 않은 경우가 많다. 그래서 실제 프로젝트 수행 시 이 모델의 연속적 단계를 따르는 경우가 드물다.
③ 시초에 사용자들의 모든 요구사항들을 명확히 설명하는 것이 어렵다.
④ 모든 분석은 프로젝트가 시작되기 전에 완성되어야 한다. 즉, 프로그램의 모든 요구사항을 초기에 완전히 파악하도록 요구하므로 개발 프로젝트의 불명확성을 미연에 방지할 수 없다.
⑤ 개발 과정 중에 발생하는 새로운 요구나 경험을 설계에 반영하기 힘들다.

2. **프로토타이핑 모형**(Prototyping Model)

(1) 개요

폭포수 모형에서의 요구사항 파악의 어려움을 해결하기 위해 실제 개발될 소프트웨어의 일부분을 직접 개발하여 사용자의 요구사항을 미리 정확하게 파악하기 위한 모형이다.

(2) 특징

① 요구사항을 미리 파악하기 위한 것으로 개발자가 구축한 S/W 모델을 사전에 만듦으로써 최종 결과물이 만들어지기 전에 사용자가 최종 결과물의 일부 또는 모형을 볼 수 있다.
② 프로토타입 모델에서 개발자는 시제품을 빨리 완성하기 위해 효율성과 무관한 알고리즘을 사용해도 되며, 프로토타입의 내부적 구조는 크게 상관하지 않아도 된다.
③ 프로토타입은 고객으로부터 feedback을 얻은 후에는 버리는 경우도 있다.

(3) 순서

요구사항 분석 → 신속한 설계 → 프로토타입 작성 → 사용자 평가 → 프로토타입의 정제(세련화) → 공학적 제품화

(4) 장점

① 사전에 사용자의 요구사항을 신속하고 정확하게 파악할 수 있다.
② 시스템 개발 초기에 사용자가 개발에 참여함으로써 오류를 조기에 발견할 수 있다.

(5) 단점

① 사용자는 실제 제품과 혼동할 수 있다.
② 비효율적인 알고리즘이나 언어로 구현될 수 있다.
③ 프로토타입은 임시로 만드는 것이기 때문에 중간 과정을 점검할 수 있는 계획표나 결과물 자체가 없다.

3. 점증적 모형(Incremental Model)

(1) 폭포수 모델의 변형이며, 소프트웨어의 구조적 관점에서 하향식 계층구조의 수준별 증분을 개발하여 이들을 통합하는 방식이다.

(2) 프로토타이핑 모델의 반복 개념과 폭포수 모델의 선형 순차 개념을 결합한 형태이다.

(3) 반복적인 성격을 갖지만, 프로토타이핑 모델과 차이점은 점증적 모형은 실제 작동하는 결과물을 만들어 낸다는 것이다.

(4) 점증적 모형은 개발되어 운용되고 있는 시스템과 개발되고 있는 시스템이 함께 존재하며, 다음 릴리스 후에는 현재 운용되는 시스템을 현재 개발 시스템으로 교체한다.

(5) 점증 개발은 기술진이 마감일까지 제품을 완전하게 구현할 수 없을 때 유용하게 사용할 수 있다.

4. 나선형 모형(Spiral Model)

(1) 개요

① 폭포수 모델과 프로토타이핑 모델의 장점을 수용하고, 새로운 요소인 위험 분석을 추가한 진화적 개발 모델이다.

② 프로젝트 수행 시 발생하는 위험을 관리하고 최소화하려는 것을 목적으로 한다.

③ 계획수립, 위험분석, 개발, 사용자 평가의 과정을 반복적으로 수행한다.

④ 개발 단계를 반복적으로 수행함으로써 점차적으로 완벽한 소프트웨어를 개발하는 진화적(evolutionary) 모델이다.

(2) 단계

① **계획수립(planning)**: 요구사항 수집, 시스템의 목표 규명, 제약조건 파악

② **위험 분석(risk analysis)**: 요구사항을 토대로 위험을 규명하며, 기능 선택의 우선순위, 위험 요소의 분석/프로젝트 타당성 평가 및 프로젝트를 계속 진행할 것인지 중단할 것인지를 결정한다.

③ **개발(engineering)**: 선택된 기능이 개발·개선된 한 단계 높은 수준의 제품을 개발한다.

④ **평가(evaluation)**: 구현된 시스템을 사용자가 평가하여 다음 계획을 세우기 위한 피드백을 받는다.

(3) 특징

① 개발자나 사용자는 각 전개 과정에 따른 위험을 잘 파악하여 대처할 수 있다.

② 나선형 모델은 비선형적이며 반복적으로 개발되므로 소프트웨어의 품질 중 강인성을 향상시킬 수 있는 방법이 된다.

③ 개발자가 위험을 파악하는 기술이 부족하거나 위험을 정확하게 파악하지 못했다면 심각한 문제를 야기한다.

④ 폭포수 모델이나 프로토타이핑 모델보다 상대적으로 복잡하다.

5. V 모형

(1) 폭포수 모델에 시스템 검증과 테스트 작업을 강조한 것이다.

(2) 높은 신뢰성이 요구되는 분야에 적합하다.

(3) **장점**: 모든 단계에 검증과 확인 과정이 있어 오류를 줄일 수 있다.

(4) **단점**: 생명주기의 반복을 허용하지 않아 변경을 다루기가 쉽지 않다.

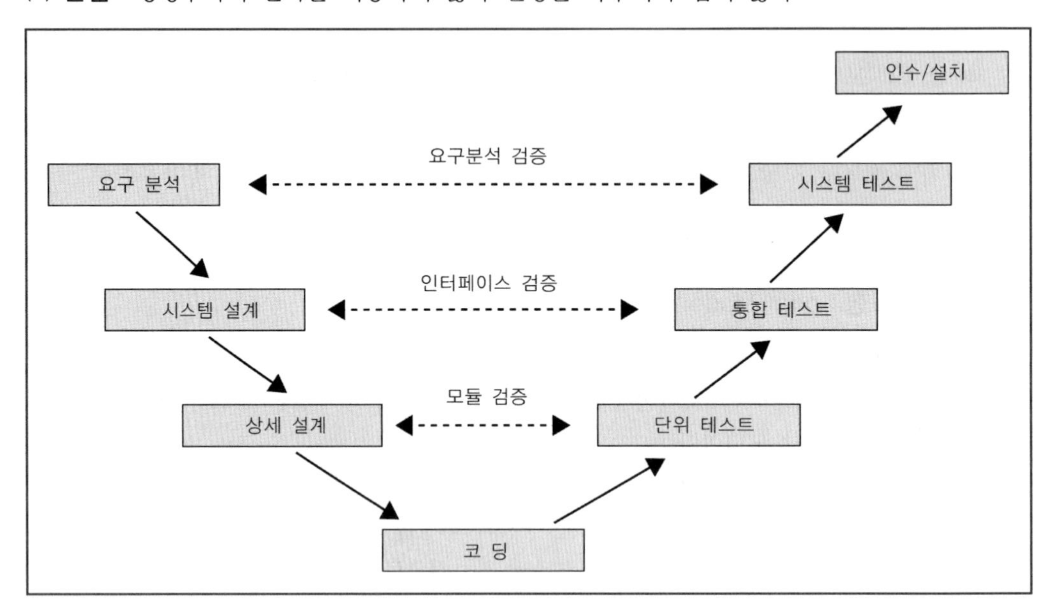

6. 4세대 기법(4th Generation Techniques)

(1) **순서**: 요구사항 수집 → 설계전략 → 4GL을 사용한 구현 → 검사

(2) CASE를 비롯한 자동화 도구들을 이용하여 요구사항 명세서로부터 실행코드를 자동으로 생성할 수 있게 해주는 방법이다.

(3) 4GT 도구들은 사람이 사용하는 고급언어 수준에서 요구사항이 명세되면 실행될 수 있는 제품으로의 전환을 가능하게 한다.

7. RAD(Rapid Application Development) 모형

(1) 매우 짧은 개발 주기를 강조하는 점진적 소프트웨어 개발 방식이다.

(2) 빠른 개발을 위해 컴포넌트 기반으로 소프트웨어를 개발하여, 재사용이 가능한 프로그램 컴포넌트의 개발을 강조한다.

(3) 요구파악이 잘 되고 프로젝트 범위가 한정된다면 60~90일 내에 완벽한 시스템 개발이 가능하다.

(4) 프로토타이핑 방식을 근간으로 사용자의 적극적인 참여를 유도해 신속하고 효과적인 시스템을 개발한다.

(5) 재사용 가능한 프로그램 컴포넌트들을 활용하며, 객체 기술이 효과적으로 활용된다.

(6) 기술적 위험이 크고, 고성능이 요구되는 시스템에는 부적합하다.

Chapter 02

프로젝트 계획과 관리

제1절 프로젝트 관리의 개념

1. 프로젝트 관리의 개요

(1) 특정한 목적을 달성하기 위해 개발 계획 프로그램을 수립하고 프로그램의 분석, 구현 등의 작업을 수행하는 것이다.

(2) 계획수립이란 누가, 언제, 무엇을, 어떻게 할 것인지를 사전에 결정해 볼 수 있는 작업이다.

(3) 프로젝트 계획은 관리자가 자원, 비용, 일정을 합리적으로 측정할 수 있는 체계를 제공하며, 합리적 측정을 위한 정보발견 과정을 통해 달성될 수 있다.

(4) 프로젝트 계획서를 수립함으로써 경비절감과 경영 합리화를 꾀할 수 있다.

(5) 프로젝트 계획서에는 사용자 라이프사이클 모델, 프로젝트 조직구조, 사용도구 기법, 표기법 등이 포함된다.

* 프로젝트: 특정 목적 달성을 위해 개발 계획을 수립하고, 프로그램의 분석 및 구현 등의 작업을 수행하는 것

2. 효과적 프로젝트 관리 구조(3P)

(1) 사람(People): 프로젝트 관리에 있어 가장 기본이 되는 인적 요소

(2) 문제(Problem): 처리해야 할 사항을 사용자 입장에서 분석하고 기획하는 것

(3) 프로세스(Process): 소프트웨어 개발에 필요한 골격 제공

3. 문제 정의

(1) 계획의 수립 이전에는 시스템 정의 단계가 필요하며, 계획 수립 이후에 요구 분석을 한다.

(2) 소프트웨어 개발에 대한 목표가 시스템 정의서로 기술되어야 한다.

① 목표의 설정: 업무현황 조사 분석, 문제점과 제약사항 파악, 사용자와 기술자의 공감대 형성

② 시스템 정의서의 작성

* 타당성 분석: 경제적, 기술적, 법적

브룩스(Brooks)의 법칙
스케줄 지연 사태는 인력 추가가 오히려 악화시킬 수 있다.

제2절 프로젝트 계획 및 예측

개발 과정에서의 제품 비용 초과, 품질 저하 등에 영향을 미치므로 개발 공정과 제품생산에 대한 계획을 신중히 세워야 한다.

❶ 소프트웨어 개발 팀(조직) 구성

(1) 분산형(민주적) 팀

① 팀 구성 방법들 중 가장 많은 의사소통 경로를 갖는다.

② 민주적 분산형(DD ; Democratic Decentralized)이라 하며, 각 구성원들은 의사결정에 자유롭게 참여한다.

③ 팀 구성원 사이의 의사교류 자체가 활성화되므로 복잡한 장기 프로젝트에 적합하다.

④ 구성원들의 책임과 권한의 약화로 대규모 프로젝트에는 적합하지 않다.

(2) 중앙 집중형(책임 프로그래머) 팀

① 한 사람에 의해 통제할 수 있는 소규모 문제에 적합하다.

② 통제적 집중형(CC ; Controlled Centralized)이라 한다.

③ 의사결정 경로가 짧아서 프로그램 개발과정이 신속하다.

④ 책임 프로그래머의 기술적, 관리적 능력에 민감하다.

팀 구성원

- **책임 프로그래머**: 계획, 분석과 설계, 중요한 부분의 프로그래밍 시 모든 기술적 판단을 내리며, 작업지시나 배분 등의 업무를 한다.
- **프로그래머**: 원시코드 작성, 테스트, 디버깅, 문서작성 등을 진행한다.
- **프로그램 사서**: 프로그램 리스트, 설계문서, 테스트 계획 등을 관리한다.
- **보조 프로그래머**: 책임 프로그래머의 업무를 지원, 여러 가지 기술적인 문제에 대한 자문 등의 업무를 한다.

(3) 혼합형(계층형) 팀

① 통제적 분산형(CD ; Controlled Decentralized)이라 하며, 민주주의 팀과 책임 프로그래머 팀의 중간 형태로 5~7명의 중간 프로그래머 그룹을 만들어 고급 프로그래머가 관리하고 모든 그룹을 프로젝트 리더가 관리하도록 하는 기법이다.

② 대규모 프로젝트에 적합하다.

③ 모든 구성원들은 상하좌우의 유기적인 관계를 가질 수 있다.

④ 우수한 프로그래머가 관리자로 승진할 경우 이중의 부정적 효과가 발생할 수 있다.

인적자원(소프트웨어 생명 주기에 따른 인적자원 참여관계)

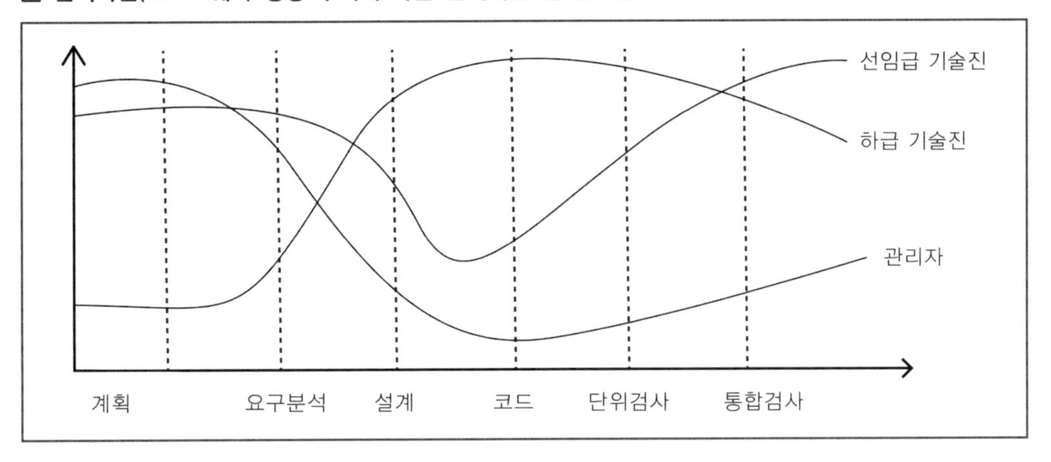

2 개발비용 산정

인간, 기술, 환경, 정치 등과 같은 많은 변수들이 소프트웨어 최종비용과 소프트웨어를 개발하는 데 적용되는 노력에 영향을 줄 수 있으므로 소프트웨어 비용측정은 결코 정확한 과학은 되지 못한다.

1. 개발비용 산정 시 고려요소

(1) 시스템 정의 및 개발전략 수립단계에서는 개발비용 산정이 개괄적으로 이루어진다.

(2) 이론적으로 프로젝트 늦게까지 비용측정을 지연시킨다.

(3) 프로젝트 개발비용 결정요소에는 프로젝트 요소, 자원 요소, 생산성 요소 등이 있다.

2. 하향식 산정 방법

(1) 특징

① 전체 시스템 차원에서 비용을 산정한 후 서브모델의 비용을 산정한다.
② 경험과 전문지식으로 프로젝트 비용을 산정한다.
③ 세부적인 작업에 대한 여러 가지 기술적 요인을 간과하기 쉽다.

(2) 전문가의 감정

① 경험과 지식을 갖추고 있는 2명 이상의 전문가에게 의뢰하는 기법이다.
② 간편하고 신뢰감을 주지만, 비과학적이며 객관성 부여의 어려움이 있다.

(3) 델파이식 산정

① 조정자를 통해 여러 전문가의 의견 일치를 얻어내는 기법으로 전문가 감정 기법의 문제점을 보완하기 위한 방법이다.
② 조정자는 각 산정요원에게 시스템 정의서와 비용내역 서식 제공 → 산정요원들이 각자 산정 → 조정자는 산정요원들의 결과를 요약 배포 → 산정요원들은 다시 산정 → 산정요원들 간의 의견이 거의 일치할 때까지 반복

3. 상향식 산정 방법

(1) 특징

① 세부적인 작업 단위별로 비용을 추정하여 전체적 비용을 산정한다.

② 각 서브시스템을 개발하는 데 소요되는 경비는 강조되지만, 전체 시스템 차원의 비용을 고려하지 못할 수 있다.

③ WBS(업무분류 구조) – LOC(원시코드 라인수)기법, 개발 단계별 인월수 기법

(2) LOC(원시코드 라인수) 기법

① WBS상에서 분해된 각각의 시스템 기능들에 필요한 원시코드 라인수를 산정함에 있어 PERT의 예측공식을 이용한다.

② 이 공식은 확률론에서의 배타 분포도(Beta Distribution)에 근거한 낙관치(Optimistic Estimate), 기대치(Most Likely Estimate) 및 비관치(Pessimistic Estimate)의 확률적 집합으로, 예측치(Expected Value)와 이의 작업편방편차(Variance)가 산출되도록 유도한다.

• 예측치$=\dfrac{\text{낙관치}+[4\times\text{기대치}]+\text{비관치}}{6}$ • 작업편방편차$=\left(\dfrac{\text{비관치}-\text{낙관치}}{6}\right)^2$

(3) 개발 단계별 인월수(MM ; Man Month) 기법

① 각 기능을 구현시키는 데 필요한 노력을 생명주기 각 단계별로 산정하여 LOC보다 정확성을 기하기 위한 기법이다.

② 각 단계별 인월수의 산정 시 PERT의 예측공식을 적용할 수 있다.

WBS(Work Break-down Structure, 업무 분류 구조)

• WBS는 도표 내에 있는 각 관리 단위의 성분을 밝힌다.
• WBS를 작성하는 목적은 프로젝트 진행에서 일어나는 모든 작업을 찾아내기 위해 프로젝트의 목표를 작은 중간 목표로 세분한 것이다.
• WBS의 각 노드에 작업 소요일, 책임자, 작업시작 및 마감일을 표시하여 쉽게 확장할 수 있다.

4. 수학적 산정 방법

(1) 특징

① 개발비 산정의 자동화가 목표이며 과거 프로젝트로부터 공식을 유도한다.

② 시스템을 구성하고 있는 모듈과 서브시스템 비용의 합계로서 소프트웨어 시스템 추정 비용을 계산할 수 있는 상향식 비용 산정 기법이다.

③ 자동 산출 시스템에서 정확한 공식의 유도는 과거 경험한 유사한 프로젝트들에 관한 지식베이스의 구축만으로 가능하다. 지식 베이스의 내용은 이미 완료된 각 프로젝트에 대한 주요기능, 복잡도 및 신뢰도, 실제 개발된 원시코드의 총 라인수, 실제 투입되었던 인월수 등으로 구성되어 있다.

(2) COCOMO(Constructive Cost Model)

① 특징

㉠ Boehm(1981)이 제안한 산정기법으로 원시 프로그램의 규모에 의한 비용예측 모형이다.

㉡ 소프트웨어 개발비 견적에 가장 널리 이용되고 있는 방법이다.

㉢ 과거 수많은 프로젝트의 실적을 통계 분석한 공식을 이용하며 지금 진행예정인 프로젝트의 여러 특성을 고려할 수 있다.

㉣ 미리 준비된 식과 표를 이용하여 비용을 산정할 수 있는 알고리즘 방식(algorithmic) 기법이다.

㉤ 진행예정인 프로젝트의 여러 특성을 고려할 때 4가지 특성에 15개의 노력조정 수치를 두어 융통성을 부여할 수 있다.

② COCOMO의 계층(비용추정단계 및 적용 변수에 따른 분류)

㉠ Basic COCOMO(기본) : 단순히 소프트웨어의 크기와 개발모드에 의하여 구함

㉡ Intermediate COCOMO(중간) : Basic의 확장으로 15개의 비용요소를 가미하여 곱한 가중치를 이용하여 구함

Intermediate COCOMO의 4가지 특성과 15개의 비용요소

1. 제품 속성 : 신뢰도, 데이터베이스 크기, 복잡도
2. 컴퓨터 속성 : 실행시간의 제약, 주기억장소의 제약, 컴퓨터의 안정성, 컴퓨터 반환시간
3. 요원 속성 : 분석가의 자질, 프로그래머의 자질, 응용분야의 경험, 컴퓨터와의 친숙성, 프로그래밍 언어의 경험
4. 프로젝트 속성 : 소프트웨어 공학 기법의 응용, 개발도구의 사용도, 개발기간의 장단점

㉢ Detail COCOMO(고급) : 시스템을 모듈과 서브시스템으로 세분화한 후에 Intermediate COCOMO 방법으로 구함

③ COCOMO의 프로젝트 모드(제품의 복잡도에 따른 프로젝트 개발 유형)

구분	내용
유기적 (organic model)	소규모 팀이 개발하는 잘 알려진 응용 시스템 $MM = 2.4 \times (KDSI)^{1.05}$ $TDEV = 2.5 \times (MM)^{0.38}$
중간형 (semi-detached odel)	트랜잭션 처리 시스템이나 OS, DBMS $MM = 3.0 \times (KDSI)^{1.12}$ $TDEV = 2.5 \times (MM)^{0.35}$
내장형 (embedded model)	하드웨어가 포함된 실시간 시스템, 미사일 유도, 신호기 제어 시스템 $MM = 3.6 \times (KDSI)^{1.20}$ $TDEV = 2.5 \times (MM)^{0.32}$

④ 장점 : 비용 요소의 통제가 가능하며 노력승수 조정도 가능하다.

⑤ 단점 : 소프트웨어 라인수 예측 차제가 힘들기 때문에 라인수를 입력으로 요구하는 것은 큰 약점으로 지적된다.

(3) COCOMO Ⅱ

1995년에 발표되었으며, 소프트웨어 개발 프로젝트가 진행된 정도에 따라 세 가지 모델을 제시하고 있다.

① 1단계 : 애플리케이션 결합(응용 합성) 단계

프로토타입을 만드는 단계로 화면이나 출력 등 사용자 인터페이스, 3세대 언어 컴포넌트 개수를 세어 응용 점수를 계산하고, 이를 바탕으로 노력을 추정한다.

② 2단계 : 초기 설계 단계

소프트웨어 규모 측정을 위해 기능점수 방법을 채택하고 있다.

③ 3단계 : 설계 이후 단계(구조설계 이후)

기능점수와 LOC를 규모척도로 이용한다.

(4) Putnam의 생명주기 예측 모형

① Rayleigh-Norden 곡선에 기초하며 소프트웨어 개발 비용을 산정하는 공식을 유도한다.

② 동적모형으로 각 개발기간마다 소요 인력을 독립적으로 산정할 수 있다.

③ 시간에 대한 함수로 대형 프로젝트의 노력 분포 산정에 이용된다.

④ SLIM 비용 추정 자동화 모형의 기반이 된다.

(5) FP(기능점수) 모형

① 개요

㉠ IBM의 Albrecht가 제안했다.

㉡ 소프트웨어의 각 기능에 대하여 가중치를 부여하여 요인별 가중치를 합산해서 소프트웨어의 규모나 복잡도, 난이도를 산출하는 모형이다.

㉢ 소프트웨어 생산성 측정을 위해 개발됐으며, 자료의 입력 · 출력, 알고리즘을 이용한 정보의 가공 · 저장을 중시한다.

㉣ 최근 유용성과 간편성 때문에 관심이 집중되고 있으며, 라인수에 기반을 두지 않는다는 것이 장점이 될 수 있는 방법이다.

② 기능증대 요인과 가중치

기능점수의 각 항목에 처리의 복잡도를 고려하여 단순, 보통, 복잡으로 나누어지는 가중치를 곱하여 누적된 점수를 기능점수로 산출한다.

소프트웨어 기능 증대 요인	수	가중치			기능 점수
		단순	보통	복잡	
자료 입력(입력 양식)		3	4	6	
정보 출력(출력 보고서)		4	5	7	
명령어		3	4	5	
데이터 파일		7	10	15	
필요한 외부 루틴과의 인터페이스		5	7	10	
				계	

③ 기능점수의 영향도 측정

㉠ 단순한 기능점수의 계산 외에 프로젝트의 특성을 고려한 영향도를 계산한다. 기술적 복잡도는 14개의 항목에 대해 영향도가 0~5까지의 정수로 평가되며 모든 영향도를 합산한 것이 총 영향도이다.

㉡ 14개 항목의 영향도를 평가하여 합산한 총 영향도는 0에서 70 사이의 값이 된다.
- TCF = 0.65 + 0.01 × 총 영향도(∑DI)
- 실질 기능점수 = 총 기능점수 × TCF

기술적 복잡도(프로젝트 특성)	영향도	영향도 평가기준
1. 데이터통신 2. 분산처리의 정도 3. 처리속도 4. 사용빈도 5. 처리율 6. 온라인 자료입력 7. 온라인 수정 8. 처리의 복잡성 9. 사용자 편이성 10. 이식성 11. 재사용성 12. 설치 용이성 13. 작동 편의성 14. 다중 설치성		0 : 영향력이 전혀 없거나 존재하지 않음 1 : 사소한 영향 2 : 어느 정도 영향 3 : 보편적인 영향 4 : 중요한 영향 5 : 강력한 영향
총 영향도		

④ 특징

㉠ 기능의 수로 소프트웨어의 규모나 복잡도를 나타내고, 이를 개발에 필요한 기간, 소요 인월수를 계산하는 기초로 삼는다. 즉, 기능점수 모형은 시스템이 사용자에게 제공하는 기능을 기초로 응용 소프트웨어 규모를 예측한다.

㉡ 소프트웨어의 FP를 구해서 LOC를 추정할 수 있으며 그 역의 경우도 가능하다.

㉢ 기능점수 1점을 구현하기 위한 각 언어의 원시코드 라인수는 크게 다르다. 즉, 위의 표는 기능점수당 평균 프로그램 라인수를 나타낸다.

(5) 자동비용 산정 도구

① SLIM

㉠ 소프트웨어 생명주기에 대한 Rayleigh-Norden 곡선과 Putnam 측정 모델을 기초로 한 자동비용 산정도구이다.

㉡ 기본적 소프트웨어 특성, 개인별 속성, 환경적 고려사항들을 분명히 함으로써 개발될 소프트웨어의 정보 모델을 생성하고 소프트웨어를 측정한다.

② ESTIMACS

㉠ 프로젝트 및 개인별 요소를 수용하여 기능요소를 측정하는 방법을 이용한다. (매크로 측정 모델)

㉡ 계획자가 시스템 개발 노력, 임원과 비용, 하드웨어 구성, 위험성 및 개발 명세서의 효력 등을 측정할 수 있도록 하는 모델들을 포함한다.

3 프로젝트 스케줄링

1. 개요

(1) 개발 프로젝트의 프로세스를 이루는 작은 작업(Activity)을 파악하고 순서와 일정을 정하는 작업이다.

(2) 프로젝트 개발 기간의 지연을 방지하고 프로젝트가 계획대로 진행되도록 일정을 관리하는 것이다.

(3) 일정계획 도구에는 PERT/CPM, Gantt Chart 등이 있다.

2. 일정계획 순서

(1) 시스템을 소작업들로 분해하여 WBS로 표현한다.

(2) 소작업들 간에 상호 의존관계를 분석하여 CPM 네트워크로 작성한다.

(3) 최소 소요기간을 구하고 CPM을 수정한다.

(4) 각 작업의 일정을 Gantt Chart로 작성한다.

[순서] SDLC 선정 → WBS → CPM/PERT → Gantt Chart

3. PERT(Program Evaluation and Review Technique)

CPM이 각 작업의 개발기간을 하나의 숫자로 예측한 데 비해 PERT(프로그램 평가 및 검토 기술)는 불확실성을 고려하여 낙관치, 기대치, 비관치의 베타분포를 가정하여 확률적으로 예측치(d)를 구한다.

- 예측치 $= \dfrac{\text{낙관치} + [4 \times \text{기대치}] + \text{비관치}}{6}$
- 작업편방편차 $= \left(\dfrac{\text{비관치} - \text{낙관치}}{6}\right)^2$

4. CPM(Critical Path Method)

(1) 경비(예산)와 개발일정(기간)을 최적화하려는 일정계획 방법으로, 임계경로(critical path) 방법에 의한 프로젝트 최단 완료시간을 구한다.

(2) 작업의 의존관계를 파악하여 각 작업이 최대로 빨리 끝날 수 있는 시간, 최대로 늦추어 시작할 수 있는 시간, 최대로 늦추어 끝낼 수 있는 시간을 계산할 수 있다.

(3) 소요작업 상호 간의 관련성이 명확하고 개별 작업의 가장 근사한 시간 측정을 기준으로 하며, 정의 작업에 대한 시작 시간을 정의하여 작업들 간의 경계시간을 계산한다.

(4) CPM 네트워크를 효과적으로 사용하려면 무엇보다도 작업에 필요한 시간을 정확히 예측하여야 한다.

◎ CPM 소작업 목록

소작업	선행 작업	소요 기간(일)
A	–	8
B	–	15
C	A	15
D	–	10
E	B, D	10
F	A, B	5
G	A	20
H	D	25
I	C, F	15
J	G, E	15
K	I	7
L	K	10

가능 경로	소요 기간(일)
S-A-M1-C-M4-I-M6-K-M8-L-X	55
S-A-M3-F-M4-I-M6-K-M8-L-X	45
S-A-M1-G-M7-J-X	43
S-B-M3-F-M4-I-M6-K-M8-L-X	52
S-B-M2-E-M7-J-X	40
S-D-M2-E-M7-J-X	35
S-D-M5-H-X	35

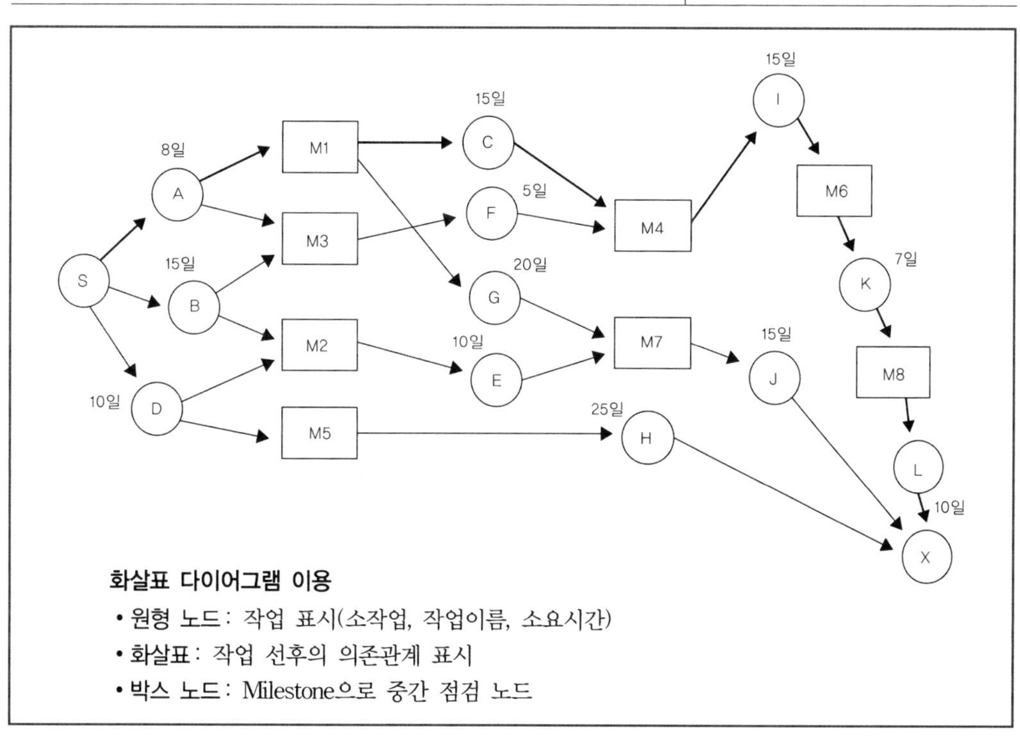

화살표 다이어그램 이용

- **원형 노드**: 작업 표시(소작업, 작업이름, 소요시간)
- **화살표**: 작업 선후의 의존관계 표시
- **박스 노드**: Milestone으로 중간 점검 노드

임계경로(Critical Path)

전체 프로젝트의 작업공정은 여러 가지 경로가 형성되는데, 이 경로들 중 소요기간이 가장 많이 소요되는 경로가 임계경로이다.

5. 간트 차트

(1) 1919년 간트가 창안한 것으로 작업계획과 실제의 작업량을 작업일정이나 시간으로 견주어서 평행선으로 표시한다.

(2) 프로젝트 일정 계획 및 이정표로 생명주기 단계, 일정 계획(작업 일정), 이정표, 작업기간 등이 포함된다.

(3) 소작업별로 작업의 시작과 끝을 나타낸 막대 도표이다.

(4) 프로젝트 일정 계획, 자원 활용 계획을 세우는 데 유리하다.

(5) 작업들 사이의 관계를 직접 보여주지 못한다.

(6) 작업 경로를 표시할 수 없기 때문에 프로젝트 작업을 발견하는 데 도움을 주지 못한다.

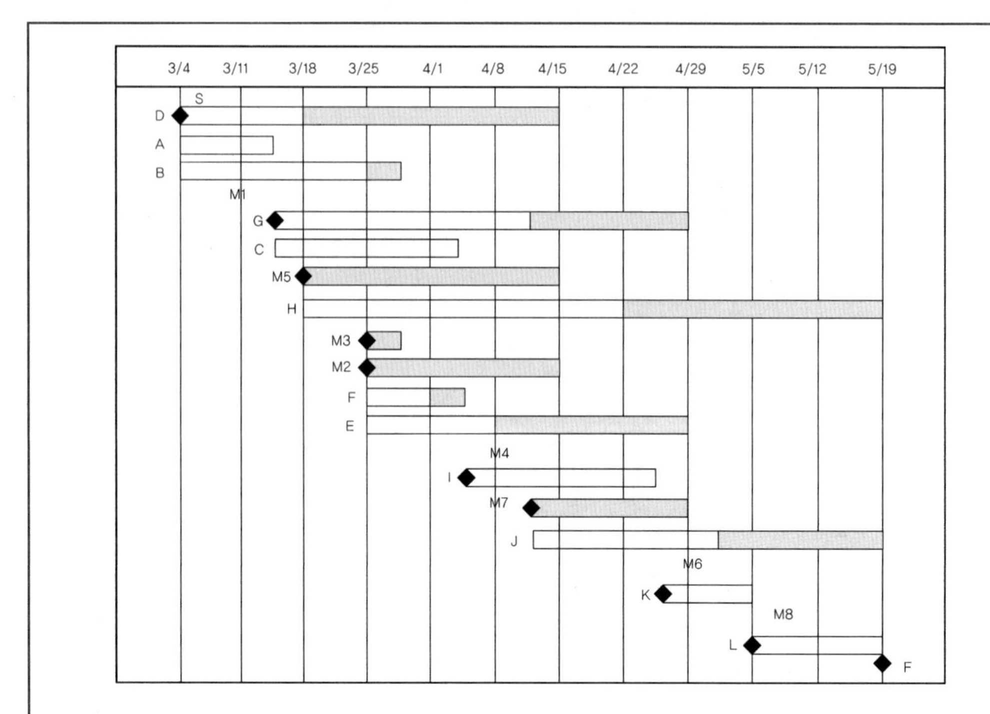

• 흰 막대 부분: 소작업 수행에 소요될 것으로 예상되는 시간
• 회색 막대 부분: 최대한으로 작업을 연장했을 때의 예비시간(태스크의 완료 시간 내에서 융통성이 있음)

4 위험관리

(1) 개요

① 위험분석의 정의

㉠ 정보시스템 운영 및 가용성, 무결성, 비밀성에 관한 다양한 위협요소를 파악하여 취약성과 기대되는 손실액을 평가하여 효과적인 대응책을 제시하는 일련의 과정이다.

㉡ 프로젝트에서의 위험은 프로젝트 진행 중에 발생하여 프로젝트의 정상적인 납기, 원가 및 품질 등에 영향을 줄 수 있는 모든 사건으로서 프로젝트 진행 중 식별되고 관리 및 해결되어야 할 프로젝트 관리 요소이다.

② 위험관리의 정의

㉠ 기회는 극대화하고 위험을 최소화하여 프로젝트의 성공 가능성을 높이기 위한 일련의 행위이다.

㉡ 정상적으로 프로젝트 수행을 어렵게 만드는 위협요소를 찾아 식별, 관리, 해결하는 프로젝트 관리요소이다.

㉢ 위험관리는 프로젝트의 정상적인 수행을 보장하기 위한 사전 활동이다.

③ 위험관리의 목표

㉠ 프로젝트의 성공 가능성을 높이기 위한 활동이다.

㉡ 정상적인 프로젝트의 수행환경을 조성한다.

㉢ 프로젝트의 불확실성을 지속적으로 감소한다.

㉣ 프로젝트 수행 중 발생하는 위험요소를 사전에 감지하고 제거한다.

(2) 작업 순서

① **위험 식별**: 프로젝트 계획 중 추산치, 일정, 자원 투입 등에 있어서 여러 가지 위협과 잠재적인 리스크 등을 규정하는 것이다.

② **위험 분석 및 평가**: 각 리스크를 분석하여 그것이 발생할 가능성과 그것이 발생했을 때의 피해를 결정한다. 이 정보가 확립되고 나면 발생확률과 영향의 크기에 따라 리스크들의 등급을 매긴다.

③ **위험관리 계획**: 높은 확률과 큰 영향을 가진 리스크들을 관리하기 위한 계획을 수립한다.

④ 위험관리는 프로젝트 통제의 상위 개념으로 우선순위가 매우 높은 활동이다.

(3) RMMM(Risk Mitigation, Monitoring, Management)

① **위험 회피(Risk Mitigation)**: 위험관리의 최상의 전략

② **위험 감시(Risk Monitoring)**: 프로젝트 전 과정 동안 활동

③ **위험관리와 비상계획(Risk Management and Contingency plan)**: 위험 회피가 실패할 경우에 대비한 비상계획과 관리

Chapter

03 소프트웨어 요구사항 분석

제1절 요구분석의 개념

1 개요

(1) 요구분석 작업의 개념

① 요구사항 분석은 사용자의 요구사항을 명확히 규정하고, 시스템의 특성을 반영하는 과정이며, 이 단계에서 사용자의 뜻을 이해하고 업무를 분석한다.

② 사용자의 막연한 문제의식이나 요구로부터 시스템이나 소프트웨어의 목적, 수행할 작업 등을 요구조건으로 명세화한다.

③ 요구되는 기능 명세화는 구현과 독립시켜야 하며, 사용자가 처음으로 참여하는 단계이므로 사용자가 알아볼 수 있는 자연어를 사용한다.

④ 사용자의 요구를 파악하여 명세화하는 것은 관련 문서의 조사와 시스템 사용자와의 지속적인 면담과 협조를 통하여 이루어진다.

⑤ 시스템의 목표를 확립하는 과정이며, 시스템이 만족시켜야 할 기능, 성능, 그리고 다른 시스템과의 인터페이스 등을 규명한다.

⑥ 요구사항 분석의 최종 목표는 요구사항 명세서이다.

⑦ 요구분석 단계에서는 현재의 상태를 파악하고 문제를 정의한 후 문제 해결과 구현될 시스템의 목표를 명확히 도출한다.

(2) 분석 원칙

① 문제의 정보 영역이 표현되고 이해되어야 한다.

② 시스템의 정보와 기능, 행위를 묘사한 모델이 개발되어야 한다.

③ 분석과정은 기본적인 필수 과정으로부터 세부적인 구현으로 이동되어야 한다.

④ 의뢰자가 무엇을 원하는지 결정하기 위해서 다양한 방법을 사용해야 한다.

2 요구의 다양성

(1) 기능 요구

① 사용자가 필요로 하는 정보처리 능력에 대한 것으로 절차나 입·출력에 대한 요구이다.

② 외부 사용자에게 직접적으로 혜택을 줄 수 있는 시스템의 기능이다.

③ 한글/한자 관련 요구, 컬라/흑백 요구, 주기적인 출력자료에 대한 요구 등이 있다.

④ 소프트웨어가 어떤 기능과 능력을 가져야 하는가를 나타낸 것이다. 즉, 주어진 입력에 대하여 시스템이 어떻게 동작하여야 하는가를 말한다.
⑤ 명령어 수행 후의 결과도 요구분석에 포함한다.
⑥ 키보드의 구체적인 조작 요구이다.

(2) 비기능 요구

사용자에 의해 제기된 요구나 제안 중에 시스템의 기능과 관련되지 않은 사항들이다. 즉, 자료흐름도와 같은 시스템의 모형에 표현할 수 없는 시스템에 관련된 중요한 사항을 포함한다.

① **성능(Performance)**
㉠ 명령에 대한 응답시간(Response Time)이나 데이터 처리량(Throughput) 등
㉡ 주어진 하드웨어에서 나타나는 소프트웨어의 시간척도
② **신뢰도(Reliability)**: 주어진 환경과 데이터와 명령에 믿을 수 있게 대응하는 능력[정확성(Accuracy), 완벽성(Completeness), 견고성(Robustness)]
③ **기밀 보안성(Security)**: 시스템으로의 불법적인 접근을 막고 기밀자료나 보안을 유지하기 위해 사용을 불허하는 소프트웨어 능력
④ **개발계획(Development plan)**: 개발 기간, 조직, 개발자, 개발 방법론
⑤ **개발비용(Cost)**: 사용자 측에서 투자할 수 있는 한계
⑥ **환경(Environment)**: 개발・운용・유지보수 환경에 관한 요구

3 요구의 문제점과 해결방안

(1) 요구분석의 문제점: 사용자의 불확실한 요구 표명

① 사용자가 필요한 사항을 모르거나 잘 표현하지 못한다.
② 사용자의 소프트웨어 이해도 증가에 따라 처음에 요구하지 않았던 새로운 요구가 발생하는데, 사용자의 변경요구는 수용할 수밖에 없다.
③ 사용자 요구는 매우 다양하며 일관성이 없는 요구도 적절히 처리해야만 한다.

(2) 요구분석 작업의 어려움과 해결방안

① **대화(의사소통)의 어려움**: 다이어그램, 프로토타이핑
② **시스템의 복잡도**: 구조적 분석, 객체지향 분석
③ **다양한 요구의 변화**: 요구수용의 통제강화
④ **요구명세의 어려움**: 요구분석의 표기법 강화, 자동화 도구

4 요구분석 모형의 요소

(1) 분석 모형의 달성 목표

① 고객이 요구하는 것이 무엇인지 기술
② 소프트웨어 설계의 생성에 대한 기초를 설정
③ 소프트웨어가 구축된 후 검증할 수 있는 요구사항의 집합을 정의

(2) 분석 모형

① 데이터 사전(Data Dictionary) : 중앙에는 소프트웨어가 소비하거나 생산하는 모든 데이터 객체의 기술을 포함하는 저장소

② ERD : 데이터 사이의 관계성 기술

③ DFD : 시스템의 기능적 측면을 고려하며, 데이터가 시스템을 통해 이동하면서 어떻게 변형되는지를 표시

④ 상태 전이도(STD ; State Transition Diagram) : 시간 및 행위와 관련이 있으며 시스템이 외부 사건의 결과에 어떻게 행동하는지를 나타내고, 시스템 행위의 다양한 모드와 한 상태에서 다른 상태로 변환되는 방법을 나타낸다.

⑤ 제어 명세(CSPEC) : 소프트웨어의 제어에 대한 정보를 포함(소프트웨어 제어 측면에 대한 추가정보)

제2절 구조적 분석 기법

❶ 구조적 분석 기법의 개념과 특성

1. 구조적 분석 기법의 개념

(1) 소프트웨어 개발의 첫 단계인 분석 단계는 사용자의 요구를 파악하여 명세화(specification)하는 작업으로서 관련 문서의 조사와 시스템 사용자와의 지속적인 면담과 협조를 통하여 이루어진다.

(2) 이 단계에서 분석가로서 수행하는 대부분의 작업은 시스템을 모델링하는 것이다.

(3) 구조적 분석 과정은 위에서 아래로 세분화하여 내려가지만 필요하다면 상위층으로 다시 돌아가 미진한 부분이나 빠진 부분이 있으면 수정하고 다시 하위층으로 내려가야 한다.

(4) 최신의 구조적 분석에서는 시스템을 다음과 같은 세 가지 측면에서 모델링한다.

① 시스템의 기능적 측면을 자료 흐름도(Data Flow Diagram ; DFD)로,

② 데이터 사이의 관련성을 개체 관계도(Entity Relationship Diagram ; ERD)로,

③ 시간 및 행위 관련성을 상태 전이도(State Transition Diagram ; STD)로 모델링한다.

2. 구조적 분석 도구의 특성

(1) 사용자를 위해 구축할 수 있는 모델에는 서술적 모델, 프로토타이핑 모델, 도형 모델 등 여러 종류가 있다.

(2) 사용하고자 하는 도구들은 다음과 같은 특성들을 가지고 있어야 한다.

① **도형적인 모델**: 대부분의 모델들이 도형을 중심으로 하고 있으며, 이는 "한 장의 그림이 천 마디의 말과 같다."라는 속담으로 설명될 수 있을 것이다.

② **분리 가능한 하향식 모델**: 한 장의 종이에 시스템의 모든 것을 모델링하기란 거의 불가능하기 때문에, 추상적인 수준에서 상세 수준까지를 단계별로 분리할 수 있어야 한다.

③ **최소한의 중복 모델**: 같은 정보를 다른 형태로 중복해서 표현하는 부분이 가능한 한 적어야 한다.

④ **명료한 모델**: 좋은 모델은 시스템 분석가가 의도한 것이 독자에게 정확하게 전달될 수 있도록 애매한 표현이 없어야 한다.

(3) 구조적 분석에서는 이러한 특성들을 갖는 자료 흐름도, 개체 관계도, 상태 전이도의 3개의 도형 모델과 자료사전 및 프로세스 명세서로 시스템을 모델링한다.

2 구조적 분석 도구: 자료 흐름도

1. **자료 흐름도**(Data Flow Diagram; DFD)

(1) 자료 흐름도는 가장 보편적으로 사용되는 시스템 모델링 도구로서 기능 중심의 시스템을 모델링하는 데 적합하다.

(2) DeMarco, Youdon에 의해 제안되었고, 이를 Gane, Sarson이 보완하였다.

(3) **자료 흐름도의 구성**: 자료 흐름도는 프로세스(process), 흐름, 자료 저장소(data store), 단말(terminator)의 네 가지 요소로 구성된다.

① **프로세스**: 프로세스는 처리, 버블, 기능, 변형 등으로도 부르며, 입력을 출력으로 변형시키는 시스템의 한 부분을 나타낸다.

② **흐름**: 흐름은 프로세스의 안쪽에서 바깥쪽으로의 화살표로 표시한다.

③ **자료 저장소**: 자료 저장소는 정지 자료군들을 모델링하는 데 사용되며, 실제로 많은 경우에 파일이나 데이터베이스로 생각할 수 있다.

④ **단말**: 단말은 시스템이 교신하는 외부 객체로서, 직사각형으로 나타낸다.

◎ 자료 흐름도의 기본 요소

자료 흐름도의 구성요소	도형		비교설명
	Yourdon과 DeMarco	Gane과 Sarson	
외부 입출력	입출력 이름		Gane과 Sarson의 표기법에서의 대각선은 반복의 의미를 갖는다.
처리과정	처리과정 설명	색인 / 처리과정 / 물리적장소	Gane과 Sarson의 표기법은 버블(bubble)의 상단에 이름이나 색인을, 하단엔 물리적 장소나 해당 프로그램명 등 분석가에게 필요한 정보를 기입할 수 있다.
자료흐름	→	→	자료의 흐름에는 차이가 없다.
자료 저장소		ID	Gane과 Sarson의 표기법은 자료 저장소의 ID를 기입할 수 있도록 한다.
사물의 흐름			컴퓨터데이터가 아닌 일반사물(materianl)의 흐름도 Gane과 Sarson의 표기법은 표현할 수 있도록 한다.

2. 자료 흐름도의 상세화

(1) 요구분석이 진행되는 과정에서 상세화된다.

(2) 상세화의 일반적 기준

① 각 절차 버블이 한 페이지 정도의 DFD가 되도록 작성한다.
② 각 단계마다 약 6~7개의 절차버블이 적당하다.
③ 한 페이지에 12개 이상의 버블이 포함되면 이해가 곤란하다.
④ 레벨 2나 3에 이르면 웬만한 소프트웨어는 설계할 수 있을 만큼 구체화된다.
⑤ 최종단계의 절차 버블은 프로그램으로 코딩될 수 있다.

3 자료사전

(1) 자료사전은 개발 시스템과 연관된 자료 요소들의 집합이며, 저장 내용이나 중간 계산 등에 관련된 용어를 이해할 수 있는 정의이다.

(2) 자료사전은 다음과 같은 작업에 의해 자료 요소를 정의한다

① 자료 흐름도에 있는 자료 흐름이나 자료 저장소들의 의미를 서술한다.
② 자료 흐름이나 저장소가 어떤 요소들로 구성되는지를 서술한다.
③ 자료 흐름이나 저장소 내의 정보에 관련된 값이나 단위들을 서술한다.
④ 저장소 사이의 관련성을 서술함으로써 개체 관계도와 연결한다.

◎ 자료사전 기호

자료사전 기호	의 미
=	항목의 정의(로 구성되어 있다)
+	그리고, 순차(and)
( )	선택사양, 생략가능(optional)
{ }	반복(iteration)
[|]	여러 대안 중 하나 선택
* *	주석(comment)

4 프로세스 명세서

(1) 자료 흐름도의 계층상에서 최하위 단계, 즉 더 이상 분해할 수 없는 단계의 버블은 원시 버블 또는 프리미티브 버블(primitive bubble)이라 부르며, 그 처리 절차를 기술하는 것을 프로세스 명세(process specification)라 하고, 모델링한 결과를 명세서라고 한다.

(2) DeMacro는 프로세스 명세서를 미니스펙(minispec)이라 하였다.

(3) 자료 흐름도상의 최하위 처리를 정밀하게 다룬다.

① **구조적 영어(structured English)**: 구조적 영어는 사용되는 문장의 종류와 문장들이 결합하는 방법에 제약 사항들을 가진 완전한 영어의 부분 집합이다.

② **의사 결정 테이블**: 프로세스가 어떤 출력을 만들어 내거나 복잡한 결정에 기초한 동작을 가지고 있는 경우, 의사 결정 테이블(decision table)은 유용하다. 즉, 많은 조건을 보기 편하게 정리할 때 유용하다.

③ **의사 결정도(의사 결정 트리, decision tree)**: 의사결정하는 논리를 도형화

④ **실시간 소프트웨어 개발 시**: 상태 전이도, 상태 전이표 이용

> 요구분석 자동화 도구
> SREM, PSL/PSA, EPOS, TAGS, PROMOD, SYSREM 등

05

제3절 자료구조지향 분석 기법

자료의 흐름이 아닌 자료구조에 초점을 맞추어 진행한다.

1. 개념

(1) 분석가가 중요한 정보개체들과 연산들을 식별할 수 있도록 지원한다.

(2) 자료구조는 순서, 선택, 반복 등에 의해 표현될 수 있다.

(3) 계층화된 자료구조를 프로그램 구조로 변환하는 일련의 단계를 제공한다.

2. Warnier – Orr 분석 기법

(1) Warnier가 제안한 자료의 계층화 방법에 Orr가 정보흐름과 기능특성을 추가 보완한 기법이다.

(2) DSSD(Data Structured System Development) 개발 방법론으로 불리며, 자료구조를 통해 소프트웨어 구조를 유도할 수 있다고 본다.

(3) 출력자료 구조에서 프로그램 구조와 입력자료 구조를 추론한다.

(4) 순차, 선택, 반복의 세 가지 구조를 사용해서 정보 계층을 표현하기 위한 것이다.

3. Jackson 분석 기법

(1) Jackson에 의해 제안된 JSD기법(Jackson system development)이다.

(2) 정보 영역 분석으로부터 프로그램 설계로 진행시키는 자료구조지향 방법의 일종으로 실세계 정보영역에 대한 모델에 초점을 둔다.

제4절 요구분석의 명세화

1. 명세화의 원리

(1) 요구되는 기능의 명세화는 구현과 독립시켜야 한다.

(2) 절차지향적인 명세화 언어가 필요하다.

(3) 소프트웨어 자체는 물론이고, 정보처리시스템의 전체 영역, 이용 환경을 전반적으로 명세화한 각 요구명세는 개념적 모형이며 운용 가능해야 한다.

(4) 불완전성을 수렴할 수 있어야 한다.

(5) 요구명세는 부분적 정의이며, 타 요구들과는 느슨(loose)하게 연결되어야 한다.

2. 요구사항을 기술하는 명세화 언어가 구비해야 할 조건

(1) 전체적으로 하나의 의미를 가져야 한다.

(2) 어떤 응용 분야에 대해서 직관적으로 기술할 수 있는 요구 개념을 포함해야 한다.

(3) 부분적 기술이 가능하며, 확장성이 있어야 한다.

(4) 기계 처리가 가능해야 하고, 언어의 어휘요소와 구문 등이 자연스러운 형식을 가져야 한다.

3. 요구분석 명세화가 갖추어야 할 특성

(1) **완전성**: 모든 입력, 처리 조건, 출력 등을 고려하여 문제가 없어야 한다.

(2) **일관성**: 요구사항들이 모순되지 않게 정의되어야 한다.

(3) **정당성**: 명세서상의 모든 요구가 만족되며, 제품이 기본적인 요구를 만족해야 한다.

(4) **시험 용이성**: 요구 항목이 검증 가능해야 한다.

(5) **명확성**: 명확하게 명세서를 기술할 수 있어야 한다.

(6) **독립적 설계**: 요구사항의 정의가 특정 설계 선택에 제약을 주어서는 안 된다.

(7) **추적 가능성**: 원시 요구로부터 관계된 요구사항이나 종속하는 요구사항으로부터 관계를 추적할 수 있어야 한다.

(8) **전달성**: 초기 요구를 명시적으로 기술함으로써 이해를 돕고, 의사전달을 명확히 한다.

(9) **모듈화 및 변경에 대한 강건성**: 다른 부분에 별로 영향을 주지 않고 부분적으로 일관성을 유지하면서 변경될 수 있어야 한다.

(10) **자동처리성**: 명세서의 기술과 검증이 어느 정도 기계처리로 가능한가를 나타낸다.

(11) **필요성**: 요구사항들이 원래의 요구 목적과 부합되어야 한다.

(12) **실현 가능성**: 요구사항 명세서에 대해서 적어도 하나 이상의 설계 대안이 고려될 수 있다.

(13) **형식성**: 정확한 정보 전달과 기계처리를 위해 필요하다.

(14) **작성 용이성**: 쉽게 명세서를 작성할 수 있어야 한다.

(15) **이해성**: 명세서는 이해하기 쉬워야 한다.

(16) **최소성**: 유용한 정보만 요구사항 명세서에 남기고 불필요한 정보를 제거한다.

(17) **적용성**: 시스템 기능뿐만 아니라 성능, 신뢰성, 유지보수성 및 융통성을 포함한다.

(18) **확장성**: 소프트웨어 개발 동안 변경되는 요구사항에 맞게 확장이 가능하다.

요구분석 명세서

1. 시스템의 개요 및 요약
   ① 기능 요약 ② 사용 목적
2. 개발 운용 및 유지보수 환경
   ① 개발여건과 장비 ② 운용 절차 및 제약 조건
   ③ 유지보수 방법과 환경
3 자료 흐름도 입출력 양식, 명령어 요약
   ① 사용자 및 기타 시스템 시각에서의 시스템 특성
   ② 모니터 화면(DFD)과 자료사전(DD)
4. 기능 요구사항
   ① 필요기능 기술과 미니 명세
   ② 입력, 기능, 출력과의 관계
5. 성능 요구사항
   ① 시간적 요구 ② 효율성 요구
   ③ 기타
6. 예외 조건 및 이의 처리
   ① 입력 자료 내부 값, 매체 등 ② 용량의 제한
   ③ 시스템 고장 ④ 운용자의 한계
7. 초기 제공 기능 및 우선순위
   ① 필요 기능과 바람직한 기능
   ② 단계적 요구
8. 변경 및 개선 예정 사항
   ① 사전 고려사항
   ② 신 기종 구입 및 예산 초과 관련
9. 인수 기준 및 문서화 표준
   ① 기능 및 성능 시험
   ② 코딩 표준 제도 및 문서화 표준화
10. 설계 지침
   ① 분석 시 파악한 내용으로서 설계에 도움을 줄 수 있는 내용
11. 참고 자료
   ① 사람과 조직
   ② 각종 서류 및 참고 서적
12. 용어 해설
   ① 사용자와 개발자 양측의 원만한 이해 소통을 위하여

Chapter 04 소프트웨어 설계

제1절 소프트웨어 설계의 기본

1 소프트웨어 설계의 개념과 유형

1. 소프트웨어 설계 개념

(1) 개요

① 요구사항 분석단계에서 나온 사용자가 필요로 하는 필수 기능을 어떻게 구현할 수 있는가에 대한 방법을 명시하는 것이다.

② 물리적 구현이 가능하도록 절차나 시스템을 구체적으로 정의하는 데 있어 여러 기술과 원리를 응용하는 작업이다.

③ 프로세스 순서와 정보를 추상화하는 데 중점을 둔다.

④ 소프트웨어 공학의 범위에서 설계는 자료, 구조, 인터페이스, 컴포넌트 등 4가지 주요한 관심사에 초점을 둔다.

(2) 설계의 원칙

① 소프트웨어 설계는 변경이 용이하도록 구조화되어야 한다.

② 독립적이고 기능적인 특성들을 지닌 모듈화로 유도되어야 한다.

③ 계층적 조직이 제시되며, 모듈적이어야 한다.

④ 요구사항 분석에서 얻은 정보를 이용하여 반복적 방법을 통해 이루어져야 한다.

2. 설계의 유형

(1) 기술적 시각

① 자료설계(Data Design)

㉠ 분석과정 중에 생성된 정보영역을 소프트웨어를 구현할 때 요구되는 데이터구조로 변환한다.

㉡ 개체관계도(ERD)에서 정의된 객체들과 관계, 또한 데이터 사전에서 정의된 상세 데이터 내용이 자료설계 활동에 기초를 제공한다.

② 구조설계((Architecture Design)

㉠ 소프트웨어의 설계 표현은 모듈 프레임워크이다.

㉡ 프로그램의 주요 컴포넌트들 간에 관계와 설계 패턴에 적용할 때의 제한사항을 정의한다.

③ 절차설계(Procedure Design)

소프트웨어의 구성요소들에 대한 절차 서술로 변환하는 것이다.

④ 인터페이스 설계(Interface Design)

㉠ 인터페이스 단계에서는 인간공학이 관계되며, 인터페이스란 정보의 흐름과 특정 형태의 행위를 말한다.

㉡ 소프트웨어 자체 내에서 소프트웨어가 작동하는 시스템, 그리고 소프트웨어를 사용하는 사람 등과 어떻게 통신하는지를 설명한다.

(2) 사용자적 시각

① 내부 설계: 시스템 내부의 조직과 세부적인 절차를 개념화하고 계획하고 명세화

② 외부 설계: 사용자나 타 시스템과의 인터페이스 등 시스템 외부의 특성을 명세화

(3) 관리적 시각

기본 설계	상세 설계
• 시스템의 논리적 개념 범위 • 모듈화에 필요한 모든 작업 수행, 모듈의 구조 정의 • 기능들의 분해 • 내부 자료 흐름들과 자료 저장소의 정의, 요소들 간의 관계 정립	• 알고리즘 명시와 자료구조로 구체화 • 자료저장방법을 구체화시키는 자료구조 • 기능들과 자료구조들 간의 연결 • 모듈 인터페이스 정의, 요구사항 상호 참조 • 시스템 요구들 간의 결합방안

❷ 소프트웨어 설계의 원리

1. 설계의 기본원리

(1) 설계원리의 기능

① 소프트웨어를 구성요소로 나누는 데 적용되는 기준

② 기능과 데이터구조를 소프트웨어에 대한 개념적 표현으로부터 분리하는 방법

③ 소프트웨어 설계의 품질을 정의하는 균일한 기준

(2) 추상화(Abstraction)

① 복잡한 문제를 이해하기 위해서 필요 없는 세부 사항을 배제하는 것을 의미

② 복잡한 구조(문제)를 해결하기 위하여 설계 대상의 상세내용은 배제하고 유사점을 요약해서 표현하는 기법

③ 구체적인 데이터의 내부구조를 외부에 알리지 않으면서 데이터를 사용하는 데 필요한 함수만을 알려주는 기법

④ 추상화의 유형

㉠ 기능(functional) 추상화

ⓐ 입력자료를 출력자료로 변환하는 과정의 추상화

ⓑ 모듈, 서브루틴, 함수에 의해 절차를 추상화

ⓒ 절차지향언어는 함수와 함수 간 부프로그램을 정의 시에 유용

ⓓ 객체지향언어는 Method를 정의 시에 유용

㉡ 자료(Data) 추상화

ⓐ 자료와 자료에 적용될 수 있는 기능을 함께 정의함으로써 자료 객체를 구성하는 방법

ⓑ 어떤 데이터 개체들에 대한 연산을 정의함으로써 데이터형이나 데이터 대상을 정의하며, 그 표현과 처리내용은 은폐하는 방법

㉢ 제어(Control) 추상화 : 제어의 정확한 메커니즘을 정의하지 않고 원하는 효과를 정하는 데 이용

(3) 정보은닉(Information Hiding)

① 각 모듈이 다른 모듈에 구애받지 않고 설계되는 것이다. 즉, 모듈이란 내장된 정보가 타 모듈에 의해 필요하지 않도록 설계되어야 한다.

② 모듈내부의 처리절차, 데이터의 내용 등 불필요한 정보를 외부에서 식별할 수 없도록 하며 외부와 인터페이스 정보만 제공하여 처리한다.

③ 정보은닉의 효과 : 모듈의 데이터와 절차 등이 타 부분으로부터 은폐되어 있다는 것은 오류의 발생률을 감소시키는 데 크게 기여하며, 개발 완료 후 모듈 단위의 수정, 시험, 유지보수에 가장 큰 장점을 부여한다.

④ 정보은닉 : 데이터 추상화 + 제어 추상화 + 기능 추상화

⑤ 모듈 간 인터페이스만 제공, 상호작용에 의한 독립성 훼손이 발생하지 않도록 한다.

(4) 구조화(Structure)

① 문제의 영역들을 각각의 기능 모듈 단위로 세분화하여 모듈 간의 관계를 구조적으로 설계하는 과정

② 하나의 설계 대상을 여러 개의 하부구조로 나누어서 계층구조로 설계

(5) 단계적 정제(Stepwise Refinement)

① 하향식 설계방법으로 프로그램의 구조를 점차적으로 구체화시키는 것

② 기본방침 : 기능으로부터 시작한 후, 그 기능들을 점차적으로 구체화시키는 추가작업 진행

③ 알고리즘, 자료구조와 상세한 내역은 가능한 뒤로 미루어 가면서 진행

(6) 모듈화(Modularity)

① 모듈의 정의

㉠ 모듈 : 서브루틴, 하부시스템, 소프트웨어 내 프로그램 혹은 작업단위를 의미

㉡ 소프트웨어를 기능단위로 분해한 것으로, 모듈화된 시스템은 시스템을 모듈들의 집합으로 추상화한 것이다.

㉢ 모듈의 개수가 증가하면 전체 개발비용이 감소하지만, 오히려 인터페이스에 대한 비용이 증가하므로 비용면에서 최적이 될 수 있도록 모듈의 개수를 찾는 것이 중요하다.

② 모듈의 특성

㉠ 모듈은 명령문, 처리논리, 데이터구조를 포함한다.

㉡ 각 모듈은 독립적 컴파일이 가능하다.

㉢ 모듈은 다른 프로그램 안에 포함 가능하다.

㉣ 모듈은 이름을 가지며, 이름과 매개변수 값을 이용하여 상호작용한다.

㉤ 모듈은 다른 모듈을 호출하여 이용할 수 있다.

③ **모듈이 유용한 이유**

㉠ 시스템을 기능 단위로 분해 가능하게 해준다.
㉡ 기능 활용에 따르는 계층적 순서를 제시해 준다.
㉢ 자료 추상화를 구현시켜 준다.
㉣ 기계 종속적인 기능을 분리시켜 준다.
㉤ 소프트웨어의 성능을 향상시킨다.
㉥ 시스템의 시험과 수정을 용이하게 한다.
㉦ 상위 모듈에서 하위 모듈로 내려갈수록 자세히 기술한다.

④ **모듈의 기준**

㉠ 모듈 간의 결합도는 최소화, 응집력은 최대화
㉡ 프로그램의 규모 고려
㉢ 단일 출입구
㉣ 가급적 기계 종속성 배제
㉤ 가시성과 시험 용이성을 향상시킬 수 있어야 함

2. 설계평가와 모듈

- **모듈의 독립성**: 상호독립된 모듈은 기능단위로 잘 분해되고 접속관계가 단순하여 개발이 용이하며, 유지보수 시 수정에 따른 파급효과를 최소화할 수 있다.
- 모듈 간의 결합도 최소화, 응집도 최대화

(1) 결합도

결합도는 모듈들이 서로 관련되거나 연결된 정도를 나타낸다. 두 모듈 간의 상호 의존도는 낮은 결합도를 유지해야 바람직하다.

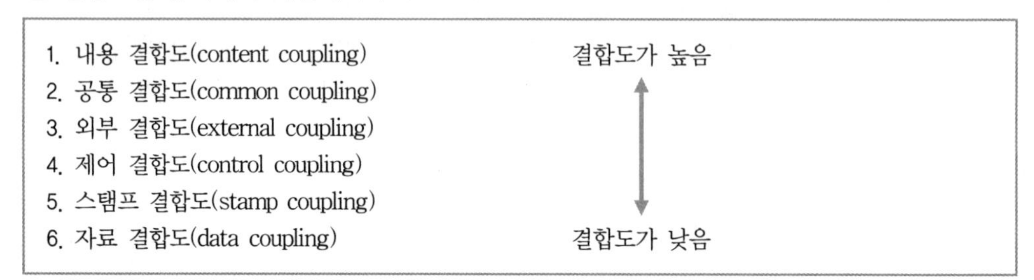

1. 내용 결합도(content coupling) — 결합도가 높음
2. 공통 결합도(common coupling)
3. 외부 결합도(external coupling)
4. 제어 결합도(control coupling)
5. 스탬프 결합도(stamp coupling)
6. 자료 결합도(data coupling) — 결합도가 낮음

① **내용 결합도**: 어떤 모듈을 호출하여 사용하고자 할 경우에 그 모듈의 내용을 미리 조사하여 알고 있지 않으면 사용할 수가 없는 경우에는 이들 모듈이 내용적으로 결합되어 있기 때문이며, 이를 내용 결합도라고 한다.

② **공통 결합도**: 공통 결합도는 하나의 기억 장소에 공동의 자료 영역을 설정한 후, 한 모듈이 그 기억 장소에 자료를 전송하면 다른 모듈은 기억 장소를 조회함으로써 정보를 전달받는 방식을 취할 때 발생된다.

③ **외부 결합도**: 일련의 모듈들이 동일한 광역 데이터 아이템(단일 필드 변수)을 사용하면 외부 결합도가 된다.

④ **제어 결합도**: 어떤 모듈이 다른 모듈을 호출할 경우, 제어 정보를 파라미터로 넘겨주는 경우 이들 두 모듈은 제어 결합도를 가졌다고 한다.

⑤ **스탬프 결합도**: 한 그룹의 모듈들이 동일한 비광역 데이터구조를 사용한다면 스탬프 결합도가 될 수 있다. 예로서, 모듈 A가 모듈 B를 호출하여 종업원 개인 레코드를 전송하고 A와 B가 둘 다 그 레코드의 형태나 구조에 영향을 받기 쉽다면, A와 B는 스탬프 결합도를 가진 것이다. 스탬프 결합도는 모듈들 간의 불필요한 연관 관계를 형성하므로 가능한 한 회피하는 것이 좋다.

⑥ **자료 결합도**: 모듈 간의 결합도 중 가장 바람직한 결합도는 자료 결합도이다.

(2) 응집도

한 모듈 내에 있는 처리 요소들 사이의 기능적인 연관 정도를 나타내며, 응집도가 높아야 좋은 모듈이 된다. 한 모듈 내에 필요한 함수와 데이터들의 친화력을 측정하는 데 사용한다.

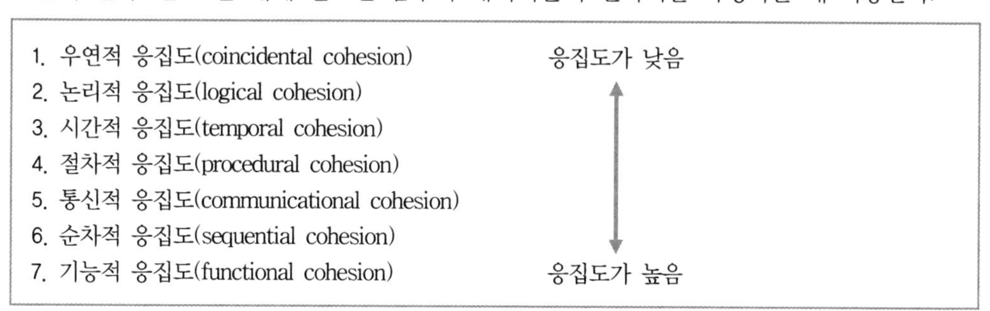

① **우연적 응집도**: 우연적 응집도는 모듈 내부의 각 요소들이 서로 관계없는 것들이 모인 경우로 응집력이 가장 낮다.

② **논리적 응집도**: 논리적으로 서로 관련이 있는 요소를 모아 하나의 모듈로 한 경우, 그 모듈의 기능은 이 모듈을 참조할 때 어떤 파라미터를 주느냐에 따라 다르게 된다.

③ **시간적 응집도**: 어느 특정한 시간에 처리되는 몇 개의 기능을 모아 한 모듈로 한 경우, 이들 기능은 시간적인 관계로 결속되는 경우가 된다. 예를 들어, 프로그램의 초기화 모듈이나 프로그램 종료 모듈이 이에 해당된다.

④ **절차적 응집도**: 어떤 모듈이 다음 조건을 충족시킬 때 절차적 응집도를 가진다고 한다.
㉠ 다수의 관련 기능을 수행
㉡ 기능들을 순차적으로 수행

⑤ **통신적 응집도**: 단말기로부터 데이터를 읽고 검사하여 데이터베이스에 입력하는 모듈은 그 안의 기능들이 그 레코드의 사용과 연관되므로 통신적 응집도를 갖는다.

⑥ **순차적 응집도**: 순차적 응집도는 실행되는 순서가 서로 밀접한 관계를 갖는 기능을 모아 한 모듈로 구성한 것으로 흔히 어떤 프로그램을 작성할 때 순서도를 작성하는데 이 경우에는 순차적 응집도를 갖는 모듈이 되기 쉽다.

⑦ **기능적 응집도**: 모듈 내의 모든 요소가 한 가지 기능을 수행하기 위해 구성될 때, 이들 요소는 기능적 응집도로 결속되어 있다고 한다.

제2절 소프트웨어 설계 도구 및 기법

❶ 설계 도구

1. 설계 표기법

분류		표기법
시스템의 총괄적인 구조		• 배경도(context diagram) – 자료 흐름도(DFD) • 구조도(structured chart) – 잭슨 다이어그램
시스템 구조 및 프로그램 구조의 표현		• 워니어 오 다이어그램 – HIPO 도표 • 액션 다이어그램 – HOS 도표
프로그램 모듈의 상세한 논리 구조 (상세 설계용)		• 흐름도 • 의사코드(pseudo code), 구조적 문장, 조건 선택문 및 케이스문 등 미니 명세화 기법 • N-S 도표 • 의사결정트리와 의사결정도
특수 목적	자료구조	• 워니어 다이어그램 • 잭슨 다이어그램 • 개체도 • E-R 도표
	실시간 시스템	상태 전이도
	성능	키비에트 도표
	용량	거래 매트릭스
객체지향		객체 다이어그램

2. IPT(Improved Programming Technologies)

프로그램을 효율적으로 개발하기 위한 향상된 개발기법

(1) 기술적인 면

① 설계 분야: 복합설계(Composite Design)

② 코딩 분야: 구조적 코딩(Structure Coding)

③ 테스트 분야: 하향식 분석(Top Down Programming)

④ 문서화 기법

㉠ N-S Chart(Nassi-Shneiderman Chart)

㉡ Warnier-Orr Diagram

㉢ PERT

㉣ HIPO(Hierarchical Plus Input Process Output)

㉤ PDL(Program Description Language)

(2) 관리적인 면

① **개발조직**: 선임 프로그래머 팀(Chief Programmer Team)
② **품질관리**: 검토회 및 검열(Walk-Through/Inspection)
③ **개발환경지원**: 라이브러리(Library)

(3) IPT의 목적

① 프로그램의 신뢰성 향상
② 프로그램을 읽기 쉽고 작성이 쉬움
③ 유지보수가 쉬움
④ 프로그램의 생산성 및 효율성
⑤ 프로그램의 표준화

3. 구조도(Structure Chart)

(1) 시스템 기능을 몇 개의 기능으로 분할하여 모듈로 나타내고, 모듈 간의 인터페이스를 계층 구조로 표현한 도형이다.

(2) 구조도에서 사각형은 모듈, 백색원의 화살표는 매개변수를 이용한 자료의 이동, 흑색원의 화살표는 실행의 방향을 나타내는 제어흐름, 마름모는 선택, 곡선 화살표는 반복을 나타낸다.

(3) 의사결정 박스(선택)를 갖지 않는다는 점과 각 작업에 대한 순서를 표시하지 않는다는 점에서 순서도와 차이가 있다. 하지만 구조도는 일반적으로 보통 위에서 아래로, 왼쪽에서 오른쪽으로의 순서로 실행된다.

(4) 구조도는 순차, 선택, 반복의 제어구조를 나타낼 수 있다.

(5) 팬 입력은 특정 모듈을 직접 제어하는 모듈의 수이다.

(6) 팬 출력은 한 모듈에 의해 직접 제어되는 모듈의 수이다.

4. HIPO(Hierarchical Plus Input Process Output)

(1) 프로그램 논리의 문서화와 설계를 위해 도식적인 방법을 제공, 기능 표현 중심

(2) 시스템이나 프로그램의 입출력 기능을 나타내는 표기법으로, HIPO 구성요소로서 크게 시각적 목차표, IPO 다이어그램으로 나타낼 수 있다.

(3) 프로그램의 기능과 데이터의 의존관계를 동시에 표현하는 것이 가능하다.

① **계층도표**: 시스템의 전체적인 흐름을 계층적으로 표현한 도표
② **총괄도표**: 입력, 처리, 출력에 대한 기능을 개략적으로 표현한 도표
③ **세부도표**: 총괄도표 내용을 구체적 모듈별 입력 – 처리 – 출력도표 표현

(4) HIPO의 특징

① Top-Down 개발기법(계층적 구조)
② 관람자에 따라 다른 도표 제공이 가능
③ 프로그램의 전체적인 흐름 파악 가능

④ 문서의 체계화가 가능
⑤ 프로그램의 변경 및 유지보수가 용이
⑥ 논리적인 기술보다는 기능중심의 문서화 기법으로 신뢰성은 조금 떨어짐

5. PDL(Program Design Language)

(1) 구조적 영어 또는 의사코드라 불리는 자연언어의 단어를 이용하여 구조적 프로그래밍 언어의 문법으로 기술한 혼합 언어이다.

(2) 구조적으로 설계된 프로그램을 자연어와 비슷하게 표현한다.

6. N-S Chart(Nassi & Schneiderman)

(1) Box diagram, Chapin chart라고도 불린다.

(2) 논리 기술에 중점을 둔 도형식 표현 도구이다.

(3) 순차, 선택, 반복의 3가지 제어구조를 표현한다.

(4) 화살표나 GOTO문은 사용하지 않는다.

(5) 단일 출입구가 있는 프로그램 구조를 나타내기 편리하다.

(6) 도표로 그려야 하는 불편함과 수정이 쉽지 않다. 프로그램 전체 구조표현에는 부적합하다.

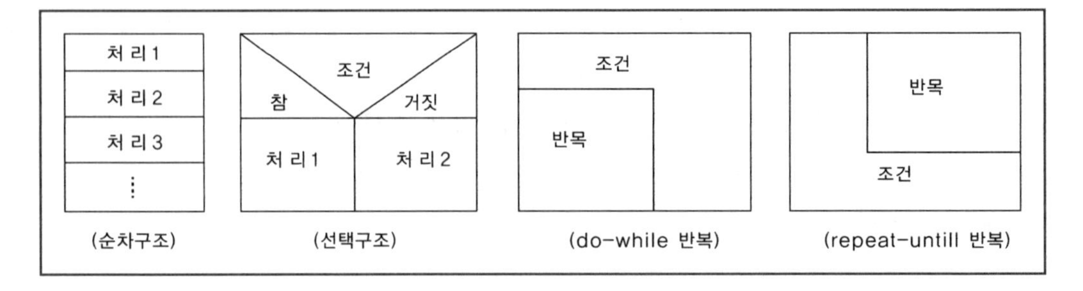

❷ 설계 기법

1. 자료흐름지향 설계기법

(1) 개요

① DFD, DD, mini-spec이 준비된 이후의 작업으로 DFD를 기본으로 구조도를 유도한다.
② 구조적 설계기법이라고 한다.
③ 데이터 흐름에 주목, 기능에 대한 입출력 데이터를 명확히 한다.

(2) **흐름 중심 설계 절차**

① 정보의 흐름 유형을 설정한다.
② 흐름의 경계를 표시한다.
③ 자료 흐름도를 프로그램 구조 도표로 사상한다(변환분석이나 거래분석 실시).

④ 제어계층을 분해시켜 정의한다.
⑤ 경험적으로 구체화한다.

(3) 변환 분석

① 변환 중심 설계(transform centered design)라고도 부르는 변환 분석(transform analysis)은 자료의 변환을 위주로 하는 시스템인 경우에 채택되는 설계 전략이다.
② 변환 분석은 균형 잡힌 시스템을 설계하기 위한 방법으로 그 요체는 분석 단계의 자료 흐름도를 설계 단계의 구조도로 변화시키는 것이다.
③ 변환 분석은 5단계로 수행된다.
㉠ 문제에 대한 자료 흐름도를 작성한다: 구조적 분석이 구조적 설계보다 먼저 수행된 경우라면 자료 흐름도는 이미 작성되어 있게 된다. 자료 흐름도가 작성되어 있지 않았다면 기능적 명세서를 보고 자료 흐름도를 작성해야 한다.
㉡ 핵심적인 데이터 흐름으로 중심 변환점을 파악한다: 자료 흐름도에서 중요한 사항과 중앙 변환 부분을 인식한다면 자료 흐름도로부터 구조도를 생성하는 것은 단순하다.

(4) 구조적 설계에 대한 평가

① 변환 및 거래 분석에 대한 비평
㉠ 자료 흐름도를 IPO 부분으로 기능적 분해를 해야 하는데, 분해화 과정의 지침이 모호하다. 중심부 측정 방법의 다음 두 가지는 명확성이 없다.
ⓐ 자료 흐름도를 면밀히 검토해서 찾는다.
ⓑ 자료 흐름도에서 입출력 부분을 제거하면 남는 것이 중심부이다.
㉡ 분해작업이 불분명하다.
ⓐ 더 이상 분해해도 좋은 함수기능들이 만들어지지 않으면 중단한다.
ⓑ 모듈 간의 인터페이스가 모듈만큼 복잡성을 가지면 중단한다.
㉢ 입력, 처리, 출력으로 분해하는 개념 자체가 문제 요소를 그대로 프로그램 요소로 구성하려는 설계의 개념과 맞지 않을 수 있다.
② 결합도와 응집도에 대한 비평
㉠ 결합도와 응집도를 측정하는 것이 어렵고 자동화도 불가능하다.
㉡ 현실적으로 결합도와 응집도는 비정형적이고 정밀하게 적용되지 않고 있다.
③ 데이터설계 방법의 결여
㉠ 데이터베이스나 자료사전의 역할에 대한 규정이 없다.
㉡ 구조적 설계의 가장 치명적인 단점이 될 수 있다.

2. 자료구조지향 설계기법

(1) 개요

① 입출력자료의 구조로부터 프로그램의 구조와 세부절차를 파악한다.
② 분석단계에서 명세화된 자료구조를 기본으로 삼는다.
③ 자료처리 위주의 응용분야에 적합하다.
④ 절차보다는 데이터를 중심으로 한다.

(2) 일반적 설계 절차

① 자료구조의 특성을 평가한다.
② 자료를 순차, 선택, 반복과 같은 구조적 형태로 표현한다.
③ 자료구조의 표현을 소프트웨어 제어 계층으로 대응시킨다.
④ 소프트웨어 계층구조는 각 방법의 지침을 따라 하향식으로 전개한다.
⑤ 소프트웨어 절차를 기술한다.

(3) 워니어-오 설계 기법

자료구조 시스템 개발(DSSD ; Data Structured Systems Development)이라고도 불려지며, Ked Orr가 Warnier의 정보 영역분석 개념을 확장하여 만든 것이다. 기능의 분해화 원리를 사용하며, 출력자료의 분석 결과를 토대로 진행된다.

① 단계

㉠ 출력자료 정의 단계
ⓐ 출력 데이터구조를 조사하여 문서화 기준에 따라 구조도 작성
ⓑ 분석단계의 일부로 볼 수도 있으며, 분석단계에서 작성된 다이어그램을 재검토하는 것으로 인식해도 됨

㉡ 논리적 데이터베이스 정의 단계
ⓐ 보고서의 모든 자료항목을 출력자료구조에 대응시켜 논리적 출력구조를 갖춤
ⓑ 프로그램 출력을 위한 정의 단계

㉢ 사건분석 단계
ⓐ 자료의 개체와 어트리뷰트 및 이들에 영향을 미치는 사건을 조사
ⓑ 입력 데이터구조도를 근거로 프로그램 구조도 설계

㉣ 물리적 데이터베이스 구축 단계
ⓐ 입력파일을 설계하는 단계
ⓑ 논리적 데이터베이스 정의 단계의 결과를 토대로 레코드를 구성

㉤ 논리적 절차 설계 단계
입력자료를 원하는 출력형태로 변환시키는 절차

㉥ 물리적 절차 설계 단계
ⓐ 상세한 제어논리와 파일조작 프로시저를 추가하는 단계
ⓑ 각주 사용(반복구조의 종료 조건), 변수사용(반복구조, 파일처리 등)
ⓒ 바로 프로그래밍으로 연결될 수 있는 상세설계로 모듈개념이나 미니명세는 필요 없음

② 워니어-오 설계방법의 평가

㉠ 장점
ⓐ 전체 설계 과정의 모든 것을 표현할 수 있는 표기법
ⓑ 간단한 보고서 중심의 설계에 효율적이나, 대규모 시스템에 부적합

㉡ 단점
ⓐ 많은 출력구조를 가진 문제는 다루기 힘듦
ⓑ 계층적 구조가 아닌 자료는 처리 불가능

ⓒ 제어 논리를 충분히 다룰 수 없음
ⓓ 논리설계나 입력설계에 대한 지침이 없음
ⓔ 데이터베이스 설계능력이 없음

(4) 잭슨 설계 기법

① 하향식 설계 기법을 개량시키면서 자료구조에서 프로그램을 유도해 내는 체계적인 기법이다.
② 자료구조를 먼저 정의하고 논리적 프로시저를 이 구조에 접목시킨다.
③ 입출력 자료구조를 동시에 고려한다.

3 사용자 인터페이스 설계

1. 사용자 인터페이스

(1) 개요

① 외부설계의 한 종류이다.
② 소프트웨어와 조직 환경과의 인터페이스를 설계하는 과정이다.
③ 사용자 인터페이스 평가 기준

㉠ 배우기 쉬움: 소프트웨어를 사용할 수 있게 되기까지 배우는 데 걸리는 시간
㉡ 속도: 특정 기능을 수행시키는 데 걸리는 시간
㉢ 사용 중 오류의 빈도: 원하는 작업을 수행시킬 때 사용자가 범한 오류의 빈도
㉣ 사용자의 만족: 시스템에 대한 사용자의 반응
㉤ 사용법의 유지: 시스템 사용에 대한 지식이 얼마나 쉽게 기억될 수 있는가?

(2) 사용자 인터페이스론

① 규칙

㉠ 일관성을 유지할 것
㉡ 시작, 중간, 종료가 분명하도록 설계할 것
㉢ 오류 처리 기능을 간단히 할 것
㉣ 단순화시켜 기억의 필요성을 줄일 것
㉣ 단축키를 제공할 것

② J. Foley의 사용자 인터페이스 4단계 모형

㉠ 개념 단계(Conceptual Level): 대화형 시스템에 관한 심리적 모형
㉡ 의미 단계(Semantic Level): 입력명령과 출력결과가 사용자에게 주는 의미를 표현
㉢ 문구(구문) 단계(Syntactic Level): 명령문을 이루는 단어들의 정의
㉣ 어휘 단계(Lexical Level): 특정 명령문구를 형성하는 절차 등을 의미

③ HCI(Human Computer Interface)

㉠ HCI 설계 모형

ⓐ 설계 모형
ⓑ 사용자 모형

ⓒ 시스템 인식

ⓓ 시스템 이미지

㉡ **태스크 분석과 모델링**

사람이 현재 수행하는 태스크를 이해하는 데 적용된 후에 이것들을 HCI의 내용이 구현된 유사한 태스크들의 집합에 사상한다.

㉢ **설계 쟁점**

ⓐ 시스템 응답 시간

ⓑ 사용자 도움 기능

ⓒ 오류 정보 처리

ⓓ 명령어 레이블링

2. 인터페이스 방법

(1) 메뉴 방식

사용자에게 선택사양 중 하나를 선택하게 한다.

① **메뉴 구조 유형**

㉠ 단일메뉴

㉡ 선형 순차 메뉴

㉢ 계층형 메뉴

㉣ 네트워크 메뉴

② **장점**

㉠ 각 명령어를 알 필요가 없다.

㉡ 오타 가능성이 가장 적다.

㉢ 소프트웨어의 사고를 일으킬 가능성이 없다.

㉣ 도움말 기능의 제공이 쉽다.

③ **단점**

㉠ 논리적인 표현이 매우 불편하거나 불가능하다.

㉡ 복잡한 계층구조의 명령체계 표현이 힘들다.

㉢ 숙달된 사용자에게는 오히려 비효율적이다.

(2) 그래픽 사용자 인터페이스(GUI)

① **특징**

㉠ 여러 개의 윈도우를 한 화면에 동시에 볼 수 있다.

㉡ 잘못된 유추를 피하게 한다.

㉢ 사용자 계층의 관습을 따른다.

㉣ 아이콘을 알맞은 목적에 사용하여야 한다.

㉤ 아이콘에 의한 상호작용은 신중히 설계한다.

② 장점

㉠ 배우기 쉽고 사용하기 편리하다.

㉡ 하나 이상의 스크린(윈도우)을 통해 여러 작업을 수행할 수 있다.

㉢ 전체 스크린 단위의 상호작용이 가능하다.

㉣ 정보 출력의 그래픽화가 용이하다.

③ 단점

㉠ 잘못 설계될 경우 혼잡성을 가져온다.

㉡ 표준방법이 없다.

㉢ 아이콘 설계의 어려움이 있다.

(3) 언어 인터페이스 방법

① 명령어 방식

㉠ 특징

ⓐ 가장 널리 알려진 방법으로 사용자가 키보드를 이용해 문자 부호를 입력시키는 방법이므로, 명령어 설계를 최소화해야 한다.

ⓑ 명령어는 의미 있고 구별되는 이름을 갖도록 한다.

ⓒ 명령어 문법 구조가 일관성을 갖도록 한다.

㉡ 장점

ⓐ 키보드만 있으면 조작이 충분하다.

ⓑ 명령어 처리 방법의 구현이 쉽다.

ⓒ 명령어들을 복합적으로 활용하면 복잡한 명령도 쓸 수 있다.

㉢ 단점

ⓐ 실제 사용자는 복잡한 명령어들을 배워야 한다.

ⓑ 사용자가 실수하기가 쉽기 때문에 도움말 기능이나 오류 메시지를 함께 제공해야 한다.

ⓒ 마우스의 사용이 불가능하다.

② 자연어 방식

딱딱한 명령어 대신 자연어로 소프트웨어와 인터페이스 하는 방식으로 입력량이 불필요하게 많아 비효율적이다.

③ 기능키 방식

미리 정의된 명령어를 키보드의 기능키를 이용하여 인터페이스 하는 방식인데, 기능키 수가 한계가 있기 때문에 명령어 수에 제약이 있다.

Chapter 05

객체지향 패러다임

제1절 객체지향의 기본개념

객체지향 기법은 재사용을 가능케 하고, 재사용은 빠른 속도의 소프트웨어 개발과 고품질의 프로그램 생산을 가능하게 한다. 객체지향 소프트웨어는 그 구성이 분리되어 있기 때문에 유지보수가 쉽다.

❶ 개요

(1) 객체지향의 개념

① 1966년 Simula 67 프로그래밍 언어를 개발하면서, 시스템의 한 구성요소로서 한 행위를 행할 수 있는 하나의 단위로 객체라는 개념을 사용했다.

② 객체지향 기법에서의 시스템 분석은 문제 영역에서 객체를 정의하고, 정의된 객체들 사이의 상호작용을 분석하는 것이다.

(2) 객체지향 기법의 특징

① 객체지향 기법은 복잡한 시스템의 설계를 단순하게 한다. 시스템은 하나 또는 그 이상의 규정된 상태를 갖는 객체들의 집합으로 시각화될 수 있으며, 객체의 상태를 변경시키는 연산은 비교적 쉽게 정의된다.

② 소프트웨어 설계 개념의 추상화, 정보은닉, 그리고 모듈성에 기초한다.

③ 상속성, 상향식 방식, 캡슐화, 추상데이터형을 이용한다.

④ 하나의 객체지향 프로그램은 여러 개의 객체들로 구성되며, 각 객체는 소수의 데이터와 이 데이터상에 수행되는 소수의 함수들로 구성된다.

⑤ 객체지향 시스템에서는 객체라는 개념을 사용하여 실세계를 표현 및 모델링하며, 객체와 객체들이 모여 프로그램을 구성한다. 전체 시스템은 각각 자체 처리 능력이 있는 객체로 구성되며, 객체들 간의 상호 정보 교환에 의해 시스템이 작동한다.

❷ 객체지향의 기본 개념

(1) 객체(Object)

① 현실세계에 존재할 수 있는 유형, 무형의 모든 대상을 말한다.
② 속성과 메소드로 정의된다. [데이터(속성) + 연산(메소드) → 캡슐화]
③ 객체는 인터페이스인 공유부분을 가지며, 상태(state)를 가지고 있다.

(2) 속성(attribute)

① 객체가 가지고 있는 특성으로, 현재 상태(객체의 상태)를 의미한다.
② 속성은 개체의 상태, 성질, 분류, 식별, 수량 등을 표현한다.

(3) 클래스(class)

① 공통된 행위와 특성을 갖는 객체의 집합이다.
② 클래스라는 개념은 객체 타입으로 구현된 소프트웨어를 의미한다. 클래스는 동일한 타입의 객체들의 메소드와 변수들을 정의하는 템플릿(templete)이다.
③ 공통된 특성을 표현한 데이터 추상화를 의미한다.
④ 클래스 내의 모든 객체들은 속성값만 달리할 뿐, 동일한 속성과 행위를 갖게 된다.
⑤ **추상 클래스(abstract class)**
㉠ 서브 클래스들의 공통된 특성을 하나의 슈퍼 클래스로 추출하기 위한 목적으로 생성된 클래스로 재사용 부품을 이용하여 확장할 수 있는 개념이다.
㉡ 일반 클래스와는 달리 객체를 생성할 수 없다.

(4) 메시지

① 한 객체가 다른 객체의 메소드를 부르는 과정으로, 외부에서 하나의 객체에 보내지는 메소드의 요구이다.
② 일반 프로그래밍 과정에서 함수 호출에 해당된다.
③ **메시지의 구성요소**: 메시지를 받는 객체(수신객체), 객체가 수행할 메소드 이름(함수이름), 메소드를 수행하는 데 필요한 인자(매개변수)

(5) 메소드

① 메소드는 객체가 어떻게 동작하는지를 규정하고 속성의 값을 변경시킨다.
② 메소드는 메시지에 의해 불리어질 수 있는 제어와 절차적 구성요소이다.

(6) 다형성(polymorphism)

① 같은 메시지에 대해 각 클래스가 가지고 있는 고유한 방법으로 응답할 수 있는 능력을 의미한다.
② 두 개 이상의 클래스에서 똑같은 메시지에 대해 객체가 서로 다르게 반응하는 것이다.
③ 다형성은 주로 동적 바인딩에 의해 실현된다.
④ 각 객체가 갖는 메소드의 이름은 중복될 수 있으며, 실제 메소드 호출은 덧붙여 넘겨지는 인자에 의해 구별된다.

(7) 상속성

① 새로운 클래스를 정의할 때 기존의 클래스들의 속성을 상속받고 필요한 부분을 추가하는 방법이다.

② 높은 수준의 개념은 낮은 수준의 개념으로 특정화된다.

③ 상속은 하위 계층은 상위 계층의 특수화(specialization) 계층이 되며, 상위 계층은 하위 계층의 일반화(generalization) 계층이 된다.

④ 클래스 계층은 요구된 속성들과 연산들이 새로운 클래스에 의해 상속받을 수 있게 재구성될 수 있으며, 새로운 클래스는 상위 클래스로부터 상속받고 필요한 것들이 확장될 수 있다.

⑤ 상속을 받은 하위 클래스는 상위 클래스의 속성과 메소드를 자기의 특성에 맞게 수정하거나 확장할 수 있다는 재정의(overriding)와 연관된다.

(8) 캡슐화

① 객체를 정의할 때 서로 관련성이 많은 데이터들과 이와 연관된 함수들을 정보처리에 필요한 기능을 하나로 묶는 것을 말한다.

② 데이터, 연산, 다른 객체, 상수 등의 관련된 정보와 그 정보를 처리하는 방법을 하나의 단위로 묶는 것이다.

③ 서로 관련있는 데이터구조와 이들을 조작하는 동작들은 하나로 묶어서 하나의 명세나 프로그램 컴포넌트로 재사용을 용이하게 해준다.

④ 내부에 변수, 외부에는 메소드들이 변수들을 둘러싸서 보호하도록 결합시켜 부품화 한 것이다.

(9) 정보은닉(Information Hiding)

① 객체의 상세한 내용을 객체 외부에 철저히 숨기고 단순히 메시지만으로 객체와의 상호작용을 하게 하는 것을 말한다.

② 외부에서 알아야 하는 부분만 공개하고 그렇지 않은 부분은 숨김으로써 대상을 단순화시키는 효과가 있다.

③ 정보은닉은 높은 독립성, 유지보수성, 향상된 이식성을 제공한다.

제2절 객체지향 개발 단계

❶ 객체지향 분석

- 사용자의 요구의 기능적 관점을 파악하여 UML의 사용사례 다이어그램으로 나타내는 작업부터 시작된다.
- 분석모형은 시스템의 기능에 대한 사용사례 측면의 분석과 객체들의 관계 분석, 객체 사이의 상호작용 측면의 분석을 나타낸다.

1. 객체지향의 분석 과정과 절차

(1) 객체지향의 분석 과정

① 문제 정의

② 객체 발견

③ 관련함수 발견

④ 객체 사이의 관련성 분석

(2) 객체지향의 분석 절차

① **액터 찾기**: 시스템을 개발한 후 이 시스템을 사용할 여러 타입의 사용자를 발견하는 작업

② **시나리오 찾기**: 사용자와 협의하여 미래의 시스템이 제공할 기능을 위하여 자세한 시나리오를 개발한다.

③ **사용사례 찾기**: 사용자와 개발자가 시나리오에 동의하면 시나리오로부터 일반적인 사용사례를 추출한다.

④ **사용사례 구체화**: 각 사용사례를 구체화하고 시스템의 동작을 오류와 예외 조건을 포함하여 기술해서 시스템의 명세를 완성한다.

⑤ **사용사례의 관계 찾기**: 사용사례 모형에서 중복되는 부분을 삭제하여 다듬는다.

⑥ **비기능적 요구 찾기**: 시스템의 성능, 문서화, 자원, 보안, 품질과 같이 시스템의 기능과 직접적으로 관련이 없는 요구사항을 찾는다.

액터
- 개발 참여자: 의뢰인, 개발팀, 사용자
- 액터시스템과 작용하는 외부엔티티, 사람 혹은 외부시스템

시나리오
- 시스템 사용 시 사용자가 무엇을 경험하는가를 글로 표현함
- 매우 구체적인 사례를 다룸
- 사용사례의 인스턴스

사용사례(Use Case)
- 요구명세의 초기작업: 개발자, 사용자 참여
- 사용사례는 사용자 시점에서 시스템을 모델링한 것
- 시나리오 집합(추상화)

2. Rumbaugh의 OMT(Object Modeling Technique) 기법

(1) 소프트웨어 구성요소들을 그래픽 표기법을 이용하여 객체들을 모델링하는 기법이다.

(2) 객체들의 연관성을 강조하며, 조직적인 모델링 방법론을 이용하여 실세계의 문제들을 다른 방법보다 상세하게 나타낸다.

(3) 시스템의 분석, 설계, 구현단계 전 과정에 객체지향 개념을 적용했다.

(4) 데이터베이스 구조화에 용이하고, 객체지향 CASE Tool 지원이 우수하다.

(5) 문제를 정의하고, 이 정의로부터 객체모델, 동적모델, 기능모델을 정의함으로써 실세계를 모형화한다.

① 객체 모형화(object modelling)

㉠ 객체들을 식별하고 객체들 간의 관계를 정의한다.

㉡ 각 객체 클래스의 속성과 연산기능을 보여주는 시스템의 정적 구조를 표현한다.

㉢ 상속 개념을 도입한 클래스의 계층화이다.

㉣ 클래스들의 집단을 모듈로 정의한다.

㉤ 객체 다이어그램(object diagram)으로 표현한다.

② 동적 모형화(dynamic modelling)

㉠ 시스템이 시간 흐름에 따라 변화하는 것을 보여주는 상태 다이어그램(state diagram)을 작성한다.

㉡ 주요 개념은 상태(state)와 사건(event)이다.

✽ 한 객체가 다른 객체를 자극했을 때 사건이 발생했다고 한다. 즉, 사건은 하나의 객체가 갖고 있는 애트리뷰트나 링크의 값으로 표현되는 상태를 변화시킨다.

③ 기능 모형화(function modelling)

㉠ 시스템 내에서 데이터가 변하는 과정을 자료 흐름도(Data Flow Diagram)로 나타낸다.

㉡ 기능모델의 구성요소: 프로세스, 자료흐름, 제어흐름, 자료사전, 행위자

㉢ DFD를 이용하여 여러 프로세스들 간의 데이터 흐름을 중심으로 처리과정을 표현한다.

3. Booch의 OOAD(Object Oriented Analysis and Design)

(1) Booch는 “시스템은 몇 개의 뷰(View)로 분석된다.”고 생각했고 뷰는 모델 다이어그램으로 나타내었다.

(2) 여러 가지 다른 방법론을 통합하여 하나의 방법론으로 만들었는데 분석보다는 설계 쪽에 더 많은 중점을 두고 있다.

(3) 전체 시스템의 가시화와 실시간 처리에 유용하며, 설계를 위한 문서화 기법을 강조한다.

(4) 규모가 큰 프로젝트 수행 시 과정이 매우 복잡해지며, 구현언어(Ada)에 제한된다.

(5) 분석과정이 취약하고 모델의 구현에 종속적인 개념들을 많이 포함한다.

2 객체지향 설계

객체지향 설계는 객체지향 분석을 사용해서 생성한 분석 모델을 설계 모형으로 변환하는 작업으로서 추상화, 정보은폐, 모듈성, 기능 독립 등을 주요 속성으로 가지며, 가장 중요한 개념은 모듈성이다.

(1) 시스템 설계

① 시스템을 서브시스템으로 분할하면서 성능의 최적방안, 문제해결 전략, 자원분배 등을 확정한다.

② 설계 절차

㉠ 시스템 구조를 서브시스템으로 분해한다.

㉡ 소프트웨어 제어 방법 선정, 경계조건의 설계, 상호관계 요인들을 분석한다.

㉢ 성능최적화 방안, 문제해결 전략, 자원분배 등을 확정한다.

㉣ 시스템 구조도가 완성되면 객체설계 단계로 넘어간다.

(2) 객체 설계

① 구현에 필요한 상세한 내역을 설계 모형으로 상세화

② 구체적인 자료구조와 알고리즘 정의

③ 상세 객체 모형, 상세 동적 모형, 상세 기능 모형

3 객체지향 구현

(1) 객체지향 프로그래밍

재사용성, 확장 용이성, 안정성, 신뢰도, 신속한 설계, 설계 독립성, 상호 연동성, 높은 품질의 설계 도출, 무결성, 모듈화된 프로그램 개발 용이성, 동적인 생명주기, 개발자와 관리자 간의 효율적인 의사소통, 대량의 분산처리 지원

(2) 객체지향 프로그래밍 언어의 종류

객체, 클래스, 상속의 개념을 지원한다.

① 객체 기반 언어 : Ada, Actor, java script

② 클래스 기반 언어 : Clu

③ 객체지향 언어 : Simula, Ada95, C++, Object C, Visual Basic, Smalltalk

4 RUP(Rational Unified Process)

(1) 개요

① Booch, Rumbaugh, Jacobson이 제안한 Rational사가 개발한 소프트웨어 개발을 위한 가이드를 제공하는 프로세스 플랫폼이다.

② 소프트웨어 시스템을 시각화하고 명세화하며 구축하고 문서화하기 위한 산업의 표준 메커니즘이다.

③ 한 사이클이 끝날 때마다 테스트가 완료되어 통합 및 수행 가능한 시스템이 산출되는 점증적인 프로세스 유형의 객체지향 개발 모형이다.

(2) 특징

① 여러 번의 반복을 거치며 각각의 반복은 요구사항 분석, 설계, 구현 및 테스트, 평가과정을 포함하고 있어 자체로서도 하나의 개발주기를 구성한다.

② 반복마다 실행 가능한 릴리즈가 산출되고 이는 반복이 거듭될수록 향상되어 결국 최종 시스템으로 발전한다.

(3) 개발 단계

① **개념정립(Inception) 단계**: 주로 비즈니스 모델링에 중점을 두어 수행하지만 이를 위해 요구사항 분석을 수행해야 하고, 개발 프로젝트의 타당성이나 위험도 등의 검증을 위해 프로토타입을 만든다.

② **전개(Elaboration) 단계**: 요구사항 수집과 분석 설계와 개념정립 단계에서 만들어진 비즈니스 모델링을 검증하고 더욱 정교하게 수정하며, 중심이 되는 소프트웨어 구조를 반복적으로 구현해 시스템의 뼈대를 확립한다.

③ **구축(Construction) 단계**: 목표에 따른 시스템을 구축하며 사용자에게 인도 준비를 한다.

④ **전환(Transition) 단계**: 테스트, 설치(사용자에게 인도), 다음 반복 단계 준비

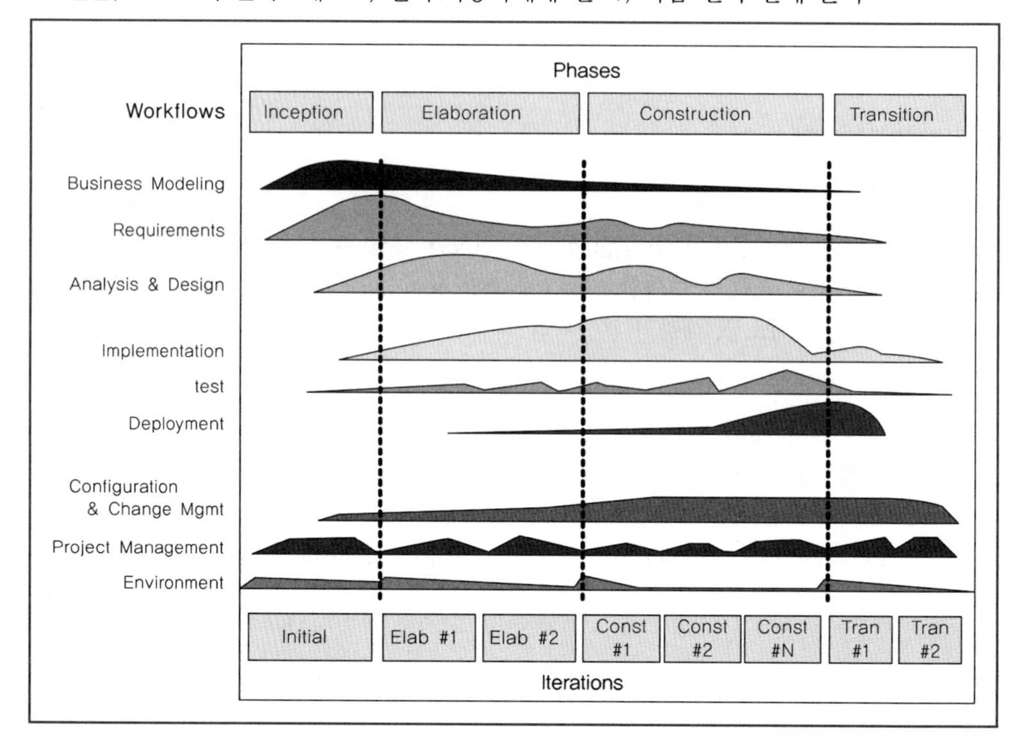

제4절 UML(Unified Modeling Language)

❶ UML의 개요

(1) UML의 정의

① UML은 세계 객체지향 방법론을 주도하는 Booch(OOAD 93), Rambaugh(OMT-II), Jacobson(OOSE)가 자신들의 경험을 토대로 각각의 장점들을 통합하여 여러 방법론을 모두 표현할 수 있게끔 만든 것이다.

② 시스템의 여러 다양한 특성을 표현할 수 있는 방법이 있으며, 객체지향 설계의 표현 방법에 대한 표준으로 받아들여지고 있다.

③ OMG(Object Management Group)에 의해 1997년 국제 표준으로 인정받은 모델링 언어이다.

(2) UML Diagram 분류

① 시스템의 정적인 측면: Class Diagram

② 시스템의 동적인 측면: Sequence Diagram, State Diagram

③ 시스템의 기능적 측면: Use Case Diagram

(3) UML의 4+1 뷰

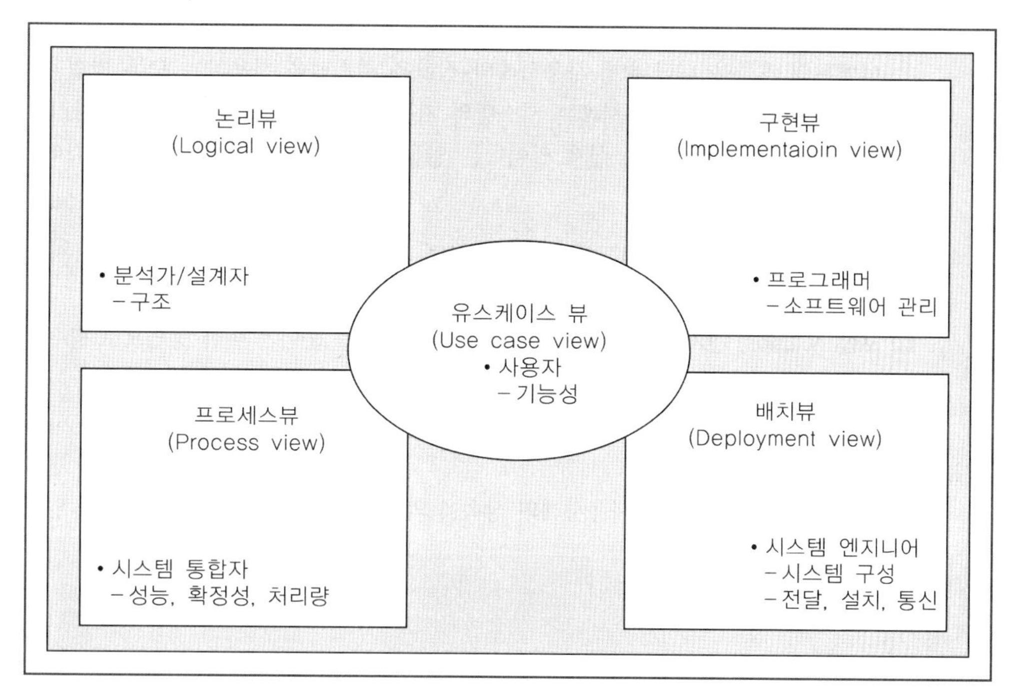

❷ UML Diagram

1. Use Case(사용사례) Diagram

(1) 정의

① 시스템이 어떤 기능을 수행하고, 주위에 어떤 것이 관련되어 있는지를 나타낸 모형이다.
② 각 기능을 정의함으로써 시스템에 대한 전반적인 이해를 높이고, 문제 영역에 대해 개발자와 사용자 간에 의사소통을 원활하게 하는 데 도움을 줄 수 있다.
③ 시스템의 기능을 나타내기 위해 사용자의 요구를 추출하고 분석하는 데 사용한다.
④ 외부에서 보는 시스템의 동작으로, 외부 객체들이 어떻게 시스템과 상호작용하는지 모델링한 것이다(시스템이 외부 자극에 어떻게 반응하는가).

(2) 특징

① 외부에서 보는 시스템의 동작에 초점을 두며 사용사례(use case)와 액터(actor)로 구성된다.
② 액터는 시스템 범위 바깥쪽에 있고 사용사례는 액터에게 보이는 시스템의 기능이다.

(3) 구성요소

① Actor : 시스템과 상호작용하는 시스템 외부의 사람이나 다른 시스템 혹은 시스템 환경, 하드웨어
② Use Case : 액터의 요청에 의해서 수행하게 되는 시스템의 기능으로 완전하고 의미 있는 이벤트의 흐름을 나타내며, 사용사례의 집합은 시스템을 사용하는 모든 방법을 이룬다.
③ 시나리오(scenario) : 사용사례는 시스템의 기능을 나타내는 모든 가능한 시나리오를 추상화한 것이며, 시나리오는 실제 일어나는 일들을 기술한 사용사례의 인스턴스이다.

(4) 사용사례의 관계

① **통신(communication) 관계** : 액터와 사용사례 사이의 관계를 선으로 표시하며 시스템의 기능에 접근하여 사용할 수 있음을 의미한다.
② **포함(inclusion) 관계** : 복잡한 시스템에서 중복된 것을 줄이기 위한 방법으로 함수의 호출처럼 포함된 사용사례를 호출하는 의미를 갖는다.
③ **확장(extention) 관계** : 예외 사항을 나타내는 관계로 이벤트를 추가하여 다른 사례로 확장한다.
④ **일반화(generalization)** : 사용사례의 상속을 의미하며 유사한 사용사례를 모아 일반적인 사용사례를 정의한다.

2. Sequence Diagram

(1) 순서 다이어그램은 객체 간의 메시지 통신을 분석하기 위한 것이다. 이는 시스템의 동적인 모델을 아주 보기 쉽게 표현하고 있기 때문에 의사소통에 매우 유용하다.

(2) 시스템의 동작을 정형화하고 객체들의 메시지 교환을 시각화하여 나타낸다.

(3) 객체 사이에 일어나는 상호작용을 나타낸다.

강의등록의 Sequence 다이어그램

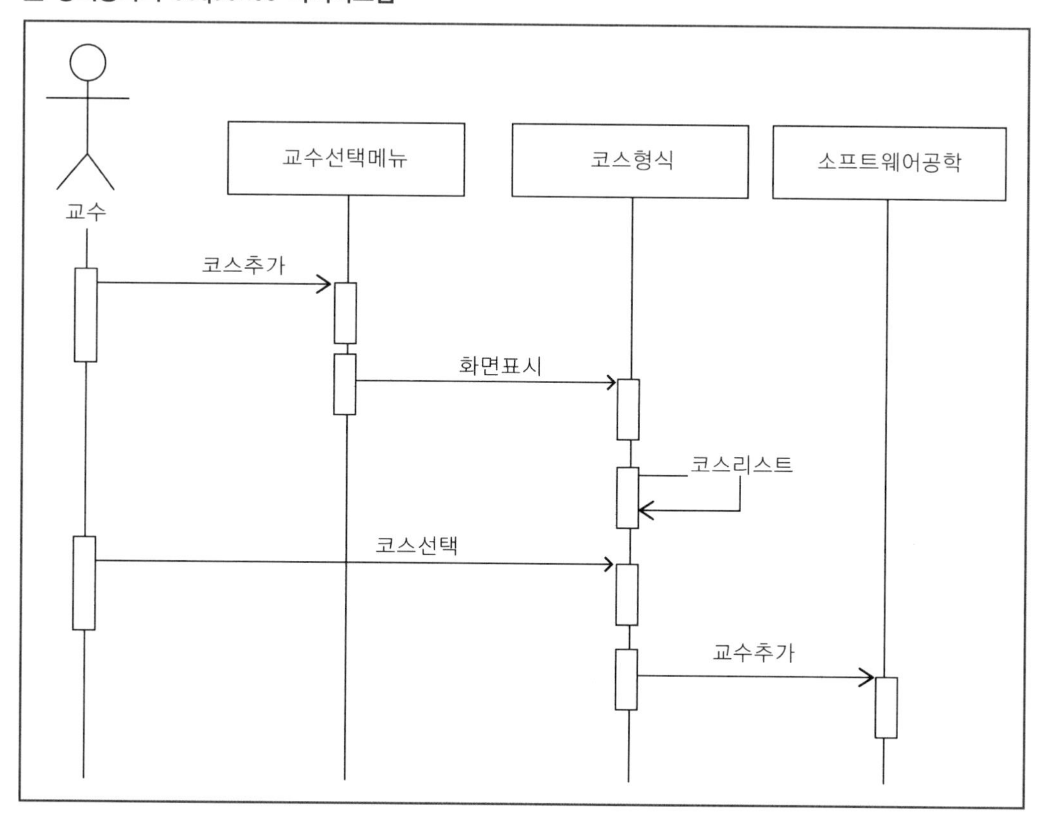

3. Collaboration Diagram

(1) Sequence 다이어그램이 객체 간의 메시지 처리에 대한 순서에 중점을 둔 반면, Collaboration 다이어그램은 관련 객체와의 연관성 분석에 중점을 두고 있다.

(2) Collaboration 다이어그램은 객체들 간의 정적인 상호연결 관계를 표현하고 있기 때문에 객체 간의 결합도나 메시지 처리를 관찰하기 쉽다는 것이 장점이다.

(3) UML의 다이어그램들 중에서 상호작용을 하는 객체들 사이의 조직을 강조하고, 시스템의 행동관점으로 행동의 실제와 구현을 만들어내며, 클래스 간의 상호작용 관계들을 통해서 메시지를 교환하는 작용을 나타내는 다이어그램이다.

강의등록의 Collaboration 다이어그램

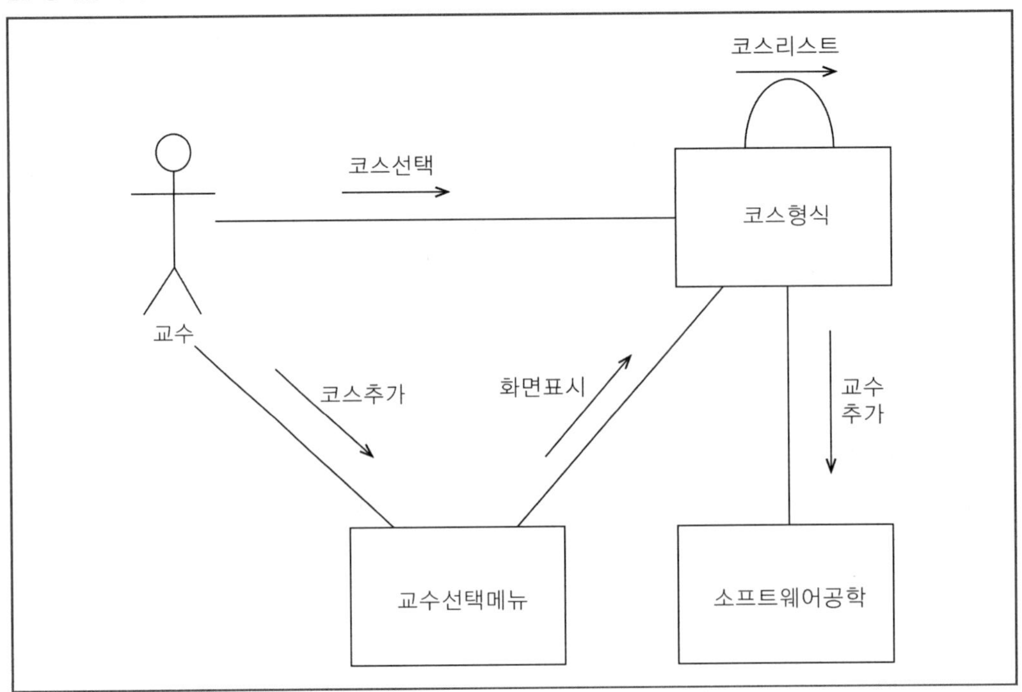

4. Class Diagram

(1) Class 다이어그램은 객체지향 분석, 설계의 핵심이다.

(2) Class 다이어그램은 객체, 클래스, 속성, 오퍼레이션 및 연관관계를 이용하여 시스템을 나타낸다.

(3) Class 다이어그램을 통하여 사용자는 보다 쉽게 원하는 시스템의 구조를 정의할 수 있다.

(4) Class 다이어그램에서 클래스는 사각형으로 나타난다. 사각형은 다시 세 부분으로 나뉘는데 제일 위쪽은 객체명, 중간은 객체의 속성, 아래쪽은 연산을 나타내게 된다.

학사에 관한 클래스 다이어그램

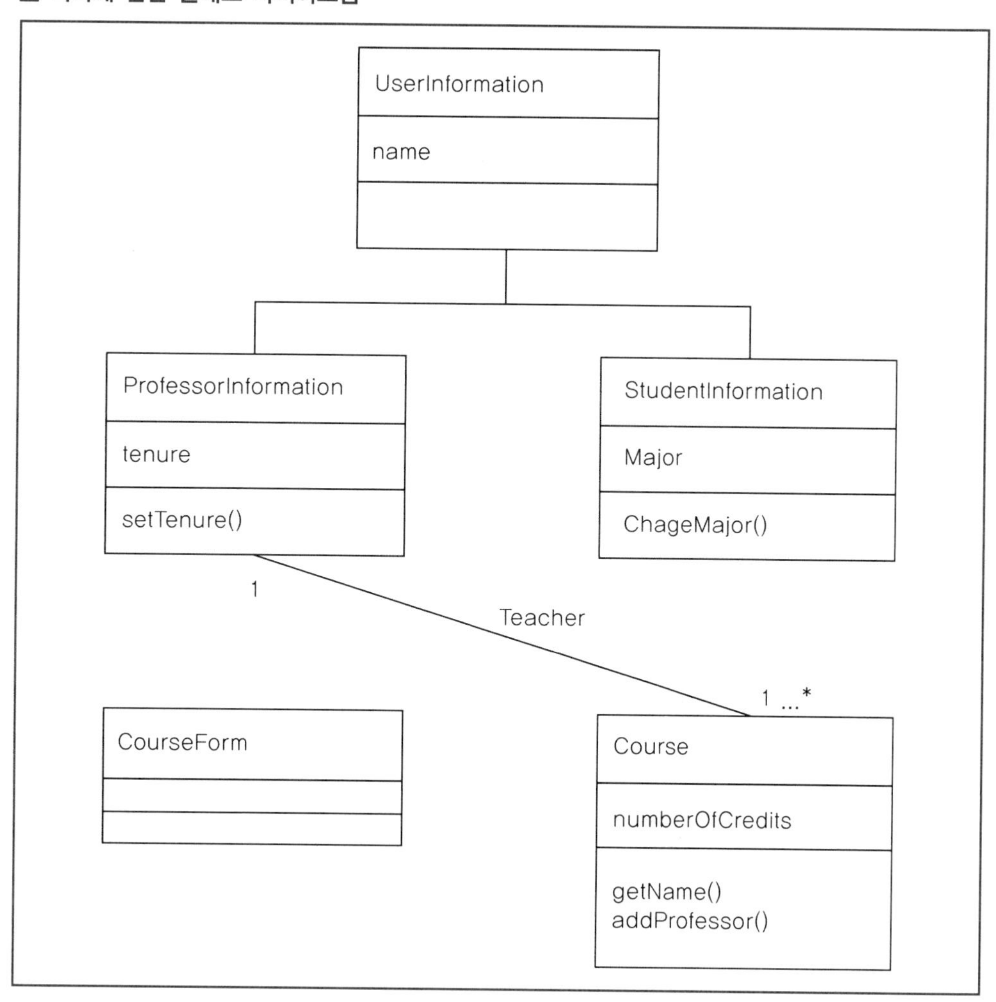

① **연관 관계**: 두 개 이상의 클래스 사이의 의존 관계로서 한 클래스를 사용함을 나타낸다.

② **역할**: 연관 관계를 표시한 선분의 끝에는 역할을 표시하는데, 역할을 표시하는 이유는 연관 관계가 어떤 클래스로부터 연유된 것인지 나타내기 위함이다.

③ **다중도**: 클래스 인트턴스에서 연관된 링크의 개수로서 몇 개의 객체가 연관 관계를 구성하는지 나타낸다.

④ **부분 전체 관계**: 부분 전체의 관계를 집합(aggregation) 관계와 복합(composition) 관계로 구분한다.

㉠ **집합 관계**: 구성요소(부분)가 없어도 전체 개념이 존재할 수 있다.

㉡ **복합 관계**: 집합 관계의 강한 형태로서, 복합 관계에서 부분은 한순간에 하나의 전체에만 포함된다.

5. Package Diagram

(1) 분석된 결과를 시스템으로 구현하기 위하여 기존의 구조적 기법에서는 전체 시스템을 프로그램 모듈로 나누는 기능 분할 기법을 사용한다.

(2) 하나의 패키지는 여러 개의 서브패키지나 클래스를 가질 수 있다. 이들은 또한 나중에 하나의 모듈 혹은 컴포넌트가 된다.

(3) 패키지 다이어그램은 분석적 측면에서 클래스들 간의 관계를 이해하기 위해서도 필요하지만, 실제 구현을 위하여 모듈로 그룹화하는 도구로서도 사용될 수 있다.

6. State Diagram

(1) State 다이어그램은 객체 내의 동적 행위를 모형화하기 위한 것으로, 복잡한 객체 혹은 객체 내부의 프로세스를 표현하고자 할 때 사용된다.

(2) State 다이어그램에서 상태는 둥근 사각형으로, 상태의 흐름은 화살표로 표시된다.

(3) State 다이어그램은 시스템의 흐름을 객체단위로 자세히 표현할 수 있다는 장점을 갖지만 작성이 매우 어려우므로 꼭 필요한 경우가 아니면 쓰지 않는 것이 좋다.

(4) 어떤 객체의 동적인 행동을 표현하기 위해 사용되며, 여러 Use Case들 사이의 한 객체가 수행하는 기능을 나타낸다.

학생등록의 State 다이어그램

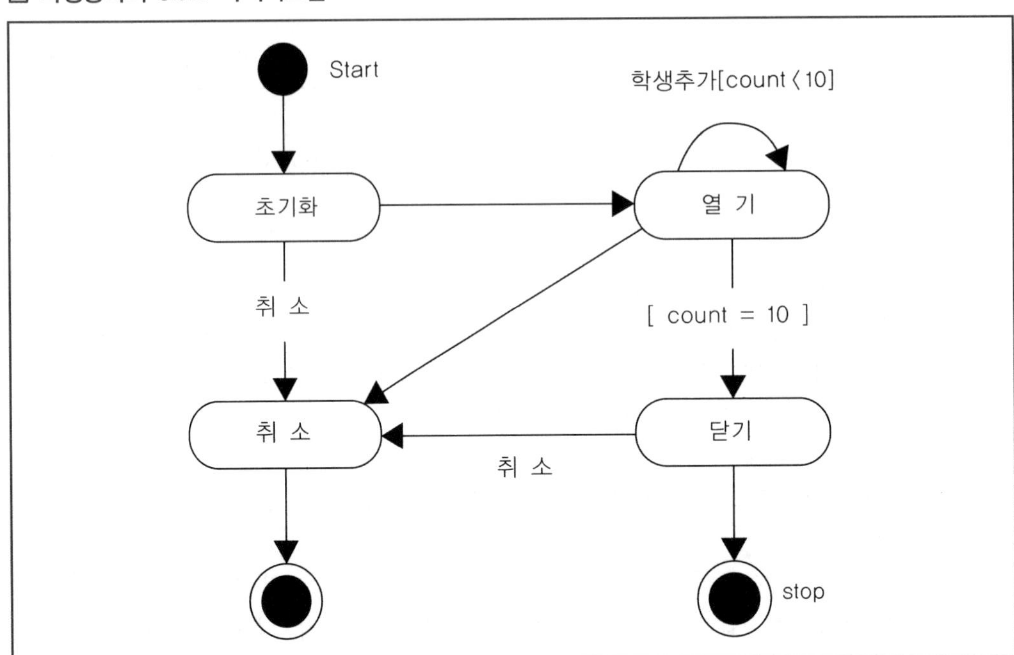

7. Activity Diagram

(1) Activity 다이어그램은 State 다이어그램과는 달리 시스템의 흐름 전체를 파악하기 용이하도록 행위를 중심으로 흐름을 표현한 것이다.

(2) Activity 다이어그램은 현재 업무의 흐름 파악이 용이하다. 따라서 업무 흐름 지향적인 문제 영역에서 작성하는 것이 좋다.

8. Component Diagram

(1) 시스템을 구성하는 실제 소프트웨어 컴포넌트 간의 구성체계를 기술하므로 아키텍처 표현에 우수하다.

(2) 컴포넌트 다이어그램은 각 컴포넌트를 그리고 컴포넌트 간의 의존성 관계를 화살표로 나타낸다.

9. Deployment Diagram

(1) Deployment 다이어그램은 지금까지 어떤 표준 없이 여러 개발자들이 사용하던 시스템 구조도를 하나로 만든 것이라고 볼 수 있다.

(2) 개발자들은 시스템 구조도를 통하여 서버와 클라이언트 간의 통신방법이나 연결 상태, 각 프로세스를 실제 시스템에 배치하는 방법 등을 표현하게 된다.

3 Design Pattern

1. 디자인 패턴의 개념과 특징

(1) 디자인 패턴의 개념

① UML과 같은 일종의 설계기법이며, UML이 전체 설계도면을 설계한다면, Design Pattern은 설계방법을 제시한다.

② 객체지향 소프트웨어 시스템 디자인 과정에서 자주 접하게 되는 디자인 문제에 대한 기존의 시스템에 적용되어 검증된 해법의 재사용성을 높여 쉽게 적용할 수 있도록 하는 방법론이다.

③ 패턴은 여러 가지 상황에 적용될 수 있는 템플릿과 같은 것이며, 문제에 대한 설계를 추상적으로 표현한 것이다.

④ 패턴(Pattern)은 1990년대 초반 Erich Gamma에 의해 처음으로 소개된 이후 1995년에 Gamma, Helm, John, Vlissides 네 사람에 의해 집대성되었고, 디자인 패턴(Design Pattern)이라는 것이 널리 알려졌다.

(2) 디자인 패턴의 특징

① 객체지향 방법론의 가장 큰 장점인 재사용성과 모듈성을 극대화시켜서 이를 적용하면 시스템 개발은 물론 유지보수에도 큰 효과가 있다.

② 디자인 패턴은 개개의 클래스, 인스턴스, 컴포넌트들의 상위단계인 추상개념을 확인하고 특징짓는다.

③ 상위단계에서 적용될 수 있는 개념이며, 시스템 구조를 재사용하기 쉽게 만들 수 있다.

④ 불명확한 클래스의 기능, 객체 간의 부적절한 연관 관계 등을 제거해 현존하는 시스템에 대한 유지보수도 용이하다.

⑤ 디자인 패턴은 소프트웨어 개발의 범위에서 어떤 일을 어떻게 완수할 수 있는가에 대한 규칙들로 이루어진다(Press, 1994).

⑥ 디자인 패턴은 반복되는 구조의 디자인 주제의 재사용성에 좀 더 초점을 둔다(Coplien & Schmidt. 1995).

(3) 디자인 패턴의 장점

① 많은 전문가의 경험과 노하우를 별다른 시행착오 없이 얻을 수 있다.

② 실질적 설계에 도움이 된다.

③ 쉽고 정확하게 설계내용을 다른 사람과 공유 가능하다.

④ 기존 시스템이 어떤 디자인패턴을 사용하고 있는지를 기술함으로써 쉽고 간단하게 시스템을 이해할 수 있다.

2. 패턴의 분류와 종류

기본 패턴(Fundamental Pattern), 생성관련 패턴(Creational Pattern), 분류 패턴(Partitioning Pattern), 구조화 패턴(Structural Patterns), 행위 패턴(Behavioral Patterns)

(1) 생성관련 패턴(Creational Pattern)

① 객체 인스턴스 생성을 위한 패턴으로, 클라이언트와 그 클라이언트에서 생성해야 할 객체 인스턴스 사이의 연결을 끊어주는 패턴이다.

② 객체의 생성방식을 결정하는 데 포괄적인 솔루션을 제공하는 패턴이다.

③ 클래스 정의와 객체 생성방식을 구조화, 캡슐화하는 방법을 제시한다.

④ 객체 생성 과정을 추상화시킨다는 특성을 갖고 있으며, 클래스의 재사용을 위해 상속보다는 컴포지션 기법을 보다 많이 사용한다.

⑤ **장점**: 전체적인 시스템 구성의 유동성이 향상되어 객체 생성방식이 다양한 구조로 진행될 수 있다. 예를 들어, 객체의 구성을 컴파일 타임에 정적으로 정의할 수 있으며 필요에 따라 런타임에 동적으로 구성할 수 있다.

⑥ **종류**: 싱글턴(Singleton), 추상 팩토리(Abstract Factory), 팩토리 메소드(Factory Method), 빌더(Builder), 프로토타입(Prototype) 패턴 등이 있다.

(2) 구조화 패턴(Structural Patterns)

① 다른 기능을 가진 객체가 협력을 통해 어떤 역할을 수행할 때, 객체를 조직화시키는 일반적인 방식을 제시한다.

② 클래스와 객체가 보다 대규모 구조로 구성되는 방법에 대한 해결안을 제시한다.

③ 별도로 구성된 클래스 라이브러리를 통합하는 데 유용하다.

④ 생성패턴과 달리 새로운 기능을 구현하기 위해 객체를 구성하는 방식 자체에 초점이 맞춰져 있다.

⑤ 런타임에 객체 컴포지션 구조를 변경할 수 있으며, 이를 통해 객체 구성에 유동성과 확장성을 추가할 수 있다.

⑥ **종류**: 데코레이터(Decorator), 컴포지트(Composite), 프록시(Proxy), 어댑터(Adapter) 패턴, 브리지(Bridge) 패턴, 퍼케이드(Facade) 패턴, 플라이웨이트(Flyweight) 패턴, 다이나믹 링키지(Dynamic Linkage) 패턴, 가상 프록시 패턴 등이 있다.

(3) 행위 패턴(Behavioral Patterns)

① 객체의 행위를 조직화(organize), 관리(manage), 연합(combine)하는 데 사용되는 패턴이다

② 객체 간의 기능을 배분하는 일과 같은 알고리즘 수행에 주로 이용된다.

③ 단지 객체나 클래스에 대한 유형을 정의하는 것이 아니라 그들 간의 연동에 대한 유형을 제시한다.

④ 런타임에 따르기 어려운 복잡한 제어 흐름을 결정짓는 데 사용할 수 있다.

⑤ 객체의 인터커넥트(interconnect)에 초점을 맞춘 패턴이다.

⑥ **종류**: 탬플릿 메소드(Template Method), 커맨드(Command), 이터레이터(Iterator), 옵저버(Observer), 스테이트(State), 스트래티지(Strategy), 메멘토(Memento), Chain of Responsibility, 인터프리터(Interpreter), 미디에이터(Mediator), 비지터(Visitor) 등이 있다.

◎ Design Pattern 유형별 정리

분류	패턴	설명
객체 생성을 위한 패턴	Abstract Factory	클라이언트에서 구상 클래스를 지정하지 않으면서도 일군의 객체를 생성할 수 있게 해줌[제품군(product family)별 객체 생성]
	Builder	부분 생성을 통한 전체 객체 생성
	Factory Method	생성할 구상 클래스를 서브 클래스에서 결정(대행 함수를 통한 객체 생성)
	Prototype	복제를 통한 객체 생성
	Singleton	한 객체만 생성되도록 함(객체 생성 제한)
구조 개선을 위한 패턴	Adapter	객체를 감싸서 다른 인터페이스를 제공(기존 모듈 재사용을 위한 인터페이스 변경)
	Bridge	인터페이스와 구현의 명확한 분리
	Composit	클라이언트에서 객체 컬렉션과 개별 객체를 똑같이 다룰 수 있도록 해줌(객체 간의 부분 · 전체 관계 형성 및 관리)
	Decorator	객체를 감싸서 새로운 행동을 제공(객체의 기능을 동적으로 추가 · 삭제)
	Facade	일련의 클래스에 대해서 간단한 인터페이스 제공(서브시스템의 명확한 구분 정의)
	Flyweight	작은 객체들의 공유
	Proxy	객체를 감싸서 그 객체에 대한 접근성을 제어(대체 객체를 통한 작업 수행)
행위 개선을 위한 패턴	Chain of Responsibility	수행 가능 객체군까지 요청 전파
	Command	요청을 객체로 감쌈(수행할 작업의 일반화를 통한 조작)
	Interpreter	간단한 문법에 기반한 검증작업 및 작업처리
	Iterator	컬렉션이 어떤 식으로 구현되었는지 드러내지 않으면서도 컬렉션 내에 있는 모든 객체에 대해 반복 작업을 처리할 수 있게 해줌(동일 자료형의 여러 객체 순차 접근)
	Mediator	M:N 객체 관계를 M:1로 단순화
	Memento	객체의 이전 상태 복원 또는 보관
	Observer	상태가 변경되면 다른 객체들한테 연락을 돌릴 수 있게 해줌(1 대 다의 객체 의존관계를 정의)
	State	상태를 기반으로 한 행동을 캡슐화한 다음 위임을 통해서 필요한 행동을 선택(객체 상태 추가 시 행위 수행의 원활한 변경)
	Strategy	교환 가능한 행동을 캡슐화하고 위임을 통해서 어떤 행동을 사용할지 결정(동일 목적의 여러 알고리즘 중 선택해서 적용)
	Template Method	알고리즘의 개별 단계를 구현하는 방법을 서브클래스에서 결정(알고리즘의 기본골격 재사용 및 상세 구현 변경)
	Visitor	작업 종류의 효율적 추가 · 변경

Chapter
06 구현(Implementation)

제1절 프로그래밍의 기본 개념

❶ 프로그래밍의 개요

설계사양을 컴퓨터의 명령코드를 이용하여 원시코드로 변환시키는 것이며, 이 작업을 코딩(coding)이라고 한다.

(1) 프로그래밍의 기본 원칙

① 설계사양서의 철저한 반영
② 원시코드의 간단 명료성
③ 수정의 용이성
④ 디버깅의 용이성
⑤ 시험의 용이성

(2) 언어 선택 시 고려사항

① 사용자 요구
② 프로그래머의 지식
③ 호환성
④ 컴파일러의 가용성과 품질
⑤ 소프트웨어 개발 도구의 지원

❷ 구조적 프로그래밍

구조적 프로그래밍은 1969년 네덜란드의 Dijkstra 교수에 의하여 처음 소개된 것으로, GOTO문의 결점을 제거하고자 하는 데에서 출발하였다.

(1) 목적

① 프로그램을 읽기 쉽게 함
② 프로그램의 효율성 증진
③ 프로그램의 품질 향상

(2) 기본 개념

① 프로그램의 제어 흐름의 선형화

② 단일 출입구

③ 한정된 제어구조 사용: 순차, 선택, 반복

④ 가급적 GOTO문 사용 배제

3 프로그래밍 언어

(1) 프로그래밍 언어의 공학적 특징

① 코딩의 용이성

② 컴파일러의 효율성

③ 원시코드의 이식성

④ 개발도구의 활용 가능성

⑤ 유지보수 용이성

(2) 프로그래밍 언어의 분류

① 1세대 언어

㉠ 기계어와 어셈블리어

㉡ 저급언어: 하드웨어에 가깝다.

② 2세대 언어

㉠ COBOL: 정보처리 분야

㉡ BASIC: 간단한 처리절차용, 인터프리터 방식

㉢ ALGOL: 주로 유럽에서 과학계산용으로 사용, 3세대 언어의 시초

㉣ FORTRAN: 과학계산용

③ 3세대 언어

㉠ 컴파일러 개념이 발전하여 많은 수의 프로그래밍 언어가 탄생하였다.

㉡ PL/1: PL/1은 범용성 언어로 개발되어 여러 분야에 사용되었다.

㉢ PASCAL: 구조화된 프로그래밍 언어로 교육용으로 개발되었다.

㉣ APL: 배열 처리 언어로 대화형 언어이다.

㉤ BASIC: 언어를 배우기 쉽게 초보자용으로 개발된 대화형 언어이다.

㉥ ADA: 파스칼과 같은 유형의 언어로 컴퓨터 내장시스템의 프로그래밍을 지원하기 위해 개발된 언어이다.

㉦ PROLOG: 인터프리터형 언어로 인공 지능을 목적으로 개발된 언어이다.

㉧ C 언어: ALGOL60을 모체로 하여 UNIX 운영체제를 구성하는 시스템용 언어이다.

④ 4세대 언어

㉠ 4GL: 자연어, 비절차적 언어, 사용자중심언어 등으로 불린다.

㉡ 응용 문제를 쉽고 빠르게 수행하기 위한 언어 중심으로 개발되었다.

㉢ 4세대 언어는 자료처리보다 의사결정을 위한 경영관리 정보시스템의 구현에 더 적합하다.

㉣ 데이터베이스, 스프레드시트 등 응용 프로그램의 기능을 이용할 수 있는 언어이다.
㉤ 단점으로 목적코드의 성능과 적용 범위가 좁고, 컴파일러나 인터프리터 자체의 크기가 크고 속도가 느리다.

제2절 코딩 방법과 문서화

❶ 코딩 방법

(1) 효율적인 코딩 스타일을 위한 지침(R. Fairley)

① 적은 수의 표준화된 제어구조만 사용
② 일관성 있는 GOTO문의 사용
③ 기능 뒤에 자료를 은폐
④ 사용자 정의 데이터 타입 도입
⑤ 기계 종속적인 코드는 소수의 루틴으로 국한
⑥ 각 프로그램의 내부 문서와는 일정한 격식을 갖출 것
⑦ 5개 미만 25개 이상의 라인으로 된 루틴은 엄밀히 검토
⑧ 원시코드를 이해하기 쉽도록 구조를 효과적으로 구성

(2) 코딩 금지 지침

① 지나친 기교를 부리지 마라.
② then-null이나 then-if는 피하고 if-else나 else-if로 구성하라.
③ 너무 깊은 중첩구조는 피하라.
④ 모호한 부작용은 피하라.
⑤ 지엽적인 부분에서는 코드 최적화를 하지 않는다.
⑥ 매개변수가 5개 이상인 모듈은 유의하라.
⑦ 하나의 식별자를 다목적으로 이용하지 마라.
⑧ 임시 변수의 사용을 피하라.
⑨ 문장의 반복은 최소화한다.

(3) 코딩 관점에서 I/O 효율성을 높이기 위한 지침

① 보조기억장치에 대한 I/O는 블록화되어야 한다.
② 단말기와 프린트에 대한 I/O는 질과 속도를 높일 수 있는 장치 특성을 알아야 한다.
③ 모든 I/O는 버퍼링되어야 한다.

❷ 문서화

(1) 코드 내부 문서화

① **변수명**: 의미 있는 식별자 사용

② **머리말 주석**

㉠ 모듈의 목적을 기술하는 목적문

㉡ 인터페이스에 대한 기술

㉢ 중요 변수들과 이들의 사용한계, 제한 등을 포함하는 중요 정보들

③ **코드에 주석 달기**

㉠ 코드이행의 도움말이어야지 막연한 코드의 재설명은 의미가 없으며, 불필요하게 많은 주석을 달 필요성도 배제되어야 한다.

㉡ 원시코드 내에 포함되어야 한다.

(2) 외부 문서화

① 총괄사항: 상세 설계 도표, 파일명과 파일 규모, 성능

② 각 모듈의 구조적 프로그래밍 도표

(3) 자료 선언

① 자료선언 양식은 코드가 생성될 때 확립

② 순서는 표준화되어야 함

③ 복잡한 자료구조 설계 시 주석을 이용하여 설명

(4) 문 구성

① 단순한 지침, 복잡한 조건 테스트들의 사용 회피

② 괄호를 사용하여 수식 표현의 모호성을 제거

③ 가중한 중첩의 회피

④ 공백과 판독성 기호들의 이용

Chapter 07

소프트웨어 시험과 디버깅

제1절 소프트웨어 시험의 기본개념

1 소프트웨어 시험의 개념

(1) 개요

① 소프트웨어 시험이란 결함(fault)을 찾기 위해 소프트웨어를 작동시키는 일련의 행위와 절차를 말한다.

② 시험은 시험사례(Test Case)들을 만들어 진행한다.

③ 디버깅(Debugging)은 소프트웨어가 시험사례 통과 시 발견된 결함을 제거시키는 작업을 말한다.

④ 효율적인 시험을 위해 시험계획(Test Plan)이 필요하다.

⑤ 능력 있는 시험자(Tester)는 성공적이고 효율적인 시험을 수행한다.

(2) 시험의 특징

① 시험은 오류의 유입을 최소화할 수 있으며, 테스트를 개발 초기 단계부터 계획하여 꾸준히 시행하는 것으로 본다면 단순히 오류를 발견하는 작업만은 아니라 할 수 있다.

② 완벽한 시험은 불가능하며, 시험에서 발견된 문제가 없다고 하여 프로그램에 오류가 없다고 할 수는 없다.

③ 시험과정을 통해서 모든 오류가 발견, 수정될 수는 없지만 효율적인 시험이 될 수 있도록 시험계획을 수립하여야 한다.

(3) 시험의 경제성

소프트웨어 개발 노력 분포도는 40(분석-설계) – 20(구현) – 40(시험)을 따른다.

2 소프트웨어 시험의 종류

(1) 시험 단계에 의한 분류

① **모듈 시험**: 독립적인 환경에서 하나의 모듈만을 테스트

② **통합 시험**: 시스템 모듈 간의 상호 인터페이스에 관한 테스트. 즉, 모듈 간의 데이터 이동이 원하는 대로 이루어지고 있는가를 확인하는 작업

③ **확인 시험**: 사용자의 요구사항을 만족하는지를 확인하는 테스트

④ **시스템 시험**: 시스템이 초기의 목적에 부합하는지에 대한 테스트

(2) 시험목적에 의한 분류

① 기능 시험: 주어진 입력에 대한 기대되는 출력제공 여부 시험

② 성능 시험: 응답시간, 처리량, 메모리 활용도, 처리속도 등

③ 스트레스 시험: 정보의 과부하 시, 최저조건 미달-최고조건 초과 시, 물리적 충격과 변화 시 반응 정도

④ 복잡도 시험: 소프트웨어에 내재되어 있는 논리경로의 복잡도를 평가하는 구조시험

(3) 시각에 의한 분류

① 검증(Verification)

㉠ 개발자의 시각에서 시스템이 명세서대로 만들어졌는지를 점검하는 것이다.

㉡ 각 단계에서 입력으로 제공된 제품들과 표준에 기준하여 정확성과 일치성을 보장하기 위한 것이다.

② 확인(Validation)

㉠ 사용자의 시각에서 고객의 요구사항이 올바르게 구현되었는지를 점검하는 것이다.

㉡ 규정된 요구사항에 따르는지를 보장하기 위해 소프트웨어를 평가하는 과정이다.

(4) 시험방법에 의한 분류

① 블랙박스 시험(Black Box Testing): 소프트웨어 외부명세서를 기준으로 그 기능, 성능을 시험

② 화이트박스 시험(White Box Testing): 소프트웨어 내부의 논리적 구조를 시험

3 소프트웨어 시험 수행

(1) 시험에 임하는 시각

① 시험자: 소프트웨어가 올바르게 개발되었는지 검증(Verification)

② 사용자: 올바른 소프트웨어가 개발됨을 입증하는 확인(Validation)

③ 개발자: 검증 및 확인 작업 결과 발견된 오류를 제거하는 디버깅(Debugging)

④ 품질보증요원: 우수한 품질의 소프트웨어가 개발되고 공급될 수 있도록 품질보증(Quality Assurance)

(2) 원칙

① 개발자는 자신이 짠 프로그램을 시험하는 것을 피해야 한다. 즉 구현과 독립된 팀이 시험을 해야 한다.

② 사용상 오류나 기대되지 않은 입력조건에 대해서도 테스트 사례가 준비되어 있어야 한다.

③ 결함이 추가로 발견될 확률은 이미 발견된 결함의 수에 정비례한다고 할 수 있다.

④ 각 시험사례는 기대되는 출력 내용을 포함하고 있어야 한다.

⑤ 결함이 발견되지 않을 것이라는 안일한 자세로 테스트 계획을 수립해서는 안 된다.

(3) 좋은 시험사례(Test Case) 구비조건

① 모듈 내의 모든 독립적인 경로가 적어도 한 번은 수행되어야 한다.
② 가능한 복잡한 논리는 배제한다.
③ 임의의 조건을 만족해야 한다.
④ 내부 데이터구조를 사용하여 검사를 수행하는 것이 좋다.

제2절 소프트웨어 시험 기법

❶ 블랙박스 시험

(1) 개념

① 프로그램의 논리(알고리즘)를 고려치 않고 프로그램의 기능이나 인터페이스에 관한 외부 명세로부터 직접 시험하여 데이터를 선정하는 방법이다.
- 기능 시험, 데이터 위주(Data-Driven) 시험, 입출력 위주(IO-driven) 시험

② 블랙박스 시험 방법은 소프트웨어의 기능적 요구사항에 초점을 맞추고 있다.
③ 프로그램의 논리나 알고리즘과는 상관없이 기초적 시스템 모델의 관점이다.
④ 블랙박스 시험에서 찾고자 하는 오류
㉠ 부정확하고 누락된 기능
㉡ 인터페이스 오류
㉢ 자료구조나 외부 데이터베이스 접근에 있는 오류
㉣ 성능 오류
㉤ 초기화와 종료 오류

(2) 동등분할(Equivalence Partitioning, 균등분할)

① 프로그램의 입력 도메인을 시험사례가 산출될 수 있는 데이터의 클래스로 분류해서 테스트 사례를 만들어 검사하는 방법이다.
② 프로그램의 입력조건을 중심으로 입력조건에 타당한 값과 그렇지 못한 값을 설정하여 각 동등 클래스 내의 임의의 값을 시험사례로 선정한다.
㉠ 유효동등 클래스 집합: 프로그램에 유효한 입력을 가진 시험사례
㉡ 무효동등 클래스 집합: 프로그램에 타당치 못한 입력을 가진 시험사례
③ 각 클래스에 최소화 시험사례를 만드는 것이 중요하다.

(2) 경계값 분석

입력조건의 중간값보다는 경계값에서 오류가 발생될 확률이 높다는 점을 이용해서 입력조건의 경계값에서 테스트 사례를 선정한다.

① 입력자료에만 치중한 동등분할 기법을 보완하기 위한 기법
② 입력조건과 출력조건을 시험사례로 선정

③ 입력조건이 [a, b]와 같이 값의 범위를 명시할 때, a, b 값뿐만 아니라 [a, b]의 범위를 약간씩 벗어나는 값들을 시험사례로 선정한다. 즉, 입력조건이 특정한 수를 나타낼 경우, 최댓값, 최솟값, 최댓값보다 약간 큰 값, 최솟값보다 약간 작은 값들을 선정한다.

(3) 원인-결과 그래프 기법

① 입력데이터 간의 관계가 출력에 미치는 상황을 체계적으로 분석하여 효용성 높은 시험사례를 추출하여 시험하는 기법이다.

② 프로그램의 외부 명세에 의한 입력조건(원인)과 그 입력으로 발생되는 출력(결과)을 논리적으로 연결시킨 그래프로 표현하여 시험사례를 유도해낸다.

(4) 오류추측(Error-Guessing) 기법

① 다른 블랙박스 시험 기법들이 놓칠 수 있을 만한 오류를 감각과 경험으로 찾아내는 일련의 보충적 검사 기법

② 2세대 인터페이스의 명령어 중심적 시스템에 적용

③ 세부화된 알고리즘이 존재하지 않음

(5) 비교검사(Comparison Testing) 기법

① 블랙박스 시험 기법의 기초로 Back-to-Back 시험이라고 한다.

② 소프트웨어의 신뢰성이 절대적으로 중요한 경우, 똑같은 기능의 소프트웨어를 개발하여 비교한다.

③ 시험은 일관성을 보장하기 위해 두 시스템의 결과를 동시에 실시간 비교하면서 진행한다.

2 화이트박스 시험

(1) 개념

① 프로그램 내의 모든 논리적 구조를 파악하거나, 경로들의 복잡도를 계산하여 시험사례를 만든다.

② 절차, 즉 순서에 대한 제어구조를 이용하여 시험사례들을 유도하는 시험사례 설계방법이다.

③ 시험사례들을 만들기 위해 소프트웨어 형상(SW Configuration)의 구조를 이용한다.

④ 프로그램 내의 허용되는 모든 논리적 경로(기본 경로)를 파악하거나, 경로들의 복잡도를 계산하여 시험사례를 만든다.

⑤ 기본 경로를 조사하기 위해 유도된 시험사례들은 시험 시에 프로그램의 모든 문장을 적어도 한 번씩 실행하는 것을 보장받는다.

(2) 화이트박스 이용 범주

① 모듈 내의 모든 경로들이 적어도 한번은 테스트 될 수 있도록 보장한다.

② 참과 거짓 측면에서 모든 논리적 경로가 조사되어야 한다.

③ 경계와 작동한계에서의 모든 루프를 실행시키는 검사이다.

④ 논리적 경로들의 유효성을 확인하기 위해 내부 자료구조를 조사할 수 있는 시험사례들을 만든다.

(3) 화이트박스 테스트의 수행단계

① 테스트 케이스를 만든다.

② 테스트 결과를 예상하여 테스트 오라클을 만든다.

③ 경계와 작동한계에서의 모든 루프를 실행시키는 검사이다.

④ 테스트 결과와 테스트 오라클을 비교한다. 결과의 차이가 있다면 변경하고 변경 후 실시되는 테스트를 리그레션(regression) 테스트라 한다.

(4) 기초 경로 시험(구조 시험, 복잡도 시험)

① 개념

㉠ 가장 대표적인 화이트박스 기법으로 McCabe에 의해 제안되었으며, 시험영역을 현실적으로 최대화시켜 준다.

㉡ 상세설계 및 원시코드를 기초로 논리흐름도를 작성하며, 프로그램의 논리적 복잡도를 측정한다.

㉢ 시험사례 설계자가 절차적 설계의 논리적 복잡도를 측정하여 이 측정을 실행 경로의 기초를 정의하는 데 사용할 수 있게 한다.

㉣ 제어흐름을 표현하기 위해 논리흐름도를 이용한다.

② 논리흐름도(흐름그래프, Flow Graph)

㉠ 원[Node(N)] : 프로그램의 한 Line(명령문) 또는 순서적으로 수행되는 여러 라인의 집합(일련의 절차적 명령문)

㉡ 화살표(Edge E) : 실행순서, 제어의 흐름

㉢ 영역 : 노드와 간선에 의해 한정된 부분

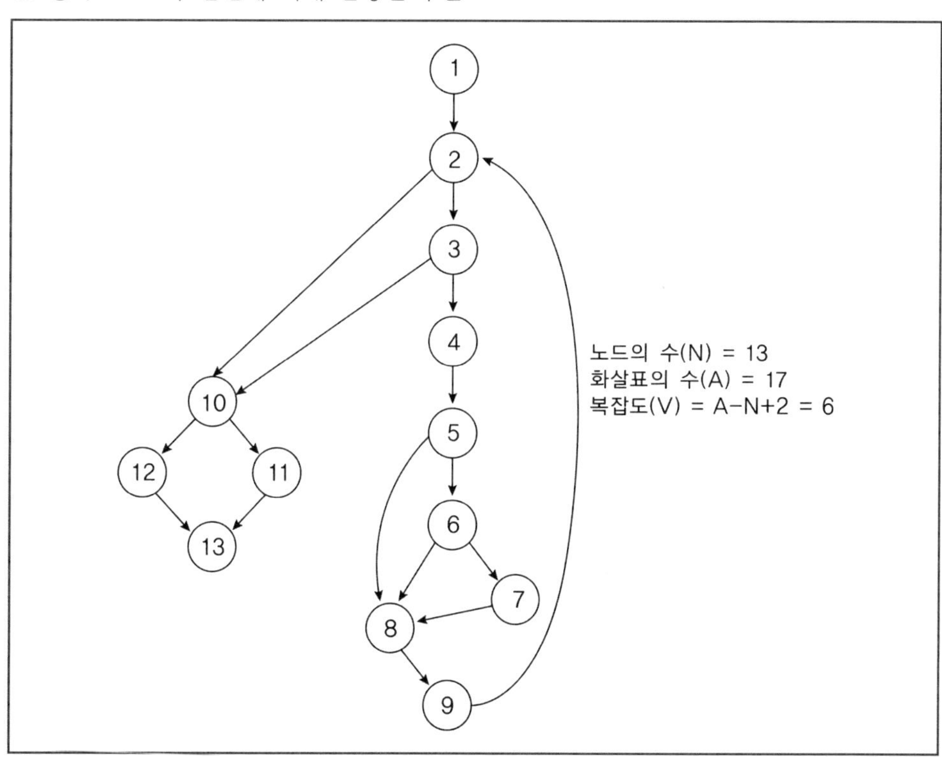

③ 복잡도

㉠ 프로그램의 논리적 복잡도를 수량(Quentative)적으로 측정하는 소프트웨어 측정법(SW Metrics)

㉡ V(G) = E − N + 2 (E : 간선의 수, N : 노드의 수)
V(G) = P + 1 (P : 분기 Node수)

㉢ 복잡도와 품질

5 이하	매우 간단한 프로그램
5~10	매우 구조적이고 안정된 프로그램
20 이상	문제 자체가 매우 복잡하거나 구조가 필요 이상으로 복잡한 프로그램
50 이상	매우 비구조적이며 불안정한 프로그램

㉣ 프로그램 논리구조에서 직선으로 독립적인 경로(Linearly Independent Paths)의 수를 정의한다.

㉤ 적어도 한 번은 수행되어야 함을 보증하기 위해 시행되어야 할 시험 횟수의 상한선을 제공한다.

④ 과정

㉠ 상세설계나 원시코드를 기초로 논리흐름도 작성

㉡ 프로그램의 논리적 복잡도 측정

㉢ 기본 경로들의 집합 정의

㉣ 각 경로마다 적절한 시험사례 준비

(5) 루프 시험(Loop Testing)

① 프로그램 반복(Loop) 구조에 국한해서 실시하는 화이트박스 기법

② 구조시험과 병행 사용 가능

③ 발견가능 오류

㉠ 초기화 결함

㉡ 인덱싱(Indexing) 및 증가 결함

㉢ 루프의 경계선에서 나타나는 경계(bounding) 결함

(6) 조건 시험

모듈 내에 포함된 논리적 조건을 검사하여 시험사례를 설계하는 방법이며, 프로그램에 있는 각 조건을 시험하는 데 초점을 맞춘다.

① 분기 시험(Branch Testing) : 복합 조건 C에 대해 C의 참과 거짓 분기들과 C의 모든 단순조건을 적어도 한번 실행하도록 하는 시험(가장 간단한 조건검사 전략)

② 영역 시험(Domain Testing)

(7) 데이터 흐름 시험(Data Flow Testing)

변수 정의의 위치와 변수들의 사용에 따라 검사경로를 선택하는 조건구조검사 방법이다.

제3절 소프트웨어 검사 전략

❶ 모듈 시험(단위 시험, Unit Test)

(1) 개념

① 단위 테스트에는 정형화되지 않은 기술이 많이 사용된다.

② 코딩이 끝난 후 설계의 최소 단위인 모듈에 초점을 두고 검사하는 단계이다.

③ 화이트박스 검사 기법이 적용된다.

④ 단위 검사는 코딩 단계와 병행해서 수행되며, 모듈은 독자적으로 운용되는 프로그램이 아닌 시스템의 일부이기 때문에 모듈을 가동하는 가동기(Driver)와 타 모듈들을 흉내 내는 가짜 모듈(Stub)들이 필요하다.

㉠ 가동기(Driver) : 모듈을 호출(Call)하는 가짜 메인 프로그램

㉡ 스텁(Stub) : 입출력 흉내만 내는 무기능 모듈(Dummy Module)

(2) 검사 내용

① 모듈 인터페이스 시험

㉠ 입력 매개변수와 독립변수의 수가 같은가?

㉡ 매개변수와 독립변수의 속성과 순서가 일치하는가?

㉢ 현 위치의 시작지점과 무관한 매개변수들이 참조되고 있지 않은가?

㉣ 파일의 속성들은 정확한가?

㉤ 요구된 입출력 형식과 I/O문이 일치하는가?

㉥ 파일의 종료조건이 설정되어 있는가?

② 자료구조 시험

㉠ 부적당한 자료타입은 없는가?

㉡ 변수명의 철자가 잘못되지는 않았는가?

③ 실행 경로 시험

㉠ 잘못된 기능 연산자나 순서는 없는가?

㉡ 잘못된 변수의 비교는 없는가?

㉢ 부적당하거나 아예 존재하지도 않는 루프의 종료는 없는가?

④ 오류 처리 시험

㉠ 에러 메시지가 이해하기 어렵지는 않은가?

㉡ 에러 메시지가 발생한 오류와 일치하지 않은가?

㉢ 예외 조치가 잘못되지는 않았나?

⑤ 경계 처리 시험

㉠ n차원 배열에서 n번째 원소는 잘 처리되는가?

㉡ n번을 반복한다는 루프는 n번을 수행시켰을 때 이상이 없는가?

㉢ 허용되는 최소, 최대의 값이 주어졌을 때 잘 처리되는가?

2 통합 시험(Integration Test)

(1) 개념

① 단위검사가 끝난 모듈들을 하나로 결합하여 시스템으로 완성하는 과정에서의 검사이다.

② 모듈 간의 인터페이스와 연관된 오류를 밝히기 위한 검사와 함께 프로그램 구조를 구축하는 체계적인 기법이다.

③ 시스템을 구성하는 모듈 사이의 인터페이스와 결합을 테스트하며, 시스템 전체의 기능과 성능을 테스트한다.

④ 통합시험은 시스템을 구성하는 여러 모듈을 어떤 순서로 결합하여 테스트할 것이냐에 따라 동시식(Big-Bang), 하향식(Top-down), 상향식(Bottom-up), 연쇄식(Threads) 등이 있다.

(2) 동시식 방안(Big-Bang Approach, 비점진적 통합, 차분 통합 검사)

① 단계적으로 통합하는 절차 없이 모든 모듈이 한꺼번에 결합되어 하나로 시험한다.

② 혼란스럽고 결함의 원인 발견이 어려우며, 통합기간이 훨씬 많이 소요되므로 바람직하지 않다.

(3) 하향식 통합

① 특징

㉠ 주프로그램으로부터 그 모듈이 호출하는 다음 레벨의 모듈을 테스트하고, 점차적으로 하위 모듈로 이동하는 방법

㉡ 드라이버는 필요치 않고 통합이 시도되지 않은 곳에 스텁이 필요, 통합이 진행되면서 스텁은 실제 모듈로 교체

㉢ 검사제어 소프트웨어 : Stub – 모듈의 부수적인 인터페이스를 사용하는 가짜 모듈(입출력 흉내만 내는 무기능 모듈)

㉣ 깊이 우선 통합, 너비 우선 통합

② 순서

㉠ 주 모듈을 드라이버로 사용하고, 주 모듈의 하위 모듈들을 스텁으로 대신한다.

㉡ 깊이 우선 또는 너비 우선 등의 통합방식에 따라 하위 스텁들을 실제 모듈과 대체한다.

㉢ 각 모듈이 통합될 때마다 시험을 실시한다.

㉣ 시험이 통과할 때마다 또 다른 스텁이 실제 모듈로 대체된다.

㉤ 새로운 오류가 발생하지 않음을 보장하기 위해 회귀 시험을 실시한다.

③ 장단점

㉠ **장점** : 하위 모듈 시험이 끝난 상위 모듈을 이용하므로 시험환경이 실제 가동 환경과 유사하다. 주요 기능을 조기에 시험할 수 있고, 처음부터 독립된 소프트웨어 구조를 갖춘다.

㉡ **단점** : 병행작업이 어렵고, 스텁이 필요하다.

(4) 상향식 통합

① 특징

㉠ 시스템 하위 레벨의 모듈로부터 점진적으로 상위 모듈로 통합하면서 테스트하는 기법

㉡ 스텁은 필요치 않고 드라이버가 필요

㉢ 검사제어 소프트웨어: Driver – 시험사례를 입력받고, 시험을 위해 받은 자료를 모듈로 넘기고, 관련된 결과를 출력하는 메인 프로그램

② 순서

㉠ 하위 모듈은 소프트웨어의 부수적 기능을 수행하는 클러스터(cluster)로 조합한다.

㉡ 각 클러스터의 시험을 위한 시험사례 입출력을 조정하도록 드라이버를 개발한다.

㉢ 각 클러스터를 시험한다.

㉣ 드라이버를 제거하고 클러스터는 위로 이동하며 소프트웨어 구조를 상향식으로 만들어 간다.

㉤ 최종 드라이버 대신 주프로그램을 대체시키고 전체적인 소프트웨어 구조를 완성한다.

③ 장단점

㉠ 장점: 초기단계부터 병행작업이 가능하고, 불필요한 개발(스터브)을 피할 수 있다. 철저한 모듈단위의 시험이 가능하다.

㉡ 단점: 인터페이스의 시험이 가정에 의해 이루어지며, 마지막 단계까지 독립된 소프트웨어 형태를 갖지 못한다.

(5) 연쇄식(Threads) 통합

① 개념

㉠ 특수하고 중요한 기능을 수행하는 최소 모듈 집합을 먼저 구현하고 보조적인 기능의 모듈은 나중에 구현하여 테스트한 후 계속 추가한다.

㉡ 제일 먼저 구현되고 통합될 모듈은 중심을 이루는 기능을 처리하는 모듈의 최소 집합이다. 이렇게 점차적으로 구축된 스레드에 다른 모듈을 추가시켜 나간다.

② 샌드위치형 통합

㉠ 하위 수준에서는 상향식 통합을, 상위 수준에서는 하향식 통합을 진행하며 최적의 시험환경을 지원하는 방식이다.

㉡ 샌드위치 시험은 우선적으로 통합을 시도할 중요 모듈(Critical Module)을 선정하여 중요 모듈로부터 쌍방향으로 통합을 진행한다. 중요 모듈은 다음과 같은 특성을 지닌 모듈이 좋다.

ⓐ 사용자의 요구 기능을 많이 발휘하는 모듈

ⓑ 계층구조의 상위에 위치하여 제어기능을 갖춘 모듈

ⓒ 구조가 복잡하거나 오류 발생률이 높은 모듈

ⓓ 분명한 성능 요구를 충족시켜야 하는 모듈

③ 회귀 시험(Regression Testing): 변경된 소프트웨어 컴포넌트에 초점을 맞춘 테스트

㉠ 새로운 결함발생의 가능성에 대비하여 이미 실시했던 시험사례들의 전부 혹은 일부를 재실시하여 시험하는 것이다.

㉡ 변화들이 의도하지 않은 부작용을 전파하지 않는 것을 확인하기 위해 실시한다.

㉢ 모든 시험사례를 재실행하거나 자동화한 Capture/Playback Tools을 사용하여 수동적으로 수행될 수 있다.

③ 인수 시험(Validation Testing, 확인 시험)

(1) 개요

① 사용자측 관점에서 소프트웨어가 요구를 충족시키는가를 평가하는 것이다.

② 하나의 소프트웨어 단위로 통합된 후 요구사항 명세서를 토대로 진행한다. 명세서에는 유효성 기준(Validation Criteria)절을 포함하고 있다.

③ 개발 집단이 사용자 집단을 대신하여 검토회(Review, Inspection, Walkthrough) 등 일정한 방법을 사용하면서 품질보증에 임하는 것이다.

(2) 알파 테스트와 베타 테스트

① 알파 테스트

㉠ 특정 사용자들에 의해 개발자 위치에서 테스트를 실행한다. 즉, 관리된 환경에서 수행된다.

㉡ 본래의 환경에서 개발자가 사용자의 '어깨 너머'로 보고 에러와 문제들을 기록하는 것을 다룬다.

㉢ 통제된 환경에서 일정기간 사용해 보면서 개발자와 함께 문제점들을 확인하며 기록한다.

② 베타 테스트

㉠ 최종 사용자가 사용자 환경에서 검사를 수행한다. 개발자는 일반적으로 참석하지 않는다.

㉡ 발견된 오류와 사용상의 문제점을 기록하여 추후에 반영될 수 있도록 개발조직에게 보고해 주는 형식을 취한다.

④ 시스템 시험(System Test)

모든 모듈들은 하나의 시스템으로 작동하게 된다. 사용자의 모든 요구를 하나의 시스템으로서 완벽하게 수행하기 위해서는 아래와 같은 다양한 시험들이 필요하다.

(1) 외부 기능 테스트(function test)

소프트웨어에 대한 외부로부터의 시각에서 요구분석 단계에서 정의된 외부명세(external specification)의 충족성을 테스트한다.

(2) 내부 기능 테스트(facility test)

사용자의 상세기능 요구를 요구명세서의 문장 하나하나를 짚어가며 테스트한다.

(3) 부피 테스트(volume test)

소프트웨어로 하여금 상당량의 데이터를 처리해 보도록 여건을 조성하는 것이다.

(4) 스트레스 테스트(stress test)

소프트웨어에게 다양한 스트레스를 가해 보는 것으로 민감성 테스트(sensitivity test)라고 불리기도 한다.

(5) 성능 테스트(performance test)

소프트웨어의 효율성을 진단하는 것으로서 응답속도, 처리량, 처리속도 등을 테스트한다.

(6) 호환성 테스트(compatibility test)

많은 소프트웨어들은 이미 사용 중인 소프트웨어의 대체용일 가능성이 높기 때문에 기존 소프트웨어와 호환성을 따져본다.

(7) 신뢰성 테스트(reliability test)

소프트웨어가 오류를 발생시키고 고장(failure)을 내는 정도를 테스트한다.

(8) 복구 테스트(recovery test)

소프트웨어가 자체결함이나 하드웨어 고장이나 데이터의 오류로부터 어떻게 회복하느냐를 평가하는 것이다

(9) 보수 용이성 테스트(serviceability test)

고장 진단, 보수절차 및 문서 유지보수 단계에서의 작용을 얼마나 용이하도록 하고 있는가를 테스트한다.

제4절 프로그램 디버깅

1 디버깅의 개요

(1) 정의와 특징

① 정의

발견된 소프트웨어의 오류의 원인을 찾아 교정하는 과정으로 성공적인 시험의 결과로 나타난다.

디버깅의 단계
에러 위치 파악 – 설계 에러 교정 – 프로그램 에러 교정 – 소프트웨어 재시험

② 특징

㉠ 성공적인 시험 결과로 발생한다.
㉡ 시험 기법은 아니다.
㉢ 디버깅 절차는 시험사례를 실행함과 동시에 시작된다.
㉣ 인간의 심리적인 요소가 많이 관여하기 때문에 디버깅은 매우 어렵다.

(2) 디버깅 접근법

① **맹목적 강요(brute force)에 의한 디버깅**: 디버깅을 할 수 있는 모든 방법을 사용하여도 실패한 경우에 사용되는 가장 효율적인 방법

㉠ **메모리 덤프(memory dump)**: 메모리에 있는 모든 내용을 그대로 출력하여 오류의 원인을 메모리 정보에서 일일이 분석하는 방법

㉡ **출력문 삽입**: 임의의 지점에서의 실행 결과를 확인하여 오류의 원인을 찾기 위해 프로그램 중간에 출력문을 삽입하는 방법

㉢ **디버깅 도구 이용**: 수행 과정을 추적해주고(trace) 특정 명령문이 수행될 때 수행을 중단시켜 주는(break point, 중단점) 등의 도움을 주는 도구를 이용하는 방법

② **역추적(backtracking)에 의한 디버깅**

㉠ 결함 발견 지점으로부터 원시코드를 거슬러 올라가며 오류의 원인을 규명하는 기법이다.

㉡ 작은 규모의 소프트웨어에서 사용되는 일반적인 방법이나 규모가 커지면 잠재적인 역행 경로의 수가 증가하는 문제점이 있다.

❷ 자동 검사 도구

(1) 정적 분석기

① 정적 분석은 프로그램을 컴퓨터에서 수행시키지 않고 원시코드를 직접 시험하는 것이다.

② 정적 분석 도구는 초기화되기 전에 사용된 변수, 도달할 수 없는 코드, 주석 라인의 수와 위치, 반복문 내로의 무조건적인 이동 등을 찾아준다.

③ 정적인 측면을 증명하는 데 유용하지만 프로그램의 구조와 형태를 설명하는 데는 부족하다.

(2) 동적 분석기

① 실제 프로그램을 실행하여 정의된 기능이 만족되는가를 실증하고, 불필요한 기능이 있는지의 여부를 확인한다.

② 원시코드 중간에 원하는 성질을 점검하는 코드(instrument)를 삽입하여, 프로그램을 실행해 보는 방법이다.

③ 프로그램 출력변수에 대한 최종값이나 어떤 특정 변수의 중간값의 추적 혹은 실시간 시스템의 타이밍 정보 등의 결과를 출력한다.

Chapter

08 유지보수와 형상관리

제1절 소프트웨어의 유지보수

1 유지보수의 개념

(1) 개요

① 소프트웨어가 제품으로 개발된 후 사용자가 사용하기 시작하면서부터 폐기될 때까지 오류를 수정하거나 새로운 기능을 추가하기 위해 소프트웨어를 변경하는 프로세스를 의미한다.

② 소프트웨어의 수명을 연장시키기 위한 활동이다.

③ 현재 소프트웨어의 유지보수에 대한 노력은 개발 조직이 소모하는 모든 노력 중 80% 이상을 차지한다.

④ 유지보수는 사용 중 발생하는 여러 변경 사항들뿐만 아니라 미래의 변화에 대비하여 적응하는 과정이다.

(2) 유지보수의 구분

① 완전화 보수(perfective maintenance): 새로운 기능을 추가하고 기존의 소프트웨어를 개선(enhancement)하는 경우로 기능상 변경 없이 독해성을 향상시키는 보수 형태

② 적응 보수(adaptive maintenance): 소프트웨어를 운용하는 환경 변화에 대응하여 소프트웨어를 변경하는 경우

③ 수리 보수(corrective maintenance): S/W 테스팅 동안 밝혀지지 않는 모든 잠재적 오류를 수정하기 위한 보수

④ 예방 보수(preventive maintenance): 장래의 유지보수성 또는 신뢰성을 개선하거나 S/W 오류 발생에 대비하여 미리 예방수단을 강구해두는 경우

(3) 유지보수의 중요성

① 소프트웨어 예산에서 유지보수 비용에 대한 비중이 크게 증가하고 있다.

② 전문가들의 업무가 신규 프로젝트보다는 기존 소프트웨어 개선이 더 많을 것이라는 전망을 하고 있다.

③ 소프트웨어 기술 발전이 용역 개발보다 패키지 구매 쪽으로 변하고 있다.

(4) 유지보수에 따른 문제점

소프트웨어 유지보수에 관련된 대부분의 문제점들은 소프트웨어가 계획되고 개발되는 과정에서의 체계적인 방법론의 부재로 귀착된다.

① 많은 버전(version)이나 발표물(Release)을 통해서 소프트웨어의 전개를 추적하는 것이 거의 불가능하거나 어렵다.
② 이미 만들어져 있는 소프트웨어를 통해 개발 과정을 추적하는 것도 거의 불가능하다.
③ 다른 사람이 작성한 프로그램을 이해하기는 매우 어렵다.
④ 설명해 줄 수 있는 '누군가'가 주위에 없다.
⑤ 문서가 존재하지 않거나 부적합하다.
⑥ 변경을 염두에 두지 않고 설계된 소프트웨어가 많다.
⑦ 유지보수 업무를 기피하는 경향이 있다.
　㉠ 변경으로 인한 프로그램의 구조 파괴
　㉡ 구조의 파괴가 클수록 프로그램의 이해성 저하
　㉢ 전략: 구조 파괴에 대한 영향을 최소화

2 유지보수 작업 과정

소프트웨어 유지보수의 과정은 소프트웨어 이해, 변경 요구 분석, 변경 및 효과 예측, 리그레션 테스트 순으로 반복하여 일어난다.

(1) 소프트웨어 이해

① 프로그램을 이해하지 못하고 프로그램에 변경을 가한다면 또다른 오류를 발생하게 할 수도 있다. 문서화가 제대로 되었는가, 소프트웨어 형상 관리가 제대로 되는가에 따라 대규모 프로그램의 이해과정이 달라진다.
② 소프트웨어 형상관리가 잘 이루어져 프로그램의 동작이 문서에 정확히 반영되어 있다면 우선 분석이나 설계 등의 개발문서나 사용자 매뉴얼 등을 읽어 소프트웨어 전체의 윤곽을 파악한다.

(2) 변경 요구 분석

변경이 불가피한 이유와 요구를 잘 분석하여 이해하여야 한다.

(3) 변경 및 효과 예측

변경이 일어나기 전에 변경으로 인한 이상 효과를 점검할 필요가 있다.

(4) 리그레션 테스트(regression test)

변경에 의하여 영향받은 부분만 다시 테스트하는 것을 의미한다.

제2절 소프트웨어의 형상관리

❶ 형상관리의 기본개념

(1) 개요

① 형상(Configuration): 소프트웨어 공학의 프로세스 부분으로부터 생성된 모든 정보항목의 집합체

② 소프트웨어 형상관리 항목(SCI; Software Configuration Item)

㉠ 분석서

㉡ 설계서

㉢ 프로그램(원시코드, 목적코드, 명령어 파일, 자료 파일, 테스트 파일)

㉣ 사용자 지침서

③ 형상관리(SCM; Software Configuration Management)

㉠ 소프트웨어에 대한 변경을 철저히 관리하기 위해 개발된 일련의 활동

㉡ 소프트웨어를 이루는 부품의 Baseline(변경통제 시점)을 정하고 변경을 철저히 통제하는 것

④ 베이스라인(Baseline)

㉠ 정식으로 검토되고 합의된 명세서나 제품으로서, 이것으로부터 앞으로의 개발을 위한 바탕 역할을 하며, 정식 변경 통제 절차들을 통해서만 변경될 수 있는 것(IEEE)

㉡ 정당화될 수 있는 변경에 심하게 저항하지 않으면서 변경을 통제하게 도와주는 하나의 소프트웨어 형상관리 개념이다.

㉢ SCI들은 정형 기술 검토를 통해 승인된 하나의 이정표(Milestone)로 기술적 통제 시점과도 일치한다.

⑤ 전체 소프트웨어 프로세스에 적용되는 '보호활동'이다.

(2) 형상관리를 위한 조직: 형상관리 위원회(팀)

① 분석가: 사용자와 상의하여 무엇이 문제이며 어떤 기능향상 및 개작이 필요한가를 결정한다.

② 프로그래머: 분석가와 협동하여 문제의 원인을 찾아내고 변경의 형태와 내용을 알아낸다. 실제 프로그램의 수정을 담당한다.

③ 프로그램 사서: 문서와 코드에 대한 변경을 계속 보관하고 관리한다.

(3) 형상관리의 목적

① 가시성의 결여(Lack of Visibility)에 대한 문제 해결

② 통제의 어려움(Lack of Control)에 대한 문제 해결

③ 추적의 결여(Lack of Traceability)에 대한 문제 해결

④ 감시의 미비(Lack of Monitoring)에 대한 문제 해결

⑤ 무절제한 변경(Incontrolled Change)에 대한 문제 해결

2 형상관리의 기능

(1) 형상 식별(Identification)

① 형상 식별은 소프트웨어 형상의 모든 항목에 대해 의미 있고 항구적인 명명을 보증하는 소프트웨어 형상관리 활동이다.

② 형상관리 항목(SCI ; Software Configuration Item)에 대해 관리 목록 번호를 부여하고 나무 구조를 표현하여 저장한다. 이는 관련 문서에 대한 추적을 용이하게 한다.

③ 통제가 쉽도록 "누가, 언제, 무엇을 왜 정의하였는가?" 하는 정보를 생성하며, 기준선을 설정한다.

④ 소프트웨어 형상 항목

㉠ 시스템 정의서

㉡ 소프트웨어 프로젝트 계획서

㉢ 소프트웨어 요구명세서 및 프로토타입

㉣ 예비 사용자 매뉴얼

㉤ 설계명세서(예비설계명세서, 모듈 명세서)

㉥ 원시코드 목록

㉦ 시험계획서 및 시험사례(Test Case)와 결과

㉧ 운영 및 설치 매뉴얼

㉨ 실행가능한 프로그램

㉩ 사용자 매뉴얼

㉪ 유지보수 문서

(2) 버전 관리(Version Control)

① **개념**: 소프트웨어 프로세스 동안에 만들어진 여러 버전의 형상 객체들을 관리하기 위한 절차(Procedures)와 도구(Tools)의 결합으로, 형상관리는 사용자가 적절한 버전을 선택하여 소프트웨어 시스템의 대안 형상을 명세하게 도와준다.

② **진화 그래프**: 한 시스템의 여러 버전을 표현하기 위한 그래프로, 그래프상의 각 노드는 소프트웨어의 완전한 버전이다. 각 소프트웨어 버전은 SCI의 모임으로 기술된다.

③ 버전 관리를 위한 다수의 자동화된 접근법들이 제안되고 있다.

④ SCI의 이름을 작성할 때, 이름에 버전 넘버를 반드시 나타내는 것이 좋다.

(3) 형상 통제(Control)

① 식별된 SCI의 변경요구를 검토하고 승인하여 현재의 베이스라인에 적절히 반영될 수 있도록 통제하기 위한 형상관리 활동이다.

② 변경 요구(Change Request)의 제기 → 변경 요청서(Change Report) 작성(변경 요청서는 CCA(Change Control Authority)에 의해 변경의 상태나 우선순위 등 최종 결정을 내리도록 사용자 또는 프로그래머에 의해 작성) → 공학 변경 명령 ECO(Engineering Change Order)

③ 형상 통제는 소프트웨어 유지보수를 위한 변경관리와 일치한다.

(4) 형상 감사(Auditing)

변경이 적절하게 시행되었는지 객관적인 검증과 확인(V&V) 과정을 거쳐 새로운 형상의 무결성을 확보하기 위한 활동이다.

① 정형 검토 회의(Formal Technical Review)

㉠ 수정 완료된 형상 객체의 기술적인 정확성에 초점을 둔다.

㉡ 검토자들은 SCI를 산정하여 다른 SCI와의 일관 혹은 잠재적인 부작용 유무를 검토한다.

② 소프트웨어 형상 감사(Software Configuration Audit)

㉠ 검토 시 일반적으로 고려되지 않은 특성들에 대해 형상 객체를 산정함으로써 FTR을 보완한다.

㉡ SCM이 정식 활동일 경우에는 품질보증 조직과 별도로 SCM 감사를 실시한다.

(5) 형상 보고(Status Accounting)

① 형상 식별, 변경 통제, 형상 감사 기능의 수행 결과를 기록하고 데이터베이스에 의해 관리를 하며 이에 대한 보고서를 작성하는 활동이다.

② 형상 상태 보고(CSR ; Configuration Status Reporting)라고도 하며, 다음과 같은 정보를 포함한다.

㉠ 무엇을 시행하는가?

㉡ 누가 했는가?

㉢ 언제 일어났는가?

㉣ 다른 무엇이 영향을 받았는가?

③ CSR은 한 변경이 CCA에 의해 승인될 때 하나의 CSR 엔트리가 생성되며, CSR로부터의 출력은 온라인 데이터베이스에 두어 개발자 및 유지보수자 모두가 키워드를 통해 변경 정보에 접근할 수 있도록 한다.

Chapter 09 소프트웨어 품질보증과 신뢰도

제1절 소프트웨어 품질보증

1 소프트웨어 품질보증의 개념

(1) 개요

① 품질보증은 소프트웨어 개발 과정 전체에 적용되는 '보호활동'이다.

② 어떠한 소프트웨어 제품이 이미 설정된 요구사항과 일치하는가를 적절하게 확인하는 데 필요한 체계적이고도 계획적인 유형의 모든 활동이다.

③ 제품 개발 동안 사용된 프로시저, 도구, 기법 등이 생산 제품에 만족할 만큼의 신뢰도를 제공하기에 충분한가를 보증한다.

(2) 품질보증의 전반적인 특징

① 소프트웨어 품질에 대한 관점

㉠ 사용자 입장: 배우기 쉽고 간단하며 다양한 기능과 우수한 성능을 갖춘 제품이다.

㉡ 개발자 입장: 수행을 올바르게 하고 프로그램하는 표준에 맞도록 하는 것을 의미한다.

㉢ 유지보수자 입장: 오류가 적은 소프트웨어, 명확한 문서화와 이해가 용이한 코드를 의미한다.

㉣ 발주자 입장: 좋은 소프트웨어의 제공과 유지보수하는 데 비용이 적어야 한다.

② 소프트웨어 품질보증 활동

기술적 방법의 적용, 공시적 기술검토의 지도, 소프트웨어 검사, 표준의 강화, 변화의 제어, 측정, 기록보존과 보고서 작성

(3) 프로세스 품질의 중요성

① 소프트웨어 품질은 개발 과정이 올바르게 되어야 좋은 소프트웨어를 얻을 수 있다. 즉, 알려진 소프트웨어 개발방법과 개발과정에서 우수한 것들을 골라 표준으로 적용하였을 때, 고품질의 소프트웨어 프로덕트를 보장할 수 있다.

② 소프트웨어 시스템의 품질은 그것을 개발하는 데 사용되는 프로세스의 품질에 좌우된다(Humphrey).

③ 결국 개발 프로세스가 소프트웨어의 품질을 좌우하며 프로세스가 개선되어야 품질을 향상시킬 수 있다.

(4) McCall의 소프트웨어 품질 요인

① 제품 수정(Product Revision)

㉠ 유지보수성(Maintainability) : 운영 중인 프로그램 내의 에러를 수정하는 데 드는 노력

㉡ 유연성(Flexibility) : 운영 중인 프로그램을 변경하는 데 드는 노력

㉢ 시험성(Testability) : 프로그램이 의도하는 기능을 수행하는지를 확인하기 위하여 테스트하는 데 드는 노력

② 제품 운영(Product Operations)

㉠ 정확성(Correctness) : 프로그램이 설계 사양을 만족시키며 사용자가 원하는 대로 수행되고 있는 정도

㉡ 신뢰성(Reliability) : 프로그램이 항시 정확하게 동작하고 있는 정도

㉢ 효율성(Efficiency) : 프로그램의 기능을 수행할 때 요구되는 소요자원의 양

㉣ 무결성(Integrity) : 허가되지 않은 사람의 소프트웨어나 데이터에의 접근을 통제할 수 있는 정도

㉤ 유용성(Usability) : 사용이 용이한 정도

> 무결성 = $\sum[1 - 위협 \times (1 - 보안)]$
> - 위협 : 특정한 유형의 공격이 주어진 시간 내에 발생하는 확률
> - 보안 : 특정한 유형의 공격을 물리칠 수 있는 확률

③ 제품 전이(Product Transition)

㉠ 이식성(Portability) : 하나의 운영 환경(HW와 SW)에서 다른 환경으로 소프트웨어를 옮기는 데 드는 노력

㉡ 재사용성(Re-usability) : 다른 Application에서 재사용할 수 있는 정도

㉢ 상호운용성(Inter-operability) : 타 시스템과 인터페이스가 가능한 정도

❷ 소프트웨어 품질관리

1. **소프트웨어 품질관리**(QC ; Quality Control)

(1) 개념

품질관리는 주어진 요구를 만족시키는 제품 혹은 서비스의 질을 보존하는 데 필요한 제반 기법과 활동을 말한다.

(2) 특징

시스템 개발 전 과정에서 품질관리에 신중을 기함으로써 유지 및 보수에 대한 부담을 줄일 수 있다. 품질이 좋은 시스템은 유지보수에 부담을 주지 않는 시스템이라 할 수 있다.

(3) 기본목적

소프트웨어의 문제점(결함)을 최대한 많이 조기에 발견하여 발견된 문제들을 시정 조치하는 것

(4) **대표적인 품질관리 활동**: 검토회의(Review)

① 워크스루(Walkthrough)

② 인스펙션(Inspection)

(5) 소프트웨어 검토회의는 프로젝트의 분석, 설계, 코딩 과정에서 소프트웨어의 결함 또는 문제점을 걸러내고(Filtering) 제거함으로써 정제시키고자 하는 활동이다.

2. 정형 기술 검토회의(FTR; Fomal Technical Review)

(1) 개요

① FTR은 소프트웨어 엔지니어가 수행하는 소프트웨어 품질보증 활동이다.

② 개발단계에서 제작되는 문서나 프로그램의 문제점을 찾고, 문제해결을 촉구하는 일반적 용어이다.

③ 개발자와 사용자 또는 개발자들이 모여서 프로젝트 진행 기간 중 산출되는 문서인 요구사항 명세서, 설계명세서, 프로젝트 계획서 등을 검토하여 산출물의 오류를 발견하기 위한 공식적인 활동이다.

(2) FTR의 목적

① 소프트웨어의 표현에 대한 기능, 논리적 오류를 발견

② 소프트웨어가 요구사항들과 일치하는지를 검증

③ 소프트웨어가 미리 정한 기준에 따라 표현되었는가를 확인

④ 소프트웨어가 일관된 방법으로 개발

⑤ 프로젝트를 보다 관리하기 쉽게 만듦

(3) 검토 보고와 기록 보관

① FTR 시에 제기되었던 모든 쟁점들은 사실 그대로 기록되어야 한다.

② 검토 모임이 끝날 때에는 기록이 요약되어서 검토 쟁점 목록(Review Issues List)이 작성되고, 추가로 간단한 검토 요약 보고서(Review Summary Report)가 완성된다.

(4) 검토 지침

① 제작자가 아니라 제품을 검토하라.

② 의제를 정하고 그 범위를 유지한다.

③ 논쟁과 반박을 제한한다.

④ 제기된 모든 문제를 바로 해결하고자 하지 마라.

⑤ 검토자들은 사전에 작성한 메모들을 공유하라.

⑥ 참가자의 수를 제한하고 사전 준비를 철저히 하도록 강요한다.

⑦ 검토될 확률이 있는 각 제품에 대한 체크 리스트를 개발한다.

⑧ FTR을 위해 자원과 시간 일정을 할당한다.

⑨ 모든 검토자에게 의미 있는 교육을 행한다.

⑩ 검토의 과정과 결과를 재검토한다.

3. 검토회의(Review)

(1) 개요

① 참여자: 검토책임자, 모든 검토자, 제작자
② 개발단계에서 제작되는 문서나 프로그램의 문제점을 찾고, 문제해결을 촉구한다.
③ 소프트웨어 품질보증의 대표적인 품질관리 활동이다.

(2) 목적

① 검토 중인 소프트웨어가 요구사항과 일치하는지를 검증한다.
② 소프트웨어가 미리 정해진 표준에 따라 표현되고 있는지를 보증한다.
③ 균일한 방식으로 소프트웨어가 개발되도록 한다.
④ 프로젝트를 더욱 잘 관리하도록 한다.

(3) 워크스루(Walkthrough)

① 개발에 참여한 요원들이 산출물의 품질을 검토하기 위한 목적으로 하는 기술 검토 회의이다.
② 구조적 검토회의(Structured Walkthrough): 프로젝트에 참여한 사람들이 회의 절차와 핵심 사항을 체계적으로 다룸으로써 개발 단계에서 작성된 문서와 프로그램을 조사하고 버그와 문제점을 찾아내는 과정이다.
③ 한 명의 피검사자와 3~5명의 검사요원으로 구성되며, 보통 관리자는 제외한다.
④ 개발 단계에서 작성된 문서와 프로그램에 대한 회의를 통해 문제점을 검출하고 기록하여 기록된 문제점은 회의 종료 후 피검사자에 의해 해결한다.

(4) 검열(Inspection)

① Walkthrough를 발전시킨 형태이다.
② 개발과정에서 나온 산출물들을 검토하여 발견된 오류를 문서화하며, 이를 관리용 데이터로 사용하는 기법이다.
③ 검열 시에는 검열목록을 사용하며, 에러수정에 대한 지침을 제시하고, 수정에 대한 추적 조사를 수행한다.

3 프로세스 품질

개발 프로세스가 소프트웨어의 품질을 좌우하며 프로세스가 개선되어야 품질을 향상시킬 수 있다.

1. ISO(International Organization for Standardization)

상품과 서비스의 국제교류를 용이하게 하고 지식·과학·기술·경제 분야의 국제 간 협력을 증진하기 위해 표준화와 이에 관련된 여러 가지 활동을 국제 규모로 발전, 촉진시키기 위한 목적으로 발족되었다

(1) ISO 9000

국제표준화기구 기술위원회에서 제정한 품질 경영과 품질 보증에 관한 국제규격

① ISO 9000 인증획득의 필요성

㉠ 고객의 기대와 요구에 부응

ⓐ 고객은 품질시스템의 제3자 인증을 통해 공급자 평가 가능

ⓑ 고객의 기대, 요구를 반영하여 고객만족 증대 가능

ⓒ 절차와 방법, 책임과 권한을 명확히 하여 투명성과 신뢰성 확보 가능

㉡ 조직의 역량 강화로 경쟁력 확보

ⓐ 조직과 자원의 효율적 관리 가능

ⓑ 품질향상, 불량예방, 낭비제거 가능

ⓒ 안전성과 신뢰성 확보 가능

ⓓ 지속적인 개선으로 생산성과 능률의 향상 기대 가능

㉢ 국내외 환경변화에 능동적, 효율적으로 대비

ⓐ 세계 각국에서 ISO 9000 인증을 요구하고 있는 추세이다.

ⓑ 완제품의 품질향상을 위해 모기업에서 각 협력업체에 인증획득을 요구하고 있다.

ⓒ 국가 조달물자 구매 시 인증획득 업체 상품을 우선적으로 구매해주고 있다.

② ISO 9000의 3대 요소

㉠ 투명성: 인증은 투명성이 있어야 함

㉡ 원칙: 인증 시 원칙을 준수하여야 함

㉢ 국제표준: 각 기준 및 규격 등은 국제표준 준수

(2) ISO/IEC

① ISO/IEC 9126

㉠ 정의: 품질의 특성 및 척도에 대한 표준화

㉡ 등장배경: 품질보증을 위한 구체적 정의 필요

• 1980년대 후반 ISO에서 사용자 관점에서의 SW 품질특성의 표준화 작업 수행

㉢ 특성: 기능성, 신뢰성, 사용성, 효율성, 유지보수성, 이식성

② ISO/IEC 12207

㉠ 정의: 소프트웨어 프로세스에 대한 표준화

㉡ 내용: 체계적인 S/W 획득, 공급, 개발, 운영 및 유지보수를 위해서 S/W 생명주기 공정(SDLC Process) 표준을 제공함으로써 소프트웨어 실무자들이 개발 및 관리에 동일한 언어로 의사소통할 수 있는 기본틀을 제공하기 위한 프로세스

㉢ 제정 배경

ⓐ ISO/IEC JTC1 SC7에서 제정

ⓑ ISO 9001, ISO9000-3, ISO9126에서 품질시스템 요구사항, 품질특성, S/W 품질보증에 대해서 언급되었으나 S/W 프로세스 평가모델은 제시되지 못했음

ⓒ 이에 대한 필요성에 의해 ISO/IEC 12207이 제정됨

㉣ 필요성

ⓐ S/W 규모 거대, 사용자 요구 다양

ⓑ 생명주기 체계적 접근

ⓒ 협력작업

㉤ 주요 특징

ⓐ 다양한 형태의 소프트웨어 개발 및 관리에 적용될 수 있는 공정(Process), 활동(Activity) 및 세부업무(Task)의 정의

ⓑ 산출물 명칭, 형식, 내용을 규정하지 않음

ⓒ 특정 생명주기, 개발방법을 규정하지 않음(즉, What만 정의)

ⓓ 조달자, 공급자 역할을 분명히 정의하여 양자간 계약에 따른 조달에 적합토록 개발됨

ⓔ 상위수준에서 정의되어 전문지식이 부족한 일반적인 실제 심사에서 사용하기 힘듦

ⓕ SPICE는 ISO/IEC 12207의 기본 틀에 맞추어 개발되고 확장됨

㉥ **프로세스 표준화의 구성**: 기본, 지원, 조직 공정으로 구성

ⓐ **기본공정**: 공급, 획득, 개발, 운영, 유지보수

ⓑ **지원공정**: 문서화, 형상관리, 품질보증, 검증, 확인, 합동검토, 감리, 문제해결

ⓒ **조직공정**: 관리, 개성, 기반구조, 교육훈련

③ ISO/IEC 12119: 패키지 소프트웨어에 관한 품질요구사항 및 시험에 관한 표준

④ ISO/IEC 14598: 소프트웨어 품질인증을 위한 평가 방법 및 관리에 관한 표준

2. CMM(Capability Maturity Model)

(1) 개요

① 1992년 미 국방성의 지원으로 설립된 카네기멜론 대학의 SEI가 제안하였다.

② 소프트웨어 조직이 높은 품질의 소프트웨어를 일관성 있고 예측 가능하게 생산할 수 있는지의 능력을 정량화하는 시도이다.

(2) CMM의 특징

① 개발 경험의 성숙도에 따라 5개의 수준으로 나누고 각 수준별로 기본적으로 해야 할 관리 활동과 프로세스를 정의하였다.

② 소프트웨어를 개발하는 조직이 프로세스 성숙도에 따라 나타나는 활동을 정리하여 품질 향상을 위하여 프로세스를 개선하도록 한다.

③ 한정된 작업에 초점을 두어 공격적으로 활동함으로써 개발조직의 지속적인 프로세스 향상을 도모한다.

④ 소프트웨어 엔지니어링 및 관리를 조직에 정착하도록 이끈다.

(3) CMM의 목적

① 조직의 소프트웨어 개발 체계의 구축, 발전 및 유지보수 능력을 지속적으로 향상시키고 위험요소를 최소화하고자 교육하는 것이다.

② 미래의 고객이 소프트웨어 공급자가 어떤 점이 부족하고 어떤 점이 강한지 발견하기 위한 평가 기준으로 사용한다.

③ 개발자 스스로 프로세스 능력을 평가하고 개선 방향을 설정하도록 돕는다.

④ 현재의 프로세스를 벤치마킹하고 어떤 부분을 향상시킬 것인지 전략을 선택하여 프로세스를 개선하려는 소프트웨어 개발조직에 방향을 제시한다.

(4) CMM 구조

① 성숙도 레벨 5단계로 나뉘고, 각 단계에서는 중요한 프로세스 영역을 정한다.

② CMM 모델에서는 각 프로세스 영역별 활동 조건, 목표, 실행 또는 제도화 활동 및 기반 구조 등을 자세히 설명한다.

(5) CMM 성숙도 5단계(Maturity 5 Level)

① 수준 1(Initial)

소프트웨어 프로세스가 임기응변적이고 혼란스러운 단계이며 프로세스가 거의 정의되어 있지 않고 프로젝트의 성공은 개인적 능력에 달려 있다.

② 수준 2(Repeatable) – 프로젝트 관리

비용산출, 스케줄, 기능성을 지닌 기초적인 프로젝트 프로세스가 확립되어 있는 단계이며, 필요한 프로세스 훈련은 비슷한 애플리케이션을 만든 계승자로부터 반복된다.

③ 수준 3(Definition) – 엔지니어링 프로세스

관리와 공학 프로세스에 관한 소프트웨어 프로세스가 문서화되고, 규격화되고, 통합되어 있는 단계이다. 소프트웨어 개발과 유지에 문서화와 공인된 조직의 프로세스를 사용하며, 2단계의 모든 사항을 포함한다.

④ 수준 4(Management) – 프로덕트 및 프로세스 품질

소프트웨어 프로세스의 평가와 제품 품질의 세부사항들이 평가되는 단계이다. 소프트웨어 프로세스와 제품이 정량적으로 이해되고 세부적으로 평가된다. 3단계의 모든 사항을 포함한다.

⑤ 수준 5(Optimizing) – 지속적인 개선

프로세스와 혁신적 생각, 기술로부터 정량적인 피드백을 통해 지속적인 프로세스 향상이 이루어지는 단계이다. 4단계의 모든 사항을 포함한다.

◎ CMM 성숙도 5단계의 주요 프로세스 영역

레벨	초점	주요 프로세스 영역	결과
5 Optimizing (최적단계)	계속적인 개선	• 프로세스 변경관리 • 기술 변경 관리 • 결함 방지	생산성과 품질
4 Managed (관리단계)	프로덕트 및 프로세스 품질	• 소프트웨어 품질 관리 • 정량적 프로세스 관리	
3 Defined (정의단계)	엔지니어링 프로세스	• 조직 프로세스 집중 • 조직 프로세스 정의 • 동료 검토 • 교육 프로그램 • 그룹 간 협력 • 소프트웨어 프로덕트 엔지니어링 • 통합 소프트웨어 관리	
2 Repeatable (반복단계)	프로젝트 관리	• 소프트웨어 프로젝트 계획 • 소프트웨어 프로젝트 추적 및 감독 • 소프트웨어 하청 관리 • 소프트웨어 품질 보증 • 소프트웨어 형상 관리 • 요구 관리	
1 Initial (초보단계)	영웅적 개인	–	위험

CMM

1. 초기에는 S/W 영역에 한정하여 모델을 제시하였으나, S/W 개발과 관련된 업무영역인 구매, 개발 인력자원 관리 및 H/W 시스템 관리 등을 포함하는 다양한 모델이 제시되었다.
2. SW-CMM은 IT 조직의 S/W 개발 및 유지보수 능력을 향상시키기 위한 것이다. 하지만 S/W 프로세스 개선만으로 IT 조직 전체의 능력수준을 향상시키기 어렵다는 판단에 따라 4종류의 CMM이 추가로 등장했다.
3. SEI에서는 CMM의 성숙도 개념을 이용하여 다음과 같은 5가지의 CMM 기반의 모델들을 개발하였다.
   ① IT 조직의 SW 개발 및 유지보수 능력을 향상시키기 위한 SW-CMM(Software Capability Maturity Model)
   ② 인적자원의 능력수준을 높이기 위한 P-CMM(People Capability Maturity Model)
   ③ SW 획득과정의 능력을 개선하는 SA-CMM(Software Acquisition Capability Maturity Model)
   ④ 시스템공학 분야에서 적용하여야 할 기본 요소를 평가하는 SE-CMM(Systems Engineering Capability Maturity Model)
   ⑤ 각기 진행되는 프로젝트 간의 협동과 통합제품 개발 프로세스를 개선하기 위한 IPD-CMM(Integrated Product Development Capability Maturity Model) 등이 있다.

3. SPICE(Software Process Improvement and Capability dEtermination)

(1) 특징

① 소프트웨어 프로세스 평가를 위한 국제표준을 제정하는 국제적인 표준화 프로젝트이다.
② CMM과 유사한 프로세스 평가를 위한 모델 제시 및 심사과정을 제안한다.
③ SPICE를 기준으로 한 심사와 평가가 양성된 심사원에 의해 이루어지고 있다.

(2) 목적

① 개발 기관이 프로세스 개선을 위하여 스스로 평가
② 기관에서 정한 요구조건을 만족하는지 개발 조직이 스스로 평가
③ 계약을 맺기 위하여 수탁 기관의 프로세스를 평가

(3) SPICE의 프로세스 수행 능력 수준

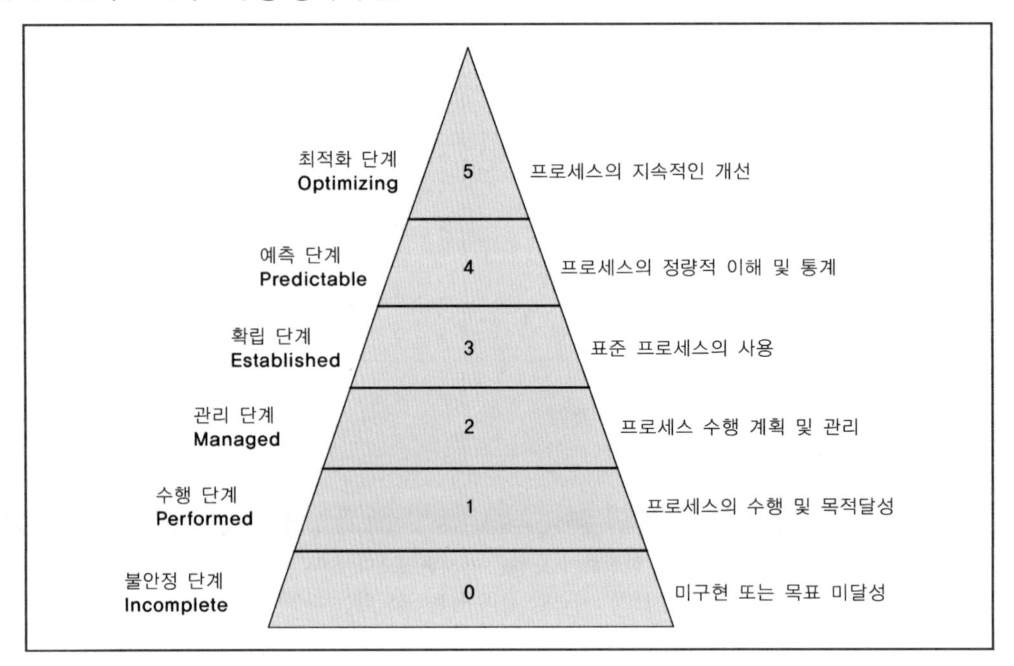

(4) SPICE의 프로세스 영역

① **고객 공급자 프로세스**: 소프트웨어를 개발하여 고객에게 제공하고 소프트웨어를 정확하게 운용하고 사용하도록 지원하기 위한 프로세스
예 발주, 공급자 선정, 고객 인수, 요구사항 도출, 공급, 운영 등
② **엔지니어링 프로세스**: 시스템과 소프트웨어 제품을 개발하는 모든 프로세스
예 요구분석, 설계 및 실험, 구축, 통합 등
③ **지원 프로세스**: 문서화, 형상관리, 품질보증, 검증, 확인, 검토 등 개발활동을 지원하는 프로세스
④ **관리 프로세스**: 일반적인 소프트웨어 프로젝트에서 일어나는 관리 활동
예 프로젝트 관리, 품질 관리, 위험 관리 등
⑤ **조직 프로세스**: 조직의 업무 목적을 수립하고 조직이 업무 목적을 달성하기 위하여 도움을 주는 프로세스 **예** 프로세스의 정의, 심사, 개선, 인적자원 관리, 기반구조 측정, 재사용

4. CMMI(Capability Maturity Model Integration, 역량 성숙도 모델 통합)

(1) CMM의 여러 모델 간 존재하는 상이한 평가방법에 대한 통합이 필요했고, 소프트웨어 개발 프로세스 위주인 기존 CMM의 문제점을 해결하여 다양한 분야에 적용하고 공통의 framework를 제공하기 위해서이다.

(2) 2002년 1월 CMM 관련 여러 모델을 통합하고 국제표준에 호환적인 모양을 갖추고 있는 CMMI(CMM Integration)를 개발·발표하여 오늘에 이르고 있다.

(3) CMMI는 소프트웨어 사업자의 프로젝트 수행능력을 평가하는 품질인증 모델로서 조직이 보유한 프로세스 능력에 대한 성숙도(능력수준)를 단계적으로 보여준다.

◎ CMMI의 성숙도 단계

단계	내용
단계 0	활동 수행하지 않음
단계 1	프로세스 예측, 통제하지 않음
단계 2	프로젝트에 적합한 프로세스 적용
단계 3	조직관점의 표준 프로세스 있음
단계 4	프로세스 측정, 관리
단계 5	프로세스 개선에 집중

05

제2절 소프트웨어 매트릭스와 신뢰도

❶ 소프트웨어 매트릭스

1. 개요

(1) 소프트웨어 매트릭스란 소프트웨어가 보유하고 있는 특성, 품질 혹은 속성의 크기나 정도의 계량적인 척도를 말한다.

(2) 일반적으로 소프트웨어 매트릭스는 생산성, 기능, 성능, 품질 등을 평가 관리하기 위한 도구로 사용된다.

(3) **매트릭스 사용 사례**: 일정계획, 품질보증, 비용예측, 위험성 분석

2. 소프트웨어 매트릭스의 분류

(1) 크기-중심 매트릭스

크기-중심 매트릭스는 인월(man month)당 산출되는 프로그램 라인수를 소프트웨어 생산성 척도로 삼는다.

① 생산성의 경제적 의미와의 불일치

㉠ 생산성의 정의는 투입 대 산출이라는 경제적 의미로 해석되어야 하며, 이때의 단위는 화폐단위나 동일한 가치관으로 설명되어야 한다.

ⓒ 즉, 경제적인 생산성이란 주어진 노력과 비용의 투자로 생산될 수 있는 제품의 양이나 서비스의 가치를 증가시키는 것이기 때문이다.

② **프로그래밍 언어의 분별력이 없음**

㉠ 인월당 프로그램 라인수를 높이는 것이 생산성의 정의라면 고급언어일수록 생산성이 오히려 저하되는데, 이는 역설이라는 것이다.

㉡ 동일한 기능과 성능을 갖는 소프트웨어를 어셈블리 언어, C언어, APL로 각각 구현했을 때 소요되는 인월, 즉 인건비는 고급언어일수록 낮다는 점은 확실하다.

③ **라인수 정의의 애매 모호함**: 라인수를 따지는 척도는 6가지로 다양할 수 있다.

(2) 기능-중심 매트릭스

① 기능-중심 소프트웨어 매트릭스는 소프트웨어와 소프트웨어가 개발되는 과정을 간접적으로 측정하는 방법이다.

② 이 기법은 LOC를 계산하기보다는 프로그램의 '기능성'이나 '유틸리티(utility)'에 초점을 맞춘 것이다.

③ 기능점 매트릭스를 계산할 때 다음과 같은 5가지 정보 영역의 특징들이 결정된다.

㉠ 사용자 입력 수(Number of user inputs)

㉡ 사용자 출력 수(Number of user ourpurs)

㉢ 사용자 질의 수(Number of user inquiries)

㉣ 파일 수(Number of files)

㉤ 외부 인터페이스 수(Number of external interfaces)

(3) 소프트웨어 복잡도 매트릭스

① **문제의 복잡도**

㉠ 주어진 문제에 대한 인간의 인지도(perception)는 인공지능의 분야가 되겠으나 전문가와 비전문가의 사이엔 분명 차이가 있다. 전문가는 전체의 맥을, 비전문가는 세밀한 부분까지 보는 경향이 있다.

㉡ 문제의 복잡도를 해소시키려면 경험이 중요하다. 전체의 흐름을 읽고 경험에 비추어 패턴(pattern) 인식 감각이 있어야 한다.

② **프로그램 구조의 복잡도**

㉠ 프로그램의 구조가 복잡하다는 것은 그만큼 소프트웨어 생산성에 나쁜 영향을 미친다. 프로그램 구조의 복잡도를 측정하는 대표적인 매트릭스는 T. McCabe의 순환 복잡도(cyclomatic complexity)이다.

㉡ 이 매트릭스는 프로그램 수행의 경로(execution flow)를 프로그램 라인을 표시하는 노드(node)와 수행경로를 표시하는 화살표(arrow)의 그래프(graph)로 나타낸 후 다음과 같은 공식을 적용시키고 있다.

복잡도(G) = 화살표의 수(A) − 노드의 수(N) + 2

ⓒ T. McCabe는 복잡도에 따르는 소프트웨어의 품질을 다음과 같이 평가하고 있다.
ⓐ 복잡도가 5 이하인 경우 : 매우 간단한 프로그램일 때
ⓑ 복잡도가 5~10인 경우 : 매우 구조적이며 안정된 프로그램
ⓒ 복잡도가 20 이상인 경우 : 문제 자체가 매우 복잡하거나 구조가 필요 이상으로 복잡한 프로그램
ⓓ 복잡도가 50 이상인 경우 : 매우 비구조적이며 불안정한 프로그램

③ 데이터 복잡도
㉠ 흔히 입력양식과 출력보고서만 훑어보면 무엇을 어떻게 처리하는 소프트웨어인지 감지할 수 있다고 한다.
㉡ 자료구조지향 설계기법(data-structure oriented design method)은 바로 이러한 관점에서 프로그램의 구조는 처리기능보다는 데이터의 구조를 설계해야 한다고 주장하고 있다.

(4) 소프트웨어 과학 매트릭스

① 프로그래밍 언어 간의 이질성을 극복하는 최초의 시도는 프로그램의 기능과 데이터를 분류시켜 분석해본 M. Halstead의 연구결과라고 판단할 수 있다.
② 소프트웨어의 논리량을 과학적으로 측정한다는 의미에서 이 분석방법은 소프트웨어 과학이라고 불리고 있다.
③ 소프트웨어 과학은 프로그램을 오퍼레이터(operator)와 오퍼랜드(operand)라고 하는 독립된 원소들의 집합으로 정의한다.
④ 오퍼레이터란 더하기, 빼기, 이동, 비교, 읽기, 쓰기, 마치기 등의 동사격인 행동어 자체를 뜻하며, 오퍼랜드란 데이터로서 숫자 또는 주기억장치 내의 주소 및 변수 등 명사격인 명령의 대상을 뜻한다.
⑤ 소프트웨어 과학의 기본 매트릭스는 다음과 같다.

n1 : 독특한 오퍼레이터의 수 n2 : 독특한 오퍼랜드의 수 N1 : 오퍼레이터가 사용된 총수 N2 : 오퍼랜드가 사용된 총수

⑥ 이 네 매트릭스를 이용한 주요 공식은 다음과 같다.

프로그램의 단어(n) = n1 + n2 프로그램의 길이(N) = N1 + N2 = $n_1 \log_2 n_1 + n_2 \log_2 n_2$ 프로그램의 부피(V) = $N \log_2 n$

❷ 신뢰도(Reliability)

1. 개요

(1) 신뢰도의 개념

① 믿고 사용할 수 있는 정도를 말한다.

② 주어진 시간 동안 주어진 환경에서 소프트웨어가 고장나지 않고 사용될 수 있는 확률이다.

③ 어떤 소프트웨어의 신뢰도가 0.94이라면, 소프트웨어를 100번 수행시켰을 때, 에러가 발생하지 않고 작동되는 횟수는 94번이라고 예측한다.

(2) 고장(Failure)

① 개발자가 오류를 범했을 때 소프트웨어상의 문제점인 결함으로 생길 수 있는 현상

② 소프트웨어가 수행되면서 사용자가 요구치 않았거나 정당치 못하다고 판단하는 상황이 발생하는 것

③ 고장빈도와 신뢰도는 반비례한다고 볼 수 있다.

2. 신뢰도의 유형과 척도

(1) 결함의 수(The Number of Faults)

① 만들어 넣어진 결함의 수와 제거된 결함의 수의 차이 = 잔재하는 결함의 수

② 결함은 개발자에 의해 설계 또는 프로그래밍 단계에서 만들어지며, 유지보수 단계에서 기능 개선이나 설계 변경 작업 중에 만들어질 수 있다.

③ 결함이 제거되는 도중에 새로운 결함이 만들어질 수 있으므로 소프트웨어의 회귀 시험(Regression Test)이 필요하다.

④ 재사용되는 소프트웨어 부품은 사용되는 도중 발견된 결함이 제거되었을 가능성이 높기 때문에 그만큼 결함이 없다(재사용 부품은 신뢰도가 높다).

(2) 수행환경(Execution Environment)

수행환경, 즉 운영 프로필이란 운용기간이나 작업유형(특정한 트랜잭션이나 서비스 등)을 말한다.

3. 소프트웨어의 고장

(1) 분류

① 초기 고장: 계산 오류, 논리 오류, 인터페이스 오류 등과 같이 설계나 코딩의 잘못 때문에 생기는 고장

② 우발 고장: 사용자의 요구 변환, 운영조건의 변화, 감당하기 힘든 스트레스 때문에 발생하는 고장

(2) 측정

① 고장빈도(Failure Intensity)

㉠ 시간에 따른 고장 발생 횟수를 의미한다.

㉡ 시간이 지나면서 기하급수적으로 줄어들다가 서서히 안정되는 경향을 보인다.

② 고장률(Failure Rate) : 시간이 지나면서 고장이 날 확률을 의미한다.

(3) 신뢰도와 고장률

소프트웨어는 마모나 노후화가 없으므로 다음과 같은 측정공식을 통해 신뢰도와 고장을 이해할 수 있다.

4. 신뢰도 측정

(1) MTBF(Mean Time Between Failure) : 고장과 또 하나의 고장 사이의 평균 시간

(2) MTTF(Mean Time To Failure) : 주어진 시각에서 고장이 발생할 때까지의 평균 시간

(3) MTTR(Mean Time To Repair) : 고장이 발생한 시점에서 결함을 제거, 즉 수리 시까지의 평균 시간

$$MTBF = MTTF + MTTR$$

(4) 이용도(가용도) : 소프트웨어 가용성은 프로그램에서 시간이 주어진 시점의 요구사항들에 따라 운영되는 확률을 말한다.

$$MTTF / (MTTF + MTTR) \times 100(\%)$$

Chapter 10 소프트웨어 재공학

제1절 소프트웨어 재사용

기존의 기능 및 품질을 인정받은 소프트웨어의 전체 혹은 일부분을 재사용하여 새로 개발되는 소프트웨어의 질을 높이고 생산성을 향상시켜 개발시간과 비용을 감소시키는 소프트웨어 위기의 해결책이다.

1. 소프트웨어 재사용의 개념

(1) 기존의 소프트웨어를 사용하여 새로운 소프트웨어를 작성함으로써 개발의 수고를 삭감하며, 소프트웨어 생산성을 향상시키는 방법이다.

(2) 소프트웨어를 부품화하여 관리하고 이들 부품 가운데서 새로운 소프트웨어 개발에 사용할 수 있는 것을 선택하여 사용한다.

2. 재사용 가능한 소프트웨어 요소

(1) **프로그램 코드**: 전체 프로그램, 부분 코드

(2) **설계 명세**: 논리적인 데이터 모형, 프로세스 구조, 응용 모형

(3) **계획**: 프로젝트 관리계획, 시험계획

(4) **문서와 문서 작성에 사용된 모든 정보들**

(5) **전문적인 기술과 경험**: 생명주기 모형 재사용, 품질 보증, 응용 분야 지식

3. 소프트웨어 재사용 평가 기준

소프트웨어 부품의 크기, 복잡도, 정규화 정도, 재사용 빈도수에 따라 재사용 가능성의 높고 낮음을 평가

4. 소프트웨어 재사용 접근 방안

(1) **부품으로 된 라이브러리를 이용**: 재사용 부품을 조립하여 블록으로 구성하는 방법

(2) **생성(모형화) 방안**: 재사용 부품을 패턴으로 구성하는 방법

(3) **수정하는 방안**: 기존 소프트웨어의 문제점을 수정하여 개발하는 방법

(4) 소프트웨어 부품의 크기가 작고 일반적인 설계일수록 재사용 이용률이 높음

(5) 소프트웨어 부품의 크기가 크고 구체적일수록 이용률이 낮음

제2절 소프트웨어 재공학

❶ 소프트웨어 재공학의 개요

(1) 소프트웨어 재공학의 의의

① 소프트웨어 위기의 해결책을 개발의 생산성이 아닌 유지보수의 생산성 재고에서 찾는 새로운 시각이다.

② 기존 소프트웨어의 취약한 부분들을 단계적으로 미화시켜 작업 수행 시마다 질적 향상을 꾀하는 데 있다.

(2) 소프트웨어 재공학의 등장배경

① 기존의 소프트웨어가 노화되어 새로운 소프트웨어로 대치해야 할 경우 현재 시스템보다 훨씬 더 좋은 소프트웨어를 만들 수 있다는 보장이 없기 때문이다.

② 현재 시스템보다 품질이 더 좋은 소프트웨어가 있어서 교체하게 되면 사용상의 문제점이 없다고 장담할 수 없기 때문이다.

③ 새로 소프트웨어를 개발해도 기존 시스템과의 호환성이 100% 이루어질 수도 없을 뿐만 아니라 사용자의 교육에도 많은 영향을 줄 수 있기 때문이다.

(3) 소프트웨어 재공학의 목적

① 소프트웨어의 유지보수성을 향상시킨다.

② 소프트웨어에서 사용하고 있는 기술을 상향 조정한다.

③ 소프트웨어의 수명을 연장시킨다.

④ 소프트웨어 성분들을 추출하여 정보 저장소에 저장한다.

⑤ 유지보수 생산성을 높인다.

❷ 소프트웨어 개조

(1) 기존 소프트웨어에 수정을 가함으로써 이해하기 쉽고 변경이 용이하며 미래의 변화에 품질상의 문제를 유발시키는 가능성을 줄이기 위한 작업이다. 소프트웨어의 개조는 비구조적인 코드를 구조적인 코드로 변환시키는 것이 가장 큰 목적이다.

(2) 데이터의 이름과 정의, 프로그램의 논리적 구조를 표준화하여 소프트웨어의 유지보수성과 생산성을 높이는 작업이다.

❸ 소프트웨어 역공학(Reverse Engineering)

(1) 소프트웨어 역공학은 소스코드보다 상위 수준의 추상화에서 프로그램 표현을 위해 프로그램을 분석하는 프로세스이다. 즉, 역공학은 설계 복구의 한 프로세스로 기존 프로그램으로부터 데이터, 구조 및 절차적 설계 정보를 추출해낸다.

(2) 역공학의 관심분야

① 추상화 수준(Abstraction Level)
② 완전성(Completeness)
③ 방향성(Directionality)

(3) 역공학의 핵심은 '추상 추출(Extract Abstractions) 활동'으로서 문서화가 안 된 구 프로그램을 평가하며, 소스코드로부터 수행처리의 명세, 사용자 인터페이스, 프로그램 자료구조와 데이터베이스를 추출한다.

> **역공학의 2가지 개념**
> • 코드의 역공학: 코드로부터 흐름도, 자료 구조도, 자료 흐름도를 재생시키는 것
> • 데이터 역공학: 코드로부터 자료사전, ERD 등을 재생시키는 것

(4) 역공학 프로세스

① 처리(Process) 역공학: 소스코드에 의해 표현된 절차적 추상을 이해하고 추출하기 위한 과정으로, 시스템에 대한 높은 상세 수준에서의 기능적 추상을 나타내는 각 컴포넌트에 대한 처리 설명서(Processing Narrative)를 작성한다.
② 데이터(Data) 역공학: 프로그램 수준에서 내부 프로그램 데이터구조와 새로운 데이터베이스 스키마를 역공학해야 한다.
③ 사용자 인터페이스(User Interface) 역공학: 기존 사용자 인터페이스를 이해하기 위해 인터페이스 구조와 행위 모델을 코드로부터 추출한다.

4 CBD(Component Based Development)

(1) 개요

① 시스템 또는 소프트웨어를 구성하는 각각의 컴포넌트를 만들고 조립해 또 다른 컴포넌트나 소프트웨어를 만드는 것을 말한다.
② 소프트웨어 컴포넌트를 조립해 새로운 애플리케이션을 만들 수가 있어 개발기간을 단축할 수 있으며, 기존의 컴포넌트를 재사용할 수 있어 생산성과 경제성을 높일 수 있다.
③ 컴포넌트를 만드는 데 소요되는 시간은 CBD 케이스 툴의 자동화 기능(마법사 등)을 사용하면 컴포넌트를 만드는 개발기간을 단축시킬 수 있다.
④ 컴포넌트는 독립적인 개발과 배포가 가능해 사용자는 품질 좋은 컴포넌트를 선택하여 사용할 수 있다. 컴포넌트의 사용은 인터페이스를 통해 이루어지고 실제 구현 과정은 사용자가 알 필요가 없다.

(2) 컴포넌트의 특징

① 컴포넌트는 또 다른 컴포넌트를 만들거나 애플리케이션을 만들기 위한 소프트웨어 빌딩 블록이며 독립적으로 개발과 배포가 가능한 소프트웨어 패키지이다.

② 컴포넌트는 컴포넌트 행위에 대한 정의인 스펙, 이 스펙을 구현하는 내부 설계 및 코드를 포함하는 구현(Component Implementation), 설치 가능한 모듈들의 집합인 패키징(Component Packaging)으로 구성된다.

③ 컴포넌트는 캡슐화되어 스펙만을 참조하도록 되어 있으며, 그 내부 알고리즘은 감추어져 있다. 따라서 전체 소프트웨어에 영향을 주지 않고 컴포넌트의 구현을 변경할 수 있다.

④ 컴포넌트의 사용은 하나 이상의 인터페이스를 통해서만 이용할 수 있다. 인터페이스란 관련된 오퍼레이션들의 모음이며 독립적으로 정의될 수 있는 단위이고, 오퍼레이션이라는 것은 별도로 호출될 수 있는 기능단위이다. 컴포넌트 스펙은 인터페이스 리스트와 컴포넌트 스펙 타입 자체에 정의된 부가적인 규칙을 더한 것이다.

⑤ 컴포넌트를 개발할 때는 해당 버전의 스펙을 반드시 준수하여 개발해야 한다. 스펙을 준수하지 않으면 호환성을 보장받지 못한다. 스펙 준수에 따른 호환성으로 인해 개발 툴이나 애플리케이션 서버의 종류에 상관하지 않고 소프트웨어를 개발할 수 있는 것이다.

⑥ 응용 시스템에서 공통적인 요소들을 일반화, 캡슐화하여 재사용 가능한 라이브러리로 구성하여, 새로운 시스템을 구성할 때 이들을 선택 및 수정 조립하여 적용하는 모델이다.

05

5 소프트웨어 아키텍처(Software Architecture)

1. 개요

(1) 소프트웨어의 골격이 되는 기본구조이다.

(2) 소프트웨어 아키텍처는 품질특성과 개발진행 방법에 영향을 주며, 소프트웨어 개발을 성공으로 이끌기 위한 중요한 역할을 수행한다.

(3) 소프트웨어 아키텍처란 외부에서 인식할 수 있는 특성을 가진 소프트웨어 구성 요소들의 구조라 할 수 있다(아키텍처에 존재하는 요소들은 그 특성을 나타내는 추상 개념이나 관계가 잘 드러나야 한다. 특성이라 함은 컴포넌트가 제공하는 기능이나 서비스, 성능 등을 의미한다).

2. 아키텍처의 역할

(1) 일반적인 분석기법들은 기능의 추출과 분석을 우선 생각하고, 성능과 같은 품질특성을 충분히 검토하는 것은 아니다. 그러나 소프트웨어 아키텍처 설계에서는 개발대상이 되는 소프트웨어의 비기능적인 성질을 검토하여 기본구조를 정한다.

(2) 다음과 같은 시스템 전체에 관련된 성질들을 이해하기 위한 체계를 제공한다.

전체의 흐름, 통신패턴, 처리규모와 성능, 실행제어의 구조, 확장성(이용자 수와 프로세스 수가 증가했을 때에 유연하게 확장, 대응할 수 있는 정도), 소프트웨어 전체에 관련된 일관성, 장래의 발전에 대한 전망, 입수 가능한 부품과 부품의 적합성

(3) 소프트웨어 아키텍처를 설계하여 문서화해 두면 다음과 같은 이점이 있다.

> 관여자들(소프트웨어 개발에 관련된 사람들) 사이의 의사소통 개선, 시스템의 해석(시스템 개발 초기에 trade-off를 맞추기 위하여 시스템의 해석이 필요하게 된다), 소프프웨어의 재이용

3. 아키텍처 스타일

다수의 소프트웨어에 반복적으로 나타나는 구조를 카탈로그에 규정해 둔 것을 아키텍처 패턴(아키텍처 스타일)이라 한다.

(1) 기능분할의 모델화

기능의 분할과 배치를 토대로 분류한 아키텍처 모델로는 계층모델, 클라이언트 서버 모델, 데이터중심형 모델 등이 있다.

① **계층모델**: 기능들을 상위에서 하위에 이르기까지 계층적으로 나열하여 배치한 모델

② **클라이언트 서버 모델**: 데이터와 처리기능을 클라이언트와 서버에 분할시켜서 운용하는 분산시스템 모델

③ **데이터중심형 모델(Repository Model)**: 여러 개의 서브시스템들이 공유데이터를 통해서 데이터를 교환하면서 처리를 수행하는 모델. 중앙의 데이터베이스에 공유데이터를 보존하고, 모든 서브시스템들이 액세스한다.

(2) 제어관계의 모델화

소프트웨어의 제어관계를 데이터와 제어의 흐름을 중심으로 정리하면, 아키텍처 모델은 데이터흐름 모델과 제어모델로 분류될 수 있다.

① **데이터흐름 모델**: 입력데이터를 처리하여 출력을 생성하는 변환기능에 의해 구성되는 모델

② **제어모델**: 서브시스템들 사이의 제어에 주목한 모델. 제어모델은 집중형 제어모델과 이벤트구동형 제어모델로 분류된다.

㉠ **집중형 제어모델**: Goal-Return Model, Manager Model

㉡ **이벤트구동형 제어모델**: Broadcast Model, Interrupt Driven Model

Chapter 11

CASE(Computer Aided Software Engineering)

제1절 CASE의 기본 개념

❶ CASE의 개념과 등장배경

(1) 소프트웨어 자동화

① Boehm은 표준 소프트웨어 공학 기법을 적용하면 9~17%의 개발 노력을 절감할 수 있고, 소프트웨어 공학 기법과 여러 자동화 도구를 통합하여 소프트웨어 공학 환경을 구축하면 28~41%의 노력을 절감할 수 있다고 주장하였다.

② 소프트웨어 공학 자동화로 개발비용 절감 및 생산성을 향상시킬 수 있다.

㉠ 소프트웨어 개발, 운용, 유지보수 활동을 보다 효과적으로 관리 및 제어할 수 있다.

㉡ 소프트웨어 유지보수 비용을 절약할 수 있다.

㉢ 소프트웨어 품질과 일관성을 보다 효율적으로 개선할 수 있다.

③ 자동화된 소프트웨어 공학은 개발과 유지보수를 표준화하는 데 기여한다.

(2) CASE의 정의

① CASE(Computer-Aided Software Engineering)는 소프트웨어 공학의 자동화를 의미하며, 소프트웨어 공학작업 중 하나의 작업을 자동화한 소프트웨어 패키지를 CASE 도구라 한다. 이러한 도구를 한데 모아놓은 것을 소프트웨어 공학환경(Software Engineering Environment)이라 한다.

② CASE 도구들은 소프트웨어 관리자들과 실무자들의 소프트웨어 프로세스와 관련된 활동을 지원한다. 즉, 프로젝트 관리 활동을 자동화하고, 프로세스에서 생산된 결과물을 관리하며, 엔지니어들의 분석·설계 및 코딩과 테스트 작업을 도와준다.

(3) CASE의 등장배경

① 소프트웨어에 대한 위기의식이 깊어지면서 근본적인 해결책의 하나의 방안으로 CASE가 각광받기 시작했다.

② 이제까지 노동집약적인 수준에 머물러 왔던 소프트웨어 개발방식을 자동화함을 목표로 삼고 만들어진 개념이다.

③ CASE의 등장은 개발자 자신의 작업들을 자동화하지 못한 소프트웨어 산업의 현실통찰에서 비롯되었다고 할 수 있다.

2 CASE의 특징과 장점

(1) CASE의 특징

① 초기의 CASE는 자료 흐름도, E-R 도표 및 구조도를 그려주어 분석 및 설계를 지원해 주는 도구로 시작되었다.

② CASE의 개념이 진화되면서 CASE는 단순한 분석이나 문서화 도구들의 의미에서 소프트웨어 개발 전 과정에 걸쳐 자동화된 지원 시스템의 의미로 확장되어 왔다.

③ 정형화된 구조 및 메커니즘을 소프트웨어 개발에 적용하여 소프트웨어 생산성 향상을 구현하는 공학기법이다.

④ CASE는 발전하면 할수록 그 중심을 지키는 정보저장소에 크게 의존한다.

(2) CASE의 장점

① 소프트웨어 개발의 모든 단계에 걸쳐 표준화를 지원한다.

② 방법론을 지원하는 도구들의 사용으로 개발 기법을 실용화한다.

③ 자동화된 검사를 통하여 소프트웨어 품질을 향상시킨다.

④ 프로그램의 유지보수를 간편하게 한다.

⑤ 개발기간을 단축하고 비용을 절감시킨다.

⑥ 문서화의 용이성을 제공한다.

⑦ 소프트웨어 모듈의 재사용성을 증대시킨다.

제2절 CASE의 분류

1 상위 CASE

(1) 특징

① 소프트웨어 개발의 초반 작업을 지원한다.

② 분석과 설계를 지원하는 SREM이나 PSL/PSA의 CASE 도구와 최근에는 객체지향 및 컴포넌트 개발 방법을 지원하는 여러 CASE 도구들이 사용되고 있다.

(2) 상위 CASE가 지원하는 주요 기능

① 여러 방법론을 지원하는 다이어그램 도구

② 모델의 일관성 및 정확성을 확인하기 위한 오류 검증 기능

③ 프로토타이핑을 지원하는 도구

④ 여러 모델 사이의 모순성 검사

⑤ 설계 사전

2 하위 CASE

(1) 특징

① 소프트웨어 생명주기의 후반부를 지원하며, 프로그래밍에 사용되는 컴파일러, 링커, 로더, 디버거 등의 도구를 포함한다.

② 코드 생성기, 구문 중심 편집기, 전문가 시스템을 이용한 컴파일러 및 다양한 종류의 테스트, 디버깅 도구가 사용되고 있다.

(2) 하위 CASE 도구

① 구문 중심 편집기

㉠ 컴파일러의 기능과 편집기의 기능을 결합한 것으로, 프로그래머가 문법에 신경쓰지 않고 논리에 집중할 수 있도록 지원한다.

㉡ 즉시 문법 오류를 찾아내므로 프로그래머가 시간을 절약할 수 있으며 생산성이 높아지고, 교육적인 효과도 발생한다.

② 코드 생성기

㉠ 상세 설계 명세서 또는 프로토타입으로부터 원시코드를 자동 생성하는 일종의 컴파일러이다.

㉡ 사용자 인터페이스 관리 시스템도 프로토타입으로부터 인터페이스를 위한 코드를 자동 생성한다.

③ 테스트 도구

㉠ 정적 분석기: 파일 비교기 등

㉡ 동적 분석기: 디버거, 테스트 기준 분석기, 가설 검증기, 회귀 테스터(Regression Tester 등)

3 통합 CASE

(1) 통합 CASE 저장소의 주요 기능

① 데이터 무결성

② 정보 공유

③ 데이터와 도구의 통합

④ 데이터와 데이터의 통합

⑤ 방법론 강화

⑥ 문서 표준화

(2) 통합 CASE의 기본 구성요소

① 그래픽 기능

② 프로토타이핑 및 명세화 도구

③ 설계 도구

④ 프로그래밍 및 테스트 도구

⑤ 정보 저장소(Repository)

(3) 통합 CASE의 이점

① 한 도구로부터 다른 도구로 또는 소프트웨어 공학 한 단계로부터 다음 단계로의 유연한 정보 전달이 가능하다.

② 소프트웨어 형상관리와 품질보증 및 문서 생성에 대한 보호활동에 드는 노력이 절감된다.

③ 보다 나은 계획 수립, 감시와 대화를 통해 성취되는 프로젝트 통제가 증가된다.

④ 대형 소프트웨어 프로젝트에서 일하는 요원들 사이의 상호작용이 조정・개선된다.

Chapter

12 실시간 시스템 개발 기법

제1절 실시간 시스템 개발 기법

❶ 실시간 시스템의 개념

(1) 정의

① 실시간 시스템은 제한된 시간 내에 내·외부에서 주어진 사건에 응답해야 하고 자료를 처리해야 한다.

② 실시간 시스템은 우리 주변의 다양한 분야에서 빠른 속도로 증가하고 있으며, 또한 그 복잡도도 증가하고 있다.

③ 현재 신뢰성을 가진 실시간 시스템의 개발에 많은 연구와 개발이 이루어지고 있다.

(2) 실시간 시스템 설계 시 고려사항

① 실시간 태스크들 간의 조정

② 데이터 분실을 방지하는 입출력 처리

③ 시스템 인터럽트 처리데이터

④ 데이터베이스의 정확성 보장

⑤ 시스템의 내외부적 시간 제약

(3) 실시간 데이터베이스

① 실시간 시스템이 데이터베이스를 필요로 할 경우는 분산 데이터베이스 시스템이 효과적이다.

② 멀티태스킹 및 병행처리를 수행한다.

③ 신속하고 신뢰성이 있어야 하며, 병목현상은 억제한다.

(4) 실시간 운영체제(RTOS ; Real Time Operating System)

① 기억장치 순간 폐쇄(Memory Locking) 기능과 같이 다중프로그래밍 또는 병행처리 시스템에서 여러 태스크가 공유 데이터를 액세스할 때 일관성을 유지하기 위한 방법 등이 제공되는 실시간 용도의 운영체제

② 실시간 운영체제 : Dedicated RTOS

❷ 실시간 시스템의 성능

1. 성능에 대한 고려사항

응답시간, 자료전송 속도, 최대 부하조건하에서의 실행과 병행작업의 가능성 등으로 결정한다.

(1) 응답시간

① 내부 또는 외부의 사건을 받아들여 처리해서 그 결과를 보낼 때까지의 소요시간

② 사건의 감지와 조치는 간단하나, 사건에 대한 정보를 분석하여 알맞은 조치를 결정해내는 과정이 복잡하고 많은 시간이 소요된다.

③ 응답시간에 영향을 주는 요인

㉠ 문맥교환(Context Swithching) 시간 : 해당 작업(Task)을 교체하는 데 필요한 시간

㉡ 인터럽트 대기(Interrupt Latency) 시간 : 인터럽트가 요청된 시간으로부터 CPU가 인지하기까지 소요시간

㉢ 접근시간(Access Time) : 기억장치에서 정보를 읽어오는 데 소요되는 시간

(2) 자료전송 속도

① 아날로그나 디지털 형태의 데이터가 시스템으로부터 입출력되는 속도

② 하드웨어적 성능에 해당하는 수행시간과 수용 능력에 일부 좌우된다.

③ 자료전송 속도에 영향을 주는 요인

㉠ 입출력장치의 성능

㉡ 대기 시간

㉢ 버퍼의 크기

㉣ 디스크 성능

(3) 비동기 데이터 처리

① 연속적으로 입력되는 자료의 손실이 없도록 조정되어 처리되어야 한다.

② 비동기적으로 발생하는 사건에 반응해야 하나, 자료의 양과 도착 순서를 예측하기 어렵다.

(4) 신뢰성

① 특별한 신뢰성 요구사항을 준수해야 한다. 또한 오류에서의 회복을 중시한다.

② 재시작(Restart), 고장허용(Fault Tolerance), 백업(Backup) 등을 지원해야 한다.

2. 성능분석 방법

(1) 시간

응답시간에 대해 명세화. “x%의 모든 응답은 y초 내에 이루어져야 한다.”고 정의된다.

(2) 처리율(Transaction Rate)

① 가장 바쁜 시간 때에도 응답시간 내에 입력자료를 처리해야 한다.

② 데이터 입력 속도와 동시에 입력하는 타 시스템 또는 사용자 등에 의해 정의된다.

❸ 실시간 시스템 모델링 도구들

(1) 상태변화도(STD ; State Transaction Diagram)

(2) Petri Net

(3) State Chart

(4) SDL(Specification & Description Language)

(5) 프로세스 활성표(PAT ; Process Activation Table)

(6) 결정표(DT ; Decision Table)

(7) 상태사건표(SEM ; State Event Matrix)

제2절 실시간 시스템의 설계

❶ 실시간 시스템 설계 시 요구사항

(1) 인터럽트와 문맥교환의 표현

(2) 멀티태스킹과 멀티프로세싱에 의해 나타나는 병행성

(3) 태스크 간의 정보교환과 동기화

(4) 자료와 통신 속도의 다양성

(5) 시간 제약의 표현

(6) 오류처리와 고장복구를 위한 특별한 요구

(7) 비동기 처리

(8) 운영체제, 하드웨어 및 외부시스템 구성요소들 간의 필수적이며 피할 수 없는 결합 문제

❷ DARTS 설계 기법

(1) 특징

① Gomaa에 의해 개발된 DARTS 기법은 실시간 특성을 가진 설계구조로 변환할 수 있도록 가이드라인을 제시한다.

② DARTS는 인터럽트가 요구되는 실시간 시스템의 설계에 활용할 수 있도록 만들어졌으며, 자료흐름 중심 설계의 확장이라 할 수 있다.

③ 병행 수행, 동기화(Synchronization)와 같은 실시간 특성을 설계 단계에서 나타낼 수 있도록 표기법을 제시하고 있다.

④ 태스크(task)를 수행하는 구성 요소들 사이의 상호 교류와 동기화 문제, 상태들 사이의 연관성 표시, 자료 흐름도를 자료흐름 설계로 전환하는 등의 수행을 할 수 있다.
⑤ DARTS는 구조적 분석 및 구조적 설계의 확장이라 볼 수 있으며, 시스템의 태스크를 정의하고 태스크들 사이의 인터페이스를 정의할 수 있는 방법을 제시한다.

(2) 실시간 시스템 모델링을 위한 자료 흐름도의 확장

① 실시간 시스템에서는 제어흐름(Control Flow)을 모델링하는 방법이 필요하다.
② 제어 프로세스(Control Process), 즉 자료 흐름도 내의 다른 버블의 활동을 조화시키고 병행작업을 맡은 버블들을 나타내는 방법도 필요하다.

3 Mellor와 Ward의 설계 기법

(1) 특징

자료흐름 모델 기법의 변형으로 전통적인 자료흐름 지향 분석 및 설계 기법을 확장하여 다음과 같은 사항을 표현할 수 있다.

① 연속적 시간에 따라 생성되는 정보의 흐름
② 시스템 전체에 전달되는 제어 정보와 그에 관련된 제어 처리
③ 같은 변환에 대한 여러 인스턴스(Instance)의 표현
④ 시스템의 상태와 상태 전이를 일으키는 방법

(2) 표기법상의 차이점

① 이산적 자료와 시간 연속적인 자료는 구분하여 표현이 가능하다.
② DFD상에 자료흐름과 제어흐름의 표현이 가능하다.
③ 다중 인스턴스의 표현이 가능하다.
④ 상태 전이도에서 상태를 사각형으로 표현하여 DFD와 혼란을 방지하는 효과가 있다.

(3) 설계 기법

① 기본자료와 사건흐름을 나타내는 배경도를 작성하고, 정보출처, 사용처 및 저장소를 나타낸다.
② 주요 사건에 대해 사건 목록(Event List)을 작성한다.
③ DFD를 상세화한다.
④ 상태 전이도를 작성한다.
⑤ 상세화된 DFD와 상태 전이도가 일관성이 있는지 검토한다.
⑥ 전통적인 방법을 이용하여 자료 항목과 각 프로세스를 기술한다.
⑦ 변환분석과 거래분석을 통해 프로그램 구조도를 작성한다.
⑧ 모든 간계를 검토하고, 필요에 따라 반복한다.

Chapter 13 최신 소프트웨어 공학

❶ 정형적 명세 기법

1. 정형적 방법(Formal Method)

(1) 기본 개념

① 분석과 설계 동안 적용된 소프트웨어 공학 방법들은 수학적 엄격함의 정도에 따라 정형성(Formality)의 스펙트럼으로 분류된다.

② 기존의 다이어그램, 텍스트, 테이블, 표기법들은 수학적 엄격함이 거의 적용되지 않은 비정형적(Informal) 형태에 해당한다.

③ 정형적 명세서의 형식은 수학적이며, 명세와 설계 시 시스템의 기능과 행위를 표현하는 정형적 문법(Formal Syntax)과 의미(Semantix)를 사용해서 기술한다.

④ 정형적 방법은 명세서를 보다 완전하게 일관성을 가지며, 모호하지 않게 생성할 수 있도록 한다.

⑤ 정형적 방법은 명세 오류를 매우 효과적으로 줄여주며, 그 결과 고객이 소프트웨어를 사용 시 오류를 거의 갖지 않게 하는 소프트웨어의 기초가 된다.

⑥ 정형적 방법은 명세 기반으로 이산수학에 기초하므로 명세가 올바르다는 것을 증명하기 위해 논리적 증명이 각 시스템 기능에 적용된다.

⑦ 정형적 방법의 어려움으로 인해 전문적으로 훈련된 소프트엔지니어에 의해 정형적 명세를 생성한다.

⑧ Z 또는 VDM과 같은 정형적 명세 언어로 표현된 명세서를 생성한다.

(2) 정형적 명세에서 요구되는 성질

① 비모순성(Unambiguous)

명세 언어의 정형적 문법을 사용하므로 요구사항이나 설계를 오직 한 가지 방식으로 해석할 수 있게 한다.

② 일관성

㉠ 명세의 어느 한 곳에 언급된 내용이 다른 곳에서 모순되어서는 안 된다.

㉡ 명세 내의 초기 사실들이 이후 문장들에 정형적으로 매핑될 수 있음을 수학적으로 증명된다.

③ 완전성(Completeness)

㉠ 정형적 방법으로도 달성되기 어려운 성질

㉡ 시스템의 어떤 기능이 명세가 생성될 때 구현에 어느 정도 자유를 주기 위해 고의로 생략되거나 실수에 의해 누락될 수 있으며, 이는 본질적으로 크고 복잡한 시스템의 모든 동작들에 대한 시나리오를 파악하는 것은 불가능하기 때문이다.

2. 정형적 명세 언어

(1) 정형적 명세 언어의 3가지 구성요소

① 명세를 표현하는 특정한 표기법을 정의하는 구문(Syntax)
② 시스템을 기술하기 위해 사용될 객체를 정의할 수 있는 의미(Semantic)
③ 어떤 객체들이 명세를 적절하게 충족시키는가를 나타내는 규칙을 정의하는 관계들의 집합(Set of Relations)

(2) 정형적 명세 언어의 종류

	순차	병렬
대수학적 방법	Larch, OBJ	Lotos
모형 기반 방법	Z, VDM	CSP, Petri-net

❷ 클린룸 소프트웨어 공학

(1) 코드 증가분을 처음에 정확히 작성하고, 테스트 전에 정확성을 검증해서 비용이 많이 드는 결함 제거 프로세스에 대한 의존성을 회피하고자 하는 접근법이다.

(2) 프로그램 구현이 시작되기 전에 정확성에 대한 수학적 검증과 테스트 활동의 한 부분으로 소프트웨어 신뢰도 인증을 강조하는 프로세스이다.

(3) 클린룸 소프트웨어 공학의 중요성은 소프트웨어가 설계되고 구현될 때 생겨나는 버그를 극단적으로 줄임으로써 잘못된 작업을 수정하는 데 드는 시간과 비용을 감소시키고자 한다. 즉, 심각한 위험에 직면하기 전에 결함을 제거하는 프로세스 모델이다.
① 1980년대에 Miles, Dyer, Linger가 소프트웨어 공학에 처음으로 제안하였다.
② 결함을 구현 후에 제거하는 것이 아니라 명세와 설계에 있는 결함을 제거하기 위해 필요한 규율을 요구하고, 그다음 '클린방식'으로 만들어간다.

❸ 애자일 소프트웨어 개발

- 애자일 소프트웨어 개발(Agile software development) 혹은 애자일 개발 프로세스는 소프트웨어 엔지니어링에 대한 개념적인 얼개로, 프로젝트의 생명주기 동안 반복적인 개발을 촉진한다.
- 2001년 XP(Extreme Programming), Crystal, ASD(Adaptive Software Development) 등 방법론 대표자들이 모여서 Agile Alliance라는 연합체를 구성하면서 'Agile Development'라는 공식 이름을 발표한다.

1. 애자일 소프트웨어 개발

(1) 개요

① 애자일 개발 프로세스란 어느 특정 개발 방법론을 가리키는 말은 아니고 애자일 개발을 가능하게 해주는 다양한 방법론 전체를 일컫는 말이다.

② 예전에는 애자일 개발 프로세스는 '경량(Lightweight)' 프로세스로 불렸다. 익스트림 프로그래밍(XP ; eXtreme Programming)이 애자일 개발 프로세스의 대표적인 방법이라 할 수 있다.

③ eBusiness 시장 및 SW 개발환경 등 주위 변화를 수용하고 이에 능동적으로 대응하는 여러 방법론을 통칭한다.

(2) 개발 배경

① 애자일 프로세스의 배경에는 소프트웨어 개발 자체가 과거와 양상이 바뀌었다는 전제가 있다.

② 지금의 소프트웨어는 개발기간이 짧고 적은 비용을 투입하며, 매우 복잡하고 개방적이다. 또한 사회의 상황이나 시장의 변동에 따라 변화가 심하고 요구사항도 시시각각 변해가고 있다. 그래서 이미 고전적인 소프트웨어 공학이나 관리 기법만으로는 대처할 수 없게 되었다.

③ 이런 문제에 대한 기술적인 해결책으로 객체지향이 등장하였으며, 객체지향 기술은 그동안의 개발 문제를 적절하게 대처해 주었다. 애자일 개발 프로세스의 상당수는 객체지향 기술을 기반으로 한다.

④ 애자일 개발 프로세스는 제한된 시간과 비용 안에서 정보는 불완전하고 예측은 불가능하다는 전제를 가진다. 그리고 그 전제 아래에서 합리적인 답을 내도록 하는 것이 애자일 개발 프로세스의 목적이다.

⑤ 기존 방법론의 엄격한 규칙 증가로 인한 생산성 하락과 사용자 요구사항의 지속적 변화에 대응하기 위한 방법론이 필요하였다.

(3) 특징

① Predictive라기보다 Adaptive(가변적 요구사항에 대응)

② 프로세스 중심이 아닌 사람 중심(책임감이 있는 개발자와 전향적인 고객)

③ 전반적인 문서화보다는 제대로 작동하는 소프트웨어

④ 계약 협상보다는 고객 협력

⑤ 계획을 따르기보다는 변화에 응대함

⑥ 모든 경우에 적용되는 것이 아니고 중소형, 아키텍처 설계, 프로토타이핑에 적합

(4) 애자일 개발 프로세스와 전통적인 개발 프로세스와의 차이

① 폭포수 모델과 계획기반 개발 기법들은 일련의 차례와 탄탄한 계획을 기반으로 하여 개발을 진행시킨다. 이것은 이해하기도 쉽고 사용하기도 쉬운 바람직한 기법이기는 하지만, 계획대로 진행되지 않을 경우에는 많은 부작용이 생길 수 있다.

㉠ 납기일 전 철야

㉡ 철야에도 불구하고 납기일 지연

㉢ 지연에 따른 비난과 스트레스가 개발자에게 향하여 에너지 소진

㉣ 결국 납기된 솔루션은 고객의 요구를 충족하지 못함

② 전통적인 개발 프로세스와 같은 정형적 프로세스 제어모델은 동일한 입력에 대해서 동일한 결과가 기대될 경우에 적합하다. 하지만, 소프트웨어를 포함한 IT의 개발은 경험적 프로세스 제어모델로 접근할 필요가 있다. 경험적 프로세스 제어모델은 항상 불확실성을 수반하고 포용하고 있다. 애자일 개발 프로세스는 경험적 프로세스 제어모델로 개발을 관리한다.

(5) 종류

① 익스트림 프로그래밍(Extreme Programing ; XP)

애자일 개발 프로세스의 대표자로 애자일 개발 프로세스의 보급에 큰 역할을 하였다. 이 방법은 고객과 함께 2주 정도의 반복개발을 하고, 테스트와 우선 개발을 특징으로 하는 명시적인 기술과 방법을 가지고 있다.

② 스크럼

30일마다 동작 가능한 제품을 제공하는 스플린트를 중심으로 하고 있다. 매일 정해진 시간에 정해진 장소에서 짧은 시간의 개발을 하는 팀을 위한 프로젝트 관리 중심의 방법론이다.

③ 크리스털 패밀리

이 방식은 프로젝트의 규모와 영향의 크기에 따라서 여러 종류의 방법론을 제공한다. 그중에서 가장 소규모 팀에 적용하는 크리스털 클리어는 익스트림 프로그래밍만큼 엄격하지도 않고 효율도 높지 않지만, 프로젝트에 적용하기 쉬운 방법론이다.

④ Feature-Driven Development

feature마다 2주 정도의 반복 개발을 실시한다. Peter Coad가 제창하는 방법론으로써, UML을 이용한 설계 기법과도 밀접한 관련을 가진다.

⑤ Adaptive Software Development(ASD)

소프트웨어 개발을 혼란 자체로 규정하고, 혼란을 대전제로 그에 적응할 수 있는 소프트웨어 방법을 제시하기 위해 만들어진 방법론이다. 내용적으로는 다른 방법론들과 유사하지만, 합동 애플리케이션 개발(Joint Application Development, 사용자나 고객이 설계에 참가하는 개발 방법론)을 사용하고 있는 것이 조금 다르다.

⑥ 익스트림 모델링

익스트림 모델링은 UML을 이용한 모델링 중심 방법론이다. 다만, 여타 모델링 방법들과는 달리 언제나 실행할 수 있고 검증할 수 있는 모델을 작성하는 공정을 반복해서, 최종적으로는 모델로부터 자동적으로 제품을 생성하게 한다.

2. 익스트림 프로그래밍(eXtreme Programming ; XP)

(1) 개요

① 익스트림 프로그래밍(eXtreme Programming, XP)은 켄트 백 등이 제안한 소프트웨어 개발 방법이다.

② 비즈니스상의 요구가 시시각각 변동이 심한 경우에 적합한 개발 방법이다.

③ 1999년 켄트 백의 저서인 《Extreme Programming Explained-Embrace Change》에서 발표되었다.

④ Agile Process의 대표적 개발기법이다.

⑤ 개발자, 관리자, 고객이 조화를 극대화하여 개발 생산성을 높이고자 하는 접근법이다.

(2) 특징

① 이 방법은 10~12개 정도의 구체적인 실천 방법(프랙티스)을 정의하고 있어, 비교적 적은 규모의 인원으로 구성된 개발 프로젝트에 적용하기 좋다.

② 개발 문서보다는 소스코드를, 조직적인 개발의 움직임보다는 개개인의 책임과 용기에 중점을 두는 경향이 크다.

③ 공정 단계: 1단계(릴리즈 계획 및 스토리 작성) → 2단계(반복 계획) → 3단계(개발 및 관리 1~3주)

(3) XP(eXtreme Programming)의 실천사항

① 점증적인 계획 수립: 계획 세우기. 우선순위와 기술사항 고려 범위 결정

② 소규모 시스템 릴리스: 짧은 사이클로 버전 발표

③ 시험 우선 개발: 테스팅. 단위 테스트를 계속 작성

④ 리팩토링

⑤ 페어(pair) 프로그래밍: 가장 좋은 구현 방법 고민, 전략적인 방법 고민

⑥ 공동 소유권: 개발자들 누구나 코드 수정

⑦ 지속적 통합

⑧ 유지할 수 있는 속도: 1주에 40시간 작업

⑨ 현장의 고객: 고객도 한자리에

⑩ 표준에 맞춘 코딩

기출 & 예상 문제

05 소프트웨어 공학

제1~4장 개요, 계획, 분석, 설계

01 **소프트웨어 공학에 대한 설명으로 거리가 먼 것은?**

① 소프트웨어 공학의 목표는 양질의 소프트웨어를 생산하는 것이다.
② 소프트웨어의 품질을 평가하는 기준으로는 정확성, 유지보수성, 무결성, 사용성 등이 있다.
③ 소프트웨어 프로세스 모형으로는 폭포수 모형, 프로토타입 모형, 나선형 프로세스 모형이 있고, 이러한 방법을 혼합한 방법은 사용하지 않는다.
④ 소프트웨어를 개발하는 동안 여러 작업들을 자동화하도록 도와주는 도구를 CASE(Computer Aided Software Engineering)라고 한다.

02 **다음은 공학적으로 잘 작성된 소프트웨어를 나열한 것이다. 그중 설명이 가장 틀린 것은?**

① 소프트웨어는 사용자가 원하는 대로 동작해야 한다.
② 소프트웨어는 신뢰성이 높아야 하며, 효율적이어야 한다.
③ 소프트웨어는 에러가 없어야 한다.
④ 소프트웨어는 유지보수가 용이해야 한다.

03 **좋은 소프트웨어에 대한 기준은 보는 관점에 따라 다르다. 관점과 가장 밀접한 품질 특성들로 짝지어지지 않은 것은?**

① 개발자 관점: 모듈응집성, 기능완벽성, 처리효율성
② 유지보수자 관점: 유지보수성, 테스트 용이성, 이식성
③ 사용자 관점: 기능의 정확성, 재사용성, 이해 용이성, 상호운영성
④ 발주자 관점: 최소비용, 생산성, 융통성

04 **다음 중 소프트웨어 컴포넌트를 가장 잘 설명한 것은?**

① 운영체제 모듈들의 구성요소
② 사용자 프로그램의 집합
③ 소프트웨어의 재사용 가능한 구성요소
④ 차후 사용 가능한 소프트웨어 예비 모듈

05 **소프트웨어는 다른 공산품과는 다른 특성들을 가진다. 그 품질 특성을 설명하는 것 중 잘못 설명된 것은?**

① 강인성: 소프트웨어 성능이 강인하고 탁월하다.
② 사용 용이성: 사용자가 쉽게 배우고 한 번 배운 후 사용법을 오래 기억할 수 있다.
③ 신뢰성: 주어진 기간 동안 소프트웨어가 제대로 작동할 확률이다.
④ 정확성: 사용자가 요구한 기능을 정확하게 수행함을 말한다.

06 **폭포수 모형(waterfall model)의 진행 단계를 순서대로 바르게 나열한 것은?**

ㄱ. 요구분석	ㄹ. 구현
ㄴ. 유지보수	ㅁ. 설계
ㄷ. 시험	

① ㄱ－ㅁ－ㄷ－ㄹ－ㄴ
② ㅁ－ㄱ－ㄹ－ㄷ－ㄴ
③ ㅁ－ㄱ－ㄷ－ㄹ－ㄴ
④ ㄱ－ㅁ－ㄹ－ㄷ－ㄴ

정답찾기

01 실제로 소프트웨어 프로세스 모형은 조직에 맞게 다듬어지고 혼합되어 사용되는 경우도 있다.

02 소프트웨어는 잠재적인 오류를 최소화시킬 뿐이지 오류가 존재하지 않는 소프트웨어란 존재할 수 없다.

03 **사용자 관점**: 기능의 정확성, 이해 용이성, 사용 용이성, 일관된 통합 등

04 컴포넌트란 소프트웨어의 재사용이 가능한 구성요소를 말한다.

05 요구명세에 표시하지 않은 상황에서도 소프트웨어가 제대로 동작할 때 강인성이 있다고 말한다.

06 **폭포수 모형(waterfall model)의 진행 단계**: 계획－요구분석－설계－구현－시험－운영/유지보수

정답 **01** ③ **02** ③ **03** ③ **04** ③ **05** ① **06** ④

07 소프트웨어 개발 프로세스 모형에 대한 설명으로 옳은 것은?

① 폭포수(waterfall) 모델은 개발 초기단계에 시범 소프트웨어를 만들어 사용자에게 경험하게 함으로써 사용자 피드백을 신속하게 제공할 수 있다.
② 프로토타입(prototyping) 모델은 개발이 완료되고 사용단계에 들어서야 사용자 의견을 반영할 수 있다.
③ 익스트림 프로그래밍(extreme programming)은 1950년대 항공 방위 소프트웨어 시스템 개발경험을 토대로 처음 개발되어 1970년대부터 널리 알려졌다.
④ 나선형(spiral) 모델은 위험 분석을 해나가면서 시스템을 개발한다.

08 소프트웨어 개발 프로세스 모델 중 하나인 나선형 모델(spiral model)에 대한 설명으로 옳지 않은 것은?

① 폭포수(waterfall) 모델과 원형(prototype) 모델의 장점을 결합한 모델이다.
② 점증적으로 개발을 진행하여 소프트웨어 품질을 지속적으로 개선할 수 있다.
③ 위험을 분석하고 최소화하기 위한 단계가 포함되어 있다.
④ 관리가 복잡하여 대규모 시스템의 소프트웨어 개발에는 적합하지 않다.

09 폭포수 모형은 각 단계마다 문서를 추출해낸다. 다음의 문서들 중에서 가장 먼저 나오게 되는 문서는 어느 것인가?

① 프로젝트 계획서
② 요구사양서
③ 기본설계 사양서
④ 시스템 정의서

10 효과적인 소프트웨어 프로젝트 관리를 위한 3P에 해당되지 않는 것은 어느 것인가?

① people(사람) – 인적자원
② product(생산물) – 생산일정
③ problem(문제) – 문제인식
④ process(프로세스) – 작업계획

11 다음 중 소프트웨어 개발 팀 구성에 대한 설명으로 옳지 않은 것은?

① 중앙집중식 팀 구성은 구성원이 한 관리자의 명령에 따라 일하고 결과를 보고하는 방식을 취한다.
② 분산형 팀은 의사소통 경로가 많아 복잡하고 이해되지 않는 문제가 많은 프로젝트에는 적합하지 않다.
③ 분산형 팀 구성은 의사교환을 위한 비용이 크고 개개인의 생산성을 떨어뜨린다.
④ 중앙집중식 팀은 한 사람에 의하여 통제할 수 있는 비교적 소규모 문제에 적합하다.

12 다음 중에서 기능 중심의 평가 기준으로서 소프트웨어의 각 기능에 따라 부여하여 요인별 가중치를 합산하여 소프트웨어의 규모나 복잡도, 난이도를 산출하는 모형을 무엇이라고 하는가?

① FP ② LOC
③ COCOMO ④ SDLC

13 다음은 어떤 프로젝트를 구성하는 작업들의 선행작업과 소요기간을 나타낸 것이다. 이러한 작업 의존관계를 바탕으로 작업 B를 최대한 빠르게 시작할 수 있는 착수일과 최대한 늦추어 시작할 수 있는 착수일 간의 차이는?

작업	선행작업	소요기간
A	start	2
B	start	4
C	A	3
D	B, C	2
E	C	5
end	D, E	

① 2 ② 3
③ 4 ④ 5

정답찾기

07 • 프로토타입 모델은 개발 초기단계에 시범 소프트웨어를 만들어 사용자에게 경험하게 함으로써 사용자 피드백을 신속하게 제공할 수 있다.
• 폭포수 모델은 분석단계에서 사용자들이 요구한 사항들이 잘 반영되었는지를 개발이 완료 전까지는 사용자가 볼 수 없으며, 그 이후에 사용자의 의견을 반영할 수 있다.

08 **나선형 모형**(Spiral Model): 폭포수 모델과 프로토타이핑 모델의 장점을 수용하고, 새로운 요소인 위험 분석을 추가한 진화적 개발 모델이다. 프로젝트 수행 시 발생하는 위험을 관리하고 최소화하려는 것을 목적으로 하며 계획수립, 위험분석, 개발, 사용자 평가의 과정을 반복적으로 수행한다. 개발 단계를 반복적으로 수행함으로써 점차적으로 완벽한 소프트웨어를 개발하는 진화적(evolutionary) 모델이며, 대규모 시스템의 소프트웨어 개발에 적합하다.

09 • 문제정의 단계에서의 문서: 시스템 정의서
• 개발계획수립 단계에서의 문서: 프로젝트 계획서
• 요구분석 단계에서의 문서: 요구사양서
• 기본설계 단계에서의 문서: 기본설계 사양서
• 상세설계 단계에서의 문서: 상세설계 사양서, 시험계획서

10 프로젝트 관리의 구성요소는 사람, 문제, 프로세스이다.

11 분산형 팀은 의사소통 경로가 많아 복잡하고 이해되지 않는 문제가 많은 장기 프로젝트에 적합하다.

12 • **Function Point(기능점수 모형)**: 각 기능에 대하여 가중치를 부여하고 요인별 가중치를 합산하여 소프트웨어의 규모나 복잡도, 난이도를 산출하는 모형으로 각 기능이란 입출력 인터페이스 요소의 수, 입출력 양식의 수, file의 수 등이 있다.
• **LOC(Line of code)**: 크기 중심 평가 방법
• **SDLC(System development life cycle)**: 소프트웨어 개발주기

13 Slack time=최대한 늦추어 시작할 수 있는 시간−최대한 빠르게 시작할 수 있는 시간
=(10−6)−0=4

정답 **07** ④ **08** ④ **09** ④ **10** ② **11** ② **12** ① **13** ③

14 **요구분석 단계에서의 작업은 6하 원칙의 항목 중 어디에 속하는가?**

① HOW　② WHAT
③ WHERE　④ WHEN

15 **모듈의 결합도(coupling)와 응집력(cohesion)에 대한 설명으로 옳은 것은?**

① 결합도란 모듈 간에 상호 의존하는 정도를 의미한다.
② 결합도는 높을수록 좋고 응집력은 낮을수록 좋다.
③ 여러 모듈이 공동 자료 영역을 사용하는 경우 자료 결합(data coupling)이라 한다.
④ 가장 이상적인 응집은 논리적 응집(logical cohesion)이다.

제5장 객체지향 패러다임

16 **다음 중 객체지향 기법의 용어에 대한 설명이 올바르지 않은 것은?**

① 메시지: 파일, 메소드, 패키지와 같이 프로그래밍 언어 단위로 정의된 컴포넌트
② 객체: 필요로 하는 데이터와 이 데이터를 처리하는 함수들을 가진 작은 소프트웨어 모듈
③ 상속: 어떤 클래스에 정의된 요소가 다른 클래스에 의하여 소유된 것
④ 메소드: 오퍼레이션의 구현. 클래스에 있는 프로시저

17 **다음 보기와 같은 상황일 때 적합한 작업은?**

〈보기〉

가. 변경이 발생할 때 부작용의 전파를 감소시켜준다.
나. 컴포넌트 재사용을 용이하게 해준다.
다. 인터페이스는 단순해지고 시스템 결합도는 낮아진다.

① 다중정의(overriding)　② 캡슐화(Encapsulation)
③ 다형성(Polymorphism)　④ 상속성(Inheritance)

18 **객체지향 프로그래밍의 특징 중 상속 관계에서 상위 클래스에 정의된 메소드(method) 호출에 대해 각 하위 클래스가 가지고 있는 고유한 방법으로 응답할 수 있도록 유연성을 제공하는 것은?**

① 재사용성(reusability)　② 추상화(abstraction)
③ 다형성(polymorphism)　④ 캡슐화(encapsulation)

19 객체지향 개념에 관한 설명 중 옳지 않은 것은?

① 객체들 간의 상호작용은 메시지를 통해 이루어진다.
② 클래스는 인스턴스(instance)들이 갖는 변수들과 인스턴스들이 사용할 메소드(method)를 갖는다.
③ 다중 상속(multiple inheritance)은 두 개 이상의 클래스가 한 클래스로부터 상속받는 것을 말한다.
④ 객체가 갖는 데이터를 처리하는 연산(operation)을 메소드(method)라 한다.

20 객체지향 시스템의 특성이 아닌 것은?

① 캡슐화(Encapsulation)
② 재귀용법(Recursion)
③ 상속성(Inheritance)
④ 다형성(Polymorphism)

21 객체지향 프로그래밍에 대한 설명으로 옳지 않은 것은?

① 하나의 클래스를 사용하여 여러 객체를 생성하는데, 각각의 객체를 클래스의 인스턴스(instance)라고 한다.
② 객체는 속성(attributes)과 행동(behaviors)으로 구성된다.
③ 한 클래스가 다른 클래스의 속성과 행동을 상속(inheritance)받을 수 있다.
④ 다형성(polymorphism)은 몇 개의 클래스 객체들을 묶어서 하나의 객체처럼 다루는 프로그래밍 기법이다.

정답찾기

14 요구분석 단계는 사용자가 무엇(어떠한 기능 : WHAT)을 요구하는지 분석하는 단계이다.

15 ② 모듈화가 잘 되었다고 평가받기 위해서는 모듈의 독립성이 높아야 하며, 독립성을 높이기 위해서는 결합도는 최소화, 응집력은 최대화되어야 한다.
③ 여러 모듈이 공동 자료 영역을 사용하는 경우 공통 결합이라 한다.
④ 응집도 중에 가장 이상적인 것은 기능적 응집도이다.

16 **메시지** : 한 컴포넌트에서 다른 컴포넌트로 정보를 보내는 것

17 캡슐화는 독립된 클래스 단위로 구성하며 정보은닉의 개념을 포함한다.

18 객체지향 프로그래밍의 특성 중 다형성은 메소드 호출 시 호출되는 메소드가 실행 시에 결정되는 성질이 있으며, 대표적으로 오버로딩과 오버라이딩이 있다.

19 객체지향의 개념 중 다중 상속은 두 개 이상의 상위 클래스로부터 하나의 하위 클래스가 상속받는 것이다.

20 객체지향 기법은 상속성, 캡슐화, 다형성, 정보은닉의 특성을 가지고 있지만, 재귀용법은 함수나 메소드가 자기 자신을 호출하는 형태로 구조적 기법에서도 사용되는 방법이다.

21 다형성은 여러 가지 형태가 있다는 의미로 실행시간에 메소드가 여러 형태를 갖는다는 것이다.

정답 **14** ② **15** ① **16** ① **17** ② **18** ③ **19** ③ **20** ③ **21** ④

22 **객체지향 언어에서 클래스 A와 클래스 B는 상속관계에 있다. A는 부모 클래스, B는 자식 클래스라고 할 때, 클래스 A에서 정의된 메소드(method)와 원형이 동일한 메소드를 클래스 B에서 기능을 추가하거나 변경하여 다시 정의하는 것을 무엇이라고 하는가?**

① 추상 클래스(abstract class)
② 인터페이스(interface)
③ 오버로딩(overloading)
④ 오버라이딩(overriding)

23 **Java 언어의 추상 클래스(abstract class)에 대한 설명으로 옳은 것은?**

① 추상 클래스로부터 객체를 생성할 수 있다.
② 추상 클래스 형의 변수에 그 서브 클래스 객체를 저장하는 것이 가능하다.
③ 추상 클래스는 메소드의 구현부분을 가질 수 없다.
④ 추상 클래스란 인터페이스와 같은 개념이다.

제6~10장 구현, 시험, 유지보수, 품질보증, 재공학

24 **다음 중 바람직한 코딩 스타일이라 할 수 없는 것은?**

① 수식에서 의미하는 바를 간결하고 직접적으로 표현하라.
② 바른 프로그램보다 먼저 빠른 프로그램을 작성하라.
③ 중복 구조를 최소화하라.
④ 자료가 한계값을 벗어나지 않는지 항상 검사하라.

25 **다음 중 소프트웨어 시험에 대한 설명으로 옳지 않은 것은?**

① 소프트웨어 시험은 시스템의 실행 동작을 관찰하여 고장인지 아닌지 판단하는 것이다.
② 소프트웨어 시험은 소프트웨어 품질을 위하여 아주 중요한 작업이다.
③ 테스트 작업의 결과는 결함이 있음을 나타내기 때문에 결함이 없다는 것을 증명하는 것이다.
④ 테스트 작업은 단위 테스팅, 통합 테스팅, 시스템 테스팅, 인수 테스팅으로 여러 단계를 나누어 진행한다.

26 **프로그램의 내부구조나 알고리즘을 보지 않고, 요구사항 명세서에 기술되어 있는 소프트웨어 기능을 토대로 실시하는 테스트는?**

① 화이트박스 테스트　② 블랙박스 테스트
③ 구조 테스트　④ 경로 테스트

27 **다음은 테스트 목적에 따른 종류 중에 성능 테스트로 분류되는 테스트들이다. 해당되는 설명이 옳지 않은 것은?**

① Load Test : 최대 부하에 도달할 때까지의 애플리케이션 반응 확인
② Spike Test : SW 구현 버전이 여러 개인 경우 각 버전을 함께 테스트하고 결과 비교
③ Smoke Test : 애플리케이션의 테스트 준비 상태 확인
④ Stability Test : 애플리케이션이 오랜 시간 평균 부하 노출 시의 안정성 확인

28 **다음 중 McCall의 소프트웨어 품질요인 중 제품 운영와 관련된 요인이 아닌 것은?**

① 무결성　② 신뢰도
③ 정확도　④ 상호운영성

정답찾기

22 객체지향의 특성 중에 다형성이라는 것의 하나인 오버라이딩은 상위 클래스를 상속받아 상위 클래스의 메소드를 재정의하는 것을 말한다.

23
- 클래스 내에 추상 메소드가 하나라도 있으면 추상 클래스이다.
- 추상 클래스는 구현되지 않은 추상 메소드를 포함하므로 객체를 생성할 수 없다.

24 빠른 프로그램보다 먼저 명료한 프로그램을 작성하는 것이 좋다.

25 테스트 작업의 결과는 결함이 있음을 나타내기는 하지만 결함이 없다는 것을 증명하는 것은 아니다. 오랜 기간 동안 관찰과 시험을 했다고 해서 시스템에 결함이 없다고 주장할 수는 없다.

26 블랙박스 시험은 기능시험이라고도 불리며, 외부 명세서를 기준으로 입출력, 데이터 위주의 시험이다.

27 ②는 back to back 테스트의 설명이다.
- Spike Test : 동시 사용자와 같은 갑작스러운 부하의 증가에 대한 애플리케이션 반응 확인

28
- 제품 개조 : 유지보수성, 유연성, 검사성
- 제품 전이 : 이식성, 재사용성, 상호운용성
- 제품 운영 : 정확도, 신뢰도, 효율성, 무결성, 유용성

정답　22 ④　23 ②　24 ②　25 ③　26 ②　27 ②　28 ④

29 **소프트웨어 유지보수와 관련된 설명으로 옳은 것을 모두 고르면?**

ㄱ. 역공학은 높은 추상도를 가진 표현에서 낮은 추상도 표현을 추출하는 작업이다.
ㄴ. 형상관리는 프로그램 인도 후 이루어진다.
ㄷ. 일반적으로 소프트웨어 유지보수 비용은 소프트웨어 개발비용의 25%를 차지한다.
ㄹ. 유지보수 기술 향상을 위해 소프트웨어 척도를 사용한다.
ㅁ. 베이스라인의 설정은 형상관리에서 일어나는 중요한 작업 중 하나이다.

① ㄱ, ㅁ　　② ㄹ, ㅁ
③ ㄱ, ㄹ, ㅁ　　④ ㄴ, ㄷ, ㄹ

30 **보기 중 아래의 내용과 가장 관련 있는 것은 무엇인가?**

〈보기〉
• ISO/IEC 15504 – 소프트웨어 프로세스 표준 및 심사 기준
• 소프트웨어 개발 조직의 프로젝트 수행 능력을 검사하고 평가하는 지침
• 다섯 가지 프로세스 영역마다 능력에 대한 평가를 할 수 있는 이차원적 구조

① ISO 9126　　② CMM
③ ISO 9000　　④ SPICE

31 **시스템의 신뢰성 평가를 위해 사용되는 지표로 평균 무장애시간(mean time to failure ; MTTF)과 평균 복구시간(mean time to repair ; MTTR)이 있다. 이 두 지표를 이용하여 시스템의 가용성(availability)을 나타낸 것은?**

① MTTF/MTTR　　② MTTR/MTTF
③ MTTR/(MTTF + MTTR)　　④ MTTF/(MTTF + MTTR)

정답찾기

29 ㄱ. 역공학은 낮은 추상도 표현에서 높은 추상도 표현을 추출하는 작업이다.
ㄴ. 형상관리는 개발의 전 단계를 걸쳐서 진행된다.
ㄷ. 유지보수 비용은 개발비용의 50% 이상(50~70%)을 차지한다.

30 CMM은 하나의 레벨로 평가하는 일차원적인 구조이나 SPICE는 프로세스 영역별로 평가하는 이차원적인 구조이다.

31 가용성 = MTTF / (MTTF + MTTR) = MTTF / MTBF

정답　**29** ②　**30** ④　**31** ④

Part

06

자료구조

Chapter 01 자료구조의 기본 개념

제1절 자료구조의 개요

1. 자료구조의 정의

(1) 자료를 효율적으로 사용하기 위해서 자료의 특성에 따라서 분류하여 구성하고 저장 및 처리하는 모든 작업을 말한다.

(2) 문제 해결을 위해 데이터 값들을 연산자들이 효율적으로 접근하여 처리할 수 있도록 체계적으로 조직하여 표현하는 것을 말한다.

2. 자료구조의 필요성

컴퓨터가 효율적으로 문제를 처리하기 위해서는 문제를 정의하고 분석하여 그에 대한 최적의 프로그램을 작성해야 하기 때문에 자료구조에 대한 개념과 활용 능력을 필요로 한다.

3. 자료구조의 구성

선형구조	비선형구조
• 데이터 항목 사이의 관계가 1 : 1이며, 선후 관계가 명확하게 한 개의 선의 형태를 갖는 리스트 구조이다. • 리스트, 스택, 큐, 데크, 배열	• 데이터 항목 사이의 관계가 1 : n(혹은 n : m)인 그래프적 특성을 갖는 형태이다. • 트리, 그래프

4. 자료구조 선택 시 고려사항

데이터량, 데이터 특성, 데이터 활용빈도, 사용 시스템의 기억용량, 처리시간(최선, 최악, 평균), 프로그램 난이도, 데이터 저장방식

제2절 알고리즘

1 알고리즘

(1) 알고리즘의 정의

① 컴퓨터로 문제를 풀기 위한 단계적인 절차이며, 특정 작업을 수행하기 위한 명령어들의 집합이다.

② 특정한 일을 수행하는 명령어들의 유한 집합이다.

③ 프로그램 = 자료구조 + 알고리즘

예 최댓값 탐색 프로그램 = 배열 + 순차탐색

(2) 알고리즘의 조건

① **입력**: 외부에서 제공되는 데이터가 0개 이상 있다.

② **출력**: 적어도 하나의 결과를 생성한다.

③ **명확성**: 알고리즘을 구성하는 각 명령어들은 그 의미가 명백하고 모호하지 않아야 한다.

④ **유한성**: 알고리즘의 명령대로 순차적인 실행을 하면 언젠가는 반드시 실행이 종료되어야 한다.

⑤ **유효성**: 원칙적으로 모든 명령들은 종이와 연필만으로 수행될 수 있게 기본적이어야 하며, 반드시 실행 가능해야 한다(원칙적으로 모든 명령들은 오류가 없이 실행 가능해야 한다).

2 복잡도

(1) 프로그램의 공간 복잡도(space complexity)

프로그램을 실행시켜 완료하는 데 필요한 총 저장 공간을 말한다.

공간 복잡도 = 고정 공간 + 가변 공간

① **고정 공간**: 프로그램의 크기가 입출력의 횟수에 관계없이 고정적으로 필요한 저장 공간을 의미한다.

② **가변 공간**: 실행 과정에서 데이터 구조와 변수들이 필요로 하는 저장 공간이다.

(2) 프로그램의 시간 복잡도(time complexity)

프로그램을 실행시켜 완료하는 데 걸리는 시간을 의미한다.

시간 복잡도 = 컴파일 시간 + 실행 시간

① **컴파일 시간**: 소스 프로그램을 컴파일하는 데 걸리는 시간으로서 프로그램의 실행특성에 의존하지 않기 때문에 고정적이다.

② **실행 시간**: 프로그램의 실행 시간을 추정하기 위해서는 하나의 단위 명령문 하나를 실행하는 데 걸리는 시간과 실행 빈도수가 있어야 한다.

연산 시간 그룹

- 상수시간: $O(1)$
- 로그시간: $O(logn)$
- 선형시간: $O(n)$
- n로그시간: $O(nlogn)$
- 평방시간: $O(n^2)$
- 입방시간: $O(n^3)$
- 지수시간: $O(2^n)$
- 계승시간: $O(n!)$

연산 시간의 크기 순서]

$O(1) < O(\log n) < O(n) < O(n\log n) < O(n^2) < O(2^n) < O(n!) < O(n^n)$

(3) 점근적 표기법

① 빅오(Big-oh) 표기법의 수학적 정의

> $n \geq n_0$를 만족하는 모든 n에 대하여 $f(n) \leq c \cdot g(n)$인 조건을 만족하는 2개의 양의 상수 c와 n_0가 존재하기만 하면 $f(n) = O(g(n))$이다.

② 오메가(Omega) 표기법의 수학적 정의

> $n \geq n_0$를 만족하는 모든 n에 대하여 $f(n) \geq c \cdot g(n)$인 조건을 만족하는 2개의 양의 상수 c와 n_0가 존재하기만 하면 $f(n) = \Omega(g(n))$이다.

③ 세타(Theta) 표기법의 수학적 정의

> $n \geq n_0$를 만족하는 모든 n에 대하여 $c_1 g(n) \leq f(n) \leq c_2 g(n)$인 조건을 만족하는 3개의 양의 상수 c_1, c_2와 n_0가 존재하기만 하면 $f(n) = \Theta(g(n))$이다.

❸ 추상 데이터 타입

(1) 데이터와 데이터 타입

① 데이터(data): 프로그램에서 처리의 대상

② 데이터 타입(data type): 데이터의 집합과 데이터에 적용할 수 있는 연산(operation)의 집합

예 int, char, float, double, array, struct …

(2) 데이터 타입의 종류

① 시스템 정의(system-defined) 데이터 타입

㉠ 원시(primitive) 데이터 타입 또는 단순(simple) 데이터 타입

㉡ 복합(composite) 데이터 타입 또는 구조화(structured) 데이터 타입

② 사용자 정의 (user-defined) 데이터 타입

㉠ 기존의 데이터 타입을 이용해 정의한다.

㉡ 일단 정의만 되면 시스템 정의 데이터 타입과 똑같이 사용할 수 있다.

(3) 추상 데이터 타입(ADT ; Abstract Data Type)

① 데이터 타입을 추상적(수학적)으로 정의한 것이다.

② 데이터의 명세와 이들 데이터에 대한 연산의 명세가 실제 데이터의 구현과 연산의 구현으로부터 분리된 방식으로 구성된 데이터 타입이다.

③ 데이터나 연산이 무엇(what)인가는 정의되지만 데이터나 연산을 어떻게(how) 컴퓨터상에서 구현(implementation)할 것인지는 정의되지 않는다.

④ 데이터 타입의 논리적 정의이며, 데이터와 연산의 본질에 대한 명세만 정의한 데이터 타입이다.

◎ **추상화와 구체화와의 관계**

	데이터	연산
추상화	추상 데이터 타입(ADT)	알고리즘
구체화	데이터 타입	프로그램

4 순환(recursion)

(1) 실행 중인 함수가 자기 자신을 되부름 호출하는 형태이다.

(2) 순환은 때때로 다른 어떤 방법으로는 풀기 어려운 문제에 대하여 간단하면서도 세련된 해결책을 만드는 데 사용된다.

(3) 순환 방식에는 분할 정복의 특성을 가진 문제가 가장 적합하다.

(4) 일반적으로 순환함수는 반복문으로 대체 가능하며, 반복은 표현이 더 길 수 있다.

(5) 순환이 일어날 때마다 새로운 활성화 레코드가 만들어지므로 시간 복잡도나 공간 복잡도가 커지게 된다.

예 피보나치 수열(Fibonacci sequence)

```
fib(n)
        if (n ≤ 0) then return 0;
        else if (n = 1) then return 1
        else return (fib(n − 1) + fib(n − 2));
end fib()
```

Chapter 02 순차 데이터 표현

제1절 배열

❶ 배열의 정의

(1) 배열이 물리적으로는 연속적인 메모리 할당 방식으로 구현되어 있기 때문에 보통 배열을 연속된 메모리 주소의 집합이라고 정의한다.

(2) 순차적 메모리 할당 방식에다 <인덱스, 원소>쌍의 집합으로, 각 쌍은 어느 한 인덱스가 주어지면 그와 연관된 원소 값이 결정되는 대응 관계를 나타내는 것이다.

(3) 배열의 접근 방법은 직접 접근(direct access)이며, 빠른 속도의 검색이 가능하기 때문에 빅오 표현으로 O(1)이라 할 수 있다.

(4) 원소의 삽입과 삭제는 데이터 이동으로 인한 시간 복잡도가 증가하기 때문에 빅오 표현으로 O(n)이라 할 수 있다.

❷ 배열의 표현

배열 내에서 원소의 상대적 위치를 나타내는 것이 인덱스이다. 이 인덱스가 하나의 값으로 표현되면 1차원 배열, 2개의 값으로 표현되면 2차원 배열, n개의 값으로 표현되면 n차원 배열이라 한다.

(1) 1차원 배열

① 주소계산: 첨자가 0인 주소를 기본주소 base라 한다.

② A[i]의 주소 = base + (i * 데이터형의 크기)

(2) 2차원 배열

① 주소계산: 전체 배열의 크기가 A[m][n], 시작위치 A[a][b] = base이며 한 원소의 크기를 1바이트로 한다.

② 행우선: A[i][j]의 주소 = base + (i−a) * n + (j−b)

③ 열우선: A[i][j]의 주소 = base + (j−b) * m + (i−a)

(3) 3차원 배열

① 주소계산: 전체 배열의 크기가 A[p][m][n], 시작위치 A[a][b][c] = base이며 한 원소의 크기는 1바이트로 한다.

② 행우선: A[k][i][j]의 주소 = base + (k−a)mn + (i−b)n + (j−c)

③ 열우선: A[k][i][j]의 주소 = base + (k−a)mn + (j−c)m + (i−b)

(4) 다항식 표현

수학적으로 ax^e 형식을 가진 항(term)의 합으로 정의한다.

다항식의 표현 방법의 예

$7x^6 + 2x^4 + 4x^2 + 3x + 5$

- 식의 모든 차수에 대한 계수값을 배열에 저장한다.
  (7, 0 , 2, 0, 4, 3, 5)
- 0이 아닌 항들을 (지수, 계수)의 형식으로 저장한다.
  (6, 7, 4, 2, 2, 4, 1, 3, 0, 5)

제2절 행렬

1 정방행렬

행의 수와 열의 수가 같은 행렬을 정방행렬이라 한다.

2 희소행렬

(1) 전체 원소수에 비하여 극소수의 원소만 0이 아닌 행렬이다.

(2) 희소행렬은 기억공간의 낭비를 초래할 수 있다.

(3) 희소행렬은 배열이나 연결리스트로 표현하면 기억공간을 절약할 수 있다.

(4) 희소행렬은 0이 아닌 원소들을 <행, 열, 값>의 3원소 쌍을 열이 3인 2차원 배열로 표현한다.

(5) 희소행렬을 배열이나 연결리스트로 표현하면 공간낭비를 줄일 수 있지만, 연산이 복잡해진다는 단점이 있다.

3 삼각행렬 종류

(1) 상부삼각행렬(upper triangular matrix) : 주대각선보다 아래에 있는 모든 성분이 0인 정사각행렬

(2) 하부삼각행렬(lower triangular matrix) : 주대각선보다 위에 있는 모든 성분이 0인 정사각행렬

(3) 0이 아닌 항의 총계는 $\sum_{i=0}^{n-1}(i+1) = \frac{n(n+1)}{2}$ 이다.

Chapter 03 연결 데이터 표현

제1절 노드와 포인터

❶ 노드

(1) 리스트의 원소는 메모리 어느 곳에 저장해도 되며 이를 위해 원소를 저장할 때, 그 원소의 다음 원소에 대한 주소도 함께 저장해야만 한다.

(2) 이런 <원소, 주소>쌍의 저장 구조를 노드라 한다.

(3) 노드의 필드는 데이터 필드와 링크(포인터) 필드로 구성된다.

❷ 포인터 변수

(1) 포인터가 가리키는 변수의 주소를 저장하며, 주소만이 저장된다.

(2) 기억공간의 주소값을 갖는 변수를 포인터 변수 또는 포인터라고 하며 *를 사용하여 포인터를 선언한다.

```
int a, b;
int *p;
a = 7;
p = &a;
b = *p;
```

배정문에서 L-value와 R-value

- L-value : 값이 저장되는 위치(주소, 참조)
- R-value : 저장되는 값(수식, 변수, 상수, 포인터, 배열원소 등)

구분	L-value	R-value
상수	불가	상수값 그 자체
연산자가 있는 수식	불가	수식의 결과값
단순 변수 V	자신이 기억된 위치	기억장소 V에 수록되어 있는 값
포인터 변수 P	포인터 P 자신이 기억된 위치	포인터 P가 가리키는 기억장소의 위치
배열 A(i)	배열 A에서 i번째 위치	배열 A에서 i번째 위치에 수록된 값

3 구조체(Struct)

(1) 여러 개의 변수를 하나의 자료형으로 묶어서 취급한다(Record 구조).

(2) 서로 다른 자료형을 갖는 자료들의 모임을 하나의 자료형으로 정의하여 사용하는 자료형이다.

> **[형식]**
> struct 태그명 {
> 구조체 멤버 나열
> } 구조체 변수;

(3) 구조체는 구조체를 구성하는 멤버 단위로 취급할 수도 있고, 구조체 변수를 이용하여 구조체를 하나의 자료형으로 취급할 수 있다.

(4) 구조체 멤버를 개별적으로 다룰 때는 Dot 연산자(.)를 이용한다. 특히, 구조체 변수가 포인터이면 Arrow 연산자(->)를 이용하여 각 멤버를 취급할 수 있다.

(5) **장점**: 구조체 변수는 배열이나 포인터가 함께 기존의 변수처럼 사용될 수 있으므로 다양한 형식의 자료를 간결한 형식으로 표현할 수 있을 뿐만 아니라 사용자가 새로운 형식으로 정의하여 사용할 수 있다.

06

4 자기 참조 구조체

(1) 구성 요소 중에 자기 자신을 가리키는 포인터가 한 개 이상 존재하는 구조체이다.

(2) struct의 멤버는 같은 타입의 또 다른 struct를 지시하는 포인터도 될 수 있다.

예
```
struct char_list_node {
        char letter;
        struct char_list_node  *next;
    };
struct char_list_node  *p;
```

5 typedef 키워드

리스트 처리를 위해 노드와 포인터를 정의할 때 typedef를 이용하면 더욱 간결해진다.

예
```
typedef struct char_list_node  *list_pointer
struct char_list_node{
        char letter;
        list_pointer next;
};
    list_pointer  p = NULL
```

6 메모리의 동적 할당

(1) 프로그램이 실행 도중에 동적으로 메모리를 할당받는 것으로 프로그램에서 필요한 만큼의 메모리를 시스템으로부터 할당받아서 사용하고 사용이 끝나면 반납한다.

(2) 프로그램을 작성할 당시에는 얼마나 많은 공간이 필요한지 알 수 없고, 필요 없이 낭비되거나 필요한 공간이 모자라는 상황을 막기 위해 메모리를 동적으로 할당할 필요가 있다.

(3) malloc( )

① 컴파일 시간에 확정된 크기의 메모리를 할당하지 않고 필요한 때에 필요한 만큼의 공간을 동적으로 운영체제에 요구하게 된다.

② 사용 가능한 기억장소가 있으면 요구한 크기의 메모리 영역에 대한 시작주소를 포인터에 반환한다.

(4) free( )

malloc( )으로 할당한 메모리 영역을 시스템에 반환한다.

예
```
int *pa;
pa = (int *)maiioc(sizeof(int));
---
free(pa);
```

제2절 연결리스트

1 개요

(1) 연결리스트는 다음 데이터를 포인터를 이용하여 찾아내며, 노드는 자기 참조 구조체(데이터 필드, 포인터 필드)이다.

(2) 데이터를 삽입하거나 삭제해도 다른 데이터의 이동을 필요로 하지 않는다.

(3) 새로운 노드를 동적으로 추가할 수 있으므로, 삽입할 때 사용공간의 오버플로를 검사하지 않아도 된다.

(4) 임의의 데이터 검색은 헤드로부터 출발해서 포인터를 따라가며, 삽입 · 삭제 시 필요로 하는 선행 노드를 찾기 위해 헤드로부터 출발해서 포인터를 따라가야 한다.

(5) **연결리스트의 종류**: 단순 연결리스트, 원형 연결리스트, 이중 연결리스트, 이중 원형 연결리스트

2 단순 연결리스트

(1) 개요

① 하나의 링크 필드를 가진 노드들이 모두 자기 후속노드와 연결되어 있는 노드 열이다.
② 마지막 노드의 링크 필드는 리스트의 끝을 표시하는 null 값을 갖는다.
③ 노드를 삽입·삭제 시 선행노드를 알고 있어야 하며, 검색 시에는 첫 번째 노드에서부터 작업을 시작해야 하기 때문에 탐색 시간이 많이 필요하다.
④ 외부 단편화가 발생하지 않지만, 기록밀도는 배열구조보다 낮다.

단순 연결 리스트의 예

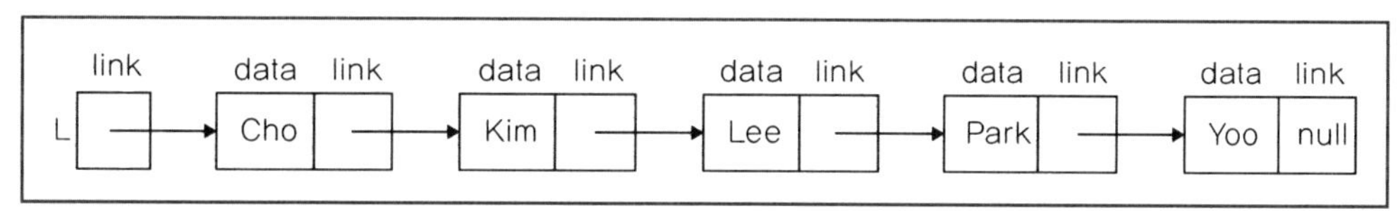

(2) 단순 연결리스트의 삽입

원소값이 x인 노드를 p가 가리키는 노드 다음에 삽입

```
insertNode(L, p, x)        // 리스트 L에서 p 노드 다음에 원소값 x를 삽입
        newNode ← getNode();        // 공백 노드를 newNode가 지시
        newNode.data ← x;        // 원소값 x를 저장
        if (L = null) then {        // L이 공백 리스트인 경우
                L ← newNode;
                newNode.link ← null;
        }
        else if (p = null) then {        // p가 공백이면 L의 첫 번째 노드로 삽입
                newNode.link ← L;
                L ← newNode;
        }
        else {        // p가 가리키는 노드의 다음 노드로 삽입
                newNode.link ← p.link;
                p.link ← newNode;
        }
end insertNode()
```

(3) 단순 연결리스트의 삭제

◎ 리스트 L에서 p가 가리키는 노드의 다음 노드를 삭제

```
deleteNext(L, p)        // p가 가리키는 노드의 다음 노드를 삭제
        if (L = null) then error;
        if (p = null) then L ← L.link;        // 첫 번째 노드 삭제
        else {
            q ← p.link;        // q는 삭제할 노드
            if (q = null) then return;        // 삭제할 노드가 없는 경우
            p.link ← q.link;
        }
        returnNode(q);    // 삭제한 노드를 자유 공간 리스트에 반환
end deleteNext()
```

❸ 원형 연결리스트

(1) 개요

① 단순 연결리스트의 마지막 노드의 next를 널이 아닌 첫 노드의 주소로 한 리스트를 원형 연결리스트라고 한다.

② 일반적으로 적어도 노드가 하나 있을 때 원형 연결리스트라 하기 때문에 리스트가 비어 있는지 검사할 필요가 없다.

③ 헤드 포인터가 첫 노드를 가리킬 때와 마지막 노드를 가리킬 때로 구성할 수 있으며, 후자가 더 효율적이다.

원형 연결리스트의 예

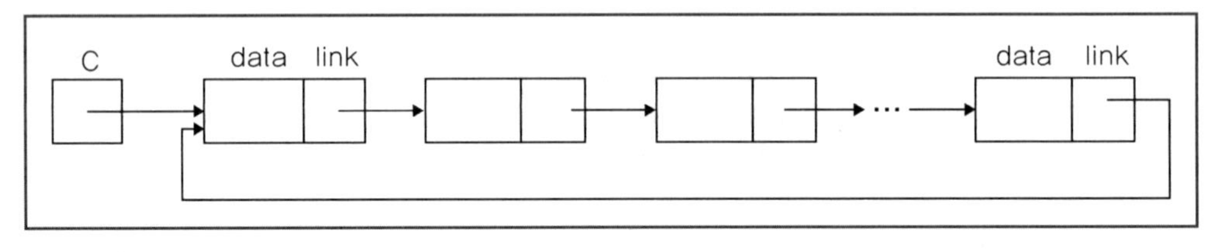

(2) 원형 연결리스트의 삽입

◎ 노드 삽입 알고리즘

```
insertFront(C, p)
            // C는 원형 리스트의 마지막 노드를 지시
            // p는 삽입할 노드를 지시
        if (C = null) then {
            C ← p;
            p.link ← C;
        }
        else {
            p.link ← C.link;
            C.link ← p;
        }
end insertFront()
```

(3) 원형 연결리스트의 길이 계산

◎ 리스트 길이 계산

```
lengthC(C)
            // 원형 리스트 C의 길이 계산
    if (C = null) then return 0;
    length ← 1 ;
    p ← C.link ;      // p는 순회 포인터
    while (p≠C) do {      // p가 처음 출발한 위치에 되돌아왔는지 검사
        length ← length + 1;
        p ← p.link;
    }
    return length;
end lengthC()
```

4 이중 연결리스트

(1) 이중 연결리스트의 개요

① 노드가 3개의 필드(data, lnext, rnext)로 구성된다.

② 노드의 왼쪽과 오른쪽에 포인터가 다 있으므로, 정방향과 역방향 탐색이 다 가능하다.

(2) 이중 연결리스트의 삽입

◎ 이중 연결리스트에서 노드(q)를 삽입

```
insertD(D, p, q)      // D는 이중 연결리스트이고 노드 q를 p 다음에 삽입
    q.llink ← p;
    q.rlink ← p.rlink;
    p.rlink.llink ← q;
    p.rlink ← q;
end insertD()
```

(3) 이중 연결리스트의 삭제

◎ 이중 연결리스트에서 노드(p)를 삽입

```
deleteD(D, p)      // D는 공백이 아닌 이중 연결리스트, p는 삭제할 노드
    if (p = null) then return;
    p.llink.rlink ← p.rlink;
    p.rlink.llink ← p.llink;
end deleteD()
```

5 일반 리스트

(1) 일반 리스트는 n≥0개의 원소 e1, e2 ..... en의 유한 순차로서 원소 ei는 원자이거나 리스트가 될 수 있다.

(2) A=(a, (b, c)) : 길이가 2이고 첫 번째 원소는 a이고 두 번째 원소는 서브리스트 (b, c)이다.

Chapter 04 스택과 큐

제1절 스택(Stack)

❶ 스텍의 개념

(1) 보통 제한된 구조로 원소의 삽입과 삭제가 한쪽(top)에서만 이루어지는 유한 순서 리스트이다.

(2) LIFO(Last In First Out) 구조로 마지막에 삽입한 원소를 제일 먼저 삭제한다.

(3) 스택의 응용: 수식계산, 복귀주소 관리, 순환식, 퀵 정렬, 깊이 우선 탐색, 이진트리 운행

(4) 배열로 구현하는 방법은 간단하지만, 크기가 고정된다.

(5) 연결리스트로 구현하면 상대적으로 복잡하지만, 크기를 가변적으로 할 수 있다.

(6) 삽입과 삭제의 시간 복잡도는 O(1)이다.

(7) 스택의 연산: create(), is_empty(s), is_full(s), push, pop, peek

❷ 배열구조에서의 스택 삽입과 삭제

◎ push, pop 연산자의 구현

```
push(stack, item)
        // stack의 톱에 item을 삽입
        if (top ≥ n-1) then stackFull();          // stack이 만원인 상태를 처리
        top ← top +1;
        stack[top] ← item;
end push()

pop(stack)
        // stack의 톱 원소를 삭제하고 반환
        if (top < 0) then stackEmpty()             // stack이 공백인 상태를 처리
        else {
                item ← stack[top];
                top ← top-1;
                return item;
        }
end pop()
```

3 수식의 표기법

(1) 중위 표기법(infix notation)

연산자가 피연산자 가운데 위치한다.

예 A + B * C − D/E

(2) 전위 표기법(prefix notation)

연산자가 피연산자 앞에 위치한다.

예 − + A * BC/DE

(3) 후위 표기법(postfix notation)

연산자가 피연산자 뒤에 위치한다.

예 ABC * + DE/−

4 스택을 이용한 후위 표기식의 계산

후위 표기식 : ABC * + DE / −

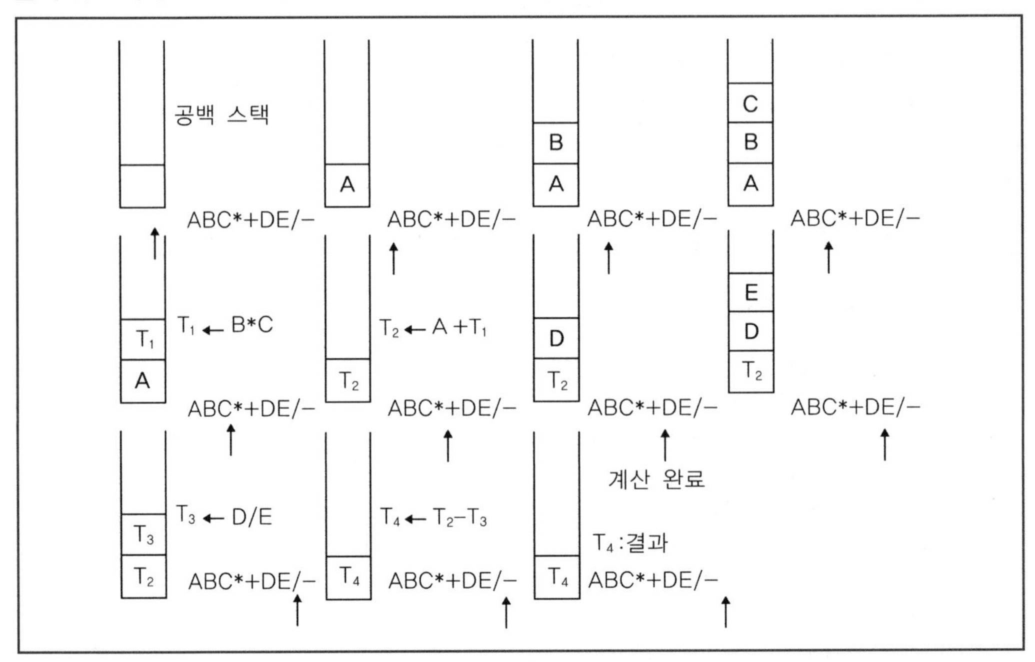

제2절 큐(Queue)

❶ 큐의 개념

(1) 한쪽 끝(rear)에서는 원소의 삽입만, 다른 쪽 끝(front)에서는 원소의 삭제만 허용하는 자료구조이다. 양 끝을 제외한 나머지 모든 위치에서의 삽입과 삭제를 허용하지 않는다.

(2) FIFO(First In First Out) 구조로 제일 먼저 삽입된 원소가 제일 먼저 삭제될 원소가 된다.

(3) 큐의 응용 : 작업 스케줄링, 너비 우선 탐색, 트리의 Level 순회

(4) 구현은 배열이나 연결리스트로 가능하며, 원형 연결리스트를 활용하여 rear 포인터만으로도 충분히 큐를 구현할 수 있다.

(5) 삽입과 삭제의 시간 복잡도는 O(1)이다.

❷ 큐의 삽입과 삭제

(1) 삽입

```
enqueue(q, item)
        // 큐(q)에 원소를 삽입
   if (rear = n−1) then queueFull()    // 큐(q)가 만원인 상태를 처리
   rear ← rear + 1;
   q[rear] ← item;
end enqueue()
```

(2) 삭제

```
dequeue(q)
        // 큐(q)에서 원소를 삭제하여 반환
   if (isEmpty(q)) then queueEmpty()    // 큐(q)가 공백인 상태를 처리
   else {
      front ← front + 1;
      return q[front];
   };
end dequeue()
```

❸ 원형 큐(circular queue)

(1) 순차 표현의 문제점 해결을 위해 배열 Q[n]을 원형으로 운영한다.

(2) 원형 큐의 구현

① **초기화**: front = rear = 0 (공백 큐)

② **공백 큐**: front = rear

③ **원소 삽입**: rear를 하나 증가시키고, 그 위치에 원소 저장

④ **만원**: rear를 하나 증가시켰을 때, rear = front

⑤ 실제 front 공간 하나가 비지만, 편의를 위해 그 공간을 희생

(3) 원형 큐의 여러 상태

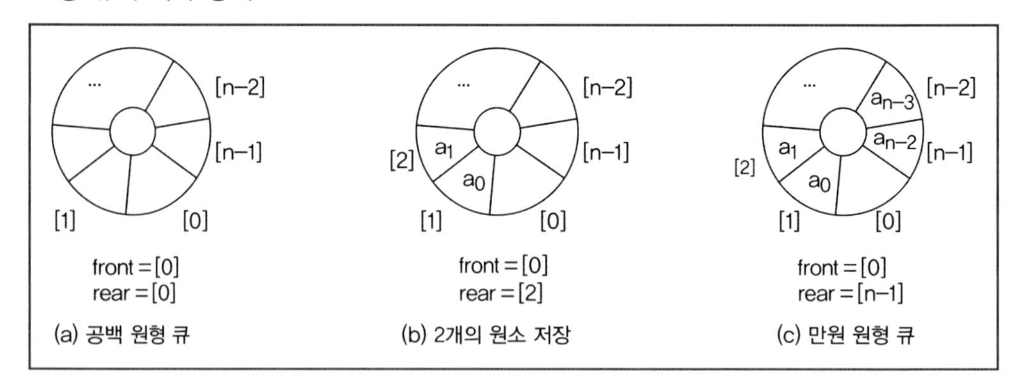

덱(deque ; double-ended queue)

- 스택과 큐의 성질을 종합한 순서리스트이다.
- 삽입과 삭제가 리스트의 양 끝에서 임의로 수행될 수 있는 자료구조이다.
- 스택이나 큐 ADT가 지원하는 연산을 모두 지원한다.

Chapter 05 트리(tree)

제1절 트리의 기본 개념

❶ 트리의 정의

(1) 계층형 자료구조(hierarchical data structure)의 나무 형태로 노드들을 간선으로 연결한다.

(2) 하나의 루트 노드와 $n \geq 0$개의 분리집합 T1, T2, ... , Tn으로 분할
(Ti, $1 \leq i \leq n$는 트리로서 루트의 서브트리)

트리의 예

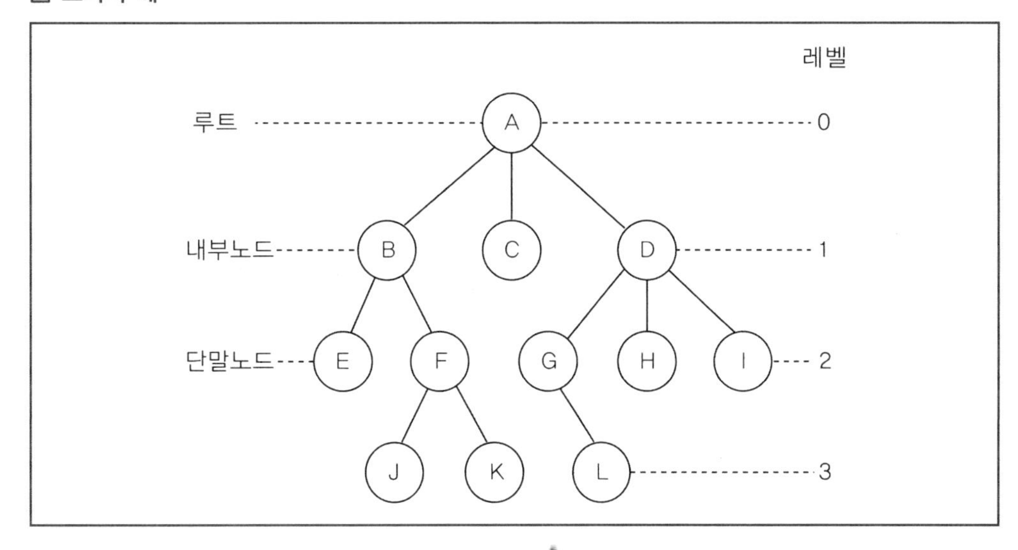

❷ 트리의 용어

노드(node)	데이터와 링크를 통합적으로 표현한다.
노드의 차수(degree)	한 노드가 가지고 있는 서브트리의 수이다. (A의 차수: 3, B의 차수: 2, C의 차수: 0)
형제(siblings)	한 부모의 자식들이다. (노드 G, H, I는 형제들)
트리의 차수	그 트리에 있는 노드의 최대 차수이다. (트리 T의 차수: 3)
노드의 레벨(level)	한 노드가 레벨 l에 속하면, 그 자식들은 레벨 l+1에 속한다.
트리의 높이(height) 또는 깊이(depth)	그 트리의 최대 레벨이다. (트리 T의 높이: 3)
노드의 레벨순서 (level order)	트리의 노드들에 레벨별로 위에서 아래로, 같은 레벨 안에서는 왼편에서 오른편으로 차례로 순서를 매긴 것이다.

제2절 이진트리(Binary Tree)

❶ 이진트리의 개념

(1) 이진트리의 정의

① 노드의 유한집합이다.

② 공백이거나 루트와 두 개의 분리된 이진트리인 왼쪽 서브트리와 오른쪽 서브트리로 구성한다.

(2) 이진트리의 특징

① 컴퓨터 응용에서 가장 많이 사용하는 아주 중요한 트리 구조이다.

② 모든 노드가 정확하게 두 서브트리를 가지고 있는 트리이다.

㉠ 서브트리는 공백이 될 수 있다.

㉡ 리프 노드(leaf node): 두 공백 서브트리를 가지고 있는 노드이다.

③ 왼쪽 서브트리와 오른쪽 서브트리를 분명하게 구별한다.

④ 이진트리 자체가 노드가 없는 공백이 될 수 있다.

❷ 이진트리의 종류

(1) 편향 이진트리(skewed binary tree)

왼편으로 편향이나 오른편으로 편향된다.

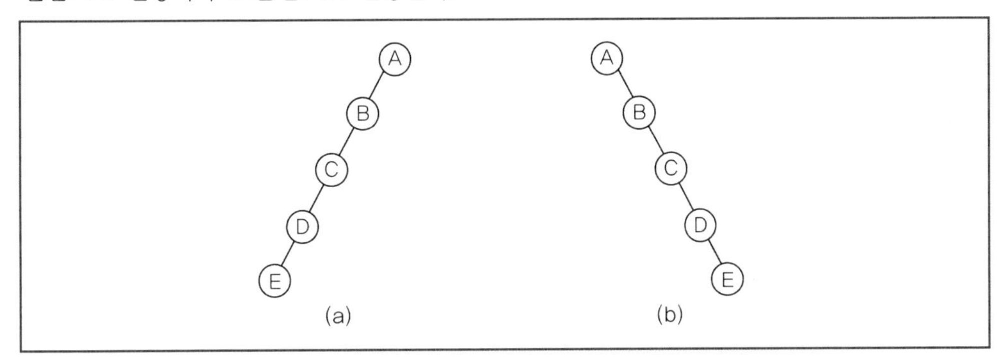

(2) 포화 이진트리(full binary tree)

높이가 h이고 노드 수가 $2^{(h+1)}-1$인 이진트리이다.

높이가 3인 포화 이진트리의 예

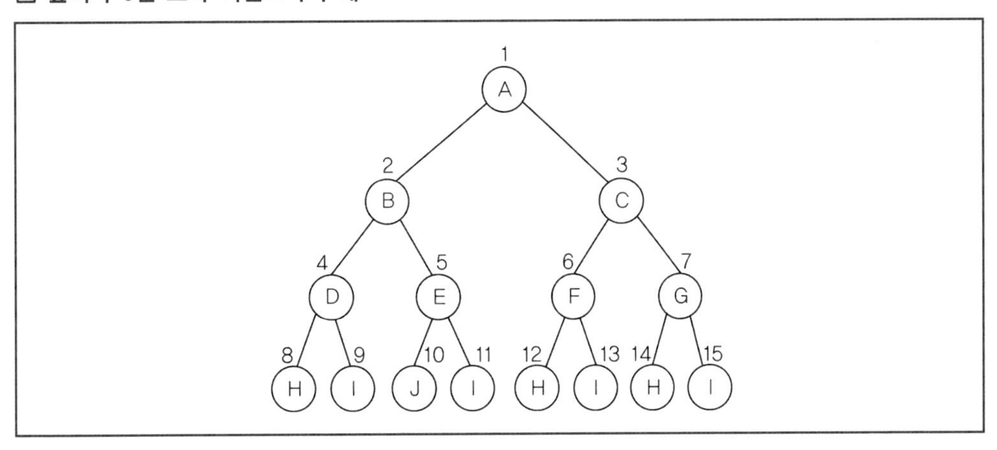

(3) 완전 이진트리(complete binary tree)

높이가 h이고 노드 수가 n인 이진트리에서 노드의 레벨순서 번호들의 각 위치가 높이가 h인 포화 이진트리 번호 1에서 n까지 모두 일치하는 트리이다.

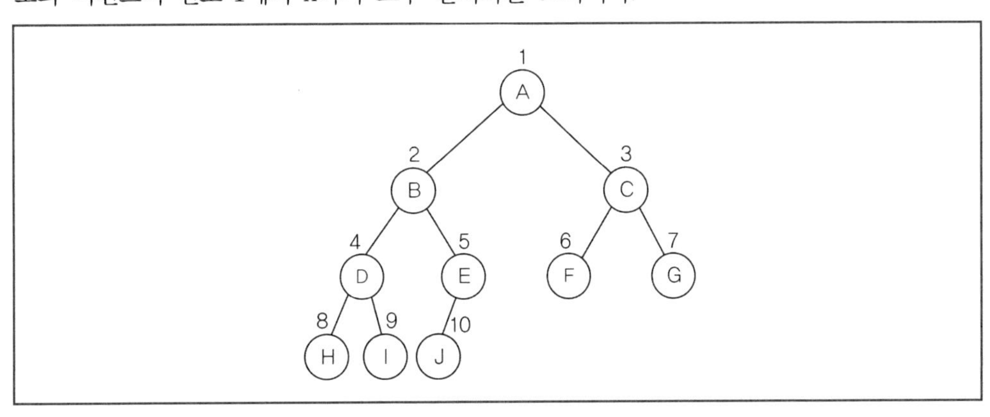

3 이진트리의 순회

(1) 순회의 개요

① 이진트리에서 각 노드를 차례로 방문한다.

② n개 노드 시 노드들의 가능한 순회 순서: n!

③ 한 노드에서 취할 수 있는 조치

㉠ 왼쪽 서브트리로의 이동 (L)

㉡ 현재의 노드 방문 (D)

㉢ 오른쪽 서브트리로의 이동 (R)

④ 한 노드에서 취할 수 있는 순회 방법

㉠ LDR, LRD, DLR, RDL, RLD, DRL 등 6가지

㉡ 왼편을 항상 먼저 순회한다고 가정 시: LDR, LRD, DLR 3가지
[중위(inorder), 후위(postorder), 그리고 전위(preorder) 순회라 한다: 데이터 필드의 위치 기준]

㉢ 산술식 표현 이진트리의 중위, 후위, 전위 순회 결과: 각각 중위 표기식, 후위 표기식, 전위 표기식이 된다.

(2) 중위 순회(inorder traversal): 중위 순회 방법의 순환식 기술

① 왼편 서브트리(left subtree)를 중위 순회한다.

② 루트 노드(root node)를 방문한다.

③ 오른편 서브트리(right subtree)를 중위 순회한다.

(3) 후위 순회 (postorder traversal): 후위 순회 방법의 순환식 기술

① 왼편 서브트리(left subtree)를 후위 순회한다.

② 오른편 서브트리(right subtree)를 후위 순회한다.

③ 루트 노드(root node)를 방문한다.

제3절 이진 탐색 트리(binary search tree)

1 이진 탐색 트리의 정의

(1) 임의의 키를 가진 원소를 삽입·삭제·검색하는 데 효율적인 자료구조이며, 모든 연산은 키값을 기초로 실행한다.

(2) 공백이 아니면 다음 성질을 만족한다.

① 모든 원소는 상이한 키를 갖는다.

② 왼쪽 서브트리 원소들의 키 < 루트의 키

③ 오른쪽 서브트리 원소들의 키 > 루트의 키

④ 왼쪽 서브트리와 오른쪽 서브트리: 이진 탐색 트리

❷ 이진 탐색 트리에서의 탐색(순환적 기술)

키값이 x인 원소를 탐색한다.

(1) 시작 : 루트

(2) 이진 탐색 트리가 공백이면, 실패로 끝남

(3) 루트의 키값 = x이면, 탐색은 성공하며 종료

(4) 키값 x < 루트의 키값이면, 루트의 왼쪽 서브트리만 탐색

(5) 키값 x > 루트의 키값이면, 루트의 오른쪽 서브트리만 탐색

❸ 이진 탐색 트리에서의 삽입

키값이 x인 새로운 원소를 삽입한다.

(1) x를 키값으로 가진 원소가 있는가를 탐색

(2) 탐색이 실패하면, 탐색이 종료된 위치에 원소를 삽입

키값 13, 50의 삽입 과정

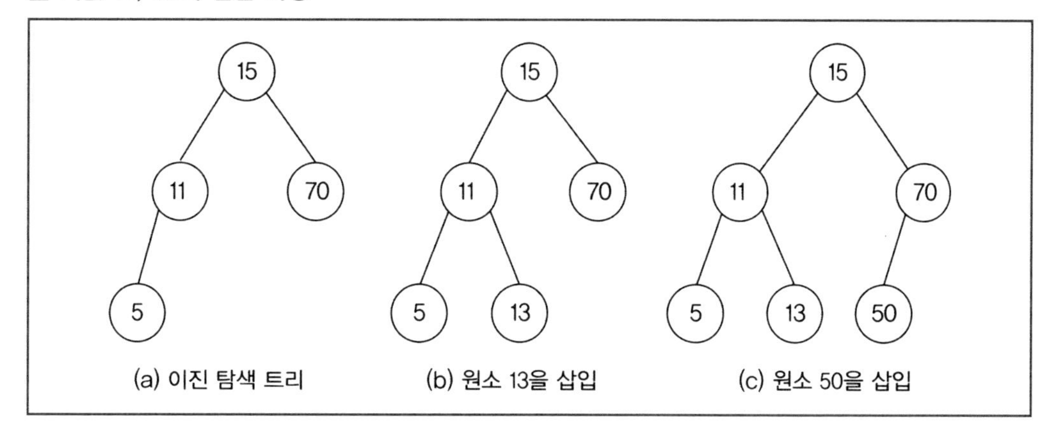

❹ 이진 탐색 트리에서의 원소 삭제

(1) 삭제하려는 원소의 키값이 주어졌을 때

① 이 키값을 가진 원소를 탐색

② 원소를 찾으면 삭제 연산 수행

(2) 해당 노드의 자식 수에 따른 세 가지 삭제 연산

① 자식이 없는 리프 노드의 삭제

② 자식이 하나인 노드의 삭제

③ 자식이 둘인 노드의 삭제

(3) 자식이 없는 리프 노드의 삭제

부모 노드의 해당 링크 필드를 널(null)로 만들고 삭제한 노드 반환

(4) 자식이 하나인 노드의 삭제

삭제되는 노드 자리에 그 자식 노드를 위치

(5) 자식이 둘인 노드의 삭제

① 삭제되는 노드 자리: 왼쪽 서브트리에서 제일 큰 원소 또는 오른쪽 서브트리에서 제일 작은 원소로 대체

② 해당 서브트리에서 대체 원소를 삭제

③ 대체하게 되는 노드의 차수는 1 이하가 된다.

키값이 50인 루트 노드의 삭제 시

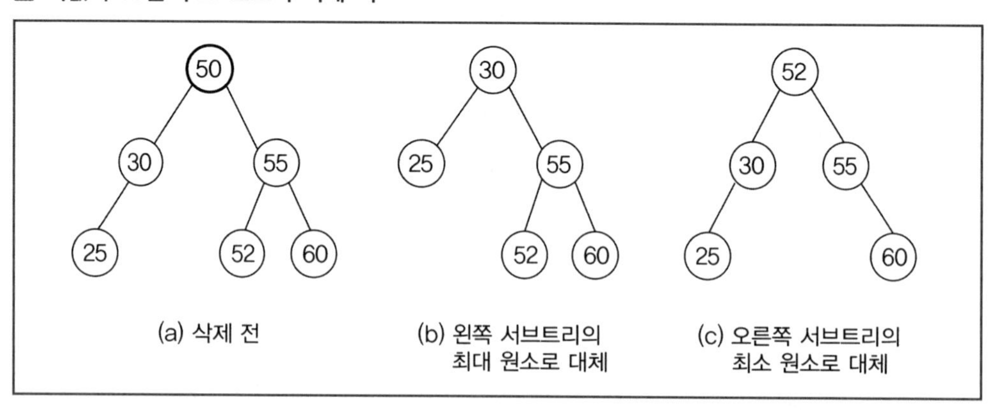

Chapter 06 그래프

제1절 그래프의 기본 개념

1 그래프의 개요

(1) 그래프의 정의

① G = (V, E) : 그래프 G는 2개의 집합 V와 E로 구성

② V : 공백이 아닌 노드 또는 정점(vertex)의 유한집합 (V만 표현 : V(G)로 표기)

③ E : 상이한 두 정점을 잇는 간선(edge)의 유한집합 (E만 표현 : E(G)로 표기)

(2) 무방향 그래프(undirected graph)

① 간선을 표현하는 두 정점의 쌍에 순서가 없는 그래프

② (v0, v1) = (v1, v0)

(3) 방향 그래프(directed graph)

① 유방향 그래프 또는 다이그래프(digraph)

② 간선을 표현하는 두 정점의 쌍에 순서가 있는 그래프

③ vj → vk를 < vj, vk >로 표현 [vj는 꼬리(tail), vk는 머리(head)]

④ < vj, vk > ≠ < vk, vj >

❷ 그래프의 표현

(1) 그래프 표현 방법

① 인접 행렬(adjacency matrix)

그래프 G1, G2, G3에 대한 인접 행렬 표현

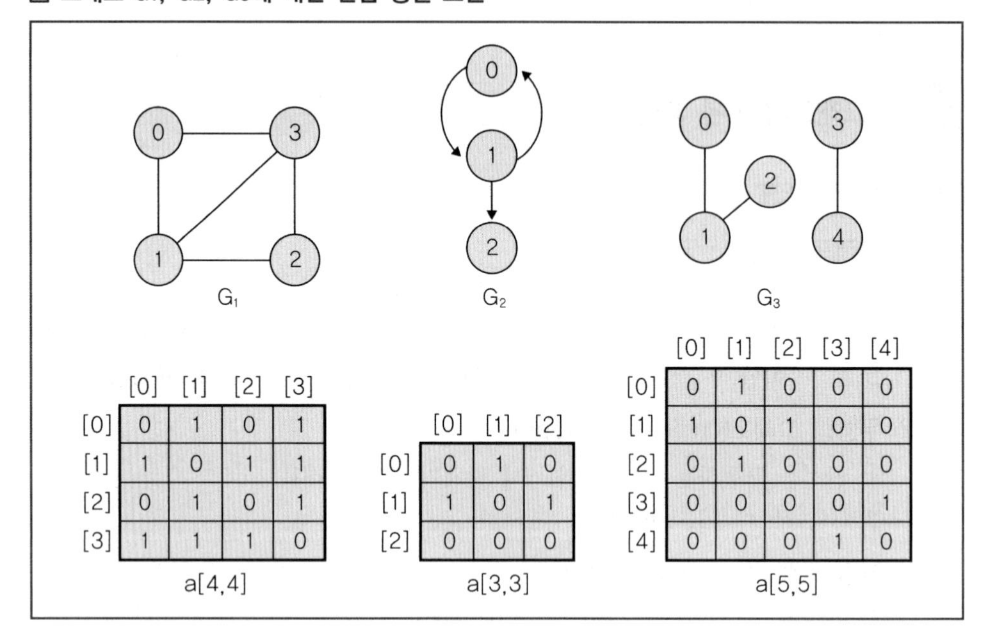

② 인접 리스트(adjacency list)

③ 인접 다중 리스트(adjacency multilist)

G1에 대한 인접 리스트

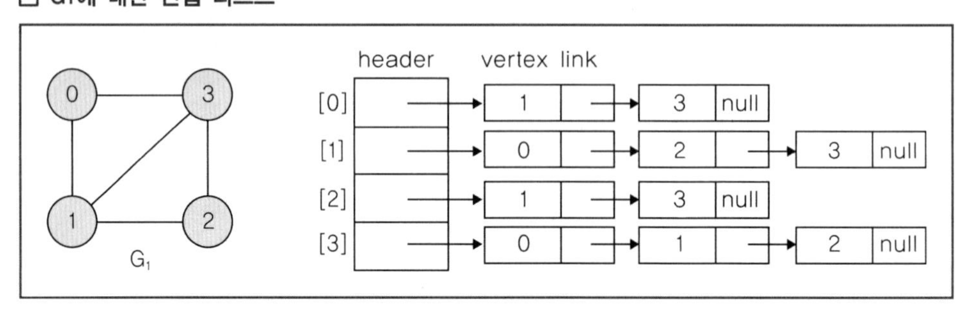

(2) 그래프에 수행시키려는 연산과 적용하려는 응용에 따라 선택

제2절 그래프의 순회

1 그래프 순회의 개념

주어진 어떤 정점을 출발하여 체계적으로 그래프의 모든 정점들을 순회하는 것이다.

2 그래프 순회의 종류

(1) 깊이 우선 탐색(DFS ; Depth First Search) : 깊이 우선 탐색 수행

① 정점 i를 방문한다.

② 정점 i에 인접한 정점 중에서 아직 방문하지 않은 정점이 있으면, 이 정점들을 모두 스택에 저장한다.

③ 스택에서 정점을 삭제하여 새로운 i를 설정하고, 다시 단계 ①을 수행한다.

④ 스택이 공백이 되면 연산을 종료한다.

(2) 너비 우선 탐색(BFS ; Breadth First Search) : 너비 우선 탐색 수행

① 정점 i를 방문한다.

② 정점 i에 인접한 정점 중에서 아직 방문하지 않은 정점이 있으면, 이 정점들을 모두 큐에 저장한다.

③ 큐에서 정점을 삭제하여 새로운 i를 설정하고, 다시 단계 ①을 수행한다.

④ 큐가 공백이 되면 연산을 종료한다.

3 그래프 순회의 응용

(1) 연결 요소

① 연결 그래프 여부 판별

㉠ DFS나 BFS 알고리즘을 이용한다.

㉡ 무방향 그래프 G에서 하나의 정점 i에서 시작하여 DFS(or BFS)로 방문한 노드집합 V(DFS(G, i))가 V(G)와 같으면 G는 연결 그래프이다.

V(DFS(G, i)) = V(G) : 연결 그래프, 하나의 연결 요소 V(DFS(G, i)) ⊂ V(G) : 단절 그래프, 둘 이상의 연결 요소

② 연결 요소 찾기

㉠ 정점 i에 대해 DFS(or BFS)을 수행한다.

㉡ 둘 이상의 연결 요소가 있는 경우, 나머지 정점 j에 대해 DFS(or BFS)을 반복 수행한다.

(2) 신장 트리(spanning tree)

① 그래프 G에서 E(G)에 있는 간선과 V(G)에 있는 모든 정점들로 구성된 트리이다.

② DFS, BFS에 사용된 간선 집합 T는 그래프 G의 신장 트리를 의미한다.

③ 주어진 그래프 G에 대한 신장 트리는 유일하지 않다.

제3절 제3절 가중치 그래프(weighted graph)

• 각 간선에 가중치가 할당된 그래프이다.

❶ 최소 비용 신장 트리(MST ; Minimum cost Spanning Tree)

(1) 개요

① 트리를 구성하는 간선들의 가중치를 합한 것이 최소가 되는 신장 트리이다.

② Kruskal, Prim, Sollin 알고리즘

③ 갈망 기법(greedy method)은 단순한 조건에 확실한 해답에서부터 시작하여 한 단계씩 조건을 첨가하면서 연산을 반복함으로써 최종 해법을 찾는 방법이다.

(2) Kruskal 알고리즘

① 간선들의 가중치를 기준으로 오름차순 정렬하고, 간선의 작은 순서로 선택한다.

② 기존의 선택된 간선과 결합하여 사이클을 만들면 제외한다.

③ 모든 정점이 연결되어 신장 트리가 완성될 때까지 위의 과정을 반복한다.

Kruskal 알고리즘 수행 단계의 예

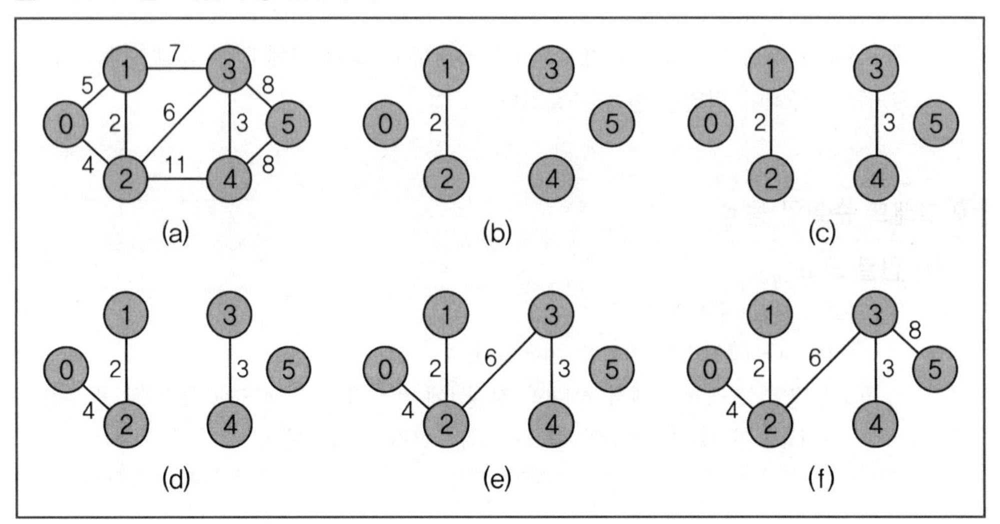

(3) Prim 알고리즘

① 한번에 하나의 간선을 선택하여 최소 비용 신장 트리 T에 추가해 나간다.

② Kruskal 알고리즘과의 차이점은 구축 전 과정을 통해 하나의 트리만을 계속 확장한다.

Prim 알고리즘 수행 단계의 예

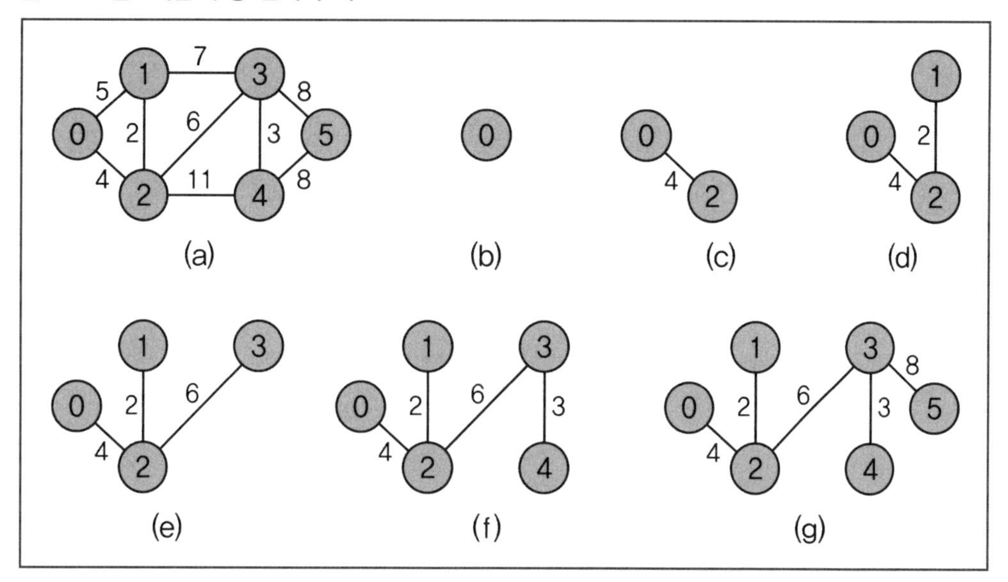

(4) Sollin 알고리즘

① Sollin 알고리즘은 다른 알고리즘과는 다르게 각 단계에서 여러 개의 간선을 선택하여, 최소 비용 신장 트리를 구축한다.

② 그래프의 각 정점 하나만을 포함하는 신장 포리스트에서부터 시작한다.

③ 매번 포리스트에 있는 각 트리마다 하나의 간선을 선택하여, 선정된 간선들은 각각 두 개의 트리를 하나로 결합시켜 신장 트리로 확장한다.

Sollin 알고리즘의 수행 단계의 예

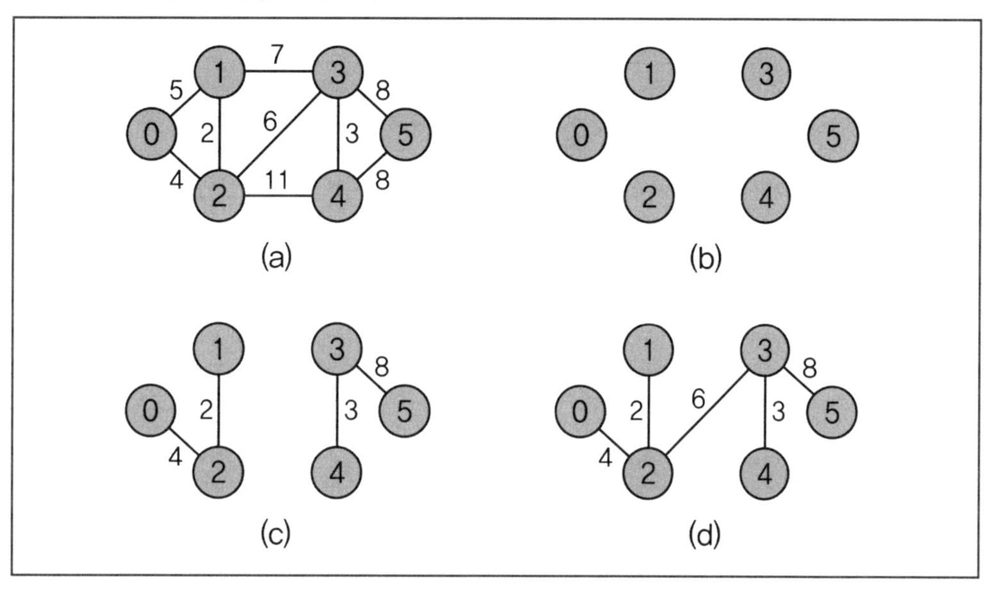

❷ 작업 네트워크

(1) AOV(activity on vertex) 네트워크

① 정점이 작업을 나타내고 간선이 작업들 간의 선후 관계를 나타내는 방향 그래프이다.

② 정점들 간의 선행자와 후속자 관계를 선행 관계(precedence relation)라 한다.

③ 위상 순서[topological order, 위상 정렬(topological sort)]
방향 그래프에서 두 정점 i와 j에 대해, i가 j의 선행자이면 반드시 i가 j보다 먼저 나오는 정점의 순차 리스트로 여러 개 나올 수 있다.

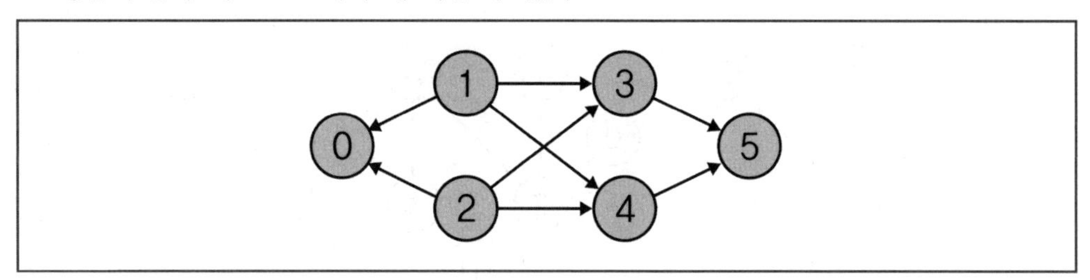

(2) AOE(activity on edge) 네트워크

① 프로젝트의 스케줄을 표현하는 DAG(Directed Acyclic Graph)이다.

② 정점은 프로젝트 수행을 위한 공정 단계이며, 간선은 작업·공정들의 선후 관계와 각 공정의 작업 소요 시간이다.

③ CPM, PERT 등 프로젝트 관리 기법에 사용된다.

④ 임계경로(critical path)는 시작점에서 완료점까지 시간이 가장 많이 걸리는 경로이다.

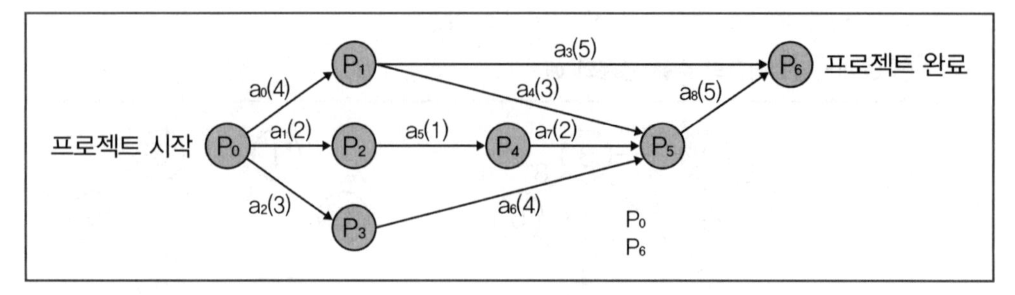

Chapter 07 정렬과 탐색

제1절 정렬(sorting)

1 정렬의 개요

(1) 정렬은 키값의 순서에 의해 파일 내의 레코드들을 순서대로 정하는 것이다.

(2) 정렬은 정렬 장소에 따라 내부정렬(주기억장치 이용)와 외부정렬(보조기억장치 이용)로 구분된다.

2 정렬의 종류

(1) 선택(selection) 정렬

① 수행 시간의 차수는 $O(n^2)$이다.

② a[O]부터 a[n]까지의 배열 요소를 오름차순으로 정렬한다고 가정한다.

㉠ 우선 a[O]을 a[i]로 선택하고 이를 a[i+1]부터 a[n]까지 다른 모든 값과 차례로 크기를 비교하며, 선택된 자리의 값이 크면 비교 값과 바꾸고, 그렇지 않으면 비교를 계속 진행한다. 모든 비교가 마치면, 선택된 자리 a[O]에는 가장 작은 값이 저장된다.

㉡ i를 1증가하여 다음 a[i]를 선택한 후 ㉠의 과정을 계속 반복한다.

㉢ ㉡의 과정을 I가 n-1이 될 때까지 반복한다.

(2) 버블(bubble) 정렬

① 수행 시간의 차수는 $O(n^2)$이다.

② a[O]부터 a[n]까지의 배열 요소를 오름차순으로 정렬한다고 가정한다.

㉠ i의 초기값을 0으로 하고 a[i+1], 즉 a[1]과 비교한다. 만일 a[i+1]이 작으면 두 값을 교환한다.

㉡ i를 최종값 n-1까지 증가시키면서 ㉠을 반복한다. 이 결과 a[n]에는 가장 큰 수가 저장된다.

㉢ 최종값을 1씩 감소시키며 a[1]이 최종값이 될 때까지 ㉡을 반복한다.

(3) 삽입(insertion) 정렬

① 수행 시간의 차수는 $O(n^2)$이다.

② a[O]부터 a[n]까지의 배열 요소를 오름차순으로 정렬한다고 가정한다.

㉠ I를 0으로 초기화하고, a[O]부터 a[i]까지를 이미 정렬된 리스트로 가정한다.

ⓛ a[i+1]을 선택하고 이미 정렬된 리스트에서 자신의 자리를 찾아갈 동안 a[O] 방향으로 버블 정렬과 같은 방식으로 하나씩 비교하며 교환해 나간다.

ⓒ i가 n보다 작을 동안 1씩 증가시키며 ⓛ을 계속 반복한다.

(4) 퀵(quick) 정렬

① 수행 시간의 차수는 평균은 O(nlogn)이며, 최악일 시에는 $O(n^2)$이다.

② a[O]부터 a[n]까지의 배열에 저장된 값을 오름차순으로 정렬한다고 가정하면, 임의의 값을 정렬될 배열의 중간값으로 가정하고 그보다 작은 값들은 중간값의 왼쪽으로, 큰 값들은 오른쪽으로 이동시키는 방법을 사용한다.

㉠ 첫 번째 원소인 a[O]을 중간값으로 가정한다. 이때 하한 I를 1, 상한 j를 n으로 초기화하고, i는 증가시키며 중간값 a[O]보다 큰 요소를 찾고 j는 감소시키면서 중간값보다 작은 요소를 찾는다.

ⓛ 두 값을 교환하고 계속 새로운 값을 찾으며 반복한다.

ⓒ i와 j의 값이 서로 교차하는 시점에서 반복을 멈추고 j가 가리키는 요소의 값과 중간값을 교환한다.

ⓔ 이 중간값을 기준으로 양쪽 구간에 대하여 ㉠부터 ⓒ까지를 반복한다. 각 구간에 한 개의 요소만 남으면 종료한다.

(5) 힙(heap) 정렬

① 수행 시간의 차수는 O(nlogn)이다.

② 최고 힙(heap)을 구성하여 차례로 삭제하면 오름차순으로 정렬 가능하다. 이때 관건은 최소 힙을 만드는 방법이다. 최소 힙이란 임의의 노드는 자신의 모든 자식 노드보다 작거나 같은 완전 이진트리이다.

(6) 병합(merge) 정렬

① 수행 시간의 차수는 O(nlogn)이다.

② 전체 배열을 요소의 수가 1인 부분 배열로 가정하여 두 개씩 짝을 지어 정렬한다.

③ 정렬된 각각의 배열들을 다시 짝을 지어 정렬한다.

④ 최종적으로 하나의 배열로 병합될 때까지 반복한다.

(7) 기수(radix) 정렬

① 수행 시간의 차수는 O(n)이다.

② 정렬될 데이터의 각 자릿수별로 구분하여 정렬 작업을 수행한다.

㉠ 우선 10자리를 현재 자릿수로 선택하고 선택된 자릿수의 값에 따라 0부터 9까지로 구분을 한다. 이때 구분된 데이터들은 각자의 큐에 위치한다.

ⓛ 각 큐의 데이터를 낮은 수, 즉 0부터 높은 수 9까지 차례로 모아 전체를 일렬로 만든다.

ⓒ 선택된 자리를 10 (10자리), 10 (100자리) 등으로 차례로 증가시키면서 가장 높은 자리까지 ㉠과 ⓛ을 반복한다.

제2절 탐색(Search)

❶ 탐색의 개요

(1) 어떤 특정한 원소를 찾아내기 위하여 자료구조나 파일을 조사하는 과정을 탐색이라 한다.

(2) 탐색 장소에 따른 분류로 내부 탐색과 외부 탐색으로 구분된다.

❷ 탐색의 종류

1. 순차탐색

(1) 레코드를 순서대로 하나씩 비교하여 찾는 방법이다.

(2) 전반적으로 탐색시간이 길어지지만, 정렬되어 있지 않은 파일도 탐색이 가능하다.

(3) 수행 시간의 차수는 O(n)이다.

2. 이진탐색

(1) 파일이 정렬되어 있어야 하며, 파일의 중앙의 키값과 비교하여 탐색 대상이 반으로 감소된다.

(2) 탐색시간이 적게 걸리지만, 삽입과 삭제가 많을 때는 적합하지 않다.

(3) 수행 시간의 차수는 O(logn)이다.

3. 해싱

(1) 해싱의 정의

① 해싱은 다른 레코드의 키값과 비교할 필요가 없는 탐색방법이다.

② 탐색 시간의 복잡도는 O(1)이지만, 충돌이 발생하면 O(n)이 된다.

③ 해싱함수: 제곱법, 제산법, 폴딩법, 자릿수 분석법

(2) 기본 용어

① 해시표: 레코드를 1개 이상 저장할 수 있는 버킷(bucket)들로 구성이 된 기억공간이다.

② 해싱함수: 해시표 내의 버켓 주소를 계산하여 일정한 규칙을 말한다.

③ 홈 주소: 해싱함수에 의해 계산된 주소이다

④ 버킷: 홈 주소를 갖는 기억공간, 즉 어떤 키가 저장될 기억공간을 말한다.

⑤ 동거자(synonym): 충돌 현상이 발생되는 레코드들의 집합으로 같은 홈 주소를 갖는 레코드들의 집합을 말한다

⑥ 충돌(collision or clash): 해싱함수에 의해 같은 홈 주소를 갖게 되는 현상이다.

b=26개의 버킷과 s=2인 해시 테이블

	슬롯 1	슬롯 2
0	A	A2
1		
2		
3	D	
4		
5		
6	GA	G
⋮	⋮	⋮
25		

(3) 해싱함수

입력된 키값을 해시 테이블의 주소로 변환시켜주는 함수이다. 해싱함수의 선택에 따라 레코드가 특정 버킷에 편중되지 않고 주소 공간에 균등하게 사상될 수 있도록 한다.

① 제곱법(mid-square)

㉠ 키값을 제곱한 후 중간에 정해진 자릿수만큼을 취해서 해시 테이블의 버킷 주소로 만드는 방법이다.

㉡ 키값을 제곱한 결과값의 중간의 수들은 키값의 모든 자리들로부터 영향을 받으므로 버킷 주소가 고르게 분산될 가능성이 높다.

② 제산법(division-remainder)

㉠ 키값을 테이블 크기로 나누어서 그 나머지를 버킷 주소로 변환하는 방법이다.

$$H(k) = k \bmod m$$

(H(k) : 홈 주소, k : 키값, m : 소수, mod : modulo 연산자)

㉡ 키의 특성이나 분포가 미리 알려져 있지 않을 때 널리 사용된다.

③ 폴딩법(folding)

㉠ 키값을 버킷 주소 크기만큼의 부분으로 분할한 후, 분할한 것을 더하거나 연산하여 그 결과 주소의 크기를 벗어나는 수는 버리고 택하여 버킷의 주소를 만드는 방법이다.

㉡ 이동 폴딩법(shift folding) : 주어진 키를 몇 개의 동일한 부분으로 나누고 각 부분의 오른쪽 끝을 맞추어 더한 값을 홈 주소로 하는 방법이다.

㉢ 경계 중첩법(boundary folding) : 나누어진 부분들 간에 접촉될 때 하나 건너 부분의 값을 역으로 하여 더한 값을 홈 주소로 하는 방식이다.

④ 자리수 분석법(Digit-analysis)

㉠ 모든 키를 분석해서 불필요한 부분이나 중복되는 부분을 제거하여 홈 주소를 결정하는 방식이다.

㉡ 이 방법은 키 특성이나 분포가 미리 알려져 있을 때 유용하다.

㉢ 새로운 레코드가 삽입되어 키의 분포 상태가 변하면 재분석해야 하며, 삽입과 제거가 빈번히 요구되는 경우에는 비경제적이고 비효율적이다.

(4) 해싱의 문제점

① 충돌이 발생할 수 있다. 해싱을 하는 경우 서로 다른 두 개 이상의 키값들이 해시함수에 의해 동일한 주소로 변환되는 경우이다.

② 충돌이 빈번하면 발생 시간이 길어지는 등 성능이 저하되므로 해시함수의 수정이나 해시 테이블의 크기가 적절히 조절되어야 한다.

③ 일반적으로 충돌이 발생할 경우 버킷이 여러 슬롯으로 구성되어 있다면 다른 슬롯으로 저장하면 되지만, 모든 슬롯이 채워지면 오버플로우가 발생한다.

(5) 오버플로우를 해결하는 방법

① **개방 주소법**: 생성된 버킷 주소에서 충돌이 발생하면 생성된 버킷의 주소로부터 비어있는 버킷이 발견될 때까지 찾는다. 만일 해시 테이블의 끝까지 빈 버킷을 찾지 못한다면 테이블의 처음부터 빈 버킷을 찾아 저장한다

㉠ 선형 조사법(linear probing)

ⓐ 충돌이 발생했을 경우 다음 버킷부터 차례로 빈 버킷을 찾는다.

ⓑ 알고리즘은 간단하나 집중 현상이 발생한다.

* 집중 현상: 키값이 특정 버킷을 중심으로 편중되어 저장되는 현상

ⓒ 선형 조사법에서 오버플로우 발생 시 색인은 1 증가한다.

ⓓ 키 ki의 해시 테이블 주소가 h(ki)라 할 때 충돌이 발생하면, 다음 버킷의 주소인 h(ki) + 1번지에 레코드를 입력한다.

ⓔ h(ki) + 1의 주소 버킷이 비어있지 않으면, h(ki) + 2의 순서로 h(ki) + n의 빈 버킷을 계속 찾아 삽입한다.

㉡ 2차 조사법(quadratic probing)

ⓐ 선형 방법에서 발생하는 집중문제를 해결하기 위한 방법이다.

ⓑ 특정한 수만큼 떨어진 곳을 순환적으로 빈 공간을 찾아 저장하는 방법이다.

$h(k) + 1^2$, $h(k) + 2^2$ 등의 순서로 $h(k) + n^2$ (n=1, 2, 3 …)

② **체인법(chaining)**: 충돌이 발생하는 동의어별로 연결리스트에 저장하는 방법이다.

제3절 탐색구조

1. AVL 트리

(1) Adelson-Velskii와 Landis에 의해 제안되었다.

(2) 각 노드의 왼쪽 서브트리의 높이와 오른쪽 서브트리의 높이 차이가 1 이하인 이진 탐색 트리이다(공백 서브트리의 높이는 -1로 정의).

(3) 모든 노드들이 AVL 성질을 만족하는 이진 탐색 트리이다.

(4) 균형인수(balance factor)

① 왼쪽 서브트리의 높이－오른쪽 서브트리의 높이이다.

② 한 노드의 AVL 성질 만족 여부를 나타낸다.

③ 노드의 균형인수가 ±1 이하이면 AVL 성질을 만족한다.

2. 2-3 트리

(1) 차수가 2 또는 3인 탐색 트리 구조이다.

(2) 삽입과 삭제 연산이 AVL 트리보다 간단하다.

(3) 트리의 성질

① 각 노드는 2-노드 또는 3-노드이고, 2-노드는 하나의 키값을, 3-노드는 두 개의 키값을 포함한다.

② 2-노드 : left가 가리키는 서브트리의 키값 < key1 < middle이 가리키는 서브트리의 키값

③ 3-노드 : left가 가리키는 서브트리의 키값 < key1 < middle이 가리키는 서브트리의 키값 < key2 < right가 가리키는 서브트리의 키값

④ 모든 외부 노드(external node) : 같은 레벨에 있다.

3. 레드-블랙 트리(red-black tree)

(1) 노드 색깔이 레드나 블랙으로 된 이진 탐색 트리이다.

(2) 노드의 성질

① N1. 루트나 외부 노드는 모두 블랙

② N2. 루트에서 외부 노드까지 경로상에 2개 연속된 레드 노드는 없다.

③ N3. 루트에서 외부 노드까지 경로에 있는 블랙노드 수는 같다.

(3) 포인터의 성질

① P1. 외부 노드를 연결하는 포인터는 블랙

② P2. 루트에서 외부 노드까지 경로에 2개 연속된 레드 포인터는 없다.

③ P3. 루트에서 외부 노드까지 경로에 있는 블랙 포인터 수는 같다.

(4) 포인터 색깔을 알면 그 노드 색깔을 알 수 있고, 노드 색깔을 알면 그 포인터 색깔을 알 수 있다.

기출 & 예상 문제

06 자료구조

제1장 자료구조의 기본 개념

01 알고리즘이 갖추어야 할 조건으로 옳지 않은 것은?

① 적어도 하나 이상의 출력 결과를 생성해야 한다.
② 각 명령어들은 명확하고 모호하지 않아야 한다.
③ 어떤 경우에도 한번의 수행단계 후에는 반드시 종료해야 한다.
④ 직접 수행 가능한 컴퓨터 프로그래밍 언어로만 작성되어야 한다.

02 다음은 알고리즘의 복잡도 X를 위한 정의다. 어떤 복잡도에 대한 정의인가?

> 정의: $f(n) = X(g(n))$
> 모든 $n(n \geq n_0)$에 대해 $f(n) \leq cg(n)$을 만족하는 두 양의 상수 c와 n가 존재하면 $f(n)=X(g(n))$이다.

① O(big oh)
② Ω(omega)
③ Γ(gamma)
④ Θ(theta)

정답찾기

01 프로그래밍 언어로 구현하는 것은 상세화되는 것이지만, 알고리즘은 추상적이다.

02 • **빅오(Big-oh) 표기법의 수학적 정의**: $n \geq n_0$를 만족하는 모든 n에 대하여 $f(n) \leq c \cdot g(n)$인 조건을 만족하는 2개의 양의 상수 c와 n_0가 존재하기만 하면 $f(n)=O(g(n))$이다.

• **오메가(Omega) 표기법의 수학적 정의**: $n \geq n_0$를 만족하는 모든 n에 대하여 $f(n) \geq c \cdot g(n)$인 조건을 만족하는 2개의 양의 상수 c와 n_0가 존재하기만 하면 $f(n)=\Omega(g(n))$이다.

• **세타(Theta) 표기법의 수학적 정의**: $n \geq n_0$를 만족하는 모든 n에 대하여 $c_1g(n) \leq f(n) \leq c_2g(n)$인 조건을 만족하는 3개의 양의 상수 c_1, c_2와 n_0가 존재하기만 하면 $f(n)=\Theta(g(n))$이다.

정답 **01** ④ **02** ①

03 **최악 시간 복잡도(worst-case time complexity)가 O(nlogn)인 정렬 방식만을 모은 것은? (단, n은 데이터의 개수이다)**

① 합병(merge) 정렬, 힙(heap) 정렬
② 삽입(insertion) 정렬, 버블(bubble) 정렬
③ 선택(selection) 정렬, 퀵(quick) 정렬
④ 퀵(quick) 정렬, 힙(heap) 정렬

04 **다음 연산 중에서 알고리즘의 분석 시 시간복잡도를 결정하는 데 관계없는 연산은?**

① 곱하기(multiplication)
② 비교(comparison)
③ 변수 할당(variable assignment)
④ 자료형 선언(type declaration)

05 **개수가 정해진 자연수를 크기순으로 저장하고 탐색하기에 가장 적절한 자료구조와 탐색 방법으로 옳게 짝지어진 것은?**

① 배열 - 순차탐색
② 배열 - 이진탐색
③ 단순 연결리스트 - 순차탐색
④ 단순 연결리스트 - 이진탐색

제2~3장 순차/연결 데이터 표현

06 **배열 A(2 : 4, 3 : 7, 2 : 5)의 원소 개수로 옳은 것은? (단, 배열의 첫 번째 원소는 A(2, 3, 2)이며, 마지막 원소는 A(4, 7, 5)이다)**

① 24
② 30
③ 48
④ 60

07 **배열에 관한 설명으로 가장 적합하지 않은 것은?**

① 정렬된 배열에서 임의의 원소를 찾기 위해서는 순차탐색을 사용하는 것이 바람직하다.
② 배열은 인덱스와 값의 쌍으로 구성된 집합이다.
③ 배열의 각 원소는 동일한 자료형을 갖는다.
④ 배열의 원소값은 인덱스 값을 알면 쉽게 찾을 수 있다.

08 int a[5][6]으로 선언되는 2차원 배열이 열우선 순서로 저장되고 a[0][0]의 주소가 1000이며 정수 크기는 4byte라고 가정했을 때 a[2][3]의 주소는?

① 1000　　② 1052
③ 1060　　④ 1068

09 희소 행렬에 대한 설명으로 옳지 않은 것은?

① 대부분의 원소값이 0으로 구성되어 있다.
② 2차원 배열로 표현하면 특정 항목의 접근이 용이하다.
③ 연결리스트 구조로 표현하더라도 행렬의 덧셈 연산을 할 수 있다.
④ 연결리스트 구조로 표현하면 기억공간을 낭비하게 된다.

정답찾기

03
- $O(n\log n)$: 힙(heap) 정렬, 합병(merge) 정렬, 퀵(quick) 정렬[퀵 정렬은 최악일 때는 $O(n^2)$이다]
- $O(n^2)$: 삽입(insertion) 정렬, 버블(bubble) 정렬, 선택(selection) 정렬

04 시간복잡도는 동적인 실행시간에 영향을 많이 받으며, 자료형 선언은 일반적으로 컴파일 시에 수행되어 정적이라 할 수 있다.

05 개수가 정해져 있다면 연결리스트보다는 배열이 좋고, 크기순으로 저장이 되어 있다는 것은 정렬이 되어 있다는 것이기 때문에 순차탐색보다는 이진탐색이 효율적이다.

06 3(면수) * 5(행수) * 4(열수)=60

07 정렬된 배열에서 임의의 원소를 찾기 위해서는 이진탐색을 사용하는 것이 바람직하다.

08 a[2][3]의 주소=1000+(3 * 5)×4+2 * 4=1068

09 2차원 배열로 표현하면 특정 항목의 접근이 용이하지만, 기억공간을 낭비하게 된다. 연결리스트 구조로 표현하면 기억공간을 낭비하지 않는다.

정답　**03** ①　**04** ④　**05** ②　**06** ④　**07** ①　**08** ④　**09** ④

10 다음 선형 연결리스트(linear linked list)에서 LEE를 찾기 위한 비교 횟수는? (단, HEADER가 3이다)

Index	Name	Pointer
1	KIM	6
2	PARK	1
3	CHOI	4
4	BAEK	2
5	LEE	7
6	MIN	5
7	ANN	8
8	JUNG	–

① 4
② 5
③ 6
④ 7

11 연결리스트(linked list)의 'preNode' 노드와 그다음 노드 사이에 새로운 'newNode' 노드를 삽입하기 위해 빈칸 ㉠에 들어갈 명령문으로 옳은 것은?

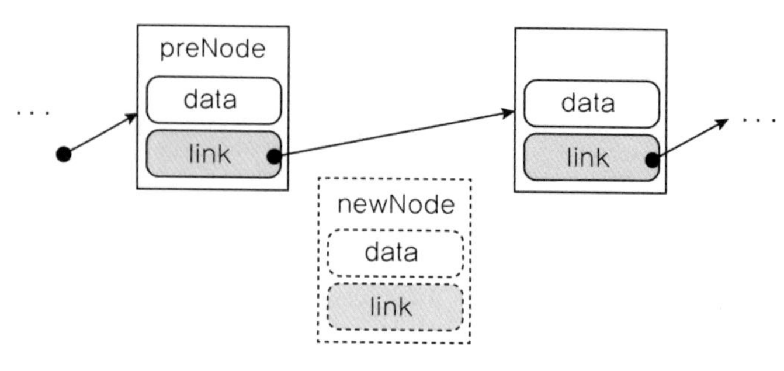


```
...
Node *newNode = (Node*)malloc(sizeof(Node));
[          ㉠          ]
preNode -> link = newNode;
...
```

① newNode -> link = preNode;
② newNode -> link = preNode -> link;
③ newNode -> link -> link = preNode;
④ newNode = preNode -> link;

제4장 스택과 큐

12 스택을 사용하는 예로 옳지 않은 것은?

① 함수의 재귀호출
② 트리의 너비 우선 탐색
③ 부프로그램의 호출
④ 후위표기(postfix)식의 계산

13 다음 수식을 후위 표기법으로 나타낸 것은?

A+B*C/D−E

① −+A/*BCDE
② −+A*/BCDE
③ ABCD/*E+−
④ ABC*D/+E−

06

정답찾기

10 HEADER가 3이기 때문에 인덱스가 3인 CHOI를 먼저 찾아가게 되며, LEE를 찾을 때까지 포인터를 이용하여 찾아간다. 3 → 4 → 2 → 1 → 6 → 5

11 • **연결리스트(Linked List)** : 포인터를 이용하여 데이터를 저장하는 자료구조이며, 배열리스트와는 다르게 물리적 구조가 순차적이지 않다. 즉, 포인터의 변경만으로 노드를 추가하거나 삭제할 수 있다.
• 소스코드는 newNode를 추가하고 있으며, ㉠에서 newNode의 link에 preNode의 link를 대입하고 (newNode가 preNode가 가리키던 노드를 가리키게 된다), preNode가 newNode를 카리키게 하면 (preNode -> link=newNode;)된다.

12 깊이 우선 탐색에서는 스택이 사용되지만, 너비 우선 탐색에서는 큐를 사용한다.

13 ((A+((B*C) / D))−E)으로 연산자 우선순위에 맞게 괄호를 넣고 연산자를 연산 순서에 맞게(괄호에 맞게) 뒤로 빼면, 후기 표기법이 된다.

정답 10 ③ 11 ② 12 ② 13 ④

14 스택을 일차원 배열 stack[0 : 99]를 이용하여 구현하고자 한다. top 변수의 초기값은 -1로 설정하며, top이 -1이면 스택은 비어있다는 것을 나타낸다. C 언어를 이용하여 스택에 데이터를 추가하는 함수 push()와 삭제하는 함수 pop()을 다음과 같이 작성하였을 때, ㉠과 ㉡에 들어갈 내용은?

```
void push(int *top, int data){     //스택에 data를 추가
  if (*top >= 99) {stack_full() ; return;}
    (      ㉠      );
}
```

```
int pop(int *top){       // 스택에서 데이터를 삭제 후 반환
   if (*top == -1) { return stack_empty();}
   (      ㉡      );
}
```

	㉠	㉡
①	stack[*top++]	return stack[--*top]
②	stack[*top++]	return stack[*top--]
③	stack[++*top]	return stack[*top--]
④	stack[++*top]	return stack[--*top]

15 한쪽 방향으로 자료가 삽입되고 반대 방향으로 자료가 삭제되는 선입선출(first-in first-out) 형태의 자료구조는?

① 큐(queue)
② 스택(stack)
③ 트리(tree)
④ 연결리스트(linked list)

16 큐(queue) 자료구조에 대한 설명으로 옳지 않은 것은?

① 자료의 삽입과 삭제는 같은 쪽에서 이루어지는 구조다.
② 먼저 들어온 자료를 먼저 처리하기에 적합한 구조다.
③ 트리(tree)의 너비 우선 탐색에 이용된다.
④ 배열(array)이나 연결리스트(linked list)를 이용해서 큐를 구현할 수 있다.

제5~6장 트리, 그래프

17 B-tree에 대한 설명으로 옳은 것은?

① 루트 노드는 적어도 2개의 자식 노드를 갖는다.
② 인덱스(index) 노드와 데이터(data) 노드 두 종류로 구성된다.
③ 키값을 삽입하거나 삭제하더라도 트리의 총 노드 수에는 변함이 없을 수 있다.
④ 루트 노드를 제외한 모든 노드는 적어도 ⌈m/2⌉개의 자식 노드를 갖는다. (단, m은 차수이다)

18 다음의 이진트리를 후위 순회할 때, 다섯 번째 방문 노드는 무엇인가?

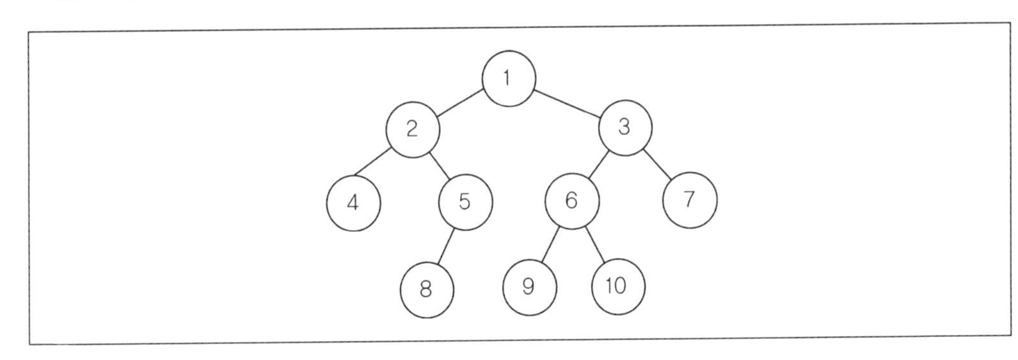

① 1
② 4
③ 8
④ 9

정답찾기

14 스택에서 데이터를 push할 때는 top를 증가시킨 후에 추가하며, 데이터를 pop할 때는 반환한 후에 top을 감소시킨다.

15 스택은 처리되는 방식이 LIFO이며, 큐는 FIFO이다.

16 자료의 삽입과 삭제가 같은 쪽에서 이루어지는 구조는 스택이다.

17 ① 루트 노드는 리프 노드가 아닌 이상 적어도 2개의 자식 노드를 갖는다.
② 인덱스(index) 노드와 데이터(data) 노드 두 종류로 구성되는 것은 B+-tree이다.
④ 루트 노드와 리프 노드를 제외한 모든 노드는 적어도 ⌈m/2⌉개의 자식 노드를 갖는다.

18 후위 순회는 '왼-중-오'이므로, 순서는 4 → 8 → 5 → 2 → 9 → 10 → 6 → 7 → 3 → 1 이며, 다섯 번째 방문 노드는 9번 노드이다.

정답 **14** ③ **15** ① **16** ① **17** ③ **18** ④

19 다음 이진트리(binary tree)의 노드들을 후위 순회(post-order traversal)한 경로를 나타낸 것은?

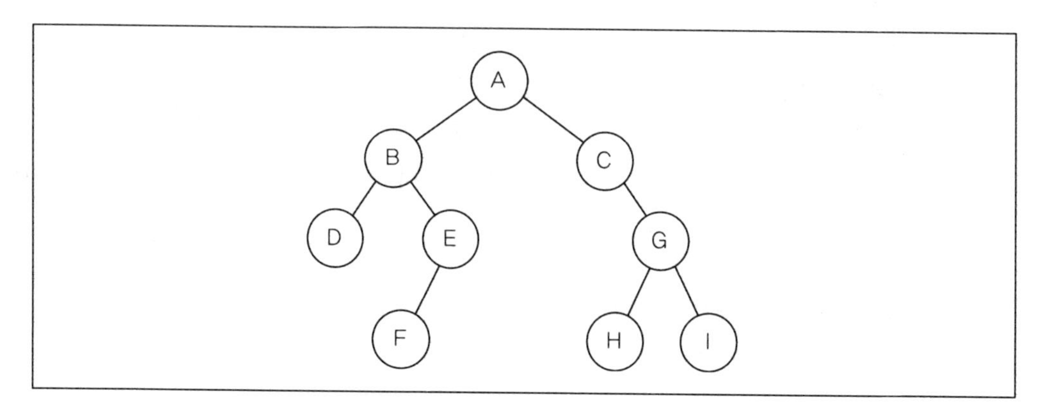

① F → H → I → D → E → G → B → C → A
② D → F → E → B → H → I → G → C → A
③ D → B → F → E → A → C → H → G → I
④ I → H → G → C → F → E → D → B → A

20 다음 그림은 가중치 그래프이다. Kruskal 알고리즘을 이용하여 주어진 그래프의 최소비용 신장 트리를 찾는 경우에 대한 설명으로 옳지 않은 것은?

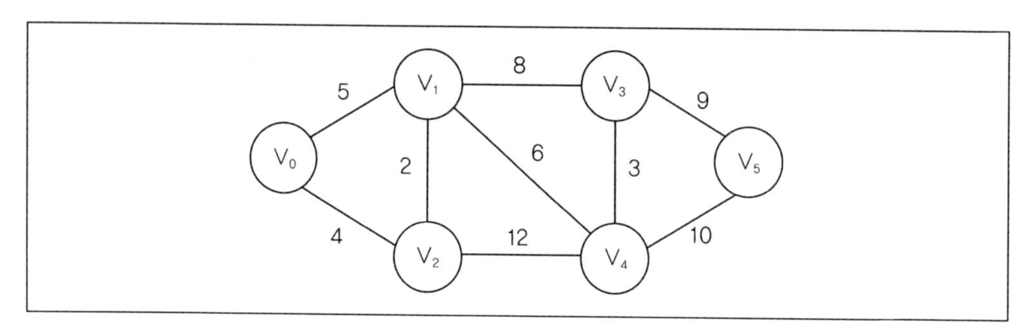

① 최소비용 신장 트리의 비용은 24이다.
② 최소비용 신장 트리에 네 번째로 추가되는 간선은 V_1과 V_4를 연결하는 것이다
③ 그래프에서 간선의 수가 n개일 때 알고리즘 시간복잡도는 $O(n^2)$이다.
④ 새로운 간선을 추가할 때마다 사이클이 형성되는지 확인한다.

제7장 정렬과 탐색

21 다음 자료를 삽입 정렬 알고리즘을 적용하여 정렬할 때, 세 번째 패스(pass)까지 실행한 정렬 결과로 옳은 것은?

22, 37, 15, 19, 12

① 12, 15, 19, 37, 22
② 7, 15, 22, 19, 12
③ 15, 19, 22, 37, 12
④ 12, 22, 37, 15, 19

22 다음 자료를 버블 정렬(bubble sort) 알고리즘을 적용하여 오름차순으로 정렬할 때, 세 번째 패스(pass)까지 실행한 정렬 결과로 옳은 것은?

5, 2, 3, 8, 1

① 2, 1, 3, 5, 8
② 1, 2, 3, 5, 8
③ 2, 3, 1, 5, 8
④ 2, 3, 5, 1, 8

23 다음 중 어떤 배열에서 이진검색을 수행하기 위해 필요한 조건을 모두 고르면?

㉠ 배열 내 데이터가 정렬되어 있어야 한다.
㉡ 배열 내 각 데이터는 유일한 값이어야 한다.
㉢ 배열 내 데이터 개수는 짝수이어야 한다.

① ㉠
② ㉠, ㉡
③ ㉡, ㉢
④ ㉠, ㉡, ㉢

정답찾기

19 후위 순회의 노드 방문 순서는 '왼쪽 → 오른쪽 → 중간' 순이다. 루트를 기준으로 가장 왼쪽 자노드(D)부터 방문한다.

20 그래프에서 간선의 수가 n개일 때 Kruskal 알고리즘의 시간복잡도는 O(n log n)이다.

21 삽입 정렬은 첫 번째 레코드를 정의된 것으로 보고, 두 번째 레코드부터 키의 순서에 맞게 정렬한다.
- 정렬 대상: 22 37 15 19 12
- Pass 1: 22 37 15 19 12
- Pass 2: 15 22 37 19 12
- Pass 3: 15 19 22 37 12

22
- 정렬 대상: 5 2 3 8 1
- Pass 1: 2 3 5 1 8
- Pass 2: 2 3 1 5 8
- Pass 3: 2 1 3 5 8

23 배열을 사용하는 이진검색은 데이터의 개수는 상관없지만, 데이터가 정렬되어 있어야 하고 중복 값을 허용하지 않는다.

정답 **19** ② **20** ③ **21** ③ **22** ① **23** ②

손경희 컴퓨터일반

합격까지 박문각

Part

07

프로그래밍 언어

Chapter 01 프로그래밍 언어론

제1절 프로그래밍 언어의 기초 개념

❶ 프로그래밍 언어의 개요

(1) 프로그래밍 언어의 의의

① 프로그래밍 언어는 컴퓨터시스템을 동작시키는 프로그램을 작성하기 위한 언어이다.

② 인간과 컴퓨터 사이의 의사소통을 하기 위한 방법으로 만들어진 언어를 컴퓨터 프로그래밍 언어라 한다.

③ 초기의 프로그래밍 언어는 기계가 쉽게 해독하여 명령을 실행할 수 있는 기계중심 언어였으나 시간이 지남에 따라 사람이 쉽게 작성할 수 있는 사람 중심의 언어인 다양한 고급언어가 개발되었다.

(2) 프로그래밍 언어의 정의

① 프로그램: 논리적·산술적이며, 신속하게 처리해야 할 기능들을 프로그램 언어로 구현한 명령어와 관련 데이터의 집합체를 말한다.

② 프로그래밍 언어

㉠ 사람이 컴퓨터에 작업절차를 알려주는 데 사용되는 기호체계

㉡ 컴퓨터에 작업을 지시할 수 있는 추상(abstraction) 모형을 구현하는 도구

③ 기계가 읽을 수 있고, 사람이 읽을 수 있는 형식으로 계산을 서술하기 위한 표기체계

❷ 프로그래밍 언어의 분류

(1) 사용목적에 의한 분류

① 범용 언어: 응용 분야가 제한되지 않음

- BASIC, Pascal, C 언어, C++

② 과학응용 분야: 간단한 데이터구조, 효율성 강조

- FORTRAN, ALGOL60

③ 사무응용 분야: 상세한 보고서를 생성할 수 있으며, 십진수 산술 연산을 표현

- COBOL

④ 인공지능 분야: 수치계산보다는 기호계산 사용, 융통성 강조

- LISP, Prolog

⑤ 시스템 프로그래밍: 운영체제와 컴퓨터시스템에 속한 모든 프로그래밍 지원 도구이며, 실행 효율성 및 저급 수준의 처리 필요
- PL/S, BLISS, ALGOL, C 언어

⑥ 스크립트 언어: 파일 관리나 필터링 등의 수행을 위해 사용되기 시작했으며, 스크립터라 불리는 명령들의 리스트를 한 개의 파일에 작성
- Perl, ASP, PHP, JSP, Javascript

(2) 저급언어와 고급언어

① 저급언어: 기계어, 어셈블리어

② 고급언어

㉠ 컴파일 언어: FORTRAN, COBOL, ALGOL, PL/1, PASCAL, C, ADA 등

㉡ 인터프리터 언어: BASIC, APL, SNOBOL, LISP 등

3 프로그래밍 언어의 학습 이유

(1) 효율적인 알고리즘 작성

① 프로그래밍 언어가 제공하는 요소 중에는 잘 사용하면 매우 효율적인 프로그램을 작성할 수 있지만, 잘못 사용하면 수행속도가 느려지고, 기억용량을 많이 소모할 뿐만 아니라, 찾기 어려운 논리적 오류가 발생할 수 있다.

② 프로그래밍 언어론에 대한 학습은 이와 같은 문제를 해결할 수 있게 한다.

07

(2) 유용한 프로그램 기술에 대한 지식학습

① 특정 프로그래밍 언어가 모든 문제를 효과적으로 해결하는 구조를 제공할 수는 없기 때문에 프로그래밍 언어에 대한 일반적 이론을 학습함으로써 각 프로그래밍 언어가 제공하는 다양한 구조를 이해하고 다양한 문제해결에 활용할 수 있다.

② 즉, 프로그래밍 언어는 특정 기능이 어떻게 구현되는지를 알면 프로그램 작성능력을 크게 증가시킬 수 있다.

(3) 적합한 프로그래밍 언어의 선택

특정 목적에 적합한 언어를 선택함으로써 생산성을 높일 수 있다.

예 SNOBOL4(문자처리에 유용), COBOL(상업용), Ada(시스템 내장 프로그램)

(4) 새로운 언어의 학습

① 프로그래밍 언어는 많은 부분에서 유사한 특징이 있기 때문에, 현재 존재하는 다양한 프로그래밍 언어가 가진 구조와 이 구조의 수행 방법을 학습하여 새로운 언어를 쉽게 배울 수 있게 한다.

② 즉, 새로운 언어를 학습하는 시간을 크게 줄일 수 있다.

(5) 새로운 언어의 설계 능력 향상

프로그래밍 언어의 각종 구성요소와 구현방법 등을 학습하며, 보다 더 바람직한 새로운 프로그램 언어 설계를 지원할 수 있다.

4 프로그래밍 언어 설계 시 고려사항

(1) 프로그래밍 언어 설계의 기본 원칙

① **일반성(Generality)**: 특별한 경우를 피하거나 밀접하게 관련 있는 여러 개념들을 일반적인 하나의 개념으로 통합하여 얻는 성질

② **직교성(Orthogonality)**: 적은 수의 기본 구조들이 언어의 제어 구조와 자료구조를 생성하기 위해 상대적으로 적은 수의 방법으로 조합될 수 있는 것을 의미(언어가 직교성을 가질 때, 배우기 쉽고, 프로그램 작성이 쉽다)

③ **획일성(Uniformity)**: 유사한 것들은 유사하게 보이고 유사한 의미를 갖게 하며, 상이한 것들은 서로 다르게 보이고 서로 다르게 행동하여야 된다는 성질(언어 구조들의 외모와 행동에서의 조화)

④ **효율성(Efficiency)**: 언어에 대한 효율성은 목적 코드의 효율성, 번역의 효율성, 구현의 효율성, 프로그램 작성의 효율성 등으로 분류할 수 있다(단, 효율성이 높다고 신뢰성이 높은 것은 아니다).

(2) 프로그래밍 언어의 기타 설계 원칙

① 간결성(simplicity)

② 표현력(expressiveness)

③ 정확성(preciseness)

④ 기계 독립성(machine independence)

⑤ 보호성(security)

⑥ 기존 표기나 관습과의 일치성(규칙과의 일관성)

⑦ 확장성(extensibility)

⑧ 제한성(restrictability)

5 프로그래밍 언어에서의 추상화

(1) 추상화(abstraction)의 개념

① 속성들의 일부분만을 가지고 주어진 작업이나 객체들을 필요한 정도로 묘사할 수 있는 방법을 지원하는 것

② 필수적인 속성만으로 주어진 것을 묘사하므로 나머지 속성들은 추상화되거나 숨겨지거나 삭제됨

(2) 추상화의 범주

① **자료 추상화**: 문자열, 수, 탐색 트리와 같은 계산의 주체가 되는 자료의 특성을 추상화

② **제어 추상화(알고리즘 추상화)**: 실행 순서의 수정을 위한 제어의 특성을 추상화

예 반복문, 조건문, 프로시저 호출 등

③ **추상화에 포함된 정보의 양에 따른 분류**

㉠ **기본적 추상화(basic abstraction)**: 가장 지역적인 기계정보에 대한 추상화

㉡ 구조적 추상화(structured abstraction): 보다 전역적인 정보인 프로그램의 구조에 대한 추상화

㉢ 단위 추상화(unit abstraction): 단위 프로그램 전체에 대한 정보의 추상화

(3) 자료 추상화

① 기본적 추상화(basic abstraction): 컴퓨터 내부 자료 표현 추상화

② 구조적 추상화(structured abstraction): 관련된 자료의 집합을 추상화

③ 단위 추상화(unit abstraction): 자료의 생성과 사용에 대한 정보를 한 장소에 모아 두고, 자료의 세부사항에 대한 접근을 제한하는 도구

(4) 제어 추상화

① 기본적 추상화(basic abstraction): 몇 개의 기계 명령어를 모아 이해하기 쉬운 추상 구문으로 만든 것

② 구조적 추상화(structured abstraction): (검사 값에 따라) 분할된 명령어 그룹 수행

③ 단위 추상화(unit abstraction): 프로시저의 집합을 추상화(관련된 프로시저 그룹 추상화)

6 프로그래밍 언어 전형: 계산 전형(Computational Paradigms)

(1) 명령형 언어(imperative L.) 또는 절차적 언어(procedural L.)

① 전통적인 프로그래밍 언어로 폰 노이만 구조에 기초하여 문제 해결을 위한 절차를 기술한다.

② 특징

㉠ 명령의 순차적 실행

㉡ 기억장소를 표시하는 변수의 사용

㉢ 변수의 값을 변경하기 위한 배정문의 사용

(2) 함수형 언어(functional L.) 또는 적용형 언어(applicative L.)

① 함수의 평가와 함수 적용을 기본으로 함

② 특징

㉠ 함수의 평가 및 호출 방법을 제공

㉡ 지역변수, 반복문, 배정문이 없음

㉢ 반복적인 연산은 재귀적 함수 이론에 의해 기술됨

㉣ 대표적 예: LISP, Schema, Common LISP, ML 등

(3) 논리형 언어(logical L.) 혹은 선언적 언어(declarative L.)

① 모델의 계산을 위해 기호논리와 집합론을 이용하여 술어논리에 기초

② 특징

㉠ 기호 논리학에 근거

㉡ 계산의 실행 순서를 기술하는 대신 무엇을 하려고 하는가를 선언

㉢ 반복이나 선택 개념 불필요

㉣ 대표적 언어: PROLOG

(4) 객체지향 언어(object-oriented L.)

① 객체에 기반을 둔 언어

② 객체란 상태를 의미하는 기억장소와 상태를 변경할 수 있는 연산의 집합

③ 객체는 클래스로 그룹화

④ 클래스 선언: C나 Pascal에서 구조형 자료를 선언하는 방법으로 선언

⑤ 클래스 인스턴스: 선언된 객체의 한 실례

⑥ 객체지향의 방법을 처음 소개한 언어: Simula 67

⑦ 순수 객체지향 언어에 가까운 언어는 Simula, Smalltalk이며, 최근 많이 사용되는 언어로는 C++, Java, Eiffel, Ada95 등이 있다.

7 프로그래밍 언어의 역사

1. 제1세대 언어(1950년~1950년대 말)

(1) 프로그래밍 언어의 발명과 기본 개념이 확립된 시기로 장차 개발될 프로그래밍 언어에 대한 전반적인 방향이 제기되었다.

(2) 기계어에서 어셈블리어 출현

2. 제2세대 언어(1950년대 말~1960년대)

다양한 프로그래밍 언어가 개발된 시기로 언어에 대한 이론적인 개념과 모형 등이 폭넓게 발표된 발명과 이론 정립의 시기로 볼 수 있다.

(1) FORTRAN(FORmula TRANslation)

① FORTRAN Ⅰ의 기능에 주프로그램과 부프로그램 사이에 자료전달이 가능하게 CALL, COMMON, FUNCTION, RETURN 등의 명령을 추가시켜 만든 FORTRAN Ⅱ가 1958년에 발표되었다.

② 이어서 1960년대에 들어와 FORTRAN Ⅲ, FORTRAN Ⅳ로 발전되면서 과학계산용 언어로 확고한 위치를 굳히게 되었고 1970년대 말에는 보다 다양한 기능을 갖춘 FORTRAN 77이 나왔다.

(2) COBOL(COmmon Business Oriented Language)

사무처리용 언어로 개발된 프로그래밍 언어로 1959년에서 1960년에 걸쳐서 완성되었다.

(3) ALGOL(ALGOrithmic Language)

ALGOL 58은 보다 발전된 형태로 1960년에 ALGOL 60으로 발표되었다. ALGOL 60은 언어의 발달사에 큰 영향을 끼친 언어로 다음과 같은 특징과 의의를 갖고 있다.

① 최초의 블록구조 언어로서 구조적 프로그래밍에 도움을 주었다.

② 언어구문의 형식을 정의하는 기법인 BNF(Backus Naur Form) 표기법을 최초로 사용하여 ALGOL 구문을 정의하였다.

③ 언어의 구조가 통일성 있게 명확하다.

④ 동질성의 배열과 수치자료 처리를 강조한 과학계산용 언어이다.

⑤ Begin과 End로 블록구조를 구성할 수 있으며 블록들 사이에서 변수 범위규칙(Scope Rule)이 적용된다.

⑥ 변수들의 기억장소 배정은 정적(Static) 및 동적(Dynamic)으로 할당하는 기법을 사용한다.

⑦ 주, 부프로그램 사이의 인수 전달은 Call by value 또는 Call by name 방식을 사용한다.

(4) LISP(LISt Processing)

미국 MIT 대학의 매카시(J McCarthy) 교수 등에 의해 1960년에 개발된 언어로 인공지능과 관련된 문제처리에 적합하다.

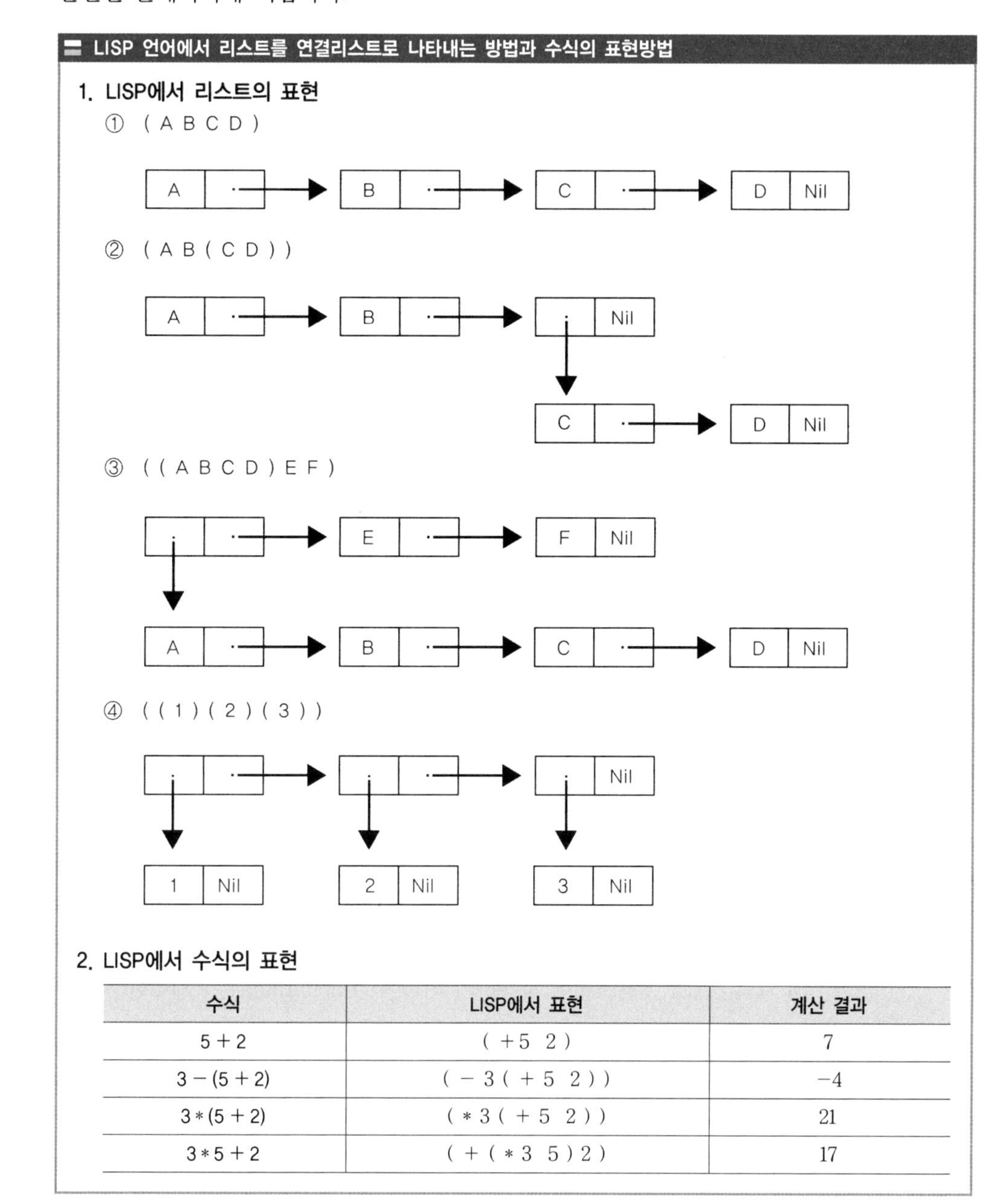

LISP 언어에서 리스트를 연결리스트로 나타내는 방법과 수식의 표현방법

1. LISP에서 리스트의 표현

① (A B C D)

② (A B (C D))

③ ((A B C D) E F)

④ ((1) (2) (3))

2. LISP에서 수식의 표현

수식	LISP에서 표현	계산 결과
5 + 2	(+5 2)	7
3 − (5 + 2)	(− 3 (+ 5 2))	−4
3 * (5 + 2)	(* 3 (+ 5 2))	21
3 * 5 + 2	(+ (* 3 5) 2)	17

(5) SNOBOL(StriNg Oriented Symbolic Language)

① 스노볼은 1962년에 문자열(String)을 손쉽게 처리하기 위하여 개발된 후 계속적인 보완을 하여 1967년에 SNOBOL 4가 발표되었다.

② SNOBOL 4는 문자열을 연산하기 위한 여러 가지 함수와 스트링, 배열, 테이블 등의 자료형을 제공한다.

(6) PL/1(Programming Language One)

① PL/1은 이미 개발되어 사용 중인 FORTRAN, COBOL, ALGOL 등의 언어를 연구하여 이들 언어가 갖고 있는 기능의 장점을 모두 포함시켜 만든 언어이다. 따라서 프로그래밍 언어로서 큰 각광을 받을 것으로 전망되었으나 기대만큼의 활용은 되지 않았다.

② 이는 다양한 기능을 갖고 있으나 지나칠 정도로 선택이 많고, 컴파일러의 구성이 다양한 기능만큼 복잡하며 방대하기 때문이다.

(7) APL(A Programming Language)

① 1962년 수학 계산 및 자료처리를 목적으로 개발된 언어였으나 나중에 스칼라, 벡터, 행열 등의 연산에 알맞도록 개선되었다.

② 자료처리 시 배열을 기본 원소로 하기 때문에 전문적인 배열처리가 가능하며, 배열의 크기를 실행시간에 가변적으로 처리할 수 있다.

(8) BASIC(Beginner's All purpose Symbolic Instruction Code)

① 1965년 Kertz와 Kemeny가 프로그래밍 언어를 처음 배우는 사람들을 위해 개발한 대화용 언어이다.

② 언어구조는 간단하나 GOTO문에 의존하기 때문에 복잡한 프로그램을 작성할 경우에 알고리즘 구현 및 수정이 어려웠다.

3. 제3세대 언어(1970년대)

새로운 이론, 새로운 언어 개발보다는 복잡한 대형 프로그램을 처리할 수 있는 도구를 개발하는 데 중점을 둔 시기이다. 따라서 모듈화, 블록구조를 지원하는 프로그래밍 언어가 개발된 시기이다.

(1) PASCAL

1971년 N. Wirth 교수에 의해 개발된 ALGOL W의 후속언어로, 범용 및 교육용으로 체계적인 프로그래밍에 대한 개념을 가르치고, 효율적이고 안정된 소프트웨어 구현을 위하여 개발된 언어다.

(2) C 언어

1972년 PDP-7의 UNIX 운용조직에 사용하기 위하여 Dennis Ritchie가 개발한 시스템 프로그래밍 언어지만 기종에 관계없이 텍스트 처리, 수치해석, 데이터베이스 개발 등에 사용할 수 있는 범용적인 프로그래밍 언어라 할 수 있다.

(3) Ada

미 국방성 지원 아래 1975년에서 1979년에 걸쳐 개발된 언어로 시스템 프로그래밍, 수학문제처리, 실시간처리, 병렬처리 등에 응용할 수 있는 기능을 갖고 있다.

(4) CLU

추상화 기법을 사용하였고, 일관성 있는 접근 방식으로 자료 추상화, 제어 추상화, 예외처리 방식을 제공한다.

(5) ML(Meta Langguage)

1978년에 에딘버러 대학의 Robin Milner가 개발하였으며, 언어는 간결하나 확장성에 의해 대형 프로그램의 개발이 가능하다.

(6) Prolog

선언적인 논리언어이며, 논리 프로그래밍 언어를 대표하는 주요 언어이다(인공지능 분야-정리 증명, DB 설계, S/W 공학, 자연어 처리 등에 널리 이용).

(7) C++

C 언어의 기능을 확장하여 만든 객체지향형 프로그래밍 언어이다.

(8) Java

1994년 Jemes Gosling에 의해 개발된 언어로 현재 웹 프로그래밍 기반 언어로 주로 사용되고 있다(내장 가전제품 장치를 위한 언어라는 특정 분야의 언어로 시작하였다).

(9) C#

객체지향 프로그래밍 언어의 하나이며, 모든 것을 객체로 취급하는 컴포넌트 프로그래밍 언어이다.

(10) Python

1991년 Guido van Rossum에 의해 개발된 객체지향 인터프리티드 스크립트 언어이다. 바이트 코드는 기계에 독립적이어서 다른 하드웨어나 소프트웨어 플랫폼에서 재컴파일 없이 수행되며, 보통 멀티패러다임 언어라고 한다(매우 간단한 문법을 사용해 사용하기 쉽고 배우기 쉽다. 또 강력한 기능을 갖고 있어 빠른 프로토타입 개발이 가능하다).

07

4. 제4세대 언어(Fourth-generation language)

(1) '제4세대 언어'의 용어는 제1세대 언어를 기계어, 제2세대 언어를 어셈블리 언어, 제3세대 언어를 컴파일 언어라는 개념으로 구분할 때 이들 언어에 비해 훨씬 발전된 초고급언어라는 뜻으로 붙여진 이름이다. 제4세대 언어는 일반 고급언어의 기능뿐만 아니라, 문제풀이를 위한 절차나 과정보다는 "무엇을 할 것인가?" 하는 목적을 기술하는 비절차적 언어이다. 즉 절차적 언어는 'HOW' 중심이며, 비절차적 언어는 'WHAT' 중심의 기능을 갖는 언어로 볼 수 있다.

(2) 제4세대 언어가 지원하는 것으로는 데이터베이스 질의어, 응용 프로그램 생성기, 보고서 작성기(Report Generator) 등이 있다.

(3) 제4세대 언어를 일명 초고급언어(Very high level language), 비절차 언어(Non-procedural language), 사용자 중심 언어(User-oriented language)라고 한다.

제2절 프로그래밍 언어 구현과 바인딩

❶ 언어처리기

1. 번역과정

(1) 기계어를 제외한 모든 언어는 기계가 직접 이해할 수 있도록 기계어로 바꾸어주는 번역 과정이 필요하다. 즉 사람이 작성한 프로그램을 기계어로 바꾸어주는 '언어 번역기'가 필요하다.

(2) 언어 번역기는 특정 언어를 기계어로 번역하는 방법에 따라 다음과 같이 구분한다.

① 주어진 고급 프로그래밍 언어로 작성된 프로그램을 실제 주어진 컴퓨터의 기계어로 번역하여 동등한 의미의 기계어 프로그램을 만들어 실행시키는 방법이다.

② 언어 번역기는 어떤 원시언어(저급언어나 고급언어)로 작성된 프로그램을 입력으로 읽어 들여서 목적언어로 된 동일한 프로그램을 출력해 주는 언어처리기이다.

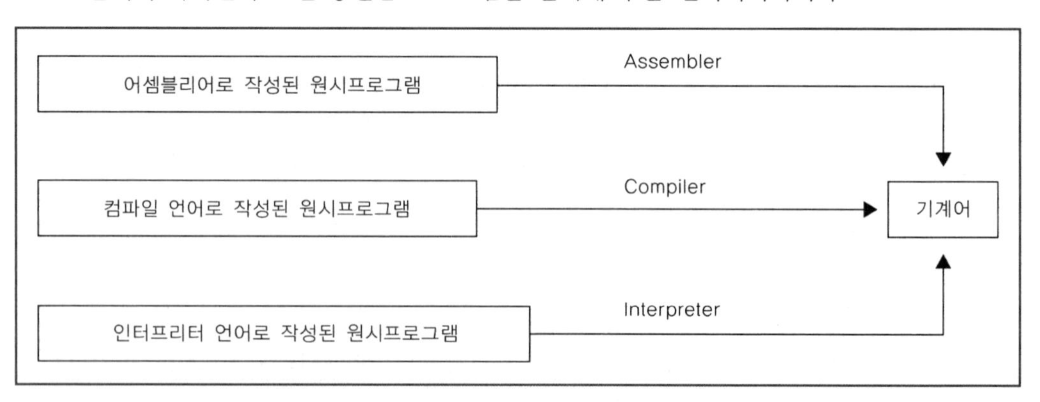

2. 프로그래밍 번역기의 종류

(1) 컴파일러

① 컴파일 언어로 작성된 원시프로그램을 준기계어로 번역한 후 목적프로그램을 출력하는 번역기이다.

② 원시언어가 고급언어이고, 목적언어가 실제 기계언어에 가까운 저급언어인 번역기이다.

③ 기계어로 번역된 목적프로그램은 컴퓨터가 해독할 수는 있지만 주기억장치 내에서 직접 실행할 수 있는 형태는 아니다. 따라서 목적프로그램은 실행 가능한 형태의 프로그램으로 바꾸는 작업이 필요한데 이 작업을 해주는 프로그램을 연계편집프로그램(Linkage Editor) 또는 링커(Linker)라고 하며, 링커에 의해 만들어진 실행 가능한 프로그램을 로드프로그램(Load program)이라고 한다.

④ COBOL, C 언어, C++, Fortran, Ada, PL/1, Algol

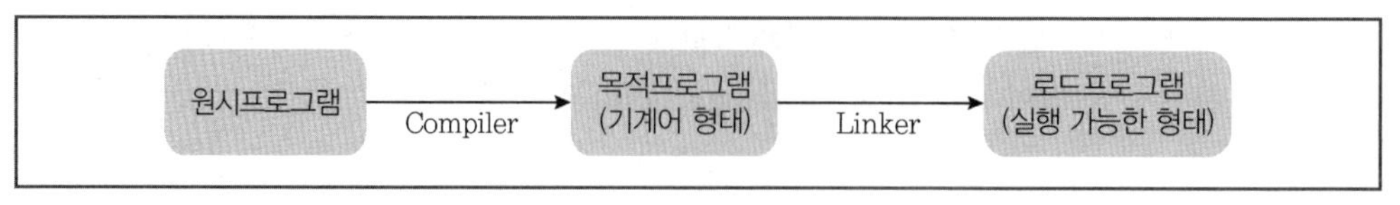

(2) 인터프리터(Interpreter)

① 고급언어를 기계어로 하는 컴퓨터를 하드웨어로 구성하는 대신에 이 고급언어를 기계에서 실행되도록 소프트웨어로 시뮬레이션하여 구성하는 방법이다.

② 원시프로그램을 구성하는 각 명령을 기계어로 번역하여 즉시 실행시키는 것으로 별도의 목적프로그램을 만들지는 않는다.

③ 이런 방식은 원시프로그램 내에 반복 실행되는 부분도 실행 시마다 기계어로 번역해야 하므로 컴파일 언어보다 더 많은 실행시간을 필요로 한다.

④ 인터프리터 방식은 프로그램 길이가 짧고, 단순할 때 많이 사용된다.

⑤ BASIC, APL, LISP, SNOBOL

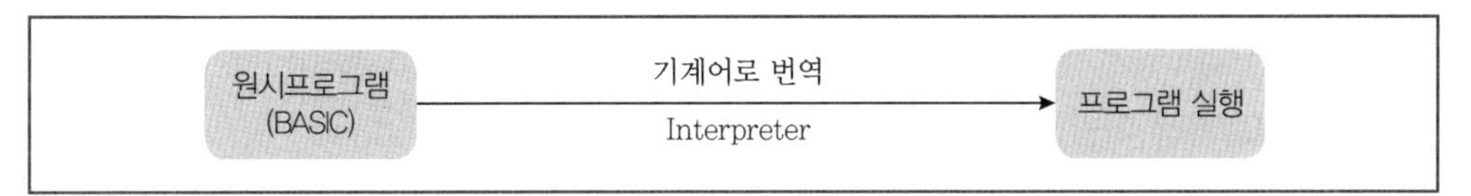

(3) 크로스 컴파일러(Cross-Compiler)

어떤 컴파일 언어로 작성된 원시프로그램을 현재 자신이 수행되는 기계와는 다른 기계의 목적프로그램으로 번역하는 컴파일러를 의미한다.

(4) 사전 처리기(preprocessor)

① 특정 고급언어로 작성된 프로그램을 다른 고급언어로 번역해서 출력하는 번역기이다(원시언어와 목적언어가 모두 고급언어의 번역기).

② C언어의 전처리 과정이 이에 속한다.

(5) 매크로 프로세서(Macro processor)

어셈블리 원시프로그램에 매크로 명령이 있으면 해당 매크로 명령에 대응하는 원래의 명령들을 매크로 위치에 대치시키는 기능을 가진 소프트웨어이다.

(6) 연계편집기(Linker)

재배치 형태의 기계어로 된 여러 개의 프로그램을 묶어서 로드모듈이라는 어느 정도 실행 가능한 하나의 기계어로 번역해 주는 번역기이다.

(7) 로더(Loader)

① 실행 가능한 프로그램이 실제로 실행될 수 있도록 프로그램이나 자료를 주기억장치 내에 배치시키는 일을 담당한다.

② **로더의 종류**: 절대적 적재기(Absolute Loader), 재배치 적재기(Relocating Loader), 링킹 적재기(Linking Loader)

3. 구현 기법

(1) 컴파일러(번역) 기법

① 고급언어로 작성된 프로그램을 동등한 의미의 기계어로 번역하는 기법이다.

② 기계어로 번역하여 기계어 프로그램을 만들어 실행시키는 방법이다.

(2) 인터프리터 기법

① 고급언어로 작성된 프로그램을 읽어들여서, 기계어 수행과 동일한 알고리즘으로 그 프로그램의 각 문장을 실행한다.

② 문장 단위의 실행 번역을 하며, 대화식으로 처리한다.

(3) 하이브리드 기법

① 원시프로그램을 좀더 실행하기 쉬운 중간코드 형태로 번역한 후, 그 번역된 형태의 프로그램을 해독하여 시뮬레이션으로 실행하는 기법이다.

② 중간코드가 가상기계에 대한 기계코드일 때, 이 기계코드는 소프트웨어에 의해 인터프리트되며, Java가 이 방식을 취하고 있다.

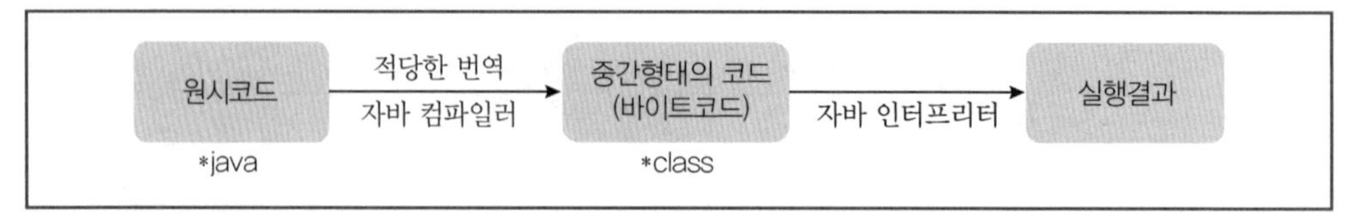

◎ 컴파일러 기법과 인터프리터 기법의 비교

구분	컴파일러 기법	인터프리터 기법
공통점	고급언어로 작성된 원시프로그램을 입력으로 사용	
실행방식	입력프로그램을 동일한 목적 언어로 된 프로그램을 출력	입력프로그램을 직접 실행
특징	• 효율성을 강조한 고속 처리 • 번역 시 기억장소가 확정되는 정적 자료구조	• 융통성을 강조한 저속 처리 • 실행 시 자료구조가 변하는 동적 자료구조
처리과정	입력프로그램의 매 문장을 한번씩 처리	계속 반복처리
기억공간	목적코드가 메모리에 들어가야 하므로 기억공간이 많이 필요	한 명령어만 메모리에 들어가므로 기억공간이 적게 필요
사용언어	COBOL, C 언어, Fortran, PL/1, Algol	BASIC, APL, LISP, SNOBOL

2 프로그래밍 언어의 구성 및 구조

1. 프로그래밍 언어의 구성

(1) 변수

① 기억장치의 한 장소를 추상화한 것으로 실행 도중 저장된 값의 변경이 가능하다.

② 기억장소 이외에 저장하는 값의 해석방법, 값의 타입, 가능한 연산 등이 정의되어야 한다.

③ 변수의 속성

㉠ 변수의 이름: 변수의 호칭

㉡ 변수 a의 주소: 변수 a와 연관된 기억장소의 주소를 의미(즉, 변수와 연결되는 메모리의 위치를 말한다)

㉢ 변수의 Value(값): 변수의 값은 변수와 연결된 메모리 위치에 담겨 있는 내용을 의미

㉣ 변수 a의 Scope(영역): 변수 a가 사용될 수 있는 프로그램의 부분

㉤ 변수 a의 Life Time(수명): 변수 a와 연관된 기억장소가 할당되어 있는 시간을 의미

㉥ 변수 a의 Type(형): 변수 a에 할당될 수 있는 값의 종류를 결정(변수의 타입에 따라 변수에 저장할 수 있는 값의 종류와 범위가 달라지며, 변수를 선언할 때 저장하고자 하는 값을 고려하여 가장 알맞은 타입을 선택하면 된다)

(2) 상수

① 프로그램 수행시간 동안 하나의 값이 결정되어 있는 자료객체

② 식별자로 주어지며 프로그램 수행 중에 값이 변하지 않음

(3) 선언문

① 프로그램 수행 중 필요한 자료객체의 이름과 형에 관한 정보를 명시적으로 컴파일러에게 알려주기 위한 문장으로, 프로그래머가 자료의 크기나 구조를 정하는 과정이다.

② 실행 시 사용될 자료의 속성을 언어번역기에게 알려주는 프로그램 문장이다.

③ 형 선언된 자료는 컴파일러가 의미분석(Semantics Analysis)을 해서 해당되는 자료구조를 정한다.

④ 만들어진 자료구조는 프로그램이 실행할 때, 해당 변수에 대한 기억장소를 할당한다.

(4) 배정문

① 변수의 내용을 변경하는 연산으로 프로그램에서 변수에 값을 동적으로 바인딩시킬 수 있도록 해주는 구문을 말한다.

② 어떤 값을 변수에게 대입하는 실행문으로 일반적인 형태는 다음과 같다.

V = E

위의 배정문에서 왼쪽에 있는 V는 반드시 변수이며 오른쪽의 E는 변수, 수식, 상수가 될 수 있다. 여기서 V를 L-value라 하며 메모리상의 기억장소 위치를 나타내고, E는 R-value라 하며 어떤 값을 나타낸다.

07

③ 배정문에서 L-value와 R-value

㉠ L-value: 값이 저장되는 위치(주소, 참조)

㉡ R-value: 저장되는 값(수식, 변수, 상수, 포인터, 배열원소 등)

구분	L-value	R-value
상수	불가	가능(상수값 그 자체)
연산자가 있는 수식	불가	가능(수식의 결과값)
단순 변수 V	자신이 기억된 위치	가능(기억장소 V에 수록된 값)
포인터 변수 P	P 자신이 기억된 위치	P가 가르키는 기억장소의 위치
배열 A(i)	배열 A에서 i번째 위치	배열 A에서 i번째 위치에 수록된 값

(5) 수식

① 산술식: 일반적으로 사칙연산 및 기타 수학적 계산을 수행하기 위한 것이며 연산자, 피연산자, 괄호 그리고 함수호출로 이루어져 있다.

② 관계식: 관계 연산자를 이용하여 두 피연산자의 값을 비교하는 식을 말한다. 하나의 관계 연산자와 두 개의 피연산자로 표현된다.

③ 논리식: 논리형 변수, 논리형 상수, 관계식 그리고 논리 연산자로 이루어진 식을 말한다.

(6) 조건문

① 해당 조건에 따라 분기하는 조건을 기술하는 것이다.

② 선택문의 선택 가능한 범위와 선택할 수 있는 가지 수에 따라 양자택일 선택문(Two-Way Selection)과 다중 선택문(Multiple-Way Selection)으로 나뉜다.

(7) 반복문

해당 조건에 따라 반복하는 조건을 기술하는 것을 말하며, 하나의 문장을 0번 이상 반복하거나 1번 이상 반복으로 실행하는 제어 구조를 가진 문이다.

① for 문: 변수에 초기값이 할당되고, 증감식에 의해 증가하며 조건식 동안 반복

② While ~ Do 문: 주어진 조건이 만족되는 동안 실행부의 문장들을 반복 수행하는 형태

③ Repeat ~ Until 문: 주어진 조건이 만족하지 않을 때 실행부의 문장들을 반복 수행하는 형태(반드시 한 번 이상은 실행부의 명령문 수행)

2. 수식의 연산

(1) 전위 표기법(Prefix Notation): 연산자를 피연산자 앞에 위치시키는 방법

* + AB − CA

(2) 중위 표기법(Infix Notation): 연산자를 피연산자 사이에 위치시키는 방법

(A + B) * (C − A)

(3) 후위 표기법(Postfix Notation): 연산자를 피연산자 뒤에 위치시키는 방법

AB + CA−*

예 2 3 4 + * 5 −의 스택에서의 상태 그림

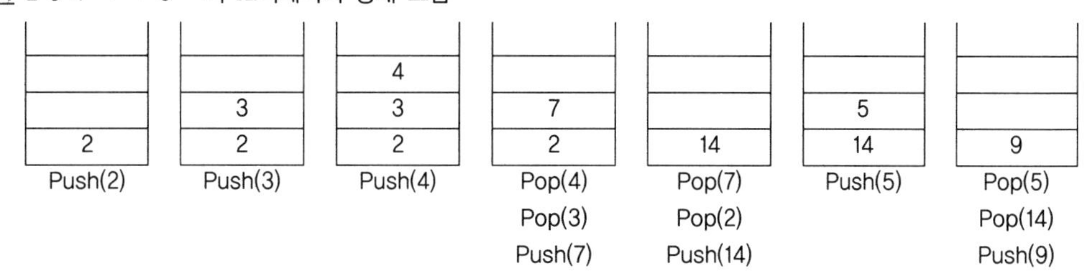

논리식의 계산 순서

1. **단일 평가방법**
2. **단락 회로 평가**(Short-circuit evaluation)

   논리식에서 왼쪽에서 오른쪽으로 식의 값을 계산하는 도중에 식의 나머지 부분을 계산하지 않고도 식의 값이 결정되면 계산을 중지할 수 있는 것(C 언어, C++, Java, Perl에서는 &&(and) 및 ||(or) 연산자를 포함한 수식을 평가할 때 사용)

3. 자료형

(1) 자료형 개요

① 정의

㉠ 객체(Object)들의 집합과 이 객체들의 실체(Instance)들을 생성(Create), 작성(Build-Up), 소멸(Destroy), 수정(Modify), 분해(Pick Apart)하는 연산들의 집합이다.

㉡ 판독성, 유지보수성, 신뢰성을 향상시킬 수 있다.

㉢ 형 정의에 의해 컴파일러는 값이나 자료에 대한 연산이 올바르게 수행되고 있는지 조사할 수 있다.

② 스칼라 자료형(Scalar Data Type)

㉠ 자료형의 영역이 상수값들로만 구성되어 있는 자료형

㉡ 정수형(Integer Type), 실수형(Real Type), 논리형(Boolean Type), 문자형(Character Type) 등

③ 구조적 자료형(Structured Data Type): 배열(Array), 레코드(Record) 등

(2) 열거 자료형(Enumerated Type)

① 사용되는 자료집합을 리스트 형태(순서 정의)로 정의한다.

② 열거형의 연산은 동등, 순서관계 및 배정 연산을 허용한다.

③ 프로그램을 읽기 쉽게 하고, 프로그래밍 언어의 능력을 크게 증가시킨다.

예 C 언어에서의 열거형 예제

```
void main(void){
      enum { AA, BB, CC=-1, FF, KK };

      printf("%d \n", AA + KK);
}
```

(3) 기본 자료형

① 수치형(Numeric Type)

㉠ 거의 모든 프로그래밍 언어에서 가장 기본적인 자료로 제공

㉡ 정수(Integer), 실수(Real), 정밀도 실수(Double Precision Real), 복소수(Complex), 유리수(Relation) 등

ⓐ 정수형: 소수점 위치가 가장 오른쪽 끝에 있다고 가정하고, 전체의 수를 정수 상태로 표현하는 방법이다.

ⓑ 실수형: 소수부와 지수부로 구성된다(부동 소수점 타입이며, IEEE 754 표준형식을 사용한다).

② 논리형

㉠ 논리형은 값의 범위가 참(True)과 거짓(False)의 두 가지 요소로만 이루어진 자료형이다.

㉡ 비트 하나만으로 충분히 표현이 가능하며, 이 경우 논리값의 참과 거짓은 그에 해당하는 기본 단위 비트 전체를 0과 1로 통일하여 사용하면 매우 효율적이다.

㉢ 논리형의 종류: 논리합(OR), 논리곱(AND), 부정(NOT), 조건(Implies), 동치(Equivalence)

논리연산의 의미
A OR B = If A Then TRUE Else B
A AND B = If A Then B Else FALSE
NOT A = If A Then FALSE Else TRUE
A IMP B = If A Then B Else TRUE
A EQL B = If A Then B Else NOT

③ 문자형

㉠ 문자형은 수치형이나 논리형을 제외한 일반 문자나 기호 등을 나타내는 자료형을 말한다. 문자형은 컴퓨터에서 숫자 코딩 방식에 의해 저장되는데, 가장 많이 사용되는 코딩 방식은 ASCII로서 각각의 문자는 그에 해당하는 숫자로 변환되어 저장된다.

㉡ 문자는 ASCII 코드로 저장된다.

㉢ 일부 시스템에서는 16-bit Uni-Code를 사용한다(한글, 중국어, 일본어 등 모든 문자 표현 가능).

(4) 포인터 자료형

① 특징

㉠ 객체를 참조하기 위한 주소를 값으로 취하는 식별자이다.

㉡ 어떤 객체에 대한 참조(Reference), 위치(Location), 주소(Address)

㉢ 포인터 변수(Pointer Variable): 객체를 참조하기 위한 주소를 값으로 취하는 식별자

② 포인터 변수의 문제점

㉠ dangling reference(허상 참조): 포인터 변수가 관련된 자료객체의 수명이 다한 후에 계속 그 주소값을 가지고 있는 경우

㉡ 쓰레기(garbage): 데이터 객체에 대한 모든 접근 경로가 없어진 후에도 메모리에 계속 남아 있는 경우

(5) 구조 자료형

① 배열

㉠ 동일한 성질을 갖는 자료의 집합으로서 색인(index)과 값(value)의 쌍으로 구성된 순차적인 자료구조를 말한다.

㉡ 이름, 차원, 원소형, 첨자 집합의 형과 범위로 구성된다.

배열 원소의 주소 계산 방법

1차원 배열

- A[i]의 주소 = base + (i − a) * size
- base: 배열의 시작주소, a: 첫 번째 원소의 첨자, size: 각 원소의 크기

ex A[3]의 주소는? (각 원소의 크기 4Byte)

	[0]	[1]	[2]	[3]	[4]
A					
	200	204	208	212	216

- A[3]의 주소 = 200 + (3 − 0) * 4 = 212

2차원 배열 A[n][m]

- base: 배열의 시작주소, a: 첫 번째 원소의 행과 열의 첨자, size: 각 원소의 크기
- 행 중심 순서: cobol, c, pascal 등
  A[i][j]의 주소 = base + (m * (i − a) + (j − a)) * size
- 열 중심 순서: fortran
  A[i][j]의 주소 = base + (n * (j − a) + (i − a)) * size

ex C 언어에서 배열이 A[3][2]일 때, A[2][0]의 주소는? (각 원소의 크기 4Byte)

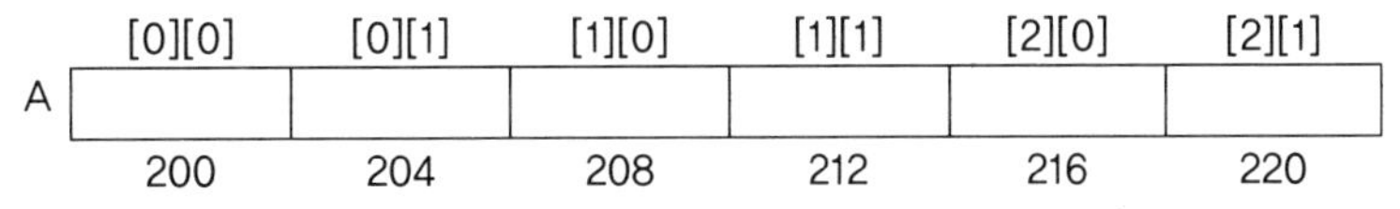

- A[2][0]의 주소 = 200 + (2 * (2 − 0) + (0 − 0)) * 4 = 216

② **레코드**: 레코드형은 서로 다른 형의 원소들이 하나의 집합으로 표현된 것(각기 다른 자료형을 한데 묶어 하나의 자료형으로 표현할 수 있다)

(6) 자료형 검사(Type Checking)

① 형 검사는 프로그램에 의해서 실행된 각 연산이 적당한 자료형의 적당한 수의 인수를 받았는지를 검사하는 것

② **형 강제 변환(type coercion)**: 주어진 연산자에 적법한 호환 가능한 형으로 묵시적으로 변환되는 것을 언어에서 허용하는 것

③ **동적 형 검사(Dynamic Type Checking)**

㉠ 지정된 연산이 실행될 때 수행되는 실행시간 형 검사로서, 각 자료 객체 안에 그 객체의 형이 무엇인지를 알 수 있게 표시해 둠으로써 구현된다.

㉡ 인터프리터 언어에서 많이 사용된다.

㉢ **장점**: 프로그램 설계 시 융통성이 증가된다.

㉣ **단점**: 실행되지 않는 경로의 연산은 검사되지 않는다. 기억장소가 추가로 필요하다.

④ **정적 형 검사(Static Type Checking)**

㉠ 실행 이전에 컴파일러에 의하여 이루어지는 검사이다.

㉡ 컴파일러 언어에서 주로 사용된다.

㉢ 모든 가능한 실행 경로를 검사하며 형 오류에 대한 추가 검사가 필요 없다.

㉣ 기억공간과 시간이 절약된다.

(7) 자료형의 변환

① **확대 변환(widening conversion)**: 본래 데이터의 값을 손실시키지 않고 다른 데이터 형으로 전환하는 것

② **축소 변환(narrowing conversion)**: 본래 데이터의 값의 일부를 손실하고 다른 데이터 형으로 전환하는 것

③ **묵시적 형 변환**: 내부적으로 언어의 특성에 따라 형 변환이 자동으로 수행된다.

④ **명시적 형 변환**: 프로그래머가 직접 형 변환을 수행하는 구문으로 수행된다.

4. 활성화 레코드(Activation Record)

(1) 부프로그램이 수행되면 부프로그램의 저장장소가 할당되어야 하는데, 이때 사용되는 것이 활성화 레코드이다.

(2) 활성화 레코드는 부프로그램의 지역변수, 매개변수를 저장할 수 있는 공간의 부프로그램 간의 호출관계와 계층 구조를 나타내는 동적링크와 정적링크, 그리고 부프로그램 수행이 끝나면 돌아가야 할 반환 주소로 이루어져 있다.

(3) 지역변수가 함수 호출 시 생성되며 함수에서 빠져나올 때 소멸된다는 것은 스택 메모리가 이러한 방식으로 운영되기 때문에 스택 메모리는 활성화 레코드와 직결되어 있다. 활성화 레코드는 스택에 저장되는 것으로서 스택 프레임(Stack Frame)이라고 한다.

(4) 하나의 프로시저(함수)가 실행되기 위해서는 여러 가지 정보들을 기억시켜야 하는데, 이들 정보는 기억장소에 연속적으로 할당되며, 이를 '활성 레코드' 또는 '활성 프레임(Activation Frame)'이라 한다. 이는 여러 개의 필드의 집합으로 구성되며, 일반적인 형태는 다음과 같다.

임시변수	지역변수	기계 상태	접근 링크	제어 링크	실인자	반환값

① **임시변수**: 수식을 계산하는 도중에 발생하는 일시적인 값을 보관하는 필드이다.
② **지역변수**: 프로시저 내에서 지역적으로 사용되는 자료를 저장하는 필드이다.
③ **기계 상태**: 프로시저가 실행되기 바로 직전의 기계 상태를 저장하는 필드이다. 저장되는 내용은 CPU의 레지스터 값이며, 특히 프로그램 카운터(Program Counter)의 값을 포함한다.
④ **접근 링크(Access Link)**: 다른 활성 레코드에 저장된 '비지역 자료(Nonlocal data)'를 사용하기 위해 필요하다. 포트란에서는 비지역 자료가 고정된 위치에 수록되므로 접근 링크가 필요 없다. 그러나 파스칼에서는 접근 링크 또는 디스플레이(Display) 기법으로 비지역 자료를 참조하게 된다.
⑤ **제어 링크(Control Link)**: 자신을 호출한 프로시저의 활성 레코드를 가르키는 값을 저장하는 필드이다.
⑥ **실인자(Actual Parameter)**: 프로시저 호출 시 전달되는 매개변수가 있으면 사용되는 필드이다. 매개변수 전달의 또 다른 방법으로 실행 효율을 높이기 위해 레지스터를 통해 직접 처리하기도 한다.
⑦ **반환값**: 호출한 프로시저로 값을 전달할 때 사용되는 필드이다. 이 역시 실행 효율을 높이기 위해 반환값을 레지스터에 담아 전달하기도 한다.

5. 부프로그램

(1) 서브루틴, 함수로 구성된 프로그램의 모듈화의 단위이다.

(2) 부프로그램은 하나의 단위프로그램으로 프로그램 내에서 필요시 여러 곳에 사용할 수 있다. 부프로그램을 사용하면 기억장소 이용이 효율적이나 실행 시 제어 이동이 있으므로 실행시간은 느리다.

(3) 일반적으로 완성된 프로그램은 하나의 주프로그램과 여러 개의 부프로그램으로 구성되며, 부프로그램을 이용하여 모듈화를 함으로써 전체 프로그램에 대한 이해 및 작성이 쉬워진다.

6. 매개변수 전달 방법

(1) 매개변수 전달이란 주프로그램과 부프로그램, 함수 사이 등 모듈 간에 필요한 자료를 넘겨주는 것으로 실매개변수(Actual Parameter)와 형식매개변수(Formal Parameter)로 구분한다.
① **실매개변수**: 주프로그램에 정의된 것으로 상수, 변수, 수식 등이 될 수 있다.
② **형식매개변수**: 부프로그램에서 사용되는 인자로 부프로그램 호출 시 매개변수 전달에 의하여 인도된 실매개변수의 값으로 대치된다.

(2) Call by value

① 실매개변수의 값이 대응하는 형식매개변수에 일대일로 전달되는 기법이다. 실매개변수와 형식매개변수는 서로 다른 기억장소를 각각 갖게 되어 형식매개변수의 값이 변해도 실매개변수의 값은 변하지 않는다.

② 형식매개변수를 위한 별도의 기억장소가 필요하다.

③ 형식매개변수의 값 변화는 실매개변수에 아무런 영향을 주지 못한다. → 부작용이 발생하지 않는다. → 모듈 간의 결합도(Coupling)가 적어 프로그래밍의 모듈화가 쉽다.

(3) Call by reference(Call by address, Call by location)

① 실매개변수의 주소가 형식매개변수에 전달되어 주소를 서로 공유하게 되는 방식이다. 따라서 실매개변수와 대응하는 형식매개변수는 동일한 기억장소가 되며, 형식매개변수의 값이 변하면 실매개변수의 값도 변하게 된다.

② 형식매개변수를 위한 별도의 기억장소가 불필요 → 기억장소 절약 효과

③ 주프로그램의 실매개변수의 값이 원하지 않을 경우에도 변한다. → 부작용(Side effect)이 발생한다. → 프로그램의 모듈화가 어렵다.

ex Call by value, Call by reference 관련 예제

<table>
<tr>
<td>

```
#include <stdio.h>

void func(int a, int b);
int main(void) {
int val1=10;
int val2=20;
printf("%d %d", val1, val2);
func(val1, val2);
printf("%d %d ", val1, val2);
return 0;
}

void func(int a, int b) {
a=20;
b=10;
}
```

</td>
<td>

```
#include <stdio.h>

void func(int* a, int* b);
int main(void) {
int val1=10;
int val2=20;
printf("%d %d", val1, val2);
func(&val1, &val2);
printf("%d %d ", val1, val2);
return 0;
}

void func(int*a, int*b) {
*a=20;
*b=10;
}
```

</td>
</tr>
<tr>
<td>〈실행결과〉
10 20
10 20</td>
<td>〈실행결과〉
10 20
20 10</td>
</tr>
</table>

(4) Call by name

① ALGOL 60에서 처음 구현된 매개변수 전달기법으로 형식매개변수가 사용될 때마다 대응하는 실매개변수의 값이 사용된다. 즉 부프로그램이 실행되기 전에 형식매개변수를 대응하는 실매개변수로 바꾸어 놓은 것과 같으며, 이러한 기법을 Copy Rule이라 한다.

② 자료 전달이 매크로(Macro) 형식처럼 이루어진다.

③ 매개변수 전달에 대한 이해가 어렵다(프로그램 분석이 어렵다).

④ 부작용(Side effect)이 발생한다.

(5) Call by result

① 출력 모드 매개변수에 대한 구현 모델이다.

② 실매개변수는 부프로그램에서 결과를 넘겨받기 위해서만 사용한다. 매개변수가 결과로 전달될 때, 어느 값도 부프로그램으로 전달되지 않는다.

③ 해당 형식 매개변수는 지역변수로 동작하지만 초기값이 없는 매개변수이며, 제어가 호출자에게 반환되기 바로 전에 그 값은 호출자의 실매개변수로 전달된다. 값이 반환되었다면 전형적으로 결과-전달도 값-전달에서 요구됐던 기억장소와 복사연산을 요구한다. 부프로그램이 종료될 때 형식매개변수의 최종값이 실매개변수로 배정된다.

④ 출력 모드 의미를 구현한 방법이므로 호출 시점에서 실매개변수의 값은 부프로그램에서 사용할 수 없다.

(6) Call by value-result

① 값 전달과 결과 전달 개념을 함께 사용한 방법이다.

② call by value result 기법은 call by value 기법과 실인자를 형식 인자에 전달하는 방법은 동일하다.

③ 다만, 서브 프로그램 종료 후 형식 인자의 값을 실인자로 복사하여 되돌려준다. 즉, 서브 프로그램 종료 시에 인자 값에 대해서 copy back이 이루어진다(따라서, call by value 기법과는 다른 결과를 나타냄).

07

3 바인딩(Binding)

1. 바인딩의 정의

(1) 각 변수에 대한 성격(Attribute) 변수의 수형, 크기, 자료표현, 연산방식, 기억장소 할당 등이 정해지는 것을 '바인딩'이라 하고 바인딩이 일어나는 시기를 '바인딩 시간'이라고 한다.

(2) 일반적으로 바인딩은 번역할 때와 프로그램 실행 중에 일어나는데, 프로그래밍 언어에서 바인딩 시간은 매우 중요한 부분이다.

2. 바인딩 시간의 종류

(1) 언어 정의 시간

언어를 정의할 때 확정되는 바인딩으로 한 프로그래밍 언어의 구조는 대부분이 그 언어를 정의할 때 확정되고, 프로그래밍 언어에서 허용되는 자료구조, 프로그램 구조 또는 택일문 등에 관한 것도 정의할 때 확정된다.

① 프로그램 언어에서 사용되는 자료구조 결정

② 프로그램 언어에서 사용할 수 있는 순서 제어의 구조 결정

③ 프로그램 언어에서 변수가 취할 수 있는 타입의 종류 결정

(2) 언어 구현 시간

언어 정의 시 원소들에 특성을 한정하지 않고, 언어를 컴퓨터상에서 구현할 때 특성의 일부를 확정하는 바인딩으로 실제 컴퓨터에 구현할 때에 그 특성의 일부를 확정한다.

① 각 데이터 타입이 기억장소에서 어떻게 표현되는지 결정

② 각 데이터 타입이 표현할 수 있는 범위 결정

(3) **번역 시간**: 언어를 번역하는 시점에서 발생되는 바인딩(정적 바인딩)

① 변수의 데이터 형과 차지하는 기억장소의 크기 결정

② 변수 초기화에 의해서 변수가 가지고 있는 실제 값 결정

(4) **실행 시간**: 프로그램 실행 시간에 발생되는 바인딩(동적 바인딩)

① 기억장소에서 지역 변수의 위치 결정

② 실매개변수와 형식매개변수의 관계 결정

3. 정적 바인딩과 동적 바인딩

(1) 정적 바인딩(Static Binding)

원시프로그램을 번역해서 기계에서 실제로 실행되기 전까지 일어나는 바인딩으로 변수의 수형, 기억공간 크기, 자료구조 등이 결정된다[이른(early) 바인딩].

① **컴파일(compile) 시간**: 컴파일 언어의 원시프로그램에 사용된 변수의 수형을 결정한다.

② **연계편집(Linkage Edit) 시간**: 주프로그램에서 부프로그램으로 연결해야 할 변수들의 기억장소의 주소 등을 결정한다.

③ **적재(Load) 시간**: 실행 가능한 프로그램이 Loader에 의해 기억장소에 적재될 때 각 변수에 해당하는 기억장소가 할당된다.

(2) 동적 바인딩(Dynamic Binding)

① 프로그램이 실제로 실행되는 중에 일어나는 바인딩으로 동적변수의 기억장소 할당이 이에 속한다.

② 일반적으로 블록구조 프로그래밍에서 블록 안에서 선언된 변수들이 블록이 실행될 때 기억장소를 할당받는 현상을 의미한다[늦은(late) 바인딩].

제3절 구조적 프로그래밍과 객체지향 프로그래밍

❶ 구조적 프로그래밍(Structured Programming)

구조적 프로그래밍에 대한 개념은 프로그래밍 내에 'GOTO문'을 사용함으로써 발생되는 문제점을 없애려고 시작되었다. 따라서 GOTO문을 가능한 사용하지 않고 프로그래밍하는 것을 구조적 프로그래밍의 기본이라 할 수 있다.

(1) 구조적 프로그래밍의 세부 개념

① GOTO문을 가능한 사용하지 않고 프로그램을 작성한다.
② 논리구조는 순차, 반복, 선택만을 사용하여 프로그램을 작성한다.
③ 프로그램 설계는 위에서 아래로 하향식 기법으로 하고, 처리 내용은 기능별로 분할하여 모듈 단위로 구성한다.
④ 각 모듈은 하나의 입구와 출구를 가지게 하며, 모듈별로 가능한 독립적이 되도록 한다.
⑤ 프로그램의 외관적인 형태도 구조적이 되도록 코딩한다.

◎ **GOTO문의 장단점**

장점	단점
• 완전한 범용성 • 이론적으로 거의 모든 알고리즘은 GOTO문만으로 표현 가능	• 프로그램이 빈약하게 설계 • 디버깅이 어려움 • 프로그램을 이해하기 어려움 • 가독성이 낮아져 유지보수 비용이 많이 듦

(2) 구조적 프로그래밍의 논리구조

① 순차구조 : 하나의 작업이 수행되고 순차적으로 다음 작업을 진행한다.

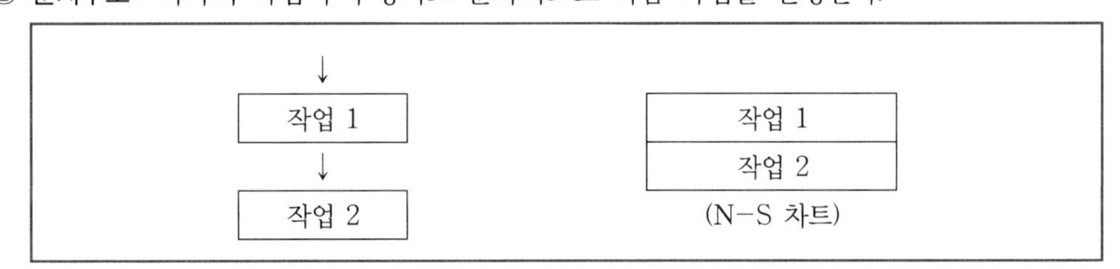

② 선택구조 : 조건에 따라 하나의 작업을 선택해서 진행한다.

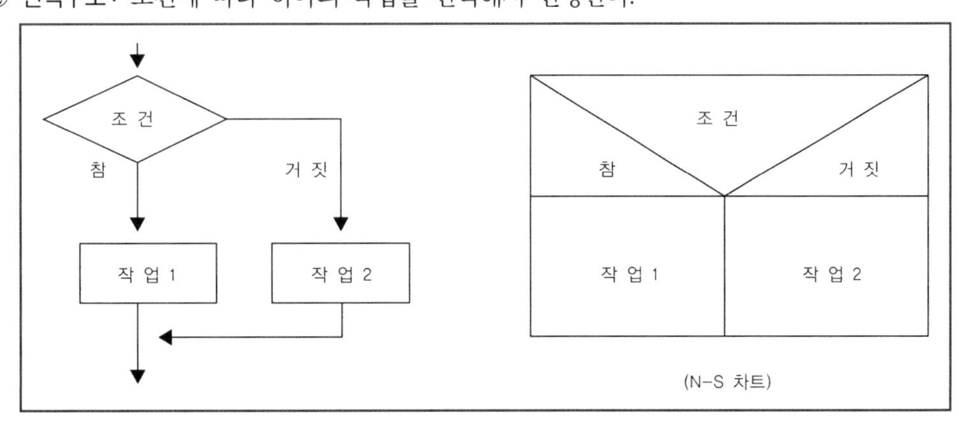

③ **반복구조**: 조건에 따라 특정 작업을 반복 처리한다.

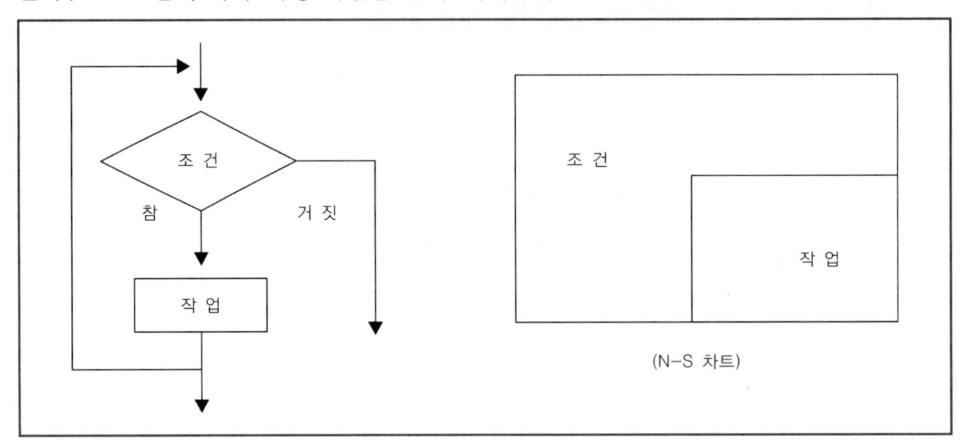

(3) 구조적 설계의 효과

① 기존의 방식에 비하여 보다 많은 규칙성을 부여함으로써 설계 시간이 단축되고 프로그램의 정확도가 높아진다.

② 기본적인 논리구조만을 가지고 설계함으로써 프로그램의 구조를 보다 간결하게 표현할 수 있다.

③ 프로그램을 모듈화함으로써 오류 수정 및 삽입과 삭제가 용이하다.

④ 작업의 흐름과 코딩 순서가 일치하므로 논리 흐름을 쉽게 이해할 수 있다.

2 객체지향 프로그래밍

1. 객체지향의 개요

(1) 1966년 Simula 67 프로그래밍 언어를 개발하면서, 시스템의 한 구성요소로서 한 행위를 행할 수 있는 하나의 단위로 객체라는 개념을 사용했다.

(2) 객체지향 기법에서의 시스템 분석은 문제 영역에서 객체를 정의하고, 정의된 객체들 사이의 상호작용을 분석하는 것이다.

(3) 객체지향 기법은 복잡한 시스템의 설계를 단순하게 한다. 시스템은 하나 또는 그 이상의 규정된 상태를 갖는 객체들의 집합으로 시각화될 수 있으며, 객체의 상태를 변경시키는 연산은 비교적 쉽게 정의된다.

(4) 소프트웨어 설계 개념의 추상화, 정보은닉, 그리고 모듈성에 기초한다.

(5) 상속성, 상향식 방식, 캡슐화, 추상데이터형을 이용한다.

(6) 하나의 객체지향 프로그램은 여러 개의 객체들로 구성되며, 각 객체는 소수의 데이터와 이 데이터상에 수행되는 소수의 함수들로 구성된다.

(7) 객체지향 시스템에서는 객체라는 개념을 사용하여 실세계를 표현 및 모델링하며, 객체와 객체들이 모여 프로그램을 구성한다. 전체 시스템은 각각 자체 처리 능력이 있는 객체로 구성되며, 객체들 간의 상호 정보 교환에 의해 시스템이 작동한다.

언어의 종류
- 객체기반 언어 : 객체만 지원, 추상자료형의 객체를 정의하여 쓸 수 있도록 한 언어이다. 상속의 개념이 없으므로 class를 정의하지 않고 잘 정의된 객체만을 쓴다(Ada, Actor, Java Scriptor).
- 클래스기반 언어 : 객체, 클래스의 개념만 지원(Clu)
- 객체지향 언어 : 객체, 클래스, 상속의 개념 지원(Simula, Ada95, Java, C++, Smalltalk)

2. 객체지향의 기본 개념

(1) 객체(Object)

① 데이터와 그것을 사용하는 연산을 하나의 모듈로 구성한 것으로, 개별 자료 구조와 프로세스들로 구성된다. [데이터(속성) + 연산(메소드) → 캡슐화]

② 객체는 인터페이스인 공유부분을 가지며, 상태(state)를 가지고 있다

③ 객체는 하나의 실체로 그 실체가 지닌 특징과 그 실체가 할 수 있는 행동방식으로 구성된다.

④ 프로그램상에서 각 객체는 필요로 하는 데이터와 그 데이터 위에 수행되는 함수들을 가진 작은 소프트웨어 모듈이다.

(2) 속성(attribute)

① 객체가 가지고 있는 특성으로, 현재 상태(객체의 상태)를 의미한다.

② 속성은 개체의 상태, 성질, 분류, 식별, 수량 등을 표현한다.

(3) 클래스(class)

① 개념 및 특성

㉠ 동일한 속성, 공통의 행위, 다른 객체 클래스에 대한 공통의 관계성, 동일한 의미를 가지는 객체들의 집합으로 모든 객체는 반드시 클래스를 통해서 정의될 수 있다.

㉡ 클래스라는 개념은 객체 타입으로 구현된 소프트웨어를 의미한다. 클래스는 동일한 타입의 객체들의 메소드와 변수들을 정의하는 템플릿(templete)이다.

㉢ 하나 이상의 유사한 객체들을 묶어 공통된 특성을 표현한 데이터 추상화를 의미한다.

㉣ 클래스 내의 모든 객체들은 속성의 값만 달리할 뿐, 동일한 속성과 행위를 갖게 된다.

② 추상 클래스(abstract class)

㉠ 서브 클래스들의 공통된 특성을 하나의 슈퍼 클래스로 추출하기 위한 목적으로 생성된 클래스로 재사용 부품을 이용하여 확장할 수 있는 개념이다.

㉡ 일반 클래스와는 달리 객체를 생성할 목적을 가지고 있지 않으며 또한 생성할 수도 없다. 점진적 개발이 용이하다.

(4) 메시지

① 한 객체가 다른 객체의 모듈을 부르는 과정으로, 외부에서 하나의 객체에 보내지는 행위의 요구이다.

② 인터페이스를 통해 전달되며 객체상에 수행되어야 할 연산을 기술한다.

③ 일반 프로그래밍 과정에서 함수 호출에 해당된다.

④ 메시지의 구성요소 : 메시지를 받는 객체(수신개체), 객체가 수행할 메소드 이름(함수이름), 메소드를 수행하는 데 필요한 인자(매개변수)

(5) 메소드

① 연산은 객체가 어떻게 동작하는지를 규정하고 속성의 값을 변경시킨다.
② 연산은 메시지에 의해 불리어질 수 있는 제어와 절차적 구성요소이다.

(6) 다형성(polymorphism)

① 같은 메시지에 대해 각 클래스가 가지고 있는 고유한 방법으로 응답할 수 있는 능력을 의미한다.
② 두 개 이상의 클래스에서 똑같은 메시지에 대해 객체가 서로 다르게 반응하는 것이다.
③ 다형성은 주로 동적 바인딩에 의해 실현된다.
④ 각 객체가 갖는 메소드의 이름은 중복될 수 있으며, 실제 메소드 호출은 덧붙여 넘겨지는 인자에 의해 구별된다.

(7) 상속성

① 새로운 클래스를 정의할 때 처음부터 모든 것을 다 정의하지 않고 기존의 클래스들의 속성을 상속받고 추가로 필요한 속성만 추가하는 방법이다.
② 높은 수준의 개념은 낮은 수준의 개념으로 특정화된다.
③ 상속은 하위 계층은 상위 계층의 특수화(specialization) 계층이 되며, 상위 계층은 하위 계층의 일반화(generalization) 계층이 된다.
④ 객체지향 프로그래밍 언어에서 상속이란 개념은 간단히 클래스를 더 구체적인 클래스로 발전시킬 수 있는 도구이다.
⑤ 클래스 계층은 요구된 속성들과 연산들이 새로운 클래스에 의해 상속받을 수 있게 재구성될 수 있으며, 새로운 클래스는 상위 클래스로부터 상속받고 필요한 것들이 추가될 수 있다.
⑥ 상속을 받은 하위 클래스는 상위 클래스의 속성과 메소드를 자기의 특성에 맞게 수정하거나 확장할 수 있다는 overriding과 연관된다.

(8) 캡슐화

① 객체를 정의할 때 서로 관련성이 많은 데이터들과 이와 연관된 함수들을 정보처리에 필요한 기능으로 하나로 묶는 것을 말한다.
② 객체의 내부적인 사항과 객체들 간의 외부적인 사항들을 분리시킨다.
③ 사용자에게 세부 구현사항을 감추고 필요한 사항들만 보이게 하는 방법으로, 객체의 사용자로 하여금 내부 구현사항으로 접근을 방지한다.
④ 데이터구조와 이들을 조작하는 동작들은 하나의 개체인 클래스에 통합되므로, 컴포넌트 재사용을 용이하게 해준다.
⑤ 내부에 변수, 외부에는 메소드들이 변수들을 둘러쌓아 보호한다. 즉 데이터와 절차의 세부적인 구현사항은 외부세계로부터 감추어져 있어 변경연산 시 부작용을 감소시켜준다.

(9) 정보은닉(Information Hiding)

① 객체의 상세한 내용을 객체 외부에 철저히 숨기고 단순히 메시지만으로 객체와의 상호작용을 하게 하는 것
② 외부에서 알아야 하는 부분만 공개하고 그렇지 않은 부분은 숨김으로써 대상을 단순화시키는 효과가 있다.
③ 정보은닉은 높은 독립성, 유지보수성, 향상된 이식성을 제공한다.

제4절 컴파일러

❶ 컴파일러의 구조와 기능

원시프로그램을 목적프로그램으로 번역하는 프로그램을 컴파일러라고 하는데, 컴파일하는 과정을 세부적으로 나누면 다음과 같은 단계를 갖는다.

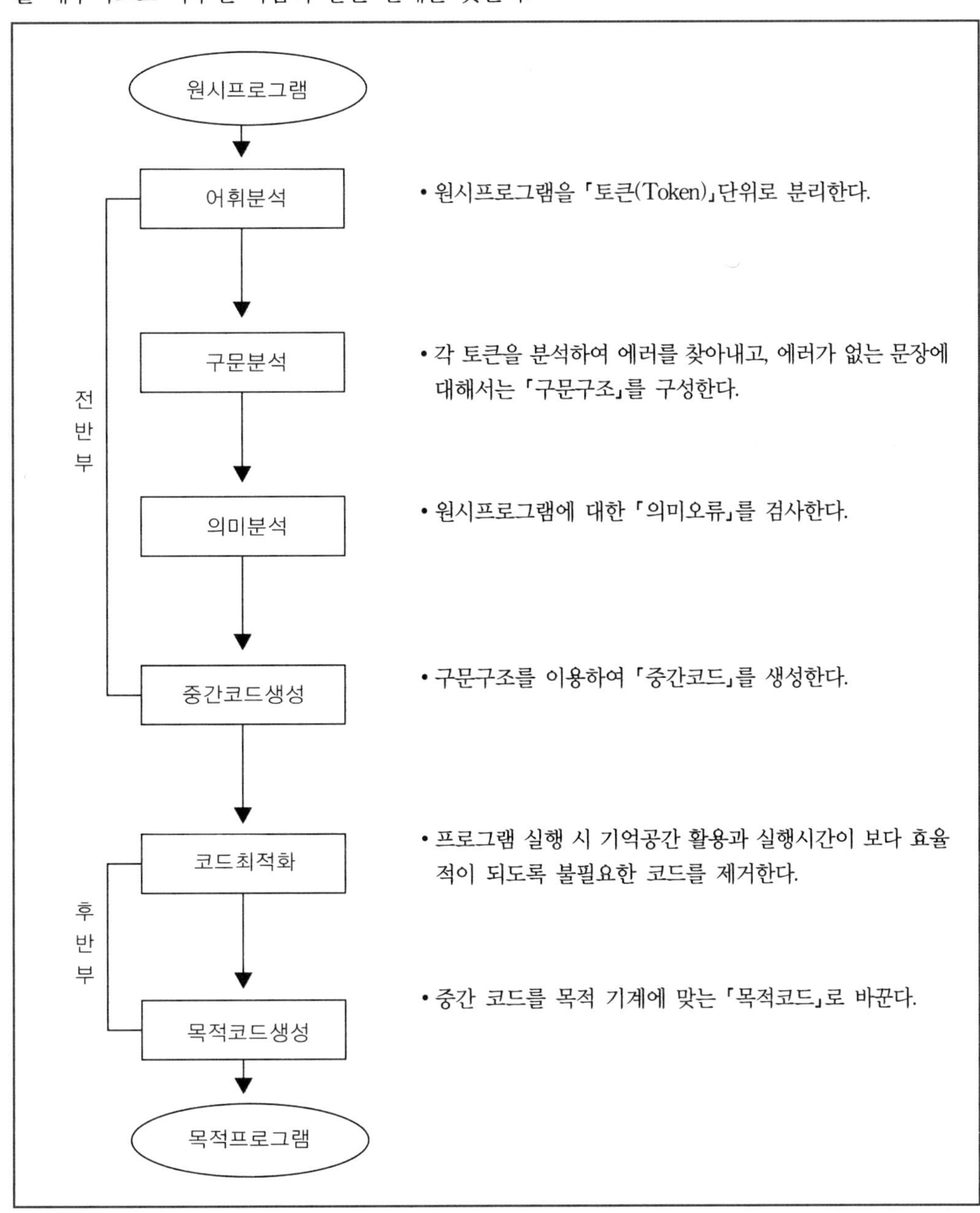

✱ 전반부 : 소스언어에 관계되는 부분으로 소스 프로그램을 분석하고 중간코드 생성 부분
후반부 : 소스보다는 목적기계에 의존적, 중간코드를 특정기계를 위한 목적코드로 번역

1. 어휘분석(Lexcial Analysis) 단계

(1) 컴파일러의 첫 번째 부분으로 원시프로그램을 구성하는 문장을 읽어들여 문법적인 의미를 갖는 토큰(Token) 단위로 나누는 단계이다(선형분석이라고도 한다).

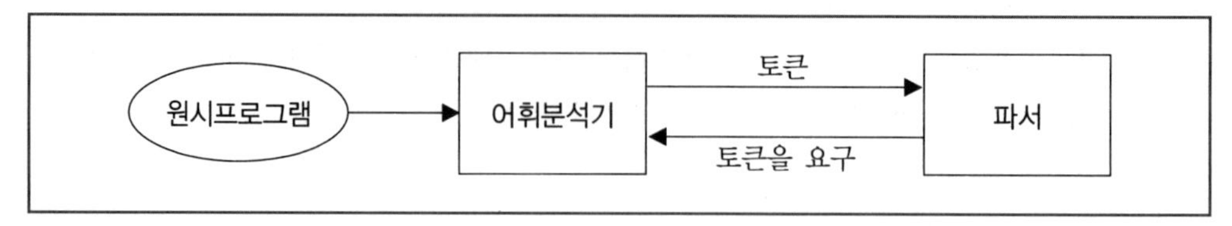

(2) 컴파일러에서 어휘분석을 담당하는 부분을 어휘 분석기(Lexical Analyzer)라 하며, 일명 스캐너(Scanner)라고도 한다.

(3) 주석문 등 불필요한 정보를 제거한다.

(4) 심벌 테이블과 속성 테이블에 정보를 기록한다.

(5) **토큰의 범주**: 예약어, 식별자, 특수문자, 상수

예 y = 5 + a ;
어휘분석 단계에서 'y, =, 5, +, a, ;'의 6개의 토큰으로 분리

2. 구문분석(Syntax Analysis, Parser) 단계

(1) 어휘분석기에 의해 나누어진 토큰을 이용하여 원시프로그램에 대한 에러를 검사하고, 에러가 없는 문장에 대해서는 구문구조를 만든다(계층적 분석이라고도 한다).

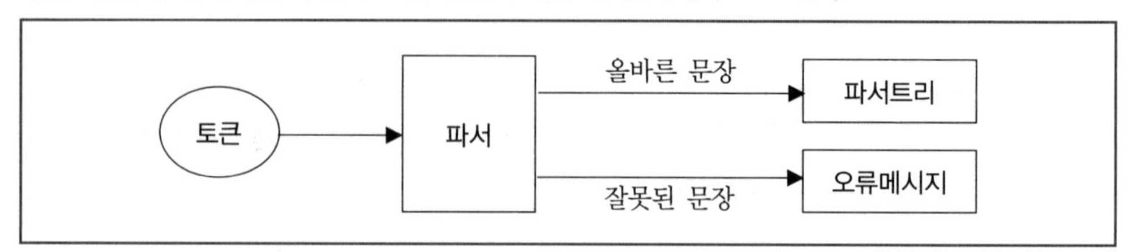

(2) 구문분석기(Syntax Analyzer)는 일명 파서(Parser)라고 하며 일반적으로 구문구조는 파서에 의해 트리구조로 표현되는데 이를 파스트리(Parse Tree)라 한다.

(3) 파스트리는 변수명, 숫자 등 불필요한 정보를 갖고 있는데 이를 제거하고 꼭 필요한 정보로만 구성한 파스트리를 구문트리(Syntax Tree)라 한다.

예 y = 5 + a ; 에 대한 파스트리와 구문트리

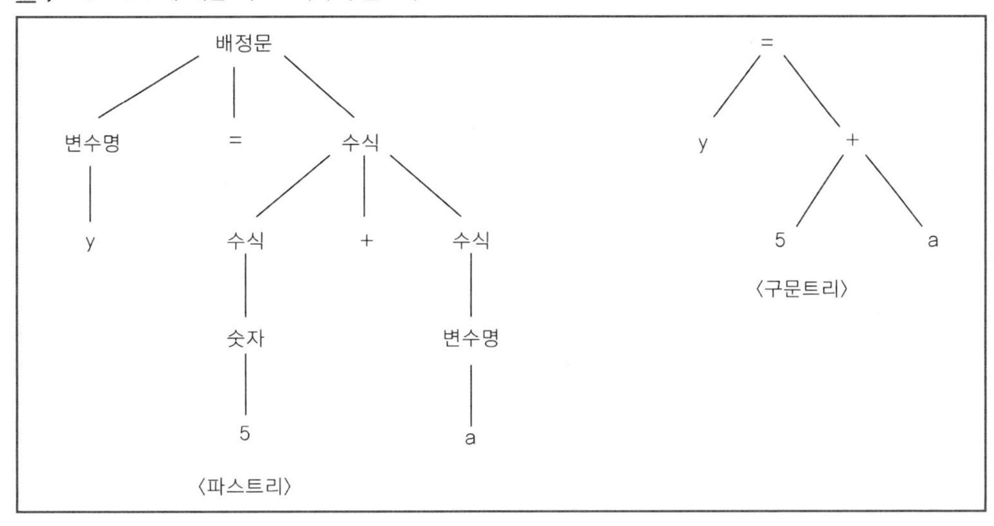

3. 의미분석(Semantic Analysis) 단계

(1) 원시프로그램에 대한 의미오류(Semantic Error)를 검사하며, 중간코드생성을 위한 정보를 수집한다.

(2) 의미분석기(Semantic Analyzer)의 중요한 기능 중 하나는 형 검사(Type Checking)로 각 연산자는 규칙에 맞는 피연산자를 가졌는가를 조사하고, 필요시 자료형 변환을 해주어야 한다.

4. 중간코드생성(Intermediate Code Generation) 단계

(1) 원시프로그램을 분석하여 중간코드를 생성하는 단계이다.

(2) 구문구조를 이용하여 원시프로그램에 해당하는 중간코드를 생성한다.

5. 코드최적화(Code Optimization) 단계

(1) 생성된 중간코드를 원시프로그램과 같은 의미를 유지하면서 코드를 효율적으로 만들어 실행할 때 기억공간이나 실행시간을 절약할 수 있다.

(2) 프로그램 실행 시 기억공간이나 실행시간을 절약하기 위해 생성된 중간코드의 기능을 그대로 유지하면서 보다 효율적인 코드가 되도록 불필요한 코드를 제거, 수정하는 단계이다.

(3) 코드최적화는 방법에 따라 Local optimization과 Global optimization으로 구분한다.

6. 목적코드생성(Object Code Generation) 단계

(1) 최적화된 코드를 목적코드로 변환하는 단계이다.

(2) 중간코드를 목적기계에 대한 코드, 즉 기계명령어(Machine Instruction)로 바꾸는 단계이다. 이 단계에서는 연산 시 사용할 레지스터를 할당하고, 각 변수에 대한 기억장소의 위치를 선택하는 등 기계종속적(Machine Dependent)인 작업이 이루어진다.

2 형식언어와 문법

- 프로그래밍 언어를 모형화하기 위해서는 이론적으로 잘 정의된 언어가 필요한데, 이런 언어를 형식언어(Formal Language)라 한다.
- 프로그래밍 언어를 정확히 분석하고, 번역하기 위한 목적으로 수학적인 기호를 사용하여 정의한 언어이다.

1. 형식언어의 구성요소

(1) 알파벳(Alphabet)

언어의 문장을 구성하는 기본적인 기호(Symbol)를 알파벳이라 한다(언어를 구성하는 심벌들의 유한집합).

정의 1. 알파벳은 기호(Symbol)로 구성된 유한집합이다.

예 다음의 집합 T1, T2, T3는 알파벳이다.

T1 = {ㄱ, ㄴ, ㄷ, ㄹ, ……, ㅍ, ㅎ, ㅏ, ㅑ, ㅓ, ……, ㅡ, ㅣ}

T2 = {A, B, C, D, ……, X, Y, Z}

T3 = {0, 1, 2, ……, 8, 9}

정의 2. 알파벳 T에 대한 문자열(String)은 알파벳 T에 속하는 심벌이나 T에 속하는 하나 이상의 심벌들을 나열한 것이다.

예 T = {a, b}일 때 a, b, aa, ab, ba, bb, aaa 등은 문자열이다.

정의 3. 문자열의 길이는 문자열을 구성하는 기호(Symbol)의 개수이며, 어떤 문자열 W의 길이는 |W|로 표기한다.

예 W = abc일 때, |W| = 3

정의 4. 문자열의 접속(Concatenation)은 문자열을 연속으로 이은 것이다.

예 u = abc이고 v = pqr일 때

uv = abcpqr이다.

정의 5. 문자열 길이가 영(Zero)인 것을 공문자열(Empty string)이라 하고, ε(Epsilon) 또는 ∧(Lambda)로 표시한다.

an은 a가 n개 연결된 문자열을 의미하며, a0=ε을 의미한다.

문자열 u에 대하여 uε=u=εu가 성립한다.

정의 6. 알파벳 T에 대하여 T*와 T+는 다음과 같이 정의된다.

T*는 T에 속하는 기호로 구성할 수 있는 모든 문자열의 집합이다.

T+는 T*에서 Empty string을 제외한 모든 문자열의 집합이다.

$T+ = T* - \{\varepsilon\}$

정의 7. 알파벳 T에 대해 언어 L은 T*의 부분집합이다.

특정 언어에 속하는 문자열의 개수가 유한개이면 유한언어(Finite Language), 무한개이면 무한언어(Infinite Language)라 한다. 즉, 언어란 T*에 속하는 문자열 중에서 특정한 것만 모아놓은 집합이다.

(2) 문법(Grammar)

문법이란 언어를 수학적인 이론으로 정의하는 것이며, 집합으로 표현된다.

① **문법의 정의**: 문법 G는 일반적으로 다음과 같이 정의된다.

> $G = (V_N, V_T, P, S)$
> V_N 비단말기호(Nonterminal Symbol): 문법에서 어떤 구문을 표현하는 기호
> V_T 단말기호(Terminal Symbol): 알파벳이나 기호의 집합 (문법을 통해 마지막 단계에 생성된 문장)
> P 생성규칙(Production Rule): 문법 규칙들의 집합
> S 시작기호(Start Symbol): 생성규칙의 시작기호로 비단말기호 중의 하나

㉠ 언어를 정의하기 위한 문법에서 기호(Symbol)는 두 집합 V_N과 V_T로 나타내는데, 이들 기호를 문법기호(Grammar Symbol)라 하고 V로 나타낸다.

$V_N \cup V_T = V$, $V_N \cap V_T = \varnothing$

㉡ 생성규칙 P는 집합으로 다음과 같이 표현한다.

$\alpha \rightarrow \beta$ (단, $\alpha \in V+$이고 $\beta \in V*$)

여기서, α와 β는 문법기호 V로 구성되는 문자열을 의미하며, 'α → β'에서 →는 단순히 대치되는 의미로 α가 β로 대치된다는 뜻이다.

㉢ 단말기호는 정의된 언어의 알파벳이다.

㉣ 비단말기호는 정의된 언어에 속하는 문자열을 생성하는 데 사용되는 중간과정의 기호들이다.

> 문법 표기법
> 문법이론에서 일반적으로 사용하는 표기법(Notational Convention)은 다음과 같다.
> **1. Terminal 기호를 표기하는 방법**
> ① 알파벳 시작 부분의 소문자 a, b, c, … 등
> ② 연산자 기호 +, −, * 등과 구분자 콤마, 괄호 등
> ③ 0, 1, 2, …, 8, 9와 같은 아라비아 숫자
> ④ 따옴표 ' ' 사이에 표현된 문자 스트링(character string)
> ⑤ 알파벳 뒷부분의 소문자 u, v, …, z는 Terminal로 구성된 문자열을 나타낸다.
> **2. Nonterminal 기호를 표기하는 방법**
> ① 알파벳 시작 부분의 대문자 A, B, C, … 등
> ② <>로 묶어서 표현된 기호 <stmt>, <expr> 등
> ③ 대문자 S는 일반적으로 시작기호를 나타낸다.

2. 문법의 계급 구조(Chomsky Hierarchy)

문법의 계급 구조는 1950년대 후반에 촘스키(chomsky)에 의해 소개된 것으로 문법의 생성규칙에 따라 4종류로 구분하였다.

(1) TYPE 0 문법(Unrestricted Grammar)

① 모든 생성규칙에 어떠한 제한도 없다.

② 튜링기계(Turing Machine)로 인식되는 Recursively enumerable 언어를 생성한다.

(2) TYPE 1 문법(Context Sensitive Grammar)

① 모든 생성규칙 $\alpha \rightarrow \beta$에서 문자열 β의 길이가 α보다 길거나 같은 경우이다.

② 문맥의존(Context sensitive) 문법으로 생성되는 언어를 문맥의존(Context Sensitive) 언어라 하고, Linear bounded automata에 의해 인식된다.

(3) TYPE 2 문법(Context Free Grammar)

① 모든 생성규칙이 $A \rightarrow \alpha$의 형식을 따른다. A는 하나의 넌터미널 기호이고, α는 터미널 집합 Vt와 넌터미널 집합 Vn의 합집합인 V에 속하는 스트링이다.

② 문맥자유(Context free) 문법으로 생성되는 언어를 문맥자유(Context free) 언어라 하고, Pushdown automata에 의해 인식된다.

(4) TYPE 3 문법(Regular Grammar)

① A, B∈Vn이고, t∈Vt일 때, 생성규칙은 다음 2가지의 형태를 갖는다.

㉠ 우선형(Right linear) 문법 : $A \rightarrow tB$ 또는 $A \rightarrow t$

㉡ 좌선형(Left linear) 문법 : $A \rightarrow Bt$ 또는 $A \rightarrow t$

여기서 A, B는 Nonterminal 기호(t는 Terminal 문자열)을 의미한다.

② 정규문법(Regular Grammar)으로 생성되는 언어를 정규언어(Regular language)라 하고, 유한 오토마타(Finite automata)에 의해 인식된다.

③ 어휘분석 단계의 토큰은 유한 오토마타에 의해 인식될 수 있다. 즉, 컴파일러의 첫 번째 단계인 어휘분석기는 유한 오토마타를 이용하여 구현할 수 있다.

3 정규문법(Regular Grammar)

정규문법은 촘스키(Chomsky)가 분류한 4가지 문법 중에서 가장 간단한 문법인 'TYPE 3문법'에 해당하는 것으로, 컴파일러의 어휘분석(Lexcial Analysis) 과정에서 인식되는 어휘구조를 나타내는 데 사용된다.

1. 정규언어(Regular Language)

정규문법에 의해 생성될 수 있는 언어를 정규언어라 하고, 언어 L_1과 L_2가 각각 정규언어이면 다음 식의 결과도 정규언어가 된다.

① $L_1 L_2$

② $L_1 \cup L_2$ > 모두 정규언어에 속한다.

③ L_1^*

2. 정규표현(Regular Expression)

정규문법으로 얻어지는 정규언어를 표현하는 방법으로 정규표현은 다음과 같은 대수학적 성질을 갖는다.

① $\alpha+\varnothing = \alpha$ ($\varnothing$는 공집합을 나타낸다.)
② $\alpha\varepsilon = \alpha = \varepsilon\alpha$ (ε은 집합 $\{\varepsilon\}$을 나타낸다.)
③ $\alpha\varnothing = \varnothing = \varnothing\alpha$
④ $\alpha+\alpha = \alpha$
⑤ $\alpha+\beta = \beta+\alpha$
⑥ $(\alpha+\beta)+\gamma = \alpha+(\beta+\gamma)$
⑦ $(\alpha\beta)\gamma = \alpha(\beta\gamma)$
⑧ $\alpha(\beta+\gamma) = \alpha\beta+\alpha\gamma$
⑨ $\alpha* = (\varepsilon+\alpha)*$
⑩ $(\alpha*)* = \alpha*$
⑪ $\alpha + \alpha* = \alpha*$
⑫ $\alpha* + \alpha+ = \alpha*$
⑬ $\alpha\alpha* = \alpha+$

ex 정규표현식의 해

α, β가 정규표현일 때, 정규표현식 $Y = \alpha Y + \beta$의 해는 $\alpha * \beta$이다.

〈풀이〉 $Y = \alpha * \beta$를 대입하면

$$\begin{aligned} \alpha Y + \beta &= \alpha(\alpha * \beta) + \beta \\ &= \alpha+\beta + \beta \\ &= (\alpha+ + \varepsilon)\beta \\ &= (\alpha^*)\beta = \alpha * \beta \end{aligned}$$

(1) 정규문법

G : S -> aS　　S -> aB
　　C -> aC　　C -> a
　　B -> bC

(2) 정규표현

① S = aS | aB
　S = aS + aB
② B = bC
③ C = aC | a
　C = aC + a

(3) 풀이

③ C = aC + a = a*a = a+
② B = ba+
① S = aS + aB = a* aB = a*aba+ = a+ba+
　{aba, aaba, abaa, aabaa, aaaba ....}

❹ 유한 오토마타(Finite Automata ; FA)

1. 개요

(1) 유한 오토마타는 어휘분석기(Lexical Analyzer)를 구현하기 위해 사용되는 것으로 오토마타가 어떤 구조의 문자열(String)을 인식하는가를 쉽게 볼 수 있도록 양식화된 순서도인 상태전이도(State Transition Diagram)로 나타낼 수 있다.

(2) 유한 오토마타(FA)는 5개의 항목(Tuple)으로 구성되는데, 수학적인 집합으로 표현한다. 다음은 유한 오토마타 M의 수학적 모델이다.

> $M = (Q, \Sigma, \delta, Q0, F)$
>
> Q : 잠재상태(Internal state)의 유한집합 (상태들의 유한집합)
> Σ : 입력기호의 유한집합
> δ : 상태변환함수(State Transition Function) (전이사상)
> Q0 : 시작상태(Initial state)로 $Q0 \in Q$이다.
> F : 마지막 상태(Accepting or Final State)로 $F \subseteq Q$이다.

(3) 유한 오토마타는 결정적(Deterministic) 또는 비결정적(Nondeterministic)일 수 있다. 결정적은 어떤 상태에서 입력 기호에 대해 유일한 다음 상태를 가지는 것을 의미하고, 비결정적은 하나 이상의 다음 상태를 갖는 것을 의미한다.

2. 비결정적 유한 오토마타(Nondeterministic Finite Automata ; NFA)

(1) 비결정적 유한 오토마타(NFA)는 임의의 어떤 상태에서 동일한 입력기호에 대해 하나 이상의 다음 상태로 전이될 수 있는 오토마타이다. 즉, NFA = (Q, Σ, δ, Q0, F)에서 전이함수 δ(Q0, x)는 δ(Q0, x) = { Q1, Q2, Q3, ……, Qn }로 표현할 수 있다.

(2) 따라서, 비결정적 유한 오토마타는 다음 상태를 결정하기 위하여 여러 상황을 고려해야 한다.

예 언어 $(a \mid b)^{*}aab$를 인식하는 비결정적 유한 오토마타(NFA)에 대한 상태전이도

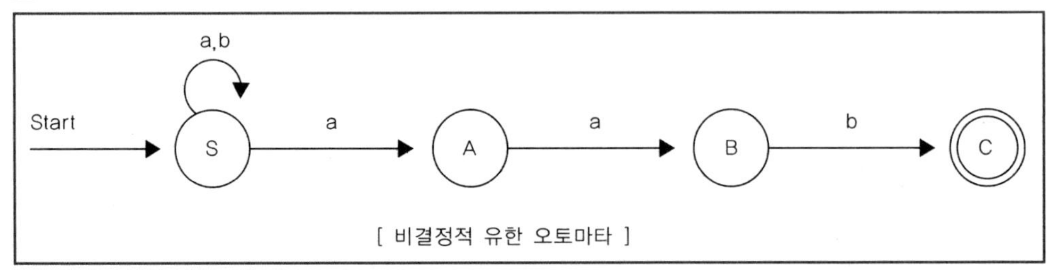

[비결정적 유한 오토마타]

(3) 이 NFA의 상태들의 집합은 {S, A, B, C}이고 입력기호 알파벳은 {a, b}인데, 수학적 모델로 나타내면 다음과 같으며
NFA = ({S, A, B, C}, {a, b}, δ, S, C)

◎ 상태전이표(State Transition Table)

상태＼입력	a	b
S	{S, A}	{S}
A	{B}	-
B	-	{C}
C	-	-

〈전이함수 δ(Q0, x)의 역할〉
① δ(S, a)={S, A}, δ(S, b)={S}
② δ(A, a)={B}
③ δ(B, b)={C}

3. 결정적 유한 오토마타(Deterministic Finite Automata ; DFA)

(1) 결정적 유한 오토마타(DFA)는 비결정적 유한 오토마타(NFA)의 특별한 경우로 각 상태에서 어떤 입력에 대해서도 전이될 수 있는 다음 상태는 최대 하나만을 갖는 오토마타이다.

(2) 즉, DFA = (Q, Σ, δ, Q0, F)에서 전이함수 δ(Q0, x)는 δ(Q0, x) = Q로 표현할 수 있다.

(3) DFA는 특정 상태에서 하나의 입력기호에 대해 유일한 다음 상태를 갖는다.

결정적 유한 오토마타 DFA = ({S, A, B, F}, {a, b, c}, δ, S, F)에서 전이함수가 다음과 같을 때 상태전이도와 상태전이표이다.

- 전이함수: δ(S, a)=A, δ(S, b)=F, δ(S, c)=B
  δ(A, b)=F, δ(A, c)=S
  δ(B, b)=F, δ(B, a)=S
  δ(F, b)=F
- 상태전이도(State Transition Diagram)

결정적 유한 오토마타

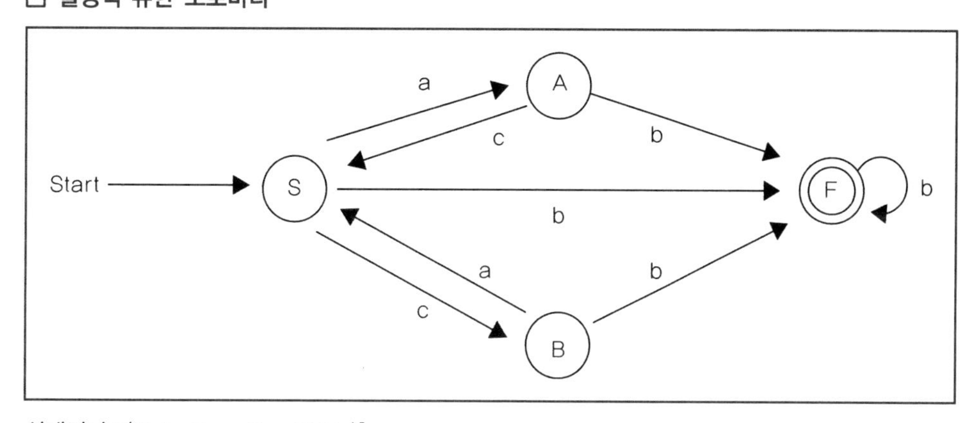

- 상태전이표(State Transition Table)]

상태＼입력	a	b	c
S	A	F	B
A	–	F	S
B	S	F	–
F	–	F	–

5 구문을 표현하는 방식

1. BNF 표기법

(1) BNF(Backus−Naur Form) 표기법은 1963년에 ALGOL 60 언어의 구문 형식을 정의할 때 최초로 사용했다.

(2) BNF(Backus−Naur Form)는 프로그래밍 언어의 구문 형식을 정의하는 보편화된 기법 중 하나로 Production이라 하는 구문 법칙의 집합으로 구성된다.

(3) BNF 표기법을 확장한 EBNF 표기법이 많은 언어들의 구문표기에서 유용하게 사용된다.

(4) 생성규칙은 작성된 프로그램이 구문에 맞는 프로그램인지 아닌지를 인식하기 위한 구문 규칙으로도 사용된다.

◎ **표기법**

BNF 심볼	의미
::=	"정의된다"는 것을 의미
|	선택
〈 〉	넌터미널 기호
각괄호로 묶이지 않은 기호	터미널 기호

(5) 다음은 변수(Variable)에 대한 BNF 표기법의 Production 규칙들이다.

```
<variable> ::= <id>
<id> ::= <letter>|<id> <letter>|<id> <digit>
<letter> ::= A|B|C|…|X|Y|Z
<digit> ::= 0|1|2|…7|8|9
```

2. EBNF 표기법

(1) 모든 프로그래밍 언어를 BNF 표기법으로 표현할 수 있지만, 보다 읽기 쉽고 간결하게 표현할 수 있는 확장된 EBNF를 사용한다.

(2) EBNF는 특수한 의미를 갖는 메타 기호를 더 사용하여 반복되는 부분이나 선택적인 부분을 간결하게 표현한다.

(3) EBNF 표기법은 반복되는 최대 횟수와 최소 횟수로 나타낼 수 있다.

◎ **표기법**

EBNF 심볼	의미
{A}	A의 반복
[A]	A가 나타나지 않거나 한번 나타날 수 있음을 의미

BNF 표기법와 EBNF 표기법 비교

1. BNF 표기법

<variable> ::= <id>
<id> ::= <letter>|<id> <letter>|<id> <digit>
<letter> ::= A|B|C|⋯|X|Y|Z
<digit> ::= 0|1|2|⋯7|8|9

2. EBNF 표기법

<id> ::= <letter>|{al}
<al> ::= <letter>|<digit>
<letter> ::= A|B|C|⋯|X|Y|Z
<digit> ::= 0|1|2|⋯7|8|9

3. 구문도표(Syntax Diagram)

구문구조를 그림으로 나타낸 것으로 BNF로 정의된 것을 구문도표로 일대일 대응시켜 표현할 수 있다.

(1) 단말 x는 원 또는 타원 안에 x로 표기하고 다음 기호를 보기 위해 나가는 시선을 그린다.

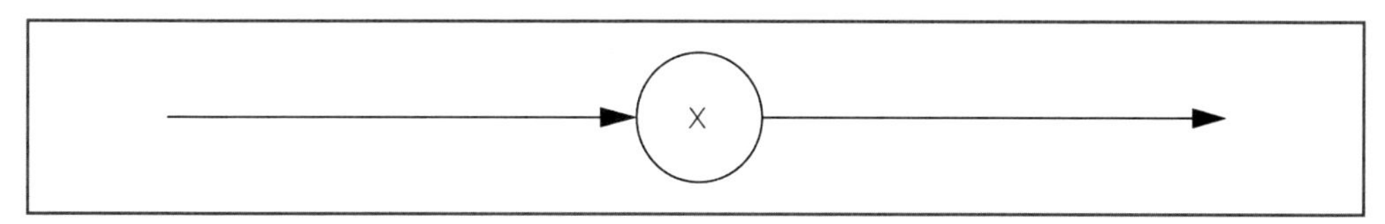

(2) 비단말 x는 사각형 안을 x로 쓰고 단말의 경우와 같이 지시선을 긋는다. 사각형의 내용은 그 안의 이름으로 참조할 수 있다.

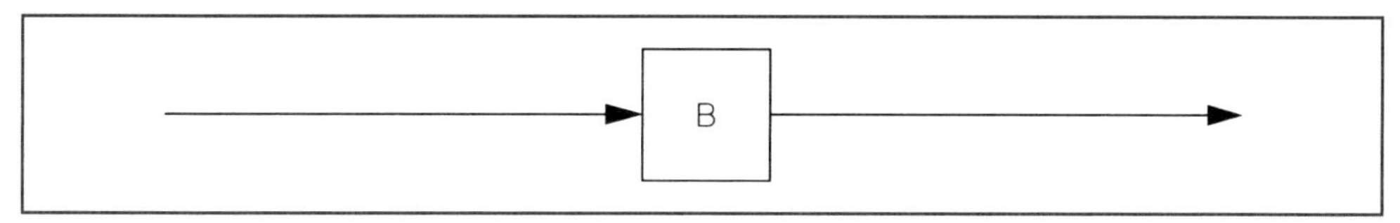

(3) A ::=X_1X_2 ... X_n은 아래와 같은 문법 순서도로 나타낸다.

① X_i가 비단말 기호인 경우

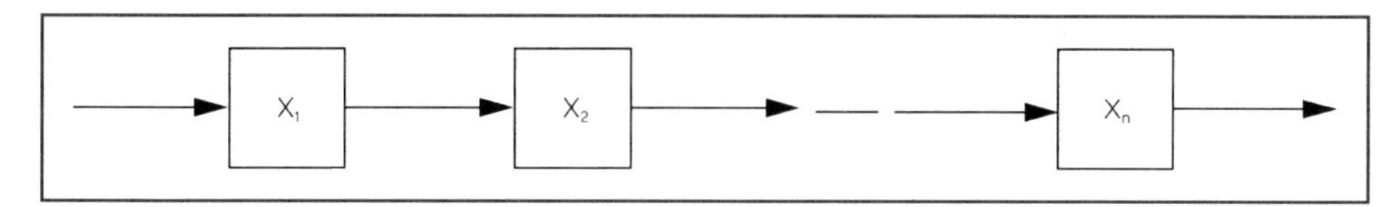

07

② X_i가 단말 기호인 경우

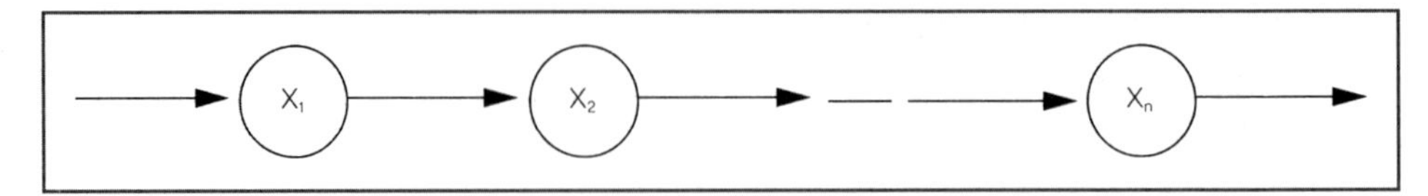

(4) 생성규칙 A ::=a_1|a_2|...|a_n은 아래와 같이 나타낼 수 있다.
여기서 ai는 위 과정 (1)부터 (3)까지의 방법을 적용하여 얻은 구조이다.

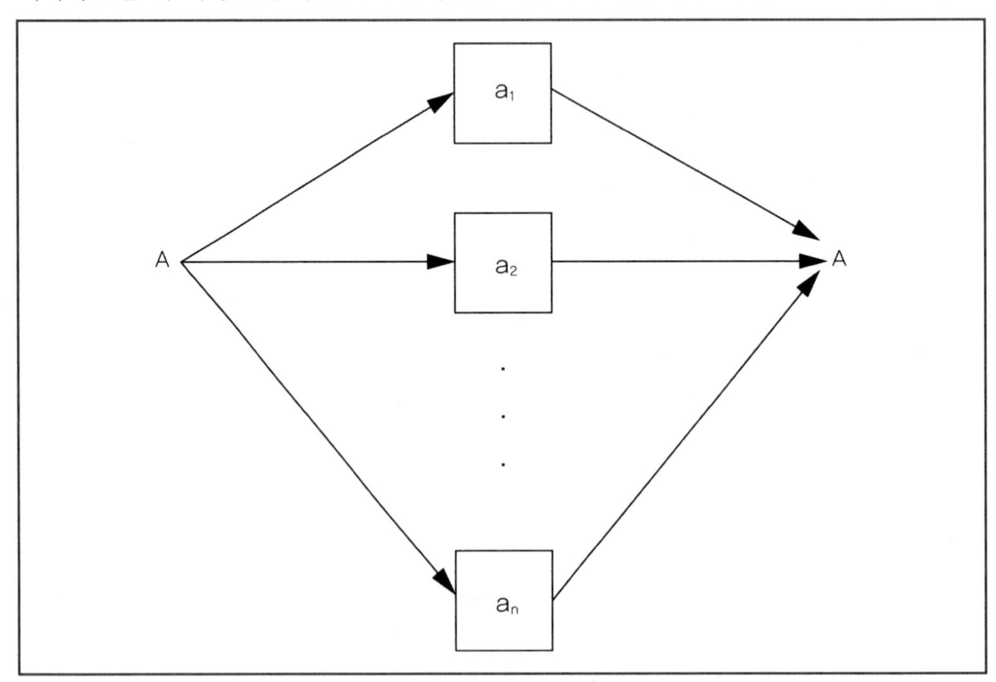

(5) EBNF A ::={a}는 다음과 같이 표현된다.

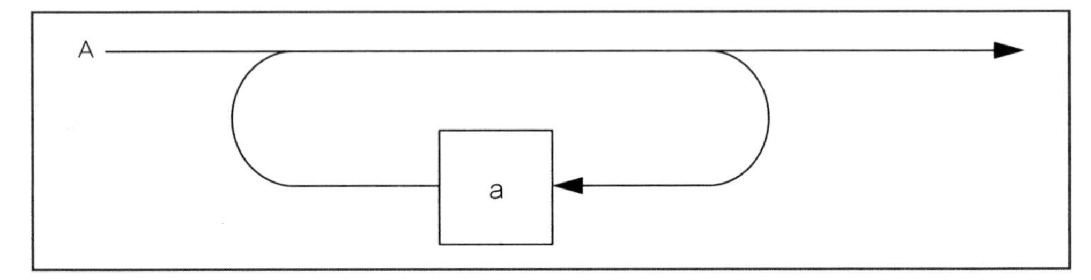

(6) EBNF A ::=[a]는 아래와 같이 표현된다.

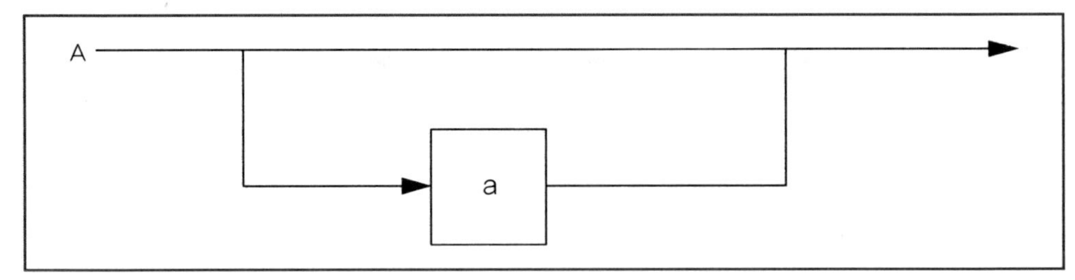

(7) EBNF A ::=(a_1|a_2)β는 다음과 같이 표현된다.

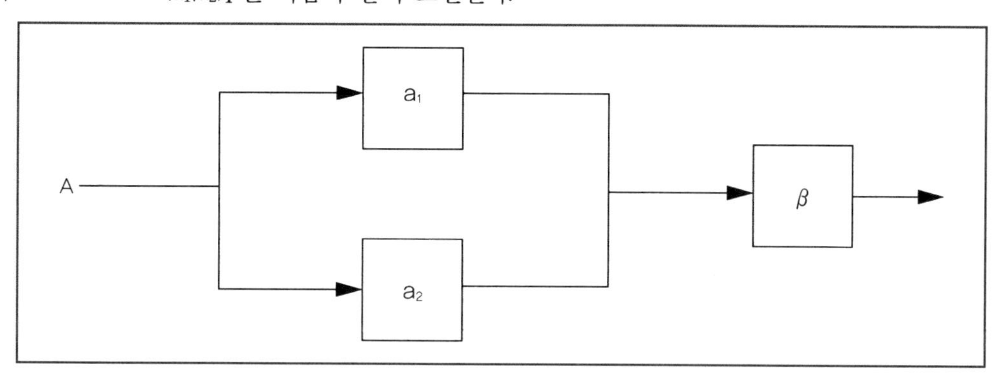

6 구문분석(Syntax Analysis)

프로그래밍 언어의 구문 구조는 일련의 정확한 규칙을 가져야 하는데, 이에 대한 문법적인 표현으로 문맥자유문법(Context free grammar)이 많이 이용된다.

1. 유도트리(Derivation Tree)

문법의 생성규칙 P가 다음과 같을 때,

P : E → (E) | −E | E*E | id

(1) 문장 −(id*id)의 유도

E ⇒ −E ⇒ −(E) ⇒ −(E*E) ⇒ −(id*E) ⇒ −(id*id)

(2) 문장 −(id*id)에 대한 유도트리

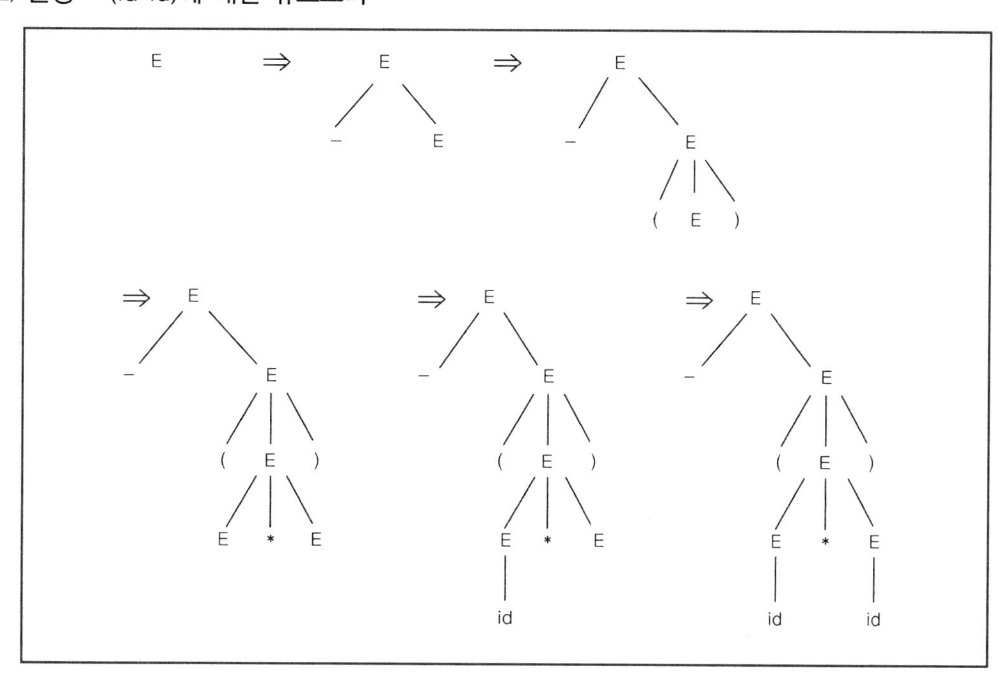

2. 구문분석 방법

구문분석기(Syntax Analyzer)를 일명 파서(Parser)라고 하며, 파서는 문자열(어휘분석기에 의해 생성된 토큰열)을 입력받아서 원시프로그램이 해당 언어의 문법에 맞는가를 검사하고, 에러가 없는 경우에 파스트리를 생성하는 프로그램이다.

(1) Top-down(하향식) 방법

① 파스트리를 위에서 아래로(근노드 → 단말노드) 만들어나가는 방법으로 문법생성규칙이 다음과 같을 때, 입력문자열 aabb에 대한 파스트리를 구성해 보자.

[문법생성규칙] S → aAb
A → aB|a
B → b

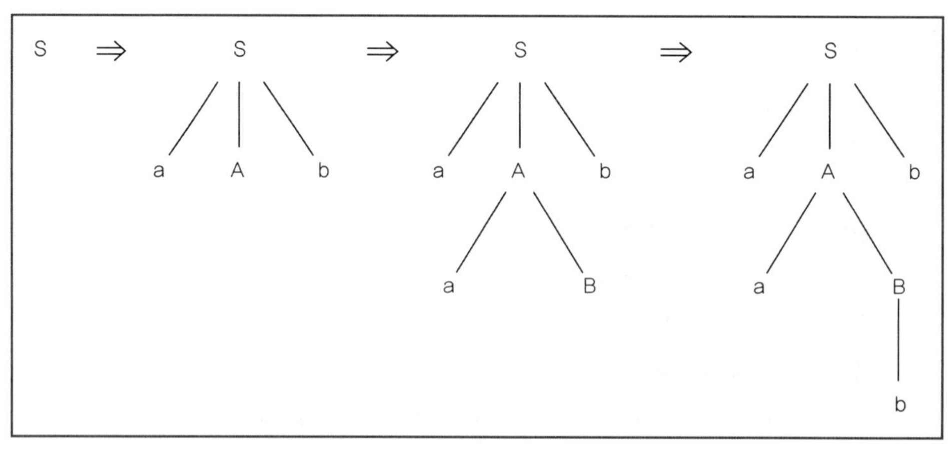

② Top-down 방식의 구문분석에서 Backtracking을 하지 않으려면 Nonterminal에 대해 결정적으로 하나의 생성규칙을 선택할 수 있는 조건이 필요하다. 이러한 조건을 LL 조건이라 하고, 이 조건을 만족하는 문법을 LL 문법이라 한다.

③ LL 조건하에서 입력되는 문자열을 순환적 내림차순 방식으로 파싱하는 것으로는 'Recursive-descent parser'가 있고, 이의 특별한 경우인 예측 파싱으로 'Predictive parser'가 있다.

(2) Bottom-up(상향식) 방법

① 파스트리를 아래서 위로 만들어나가는 방법으로 문법생성규칙이 다음과 같을 때 입력 문자열 aabb에 대한 파스트리를 구성해 보자.

[문법생성규칙] S → aAb
A → aB|a
B → b

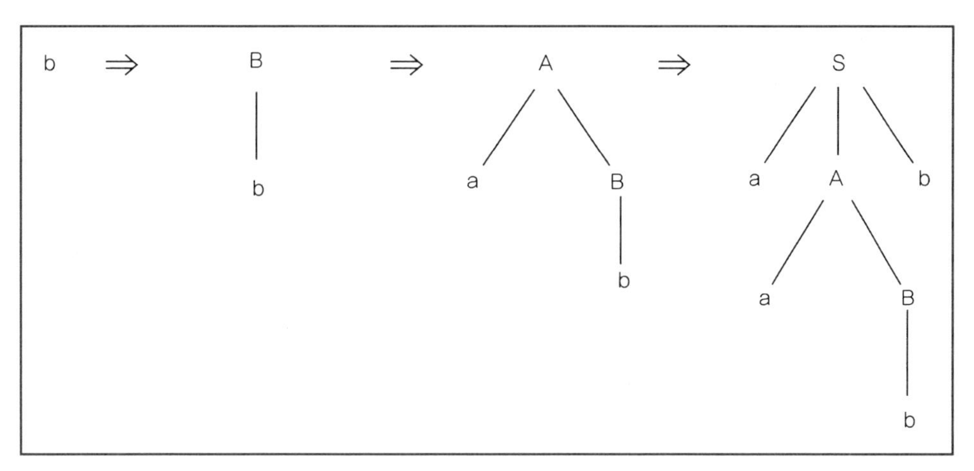

② 가장 기본적인 상향식 파싱 기법을 사용하는 Parser로 'Shift reduce parser'가 있으며, 이 파서의 파싱에서 주요 행동은 'Shift(이동), Reduce(축소), Accept(인식), Error'로 구분한다.

모호성(Ambiguity)

- 하나의 문장에 대해 여러 개의 파스트리가 만들어지는 문법을 '모호하다(Ambiguous)'라 한다.
- 서로 다른 유도트리가 2개 이상 존재하는 문법으로, 모호한 문법은 2개 이상의 유도트리가 생성되기 때문에 서로 다른 의미를 갖는 코드를 생성하거나 오류를 발생시킨다.
- 모호한 문법

[문법G] E → E + E | E - E | E * E | E / E | id

id * id + id

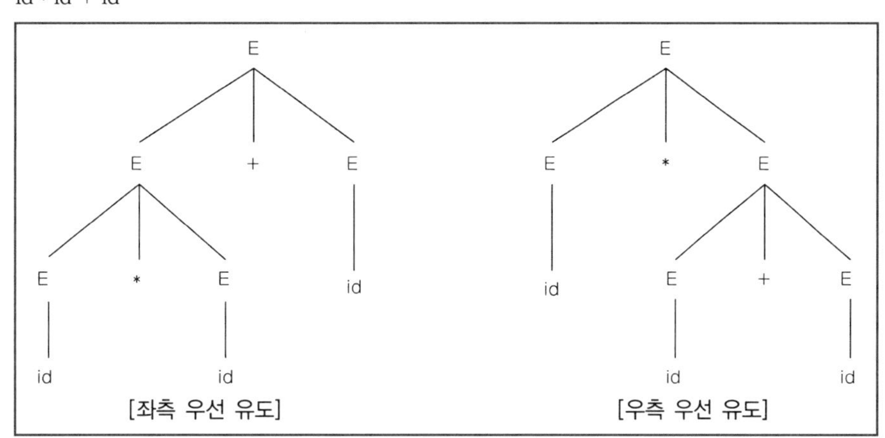

- 모호한 문법을 해결하기 위해 문법을 계층화한다.

[문법G] E → E + T | T
T → T * T | id

③ LR 파서

㉠ LR의 L은 입력 문자열을 왼쪽에서 오른쪽(Left to right)으로 읽는 것을 뜻하고, R은 우파스(Right parse)를 생성하므로 붙여진 이름이다.

㉡ LR 파싱은 문맥자유문법(Context Free Grammar ; CFG)으로 쓰여진 모든 언어에 적용된다.

㉢ LR 파싱이 파싱테이블을 구성하는 기법 : SLR(Simple LR), LALR(Look Ahead LR), CLR(Canonical LR)

㉣ LR 파서의 비교

LR 파서	파싱테이블	인식 능력	비고
SLR	간단하다	빈약하다	–
LALR	보통이다	보통이다	대부분의 프로그래밍 언어에서 사용
CLR	복잡하다	우수하다	–

Chapter 02 C 언어

제1절 C 언어의 기본

❶ C 언어의 개요

1. C 언어의 역사

(1) C 언어는 Bell 연구소에서 UNIX라는 운영체제에 사용하기 위한 시스템 프로그래밍 언어로 1970년대 초 Dennis Ritchie에 의해 개발되었다.

(2) C 언어의 뿌리는 최초의 구조적 언어인 ALGOL 언어이며 Dennis Ritchie는 동료인 켄 톰슨(Ken Thompson)이 만든 B 언어를 개량하여 C 언어를 만들었다.

(3) UNIX는 처음에 어셈블리어로 작성되었으나 곧 C 언어로 다시 작성되었고, UNIX가 세상에 알려지면서 어셈블리어가 아닌 언어로 능력 있고 훌륭한 운영체제가 개발될 수 있다는 사실을 입증하는 결과를 가져왔다.

2. C 언어의 특징

(1) C 프로그램은 함수의 집합으로 구성된다.

- 각 루틴의 특성에 맞추어 각각의 함수를 만들어 두면 다른 응용 프로그램을 작성할 때도 그대로 이용할 수 있다.

(2) 이식성(Portable)이 높은 언어이다.

- C로 작성된 프로그램은 거의 수정 없이 다른 컴퓨터시스템에서 컴파일되고 실행된다.

(3) 예약어(Reserved Word)가 간편하다.

- 기본적인 몇 가지의 예약어로 다양한 종류의 작업을 처리할 수 있는 프로그램을 개발할 수 있다.

(4) 융통성과 강력한 기능을 갖고 있다.

- 과학 기술 및 업무용 프로그램뿐만 아니라 오락, 문서작성기, 데이터베이스 등을 만드는 데 사용될 수 있고, 심지어는 운영체제와 또 다른 언어의 컴파일러를 개발하는 데 사용될 수 있는 언어이다.

(5) 구조적 프로그램이 가능하다.

- 아무리 복잡한 논리구조도 'goto' 명령을 사용하지 않고 처리할 수 있다.

3. 기본 구조

(1) 헤드 부분

① 외부파일 편입(#include문)
② 매크로 정의(#define문)
③ 전역변수 및 사용자 정의함수 선언

(2) 몸체 부분

① 함수 main()은 C 프로그램에서 예약된 유일한 함수로 프로그램 실행 시 가장 먼저 수행되는 함수이다(모든 프로그램은 main 함수부터 실행 시작).
② main() 함수의 위치는 프로그램 내의 어디에나 위치할 수 있고 반드시 한 번 기술되어야 한다.

(3) 사용자 정의 함수

① 처리할 내용에 맞게 함수를 정의하고 경우에 따라서는 또 다른 함수를 호출할 수 있다.
② 실제 프로그램에서는 사용자 정의 함수가 여러 개 나열되어 완전한 프로그램이 된다.
③ 함수 내부에서는 또 다른 함수를 정의할 수 없다.

4. 전처리문(Preprocessor Statement)

(1) 컴파일하기 전에 원시프로그램에 사용된 전처리문을 전처리기(Preprocessor)가 확장시킨다.

(2) 전처리문의 종류

전처리문	기능
#include	외부파일을 원시프로그램에 편입
#define	매크로 정의(함수 및 상수)
#undef	정의된 매크로를 취소
#if-#endif	조건에 따른 컴파일

```
#define  VAT  0.2
main(){
  int  a;
  a = VAT * 100;
  printf("%d", a);
}
```

[원시프로그램]

```
#define  VAT  0.2
main(){
  int  a;
  a = VAT * 100;
  printf("%d", a);
}
```

[확장된 원시프로그램]

매크로

1. 매크로 정의

```
#define 매크로명 치환문자열
```

2. 매크로 정의를 사용한 원시코드에 대하여 그 매크로명이 기록된 곳을 모두 치환 문자열로 변환한다.
3. 매크로는 중첩될 수 있다.

```
#define AA 5
#define BB AA + 4
```

ex 매크로 정의 후 수식을 'y = AA * BB'로 기술했을 때 y의 값은?

y = AA * BB
= AA * AA + 4
= 5 * 5 + 4
= 29

4. 매크로명과 괄호 사이에 공백이 있어서는 안 되며, 매크로 확장 전체가 괄호 안에 포함되어야 한다.

```
#define AA(a) ((a)*(a))
→ AA(i+j)
→ ((i+j)*(i+j))
```


2 C 언어의 구성요소

(1) 예약어(Reserved Word)

구분	종류
자료형	char, int, float, double, enum, void, struct, union, short, long, signed, unsigned 등
기억분류	auto, register, static, extern
제어구조	if~else, for, while, do~while, switch~case~default, break, continue, return, goto
연산자	sizeof

(2) 명칭(Identifier)

① 예약어만을 명칭으로 사용할 수 없다.
② 영문자, 숫자, 밑줄(_)을 사용하여 명칭을 구성할 수 있다.
③ 숫자로 시작해서는 안 된다.
④ 대문자와 소문자는 구별된다.

(3) 자료표현

구분	종류		표현방법	예
숫자	정수	10진수	일반적인 정수형 표현	25, -356
		8진수	숫자 앞에 0을 붙인다.	075, 0653, 0111
		16진수	숫자 앞에 0X를 붙인다.	OX41, OXFF
	실수		소수점이 있거나 숫자 끝에 f를 기술한다.	3.1415, 6.3, 74f
문자	문자		단일 따옴표로 묶는다.	'A', 'K'
	문자열		이중 따옴표로 묶는다.	"KOREA", "B"

(4) Escape sequence

Escape sequence는 문자를 표현하는 한 가지 방법으로 역슬래쉬(\) 다음에 특정 기호를 기술하여 하나의 문자를 표현하는 것이다.

종류	의미	비고
'\n'	커서를 다음 행으로 이동	New line
'\r'	커서를 현재 행의 첫 번째로 이동	Return
'\t'	커서를 다음 탭 위치로 이동	Tab
'\b'	커서를 앞으로 한칸 이동	Back space
'\f'	인쇄용지를 1쪽 이동(Page skip)	Form feed
'\a'	소리 발생('삑'하고 경고음이 발생)	Beep
'\''	단일 따옴표(')를 지칭	
'\"'	이중 따옴표(")를 지칭	
'\₩'	역슬래시(\)를 지칭	
'\수'	수에 해당하는 ASCⅡ문자(수는 8진수로 인식됨)	
'\x수'	수에 해당하는 ASCⅡ문자(수는 16진수로 인식됨)	

(5) 구분기호(Punctuator)

구분기호	용도	사용 예
:	goto 및 case 명령에서 라벨 지정	case 'B' :
;	선언 및 명령문의 끝	int a;
( )	함수, 수식에 사용	void main()
	제어구조의 조건식 지정에 사용	for (i=0 ; i<10 ; i++)
[ ]	배열 선언에 사용	int a[2];

{ }	함수에서 함수의 시작과 끝	main() {
		EX();
		}

	제어구조에서 미치는 범위가 여러 개의 문장일 때 사용	while(a>10){
		a++;
		hap+=a;
		}

(6) 자료형(Data Type)

구분	자료형	비트수	허용 범위
문자형	char unsigned char	8 8	-128 ~ 127 0 ~ 255
정수형	short int unsigned int long unsigned long	16 가변적 가변적 32 32	$-2^{15} \sim 2^{15}-1$ $-2^{31} \sim 2^{31}-1$ $0 \sim 2^{32}-1$
실수형	float double	32 64	
열거형	enum	16	$-2^{15} \sim 2^{15}-1$
void형	void	함수와 포인터에서 이용	

3 C 언어의 연산자(Operator)

(1) 연산자

① 산술연산자(Arithmetic Operator)

구분	연산자	기능
이항연산자	+, −, *, /	사칙연산을 수행한다.
	%	정수연산으로 나눗셈의 나머지를 구한다.
단항연산자	−	대상 자료의 부호를 바꾼다.
	++	1 증가시킨다.
	−−	1 감소시킨다.
대입연산자	=	오른쪽의 결과를 왼쪽 변수에 대입한다.
	+= −= *= /=	오른쪽의 결과를 왼쪽 변수에 가, 감, 승, 제를 한다.
	%=	오른쪽으로 왼쪽을 나눈 나머지를 구한다.

ex1

```
#include <stdio.h>
int main(void)
{     int I = 100, j = 200;
              printf("i : %d , j : %d \n", ++i, j++);
      printf("i : %d , j : %d \n", i, j);
      printf("i : %d , j : %d \n", --i, j--);
      printf("i : %d , j : %d \n", i, j);

      i=j++;
      printf("i : %d , j : %d \n", i, j);
           return 0;
}
```

<실행결과>

i : 101 , j : 200
i : 101 , j : 201
i : 100 , j : 201
i : 100 , j : 200
i : 200 , j : 201

ex2

```
#include <stdio.h>
int main()
{
    int a;
    double b;

    a = 10;
    b = 3;
    printf("a / b는 : %f \n", a / b);
    printf("b / a는 : %f \n", b / a);
    return 0;
}
```

<실행결과>

a / b는 3.333333
b / a는 0.300000

printf() 예제

① int a = 789

printf("%d\n", a);	789
printf("%5d\n", a);	∨∨789
printf("%-5d\n", a);	789∨∨
printf("%05d\n", a);	00789
printf("%+d\n", a);	+789

② float a = 789.17;

printf("%f\n", a);	789.170000
printf("%11f\n", a);	∨789.170000
printf("%11.1f\n", a);	∨∨∨∨∨∨789.2

③ char a[] = "programming";

printf("%s\n", a);	programming
printf("%13s\n", a);	∨∨programming
printf("%-13s\n", a);	programming∨∨
printf("%10.3s\n", a);	∨∨∨∨∨∨∨pro
printf("%.3s\n", a);	pro

② 관계 및 논리연산자

구분	연산자	기능
관계연산자	==	좌우가 같은가를 비교한다.
	!=	좌우가 다른가를 비교한다.
	>, >=, <, <=	좌우의 대소 관계를 비교한다.
논리연산자	!	NOT 연산을 수행(부정)
	&&	AND 연산을 수행(논리곱)
	||	OR 연산을 수행(논리합)

③ 비트연산자(Bitwise Operator)

구분	연산자	기능	예
이동연산자	>>	비트 값을 우측으로 이동	r = a >> 3;
	<<	비트 값을 좌측으로 이동	r = a << 3;
논리연산자	&	비트 논리곱(AND)	r = a & b;
	|	비트 논리합(OR)	r = a|b;
	∧	비트 배타적 논리합(XOR)	r = a∧b;
	~	반전 (NOT, 1의 보수)	r = ~a;

ex1

```
char c = 3;     /* c = 00000011  */
c << 1             = 00000110      = 6
c << 2             = 00001100      = 12
c << 3             = 00011000      = 24
c << 4             = 00110000      = 48
```

ex2

```
char c = 48;     /* c  = 00110000  */
c >> 1              = 00011000       = 24
c >> 2              = 00001100       = 12
c >> 3              = 00000110       = 6
c >> 4              = 00000011       = 3
```

④ 조건연산자

[형식] 조건 ? 표현1 : 표현2 ;
➡ 조건이 참이면 표현1을 수행, 거짓이면 표현2가 수행된다.

ex ① a = 12 ; b = 7;
d = (a>b) ? a+b : a-b;
d = 19

② a = 8; n = 10;
y = (a>9) ? n++ : n-- ;
y = 10

⑤ 나열연산자 [,] : 수식을 콤마로 구분하여 나열하고 연산은 왼쪽부터 오른쪽으로 차례로 진행된다.

ex ① y = (a = 5, b = a + 2, 3 * b); 이면
a = 5, b = 7, y = 21
② a = (b = 7, (c = ++b + 2) + 5); 이면
a = 15, b = 8, c = 10

⑥ 형변환연산자[(자료형)] : 자료의 값은 그대로 두고 자료형을 강제적으로 바꿀 때 사용한다. 예를 들면, 정수형을 실수형으로, 자료형을 명시적(Explicit)으로 바꿀 때 쓰인다.

ex int a = 7, b = 5;
float c;
c = (float)a + b ;
➡ 정수형 a을 실수형(float형)으로 바꾸어 연산을 수행한다.

```
int a;
a = 20.8 + 10.5; // a = 31
a = (int)20.8 + (int)10.5; // a = 30
```

⑦ sizeof 연산자 : 자료형, 변수, 수식의 결과 등이 차지하는 기억공간의 바이트 수를 구한다.

ex char ch = 5 ;
long a, b ;
b = sizeof(ch) + sizeof(long) ; ➡ b의 값은 1 + 4 = 5이다.

```
sizeof('y') → 1Byte (문자 상수의 크기)
sizeof(35) → 4Byte (정수형 상수의 크기)
sizeof(2.75) → 8Byte (실수형 상수의 크기) - double
sizeof(2.75f) → 4Byte (실수형 상수의 크기) - float
```

⑧ **주소연산자[&]**: 어떤 변수에 해당하는 기억장소의 주소값을 구한다. 즉, &a는 변수 a가 메모리상에 위치하는 기억장소의 시작주소이다.

ex
```
int a;
int *p;
p = &a ;
```
➡ 변수 a가 위치하는 기억장소의 시작주소가 p에 대입된다.

(2) 연산자의 결합방향과 우선순위

구분		연산자	결합방향	우선순위
일차연산자		( ), [], . , ->	→	높다 ↑
단항연산자		−, ++, −−, ~, !, *, &, sizeof	←	
이항연산자	산술연산자	*, /, %	→	
	산술연산자	+, −		
	비트이동	>>, <<		
	대소비교	>, >=, <, <=		
	등가비교	==, !=		
	비트 AND	&		
	비트 XOR	∧		
	비트 OR	|		
	논리 AND	&&		
	논리 OR	||		
조건연산자		? :	←	
대입연산자		=, +=, −=, *=, /=, %= >>=, <<=, &=, ∧=, |=	←	
나열연산자		,	←	↓ 낮다

4 제어 구조

(1) if ~ else: 선택문

(2) switch~case

[형식]
```
switch(수식)
{
        case 값1 :   처리 1
                     break ;
        case 값2 :   처리 2
                     break ;
           :
        default  :   처리 n
}
```

① 수식의 값과 일치하는 경우의 값이 있는 '처리'를 수행하고, 수식의 값과 일치하는 값이 없으면 default의 '처리 n'을 수행한다.

② break를 만나면 switch 블록을 탈출한다. 즉, break가 없으면 수식의 값에 해당하는 경우부터 break가 있는 곳까지 수행한 후 switch 블록을 탈출한다.

ex1

```
void main( ) {
        int  a, n = 10 ;
             a = 3 ;
        switch ( a ) {
             case 1 : n = n + 1;
                      break;
             case 2 : n = n + 2;
                      break;
             case 3 : n = n + 3
                      break;
             default : n = n + 4;
                      break;
        }
        printf("실행 결과 : %d₩n", n);
   }
```

〈실행결과〉 13

ex2

```
int c=0;
switch(2) {
    case 1 : c=c+1;
    case 2 : c=c+2;
    case 3 : c=c+3;
    case 4 : c=c+4;
}
```

〈실행결과〉 9

(3) for문

[형식] for (초기식; 조건식; 증감식)
{
처리
}

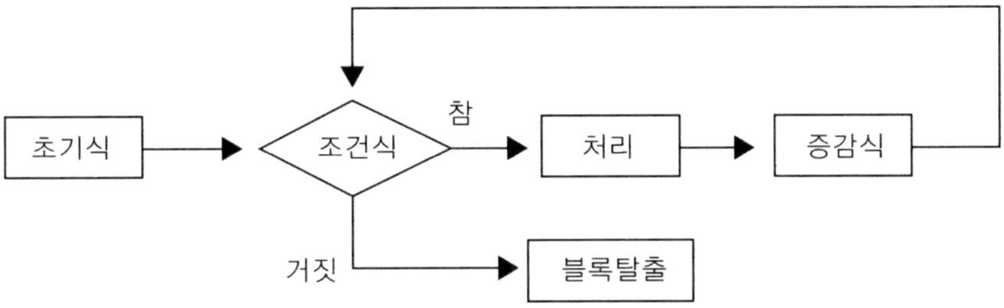

① 조건식이 거짓이면 블록을 탈출한다.
② for 블록의 실행순서는 다음과 같이 반복된다.
③ 중첩된 for문

```
n = 0 ;
for(i = 0:  i < 2:  i++)
{
    for( j = 0 ;  j < 3 ;  j++)
    {
        n++ ;
    }
}
```

ex 1

```
main( ){
   int I;
   for (i = 0 ; i< = 10; I + = 2){
       printf("%d", I) ;
   }
}
```

〈실행결과〉 0 2 4 6 8 10

ex 2

```
#include <stdio.h>
    void main(void){
        static int a[5]={10, 20, 30};
        int i, h=0;

        for (i=1; i<5; i++)
            h+=a[i];
        printf("%d /n", h);
}
```

〈실행결과〉 50

ex 3

```
#include <stdio.h>
void main()  {
  int i, j, sum = 0;
  for (i = 1; i < 10; i++) {
    for (j = 1; j < 10; j++)  {
      if (j%3 == 0) continue;
      if (i%4 == 0) break;
       sum++;
    }
  }
printf("%d\n", sum);
}
```

〈실행결과〉 42

(4) do~while문

```
[형식] do {
            처리
       }while(조건식);
```

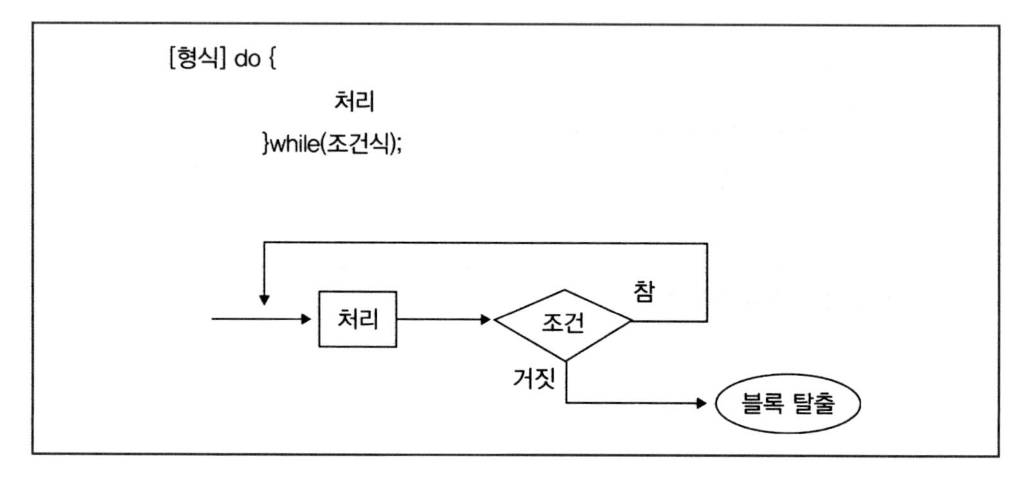

ex 1

```
void main()
  {
        int  i=0, hap=0;

        do {
                i++;
                hap +=i;
         } while(i<100);

          printf("실행결과 : %d\n", hap);
  }
```

〈실행결과〉 5050

ex 2

```
int sum = 0, i = 0;
do{
   sum += i++;
}while(i<=20);

i의 최종값은? 21
```

(5) break / continue문

```
while(조건식)
 {
     ⋮
   continue ;
     ⋮
   break ;
     ⋮
 }
```

① continue : for, while, do~while에서 블록의 조건식으로 복귀하고자 할 때 사용한다.

② break : for, while, do while, switch에 블록을 강제적으로 벗어나고자 할 때 사용한다.

07

5 함수(Function)

1. 표준함수

C 컴파일러에 구비되어 있는 함수로 사용자가 정의하지 않고 사용할 수 있다.

(1) **단일문자 입출력함수**: getchar() / putchar()

(2) **문자열 입출력함수**: gets() / puts()

(3) **형식지정 입출력함수**: scanf() / printf()

형식지정은 % 기호 다음에 여러 가지 '변환문자'를 사용하여 지정한다. 즉, % 다음에 있는 변환문자에 따라 해당하는 인수의 입출력 기능이 달라진다.

변환기호	기능
%c	인수를 단일문자로 변환시킨다.
%d	인수를 부호 있는 10진수로 변환시킨다.
%u	인수를 부호 없는 10진수로 변환시킨다.
%o	인수를 8진수로 변환시킨다.
%x	인수를 16진수로 변환시킨다.
%s	인수를 포인터형으로 변환시킨다(문자열 입출력).
%f	인수를 실수형으로 변환시킨다.

① scanf(): 표준입출력장치로부터 지정된 형식에 맞게 자료를 읽어들인다.

> **[형식]** scanf("형식", 인수리스트);
> ▸ 형식에 사용된 변환기호(%c, %d 등)가 입력받을 자료형이 된다.
> ▸ scanf()는 변수의 주소를 인수로 사용한다. 따라서 일반변수 앞에는 &를 붙이고, 배열명이나 포인터에는 &를 붙이지 않는다.

② printf(): 표준출력장치에 지정된 형식에 맞추어 자료를 출력한다.

> **[형식]** printf("형식", 인수리스트);
> ▸ printf() 함수는 '변수, 상수, 수식 등의 값을 인수'로 사용한다.

2. 사용자 정의함수

사용자가 프로그램에서 직접 정의하여 사용하는 함수로 앞에서 설명한 표준함수와 동등하게 취급된다.

(1) 함수의 정의

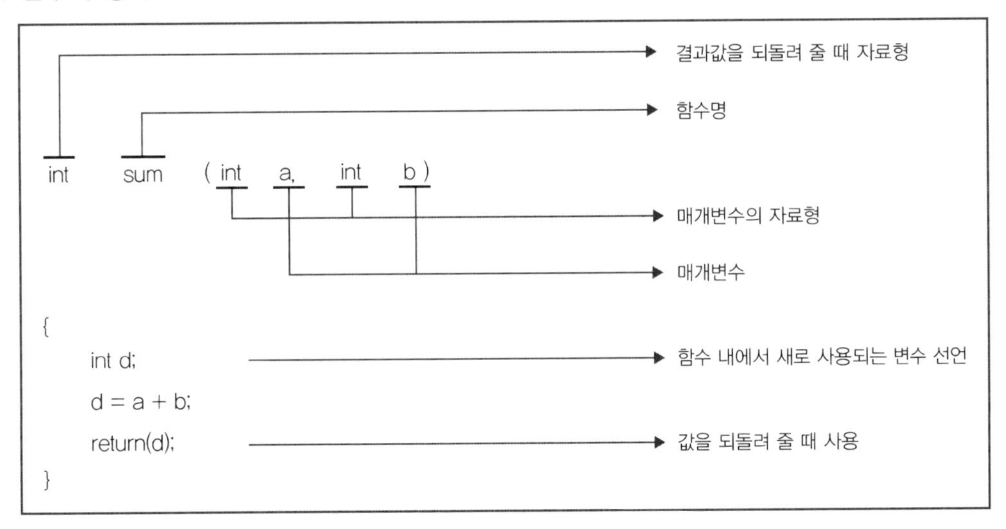

(2) 함수의 사용

① 함수를 사용할 때는 함수의 원형선언, 함수의 호출, 함수의 정의로 구성되어야 함

② 함수의 구성위치의 예

```
#include <stdio.h>
int sum(int a, int b);      → 함수의 원형 선언
```

```
void main() {
int x, y, c;
scanf("%d %d", &x, &y);
.......
c=sum(10, 20);              → 함수의 호출
printf("%d', c);
}
```

```
int sum(int a, int b) {     → 함수의 정의
int d;
d=a+b;
return(d);
}
```

③ 값호출(Call by value)에 의한 함수 정의

```
int sss(int n)
{
    int i, h = 0;
        for(i=1 ; i<=n ; i++)
            h += i;
        return (h);
}
void main( ) {
    int h = 0, k = 5;

    h = sss(k);
    printf("결과: %d\n", h);
}
```

〈실행결과〉 15

④ 주소참조(Call by reference)에 의한 함수 정의

```
void swap(int *x, int *y)  /* 두 변수의 값을 교환 */
{
    int  im;
    im = *x;
    *x = *y;
    *y = im;
}
void main( ) {
    int a, b;

    a = 5, b = 6;
    swap(&a, &b);
    printf("결과: %d, %d\n", a, b);
}
```

〈실행결과〉 6 5

⑤ **순환(Recursive) 함수**: 함수 내에서 자기 자신을 다시 호출하는 경우이다.

```
int rec(int  n)
{
    int  h;

    if ( n == 1)
          h = 1;
    else
      h = n + rec(n - 1);

    return  h;
}

void main(void)
{
    int  d, k = 5;

    d = rec(k);
    printf("결과: %d\n", d);
}
```

〈실행결과〉 15

07

제2절 C 언어의 응용과 확장

❶ 배열과 포인터

1. 배열(Array)

(1) 변수의 확장에 해당하는 것으로 유사한 성격, 즉 동일한 자료형으로 이루어진 여러 개의 자료를 처리할 때 사용된다.

(2) 변수명을 모두 기억해야 하는 번거로움을 피할 수 있으며, 매우 효율적인 자료처리가 가능하게 된다.

(3) **1차원 배열**: 배열의 첨자가 하나만 있는 것으로 첨자 안에 표현된 개수는 배열의 크기를 나타내는 것으로서 배열 전체 구성요소의 개수를 나타낸다.

• 배열선언

[형식] 자료형 배열명[개수]

예 배열선언과 메모리

short a[5]

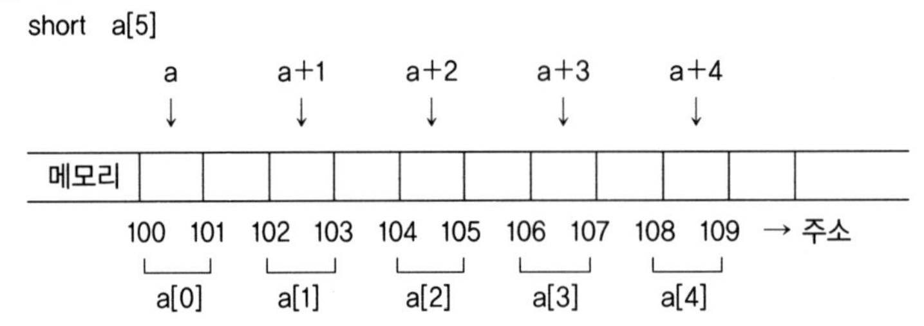

예 배열의 초기화

int a[5] = { 1, 2, 3, 4, 5 } ;

1	2	3	4	5
a[0]	a[1]	a[2]	a[3]	a[4]

(4) 2차원 배열

① 형식 : 자료형 배열명[행의수][열의수] 예 int a[3][4]

② 기능 : 배열명이 a이고 3행 4열로 된 12개의 요소를 가진 정수형 배열

③ 첨자가 두 개인 배열로 배열요소의 개수는 3*4는 12개

④ 배열선언과 초기화 방법

예
- int array[3][3]={1,2,3,4,5,6,7,8,9};
- int array[3][3]={{1,2,3},{4,5,6},{7,8,9}};
- int array[3][3]={{1,2,3},
  {4,5,6},
  {7,8,9}};

ex

```
#include <stdio.h>
  void main() {
  static int score [4] [3]
    ={ {90, 90, 90}, {80, 80, 80}, {70, 70, 70}, {60, 60, 60}};
  int sum, i, j;
   printf("번호 국어 수학 영어 합계\n");
  for( i=0; i<4; ++i) {
    printf("%-7d", i+1);
    sum = 0;
     for( j=0; j<3; ++j) {
       printf("%-7d", score[i][j]);
    sum+=score[i][j]);
  }
  printf("%-7d₩n", sum);
 }
}
```

〈실행결과〉

번호	국어	수학	영어	합계
1	90	90	90	270
2	80	80	80	240
3	70	70	70	210
4	60	60	60	180

(5) 배열과 문자열

① **문자열(String)**: 문자열은 여러 개의 문자(Character)가 연결된 구조로 C 언어에서는 반드시 '\0'으로 끝나야 한다. '\0'은 Null 문자라고 하며 C 언어에서는 문자열의 끝을 판단하는 데 이용한다.

예 문자열 "SEOUL"는 다음과 같이 기억된다.

	'S'	'E'	'O'	'U'	'L'	\0'	

➡ 문자열을 처리할 때 문자열의 길이에 대한 정보는 필요없다. 단지 문자열이 시작하는 메모리의 주소값만을 기억하였다가 필요시 하나씩 꺼내어 처리하다가 '\0'를 만나면 종료하면 된다.

② **일차원 문자배열**: 문자열은 문자가 여러 개 연결되는 구조이므로 char형 배열을 이용하여 다룰 수 있다.

	'S'	'E'	'O'	'U'	'L'	\0'	

```
char a[ ] = "SEOUL";
char a[6] = "SEOUL";
char a[ ] = {'S', 'E', 'O', 'U', 'L', '\0'};
```

ex

```
void main() {
                char a[] = "SEOUL";

                printf("%c\n", a[0]);
                printf("%s\n", a);
                }
```

〈실행결과〉 S
SEOUL

③ **다차원 문자 배열**: 여러 개의 문자열을 한꺼번에 배열에 기억시키려면 다차원 배열을 이용해야 한다.

ex 문자열 "RED", "WHITE", "BLUE"를 다음과 같이 배열명 color에 기억시키는 방법
char color[3][6] = {"RED", "WHITE", "BLUE"};

'R'	'E'	'D'	\0'	\0'	\0'
'W'	'H'	'I'	'T'	'E'	\0'
'B'	'L'	'U'	'E'	\0'	\0'

열의 크기는 '가장 긴 문자길이+1'이어야 한다.
('\0'가 수록되어야 하므로)

ex

```
void  main() {
        char a[][6] = {"RED", "WHITE", "BLUE"};

        printf("%c\n", a[0][0]);
        printf("%s\n", a[0]);
        printf("%s\n", a[1]);
        printf("%s\n", a[2]);
    }
```

〈실행 결과〉 R
RED
WHITE
BLUE

2. 포인터(Pointer)

(1) 포인터는 한마디로 주소(번지 ; Address)를 일컫는다. 기억공간의 주소값을 갖는 변수를 포인터 변수 또는 포인터라고 하며 *를 사용하여 포인터를 선언한다.

(2) **포인터변수**

기억공간에 주소(포인터값)을 사용하기 위해 가지는 주소값을 저장할 변수

(3) **포인터**

변수의 주소값을 갖는 특별한 변수로 프로그래머가 포인터를 사용하여 직접 기억공간에 접근할 수 있는 방법을 제공함으로써 기억공간에 저장된 변수와 함수의 주소에 직접 접근하여 기억공간의 효율적 이용을 가능하게 한다.

```
char * ptr;
```

ptr : 기억공간의 주소값을 갖는다(char형 포인터 값).
*ptr : 포인터 ptr이 가리키는 주소에 수록된 자료. 즉, 주소 ptr의 내용이다.
(포인터 앞에 *를 붙이면 내용물이 된다)

포인터는 C 언어에서 제공되는 자료형에 모두 적용될 수 있다.

char *p;　　int *q;　　long *r　　float *f ; 등

이들 포인터 p, q, r, f의 공통점은 주소값을 기억하고 주소를 직접 다루는 것이며, 가장 큰 차이점은 포인터가 가리키는 주소에서 시작하여 선언된 자료형이 갖는 바이트 수만큼씩 자료를 취급하는 것이다.

(4) 포인터와 주소연산자(&)

일반 변수가 위치하는 메모리의 주소를 구하기 위해서는 주소연산자 &를 사용한다. 즉 a라는 변수의 시작주소는 &a이다.

ex1 포인터와 주소연산자 사용

```
void main(){
      int  a, b;
      int  *p;

      a = 7;
      p = &a;
      b = *p;

      printf("%d\n", b);
  }
```

〈실행결과〉 7

ex2 포인터변수의 참조

```
#include <stdio.h>
void main() {
  int *p, i=3, j;
  p=&i;
  j=*p;
  j++;
  printf("*p = %d\n", *p);
  printf("p = %x\n", p);
  printf(" j = %d\n", j);
}
```

〈실행결과〉 *p = 3
p = fff4
j = 4

(5) 포인터와 문자열

char *p = "SEOUL"; 라고 정의하면 기억공간에 다음과 같이 배치된다.

10 11 12 13 14 15 → 가상적인 기억공간의 주소

	'S'	'E'	'O'	'U'	'L'	\0'	

위의 그림을 기준으로 하면, p = 10이 된다.

*p = 'S'

*(p+1) = 'E'

*(p+2) = 'O'

*(p+3) = 'U'

*(p+4) = 'L'

ex

```
void main() {
        char *p = "SEOUL";
        printf("%c\n", *p);
        printf("%s\n", p);
        printf("%c\n", *(p+2));
        printf("%s\n", p+2);
    }
```

〈실행결과〉 S
SEOUL
O
OUL

(6) 포인터 연산

포인터는 주소연산을 할 수 있다. 포인터를 1 증가시키면 포인터가 가르키는 주소값이 증가하는데, 실제 주소의 증가량은 포인터가 가르키는 자료형의 크기만큼 증가된다.

① 포인터형에 따른 실제 주소의 증가량

선언	포인터를 1 증가시켰을 때(p++) 실제 주소의 증가분
char *p	1 바이트
short *p	2 바이트
long *p	4 바이트
float *f	4 바이트

② *p++와 *++p의 차이점

㉠ y = *p++ ;

⇒ y = *p ; → 먼저 p번지의 내용이 y에 대입
p++ ; → 포인터 p의 값을 1 증가

㉡ y = *++p ;

⇒ ++p ; → 먼저 p를 1 증가시킨다.
y = *p ; → 1 증가된 p번지의 내용이 y에 대입

(7) 배열과 포인터

```
char a[ ] = "KOREA";
    └──→ 배열명 a에는 배열의 시작주소가 대입된다.
char *p = "SEOUL" ;
    └──→ 포인터 p에는 자료의 시작주소가 대입된다.
```

포인터와 배열명은 둘 다 주소값을 가지면서 서로 부분적으로 호환성도 있다. 그러나 큰 차이점은 포인터는 주소연산이 가능하고, 배열명은 주소연산이 불가능하다. 배열명은 항상 선언된 배열의 시작 주소값만을 가진다. 즉, 배열명은 주소값을 갖는 상수(포인터 상수)의 개념이다.

ex

```
void main() {
        char a[] = "KOREA";
        char *p = "SEOUL";

        printf("%c\n", *a);
        printf("%c\n", p[0]);
        printf("%s\n", a+2);
        printf("%s\n", &p[2]);
}
```

〈실행결과〉 K
S
REA
OUL

(8) 일차원배열의 포인터

```
char *p[ ] = { "RED", "WHITE", "BLUE" };
```

일차원배열 a를 다시 포인터로 정의한 것으로 메모리 구조는 다음과 같다.

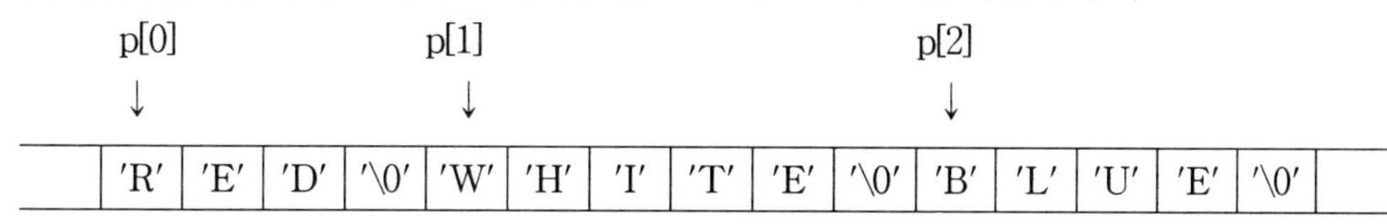

① p는 배열과 포인터의 특징을 동시에 갖는다(주소연산은 불가능).
② p[0], p[1], p[2]는 각 문자열의 시작주소값을 갖는다.
③ 여러 개의 문자열을 기억시킬 때 2차원 배열보다는 일차원 배열과 포인터를 이용한 방식 (char *p[ ])이 메모리를 보다 효율적으로 사용할 수 있다.
④ 위와 같은 경우는 15byte의 메모리가 사용되었다.
⑤ 만약, 2차원 배열로 정의하면 최소 18byte가 필요하다.

ex

```
void  main( )
    {
        char *a[] = {"RED", "WHITE", "BLUE"};

        printf("%s\n", a[0]) ;
        printf("%s\n", a[1]) ;
        printf("%s\n", a[2]) ;
    }
```

〈실행결과〉 RED
WHITE
BULE

2차원 배열과 포인터

2차원 배열 a[ ][ ]에서 배열과 포인터의 관계

```
a = &a[0][0] = a[0]
a + 1 = &a[1][0] = a[1]
*a = a[0]
**a = *a[0] = a[0][0]
*(a + 1) = a[1]
**(a + 1) = *a[1] = a[1][0]
```

(9) 이중포인터

자료가 있는 곳을 2중으로 가리키는 포인터로서 이중포인터가 가리키고 있는 주소로 가보면 자료가 아닌 주소값이 들어있다. 따라서 다시 그 주소를 찾아가 자료를 참조하면 된다.

ex

```
#include ⟨stdio.h⟩
void main() {
  char a = 'A', *p, **pp; → 일반변수, 포인터변수, 이중포인터변수 선언
  p=&a ;  → 포인터 변수에 일반 변수a의 주소값 할당
  pp=&p ; → 이중포인터 변수에 포인터 변수 p의 주소값 할당
  printf("pp = %c", **pp);
}
```

⟨실행결과⟩ pp=A

2 구조체와 공용체

(1) 구조체(Struct)

여러 개의 변수를 하나의 자료형으로 묶어서 취급한다(Record 구조).

```
[형식] struct  태그명 {
              구조체 멤버 나열;
       } 구조체 변수 ;
```

① 구조체는 구조체를 구성하는 멤버 단위로 취급할 수도 있고, 구조체 변수를 이용하여 구조체를 하나의 자료형으로 취급할 수 있다.

② 구조체 멤버를 개별적으로 다룰 때는 'Dot 연산자(.)'를 이용한다. 특히, 구조체 변수가 포인터이면 'Arrow 연산자(->)'를 이용하여 각 멤버를 취급할 수 있다.

③ **장점**: 구조체 변수는 배열이나 포인터가 함께 기존의 변수처럼 사용될 수 있으므로 다양한 형식의 자료를 간결한 형식으로 표현할 수 있을 뿐만 아니라 사용자가 새로운 형식으로 징의하여 사용할 수 있다.

ex

```
struct stu{
        char   name[10];
        char   juso[20];
        short  age;
       } r ;
```

(2) 공용체(union)

하나의 자료를 여러 개의 변수(공용체 멤버)가 공동으로 필요한 크기만큼 사용하는 자료형이다.

```
[형식] union  태그명 {
              공용체 멤버 나열
      } 공용체 변수;
```

① 공용체는 멤버 중 가장 긴 자료형의 바이트 수 크기로 기억공간이 확보되어 이를 여러 변수(공용체 멤버)가 공동으로 이용한다.
② 각 멤버가 사용하는 기억공간의 크기는 각 멤버의 자료형에 의한다.
③ 공용체 멤버를 개별적으로 다룰 때는 'Dot 연산자(.)'를 이용한다.
공용체 변수가 포인터이면 -> 연산자를 사용할 수 있다.

ex (정수형은 2Byte)

```
union hold {
   int digit;
   double big;
   char letter;
 };
```

3 열거형과 typedef문

(1) 열거형(enum)

```
[형식] enum  열거형 명칭 {
             열거요소 1,
             열거요소 2,
               ⋮
      } 열거형 변수 리스트;
```

① 열거형 명칭 및 변수 리스트는 생략할 수 있다.
② 열거요소에 특정 상수값을 대입하지 않으면 0, 1, 2, … 정수값이 열거요소에 차례로 대입된다.
③ 열거소요에 특정 상수값을 대입할 수 있고, 대입된 값을 기준으로 1씩 증가된 값이 다음 열거요소의 값이 된다.

예
```
enum days { Mon, Tue, Wed, Thu, Fri, Sat, Sun };
```

```
enum days { Mon, Tue, Wed=5, Thu, Fri=100, Sat, Sun };
```

(2) typedef

① typedef는 새로운 자료형을 정의할 때 사용한다.

② 이미 존재하는 자료형에 새로운 이름을 붙이기 위한 용도로 사용되는 키워드로 기존 자료형의 이름을 바꾸거나 구조체 형을 선언하는 데 많이 사용된다.

[형식] typedef 기존 자료형 새로운 자료형 ;

예
- typedef int jungsu ; → 'int' 대신에 'jungsu'를 자료형으로 사용 가능
- typedef char byte ; → 'char' 대신에 'byte'를 자료형으로 사용 가능
- typedef char * str ; → 'str'이라는 새로운 자료형을 정의

4 기억부류(Storage Class)

기억부류지정자에는 'auto, register, static, extern'이 있는데, 이들은 변수를 메모리의 어느 영역에 지정할 것인지를 결정하게 된다.

(1) auto(자동변수)

① 자동변수는 함수 내부에서 선언하는 것으로 변수 앞에 기억부류지정자를 생략하면 자동변수로 간주된다.

② 기억장소 : Stack 영역

③ 함수가 실행될 때 생성되고, 함수가 종료되면 자동 소멸된다. 따라서 선언된 함수 내부에서만 사용할 수 있고, 메모리 절약 효과를 가져온다(지역변수).

(2) register(레지스터변수)

① 사용하지 않는 CPU의 레지스터를 변수의 기억장소로 사용하며, 고속처리에 이용된다. 특징은 자동변수와 같으나 주소참조 등은 불가능하다.

② 레지스터변수를 사용하는 이유는 프로그램의 실행속도를 조금이나마 늘리기 위함으로, 기억장치로의 자료 입출력보다 레지스터의 자료 입출력이 속도가 빠르기 때문에 반복문에서의 카운터 변수로 많이 사용되며 register 변수로 선언된다.

(3) static(정적변수)

변수 앞에 'static'을 기술하면 정의된 변수는 메모리상의 '정적영역'에 위치하여 프로그램 종료 시까지 변수의 값이 유지된다.

① **내부 정적변수** : 함수 내부에서 정의한 변수로 통용 범위는 정의한 함수 내부이다.

② **외부 정적변수** : 함수 외부에서 정의한 변수로 통용 범위는 자신을 정의한 모듈이다. 여기서 모듈이란 파일 단위의 원시프로그램을 뜻한다.

(4) extern

다른 모듈에 정의된 외부변수를 참조하려면 변수 앞에 'extern'을 기술해야 한다. 즉, 외부변수는 정의된 모듈에만 일단 통용되기 때문이다.

ex 기억부류변수 선언

```
static int sh;    ⟶ 외부정적변수: extern문으로 다른 모듈에는 알릴 수 없고
                     자신이 정의된 모듈의 모든 함수에 사용할 수 있다.
char ar[5];       ⟶ 외부변수: extern문을 이용하여 다른 모듈에서도 사용할 수 있다.
void main()
{
    auto int i, j, h ; ⟶ 자동변수
    static int n[8] ; ⟶ 내부정적변수
    h = foo(5) ;
    printf("%d₩n", h);
      ⋮
}
char foo(int k)
{
    register int r; ⟶ 레지스터 변수
    char i, j, h ; ⟶ 자동변수 (함수 main()의 i, j, h와는 무관)
      ⋮
}
```

Chapter 03 JAVA

제1절 자바 언어의 기본

❶ 자바의 개요

(1) 자바의 유래

① 자바는 1990년대 초 미국 Sun Micro사의 James Gosling이 가전 제품에 이용할 목적으로 파스칼을 모델로 개발하였으나 별다른 반응을 얻지 못했다. 인터넷이 급속도로 확산된 1990년대 중반에서야 관심의 초점이 되었다.

② 자바는 오크(Oak)라는 언어로부터 탄생되었다. 오크는 1991년 미국의 선 마이크로시스템즈사의 제임스 고슬링(James Gosling)이 가전 제품의 기능을 프로그램으로 제공하기 위해 개발하였다.

(2) 자바의 특징

① Simple : 단순하다.

② Distributed : 분산환경에 적합하다.

③ Interpreted : 인터프리터에 의해 실행된다(하이브리드 방식).

④ Robust : 견고하다.

⑤ Secure : 안전하다.

⑥ Architecture neutral : 구조 중립적이다.

⑦ Portable : 이식성이 높다.

⑧ High-performance : 높은 성능을 가진다.

⑨ Multithreaded : 다중스레드를 제공한다.

⑩ Dynamic : 동적이다.

❷ 자바 언어의 기본구조

1. 자바 애플리케이션 분석

(1) 클래스

① 객체지향 프로그래밍에서 가장 기본이 되는 Class를 정의하는 키워드이다.

② 클래스의 이름은 관례적으로 첫 글자를 대문자로 쓴다.

③ 보통의 경우 main() 메소드가 포함된 클래스 이름이 프로그램의 이름이 된다.

④ 클래스의 몸체는 { 과 }로 나타내고, 그 안에 데이터와 메소드를 기술한다.

(2) main() 메소드

① 자바 애플리케이션에서 반드시 있어야 하는 특수 메소드이다.
② 실행 시 자동으로 실행되는 유일한 메소드이다.
③ 일반적으로 자바 애플리케이션은 main() 메소드 내에서 다른 클래스의 객체를 생성하고, 그 객체에 메시지를 보내어 원하는 결과를 얻는다.

(3) 표준 입출력

① 자바에서의 표준 출력 : System.out
(표준 출력 메소드 : println(), print())
② 자바에서의 표준 입력 : System.in
(입력 메소드 : read())

2. 자바의 기본구조

(1) 키워드(예약어)

abstract	do	implements	private	throw
boolean	double	import	protected	throws
break	else	instanceof	public	transient
byte	extends	int	return	true
case	false	interface	short	try
catch	final	long	static	void
char	finally	native	super	volatile
class	float	new	switch	while
continue	for	null	synchronized	
default	if	package	this	

* 예약어 중에서 const와 goto는 예약되어 있으나 사용할 수는 없다.

(2) 명칭(식별자 ; Identifier)

자바에서 식별자는 상수, 변수, 배열, 문자열, 사용자 정의 클래스나 메소드 등의 이름이 된다.

(3) 자료형

① 기본형(Primitive Type) : 변수 자체가 값을 가지는 데이터형

구분	자료형	크기(byte)	범위	설명
정수형	byte	1	-128~127	부호 있는 정수
	short	2	-32768~32767	
	int	4	$-2^{31} \sim 2^{31}-1$	
	long	8	$-2^{63} \sim 2^{63}-1$	
	char	2	/u0000~/uFFFF	유니코드 1문자
실수형	float	4	-3.40292347E38~+3.40292347E38	부동 소수점 수
	double	8	-1.79769313486231570E308 ~ +1.79769313486231570E308	
논리형	boolean	1	true/false	참/거짓

② **참조형(Reference Type)**: 참조하는 객체의 주소를 값으로 가진다. C의 포인터와 유사한 것으로 자바에서는 모든 객체를 참조형으로 취급한다.

㉠ String: 문자열을 저장하는 클래스

㉡ Array: 배열

㉢ 기타 각종 클래스

(4) 배열

자바에서는 배열을 객체로 취급하므로 배열을 사용하기 위해서는 배열 객체를 선언하고, 객체를 생성하여야 한다.

① **배열 선언**

```
자료형 배열명[ ] 또는 자료형[ ] 배열명;
```

② **배열 객체 생성**

```
배열명[ ] = new 자료형[크기];          → 배열 선언 후 객체를 생성하는 경우
자료형 배열명[ ] = new 자료형[크기];  → 배열 선언과 동시에 객체 생성
```

예 배열 선언 및 객체 생성

```
int a[]; //배열 선언
boolean b[] = null; //배열 선언과 초기화
long c[] = new long[20]; //배열 선언과 동시에 객체 생성
String[] d = new String[30]; //배열 선언과 동시에 객체 생성
                              String에서 S는 반드시 대문자로 해야 함
```

③ **배열 선언과 초기화**

배열 선언과 동시에 초기화를 하면 배열 객체가 생성되어진다.

```
int k[ ] = {1, 2, 3, 4, 5}; → 첨자는 0에서 4까지 사용 가능
                              배열 크기는 기술하지 못함
```

(5) 이차원 배열

① **배열 객체 생성 후 배열 요소값을 지정**

int arr[ ][ ] = new int[2][2];

arr[0][0] = 100;

arr[0][1] = 200;

arr[1][0] = 300;

arr[1][1] = 400;

	0	1
0	100	200
1	300	400

② 배열 선언과 동시에 초기화

int arr[ ][ ] = { {100, 200, 300}, {400} };

➡ 열 크기가 다른 2차원 배열 구조가 된다.

	0	1	2
0	100	200	300
1	400		

(6) 문자열(String)

자바는 문자열을 다루기 위해 클래스 String과 StringBuffer를 제공한다. 문자열은 객체로 취급된다.

① String : 생성된 객체의 내용을 변경할 수 없다(상수 문자열).

② StringBuffer : 생성된 객체의 내용을 변경할 수 있다.

③ String 클래스와 StringBuffer 클래스는 java.lang 패키지에 포함되어 있다.

제2절 자바 언어의 구성요소

1 클래스의 구조

```
[형식] [ 접근자 | 옵션 ] class 클래스이름 [ extends Superclassname ]
                [ implements Interface (, Interface) ] {
                클래스 정의 부분 (변수와 메소드 정의)
       }
```

* { 와 } 사이에 멤버변수, 생성자 메소드 및 메소드를 기술

(1) 접근자(Modifiers)와 옵션(Option)

① default(공백) 또는 package : 패키지 내부에서만 상속과 참조 가능

② public : 패키지 내부 및 외부에서 상속과 참조 가능

③ protected : 패키지 내부에서는 상속과 참조 가능, 외부에서는 상속만 가능

④ private : 같은 클래스 내에서 상속과 참조 가능

⑤ abstract : 객체를 생성할 수 없는 클래스

⑥ final : 서브 클래스를 가질 수 없는 클래스

⑦ static : 멤버 클래스 선언에 사용

(2) 객체의 선언과 생성

```
클래스이름 객체이름 = new 생성자메소드;
```

① 작성한 클래스의 멤버 변수를 할당받고, 메소드를 실행하기 위해서는 클래스로부터 객체를 생성해야 한다.

② **속성의 접근**: 객체명.속성변수명

③ **메소드 호출**: 객체명.메소드명(매개변수)

ex

```
class MethodEx {
        int var1,var2;
        public int sum(int a, int b){
                return a+b;
        }
        public static void main(String[] args){
                MethodEx me = new MethodEx() ;
                int res = me.sum(1000, -10) ;
                System.out.println("res="+res) ;
        }
}
```

2 멤버변수(Member Variable)

(1) 객체의 속성을 정의하는 것으로 클래스의 메소드 밖에서 선언된 변수이다.

(2) 멤버변수의 분류

① 객체 변수

㉠ **객체속성변수**: 기본 자료형의 값을 가지는 변수이다.

㉡ **객체참조변수**: 객체를 지정하는 변수이다(주소를 가진다).

㉢ 객체속성변수와 객체참조변수는 객체참조변수(객체명)로 접근해야 한다.

② 클래스 변수

㉠ static으로 선언된 변수(전역변수의 개념)로 그 클래스로부터 생성된 객체들이 공유한다.

㉡ 객체들 사이에 공통되는 속성을 표현하는 데 사용될 수 있다.

㉢ 클래스 변수는 클래스명으로 접근한다.

㉣ 클래스 변수는 일반적으로 선언과 함께 초기값을 준다.

③ 종단 변수

㉠ final로 선언된 변수로 상수값을 가진다. 한번 초기화할 수 있으며, 그 후로는 새로운 값을 대입할 수 없다.

㉡ 프로그램에서 변하지 않는 상수값을 선언할 때 사용한다.

㉢ 관례적으로 종단변수는 대문자로 한다. 예 final int AAA = 250;

ex

```
class Gogaek{
  String irum;
  int nai;
  long bunho;
  static long GoBunho=0;
  public Gogaek(){
      bunho = GoBunho++;
  }
}
class VarDemo{
  public static void main(String args[]){
    Gogaek gogaek1=new Gogaek();
    Gogaek gogaek2=new Gogaek();
    Gogaek gogaek3=new Gogaek();
      gogaek1.irum = "컴퓨터";
    System.out.println("고객1 이름: "+gogaek1.irum);
    System.out.println("gogaek1의 id의 번호:"+ gogaek1.bunho);
    System.out.println("gogaek2의 id의 번호:"+ gogaek2.bunho);
    System.out.println("gogaek3의 id의 번호:"+ gogaek3.bunho);
    System.out.println("전체 고객 수: "+Gogaek.GoBunho+"명");
  }
}
```

〈실행결과〉

```
고객1 이름: 컴퓨터
gogaek1의 id의 번호: 0
gogaek2의 id의 번호: 1
gogaek3의 id의 번호: 2
전체 고객 수: 3명
```

07

❸ 메소드(Method)

(1) 메소드의 분류

① 객체 메소드

㉠ static 선택항목을 갖지 않는 메소드로 객체를 통하여 접근한다.

㉡ 객체변수는 클래스로부터 생성된 객체에 별도로 할당되나, 객체 메소드는 프로그램 코드로서 다수의 객체가 접근하여 사용할 수 있다.

◎ 구문

```
[public|private|protected][static|final|abstract|synchronized] 반환값유형 메소드이름(매개변수)
  {
    정의할 메소드 내용을 기술    }
```

[접근방법] 객체이름.메소드이름(매개변수)

② 클래스 메소드

㉠ static으로 선언한다.

㉡ 클래스 변수와 같이 클래스 이름을 통하여 접근한다.

㉢ 클래스 메소드 내에서는 클래스 변수만을 사용할 수 있다.

◎ 구문

```
[public|private|protected] static [static|final|abstract|synchronized] 반환값유형 메소드이름(매
개변수) {
            정의할 메소드 내용을 기술    }
```

[접근방법] 클래스이름.클래스메소드이름(매개변수)

③ 종단 메소드

㉠ final로 선언한다.

㉡ 종단 메소드를 포함하는 클래스로부터 하위 클래스를 생성할 때, 하위 클래스에서 종단 메소드를 재정의(overriding)하여 사용할 수 없다.

④ 추상 메소드

㉠ abstract로 선언하며, public만을 사용할 수 있다.

㉡ 하나 이상의 추상 메소드를 포함한 클래스를 추상클래스라 한다.

㉢ 추상 메소드는 메소드의 실행문을 갖지 않으므로, 반드시 하위 클래스에서 재정의하여 사용해야 한다.

◎ 구문

```
public abstract 반환값유형 메소드이름(매개변수);
```

(2) 인자 전달 방식

① 값 호출(Call by value) : 메소드를 호출할 때 기본 자료형의 값을 인자로 전달하는 방식을 의미한다.

ex

```
class ValueParameter{
        public int increase(int n){
                ++n;
                return n;
        }
        public static void main(String[] args){
                int var1 = 100;
                ValueParameter vp = new ValueParameter();
                int var2 = vp.increase(var1);
                System.out.println("var1 : "+ var1 + ", var2 : " + var2);
        }
}
```

〈실행결과〉
var1 : 100, var2 : 101

② 참조 호출(Call by reference) : 참조 자료형을 메소드 호출할 때 '실인자'로 사용할 경우를 의미한다.

ex

```
class ReferenceParameter{
                public void increase(int[] n){
                for(int I = 0 ; i < n.length ; I++)
                        n[i]++;
        }
        public static void main(String[] args){
                int[] ref1 = {100,800,1000};
                ReferenceParameter rp = new ReferenceParameter();
                rp.increase(ref1);

                for(int I = 0 ; i < ref1.length ; I++)
                        System.out.println("ref1["+i+"] : "+ ref1[i]);
        }
}
```

〈실행결과〉
ref1[0] : 101
ref1[1] : 801
ref1[2] : 1001

(3) 메소드 중복(Overloading)

① 하나의 클래스에 이름은 같으나 매개변수의 자료형과 개수가 서로 다른 다수의 메소드를 사용하는 것이다.

② 중복된 메소드가 호출되면 매개변수의 형과 개수를 비교하여 적합한 메소드가 실행된다.

07

ex

```
class Over{
        String foo(){
              return "인수가 없음";
        }
        int foo(int a){
              return a * a;
        }
        int foo(int a, int b){
              return a * b;
        }
        int foo(int a, int b, int c){
              return a * b * c;
        }
}
class Overlo{
    public static void main(String args[]){
          Over g = new Over();
        System.out.println(g.foo());
        System.out.println(g.foo(5));
        System.out.println(g.foo(4, 5));
        System.out.println(g.foo(2, 3, 4));
    }
}
```

〈실행결과〉
인수가 없음
25
20
24

4 생성자(Constructor)

(1) 생성자의 개요

① 객체가 생성될 때 객체의 초기화 과정을 기술하는 특수한 메소드이다.

② 생성자는 일반 메소드와 같이 명시적으로 호출되지 않고, 객체를 생성할 때 new 연산자에 의하여 자동으로 실행된다.

③ 반환하는 자료형이 없고, 이름은 반드시 클래스 이름과 동일해야 한다.

④ 매개변수 및 수행문을 포함할 수 있다.

(2) 생성자 중복

① 하나의 클래스에 매개변수의 자료형과 개수가 서로 다른 다수의 생성자를 포함하여 다양한 객체를 생성하는 것이다.

② 생성자의 이름은 같지만 매개변수의 개수와 형을 다르게 한다.

(3) this 예약어

① 생성자나 메소드의 매개변수가 멤버변수와 같은 이름을 사용하는 경우에 사용한다.

② this 예약어는 현재 사용 중인 객체 자기 자신을 의미한다.

ex

```
class JavaTest{
   int value1;

   JavaTest(int value1){
       this.value1 = value1 ;
   }
}
```

5 상속(Inheritance)

(1) 확장 클래스

① 상위 클래스나 하위 클래스가 공통으로 가지는 멤버변수와 메소드들을 상위 클래스에 선언하고, 하위 클래스에서는 상속받아 재사용할 수 있도록 설계한다.

② 자바의 최상위 클래스는 java.lang.Object 클래스로써 상속되는 상위 클래스가 지정되지 않은 경우, 묵시적으로 Object 클래스로부터 상속받는다.

③ 자바에서는 모든 클래스는 하나의 상위 클래스만을 가질 수 있다.

[형식] class sub클래스 extends super클래스 {
.....
}

ex

```
class SP {
   int a = 5;
}

class SB extends SP {
   int b = 10;
}
class InEx {
   public static void main (String args[]) {
     SB ob = new SB();
     System.out.println("a = " +ob.a);
     System.out.println("b = " +ob.b);
   }
}
```

07

(2) 메소드 재정의(Overriding)

상위 클래스에서 정의한 메소드와 이름, 매개변수의 자료형 및 개수가 같으나 수행문이 다른 메소드를 하위 클래스에서 정의하는 것이다.

ex

```
class A{
        int compute(int a, int b){
                return a + b;
        }
        public A(){
                System.out.println("최상위클래스");
        }
}
class B extends A{
        int compute(int a, int b){
                return a * b;
        }
}
class C extends B{
        int compute(int a, int b){
                return a - b;
        }
}
class OverrideDemo{
   public static void main(String args[]){
        A ride1 = new A();
        B ride2 = new B();
        C ride3 = new C();
        System.out.println(ride1.compute(2, 3));
        System.out.println(ride2.compute(2, 3));
        System.out.println(ride3.compute(2, 3));
   }
}
```

〈실행결과〉
최상위클래스
최상위클래스
최상위클래스
5
6
−1

(3) super 예약어

상위 클래스의 객체를 가리킨다.

① super의 특징

㉠ 하위 클래스에서 상위 클래스의 메소드를 호출해서 이용하고자 할 때 주로 사용한다.

㉡ 상위 클래스의 생성자를 호출할 때 사용 ➡ 상속 시 생성자의 문제를 해결

② super의 형식

[상위클래스 참조 형식] 상위 클래스의 멤버 변수나 메소드를 호출할 때

```
super.변수명;
super.메소드명(매개변수);
```

[생성자 호출 형식] 상위 클래스의 생성자를 호출할 때

```
super();
super(매개변수);
```

ex

```
class Dad{
     int i=1000;
   public String Method2(){
     String s="상위 메소드";
     return s;
   }
}
class Super_1 extends Dad{
           int i=20;
   public int Method1(){
     return super.i; //상위 클래스의 멤버변수 호출
   }
   public String Method2(){
     return super.Method2(); //상위 클래스의 메소드 호출
   }
   public static void main(String[] args) {
     Super_1 aa=new Super_1();
     System.out.println(aa.Method1());
     System.out.println(aa.Method2());
   }
}
```

〈실행결과〉

1000

상위 메소드

(4) 추상 클래스와 추상 메소드

① 추상 메소드와 추상 클래스는 반드시 키워드 abstract로 선언해야 한다.

② 실행문 없이 정의된 메소드를 추상 메소드라 하며, 하나 이상의 추상 메소드를 포함한 클래스를 추상 클래스라 한다.

㉠ **추상 메소드**: 메소드의 추상적인 기능만 선언하고 그 내용은 기술하지 않은 메소드이다.

㉡ **추상 클래스**: 클래스 내에 추상 메소드가 하나라도 있으면 추상 클래스이다.

③ 추상 클래스는 구현되지 않은 추상 메소드를 포함하므로 객체를 생성할 수 없다.

```
[형식] abstract class 클래스이름 {
           [접근한정자] abstract 자료형 추상메소드이름();
       }
```

ex

```
abstract class Comp{
  abstract int  compute(int x, int y);
}
class Hap extends Comp{
  int compute(int a, int b){
      return a + b;
  }
}
class Gob extends Comp{
  int compute(int a, int b){
      return a * b;
  }
}
public class AbstractDemo{
   public static void main(String args[]){
     Hap hap = new Hap();
     Gob gob = new Gob();

     System.out.println(hap.compute(2, 3));
     System.out.println(gob.compute(2, 3));
   }
}
```

〈실행결과〉

5

6

6 패키지(Package)

(1) 패키지

서로 관련있는 클래스와 인터페이스를 모아놓은 것이다.

사용자가 정의한 클래스들도 특정한 패키지로 묶어서 저장하고 사용한다.

① 패키지의 종류

패키지에 존재하는 클래스 및 인터페이스들은 특정한 디렉토리에 저장한다.

패키지 이름	설명
java.lang	기본 자바 클래스를 포함한 것으로 모든 자바 프로그램에 디폴트로 import됨
java.io	입출력과 관련된 클래스 포함
java.util	유틸리티 클래스 포함
java.net	네트워크 연결에 사용되는 클래스 포함
java.awt	플랫폼에 독립된 그래픽 유저 인터페이스 프로그램을 만들기 위해 필요한 클래스 포함
java.applet	자바 호환 브라우저에서 실행되는 자바 애플릿을 만들기 위해 필요한 클래스 포함

② 패키지 활용

㉠ import문을 사용한다.

㉡ 특정한 패키지의 라이브러리 클래스를 사용하기 위하여 읽어들이는 명령이다.

㉢ java.lang 패키지는 자동으로 import된다.

예
```
import java.applet.Applet;
import java.awt.*;
```

㉣ 컴파일 시에 java.applet.Applet에 있는 모든 클래스와 인터페이스를 자동으로 프로그램에 불러오게 된다.

㉤ import는 C/C++에서 사용하는 #include문과 같다.

(2) 자바의 기본패키지

① java.lang 패키지

모든 클래스가 컴파일될 때 자동적으로 포함되는 패키지이다. 따라서 프로그램 코드 안에서 명시적으로 import문을 선언할 필요가 없다.

② java.util 패키지

java.util 패키지는 시스템 유틸리티에 쓰이는 객체들을 포함하고 있는 라이브러리이다.

7 인터페이스(Interface)

(1) 인터페이스

① 실제 정의가 없이 선언만 되어 있는 메소드들의 집합이다.

② 자바에서는 다중 상속이 되지 않기 때문에 여러 개의 클래스로부터 상속을 받아야 하는 경우에 사용하는 방법이 바로 인터페이스이다.

③ 상수와 추상 메소드로만 구성된다.

④ 의미적으로 추상 클래스라 할 수 있고, 객체를 생성할 수 없다.

⑤ 인터페이스를 이용하여 다중상속을 구현할 수 있다.

(2) 인터페이스 정의

```
[형식] [public] interface 인터페이스이름 [extends Interface] {
            인터페이스 정의 부분
       }
```

ex

```
interface Fruit{
    void printname();  // 선언만 한다.
}

class Apple implements Fruit{
    void printname() {              // 인터페이스 메소드들을 정의한다.
        System.out.println("Apple");
    }
}

class Orange implements Fruit{
    void printname() {              // 인터페이스 메소드들을 정의한다.
        System.out.println("Orange");
    }
}
```

Chapter 04 Python

❶ Python의 개요

(1) Python은 1991년 네덜란드의 귀도 반 로섬(Guido van Rossum)에 의해 개발되었다.

(2) 범용 프로그래밍 언어로서 코드 가독성(readability)과 간결한 코딩을 강조한 언어이다.

(3) 인터프리터(interpreter) 언어로서 리눅스, Mac OS X, 윈도우즈 등 다양한 시스템에 널리 사용할 수 있다.

(4) 웹서버, 과학연산, 사물인터넷(IoT), 인공지능, 게임 등의 프로그램 개발에 사용할 수 있다.

(5) 플랫폼에 독립적이며 인터프리터식, 객체지향적, 동적 타이핑(dynamically typed) 대화형 언어이다.

❷ Python의 특징

(1) 문법이 쉽고 간단하며, 배우기가 쉽다.

(2) 객체지향적이다.

(3) 다양한 패키지가 제공된다.

(4) 오픈소스이며 무료로 제공된다.

❸ Python의 기본 구조

(1) 연산자

연산자	설명
+, -, *, /	사칙연산
%	나머지 연산
//	나누기 연산 후에 소수점 이하 절삭
**	제곱연산

ex

```
a = 10 % 3
print(a)
[실행결과] 1
```

```
10 / 3    -> 3.3333333333333

10 // 3    -> 3
```

(2) 문자열

① 문자열은 (' ')와 (" ")을 활용하여 표현 가능하며, 여러 줄에 걸쳐 있는 문장은 (""" """)을 사용하여 표현한다.

② 하나의 문자열을 묶을 때 동일한 문장부호를 활용해야 한다.

aa='abcde' print(aa) abcde	aa[0] 'a'	aa[1] 'b'	aa[0:3] 'abc'

③ String method(문자열 메소드)

㉠ capitalize() : 첫 글자는 대문자로, 나머지는 모두 소문자로 변환 예 string.capitalize()

㉡ title() : 각 단어의 첫 글자만 대문자로 변환 예 string.title()

㉢ upper() : 모두 대문자로 만들어 반환 예 string.upper()

㉣ lower() : 모두 소문자로 만들어 반환 예 string.lower()

④ 포지셔닝 포매팅

㉠ 포맷코드(% + d → %d)

%s → 문자열, %d → 정수, %f → 실수, %o → 8진수,
%x → 16진수, %% → 문자 % 표현

㉡ format() : format (값, 바꾸고 싶은 형식)

(3) list(리스트)

① 리스트는 C 언어와 Java에서의 배열과 비슷한 모습을 보이지만, 리스트는 배열과 달리 정수, 실수, 문자열 등 여러 자료형을 혼합하여 저장할 수 있다.

② 리스트는 대괄호 [ ]로 만들 수 있으며, 값에 대한 접근은 list[i]와 같이 한다.

③ list에서 특정 원소를 지명하는 것을 인덱싱이라고 하고, 일부만을 선택하여 불러오는 것을 슬라이싱(slicing)이라고 한다.

④ .append() : list 끝에 데이터 추가

.insert(i, x)	주어진 위치에 항목을 삽입[i는 삽입 위치(인덱스), x는 삽입할 값]
.remove(x)	list에서 값이 x인 첫 번째 항목을 삭제
.pop([i])	list에서 주어진 위치에 있는 항목을 삭제하고, 그 항목을 return (인덱스를 지정하지 않으면 리스트의 마지막 항목을 삭제하고 return)
.clear()	list의 모든 항목을 삭제. del a[:]와 동일
.count(x)	list에서 x의 전체 건수를 return
.reverse()	list의 요소의 순서를 역으로 변경
.copy()	list의 사본 반환. a[:]와 동일
.len()	list 개수
.index()	list 인덱스 찾기
.sort	list의 항목을 정렬

.max()	list에서 가장 큰 값(min()은 가장 작은 값)
.sum()	list 합계값 확인
.enumerate()	list의 value값 앞에 인덱스 숫자 붙이기

⑤ 표현식

```
리스트명 = [value1, value2, ... ]
리스트명 = list([value1, value2, ... ])
```

예 aa = [25, 'abc', 2.57]

(4) 숫자의 시퀀스(range)

range(n)	0 <= x < n
range(n, m)	n <= x < m
range(n, m, s)	n <= x < m (증가값: s)

(5) 딕셔너리({키:값})

① key와 value로 이루어진다.

② 중괄호{}나 dict() 함수를 사용하여 생성한다.

```
dic.keys()   : 키값 체크
dic.values() : 벨류값 체크
```

(6) 튜플(tuple)

① 괄호나 tuple 함수를 사용하여 생성한다.

② 튜플은 list와 거의 유사하나, 한 가지 차이가 있다.
list는 변경 가능한 연속형 변수(mutable)인 반면, tuple은 변경 불가능한 변수(immutable)이다. ➡ 변경이 불가능하므로 속도 측면에서 빠르다.

(7) Function 함수

"def" 사용하여 함수를 정의한다.

✱ 함수의 끝에 Colon(:)이 포함되어야 함에 유의

```
def func_name(인자):
    ...
    함수 내용
    ...
    return 반환값
```

07

(8) Lambda

list or 반복적으로 수행하는 기능을 별도 함수선언 없이 간략하게 사용할 수 있다.

```
# CASE 1 : func 함수선언
def func(x):
    return x+1

# CASE 2 : lambda 함수 func
func = lambda x : x+1
```

ex

a = range(5) map(lambda x : x**2, a)	실행결과값 [0, 1, 4, 9, 16]

- map 함수는 연속형 변수의 element를 하나씩 꺼내서, 함수의 Input으로 하나씩 넣어준다.
- 위 코드에서는 [0, 1, 2, ... 9]의 내용으로 구성된 변수 a의 원소를 하나씩 꺼내어서 Lambda 함수의 입력으로 넣어준다.

(9) Class

① class 키워드 사용해 새로운 클래스를 만들 수 있다.

② 파이썬 클래스는 객체지향형 프로그래밍의 모든 표준 기능들(클래스 상속, 메소드 재정의 등)을 제공한다.

(10) Module(모듈)

① 함수, 클래스, 변수가 저장된 파일. import 키워드를 선언하여 사용한다.

② 파일명 형식 : [패키지명\]모듈명.py

(11) 입력/출력 함수

① input() : 표준 입력 함수이며, 키보드로 입력받아 변수에 저장한다.

```
name = input('이름을 입력하세요 :')
이름을 입력하세요 :
--- 화면에 '이름을 입력하세요 :' 출력되고, 이름을 입력하면 name 변수에 저장된다.
```

② print() : 표준 출력 함수이며, 화면에 결과를 출력할 때 사용한다.

print() 함수의 각 항목을 콤마(,)로 구분한다. print(…, 변수, …., 수식, …., 값, ….)		
a=10 b=20	print(a) 10	print(a+b) 30

sep을 이용한 출력
a1= '010' a2= '1234' a3= '5678' print(a1, a2, a3, sep='-') 010-1234-5678

4 제어 구조

if/else/elif, for/while, with 등에서 다음 블럭이 나오면 추가 문장을 위해서 Colon(:)을 사용한다.

(1) if문

① if 〈조건식〉

반드시 일정한 참/거짓을 판단할 수 있는 조건식과 사용한다.

조건식이 참인 경우	이후의 문장을 수행
조건식이 거짓인 경우	else : 이후의 문장을 수행

복수 조건문	2개 이상의 조건문을 활용할 경우 elif <조건문> : 을 활용
중첩 조건문	if 안에 if 실행

② if not

if A not in B : B 안에 A가 없다면 참(true)이다.

ex

```
s_list=['hbaf_a', 'hbaf_b', 'hbaf_c',
'hbaf_d, 'pis_e', 'pis_f', 'pis_g', 'pis_h']
for col in s_list:
    if 'hbaf' not in col:
        print(col)
```

```
실행결과값
pis_e
pis_f
pis_g
pis_h
```

③ and/or 연산자

㉠ and 연산자 : 두 값 모두 True이어야만 True가 된다.

㉡ or 연산자 : 두 값 중 하나라도 True라면 True가 된다.

(2) for문

① 정해진 범위 내에서 순차적으로 코드를 실행한다.

② 범위가 이미 정해져 있기 때문에, 종료조건을 설정해주지 않아도 된다.

```
for 변수 in range(최종값):
    반복할 문장
```

ex
```
for i in range(5):
sum += i;
```
--- 변수 i는 0에서 4까지 저장되며, 반복할 문장을 반복 수행한다.

③ Python의 반복 범위는, list형의 배열만큼 반복한다(즉, 반복 횟수는 list 배열의 원소 개수와 동일).

④ list형 선언 시 for in 구문을 사용할 수 있다.

ex `list_a = [ i for i in range(10) ]`

⑤ break, continue

㉠ break : 특정 조건이면 반복문을 빠져 나온다

㉡ continue : 다음 순번의 루프를 수행한다.

ex

	실행결과값

for i in range(10):
    if i % 2 == 0:
        continue
        print(i)
    print(i)
print("Finished")
	1
	3
	5
	7
	9
	Finished

(3) while

① 특정 조건을 만족하는 동안 반복 실행

② 무한루프 : while True, while 1

ex

	실행결과값

number = 1
while number <= 10 :
    if number % 2 == 0 :
        print(number)
    number = number + 1
	2
	4
	6
	8
	10

❺ 예외처리(try, except, else, finally)

(1) try : 에러가 발생할 것 같거나 예외처리를 하고 싶은 곳에 코드 작성

(2) except : 에러가 발생 시 처리 코드 작성

(3) else : 에러가 발생하지 않았을 때 실행되는 구문

(4) finally : 에러가 발생하거나 안 하거나 상관없이 무조건 실행

❻ 주석

(1) 한 줄 주석 : #

(2) 여러 줄 주석 : """ ~ """ , ''' ~ '''

(3) 여러 줄 주석 시 들여쓰기를 하지 않으면 오류가 발생한다.

Chapter 05 웹 저작언어

제1절 웹의 기본 개념

웹 애플리케이션의 아키텍처는 주요 전송 매개체인 HTTP 프로토콜을 사용하여 웹 서버와 웹 클라이언트 사이의 서비스 요청과 응답을 처리한다.

(1) 웹 서비스

웹 서버와 웹 애플리케이션 동작방식은 웹 클라이언트가 HTTP 프로토콜을 이용하여 웹 서버에 접속하면 아파치 웹 서버 등이 웹 응용 애플리케이션과 함께 구동이 되어 데이터베이스에서 데이터를 가져와서 웹 클라이언트에게 브라우징하는 과정이다.

(2) WWW(World Wide Web)

텍스트, 이미지, 음성, 동영상 등의 데이터를 분산 네트워크 환경에서 상호 교환할 수 있도록 제공되는 서비스이다.

(3) HTTP(Hyper Text Transfer Protocol)

① 하이퍼텍스트의 방식에서 http는 정보를 교환하기 위한 하나의 규칙이다.

② HTTP는 메시지의 구조를 정의하고, 클라이언트와 서버가 어떻게 메시지를 교환하는지를 정해 놓은 프로토콜로 클라이언트 프로그램과 서버 프로그램은 HTTP 메시지를 교환함으로써 서로 대화한다.

③ HTTP는 World Wide Web을 위한 프로토콜로 요청과 응답 프로토콜로 구성되어 있다. 즉, 웹 클라이언트(웹 브라우저)가 특정 웹 페이지에 대한 전송을 웹 서버에게 요청하면 웹 서버는 해당 웹 문서의 내용을 적절한 헤더 파일과 함께 전송함으로써 응답한다.

④ HTTP에서는 클라이언트와 서버 간의 의사소통을 method라는 일종의 명령어들을 사용하여 행하는데, 이에는 GET(웹 서버로부터 원하는 웹 문서 요청), HEAD(웹 문서의 본문을 제외한 정보를 요청), POST(클라이언트가 웹 서버에 데이터를 전달하는 방법) 등이 있다.

(4) 웹 브라우저(Web Browser)

① 웹 서비스를 하는 서버에 접속하여 서비스되는 정보를 받아 클라이언트 화면에 보여주는 도구이다.

② 웹 문서들을 서로 연결해 주거나, 다양한 멀티미디어 서비스를 효과적으로 서비스받을 수 있도록 지원한다.

③ 웹 브라우저에서 실행되지 못하는 응용 프로그램은 플러그 인(Plug-in)을 통해 웹 브라우저에서 실행되는 것처럼 할 수 있다.

④ WWW에서 모든 정보를 볼 수 있도록 해주는 응용 프로그램이며, HTML 언어를 사용하기 위한 실행 프로그램이다.

제2절 웹 저작도구

❶ HTML(HyperText Markup Language)

1. HTML의 개요

(1) 웹 브라우저상에 정보를 표시하기 위한 마크업 심볼 또는 파일 내에 집어넣어진 코드들의 집합이다.

(2) 홈페이지를 만들 수 있는 컴퓨터 언어이다.

(3) 웹에서 사용하는 하이퍼텍스트 문서를 만들 수 있는 언어이다.

(4) 기호 < >로 기능이 약속된 예약어로 이루어져 있다.

(5) 대소문자를 구분하지 않는다.

2. Tag의 종류

(1) 〈Body〉

```
<Body Background="배경파일명"
      Bgcolor="배경색"
      Text="글자색"
      Link="하이퍼링크 글자색"
      Vlink="하이퍼링크 글자색"
      Alink="하이퍼링크 글자색">
```

① Background : 문서 배경에 사용할 이미지 파일명을 지정

② Bgcolor : 문서 배경색(바탕색)을 지정(기본값은 흰색)

③ Text : 전경색(글자색)을 지정(기본값은 검은색)

④ Link : 하이퍼링크를 클릭했을 때 글자색을 지정(기본값은 파란색)

⑤ Vlink : 이전에 방문했던 하이퍼링크의 글자색을 지정(기본값은 보라색)

⑥ Alink : 하이퍼링크가 진행 중일 때의 글자색을 지정(기본값은 빨간색)

(2) 〈A〉

① Anchor의 약어

② 특정 부분으로 연결해주는 역할을 한다.

```
<A Href="연결시킬 문서, 그림 또는 홈페이지 또는 메일주소"
   Target="_self|_parent|_blank|_top|프레임명">
```

- <A Href="a.htm">전산직</A>
  "전산직" 이라는 문구에 문서파일 "a.htm"를 연결
- <A Href="a.gif">전산직</A>
  "전산직" 라는 문구에 그림파일 "a.gif"를 연결

07

- <A Href="약도.htm"><img src="약도.jpg" width="250" alt="전산직"></A>
  그림파일 "약도.jpg"에 문서파일 "약도.htm"를 연결
- <A Href="http://www.naver.com" Target="_blank"> 네이버 </A>
- <A Href="mailto:aaa@hanmail.com">전자우편보내기</A>

(3) 테이블 만들기

① 〈Table〉: 표를 시작한다는 태그. 단독으로 쓰이지 않는다.
② 〈Caption〉: 테이블의 제목 설정
③ 〈Tr〉: 표의 행을 지정(Table Row의 약어)
④ 〈Td〉: 행에 셀 지정, 칸을 나눔(Table Data의 약어)
⑤ 〈Th〉: 각 행에 제목을 설정(Table Header의 약어). <Td>와 비슷한 역할이지만 테이블의 Header 태그이므로 글자가 약간 크고 굵게 출력된다.

(4) 목록 만들기

① 문서에서 차례와 같은 목록을 만들 경우에
이나 <p> 태그를 사용할 수도 있지만 리스트 태그를 쓰면 쉽게 작성할 수 있다.
② 리스트 태그로 순서 없는 목록과 순서 있는 목록을 만들 수 있다.

(5) 프레임 나누기

① <Frameset> 프레임을 나누는 문서에서 프레임의 시작을 의미한다.
② <Frameset>을 정의하는 문서에는 <Body> 태그를 쓰지 않는다.
③ Cols: 프레임을 세로로 구분
④ Rows: 프레임을 가로로 구분
⑤ Framespacing: 프레임 안에 들어갈 내용과 프레임 간의 여백을 설정
⑥ Frameborder: 프레임을 구분하는 테두리를 숨길 것인지(0), 아닌지(1)를 결정
⑦ 〈Frame〉: 분할된 각각의 창을 정의하는 태그

2 JavaScript

(1) 네스케이프사에서 개발한 라이브 스크립트(Live Script)와 썬 마이크로시스템사가 만든 자바 언어의 기능을 결합하여 만들어진 언어이며, 자바 언어에서 사용하는 문법을 따르고 있다.

(2) HTML의 텍스트 위주의 문제점을 해결하고, 동적인 데이터를 처리할 수 있다.

(3) HTML 문서 내에 자바스크립트 코드를 그대로 삽입하며, 클래스와 상속의 개념은 지원하지 않는다.

3 ASP(Active Server Page)

(1) 서버 사이드 스크립트라는 특징이 있다.

(2) 웹 브라우저에서 요청하면 웹 서버에서 해석하여 응답해준다.

(3) 별도의 실행 파일을 만들 필요 없이 HTML 문서 안에 직접 포함시켜 사용한다.

(4) 클라이언트에서 부가적인 작업이 존재하지 않고, 단지 HTML 문서를 받아 화면에 보여주는 작업만으로 클라이언트의 역할이 끝난다.

(5) ASP는 Windows 2000 Server, IIS, MS-SQL과 결합되어 이용되는 것이 가장 일반적이다.

(6) 서버 입장에서는 ASP 코드를 수행한 결과 HTML 문서만 클라이언트로 전송하기 때문에 ASP 코드 및 ASP 코드로 작성된 다양한 정보가 클라이언트로 전달되지 않아서 보안성이 증대되는 효과도 있다.

4 JSP(Java Server Page)

(1) 서블릿(Servlet) 기술을 확장시켜 웹 환경에서 사용할 수 있도록 만든 스크립트 언어이다.

(2) 웹 브라우저에서 요청하면 웹 서버에서 해석하여 응답해 주며, 자바의 대부분의 기능을 모두 사용할 수 있다.

(3) 별도의 실행 파일을 만들 필요 없이 HTML 문서 안에 직접 포함시켜 사용하며, 동적인 웹 문서를 빠르고 쉽게 작성할 수 있다.

5 PHP(Hypertext Preprocessor)

(1) 하이퍼텍스트 생성 언어(HTML)에 포함되어 동작하는 스크립팅 언어이며, 웹 브라우저에서 요청하면 웹 서버에서 해석하여 응답해준다.

(2) 별도의 실행 파일을 만들 필요 없이 HTML 문서 안에 직접 포함시켜 사용하며, C, 자바, 펄 언어 등에서 많은 문장 형식을 준용하고 있어 동적인 웹 문서를 빠르고 쉽게 작성할 수 있다.

(3) ASP(Active Server Pages)와 같이 스크립트에 따라 내용이 다양해서 동적 HTML 처리 속도가 빠르며, PHP 스크립트가 포함된 HTML 페이지에는 .php, .php3, .phtml이 붙는 파일 이름이 부여된다.

6 Ajax(Asynchronous JavaScript and XML)

(1) 브라우저와 서버 간의 비동기 통신 채널, 자바스크립트, XML의 집합과 같은 기술들이 포함된다.

(2) 대화식 웹 애플리케이션을 개발하기 위해 사용되며, Ajax 애플리케이션은 실행을 위한 플랫폼으로 사용되는 기술들을 지원하는 웹 브라우저를 이용한다.

(3) Ajax 방식

① 웹 브라우저 ASP, PHP, JSP를 포함한 HTML 문서 요청을 하면 웹 브라우저는 Javascript를 호출한다.

② Ajax 엔진은 이를 감지하여 웹 서버에 HTTP 응답 요청을 보내고, 서버는 결과를 XML 형태로 만들어 Ajax 엔진에게 보내준다.

③ Ajax 엔진은 이 데이터에 HTML 형태로 사용자 화면에 출력해준다.

기출 & 예상 문제

07 프로그래밍 언어

제1장 프로그래밍 언어론

01 다음 중 프로그래밍 언어에 대한 설명 중 옳지 않은 것은?

① 사람이 컴퓨터에 작업절차를 알려주는 데 사용되는 기호체계라 할 수 있다.
② 고급언어가 저급언어에 비해 하드웨어 이용이 비효율적이다.
③ 컴퓨터에 작업을 지시할 수 있는 추상 모형을 구현하는 도구이다.
④ 프로그래밍 언어에서 식별자의 길이를 매우 짧게 함으로써 판독성을 높일 수 있다.

02 다음 중 링커와 로더에 관련된 작업이 아닌 것은?

① 연결 ② 재배치
③ 코드 최적화 ④ 적재

03 다음 중 프로그래밍 언어에서의 추상화에 대한 설명으로 옳지 않은 것은?

① 제어 추상화의 구조적 추상화는 조건을 포함하여 실행될 명령문들을 단일 그룹으로 추상화한 명령문이다.
② 추상화는 속성들의 일부만을 가지고 주어진 작업(process)이나 객체들을 표현하는 방법을 지원하는 것이다.
③ 추상화는 추상화에 포함되는 정보의 양에 따라 기본적 추상화, 구조적 추상화, 단위 추상화로 분류되며, 단위 추상화는 가장 국지적인 기계정보를 수집한 추상화이다.
④ 제어 추상화의 기본적 추상화는 몇 개의 기계문을 묶어 하나의 추상적 문장으로 구성하는 것을 의미하며, goto문이나 배정문이 여기에 해당된다.

정답찾기

01 식별자는 너무 짧게만 하는 것보다는 상식적이고 의미 있는 이름을 사용해야 판독성을 높일 수 있다.

02 코드 최적화는 컴파일러 단계에서 수행하는 작업이며, 컴파일러 단계는 어휘분석 – 구문분석 – 의미분석 – 중간코드 생성 – 코드 최적화 – 목적코드 생성 순으로 진행된다.

03 추상화 중에 가장 국지적인 기계정보에 대한 것은 기본적 추상화이다.

정답 01 ④ 02 ③ 03 ③

04 소프트웨어 개발 도구에 대한 설명으로 옳지 않은 것은?

① 컴파일러(compiler)는 원시프로그램을 목적프로그램 또는 기계어로 변환하는 번역기이다.
② 링커(linker)는 각각 컴파일된 목적프로그램들과 라이브러리 프로그램들을 묶어서 로드 모듈이라는 실행 가능한 한 개의 기계어로 통합한다.
③ 프리프로세서(preprocessor)는 고급언어로 작성된 프로그램을 실행 가능한 기계어로 변환하는 번역기이다.
④ 디버거(debugger)는 프로그램 오류의 추적, 탐지에 사용된다.

05 프로그램 작성 시 매크로(macro)에 대한 설명으로 옳은 것은?

① 매크로 호출(macro call)은 호출된 해당 매크로의 내용이 호출된 위치로 복사되어 컴파일되기 때문에 일반적으로 실행 속도가 함수 호출을 사용하는 경우에 비해 빠르다.
② 매크로(macro)를 사용할 경우에 함수 호출을 사용한 경우 보다 일반적으로 컴파일된 코드의 양이 감소하게 된다.
③ 일반적으로 매크로 호출(macro call)은 인터럽트에 의해 발생하기 때문에 호출된 매크로를 실행하기 전에 현재의 플래그 상태(flag status)를 스택에 저장해야 한다.
④ 매크로(macro)는 함수와는 다르게 형식 인자(parameter)를 사용할 수 없다.

06 객체지향 기법을 지원하지 않는 프로그래밍 언어는?

① LISP　② Java
③ Python　④ C#

07 다음 중 매개변수 전달 기법에서 Call by value에 대한 설명으로 올바른 것은?

① 매개변수 전달 과정에서 별명이 발생한다.
② 부프로그램 호출 시 형식매개변수의 주소값이 실매개변수에 복사된다.
③ 호출된 부프로그램의 매개변수를 위한 별도의 기억공간을 유지한다.
④ 부프로그램에서 형식매개변수가 계산에 사용되기 전까지 실매개변수를 계산하지 않고 전달하며, 실매개변수의 값을 계산하는 시기를 부프로그램에서 결정하는 방식이다.

08 다음 중 L-value를 갖지 못하는 것은?

① 변수 V
② 수식 B+102.5
③ Pointer P
④ 배열 A(n)

09 다음 문맥자유문법(CFG)에서 비단말기호 binary_digit가 생성하는 언어로 옳지 않은 것은?

```
<binary_digit> ::= <digits_in_part> 010 <digits_in_part> | 101
<digits_in_part>::= <digit> 0 | <digit> 1 | <digit>
<digit> ::= 1 | 0
```

① 01101
② 1101000
③ 001011
④ 1001011

정답찾기

04 프리프로세서의 특징은 고급언어로 작성된 프로그램을 또 다른 고급언어를 가진 코드로 변환해 주는 역할을 한다(매크로도 여기에 해당된다).

05 매크로(macro)를 사용할 경우에 함수 호출을 사용한 경우보다 일반적으로 컴파일된 코드의 양이 증가하게 된다.

06
- **객체지향 언어**: C#, Simula, Ada95, Java, C++, Python, Smalltalk
- **LISP(LISt Processing)**: 미국 MIT 대학의 매카시(J McCarthy) 교수 등에 의해 1950년대 후반에 개발된 언어로 인공지능과 관련된 문제처리에 적합하며 다음과 같은 특징을 갖고 있다.
  - IPL 5와 FORTRAN의 영향을 받았다.
  - 프로그램은 List와 Atom이라 불리는 객체로 구성된다. 예를 들면, (A, B, C, D)는 4개의 원자(Atom)로 구성된 리스트이며 (A, B, (C, D))는 3개의 원자(A, B, (C, D))로 구성된 리스트인데, 특히 원자 (C, D)는 리스트로 구성된 원자이다.
  - 기본적인 자료구조는 연결리스트(Linked list)를 이용한다.
  - 제어구조는 되부름(Recursion)으로 되어 있다.
  - 프로그램과 데이터를 똑같은 형태로 취급하는 언어로 로봇, 게임, 수학적 정리의 증명 등 인공지능 분야에 많이 이용된다.

07 ① Call by reference
② Call by reference
④ Call by name(형식매개변수가 사용된 모든 자리에 실매개변수로 대치하여 실행)

08 **배정문에서 L-value와 R-value**

구분	L-value (주소, 참조)	R-value (변수, 상수, 수식..)
상수	불가	가능(상수값 그 자체)
연산자가 있는 수식	불가	가능(수식의 결과값)
단순 변수 V	자신이 기억된 위치	가능(기억장소 V에 수록된 값)
포인터 변수 P	P 자신이 기억된 위치	P가 가르키는 기억장소의 위치
배열 A(i)	배열 A에서 i번째 위치	배열 A에서 i번째 위치에 수록된 값

09 문제의 문법을 보고 보기들의 생성유무 파악을 위하여 유도해 보아야 한다. 하지만, 위의 문제의 문법에서는 101이 생성될 수 있고, 더 길게 생성된다면 중간에 010이 반드시 포함되어야 한다. 이 패턴을 찾아서 문제에 접근한다면 ①이 정답이라는 것을 빠른 시간에 해결할 수 있다.

정답 04 ③ 05 ① 06 ① 07 ③ 08 ② 09 ①

10 BNF(Backus-Naur Form)로 표현된 다음 문법에 의해 생성될 수 없는 id는?

<id> ::= <letter> | <id><letter> | <id><digit>
<letter> ::= 'a' | 'b' | 'c'
<digit> ::= '1' | '2' | '3'

① a　② a1b
③ abc321　④ 3a2b1c

11 다음 BNF에서 인식되지 않는 문장은 어떤 것인가?

<stmt> ::= <alpha> 0 <stmt> | <alpha> 0
<alpha> ::= a | b | c | d | ε
(단, ε은 null string이다.)

① a00bc0　② 0
③ 0b0c0d0　④ a00b00c00

12 프로그램을 컴파일하는 과정을 순서대로 바르게 나열한 것은?

ㄱ. 어휘분석(lexical analysis)
ㄴ. 중간코드생성(intermediate code generation)
ㄷ. 구문분석(syntax analysis)
ㄹ. 의미분석(semantic analysis)

① ㄱ - ㄴ - ㄷ - ㄹ　② ㄷ - ㄴ - ㄹ - ㄱ
③ ㄹ - ㄱ - ㄷ - ㄴ　④ ㄱ - ㄷ - ㄹ - ㄴ

13 비결정적 유한 오토마타(non-deterministic finite automata)에 대한 설명으로 옳지 않은 것은?

① 한 상태에서 전이 시 다음 상태를 선택할 수 있다.
② 입력 심볼을 읽지 않고도 상태 전이를 할 수 있다.
③ 어떤 비결정적 유한 오토마타라도 같은 언어를 인식하는 결정적 유한 오토마타(deterministic finite automata)로 변환이 가능하다.
④ 모든 문맥 자유 언어(context-free language)를 인식한다.

14 **다음 순서도에서 사용자가 N의 값으로 5를 입력한 경우, 출력되는 값은?**

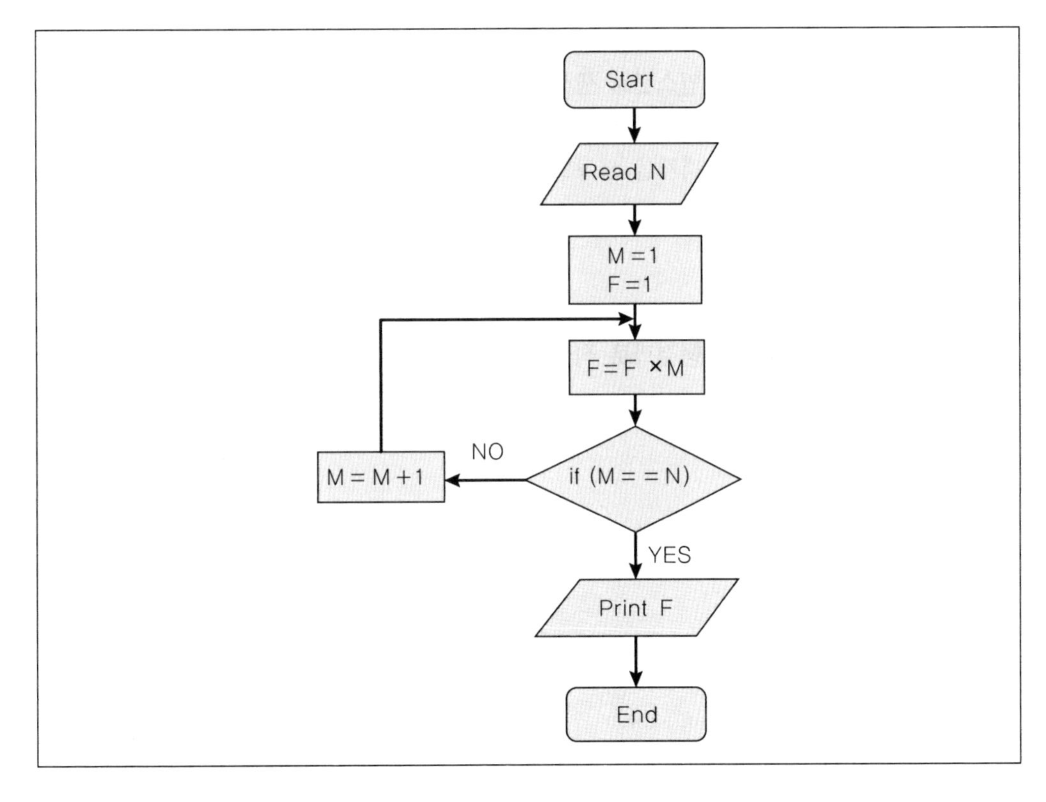

① 24　　② 120
③ 240　　④ 720

정답찾기

10 ⟨id⟩ ::= ⟨letter⟩ | ⟨id⟩⟨letter⟩ | ⟨id⟩⟨digit⟩이므로 생성되는 id는 첫 글자가 반드시 ⟨letter⟩여야 한다.

11 0은 연속으로 나타날 수 있다. 하지만 알파벳은 연속으로 나타날 수 없다.

12 **컴파일 과정**: 어휘분석 – 구문분석 – 의미분석 – 중간코드생성 – 최적화 – 목적코드생성

13 • 문법의 계급 구조(Chomsky Hierarchy)에서 TYPE 2 문법(Context Free Grammar)은 문맥 자유(Context free) 언어라 하고, 'Pushdown automata에 의해 인식'된다.
• TYPE 3 문법(Regular Grammar)은 정규언어(Regular language)라 하고, '유한 오토마타(Finite automata)에 의해 인식'된다.

14 문제의 순서도는 Factorial(!)을 구하는 것이며, 문제에서는 5를 입력했기 때문에 5!(1*2*3*4*5)이 계산된다.

정답　**10** ④　**11** ①　**12** ④　**13** ④　**14** ②

15 **다음 중 추상 클래스(abstract class)에 대한 설명으로 옳지 않은 것은?**

① 추상 클래스 형의 변수에 그 서브 클래스 객체를 저장하는 것이 가능하다.
② 추상 클래스에서는 인스턴스 생성이 되지 않지만, 생성자는 포함할 수 있다.
③ 추상 클래스는 항상 부모 클래스의 자식 클래스로 사용된다.
④ 추상 클래스로부터 객체를 생성할 수 없다.

제2장 C 언어

16 **아래 C-프로그램의 실행결과로 적합한 것은?**

```
void main()
   {
     int a=10;
     int b;
     int *c=&b;
     b = a++;
     b += 10;
     printf("a=%d \n", a);
     printf("b=%d \n", b);
     printf("c=%d \n", *c);
}
```

① a=10
b=20
c=20

② a=10
b=21
c=21

③ a=11
b=20
c=20

④ a=11
b=21
c=21

17 **C 프로그램에서 int 형 변수 a와 b의 값이 모두 5일 때, 다음 연산 중 결과값이 같은 것끼리 묶은 것은?**

ㄱ. a&&b	ㄴ. a&b
ㄷ. a==b	ㄹ. a−b

① ㄱ, ㄱ
② ㄱ, ㄷ
③ ㄴ, ㄷ
④ ㄴ, ㄹ

18 다음 C 언어로 작성된 프로그램의 실행결과에서 세 번째 줄에 출력되는 것은?

```
#include <stdio.h>
int func(int num) {
if(num == 1)
return 1;
else
return num * func(num - 1);
}
int main() {
int i;
for(i = 5; i >= 0; i--) {
if(i % 2 == 1)
printf("func(%d) : %d\n", i, func(i));
}
return 0;
}
```

① func(3) : 6　　② func(2) : 2
③ func(1) : 1　　④ func(0) : 0

정답찾기

15 • 클래스 내에 추상 메소드가 하나라도 있으면 추상 클래스이다.
• 추상 클래스는 구현되지 않은 추상 메소드를 포함하므로 객체를 생성할 수 없다.

16 int *c=&b; // 포인터 변수 c는 변수 b를 가리킨다.
b =a++; // 변수 b에 변수 a의 값을 넣은 후에 변수 a를 1 증가시킨다.
b +=10; // 변수 b값에 10을 더하여 변수 b에 넣는다.

17 ㄱ. a && b = 1(true) : 일반적으로 0이 아닌 값 true
ㄴ. a & b = 5 : 비트연산
ㄷ. a == b = 1(true)
ㄹ. a - b = 0

18 for문은 5부터 하나씩 감소하며 반복하고, if문을 보면 i값이 홀수인 경우에만 printf문이 수행된다. 즉, i값이 5, 3, 1일 때 출력이 되며, 위의 문제에서 세 번째 줄에 출력되는 것을 물어봤으므로 1일 때만 생각하면 된다. i값이 1일 때 func 함수의 num 변수가 1이 되므로 결과적으로 1이 반환되면 출력되는 것은 func(1) : 1이 된다.

정답 15 ③ 16 ③ 17 ② 18 ③

19 다음은 1부터 100까지 더하는 BASIC 프로그램이다. (   ) 안에 들어갈 명령문으로 적당한 것은?

```
10 I=0
20 SUM=0
30 I=I+1
40 ( )
50 IF (I < 100) THEN GOTO 30
60 PRINT I, SUM
70 END
```

① SUM=SUM+ I
② SUM=SUM
③ SUM=SUM+ 1
④ SUM=SUM+ 100

20 다음 C 프로그램의 실행결과는?

```
#include <stdio.h>
    int f(int *i, int j) {
        *i += 5;
        return(2 * *i + ++j);
}
int main(void) {
    int x=10, y=20;

    printf("%d ", f(&x, y));
    printf("%d %d\n", x, y);
}
```

① 51 15 21
② 51 10 20
③ 51 15 20
④ 50 15 21

21 **다음은 C 언어로 내림차순 버블 정렬 알고리즘을 구현한 함수이다. ㉠에 들어갈 if문의 조건으로 올바른 것은? (단, size는 1차원 배열인 value의 크기이다)**

```
void BubbleSprting(int *value, int size) {
    int x, y, temp;
    for(x = 0; x < size; z++) {
        for(y = 0; y < size - x -1; y++) {
            if(         ㉠         ) {
                temp = value[y];
                value[y] = value[y+1]
                value[y+1] = temp;
            }
        }
    }
}
```

① value[x] > value[y+1]　　② value[x] < value[y+1]
③ value[y] > value[y+1]　　④ value[y] < value[y+1]

정답찾기

19 변수 I가 100까지 1씩 증가하며, 변수 SUM은 I값을 누적해서 더하여 1부터 100까지의 합을 구한다.

20 문제의 코드는 매개변수 전달 방법이 call by value인지 call by reference인지에 따라 변화되는 출력결과를 물어본 문제이다.
f함수 호출 시에 변수 x는 call by reference방식으로 호출되기 때문에 f함수의 형식매개변수의 변화가 변수 x에 영향을 주지만, 변수 y는 call by value 방식이라 형식매개변수가 변화되더라도 영향을 주지 않는다.

21 문제 소스코드에서 조건 만족 시 value[y] 값과 value[y+1] 값의 자리바꿈이 이루어지며, 위의 문제는 내림차순 정렬이므로 alue[y] < value[y+1] 조건이 만족할 때 자리바꿈이 되어야 한다.
예 1, 2, 3, 4, 5를 내림차순으로 정렬
- 첫 번째 반복
  → (1, 2)를 비교하여 1이 작으므로 위치를 바꾼다.
  (2, 1, 3, 4, 5)
  → (1, 3)를 비교하여 1이 작으므로 위치를 바꾼다.
  (2, 3, 1, 4, 5)
  → (1, 4)를 비교하여 1이 작으므로 위치를 바꾼다.
  (2, 3, 4, 1, 5)
  → (1, 5)를 비교하여 1이 작으므로 위치를 바꾼다.
  (2, 3, 4, 5, 1)
  → (n −1)번의 비교, 즉 4번의 비교로 가장 작은 수가 제일 뒤로 이동된다.
- 두 번째 반복
  (2, 3)을 비교하여 2가 작으므로 위치를 바꾼다.
  (3, 2, 4, 5, 1)
  (2, 4)을 비교하여 2가 작으므로 위치를 바꾼다.
  (3, 4, 2, 5, 1)
  (2, 5)을 비교하여 2가 작으므로 위치를 바꾼다.
  (3, 4, 5, 2, 1)
  (n −1)번의 비교, 즉 3번의 비교로 가장 작은 수가 제일 뒤로 이동된다.
- 세 번째 반복
  (3, 4)을 비교하여 3이 작으므로 위치를 바꾼다.
  (4, 5, 3, 2, 1)
  (n −1)번의 비교, 즉 2번의 비교로 가장 작은 수가 제일 뒤로 이동된다.
- 네 번째 반복
  (4, 5)을 비교하여 4이 작으므로 위치를 바꾼다.
  (5, 4, 3, 2, 1)

정답　**19** ①　**20** ③　**21** ④

22 다음 C 프로그램의 실행결과는?

```
#include<stdio.h>
int a=1, b=2, c=3;
int f(void);

int main(void) {
      printf ("%3d \n", f());
      printf ("%3d%3d%3d \n", a, b, c);
      return 0;
}
int f(void) {
      int b, c;
      a=b=c=4;
      return (a+b+c);
}
```

① 6
   1 2 3

② 12
   1 2 3

③ 12
   4 4 4

④ 12
   4 2 3

23 다음 C 프로그램의 실행결과로 옳은 것은?

```
#include <stdio.h>
int main(){
      int j;
      int sum=0;
      for (j=2; j<=70; j+=5)
         sum=sum+1;
      printf("%d", sum);
}
```

① 13

② 70

③ 14

④ 5

24 다음과 같이 C 언어의 for문에 대한 올바른 설명은?

```
for(expr1 ; expr2 ; expr3)
    statement
```

① for문은 expr2가 참이 되면 반복이 종료된다.
② expr1 몸체의 반복 횟수만큼 반복된다.
③ for문의 몸체는 한 번도 실행되지 않을 수도 있다.
④ for(; ;)이면 몸체가 실행되지 않는다.

정답찾기

22
```
int a=1, b=2, c=3;  // 전역 변수 선언
int f(void);        // 함수 원형
int main(void) {
    printf ("%3d ₩n", f()) ; // f()를 호출하였다가 리턴되는 값을 출력
    printf ("%3d%3d%3d ₩n", a, b, c) ;
                    // 전역 변수 출력 (4, 2, 3)
    return 0 ;
}
int f(void) {
    pint b, c ;     // 지역 변수 선언
    a=b=c=4 ;       // 지역변수 b, c에 4가 저장되며, 지역변수 a는 존재하지 않으므로 전역변수 a에 4가 저장된다.
    return (a+b+c) ; // 12 리턴
```

23 j의 초기값 2에서부터 70까지 5씩 증가하므로 14가 된다.

24 ① for문의 expr2가 거짓이 되면 반복이 종료된다.
② expr1은 초기값을 의미하며, 한 번만 실행된다.
④ 세미콜론만 있으면 무한루프가 된다.

정답 22 ④ 23 ③ 24 ③

25 다음 C 언어 프로그램의 실행결과는?

```
void main(){
    int a[5] = {1, 2, 3, 4, 5};
    int *p = a;
    int k;
    *(a+4) = 6;
    p++;
    *p = 7;
    p[2] = 8;
    for(k=0; k<5; k++)
      printf("%d", a[k]);
}
```

① 1 7 8 6 5
② 1 7 8 6 3
③ 7 1 8 3 6
④ 1 7 3 8 6

26 다음 C 프로그램을 실행했을 때 출력되는 값은?

```
main( ){
    int k;
    for (k=45; k>0; --k){
      if ((k % 17) == 0) break;
    }
    printf("%d\n", k);
}
```

① 0
② 17
③ 34
④ 51

27 다음 출력 결과값은 얼마인가?

```
int n, i;
char p[] = "worldcup";

n = strlen(p);
for(i=n-1 ; i>=0 ; i--)
  printf("%c",p[i];);
```

① worldcup　　② worldcu
③ pucdlro　　④ pucdlrow

정답찾기

25 int *p = a;

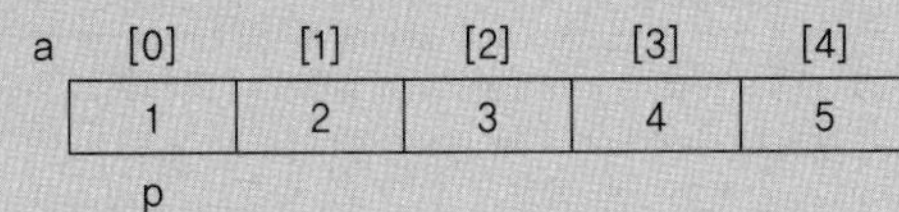

a	[0]	[1]	[2]	[3]	[4]
	1	2	3	4	5
	p				

*(a+4) = 6;
p++;

a	[0]	[1]	[2]	[3]	[4]
	1	2	3	4	6
	p				

*p = 7;

a	[0]	[1]	[2]	[3]	[4]
	1	7	3	4	6
		p			

p[2] = 8;

a	[0]	[1]	[2]	[3]	[4]
	1	7	3	8	6
		p			

26 for문에서 45부터 하나씩 감소하면서 1까지 루프를 수행하다가 if문에서 17로 나누었을 때 break문에 의해 루프를 탈출한다. 즉, 17의 배수를 만나면 루프를 탈출하며, 문제를 쉽게 풀 수 있는 요령은 45에서 1까지 중에 가장 큰 17의 배수(즉, 34)를 만날 때이다.

27 문자열을 거꾸로 출력하는 소스 프로그램이다.
n = strlen(p)
→ n = 8

0	1	2	3	4	5	6	7	8
w	o	r	l	d	c	u	p	\0

for문에서 초기값이 7이기 때문에 p부터 출력되며, 하나씩 감소하면서 출력한다.

정답　**25** ④　**26** ③　**27** ④

28 다음 C 프로그램의 실행결과는?

```
int a=5;
if (a!=5) printf("%d", 3<3) ;   else   printf("%d", 3==3);
```

① 0
② -1
③ 1
④ 3

29 다음과 같이 배열을 선언할 때 등식이 성립하지 않는 것은?

```
char a[] = "KOREA";
```

① *(a + 2) = *a + 2
② a[1] = *(a + 1)
③ *(a + 0) = a[0]
④ *a = 'K'

30 C 언어에서 다음과 같은 연산 후 x, y의 기억되는 값은 얼마인가?

```
a = 5 ;
b = 6 ;
x = a && b ;
y = a & b ;
```

① 4, 1
② 1, 4
③ 1, 1
④ 4, 4

제3장 Java

31 자바의 자료형과 관련된 설명으로 옳지 않은 것은?

① 클래스의 다중 상속을 지원하지 않는다.
② 참조형을 지원하지 않는다.
③ 포인트형을 지원하지 않는다.
④ 공용체를 지원하지 않는다.

32 다음 중 Java 언어의 자료형에 대한 설명으로 옳지 않은 것은?

① Java 언어의 자료형은 크게 기본형과 참조형(reference type)으로 구분되며 배열(array), 클래스(class), 인터페이스(interface)는 참조형에 속한다.
② Java 언어의 정수형에는 byte(8비트), short(16비트), int(32비트), long(64비트) 형이 지원되며 그 크기가 항상 고정되어 있다.
③ Java 언어의 배열은 new 연산자를 통해 정적으로 생성되며 스택 공간에 할당된다.
④ 문자형은 16비트 크기를 갖는 유니코드(unicode)를 사용한다.

33 다음 Java 프로그램에서 [ ] 안에 적당한 수식으로 올바른 것은? (아래 보기의 프로그램은 1~500까지 짝수의 합을 구하는 프로그램이다)

```
public  class A {
  public  static  void  main(String  []  agrs) {
          int hap = 0 ;
          for(int i = 1 ; i <= 500 ; i++)
            if([            ]) continue ;
             else hap += i ;
          System.out.println("합 : " + hap) ;
       }
  }
```

① i % 2 != 0　　② i / 2 != 0
③ i / 2 == 0　　④ i % 2 == 0

정답찾기

28 조건이 만족하지 않으므로 else 이후의 printf문이 실행된다.
3==3의 결과가 참이기 때문에 1이 출력된다.

29 *(a + 2) = *a + 2
➡ 좌변은 a에 먼저 2를 더하고 그때의 값이기 때문에 'R'이 된다.
우변은 *a가 먼저 수행되고 *a는 'R'이 되는데 여기에 2를 더하면 'M'이 된다.

30 5 && 6 = 1

```
          0101
5 & 6   & 0110
        ------
          0100
```

31 자바는 구조체, 공용체, 다중상속 등을 지원하지 않지만, 참조형은 지원한다. 즉, 객체를 가리키는 레퍼런스 변수가 있다.

32 자바 언어에서 배열을 객체로 보기 때문에 new 연산자를 통해 동적으로 생성되며, 힙 공간에 할당된다.

33 짝수 조건은 2로 나눈 나머지가 0일 때이다. 그런데 위 프로그램에서 거짓인 경우에 짝수 조건을 만족해야 한다. 그러므로 홀수 조건식을 쓰면 된다. 즉, 2로 나눈 나머지가 0이 아니어야 한다.

정답 28 ③ 29 ① 30 ② 31 ② 32 ③ 33 ①

34 다음은 Java로 작성된 프로그램이다. 이에 대한 설명으로 가장 부적절한 것은?

```
class People{
    public void hello(){
    System.out.println("Hello!");}
    public void introduce(){
    System.out.println("Hi!");}
}
class Student extends People{
    public void introduce(){hello();}
}
class Main{
    public static void main(String args){
    People p = new People();
    Student s = new Student();
    call(p);
    call(s);
    }
    static void call(People p){p.introduce();}
}
```

```
<실행결과>
Hi!
Hello!
```

① 메소드의 정의와 사용에서 다형성(polymorphism) 기법이 사용되었다.
② 메소드의 정의와 사용에서 동적 바인딩(dynamic binding) 기법이 사용되었다.
③ Student 클래스의 정의에서 상속(inheritance) 기법이 사용되었다.
④ Student 클래스의 정의에서 중복정의(overloading) 기법이 사용되었다.

35 다음 Java 프로그램의 실행결과는?

```
public class test{
  public static void main(String args[]){
    String s1 = "Hello", s2 = "World", s3, s4;
    char c;

    s3 = s1.concat(s2);
    c = s3.charAt(s1.length());
    s4 = s3.replace('l', c);
    System.out.println(s4.substring(s1.length(), 10);
  }
}
```

① heWWoWorWd
② Worcd
③ WorWd
④ HeccoWorcd
⑤ oWorWd

07

정답찾기

34 introduce() 메소드는 오버라이딩 기법이 사용되어 다형성이 표현되었으며, 자바에서 메소드 호출은 피호출 메소드가 final로 정의되어 있지 않다면 동적으로 바인딩된다.

35
- concat은 2개의 스트링을 하나로 합칠 때 사용한다.
- charAt은 인덱스 위치의 문자 하나를 반환한다.
- replace('l', c)은 원래 문자열에 있는 'l'을 변수 c에 들어있는 'W'로 수정한다.
- String substring(int st, int ed)은 st와 ed 사이의 문자열을 반환한다.

정답 34 ④ 35 ③

36 **다음 JAVA 프로그램의 출력 결과로서 맞게 쓴 것은?**

```
public class A {
  public static void main(String args[]){
    Float a = new Float(25.2f);
    Float b = new Float(25.2);
    System.out.println((a==b)+ "    " + a.equals(b));
  }
}
```

① true　true　　② false　false
③ true　false　　④ false　true

37 **Java 언어에서 인터페이스에는 인스턴스 필드는 선언할 수 없지만, 상수 필드는 선언이 가능하다. 다음 보기에서 인터페이스 상수 필드 선언이 맞는 것을 모두 고르면?**

```
㉠ final static int MAX = 50;
㉡ static int MAX = 50;
㉢ final int MAX = 50;
㉣ int MAX = 50;
```

① ㉠　　② ㉠, ㉡
③ ㉠, ㉡, ㉢　　④ ㉠, ㉡, ㉢, ㉣

38 다음 Java 프로그램의 실행결과는?

```
class A{
  int i = 15;
  int print(int num) {return num + 30;}
}
class B extends A{
  int j = 20;
  int print(int num) {return num + 50;}
}
public class Sample{
  public static void main(String args[]){
    A a = new B();
    System.out.println(a.i);
    System.out.println(a.print(0));
  }
}
```

① 15
   30

② 15
   50

③ 20
   30

④ 20
   50

정답찾기

36 객체는 서로 다른 위치에 생성되므로 a와 b는 다를 것이고, a 객체가 가리키는 내용과 b 객체가 가리키는 내용은 같다. 객체가 가리키는 내용을 비교하려면 equals() 메소드를 이용하여야 한다.

37 인터페이스에는 final static 키워드를 쓰지 않아도 자바 컴파일러가 컴파일할 때 자동으로 이 두 키워드를 추가한다.

38 A a = new B(); ── 객체 a는 B 클래스의 메소드 테이블을 참조하지만 속성 테이블은 그대로이다.

정답 **36** ④ **37** ④ **38** ②

39 Java 언어에 대한 설명 중 옳은 것은?

① 하위클래스(subclass)는 상위클래스(superclass)의 private 필드에 접근할 수 있다.
② protected로 선언된 필드는 하위클래스에게만 접근을 허용한다.
③ public이나 private 또는 protected를 사용하여 명시적으로 선언하지 않은 필드 변수와 메소드는 public으로 선언한 것으로 취급한다.
④ 하위클래스 객체를 상위클래스 타입의 변수가 참조하는 건 허용하지만, 상위클래스 객체를 하위클래스 타입의 변수가 참조하는 건 허용하지 않는다.

40 다음 JAVA 프로그램의 실행결과는?

```
class Ex{
    public void change(int a, int b[]){
      a += 10;
      b[1] += 1000;
    }
    public void display(int a, int b[]){
      System.out.print(a +"    ");
      System.out.println(b[1]);
    }
}
class Exsam{
    public static void main(String[] args){
      Ex e = new Ex();
      int a = 50;
      int b[] = {10, 20, 30, 40, 50};
      e.change(a, b);
      e.display(a, b);
    }
}
```

① 50 1020
② 60 1020
③ 20 1010
④ 60 1010

제4~5장 파이썬, 웹 저작도구

41 다음 중 파이썬 프로그래밍 언어에 대한 설명으로 옳은 것만을 모두 고르면?

ㄱ. 변수 선언 시 변수명 앞에 데이터형을 지정해야 한다.
ㄴ. 플랫폼에 독립적인 대화식 언어이다.
ㄷ. 클래스를 정의하여 객체 인스턴스를 생성할 수 있다.

① ㄴ ② ㄱ, ㄷ
③ ㄴ, ㄷ ④ ㄱ, ㄴ, ㄷ

42 다음 중 HTML에 대한 설명 중 옳지 않은 것은?

① HTML은 프로그래밍 언어이기는 하지만 C 언어와 같은 컴파일 과정을 거치지 않고 해석되기 때문에 스크립트라고 한다.
② HTML은 컴퓨터 기종 또는 운영체제에 따라서 사용되어지는 문서의 양식이 다르기 때문에 컴퓨터시스템의 환경에 따라서 특정한 소프트웨어를 갖추어야 한다.
③ HTML로 작성된 문서의 경우 사용자가 소유하고 있는 컴퓨터의 환경과 상관없이 브라우저 도구만 있으면 읽는다.
④ HTML이란 Hyper Text Markup Language의 약자이다.

정답찾기

39 ① 하위클래스(subclass)는 상위클래스(superclass)의 private 필드에 접근할 수 없다.
② protected로 선언된 필드는 파생클래스에서 접근할 수 있으며, 선언된 필드의 내부에서 접근할 수 있다.
③ 접근 지시자를 명시하지 않고 생략한 경우, 즉 디폴트 상태를 friendly라고 하며, 같은 패키지 내에서의 접근만을 허용한다(friendly는 자바 키워드는 아니므로 friendly라고 쓰는 것은 안 된다).

40 e.change(a, b);에서 a는 기본형이므로 내용이 전달되며, b는 참조형이므로 주소가 전달된다.

41 **파이썬(Python)**
1. 파이썬은 1991년 프로그래머인 귀도 반 로섬(Guido van Rossum)이 발표한 고급 프로그래밍 언어이다.
2. 플랫폼에 독립적이며 인터프리터식, 객체지향적, 동적 타이핑(dynamically typed) 대화형 언어이다.
3. 파이썬의 특징
  - 문법이 쉽고 간단하며, 배우기가 쉽다.
  - 객체지향적이다.
  - 다양한 패키지가 제공된다.
  - 오픈소스이며 무료로 제공된다.

42 HTML로 작성된 문서의 경우 사용자가 소유하고 있는 컴퓨터의 환경과 상관없이 브라우저 도구만 있으면 읽는다(HTML은 컴퓨터 기종 또는 운영체제와 무관하게 문서 양식은 같다).

정답 39 ④ 40 ① 41 ③ 42 ②

43 다음 중 CGI에 대한 설명으로 옳지 않은 것은?

① 웹에서 클라이언트 프로그램을 실행시키는 데 사용된다.
② Form을 통해 입력을 받을 수 있다.
③ 서버에 저장되어 있는 프로그램을 실행시킨다.
④ CGI 프로그램의 출력은 HTML 문서 형태로 브라우저에 반환된다.
⑤ Get 혹은 Post 방법을 통해서 입력을 받을 수 있다.

44 HTML에 대한 설명 중 옳지 않은 것은?

① 태그는 대소문자를 구분하지 않는다.
② 태그를 이용해서 줄을 바꾼다.
③ 하나 이상의 공백을 하나의 공백으로 인정한다.
④ 컴파일이 필요하다.

45 기존의 HTML의 단점을 보완하여 대규모의 전자출판이나 웹에서 구조화된 데이터베이스를 뜻대로 조작할 수 있도록 설계된 표준화된 마크업 언어는?

① SGML(Standard Generalized Markup Language)
② DHTML(Dynamic Hyper Text Markup Language)
③ XML(Extensible Markup Language)
④ VML(Vector Markup Language)

46 다음 중 클라이언트에서 실행되는 스크립트 언어는?

① JavaScript ② PHP
③ ASP ④ Perl

정답찾기

43 CGI 프로그램은 서버에 저장되어 있다가 실행된다.

44 HTML은 컴파일 과정이 필요 없다.

45
- **XML**: 인터넷뿐만 아니라 출판, 경영, 전자상거래 등 여러 분야에 이용될 수 있다.
- **VML(Vector Markup Language)**: 인터넷상에서 화려한 그래픽을 구현할 수 있도록 지원해주는 차세대 웹 그래픽 언어이다. 벡터 그래픽 방식을 사용하여 그래픽 구성을 간단하게 하고, 파일의 크기를 줄일 수 있게 하였다.

46
- **서버 사이드 스크립트 언어**: PHP, ASP, JSP, Perl
- **클라이언트 사이드 스크립트 언어**: HTML, JavaScript, CSS

정답 **43** ④ **44** ④ **45** ③ **46** ①

부록

최신 기출문제

부록 기출문제

2022년 국가직 9급

01 대표적인 반도체 메모리인 DRAM과 SRAM에 대한 설명으로 옳지 않은 것은?

① DRAM은 휘발성이지만 SRAM은 비휘발성이어서 전원이 공급되지 않아도 기억을 유지할 수 있다.
② DRAM은 축전기(Capacitor)의 충전상태로 비트를 저장한다.
③ SRAM은 주로 캐시 메모리로 사용된다.
④ 일반적으로 SRAM의 접근속도가 DRAM보다 빠르다.

02 정렬 알고리즘 중 최악의 경우를 가정할 때 시간복잡도가 다른 것은?

① 삽입 정렬(Insertion sort)
② 쉘 정렬(Shell sort)
③ 버블 정렬(Bubble sort)
④ 힙 정렬(Heap sort)

03 기계 학습에서 지도 학습과 비지도 학습에 대한 설명으로 옳은 것은?

① 지도 학습의 대표적인 기법에는 군집화가 있다.
② 비지도 학습의 기법에는 분류와 회귀분석 등이 있다.
③ 지도 학습은 학습 알고리즘이 수행한 행동에 대해 보상을 받는 학습 방식이다.
④ 비지도 학습은 정답이 없는 데이터를 보고 유용한 패턴을 추출하는 학습 방식이다.

04 무선주파수를 이용하며 반도체 칩이 내장된 태그와 리더기로 구성된 인식시스템은?

① RFID
② WAN
③ Bluetooth
④ ZigBee

05 클라우드 컴퓨팅에 대한 설명으로 옳지 않은 것은?

① 클라우드 컴퓨팅은 기업의 IT 요구를 매우 경제적이고, 신뢰성 있게 충족시킬 수 있는 수단이 된다.
② 클라우드 컴퓨팅 서비스 모델에는 IaaS, PaaS, SaaS가 있다.
③ 클라우드 컴퓨팅을 이용하는 방식에는 사설 클라우드, 공용 클라우드, 하이브리드 클라우드가 있다.
④ IaaS를 통해 사용자는 소프트웨어 설치 및 유지보수에 대한 비용을 절감할 수 있다.

정답찾기

01 RAM(Random Access Memory)
- 전원이 끊어지면 기억내용이 소멸되는 휘발성 메모리로서 읽기와 쓰기가 가능하다.
- 임의장소에 데이터 또는 프로그램을 기억시키고 기억된 내용을 프로세서로 가져와서 사용 가능하다.

1. SRAM(Static RAM, 정적램)
   - 메모리 셀이 한 개의 플립플롭으로 구성되므로 전원이 공급되고 있으면 기억내용이 지워지지 않는다.
   - 재충전(refresh)이 필요 없으며, 캐시 메모리에 이용된다.
   - DRAM과 비교하여 속도는 빠르지만, 가격이 고가이며 용량이 적다.
2. DRAM(Dynamic RAM, 동적램)
   - 메모리 셀이 한 개의 콘덴서로 구성되므로 충전된 전하의 누설에 의해 주기적인 재충전이 없으면 기억내용이 지워진다.
   - 재충전(refresh)이 필요하며, PC의 주기억장치에 이용된다.
   - SRAM과 비교하여 속도는 느리지만, 가격이 저가이며 용량이 크다.

02 정렬 알고리즘의 복잡도

정렬 종류	평균	최악
버블 정렬	$O(n^2)$	$O(n^2)$
선택 정렬	$O(n^2)$	$O(n^2)$
삽입 정렬	$O(n^2)$	$O(n^2)$
쉘 정렬	$O(n^2)$	$O(n^2)$
퀵 정렬	$O(n \log_2 n)$	$O(n^2)$
2-way merge 정렬	$O(n \log_2 n)$	$O(n \log_2 n)$
힙 정렬	$O(n \log_2 n)$	$O(n \log_2 n)$

03 ① 비지도 학습의 대표적인 기법에는 군집화(Clustering)가 있다.
② 지도 학습의 기법에는 분류(Classification)와 회귀(Regression)분석 등이 있다.
③ 강화 학습은 학습 알고리즘이 수행한 행동에 대해 보상을 받는 학습 방식이다.

04 RFID(Radio Frequency Identification) : 마이크로칩과 무선을 통해 식품·동물·사물 등 다양한 개체의 정보를 관리할 수 있는 인식 기술을 지칭한다. '전자태그' 혹은 '스마트 태그', '전자 라벨', '무선식별' 등으로 불리며, 기업에서 제품에 활용할 경우 생산에서 판매에 이르는 전 과정의 정보를 초소형 칩에 내장시켜 이를 무선주파수로 추적할 수 있다.

05 클라우드 컴퓨팅 서비스 유형
1. SaaS(Software as a Service)
   - 애플리케이션을 서비스 대상으로 하는 SaaS는 클라우드 컴퓨팅 서비스 사업자가 인터넷을 통해 소프트웨어를 제공하고, 사용자가 인터넷상에서 이에 원격 접속해 해당 소프트웨어를 활용하는 모델이다.
   - 클라우드 컴퓨팅 최상위 계층에 해당하는 것으로 다양한 애플리케이션을 다중 임대 방식을 통해 온디맨드 서비스 형태로 제공한다.
2. PaaS(Platform as a Service)
   - 사용자가 소프트웨어를 개발할 수 있는 토대를 제공해 주는 서비스이다.
   - 클라우드 서비스 사업자는 PaaS를 통해 서비스 구성 컴포넌트 및 호환성 제공 서비스를 지원한다.
3. IaaS(Infrastructure as a Service)
   - 서버 인프라를 서비스로 제공하는 것으로 클라우드를 통하여 저장 장치 또는 컴퓨팅 능력을 인터넷을 통한 서비스 형태로 제공하는 서비스이다.

정답 01 ① 02 ④ 03 ④ 04 ① 05 ④

부록

06 **C 언어에서 함수 호출 시 매개변수 전달 방법에는 값에 의한 호출(Call by Value)과 참조에 의한 호출(Call by Reference)이 있다. C 프로그램 코드가 다음과 같을 때 설명으로 옳지 않은 것은?**

```
int get_average(int score[], int n) {
    int i, sum;
    for(i = 0; i < n; i++)
        sum += score[i];
    return sum / n;
}
void main(void) {
    int score[3] = { 1, 2, 5 };
    printf("%d\n", get_average(score, 3));
}
```

① 전달할 데이터의 양이 많을 경우에는 참조에 의한 호출이 효율적이다.
② 값에 의한 호출로 전달된 데이터는 호출된 함수에서 값을 변경하더라도 함수 종료 후 해당 함수를 호출한 상위 함수에 반영되지 않는다.
③ 값에 의한 호출은 함수 호출 시 데이터 복사가 발생한다.
④ 위의 프로그램에서 함수 get_average()를 호출하는 데 사용한 매개변수 score는 값에 의한 호출로 처리된다.

07 다음 C 프로그램에서 밑줄 친 코드의 실행 결과와 동일한 결과를 출력하는 코드로 옳은 것만을 모두 고르면?

```
#include <stdio.h>
int main()
{
    int ary[5] = {10, 11, 12, 13, 14};
    int *ap;
    ap = ary;
    printf("%d", ary[1]);
    return 0;
}
```

ㄱ. printf("%d", ary+1);
ㄴ. printf("%d", *ap+1);
ㄷ. printf("%d", *ary+1);
ㄹ. printf("%d", *ap++);

① ㄱ, ㄴ
② ㄴ, ㄷ
③ ㄷ, ㄹ
④ ㄴ, ㄷ, ㄹ

부록

정답찾기

06 위의 프로그램에서 함수 get_average()를 호출하는 데 사용한 매개변수 score는 참조에 의한 호출로 처리된다. score는 배열명이므로 배열의 시작주소를 가지고 있고, 형식매개변수로 주소를 넘겨주므로 참조에 의한 호출(Call by Reference)이 된다.

07 printf("%d", ary[1]); // 11 출력
ㄱ. printf("%d", ary+1);
// ary은 배열의 시작주소이므로 주소에 1을 더하여 출력
ㄴ. printf("%d", *ap+1);
// *ap=ap[0]=10이므로 10+1=11 출력
ㄷ. printf("%d", *ary+1);
// *ary=ary[0]=10이므로 10+1=11 출력
ㄹ. printf("%d", *ap++);
// *ap=ap[0]=10이 출력되고, ap가 1 증가

정답 **06** ④ **07** ②

08 자료 흐름의 방향과 동시성 여부에 따라 분류한 통신 방식 중 다음에서 설명하는 통신 방식으로 옳은 것은? (단, DTE(Data Terminal Equipment)는 컴퓨터, 휴대폰, 단말기 등과 같이 통신망에서 네트워크의 끝에 연결된 장치들을 총칭하는 용어이다)

> 통신하는 두 DTE가 시간적으로 교대로 데이터를 교환하는 방식의 통신으로, 한 DTE가 명령을 전송하면 다른 DTE가 이를 처리하여 그에 대한 응답을 전송하는 트랜잭션(Transaction) 처리 시스템에서 볼 수 있다.

① 단방향 통신
② 반이중 통신
③ 전이중 통신
④ 원거리 통신

09 다음 라우팅 테이블에 대한 설명으로 옳지 않은 것은?

목적지 네트워크	서브넷마스크	인터페이스
128.50.30.0	255.255.254.0	R1
128.50.28.0	255.255.255.0	R2
Default		R3

① 목적지 IP 주소가 128.50.30.92인 패킷과 128.50.31.92인 패킷은 서로 다른 인터페이스로 전달된다.
② 128.50.28.0 네트워크에 대한 브로드캐스트 주소는 128.50.28.255다.
③ 서브넷마스크 255.255.254.0은 CIDR 표기에 의해 /23으로 표현된다.
④ 이 라우터는 목적지 IP 주소가 128.50.28.9인 패킷을 R2로 전달한다.

10 3단계 데이터베이스 구조에서 개념 스키마에 대한 설명으로 옳은 것만을 모두 고르면?

> ㄱ. 데이터베이스를 운영하는 기관에 소속되어 있는 모든 응용시스템 또는 사용자들이 필요로 하는 데이터를 통합하여 정의한 조직 전체 데이터베이스의 논리 구조를 말한다.
> ㄴ. 개념 스키마와 외부 스키마 사이에는 논리적 데이터 독립성이 있어야 한다.
> ㄷ. 데이터베이스 내에는 하나의 개념 스키마만 존재한다.
> ㄹ. 데이터에 대한 접근권한, 제약조건 등에 대한 정의도 포함한다.

① ㄱ, ㄴ
② ㄱ, ㄷ
③ ㄴ, ㄷ, ㄹ
④ ㄱ, ㄴ, ㄷ, ㄹ

11 TCP(Transmission Control Protocol) 기반 응용 프로토콜에 해당하지 않는 것은?

① Telnet ② FTP
③ SMTP ④ SNMP

12 운영체제에서 프로세스의 정보를 관리하는 프로세스 제어블록(Process Control Block)의 포함 요소로 옳지 않은 것은?

① 프로세스 식별자 ② 인터럽트 정보
③ 프로세스의 우선순위 ④ 프로세스의 상태

정답찾기

08 통신 회선의 이용 방식

구분	단방향	반이중	전이중
방향	한쪽은 송신만, 다른 한쪽은 수신만 가능	양방향 통신 가능, 동시에 송수신은 불가능	동시에 양방향 송수신 가능
선로	1선식	2선식	4선식
사용 예	라디오, TV	전신, 텔렉스, 팩스	전화

09
- 목적지 네트워크가 128.50.30.0이고, 서브넷마스크가 255.255.254.0이므로, 128.50.30.0부터 128.50.31.255까지의 범위를 목적지로 하는 패킷은 모두 R1으로 전달된다.
- 목적지 IP 주소가 128.50.30.92인 패킷과 128.50.31.92인 패킷은 같은 인터페이스로 전달된다.

10 개념 스키마
- 논리적 관점에서 본 구조로 전체적인 데이터 구조(일반적으로 스키마라 불림)
- 범기관적 입장에서 데이터베이스를 정의(기관 전체의 견해)
- 조직 논리 단계(community logical level)
- 모든 데이터 개체, 관계, 제약조건, 접근권한, 무결성 규칙, 보안정책 등을 명세

11 Telnet, FTP, SMTP는 TCP를 사용하는 응용 프로토콜이고, SNMP(Simple Network Management Protocol)는 UDP를 사용하는 응용 프로토콜이다.

12 프로세스 제어 블록(PCB; Process Control Block)

1. 프로세스는 운영체제 내에서 프로세스 제어 블록이라 표현하며, 작업 제어 블록이라고도 한다.
   - 프로세스를 관리하기 위해 유지되는 데이터 블록 또는 레코드의 데이터 구조이다.
   - 프로세스 식별자, 프로세스 상태, 프로그램 카운터 등의 정보로 구성된다.
   - 프로세스 생성 시 만들어지고 메인 메모리에 유지, 운영체제에서 한 프로세스의 존재를 정의한다.
   - 프로세스 제어 블록의 정보는 운영체제의 모든 모듈이 읽고 수정 가능하다.
2. 프로세스 제어 블록의 정보
   - 프로세스 식별자 : 각 프로세스에 대한 고유 식별자 지정
   - 프로세스 현재 상태 : 생성, 준비, 실행, 대기, 중단 등의 상태 표시
   - 프로그램 카운터 : 프로그램 실행을 위한 다음 명령의 주소 표시
   - 레지스터 저장 영역 : 누산기, 인덱스 레지스터, 범용 레지스터, 조건 코드 등에 관한 정보로 컴퓨터 구조에 따라 수나 형태가 달라진다.
   - 프로세서 스케줄링 정보 : 프로세스의 우선순위, 스케줄링 큐에 대한 포인터, 그 외 다른 스케줄 매개변수를 가진다.
   - 계정 정보 : 프로세서 사용시간, 실제 사용시간, 사용상한시간, 계정 번호, 작업 또는 프로세스 번호 등
   - 입출력 상태 정보 : 특별한 입출력 요구 프로세스에 할당된 입출력장치, 개방된(Opened) 파일의 목록 등
   - 메모리 관리 정보 : 메모리 영역을 정의하는 하한 및 상한 레지스터(경계 레지스터) 또는 페이지 테이블 정보

정답 08 ② 09 ① 10 ④ 11 ④ 12 ②

부록

13 **SSD(Solid-State Drive)에 대한 설명으로 옳지 않은 것은?**

① 반도체 기억장치 칩들을 이용하여 구성된 저장장치이다.
② 하드디스크에 비해 저장용량 대비 가격이 비싸다.
③ 기계적 장치를 사용하여 하드디스크보다 데이터 입출력 속도가 빠르다.
④ 하드디스크를 대체하려고 개발한 저장장치로서 플래시 메모리로 구성된다.

14 **다음 후위 표기 식을 전위 표기 식으로 변환하였을 때 옳은 것은?**

3 1 4 1 − * +

① 3 + 1 * 4 − 1　　② 4 − 1 * 1 + 3
③ + 3 * 1 − 4 1　　④ + 3 − 4 1 * 1

15 **운영체제의 세마포어(Semaphore)에 대한 설명으로 옳지 않은 것은?**

① 프로세스 간 상호배제(Mutual Exclusion)의 원리를 보장하는 데 사용된다.
② 여러 개의 프로세스가 동시에 그 값을 수정하지 못한다.
③ 세마포어에 대한 연산은 수행 중에 인터럽트 될 수 있다.
④ 세마포어는 플래그 변수와 그 변수를 검사하거나 증감시키는 연산들로 정의된다.

16 **소프트웨어에 대한 ISO/IEC 품질 표준 중에서 프로세스 품질 표준으로 옳은 것은?**

① ISO/IEC 12119　　② ISO/IEC 12207
③ ISO/IEC 14598　　④ ISO/IEC 25010

17 **블록체인(Block Chain)에 대한 설명으로 옳지 않은 것은?**

① 블록에는 트랜잭션(Transaction)이 저장되어 있다.
② 스마트 컨트랙트(Smart Contract)는 실세계의 계약이 블록체인에서 이루어질 수 있도록 하는 기술이다.
③ 중앙 서버를 통해 전파된 블록은 네트워크에 참가한 개별 노드에서 유효성을 검증받은 후, 중앙 서버로 다시 전송된다.
④ 블록체인은 공개범위에 따라 Public 블록체인과 Private 블록체인으로 나눌 수 있다.

18 아래의 고객 릴레이션에서 등급이 gold이고 나이가 25 이상인 고객들을 검색하기 위해 기술한 관계대수 표현으로 옳은 것은?

◎ 고객 릴레이션

고객

고객아이디	이름	나이	등급	직업
hohoho	이순신	29	gold	교사
grace	홍길동	24	gold	학생
mango	삼돌이	27	silver	학생
juce	갑순이	31	gold	공무원
orange	강감찬	23	silver	군인

◎ 검색결과

고객아이디	이름	나이	등급	직업
hohoho	이순신	29	gold	교사
juce	갑순이	31	gold	공무원

① $\sigma_{고객}$(등급 = 'gold' ∧ 나이 ≥ 25)
② $\sigma_{등급 = 'gold' \wedge 나이 \geq 25}$(고객)
③ $\pi_{고객}$(등급 = 'gold' ∧ 나이 ≥ 25)
④ $\pi_{등급 = 'gold' \wedge 나이 \geq 25}$(고객)

부록

정답찾기

13 **SSD(Solid-State Drive)** : HDD(Hard Disk Drive)와 비슷하게 동작하면서도 기계적 장치인 HDD와는 달리 반도체를 이용하여 정보를 저장한다. 임의접근을 하여 탐색시간 없이 고속으로 데이터를 입출력할 수 있으면서도 기계적 지연이나 실패율이 현저히 적다. 또 외부의 충격으로 데이터가 손상되지 않으며, 발열·소음 및 전력소모가 적고, 소형화·경량화할 수 있다.

14 3 1 4 1 − * + → (3 (1 (4 1 −) *) +)
→ (3 + (1 * (4 − 1))) → + 3 * 1 − 4 1

15 세마포어(Semaphore)는 Dijkstra에 의해 제안되었으며, 상호배제를 해결하기 위한 동기 도구이다. 세마포어 연산 수행 시 인터럽트 되면 공유 자원에 동시에 접속할 수 있기 때문에 세마포어에 대한 연산(Operation)은 처리 중에 인터럽트 되어서는 안 된다.

16 **ISO/IEC 12207** : 소프트웨어 프로세스에 대한 표준화이다. 체계적인 S/W 획득, 공급, 개발, 운영 및 유지보수를 위해서 S/W 생명주기 공정(SDLC Process) 표준을 제공함으로써 소프트웨어 실무자들이 개발 및 관리에 동일한 언어로 의사소통할 수 있는 기본틀을 제공하기 위한 것이다.

17 블록체인은 유효한 거래 정보의 묶음이라 할 수 있다. 블록체인은 쉽게 표현하면 블록으로 이루어진 연결리스트라 할 수 있다. 블록체인은 금융기관에서 모든 거래를 담보하고 관리하는 기존의 금융 시스템에서 벗어나 P2P(Peer to Peer) 거래를 지향하는, 탈중앙화를 핵심 개념으로 하고 있다.

18 **셀렉트(SELECT, σ)**
- 선택 조건을 만족하는 릴레이션의 수평적 부분 집합(horizontal subset), 행의 집합
- 표기 형식 → $\sigma_{(선택조건)}$ (테이블 이름)

정답 **13** ③ **14** ③ **15** ③ **16** ② **17** ③ **18** ②

19 (가)에 들어갈 어드레싱 모드로 옳은 것은?

> (가) 는 명령어가 피연산자의 주소를 가지고 있는 레지스터를 지정한다. 즉, 선택된 레지스터는 피연산자 그 자체가 아니라 피연산자의 주소이다. 일반적으로 이 모드를 사용할 때에 프로그래머는 이전의 명령어에서 레지스터가 피연산자의 주소를 가졌는지를 확인해 보아야 한다.

① 레지스터 간접 모드(Register Indirect mode)
② 레지스터 모드(Register mode)
③ 간접 주소 모드(Indirect Addressing mode)
④ 인덱스 어드레싱 모드(Indexed Addressing mode)

20 디스크 큐에 다음과 같이 I/O 요청이 들어와 있다. 최소탐색시간 우선(SSTF) 스케줄링 적용 시 발생하는 총 헤드 이동 거리는? (단, 추가 I/O 요청은 없다고 가정한다. 디스크 헤드는 0부터 150까지 이동 가능하며, 현재 위치는 50이다)

> 큐: 80, 20, 100, 30, 70, 130, 40

① 100 ② 140
③ 180 ④ 430

정답찾기

19 • **레지스터 간접 주소 지정**(register indirect addressing): 주소 필드는 레지스터를 지정하고 그 레지스터 속에는 오퍼랜드가 들어 있다.
• **레지스터 주소 지정**(register addressing): 주소 필드는 레지스터를 지정하고 그 레지스터 속에는 데이터가 들어 있다.
• **간접 주소 지정**(indirect addressing): 명령어의 오퍼랜드 주소 필드의 내용이 유효주소가 저장된 기억장소의 주소인 경우이다. 오퍼랜드의 내용이 실제 Data의 주소를 가진 Pointer의 주소인 방식으로, 실제 Data에 접근하기 위해서는 주기억장치를 최소한 2번 이상 참조해야 된다.
• **인덱스 주소 지정**(index register addressing): 인덱스 레지스터의 값과 오퍼랜드 주소 필드의 값을 더하여 유효주소를 결정하는 방식이다. 유효주소 = 주소 필드값 + 인덱스 레지스터값

20 문제의 보기 요청을 SSTF 방식 적용 시에 50 → 40 → 30 → 20 → 70 → 80 → 100 → 130와 같이 이동되며, 헤드의 총 이동 거리는 140이다.

SSTF(Shortest Seek Time First)
• FCFS보다 처리량이 많고 평균 응답시간이 짧다.
• 탐색 거리가 가장 짧은 트랙에 대한 요청을 먼저 서비스하는 기법이다.
• 디스트 헤드는 현재 요청만을 먼저 처리하므로, 가운데를 집중적으로 서비스한다.
• 디스크 헤드에서 멀리 떨어진 입출력 요청은 기아상태(Starvation State)가 발생할 수 있다.

정답 19 ① 20 ②

부록
기출문제

2022년 지방직 9급

01 **컴퓨터 알고리즘의 조건에 대한 설명으로 옳지 않은 것은?**

① 각 명령어의 의미는 모호하지 않고 명확해야 한다.
② 알고리즘 단계들에는 순서가 정해져 있지 않다.
③ 한정된 수의 단계 후에는 반드시 종료되어야 한다.
④ 각 명령어들은 실행 가능한 연산이어야 한다.

02 **다음에서 설명하는 빅데이터의 3대 특징으로 옳지 않은 것은?**

> 빅데이터는 대용량의 데이터 집합으로부터 가치 있는 정보를 효율적으로 추출하고 결과를 분석하는 기술이다.

① 센싱 기술 등을 활용하여 사물과 주위 환경으로부터 정보 획득(sensor)
② 방대한 양의 데이터 처리(volume)
③ 정형 데이터와 비정형 데이터 등 다양한 유형의 데이터로 구성(variety)
④ 실시간으로 생산되며 빠른 속도로 수집 및 분석(velocity)

정답찾기

01 알고리즘 단계들에는 순서가 정해져 있다.

알고리즘의 조건
- 입력: 외부에서 제공되는 데이터가 0개 이상 있다.
- 출력: 적어도 하나의 결과를 생성한다.
- 명확성: 알고리즘을 구성하는 각 명령어들은 그 의미가 명백하고 모호하지 않아야 한다.
- 유한성: 알고리즘의 명령대로 순차적인 실행을 하면 언젠가는 반드시 실행이 종료되어야 한다.
- 유효성: 원칙적으로 모든 명령들은 종이와 연필만으로 수행될 수 있게 기본적이어야 하며, 반드시 실행 가능해야 한다(원칙적으로 모든 명령들은 오류가 없이 실행 가능해야 한다).

02 **빅데이터의 3대 특징**
- Volume(규모): 방대한 양의 데이터 처리. 소셜 미디어나 위치 정보 데이터 등 큰 규모
- Velocity(속도): 실시간으로 생산되며 빠른 속도로 수집 및 분석
- Variety(다양성): 정형 데이터와 비정형 데이터 등 다양한 유형의 데이터로 구성. 기존의 구조화된 정형 데이터는 물론 사진, 동영상 등의 비정형 데이터가 포함

정답 **01** ④ **02** ①

03 다음 자료를 오름차순으로 삽입 정렬(insertion sort)하는 과정에서 나올 수 없는 경우는?

3 1 4 2 9 5

① 1 3 4 2 9 5
② 1 2 3 4 9 5
③ 3 1 5 2 4 9
④ 1 2 3 4 5 9

04 소프트웨어의 화이트박스 테스트에 대한 설명으로 옳지 않은 것은?

① 글래스 박스(Glass-box) 테스트라고 부른다.
② 소프트웨어의 내부 경로에 대한 지식을 보지 않고 테스트 대상의 기능이나 성능을 테스트하는 기술이다.
③ 문장 커버리지, 분기 커버리지, 조건 커버리지 등의 검증 기준이 있다.
④ 모듈의 논리적인 구조를 체계적으로 점검하기 때문에 구조적 테스트라고도 한다.

05 16진수 210을 8진수로 변환한 것은?

① 1020
② 2100
③ 10210
④ 20100

06 은행원 알고리즘(banker's algorithm)이 교착상태를 해결하는 방법은?

① 예방
② 회피
③ 검출
④ 회복

07 다음 OSI 7계층 중 물리 계층에 해당하는 장치를 모두 고른 것은?

ㄱ. 리피터(Repeater)	ㄴ. 더미허브(Dummy Hub)
ㄷ. 라우터(Router)	ㄹ. 게이트웨이(Gateway)
ㅁ. 브릿지(Bridge)	

① ㄱ, ㄴ
② ㄱ, ㄷ
③ ㄴ, ㄹ
④ ㄹ, ㅁ

08 이미지 표현을 위한 RGB 방식과 CMYK 방식에 대한 설명으로 옳은 것은?

① CMYK 방식은 가산 혼합 모델로 빛이 하나도 없을 때 검은색을 표현한다.
② CMYK 방식에서 C는 Cyan을 의미한다.
③ RGB 방식은 주로 컬러 프린터, 인쇄, 페인팅 등에 적용된다.
④ RGB 방식에서 B는 Black을 의미한다.

정답찾기

03
- 삽입 정렬은 첫 번째 레코드를 정의된 것으로 보고 두 번째 레코드부터 키의 순서에 맞게 정렬한다.
- **정렬 대상**: 3 1 4 2 9 5
  - Pass 1: 1 3 4 2 9 5
  - Pass 2: 1 3 4 2 9 5
  - Pass 3: 1 2 3 4 9 5
  - Pass 4: 1 2 3 4 9 5
  - Pass 4: 1 2 3 4 5 9

04 화이트박스 테스트는 소프트웨어의 내부 경로에 대한 지식을 이용하여 테스트한다.

화이트박스 테스트
- 프로그램 내의 모든 논리적 구조를 파악하거나, 경로들의 복잡도를 계산하여 시험사례를 만든다.
- 절차, 즉 순서에 대한 제어구조를 이용하여 시험사례들을 유도하는 시험사례 설계방법이다.
- 시험사례들을 만들기 위해 소프트웨어 형상(SW Configuration)의 구조를 이용한다.
- 프로그램 내의 허용되는 모든 논리적 경로(기본 경로)를 파악하거나, 경로들의 복잡도를 계산하여 시험사례를 만든다.
- 기본 경로를 조사하기 위해 유도된 시험사례들은 시험 시에 프로그램의 모든 문장을 적어도 한 번씩 실행하는 것을 보장받는다.

05 16진수 210 → 2진수 1000010000 → 8진수 1020

06 교착상태 회피(Avoidance)
- 교착상태가 발생할 가능성은 배제하지 않으며, 교착상태 발생 시 적절히 피해가는 기법이다.
- 시스템이 안전상태가 되도록 프로세스의 자원 요구만을 할당하는 기법으로 은행원 알고리즘(banker's algorithm)이 대표적이다.

07 Physical layer(물리 계층)
- 물리 계층은 네트워크 케이블과 신호에 관한 규칙을 다루고 있는 계층으로 상위 계층에서 보내는 데이터를 케이블에 맞게 변환하여 전송하고, 수신된 정보에 대해서는 반대의 일을 수행한다.
- 장치(device)들 간의 물리적인 접속과 비트 정보를 다른 시스템으로 전송하는 데 필요한 규칙을 정의한다.
- 비트 단위의 정보를 장치들 사이의 전송 매체를 통하여 전자기적 신호나 광신호로 전달하는 역할을 한다.
- 물리 계층 프로토콜로는 X.21, RS-232C, RS-449/422-A/423-A 등이 있으며, 네트워크 장비로는 더미 허브, 리피터가 있다.

08
1. **RGB 모드**
   - RGB 모드는 빛으로 나타내는 색상을 의미한다.
   - R(Red), G(Green), B(Blue)의 빛을 혼합하여 영상장치(TV, 스마트폰, PC 모니터 등)의 색상을 표현한다.
   - CMYK 모드와 차이점은 검정(Black)색상이 없다는 것이고, 영상장치의 전원이 꺼진 상태(색상)가 RGB에서는 검정색이 된다.
2. **CMYK 모드**
   - CMYK 모드는 일반 잉크의 색상을 나타낸다.
   - C(Cyan), M(Magenta), Y(Yellow), K(Black 또는 Key)의 잉크를 혼합하여 각종 재질에 인쇄를 한다.
   - CMYK 모드는 RGB 모드와는 반대로 하얀색 잉크가 없다.

정답 03 ③ 04 ② 05 ① 06 ② 07 ① 08 ②

부록

09 **다음은 A 계좌에서 B 계좌로 3,500원을 이체하는 계좌 이체 트랜잭션 T_1과, C 계좌에서 D 계좌로 5,200원을 이체하는 계좌 이체 트랜잭션 T_2가 순차적으로 수행되면서 기록된 로그파일 내용이다. (가)의 시점에서 장애가 발생했을 경우 지연 갱신 회복 기법을 적용했을 때 트랜잭션에 대한 회복조치로 옳은 것은?**

1 : <T_1, start>
2 : <T_1, A, 7800>
3 : <T_1, B, 3500>
4 : <T_1, commit>
5 : <T_2, start>
6 : <T_2, C, 9820>
__________ (가) __________
7 : <T_2, D, 5200>
8 : <T_2, commit>

① T_1, T_2 트랜잭션 모두 별다른 조치를 수행하지 않는다.
② T_1 트랜잭션의 로그 내용을 무시하고 버린다.
③ T_1 트랜잭션에는 별다른 회복조치를 하지 않지만, T_2 트랜잭션에는 redo(T_2) 연산을 실행한다.
④ T_2 트랜잭션에는 별다른 회복조치를 하지 않지만, T_1 트랜잭션에는 redo(T_1) 연산을 실행한다.

10 **다음에 해당하는 CMMI(Capability Maturity Model Integration) 모델의 성숙 단계로 옳은 것은? (단, 하위 성숙 단계는 모두 만족한 것으로 가정한다)**

- 요구사항 개발
- 기술적 솔루션
- 제품 통합
- 검증
- 확인
- 조직 차원의 프로세스 개선
- 조직 차원의 프로세스 정립
- 조직 차원의 교육훈련
- 통합 프로젝트 관리
- 위험관리
- 의사 결정 분석 및 해결

① 2단계　② 3단계
③ 4단계　④ 5단계

11 다음은 정논리를 사용하는 JK 플립플롭의 진리표이다. (가)~(라)에 들어갈 내용으로 옳은 것은? (단, Q'은 Q의 반댓값을 의미한다)

CP	J	K	다음상태 Q
↑	0	0	(가)
↑	0	1	(나)
↑	1	0	(다)
↑	1	1	(라)

	(가)	(나)	(다)	(라)
①	Q	1	0	Q′
②	Q′	1	0	Q
③	Q	0	1	Q′
④	Q′	0	1	Q

정답찾기

09 지연 갱신 회복 기법을 사용하고 T_2 트랜잭션은 시스템 장애가 발생될 때까지 커밋되지 못했으므로 T_2 트랜잭션에는 별다른 회복조치를 하지 않는다. T_1 트랜잭션은 시스템 장애가 발생하기 전에 커밋되었으므로 redo(T_1) 연산을 실행한다.

10 CMMI 레벨에 따른 프로세스 영역 구성

구분	Process Mgmt	Project Mgmt	Engineering	Support
레벨 5	조직 혁신 및 이행			원인분석 및 해결
레벨 4	조직 프로세스 성과	정량적 프로젝트 관리		
레벨 3	조직프로세스 중점/조직프로세스 정의/조직 훈련	통합 프로젝트 관리/위험 관리/통합 공급자 관리/통합 팀 구성	요구사항 개발/기술 솔루션/제품통합/Verification/Validation	의사결정 분석 및 해결/통합 조직환경
레벨 2		프로젝트 계획/프로젝트 감시 및 통제/공급자 계약 관리	요구사항 관리	형상관리/프로세스 및 품질보증/측정 및 분석

11 JK 플립플롭

- RS 플립플롭을 개량하여 S와 R이 동시에 입력되더라도 현재 상태의 반대인 출력으로 바뀌어 안정된 상태를 유지할 수 있도록 한 것이다.
- RS 플립플롭을 사용하여 JK 플립플롭을 만들 수 있다.
- JK 플립플롭 진리표

입력		출력	
J	K	Q	$\overline{Q}$
0	0	불변	불변
0	1	0	1
1	0	1	0
1	1	$\overline{Q}$	Q

정답 09 ④ 10 ② 11 ③

12 **다음 SQL(Structured Query Language) 문으로 생성한 테이블에 내용을 삽입할 때 올바르게 동작하지 않는 SQL 문장은?**

CREATE TABLE Book (ISBN CHAR(17) PRIMARY KEY, TITLE VARCHAR(30) NOT NULL, PRICE INT NOT NULL, PUBDATE DATE, AUTHOR VARCHAR(30));

① INSERT INTO Book (ISBN, TITLE, PRICE, AUTHOR) VALUES ('978-89-8914-892-1', '데이터베이스 개론', 20000, '홍길동');
② INSERT INTO Book VALUES ('978-89-8914-892-2', '데이터베이스 개론', 20000, '2022-06-18', '홍길동');
③ INSERT INTO Book (ISBN, TITLE, PRICE) VALUES ('978-89-8914-892-3', '데이터베이스 개론', 20000);
④ INSERT INTO Book (ISBN, TITLE, AUTHOR) VALUES ('978-89-8914-892-4', '데이터베이스 개론', '홍길동');

13 **패킷 교환 네트워크에 대한 설명으로 옳지 않은 것은?**

① 패킷 크기는 옥텟(Octet) 단위로 사용한다.
② 네트워크로 전송되는 모든 데이터는 송·수신지 정보를 포함하는 패킷들로 구성된다.
③ 패킷 교환 방식은 접속 방식에 따라 데이터그램 방식과 가상회선 방식이 있다.
④ 패킷 교환 네트워크에서는 동시에 2쌍 이상의 통신이 불가능하다.

14 **인터럽트에 대한 설명으로 옳지 않은 것은?**

① 내부 인터럽트가 발생하면 컴퓨터는 더 이상 프로그램을 실행할 수 없다.
② 프로세서는 인터럽트 요구가 있으면 현재 수행 중인 프로그램의 주소 값을 스택이나 메모리의 0번지와 같은 특정 장소에 저장한다.
③ 신속하고 효율적인 인터럽트 처리를 위하여 컴퓨터는 항상 인터럽트 요청을 승인하도록 구성된다.
④ 인터럽트 핸들러 또는 인터럽트 서비스 루틴은 인터럽트 소스가 요청한 작업에 대한 프로그램으로 기억장치에 적재되어야 한다.

15 **다음 C 프로그램을 실행하면서 사용자가 1, 2, 3, 4를 차례대로 입력했을 때, 출력 결과는?**

```
#include <stdio.h>

int main()
{
    int ary[4];
    int sum = 0;
    int i;

    for (i = 0; i < 4; I++) {
        printf("%d번 째 값을 입력하시오 : ", I + 1);
        scanf("%d", &ary[i]);
    }

    for (i = 3; i > 0; i--)
        sum += ary[i];

    printf("%d \n", sum);
    return 0;
}
```

① 3　　② 6

③ 9　　④ 10

부록

정답찾기

12 PRICE 속성은 NOT NULL이므로 ④와 같이 VALUES에 값을 넣지 않고 표현할 수 없다.

13 **1. 회선 교환 방식**
- 두 지점 간 지정된 경로를 통해서만 전송하는 교환 방식이며, 물리적으로 연결된 회선은 정보전송이 종료될 때까지 계속된다.
- 음성데이터를 전송하는 PSTN에서 사용하는 방법이며, 일단 연결이 이루어진 회선은 다른 사람과 공유하지 못하고 당사자만 이용이 가능하여 회선의 효율이 낮아진다는 단점이 있다.

2. 패킷 교환 방식
- 메시지를 패킷 단위로 분할한 후 논리적 연결에 의해 패킷을 목적지에 전송하는 교환하는 방식이며, 동일한 데이터 경로를 여러 명의 사용자들이 공유할 수 있다.
- 패킷 교환 방식은 접속 방식에 따라 데이터그램 방식과 가상회선 방식이 있다.

14 컴퓨터는 항상 인터럽트 요청을 승인하도록 구성되는 것은 아니고, 현재 수행 중인 작업보다 더 중요한 작업이 발생하면 그 작업을 먼저 처리하고 나서 수행 중이던 작업을 수행하는 것이다.

15 첫 번째 반복문이 수행되면서 scanf에 의해서 1, 2, 3, 4가 입력되어 ary 배열의 0번 방부터 3번 방까지 채워진다. 하지만 두 번째 반복문은 3부터 1씩 감소하면서 1번 방까지를 누적합하므로 4, 3, 2가 더해지고, sum은 9가 된다.

정답　12 ④　13 ④　14 ③　15 ③

16 그림은 TCP Tahoe에서 데이터 전송에 따른 혼잡 윈도우(cwnd, 단위 : MSS)의 크기 변화를 나타낸다. 혼잡 윈도우값이 18일 때의 전송에서 Time-out이 발생했을 때, 느린 출발(slow-start) 임곗값과 혼잡 윈도우값 변화로 옳은 것은?

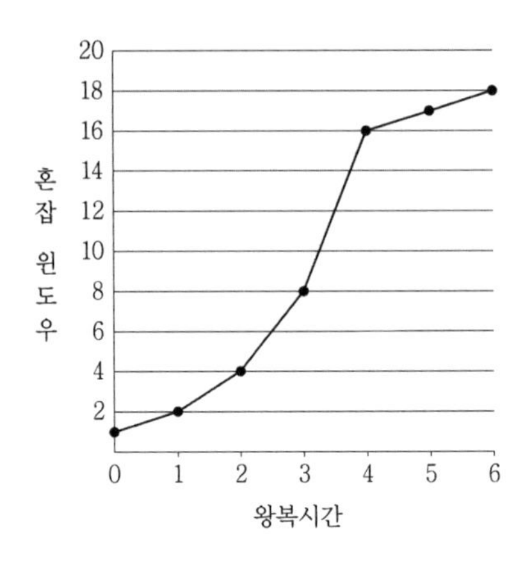

① 임곗값은 변하지 않고, 혼잡 윈도우값은 1로 감소한다.
② 임곗값이 9가 되고, 혼잡 윈도우값은 1로 감소한다.
③ 임곗값이 9가 되고, 혼잡 윈도우값은 현재 값의 반으로 감소한다.
④ 임곗값은 변하지 않고, 혼잡 윈도우값은 현재 값의 반으로 감소한다.

17 다중 프로그래밍 환경에서 연속 메모리 할당 방법에 대한 설명으로 옳지 않은 것은?

① 가변분할 메모리 할당은 프로세스의 크기에 따라 메모리를 나누는 것으로 단편화 문제가 발생하지 않는다.
② 가변분할 메모리 할당의 메모리 배치방법으로는 최초 적합, 최적 적합, 최악 적합 방법이 있다.
③ 고정분할 메모리 할당은 프로세스의 크기와 상관없이 메모리를 같은 크기로 나누는 것이다.
④ 고정분할 메모리 할당에서는 쓸모없는 공간으로 인해 메모리 낭비가 발생할 수 있다.

18 병렬 프로세서에 대한 설명으로 옳지 않은 것은?

① 프로세스 수준 병렬성은 다수의 프로세서를 이용하여 독립적인 프로그램 여러 개를 동시에 수행한다.
② 클러스터는 근거리 네트워크를 통하여 연결된 컴퓨터들이 하나의 대형 멀티 프로세서로 동작하는 시스템이다.
③ 공유 메모리 프로세서(SMP)는 단일 실제 주소 공간을 갖는 병렬 프로세서를 의미한다.
④ 각 프로세서의 메모리 접근법 분류에 따르면 UMA는 약결합형 다중처리기 시스템, NUMA 및 NORMA는 강결합형 다중처리기 시스템에 해당한다.

정답찾기

16 1. **느린 출발(slow-start)**
송신 측이 window size를 1부터 패킷 손실이 일어날 때까지 지수승(exponentially)으로 증가시키는 것이다.

2. **네트워크 혼잡 방지 알고리즘**: TCP Tahoe, Reno
- TCP Tahoe와 Reno는 네트워크 혼잡 방지 알고리즘으로써 네트워크의 부하에 의한 패킷이 손실되는 것을 줄이는 것이 목적이다.
- TCP Tahoe는 처음에는 Slow Start를 사용하다가 임계점(Threshold)에 도달하면 그때부터 AIMD 방식을 사용한다. timeout을 만나면 임계점을 window size의 절반으로 줄이고 window size를 1로 줄인다.
- TCP Reno는 timeout을 만나면 window size를 1로 줄이고 임계점은 변하지 않는다.

17 가변분할 메모리 할당은 프로세스에 딱 맞게 메모리 공간을 사용하기 때문에 내부단편화 문제는 발생하지 않지만, 사용 중인 프로세스가 종료되어 메모리에 새로운 프로세스를 입력 시에 메모리 공간이 충분하지 않을 경우 외부단편화 문제가 발생한다.

18
- 약결합형 다중처리기 시스템: NORMA
- 강결합형 다중처리기 시스템: UMA, NUMA

1. **균일 기억장치 액세스(UMA; Uniform Memory Access) 모델**
- 모든 프로세서들이 상호연결망에 의해 접속된 기억장치들을 공유한다.
- 프로세서들은 기억장치의 어느 영역이든 액세스할 수 있으며, 그에 걸리는 시간은 모두 동일하다.
- 이 모델에 기반을 둔 시스템은 하드웨어가 간단하고 프로그래밍이 용이하다는 장점이 있지만, 공유자원들(상호연결망, 기억장치 등)에 대한 경합이 높아지기 때문에 시스템 규모에 한계가 있다.

2. **불균일 기억장치 액세스(NUMA; Non-Uniform Memory Access) 모델**
- 시스템 크기에 대한 UMA 모델의 한계를 극복하고 더 큰 규모의 시스템을 구성하기 위한 것으로서, 다수의 UMA 모듈들이 상호연결망에 의해 접속되며, 전역 공유-기억장치(GSM; Global Shared-Memory)도 가질 수 있다.
- 시스템 내 모든 기억장치들이 하나의 주소 공간을 형성하는 분산 공유-기억장치(distributed shared-memory) 형태로 구성되기 때문에, 프로세서들은 자신이 속한 UMA 모듈 내의 지역 공유-기억장치(LSM; Local Shared-Memory)뿐 아니라 GSM 및 다른 UMA 모듈의 LSM들도 직접 액세스할 수 있다.

3. **무-원격 기억장치 액세스(NORMA; No-Remote Memory Access) 모델**
- 프로세서가 원격 기억장치(다른 노드의 기억장치)는 직접 액세스할 수 없는 시스템 구조이다.
- 이 모델을 기반으로 하는 시스템에서는 프로세서와 기억장치로 구성되는 노드들이 메시지-전송 방식을 지원하는 상호연결망에 의해 서로 접속된다. 그러나 어느 한 노드의 프로세서가 다른 노드의 기억장치에 저장되어 있는 데이터를 필요로 하는 경우에, 그 기억장치를 직접 액세스하지 못한다. 대신에, 그 노드로 기억장치 액세스 요구 메시지(memory access request message)를 보내며, 메시지를 받은 노드는 해당 데이터를 인출하여 그것을 요구한 노드로 다시 보내준다.
- 이러한 시스템에서는 각 노드가 별도의 기억장치를 가지고 있기 때문에 분산-기억장치 시스템(distributed-memory system)이라고도 부른다.

정답 **16** ② **17** ① **18** ④

부록

19 다음 C 프로그램의 실행 결과로 옳은 것은?

```
#include <stdio.h>

int star = 10;

void printStar() {
    printf("%d \n", star);
}

int main()
{
    int star = 5;

    printStar();
    printf("%d \n", star);
    return 0;
}
```

① 5
   5

② 5
   10

③ 10
   5

④ 10
   10

20 다음과 같이 P1, P2, P3, P4 프로세스가 동시에 준비 상태 큐에 도착했을 때 SJF(Shortest Job First) 스케줄링 알고리즘에서 평균 반환시간과 평균 대기시간을 바르게 연결한 것은? (단, 프로세스 간 문맥교환에 따른 오버헤드는 무시하며, 주어진 4개의 프로세스 외에 처리할 다른 프로세스는 없다고 가정한다)

프로세스	실행시간
P1	5
P2	6
P3	4
P4	9

	평균 반환시간	평균 대기시간
①	6	6
②	6	7
③	13	6
④	13	7

부록

정답찾기

19 printStar() 함수에서는 지역변수가 선언되어 있지 않으므로 전역변수 star=10가 출력되고, main() 함수에는 지역변수가 선언되어 있으므로 지역변수 star=5가 출력된다.

20 SJF(Shortest Job First) 스케줄링 기법을 사용하고, 도착시간이 모든 프로세스가 같으므로 P3, P1, P2, P4 순서로 실행된다.

- 평균 실행시간 = (5+6+4+9) / 4 = 6
- 평균 대기시간 = (4+9+15) / 4 = 7
- 평균 반환시간 = 6+7 = 13

정답 **19** ③ **20** ④

부록
기출문제

2023년 국가직 9급

01 병렬 처리를 수행하는 기법으로 옳지 않은 것은?

① 블루-레이 디스크
② VLIW
③ 파이프라인
④ 슈퍼스칼라

02 인터넷 통신에서 IP 주소를 동적으로 할당하는 데 사용되는 것은?

① TCP
② DNS
③ SOAP
④ DHCP

03 UDP 프로토콜에 대한 설명으로 옳지 않은 것은?

① 흐름 제어가 필요 없는 비신뢰적 통신에 사용한다.
② 순차적인 데이터 전송을 통해 전송을 보장한다.
③ 비연결지향으로 송신자와 수신자 사이에 연결 설정 없이 데이터 전송이 가능하다.
④ 전송되는 데이터 중 일부가 손실되는 경우 손실 데이터에 대한 재전송을 요구하지 않는다.

04 플린(Flynn)의 분류법에 따른 병렬 프로세서 구조 중 MIMD(Multiple Instruction stream, Multiple Data stream) 방식에 속하지 않는 것은?

① 클러스터
② 대칭형 다중 프로세서
③ 불균일 기억장치 액세스
④ 배열 프로세서

정답찾기

01 ① 병렬 처리를 수행하는 기법으로는 파이프라인, 슈퍼파이프라인, VLIW, 슈퍼스칼라 등이 있으며, 블루-레이 디스크(Blu-ray Disc)는 2000년 10월에 일본 소니에서 프로토타입을 발표한 뒤에 2003년 4월부터 시판되어 DVD의 뒤를 이은 고용량 광학식 저장 매체이다.

② VLIW(Very Long Instruction Word)는 동시 실행이 가능한 여러 명령을 하나의 긴 명령으로 재배열하여 동시처리한다.

③ 파이프라인은 CPU의 프로그램 처리 속도를 높이기 위하여 CPU 내부 하드웨어를 여러 단계로 나누어 동시에 처리하는 기술이므로 처리 속도를 향상시킨다.

④ 슈퍼스칼라(superscalar)는 CPU 내에 파이프라인을 여러 개 두어 명령어를 동시에 실행하는 기술이다. 파이프라인과 병렬 처리의 장점을 모은 것으로, 여러 개의 파이프라인에서 명령들이 병렬로 처리되도록 한 아키텍처이다. 여러 명령어들이 대기 상태를 거치지 않고 동시에 실행될 수 있으므로 처리속도가 빠르다.

02 ④ DHCP(Dynamic Host Configuration Protocol) : 한정된 개수의 IP 주소를 여러 사용자가 공유할 수 있도록 동적으로 가용한 주소를 호스트에 할당해준다. 자동이나 수동으로 가용한 IP 주소를 호스트(host)에 할당한다.

① TCP(Transport Control Protocol) : 연결지향형(connection oriented) 프로토콜이며, 이는 실제로 데이터를 전송하기 전에 먼저 TCP 세션을 맺는 과정이 필요함을 의미한다(TCP3-way handshaking).

② DNS(Domain Name Service) : 영문자의 도메인 주소를 숫자로 된 IP 주소로 변환시켜 주는 작업을 의미한다. 이러한 작업을 전문으로 하는 컴퓨터를 도메인 네임 서버(DNS)라고 한다.

③ SOAP(Simple Object Access Protocol) : 웹 서비스를 실제로 이용하기 위한 객체 간의 통신규약으로 인터넷을 통하여 웹 서비스가 통신할 수 있게 하는 역할을 담당하는 기술이다.

03 UDP는 순차적인 데이터 전송을 통해 전송을 보장하지 못한다. UDP를 사용하면 일부 데이터의 손실이 발생할 수 있지만 TCP에 비해 전송 오버헤드가 적다.

TCP	• 커넥션 기반 • 안정성과 순서를 보장한다. • 패킷을 자동으로 나누어준다. • 회선이 처리할 수 있을 만큼의 적당한 속도로 보내준다. • 파일을 쓰는 것처럼 사용하기 쉽다.
UDP	• 커넥션 기반이 아니다(직접 구현). • 안정적이지 않고 순서도 보장되지 않는다(데이터를 잃을 수도, 중복될 수도 있다). • 데이터가 크다면, 보낼 때 직접 패킷 단위로 잘라야 한다. • 회선이 처리할 수 있을 만큼 나눠서 보내야 한다. • 패킷을 잃었을 경우, 필요하다면 이를 찾아내서 다시 보내야 한다.

04 **플린(Flynn)의 분류**

- **SISD** : 한 번에 한 개씩의 명령어와 데이터를 순서대로 처리하는 단일프로세서 시스템에 해당된다. 이러한 시스템에서는 명령어가 한 개씩 순서대로 실행되지만, 실행 과정은 파이프라이닝 되어 있다.
- **SIMD** : 이 분류의 시스템은 배열 프로세서(array processor)라고도 부르며, 이러한 시스템은 여러 개의 프로세싱 유니트(PU; Processing Unit)들로 구성되고, PU들의 동작은 모두 하나의 제어 유니트에 의해 통제된다.
- **MISD** : 한 시스템 내에 N개의 프로세서들이 있고, 각 프로세서들은 서로 다른 명령어들을 실행하지만, 처리하는 데이터들은 하나의 스트림이다. 실제로 사용되지 않으며, 비현실적인 구조이다.
- **MIMD** : 진정한 의미의 병렬 프로세서이며, 일반 용도로 사용되는 것은 아니다. 이 조직에서는 N개의 프로세서들이 서로 다른 명령어들과 데이터들을 처리한다.

정답 **01** ① **02** ④ **03** ② **04** ④

부록

05 컴퓨터의 구성요소에 대한 설명으로 옳은 것만을 모두 고르면?

ㄱ. 입출력장치는 기계적 동작을 수반하기 때문에 동작 속도가 주기억장치보다 빠르다.
ㄴ. 중앙처리장치는 명령어 실행단계에서 제어장치, 내부 레지스터, 연산기를 필요로 한다.
ㄷ. 중앙처리장치는 명령어 인출단계에서 인출된 명령어를 저장하기 위한 명령어 레지스터와 다음에 실행할 명령어가 있는 기억장치의 주소를 저장할 프로그램 카운터를 필요로 한다.
ㄹ. 입출력장치는 중앙처리장치와 직접 데이터를 교환할 수 있으며, 데이터 교환은 반드시 중앙처리장치의 입출력 동작 제어에 의해서만 가능하다.

① ㄱ, ㄴ
② ㄱ, ㄹ
③ ㄴ, ㄷ
④ ㄷ, ㄹ

06 유닉스 시스템 신호에 대한 설명으로 옳은 것은?

① SIGKILL : abort()에서 발생되는 종료 시그널
② SIGTERM : 잘못된 하드웨어 명령어를 수행하는 시그널
③ SIGILL : 터미널에서 CTRL + Z할 때 발생하는 중지 시그널
④ SIGCHLD : 프로세스의 종료 혹은 중지를 부모에게 알리는 시그널

07 다음 설명에 해당하는 페이지 테이블 기술은?

물리 메모리의 프레임당 단 한 개의 페이지 테이블 항목을 할당함으로써 페이지 테이블이 차지하는 공간을 줄이는 기술

① 변환 참조 버퍼
② 계층적 페이지 테이블
③ 역 페이지 테이블
④ 해시 페이지 테이블

08 다음 C 프로그램의 출력 결과는?

```
#include <stdio.h>
void main() {
    int x = 0x15213F10 >> 4;
    char y = (char) x;
    unsigned char z = (unsigned char) x;
    printf("%d, %u", y, z);
}
```

① −15, 15　　② −241, 15
③ −15, 241　　④ −241, 241

09 인터넷 계층에서 동작하는 프로토콜로서 오류보고, 상황보고, 경로제어정보 전달 기능이 있는 프로토콜은?

① ICMP　　② RARP
③ ARP　　④ IGMP

정답찾기

05 ㄱ. 입출력장치는 기계적 동작을 수반하기 때문에 동작 속도가 주기억장치보다 느리다.
ㄹ. 입출력장치는 중앙처리장치와의 속도 차이로 인하여 직접 데이터를 교환하지 않는다.

06
- SIGKILL : 프로세스 강제(즉시) 종료 시그널
- SIGTERM : 프로세스 종료 권고 시그널
- SIGILL : 잘못된 하드웨어 명령어를 수행하는 시그널
- SIGABRT : abort()에서 발생되는 종료 시그널
- SIGTSTP : 터미널에서 CTRL + Z할 때 발생하는 중지 시그널

07 **역 페이지 테이블(Inverted Page Table)** : 메모리 프레임마다 하나의 페이지 테이블 항목을 할당하여 프로세스 증가와 관계없이 크기가 고정된 페이지 테이블에 프로세스를 매핑하여 할당하는 메모리 관리 기법이다. 페이지 테이블의 크기가 증가되지 않아 효율적 메모리 관리를 통해 스레싱을 예방 가능하다.

08 int x = 0x15213F10 >> 4; // 16진수 15213F10를 4비트 우측시프트 연산을 수행하면 16진수 015213F1이 된다. (16진수 한 자리가 4비트로 표현되므로)
➡ 015213F1를 저장할 때 리틀엔디안 방식으로 저장되므로 F1135201이 된다. 다음의 코드와 같이 문자형으로 형 변환을 하면 좌측의 8비트를 사용한다.
char y = (char) x ; // 16진수 F1를 2진수로 변환하면 11110001이 되고, 이를 10진수로 표현하면 −15가 된다. (부호 있는 2의 보수)
unsigned char z = (unsigned char) x ; // 16진수 F1를 2진수로 변환하면 11110001이 되고, 이를 부호 없는 10진수로 표현하면 241이 된다.

09 ① ICMP(Internet Control Message Protocol) : ICMP는 IP가 패킷을 전달하는 동안에 발생할 수 있는 오류 등의 문제점을 원본 호스트에 보고하는 일을 한다. 라우터가 혼잡한 상황에서 보다 나은 경로를 발견했을 때 방향재설정(redirect) 메시지로서 다른 길을 찾도록 하며, 회선이 다운되어 라우팅할 수 없을 때 목적지 미도착(Destination Unreachable)이라는 메시지 전달도 ICMP를 이용한다.
② RARP(Reverse ARP) : 데이터 링크 계층의 프로토콜로 MAC 주소에 대해 해당 IP 주소를 반환해 준다.
③ ARP(Address Resolution Protocol : 네트워크상에서 IP 주소를 MAC 주소로 대응시키기 위해 사용되는 프로토콜이다.
④ IGMP(Internet Group Message Protocol) : 네트워크의 멀티캐스트 트래픽을 자동으로 조절, 제한하고 수신자 그룹에 메시지를 동시에 전송한다. 멀티캐스팅 기능을 수행하는 프로토콜이다.

정답 05 ③ 06 ④ 07 ③ 08 ③ 09 ①

부록

10 **CPU의 제어장치에 해당하지 않는 것은?**

① 순서 제어 논리 장치
② 명령어 해독기
③ 시프트 레지스터
④ 서브루틴 레지스터

11 **시간적으로 연속적인 아날로그 신호에 대해 일정한 시간 간격으로 아날로그 신호 값을 추출하는 과정은?**

① 표본화
② 양자화
③ 부호화
④ 자동화

12 **다음 C 프로그램의 실행 결과는?**

```
#include <stdio.h>
int funa(int);
void main() {
	printf("%d, %d", funa(5), funa(6));
	return 0;
}

int funa(int n) {
	if(n > 1)
		return (n + (funa(n-2)));
	else
		return (n % 2);
}
```

① 5, 6
② 9, 12
③ 15, 21
④ 120, 720

13 다음에서 설명하는 해시 함수는?

> 탐색키 값을 여러 부분으로 나눈 후 각 부분의 값을 더하거나 XOR(배타적 논리합) 연산하여 그 결과로 주소를 취하는 방법

① 숫자분석함수　　② 제산함수
③ 중간제곱함수　　④ 폴딩함수

정답찾기

10 시프트 레지스터는 제어장치가 아니라, 연산장치의 구성 요소로 1비트의 이진 정보를 이동시킬 수 있는 레지스터이다.

11 **1. 펄스 부호 변조(PCM)**

- 표본화(sampling) : 연속적인 아날로그 정보에서 일정 시간마다 신호 값을 추출하는 과정
- 부호화(encoding) : 양자화 과정에서 결과 정수 값을 2진수의 값으로 변환하는 것
- 양자화(quantization) : 표본화된 신호 값을 미리 정한 불연속한 유한개의 값으로 표시해주는 과정이 양자화다. 즉, 연속적으로 무한한 아날로그 신호를 일정한 개수의 대푯값으로 표시한다. 원신호의 파형과 양자화된 파형 사이에는 약간의 차이가 존재하는데 이를 양자화 잡음(quantization noise) 또는 양자화 오차라고 한다.

2. 펄스 부호 전송 방식

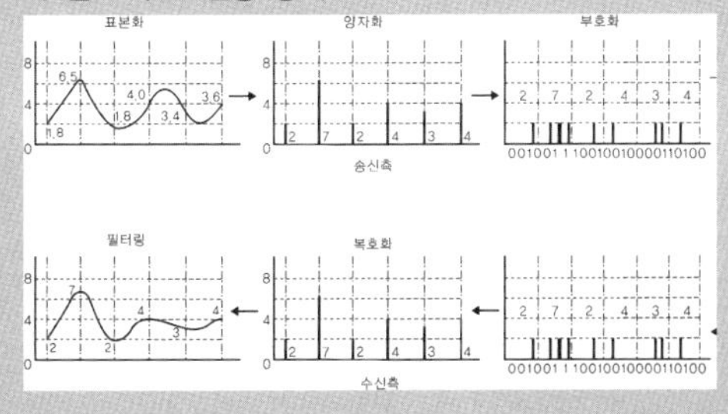

12 문제의 소스코드는 재귀호출(순환함수)을 사용하고 있다.

funa(5)
→ 5 + funa(3)
→ 3 + funa(1)
→ 1
funa(6)
→ 6 + funa(4)
→ 4 + funa(2)
→ 2 + funa(0)
→ 0

13 ① 자리수 분석법(Digit-analysis) : 모든 키를 분석해서 불필요한 부분이나 중복되는 부분을 제거하여 홈 주소를 결정하는 방식이다.

② 제산법(Division-Remainder) : 키 값을 테이블 크기로 나누어서 그 나머지를 버킷 주소로 변환하는 방법이다.

③ 중간 제곱법(Mid-Square) : 키 값을 제곱한 후 중간에 정해진 자릿수만큼을 취해서 해시 테이블의 버킷 주소로 만드는 방법이다.

④ 폴딩법(Folding)

- 키 값을 버킷 주소 크기만큼의 부분으로 분할한 후, 분할한 것을 더하거나 연산하여 그 결과 주소의 크기를 벗어나는 수는 버리고, 벗어나지 않는 수를 택하여 버킷의 주소를 만드는 방법이다.
- 이동 폴딩법(Shift Folding) : 주어진 키를 몇 개의 동일한 부분으로 나누고, 각 부분의 오른쪽 끝을 맞추어 더한 값을 홈 주소로 하는 방법이다.
- 경계 중첩법(Boundary Folding) : 나누어진 부분들 간에 접촉될 때 하나 건너 부분의 값을 역으로 하여 더한 값을 홈 주소로 하는 방식이다.

정답　**10** ③　**11** ①　**12** ②　**13** ④

14 **(가)~(다)에 해당하는 말을 바르게 연결한 것은?**

(가) 컴퓨터가 데이터를 통해 스스로 학습하여 예측이나 판단을 제공하는 기술
(나) 인간의 지적 능력을 컴퓨터를 통해 구현하는 기술
(다) 인공 신경망을 활용하는 개념으로, 여러 계층의 신경망을 구성해 학습을 효과적으로 수행하는 기술

	(가)	(나)	(다)
①	인공지능	머신러닝	딥러닝
②	인공지능	딥러닝	머신러닝
③	머신러닝	인공지능	딥러닝
④	머신러닝	딥러닝	인공지능

15 **구조적 개발 방법론에서 사용자 요구사항을 분석한 후 결과를 표현할 때 사용되는 도구에 대한 설명으로 옳은 것은?**

① 자료흐름도에서 자료저장소는 원으로 표현한다.
② 자료사전은 계획(ISP), 분석(BAA), 설계(BSD), 구축(SC)의 절차로 작성한다.
③ 자료사전에서 사용하는 기호 중 ( )는 선택에 사용되는 기호이다.
④ 소단위 명세서를 작성하는 도구에는 구조적언어, 의사결정표 등이 있다.

16 **다음 내용에 해당하는 법칙은?**

주식회사의 주가를 보면 일일 가격은 급격히 변동할 수 있다. 하지만 긴 기간의 움직임을 보면 상승, 하락 또는 변동 없는 추세를 보인다.

① 자기 통제의 법칙
② 복잡도 증가의 법칙
③ 피드백 시스템의 법칙
④ 지속적 변경의 법칙

부록

정답찾기

14 • **머신러닝**: 인공적인 학습 시스템을 연구하는 과학과 기술, 즉 경험적인 데이터를 바탕으로 지식을 자동으로 습득하여 스스로 성능을 향상시키는 기술을 말한다.
• **인공지능**: 인간의 지능(인지, 추론, 학습 등)을 컴퓨터나 시스템 등으로 만든 것 또는 만들 수 있는 방법론이나 실현 가능성 등을 연구하는 기술 또는 과학을 말한다.
• **딥러닝**: 많은 수의 신경층을 쌓아 입력된 데이터가 여러 단계의 특징 추출 과정을 거쳐 자동으로 고수준의 추상적인 지식을 추출하는 방식이다.

15 ① 자료흐름도에서 자료저장소는 이중평행선으로 표현한다.
② 자료사전은 개발 시스템과 연관된 자료 요소들의 집합이며, 저장 내용이나 중간 계산 등에 관련된 용어를 이해할 수 있는 정의이다. 구조적 분석에서 사용된다.
③ 자료사전에서 사용하는 기호 중 ( )는 생략 가능에 사용되는 기호이다.

16 **리먼의 소프트에어 진화 법칙**(Lehman's laws of software evolution)
1. 자기 통제(Self Regulation): 프로그램별로 변경되는 사항은 고유한 패턴/추세가 있으며, 복잡성을 단순화시키려는 인간 의지의 개입
2. 복잡도 증가(Increasing Complexity): 변경이 가해질수록 구조는 복잡해지며, 복잡도는 이를 유지하거나 줄이고자 하는 특별한 작업을 하지 않는 한 계속 증가
3. 피드백 시스템(Feedback System): 시스템의 지속적인 변화 또는 진화를 유지하려면 성능을 모니터링할 수단이 필요
4. 지속적 변경(Continuing Change): 소프트웨어는 계속 진화하며 요구사항에 의해 계속적으로 변경되어야 함

정답 14 ③ 15 ④ 16 ①

17 그림과 같이 S 테이블과 T 테이블이 있을 때, SQL 실행 결과는?

S

a	b
1	가
2	나
3	다

T

c	d
나	X
다	Y
라	Z

```
SELECT S.a, S.b, T.d
FROM S
LEFT JOIN T
ON S.b = T.c
```

①

a	b	d
1	가	(NULL)
2	나	X
3	다	Y

②

a	b	d
2	나	X
3	다	Y
1	가	(NULL)

③

a	b	d
1	가	(NULL)
2	나	X
3	다	Y
(NULL)	라	Z

④

a	b	d
2	나	X
3	다	Y
(NULL)	라	Z

18 운영체제 시스템 호출에 대한 설명으로 옳지 않은 것은?

① fork( )는 실행 중인 프로세스를 복사하는 함수이다.
② fork( ) 호출 시 부모 프로세스와 자식 프로세스가 차지하는 메모리 위치는 동일하다.
③ exec( )는 이미 만들어진 프로세스의 구조를 재활용하는 함수이다.
④ exec( ) 호출에 사용되는 함수 중 wait( )는 프로세스 종료 대기를 처리한다.

19 SQL 뷰에 대한 설명으로 옳은 것은?

① 복잡한 질의를 간단하게 표현할 수 있게 한다.
② 데이터 무결성을 보장하지만 독립성을 제공하지는 않는다.
③ 제거할 때는 DELETE문을 사용한다.
④ 동일한 데이터에 대해 하나의 뷰만 생성 가능하다.

정답찾기

17 1. **조인(JOIN, ⋈)**: 두 관계로부터 관련된 튜플들을 하나의 튜플로 결합하는 연산. 카티션 프로덕트와 셀렉트를 하나로 결합한 이항 연산자로, 일반적으로 조인이라 하면 자연조인을 말한다.
2. **외부조인(outer join, ⋈+)**
- 조인 시 조인할 상대 릴레이션이 없을 경우 널 튜플로 만들어 결과 릴레이션에 포함한다.
- 좌측 외부조인: 오른쪽 릴레이션의 어떤 튜플과도 부합되지 않는 왼쪽 릴레이션 내의 모든 튜플을 취해서, 그 튜플들의 오른쪽 릴레이션의 속성들을 널값으로 채우고, 자연조인의 결과에 이 튜플들을 추가한다.
- 우측 외부조인: 좌측 외부조인과 대칭적인 위치에 있다.
- 완전 외부조인: 두 연산 모두를 행한다.

18
- fork( ) 호출 시 부모 프로세스와 자식 프로세스가 차지하는 메모리 위치는 동일하지 않다.
- fork( )는 현재 실행 중인 프로세스의 복제본인 자식 프로세스를 생성한다. 자식 프로세스는 부모 프로세스의 복제본이며, 부모 프로세스와 같은 코드, 데이터 및 실행 상태를 가지고 있다. 자식 프로세스는 fork( ) 함수를 호출한 시점에서부터 실행을 시작한다. 부모 프로세스와 자식 프로세스는 각각의 고유한 프로세스 ID(PID)를 가지고 있다.
- exec( ) 함수는 새로운 프로세스를 실행하기 위해 사용된다. exec( ) 함수는 현재 프로세스의 이미지를 새로운 프로세스 이미지로 대체한다. 이를 통해 새로운 프로그램을 실행할 수 있다. exec( ) 함수는 새로운 프로세스 이미지의 파일 이름과 인수를 인자로 받는다.

19 SQL 뷰는 하나 이상의 테이블로부터 유도되어 만들어진 가상 테이블이며, 실행시간에만 구체화되는 특수한 테이블이다.

뷰의 특징
- 뷰가 정의된 기본 테이블이 제거(변경)되면, 뷰도 자동적으로 제거(변경)된다.
- 외부 스키마는 뷰와 기본 테이블의 정의로 구성된다.
- 뷰에 대한 검색은 기본 테이블과 거의 동일하다(삽입, 삭제, 갱신은 제약).
- DBA는 보안 측면에서 뷰를 활용할 수 있다.
- 뷰는 CREATE문에 의해 정의되며, SYSVIEWS에 저장된다.
- 한 번 정의된 뷰는 변경할 수 없으며, 삭제한 후 다시 생성된다.
- 뷰의 정의는 ALTER문을 이용하여 변경할 수 없다.
- 뷰를 제거할 때는 DROP문을 사용한다.

정답 17 ② 18 ② 19 ①

20 다음 C 프로그램의 실행 결과는?

```
#include <stdio.h>
int C(int v) {
    printf("%d ", v);
    return 1;
}

int main() {
    int a = -2;
    int b = !a;
    printf("%d %d %d %d ", a, b, a&&b, a||b);
    if(b && C(10))
        printf("A ");
    if(b & C(20))
        printf("B ");
    return 0;
}
```

① −2 0 0 1 20
② −2 0 0 1 10 20
③ −2 1 0 1 10 20
④ −2 2 1 1 10 A 20 B

정답찾기

20 int b=!a; // 변수 a가 −2이므로 !a의 값은 거짓을 의미하는 0이 된다.
printf("%d %d %d %d ", a, b, a&&b, a||b);
// −2 0 0 1 이 출력된다.
if(b && C(10)) // &&은 단락회로평가(중지연산)가 수행된다. 변수 b의 값이 거짓이므로 전체 조건은 거짓이 된다.
if(b & C(20)) // &은 단락회로평가(중지연산)가 수행되지 않으므로 C() 함수가 수행된다. 하지만 전체조건은 만족되지 않으므로 printf("B ");은 수행되지 않는다.

정답 20 ①

부록

기출문제

2023년 지방직 9급

01 다음 중 문자 한 개를 표현하기 위해 필요한 비트 수가 가장 많은 문자 코드 체계는?

① ASCII
② BCD
③ EBCDIC
④ 유니코드(Unicode)

02 다음은 어떤 시스템의 성능 개선에 대한 내용이다. 성능 개선 후 프로그램 P의 실행에 걸리는 소요시간은? (단, 시스템에서 프로그램 P만 실행된다고 가정한다)

- 성능 개선 전에 프로그램 P의 특정 부분 A의 실행에 30초가 소요되었고, A를 포함한 전체 프로그램 P의 실행에 50초가 소요되었다.
- 시스템의 성능을 개선하여 A의 실행 속도를 2배 향상시켰다.
- A의 실행 속도 향상 외에 성능 개선으로 인한 조건 변화는 없다.

① 25초
② 30초
③ 35초
④ 40초

정답찾기

01 문자 데이터의 표현

1. BCD 코드(2진화 10진 코드)
   - BCD 코드는 2개의 존(zone)비트와 4개의 숫자(digit)비트의 6비트로 구성되어 있다.
   - 6비트로 64(26)가지의 문자를 표현할 수 있으며, 영문 대문자와 소문자를 구별하지 못한다.
2. ASCII 코드(미국표준코드)
   - ASCII 코드는 3개의 존(zone)비트와 4개의 숫자(digit)비트의 7비트로 구성되어 있다.
   - 7비트로 128(27)가지의 문자를 표현할 수 있으며, 마이크로컴퓨터와 데이터 통신용 코드로 사용되고 있다.
3. EBCDIC 코드(확장 2진화 10진 코드)
   - EBCDIC 코드는 4개의 존(zone)비트와 4개의 숫자(digit)비트의 8비트로 구성되어 있다.
   - 8비트로 256(28)가지의 문자를 표현할 수 있다.
4. 유니코드(unicode)
   - ASCII 코드와는 달리 언어와 상관없이 모든 문자를 표현할 수 있는 국제 표준 문자코드이다.
   - 2바이트(16비트)로 표현한 것이며, 최대 65,000여 개의 문자를 표현 가능하다.

02
- **성능 개선 전**: 프로그램 P의 특정 부분 A의 실행에 30초, A를 포함한 전체 프로그램 P의 실행에 50초 소요
- **성능 개선 후**: 프로그램 P의 특정 부분 A의 실행에 15초, A를 포함한 전체 프로그램 P의 실행에 35초 소요

정답 **01** ④ **02** ③

03 **부울 변수 X, Y, Z에 대한 등식으로 옳지 않은 것은? (단, ·은 AND, +는 OR, ′는 NOT 연산을 의미한다)**

① $X+(Y \cdot Z) = (X + Y) \cdot (X + Z)$
② $X \cdot (X + Y) = X \cdot X + Y$
③ $(X + Y) + Z = X + (Y + Z)$
④ $(X + Y)' = X' \cdot Y'$

04 **IP(Internet Protocol)에 대한 설명으로 옳지 않은 것은?**

① 전송 계층에서 사용되는 프로토콜이다.
② 비연결형 프로토콜이다.
③ IPv4에서 IP 주소의 길이가 32비트이다.
④ IP 데이터그램이 목적지에 성공적으로 도달하는 것을 보장하지 않는다.

05 **다음에서 제시한 시스템에서 주기억장치 주소의 각 필드의 비트 수를 바르게 연결한 것은? (단, 주기억장치 주소는 바이트 단위로 할당되고, 1 KB는 1,024바이트이다)**

- 캐시기억장치는 4-way 집합 연관 사상(set-associative mapping) 방식을 사용한다.
- 캐시기억장치는 크기가 8 KB이고 전체 라인 수가 256개이다.
- 주기억장치 주소는 길이가 32비트이고, 캐시기억장치 접근(access)과 관련하여 아래의 세 필드로 구분된다.

태그(tag)	세트(set)	오프셋(offset)

	태그	세트	오프셋
①	20	6	6
②	20	7	5
③	21	5	6
④	21	6	5

06 **2의 보수로 표현된 부호 있는(signed) n비트 2진 정수에 대한 설명으로 옳지 않은 것은?**

① 최저 음수의 값은 $-(2^{n-1}-1)$이다.
② 0에 대한 표현이 한 가지이다.
③ 0이 아닌 2진 정수 A의 2의 보수는 (2^n-A)이다.
④ 0이 아닌 2진 정수 A의 2의 보수는 A의 1의 보수에 1을 더해서 구할 수 있다.

정답찾기

03 X · (X + Y) = XX + XY = X + XY = X(1 + Y) = X

04 IP(Internet Protocol)은 네트워크 계층에서 사용되는 프로토콜이다.

05
- 주기억장치 주소는 길이가 32비트이고, 4-way 집합 연관 사상 방식을 사용하므로 하나의 세트는 4개의 라인으로 구성된다.
- 캐시기억장치 전체 라인 수가 256개이고, 4-way 집합 연관 사상 방식을 사용하므로 세트(set)는 256 / 4 = 2^8 / 2^2 = 2^6이므로 6bit이다.
- 오프셋(offset) 값은 해당 페이지 내에서 몇 번째 위치에 들어 있는지를 나타내는 변위 값이므로 8K / 256 = 2^13 / 2^8 = 2^5으로 5bit이다.
- 태그(tag)는 캐시로 적재된 데이터가 주기억장치 어느 곳에서 온 데이터인지를 구분하기 위한 번호이며, 전체 32bit에서 6bit와 5bit를 빼면 21bit가 된다.

06 고정 소수점 데이터 형식(fixed point data format)
- 표현 방식

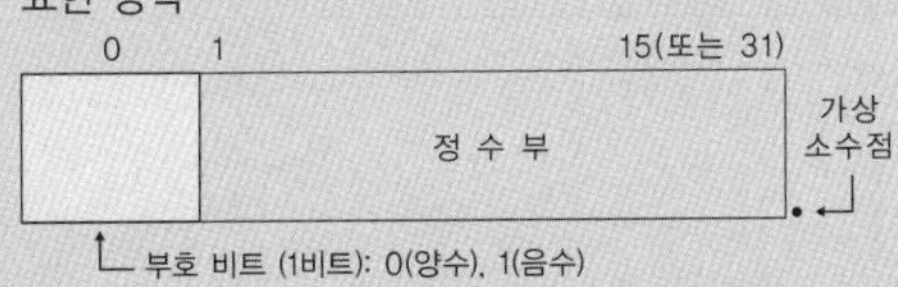

- 부호 있는 8비트 2진수의 표현

	부호 절대치	부호 1의 보수	부호 2의 보수
+127	01111111	01111111	01111111
⋮	⋮	⋮	⋮
+1	00000001	00000001	00000001
+0	00000000	00000000	00000000
−0	10000000	11111111	×
−1	10000001	11111110	11111111
⋮	⋮	⋮	⋮
−127	11111111	10000000	10000001
−128	×	×	10000000

- 부호 절대치와 부호 1의 보수 표현에는 0이 2개(+0, −0) 존재한다.
- 부호 2의 보수 표현은 0이 1개(+0)만 존재하기 때문에 음수값은 부호 절대치나 부호 1의 보수 표현보다 표현범위가 1이 더 크다.
- 정수 표현 범위(n 비트일 때)

부호 절대치	$-(2^{n-1}-1) \sim +(2^{n-1}-1)$
부호 1의 보수	$-(2^{n-1}-1) \sim +(2^{n-1}-1)$
부호 2의 보수	$-(2^{n-1}) \sim +(2^{n-1}-1)$

정답 03 ② 04 ① 05 ④ 06 ①

07 **10진수 45.1875를 2진수로 변환한 것은?**

① 101100.0011　　② 101100.0101
③ 101101.0011　　④ 101101.0101

08 **운영체제에서 다음 설명에 해당하는 페이지 교체 알고리즘은?**

페이지 교체가 필요한 시점에서 최근 가장 오랫동안 사용되지 않은 페이지를 제거하여 교체한다.

① 최적(optimal) 교체 알고리즘
② FIFO(First In First Out) 교체 알고리즘
③ LRU(Least Recently Used) 교체 알고리즘
④ LFU(Least Frequently Used) 교체 알고리즘

09 **ICT 기술에 대한 설명으로 옳지 않은 것은?**

① 기계학습(machine learning)의 학습 방법에는 지도학습(supervised learning), 비지도학습(unsupervised learning), 강화학습(reinforcement learning) 등이 있다.
② 가상현실(virtual reality)은 가상의 공간과 사물 등을 만들어, 일상적으로 경험하기 어려운 상황을 실제처럼 체험할 수 있도록 해준다.
③ RFID(Radio Frequency IDentification)에서 수동형 태그는 내장된 배터리를 사용하여 무선 신호를 발생시킨다.
④ 지그비(ZigBee)는 저비용, 저전력 무선 네트워크 기술로 센서 네트워크에서 사용할 수 있다.

10 **다음 조건을 만족하는 가상기억장치에서 가상 페이지 번호(virtual page number)와 페이지 오프셋의 비트 수를 바르게 연결한 것은?**

• 페이징 기법을 사용하며, 페이지 크기는 2,048바이트이다. • 가상 주소는 길이가 32비트이고, 가상 페이지 번호와 페이지 오프셋으로 구분된다.

	가상 페이지 번호	페이지 오프셋
①	11	21
②	13	19
③	19	13
④	21	11

11 다음 트리에 대한 설명으로 옳지 않은 것은?

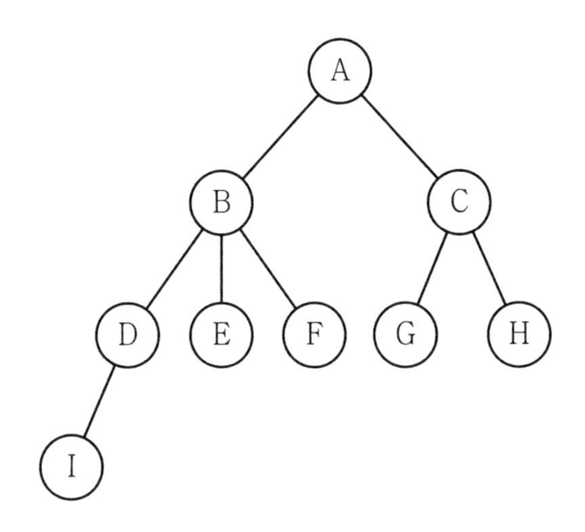

① A 노드의 차수(degree)는 2이다.
② 트리의 차수는 4이다.
③ D 노드는 F 노드의 형제(sibling) 노드이다.
④ C 노드는 G 노드의 부모(parent) 노드이다.

부록

정답찾기

07 45.1875(10) → 101101.0011(2)

08 LRU(Least Recently Used)
- 주기억장치에서 가장 오랫동안 사용되지 않은 페이지를 교체한다.
- 계수기 또는 스택과 같은 별도의 하드웨어가 필요하며, 시간적 오버헤드(Overhead)가 발생한다.
- 최적화 기법에 근사하는 방법으로, 효과적인 페이지 교체 알고리즘으로 사용된다.

09 RFID 태그는 전원공급 유무에 따라 전원을 필요로 하는 능동형(Active)과 내부나 외부로부터 직접적인 전원의 공급 없이 리더기의 전자기장에 의해 작동되는 수동형(Passive)으로 나눌 수 있다.
- 능동형 타입은 리더기의 필요전력을 줄이고 리더기와의 인식거리를 멀리할 수 있다는 장점이 있지만, 전원공급장치를 필요로 하기 때문에 작동시간의 제한을 받으며 수동형에 비해 고가인 단점이 있다.
- 수동형은 능동형에 비해 매우 가볍고 가격도 저렴하면서 반영구적으로 사용이 가능하지만, 인식거리가 짧고 리더기에서 훨씬 더 많은 전력을 소모한다는 단점이 있다.

10 페이지 테이블의 항목 수 = 가상주소 공간 크기/페이지 크기 = 2^32 / 2048 = 2^32 / 2^11 = 2^21
즉, 페이지 번호에 할당되는 비트 수는 21이 된다.
가상주소 길이가 32비트이므로 가상 페이지 번호가 21비트이고, 페이지 오프셋이 11비트이다.

11 트리의 차수는 그 트리에 있는 노드의 최대차수이므로 문제의 트리는 차수가 3이다.

정답 **07** ③ **08** ③ **09** ③ **10** ④ **11** ②

12 **다음에서 설명하는 UML(Unified Modeling Language) 다이어그램(diagram)은?**

> 객체들이 어떻게 상호 동작하는지를 메시지 순서에 초점을 맞춰 나타낸 것으로, 어떠한 작업이 객체 간에 발생하는지를 시간 순서에 따라 보여준다.

① 클래스(class) 다이어그램
② 순차(sequence) 다이어그램
③ 배치(deployment) 다이어그램
④ 컴포넌트(component) 다이어그램

13 **리틀 엔디안(little endian) 방식을 사용하는 시스템에서 다음 C 프로그램의 출력 결과는? (단, int의 크기는 4바이트이다)**

```
#include <stdio.h>
int main() {
    char i;
    union {
        int int_arr[2];
        char char_arr[8];
    } endian;
    for (i = 0; i < 8; i++)
        endian.char_arr[i] = I + 16;
    printf("%x", endian.int_arr[1]);
    return 0;
}
```

① 10111213　　② 13121110
③ 14151617　　④ 17161514

14 **2의 보수로 표현된 부호 있는 8비트 2진 정수 10110101을 2비트만큼 산술 우측 시프트(arithmetic right shift)한 결과는?**

① 00101101　　② 11010100
③ 11010111　　④ 11101101

정답찾기

12 ② **순차(sequence) 다이어그램** : 순서 다이어그램은 객체 간의 메시지 통신을 분석하기 위한 것이다. 이는 시스템의 동적인 모델을 아주 보기 쉽게 표현하고 있기 때문에 의사소통에 매우 유용하다. 시스템의 동작을 정형화하고 객체들의 메시지 교환을 시각화하여 나타낸다. 객체 사이에 일어나는 상호작용을 나타낸다.

① **클래스(class) 다이어그램** : 객체, 클래스, 속성, 오퍼레이션 및 연관관계를 이용하여 시스템을 나타낸다.

③ **배치(deployment) 다이어그램** : 시스템 구조도를 통하여 서버와 클라이언트 간의 통신방법이나 연결상태, 각 프로세스를 실제 시스템에 배치하는 방법 등을 표현하게 된다.

④ **컴포넌트(component) 다이어그램** : 각 컴포넌트를 그리고 컴포넌트 간의 의존성 관계를 화살표로 나타낸다.

13
- 문제 코드에서 공용체(union)를 사용하였으므로 int int_arr[2];과 char char_arr[8];는 각각의 기억공간이 아닌 공용공간을 사용한다.
- 반복문에 의해 공용체 endian.char_arr[i]에 16부터 값이 삽입된다.

endian.char_arr[7]	00010111
endian.char_arr[6]	00010110
endian.char_arr[5]	00010101
endian.char_arr[4]	00010100
endian.char_arr[3]	00010011
endian.char_arr[2]	00010010
endian.char_arr[1]	00010001
endian.char_arr[0]	00010000

- 저장된 상태에서 endian.int_arr[1]를 출력하는데 int의 크기는 4바이트로 가정하였으므로 endian.char_arr[4]~endian.char_arr[7]까지 리틀 엔디안 방식 16진수 형태(%x)로 출력되어 17161514가 된다.

14
- **산술적 시프트(Arithmetic shift)** : 레지스터에 저장된 데이터가 부호를 가진 정수인 경우에 부호 비트를 고려하여 수행되는 시프트이다. 시프트 과정에서 부호 비트는 그대로 두고, 수의 크기를 나타내는 비트들만 시프트시킨다.
- 예를 들어 4비트로 아래와 같이 표현한다면,

a4	a3	a2	a1

산술적 좌측-시프트(arithmetic shift-left)

a4(불변), a3 ← a2, a2 ← a1, a1 ← 0

산술적 우측-시프트(arithmetic shift-right)

a4(불변), a4 → a3, a3 → a2, a2 → a1

정답 12 ② 13 ④ 14 ④

15 다음 Java 프로그램의 출력 결과는?

```
public class Result {
    public static void main(String[] args) {
        int sum = 0;
        for (int i = 1; i <= 10; i++)
            if (i % 2 != 0 && i % 5 != 0)
                sum += i;
        System.out.println(sum);
    }
}
```

① 15
② 20
③ 25
④ 55

16 TCP/IP 프로토콜 계층 구조에서 다음 중 나머지 셋과 다른 계층에 속하는 프로토콜은?

① HTTP
② SMTP
③ DNS
④ ICMP

17 데이터베이스 언어에 대한 설명으로 옳지 않은 것은?

① 데이터 제어어(data control language)는 사용자가 데이터에 대한 검색, 삽입, 삭제, 수정 등의 처리를 DBMS에 요구하기 위해 사용되는 언어이다.
② 데이터 제어어는 데이터베이스의 보안, 무결성, 회복(recovery) 등을 지원하기 위해 사용된다.
③ 절차적 데이터 조작어(procedural data manipulation language)는 사용자가 원하는 데이터와 그 데이터로의 접근 방법을 명시해야 하는 언어이다.
④ 데이터 정의어(data definition language)는 데이터베이스 스키마의 생성, 변경, 삭제 등에 사용되는 언어이다.

18 TCP(Transmission Control Protocol)에 대한 설명으로 옳은 것만을 모두 고르면?

ㄱ. 네트워크 계층에서 사용되는 프로토콜이다.
ㄴ. 흐름 제어와 혼잡 제어를 수행한다.
ㄷ. 연결지향형 프로토콜이다.
ㄹ. IP 주소를 이용하여 데이터그램을 목적지 호스트까지 전송하는 역할을 한다.

① ㄱ, ㄴ　　② ㄱ, ㄹ
③ ㄴ, ㄷ　　④ ㄷ, ㄹ

부록

정답찾기

15 문제 코드의 for문은 변수 i가 1에서 10까지 1씩 증가되면서 수행되고, if문에 의해 변수 i의 값이 2의 배수이면 i % 2 != 0가 거짓이 되고, 5의 배수일 때도 i % 5 != 0가 거짓이 되어 sum += i; 가 수행되지 않는다. 즉, 1부터 10까지 중에서 1, 3, 7, 9의 수치만 변수 sum에 누적합되어 20이 출력된다.

16 HTTP, SMTP, DNS는 응용 계층에 속하는 프로토콜이고, ICMP는 네트워크 계층에 속하는 프로토콜이다.

17 데이터 조작어(DML; Data Manipulation Language)는 사용자가 데이터에 대한 검색, 삽입, 삭제, 수정 등의 처리를 DBMS에 요구하기 위해 사용되는 언어이다.
- 데이터 정의어(DDL; Data Definition Language) : CREATE, ALTER, DROP, RENAME
- 데이터 조작어(DML; Data Manipulation Language) : SELECT, INSERT, UPDATE, DELETE
- 데이터 제어어(DCL; Data Control Language) : GRANT, REVOKE
- 트랜잭션 제어어(TCL; Transaction Control Language) : COMMIT, ROLLBACK

18
- TCP(Transport Control Protocol)
  - 연결지향형(connection oriented) 프로토콜이며, 이는 실제로 데이터를 전송하기 전에 먼저 TCP 세션을 맺는 과정이 필요함을 의미한다(TCP3-way handshaking).
  - 패킷의 일련번호(sequence number)와 확인신호(acknowledgement)를 이용하여 신뢰성 있는 전송을 보장하는데 일련번호는 패킷들이 섞이지 않도록 순서대로 재조합 방법을 제공하며, 확인신호는 송신측의 호스트로부터 데이터를 잘 받았다는 수신측의 확인 메시지를 의미한다.
- 혼잡제어(Congestion Control)는 TCP의 역할이다. 혼잡제어는 통신망의 특정 부분에 트래픽이 몰리는 것을 방지하는 것을 말한다. 즉, 송신된 패킷이 네트워크상의 라우터가 처리할 수 있는 양을 넘어서 혼잡하게 되면 데이터가 손실될 수 있기 때문에 송신측의 전송량을 제어하게 된다.

정답　15 ②　16 ④　17 ①　18 ③

19 다음은 프로세스가 준비 상태 큐에 도착한 시간과 프로세스를 처리하는 데 필요한 실행 시간을 보여준다. 선점형 SJF(Shortest Job First) 스케줄링 알고리즘인 SRT(Shortest Remaining Time) 알고리즘을 사용할 경우, 프로세스들의 대기 시간 총합은? (단, 프로세스 간 문맥 교환에 따른 오버헤드는 무시하며, 주어진 4개 프로세스 외에 처리할 다른 프로세스는 없다고 가정한다)

프로세스	도착 시간	실행 시간
P_1	0	30
P_2	5	10
P_3	10	15
P_4	15	10

① 40　② 45
③ 50　④ 55

20 공백 상태인 이진 탐색 트리(binary search tree)에 1부터 5까지의 정수를 삽입하고자 한다. 삽입 결과, 이진 탐색 트리의 높이가 가장 높은 삽입 순서는?

① 1, 2, 3, 4, 5　② 1, 4, 2, 5, 3
③ 3, 1, 4, 2, 5　④ 5, 3, 4, 1, 2

정답찾기

19 SRT(Shortest Remaining Time) 스케줄링은 실행 중인 작업이 끝날 때까지 남은 실행 시간의 추정값보다 더 작은 추정값을 갖는 작업이 들어 오게 되면 언제라도 현재 실행 중인 작업을 중단하고 그것을 먼저 실행시키는 스케줄링 기법이다.

프로세스번호	P_1	P_2	P_4	P_3	P_1
시간할당량	30	10	10	15	25
남은작업량	25	0	0	0	0

- P_1의 대기시간: 35
- P_2의 대기시간: 0
- P_3의 대기시간: 15
- P_4의 대기시간: 0
- 총 대기시간: (35 + 15) = 50

20 이진 탐색 트리(binary search tree)는 공백이 아니면 다음 성질을 만족한다.
- 모든 원소는 상이한 키를 갖는다.
- 왼쪽 서브 트리 원소들의 키 < 루트의 키
- 오른쪽 서브 트리 원소들의 키 > 루트의 키
- 왼쪽 서브 트리와 오른쪽 서브트리: 이진 탐색 트리

문제에서 ①의 값으로 이진 탐색 트리를 구성할 때 오른쪽으로 편향 이진 트리가 생성되므로 트리의 높이가 가장 높은 삽입 순서가 된다.

정답　**19** ③　**20** ①

부록 기출문제

2024년 국가직 9급

01 컴퓨터에서 사용하는 정보량의 단위를 크기가 작은 것부터 큰 것 순서대로 바르게 나열한 것은?

① EB, GB, PB, TB
② EB, PB, GB, TB
③ GB, TB, EB, PB
④ GB, TB, PB, EB

정답찾기

01 컴퓨터의 기억용량 단위

용량(크기)
K(Kilo)B = 1024 = 2^{10} Byte
M(Mega)B = 1024 * KB = 2^{20} Byte
G(Giga)B = 1024 * MB = 2^{30} Byte
T(Tera)B = 1024 * GB = 2^{40} Byte
P(Peta)B = 1024 * TB = 2^{50} Byte
E(Exa)B = 1024 * PB = 2^{60} Byte
Z(Zetta)B = 1024 * EB = 2^{70} Byte
Y(Yotta)B = 1024 * ZB = 2^{80} Byte

정답 **01** ④

02 다음 논리회로도에서 출력 F가 0이 되는 입력 조합을 바르게 연결한 것은?

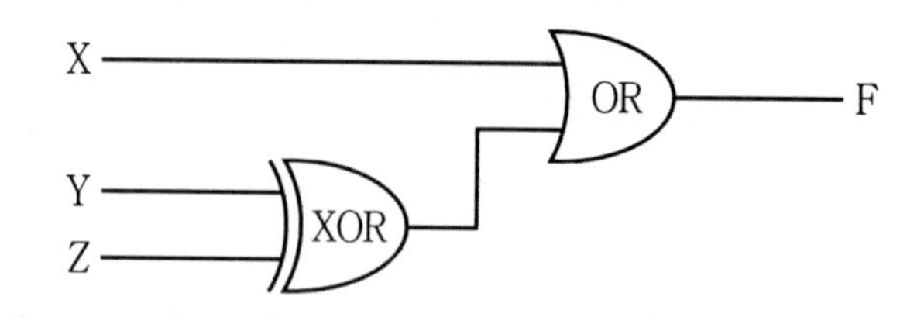

	X	Y	Z
①	0	0	1
②	0	1	0
③	0	1	1
④	1	0	0

03 암호화 및 복호화를 위하여 개인키와 공개키가 필요한 비대칭키 암호화 기법은?

① AES
② DES
③ RSA
④ SEED

04 OSI 모형의 네트워크 계층 프로토콜에 속하지 않는 것은?

① ICMP
② IGMP
③ IP
④ SLIP

05 클라우드 컴퓨팅 서비스에서 애플리케이션을 구축, 테스트, 설치할 수 있도록 통합환경을 제공하는 것은?

① IaaS
② NAS
③ PaaS
④ SaaS

06 10진수 뺄셈 (7 – 12)를 2의 보수를 이용하여 계산한 결과는? (단, 저장 공간은 8비트로 한다)

① 0000 0100
② 0000 0101
③ 1111 0101
④ 1111 1011

정답찾기

02 • OR 게이트는 두 개의 입력이 모두 0일 때 출력 0이 된다. 문제에서 출력 F가 0이 되는 입력 조합이라고 했으므로 X는 0이 입력되어야 한다. Y와 Z는 XOR 게이트로 구성되어 있고 XOR 게이트는 두 개의 입력이 같을 때 출력 0이 되므로 Y와 Z는 0,0이거나 1,1이 되어야 한다.

• **OR 연산의 진리표**

A	B	A+B
0	0	0
0	1	1
1	0	1
1	1	1

• **XOR 연산의 진리표**

A	B	A⊕B
0	0	0
0	1	1
1	0	1
1	1	0

03

대칭키 암호		비대칭키 암호	
스트림 암호	블록 암호	이산 대수	소인수 분해
RC4, LFSR	DES, AES, SEED, ARIA	DH, ElGaaml, DSA, ECC	RSA, Rabin

04 SLIP(Serial Line Internet Protocol)은 데이터 링크 계층(2계층)에 속하는 프로토콜이다.

OSI 7 계층	TCP/IP 프로토콜	계층별 프로토콜			
애플리케이션 계층	애플리케이션 계층	Telnet, FTP, SMTP, DNS, SNMP			
프리젠테이션 계층					
세션 계층					
트랜스포트 계층	트랜스포트 계층	TCP, UDP			
네트워크 계층	인터넷 계층	IP, ICMP, ARP, RARP, IGMP			
데이터링크 계층	네트워크 인터페이스 계층	Ether net	Token Ring	Frame Relay	ATM
물리적 계층					

05 ③ PaaS(Platform as a Service)는 SaaS의 개념을 개발 플랫폼에도 확장한 개념이며, 개발을 위한 플랫폼을 구축할 필요 없이 필요한 개발 요소들을 웹에서 쉽게 빌려 쓸 수 있게 하는 서비스이다.

① IaaS(Infrastructure as a Service)는 서버, 스토리지, 데이터베이스 등과 같은 시스템이나 서비스를 구축하는 데 필요한 IT 자원을 제공하는 인프라 서비스이다.

② NAS(Network Attached Storage)는 네트워크 결합 스토리지라고 하며, 다수의 저장장치(HDD나 SSD)를 연결한 개인용 파일서버로서 네트워크(인터넷)로 접속하여 데이터에 접근하는 용도의 저장장치 시스템이다.

④ SaaS(Software as a Service)는 사용자가 소프트웨어를 설치하는 것이 아니라 서비스 제공자가 설치하고 관리하며, 소프트웨어를 서비스 형태로 제공하는 소프트웨어 서비스이다.

06 • 10진수 뺄셈 (7 − 12)를 2의 보수를 이용하여 계산하기 위하여 12를 2의 보수로 변환하여 뺄셈을 덧셈으로 풀이할 수 있다. (7 + (12의 2의 보수값))
00001000(10진수 7을 2진수로 표현) + 11110100(10진수 12를 2의 보수로 표현) = 11111011

• 결과값 11111011에 자리올림이 발생하지 않았으므로 결과값을 2의 보수로 변환하여 −기호를 붙인다.
−00000101(2진수) = −5(10진수)
−5 값을 부호와 2의 보수로 표현하면 11111011이 된다.
실제 문제풀이 시에는 7−12를 하여 결과값 −5를 부호와 2의 보수로 표현하여 정답을 간단하게 찾을 수 있다.

정답 02 ③ 03 ③ 04 ④ 05 ③ 06 ④

부록

07 **RAID(Redundant Array of Inexpensive Disks) 레벨에 대한 설명으로 옳지 않은 것은?**

① RAID 레벨 0: 패리티 없이 데이터를 분산 저장한다.
② RAID 레벨 1: 패리티 비트를 사용하여 오류를 검출한다.
③ RAID 레벨 2: 해밍 코드를 사용하여 오류 검출 및 정정이 가능하다.
④ RAID 레벨 5: 데이터와 함께 패리티 정보를 블록 단위로 분산 저장한다.

08 **RISC와 비교하여 CISC의 특징으로 옳지 않은 것은?**

① 명령어의 종류가 많다.
② 명령어의 길이가 고정적이다.
③ 명령어 파이프라인이 비효율적이다.
④ 회로 구성이 복잡하다.

09 **다음 파이썬 코드는 이진 탐색을 이용하여 자연수 데이터를 탐색하는 함수이다. (가), (나)에 들어갈 내용을 바르게 연결한 것은? (단, ds는 오름차순으로 정렬된 중복 없는 자연수 리스트이고, key는 찾고자 하는 값이다)**

```
def binary(ds, key):
    low = 0
    high = len(ds) - 1
    while low <= high:
      mid = (low+high) // 2
      if key == ds[mid]:
        return mid
      elif key < ds[mid]:
          (    가    )
      else:
          (    나    )
    return
```

	(가)	(나)
①	high = mid − 1	low = mid − 1
②	high = mid−1	low = mid + 1
③	high = mid + 1	low = mid − 1
④	high = mid + 1	low = mid + 1

정답찾기

07 **RAID 레벨 1** : 패리티 비트를 사용하지 않으며, 디스크 미러링(disk mirroring) 방식이며 높은 신뢰도를 갖는 방식이다.

08 마이크로프로세서는 간단한 명령어 집합을 사용하여 하드웨어를 단순화한 RISC(Reduced Instruction Set Computer)와 복잡한 명령어 집합을 갖는 CISC(Complex Instruction Set Computer)가 있다.

<table>
<tr><td>CISC</td><td>• 명령어가 복잡하다.
• 레지스터의 수가 적다.
• 명령어를 고속으로 수행할 수 있는 특수 목적 회로를 가지고 있으며, 많은 명령어들을 프로그래머에게 제공하므로 프로그래머의 작업이 쉽게 이루어진다.
• 구조가 복잡하므로 생산 단가가 비싸고 전력소모가 크다.
• 제어방식으로 마이크로프로그래밍 방식이 사용된다.</td></tr>
<tr><td>RISC</td><td>• 명령어가 간단하다.
• 레지스터의 수가 많다.
• 전력소모가 적고 CISC보다 처리속도가 빠르다.
• 필수적인 명령어들만 제공하므로 CISC보다 간단하고 생산단가가 낮다.
• 복잡한 연산을 수행하기 위해서는 명령어들을 반복수행해야 하므로 프로그래머의 작업이 복잡하다.
• 제어방식으로 Hard-Wired 방식이 사용된다.</td></tr>
</table>

09
- **이진 탐색** : 파일이 정렬되어 있어야 하며, 파일의 중앙의 키값과 비교하여 탐색 대상이 반으로 감소된다. 찾고자 하는 값과 중앙의 키값을 비교하여 찾고자 하는 값이 더 작다면 중앙의 키값 기준 오른쪽 값들은 탐색할 필요가 없게 되며, 이는 반대의 경우도 마찬가지가 된다.
- ds는 오름차순으로 정렬된 중복 없는 자연수 리스트이고, key는 찾고자 하는 값이므로 key == ds[mid]이 만족한다면 그 값이 찾고자 하는 값이 되므로 바로 리턴한다. 하지만, key < ds[mid]이 만족한다면 high=mid−1가 수행되고, key > ds[mid]이 만족된다면 low=mid+1가 수행된다.

부록

정답 07 ② 08 ② 09 ②

10 **3개의 페이지 프레임으로 구성된 기억장치에서 다음과 같은 참조열 순으로 페이지가 참조될 때, 페이지 부재 발생 횟수가 가장 적은 교체 방법은? (단, 초기 페이지 프레임은 비어 있으며, 페이지 교체 과정에서 사용 빈도수가 동일한 경우는 가장 오래된 것을 먼저 교체한다)**

참조열 : 2 1 2 3 1 4 5 1 4 3

① FIFO(First In First Out)
② LFU(Least Frequently Used)
③ LRU(Least Recently Used)
④ MFU(Most Frequently Used)

11 **교착상태(deadlock)가 발생하기 위한 필요조건에 해당하지 않는 것은?**

① 상호 배제(mutual exclusion)
② 선점(preemption)
③ 순환 대기(circular wait)
④ 점유와 대기(hold and wait)

12 **다음 CPU 스케줄링 알고리즘 중 비선점형 알고리즘만을 모두 고르면?**

ㄱ. FCFS(First Come First Served) 스케줄링
ㄴ. HRN(Highest Response-ratio Next) 스케줄링
ㄷ. RR(Round Robin) 스케줄링
ㄹ. SRT(Shortest Remaining Time) 스케줄링

① ㄱ, ㄴ　② ㄱ, ㄹ
③ ㄴ, ㄷ　④ ㄷ, ㄹ

13 **네트워크 접속 형태 중 트리형 토폴로지(topology)에 대한 설명으로 옳지 않은 것은?**

① 네트워크의 확장이 용이하다.
② 병목 현상이 나타나지 않는다.
③ 분산처리 방식을 구현할 수 있다.
④ 중앙의 서버 컴퓨터에 장애가 발생하면 전체 네트워크에 영향을 준다.

14 IPv4 주소를 클래스별로 분류했을 때, B 클래스에 해당하는 것은?

① 12.23.34.45
② 111.111.11.11
③ 128.128.128.128
④ 222.111.222.111

정답찾기

10 • FIFO(First In First Out)

순번	1	2	3	4	5	6	7	8	9	10
요구 페이지	2	1	2	3	1	4	5	1	4	3
페이지 프레임	2	2	2	2	2	4	4	4	4	3
		1	1	1	1	1	5	5	5	5
				3	3	3	3	1	1	1
페이지 부재	○	○		○		○	○	○		○

• LFU(Least Frequently Used)

순번	1	2	3	4	5	6	7	8	9	10
요구 페이지	2	1	2	3	1	4	5	1	4	3
페이지 프레임	2	2	2	2	2	2	2	2	2	2
		1	1	1	1	1	1	1	1	1
				3	3	4	5	5	4	3
페이지 부재	○	○		○		○	○		○	○

• LRU(Least Recently Used)

순번	1	2	3	4	5	6	7	8	9	10
요구 페이지	2	1	2	3	1	4	5	1	4	3
페이지 프레임	2	2	2	2	2	4	4	4	4	4
		1	1	1	1	1	1	1	1	1
				3	3	3	5	5	5	3
페이지 부재	○	○		○		○	○			○

• MFU(Most Frequently Used)

순번	1	2	3	4	5	6	7	8	9	10
요구 페이지	2	1	2	3	1	4	5	1	4	3
페이지 프레임	2	2	2	2	2	4	4	4	4	3
		1	1	1	1	1	5	5	5	5
				3	3	3	3	1	1	1
페이지 부재	○	○		○		○	○	○		○

11 **교착상태의 필요조건**: 상호배제 조건, 점유와 대기 조건, 비선점(on-preemptive) 조건, 순환 대기의 조건

12 • **비선점(Non-preemptive) 스케줄링**: FCFS, SJF, HRN 등
• **선점(Preemptive) 스케줄링**: SRT, RR, MLQ, MFQ 등

13 트리형 토폴로지는 하위 노드에서 병목 현상이 나타날 수 있다.

14 **클래스별 연결 가능한 호스트 수**

구분	주소 범위	연결 가능한 호스트 개수
A 클래스	0.0.0.0 ~ 127.255.255.255	16,777,214개
B 클래스	128.0.0.0 ~ 191.255.255.255	65,534개
C 클래스	192.0.0.0 ~ 223.255.255.255	254개

정답 10 ③ 11 ② 12 ① 13 ② 14 ③

15 다음 설명에 해당하는 모듈의 결합도는?

> 한 모듈이 다른 모듈의 내부 기능 및 자료를 직접 참조하거나 사용하는 경우로, 한 모듈에서 다른 모듈의 내부로 제어가 이동하는 경우도 이에 해당한다.

① 공통 결합도(common coupling)
② 내용 결합도(content coupling)
③ 외부 결합도(external coupling)
④ 자료 결합도(data coupling)

16 다음 〈정보〉를 이용하여 아래에 주어진 〈연산〉을 차례대로 수행한 후의 스택 상태는?

〈정보〉

- Create(s, n) : 스택을 위한 크기 n의 비어 있는 배열 s를 생성하고, top의 값을 −1로 지정한다.
- Push(s, e) : top을 1 증가시킨 후, s[top]에 요소 e를 할당한다.
- Pop(s) : s[top]의 요소를 삭제한 후, top을 1 감소시킨다.

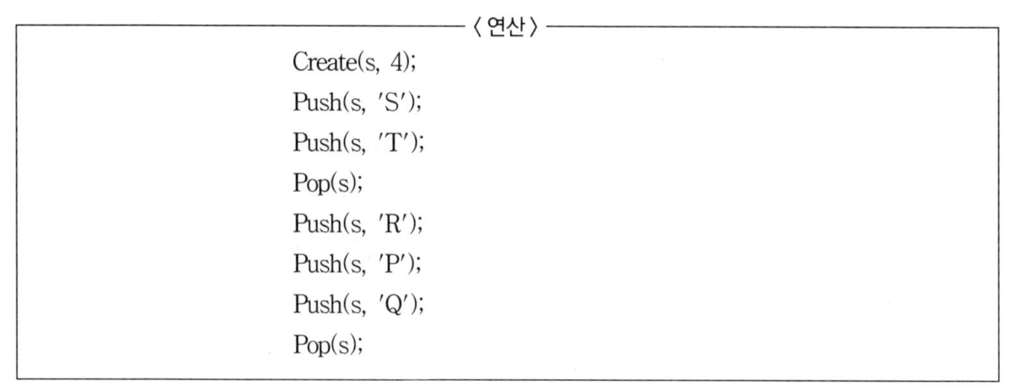
〈연산〉

```
Create(s, 4);
Push(s, 'S');
Push(s, 'T');
Pop(s);
Push(s, 'R');
Push(s, 'P');
Push(s, 'Q');
Pop(s);
```

①

	배열	인덱스
		3
top →	P	2
	R	1
	S	0

②

	배열	인덱스
		3
top →	S	2
	R	1
	P	0

③

	배열	인덱스
top →		3
	P	2
	R	1
	S	0

④

	배열	인덱스
top →		3
	S	2
	R	1
	P	0

17 다음은 전체 버킷 개수가 11개이고 버킷당 1개의 슬롯을 가지는 빈 해시 테이블이다. 입력키 12, 33, 13, 55, 23, 83, 11을 순서대로 저장하였을 때, 입력키 23이 저장된 버킷 번호는? (단, 해시 함수는 h(k) = k mod 11이고, 충돌 해결은 선형 조사법을 사용한다)

버킷 번호	0	1	2	3	4	5	6	7	8	9	10
슬롯											

① 1 ② 2
③ 3 ④ 4

정답찾기

15 **내용 결합도(content coupling)** : 한 모듈이 다른 모듈의 내부 기능 및 자료를 직접 참조하거나 사용하는 경우로, 한 모듈에서 다른 모듈의 내부로 제어가 이동하는 경우도 이에 해당한다. 어떤 모듈을 호출하여 사용하고자 할 경우에 그 모듈의 내용을 미리 조사하여 알고 있지 않으면 사용할 수가 없는 경우에는 이들 모듈이 내용적으로 결합되어 있기 때문이며, 이를 내용 결합도라고 한다.

16

Create(s, 4);	크기 4의 배열 s를 생성하고, top의 값을 −1로 지정
Push(s, 'S');	top을 1 증가시킨 후, s[0]에 요소 'S'를 할당
Push(s, 'T');	top을 1 증가시킨 후, s[1]에 요소 'T'를 할당
Pop(s);	s[1]의 요소를 삭제한 후, top을 1 감소(현재 top은 0)
Push(s, 'R');	top을 1 증가시킨 후, s[1]에 요소 'R'를 할당
Push(s, 'P');	top을 1 증가시킨 후, s[2]에 요소 'P'를 할당
Push(s, 'Q');	top을 1 증가시킨 후, s[3]에 요소 'Q'를 할당
Pop(s);	s[3]의 요소를 삭제한 후, top을 1 감소(현재 top은 2)

17 선형조사법은 충돌이 발생했을 경우 다음 버킷부터 차례로 저장한다.(+1, +2, +3, …)
h(12) = 12 mod 11 --- 1 (저장)
h(33) = 33 mod 11 --- 0 (저장)
h(13) = 13 mod 11 --- 2 (저장)
h(55) = 55 mod 11 --- 0 (충돌 : 0번에 33이 저장되어 있음) (충돌 : 1번(0+1)에 12가 저장되어 있음) (충돌 : 2번(1+1)에 13이 저장되어 있음) --- 3번에 저장
h(23) = 23 mod 11 --- 1 (충돌 : 1번에 12가 저장되어 있음) (충돌 : 2번(1+1)에 13이 저장되어 있음) (충돌 : 3(2+1)번에 55가 저장되어 있음) --- 4번에 저장

정답 15 ② 16 ① 17 ④

18 다음 파이썬 코드는 std 변수에 저장된 각각의 Student 객체에 대해 학생 id 및 국어, 영어 성적의 평균을 출력한다. (가)~(다)에 들어갈 내용을 바르게 연결한 것은?

```
class Student:
    def __init__(self, id, kor, eng):
        self.id = id
        self.kor = kor
        self.eng = eng

    def sum(self):
        return self.kor + self.eng

    def avg(self):
        return (      가      )
std = [
    Student("ok", 90, 100),
    Student("pk", 80, 90),
    Student("rk", 80, 80)
]

for to in (      나      ) :
    print(      (다)      )
```

	(가)	(나)	(다)
①	self.sum() / 2	std	to.id, to.avg()
②	self.sum() / 2	Student	Student.id, Student.avg()
③	sum(self) / 2	std	to.id, to.avg(self)
④	sum(self) / 2	Student	Student.id, Student.avg(self)

19 DBMS에서의 병행 수행 및 병행 제어에 대한 설명으로 옳은 것은?

① 2단계 로킹 규약을 적용하면 트랜잭션 스케줄의 직렬 가능성을 보장할 수 있으나 교착상태가 발생할 수도 있다.

② 트랜잭션이 데이터에 공용 lock 연산을 수행하면 해당 데이터에 read, write 연산을 모두 수행할 수 있다.

③ 연쇄 복귀는 하나의 트랜잭션이 여러 개의 데이터 변경 연산을 수행할 때 일관성 없는 상태의 데이터베이스에서 데이터를 가져와 연산을 수행함으로써 모순된 결과가 발생하는 것이다.

④ 갱신 분실은 트랜잭션이 완료되기 전에 장애가 발생하여 rollback 연산을 수행하면, 이 트랜잭션이 장애 발생 전에 변경한 데이터를 가져가 변경 연산을 수행한 또 다른 트랜잭션에도 rollback 연산을 수행하여야 한다는 것이다.

정답찾기

18 파이썬의 클래스

```
class 클래스명 :
  def 메소드명(self) :
    명령블록
```

```
class Student:
   def __init_(self, id, kor, eng):
                  # 초기화(생성자) 메소드 정의

   def sum(self):  # 합계 메소드 정의
     return self.kor+self.eng

   def avg(self):  # 평균 메소드 정의
     return self.sum() / 2
std=[              # std에 객체 인스턴스 3개 저장
   Student("ok", 90, 100),
   Student("pk", 80, 90),
   Student("rk", 80, 80)
]

for to in std :  # for문으로 반복변수 to를 이용하여
print(to.id, print(to.id, to.avg())     to.avg()) 문을
                                        반복한다.
```

19 ① 로킹 기법은 직렬 가능성을 보장할 수 없지만, 2단계 로킹 기법은 트랜잭션 스케줄의 직렬 가능성을 보장할 수 있으나 교착상태가 발생할 수 있다.

② 트랜잭션이 데이터에 공용 lock 연산을 수행하면 해당 데이터에 reade 연산을 수행할 수 있다.

③ 모순성은 하나의 트랜잭션이 여러 개의 데이터 변경 연산을 수행할 때 일관성 없는 상태의 데이터베이스에서 데이터를 가져와 연산을 수행함으로써 모순된 결과가 발생하는 것이다.

④ 연쇄 복귀는 트랜잭션이 완료되기 전에 장애가 발생하여 rollback 연산을 수행하면, 이 트랜잭션이 장애 발생 전에 변경한 데이터를 가져가 변경 연산을 수행한 또 다른 트랜잭션에도 rollback 연산을 수행하여야 한다는 것이다.

정답 18 ① 19 ①

부록

20 다음 C 프로그램의 출력 결과는?

```
#include <stdio.h>

int recursive(int n) {
    int sum;
    if (n > 2) {
      sum = recursive(n-1) + recursive(n-2);
      printf("%d ", sum);
    }
    else
      sum = n;
    return sum;
}
int main(void) {
    int result;
    result = recursive(5);
    printf("%d", result);
    return 0;
}
```

① 1 2 3 5 7
② 1 3 5 7 9
③ 3 3 5 9 9
④ 3 5 3 8 8

정답찾기

20 • 문제의 소스코드는 recursive() 함수에 의해 재귀호출이 수행된다.
• main() 함수에서 recursive(5);에 의해 recursive() 함수가 호출되며, n > 2일 때, sum=recursive(n−1)+recursive(n−2); 가 수행된다.

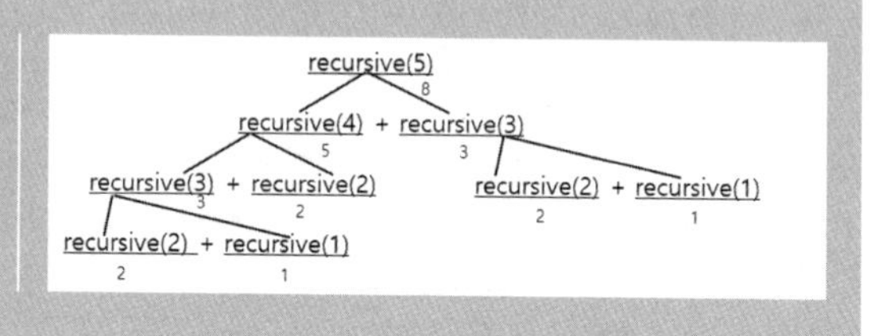

정답 20 ④

MEMO

참고문헌

- 컴퓨터 구조론, 김종현 저, 생능출판사
- 컴퓨터 구조와 원리 2.0, 신종훈 저, 한빛미디어
- 컴퓨터 구조학, 김노한 외, 명진출판사
- 컴퓨터 동작 원리, 김종훈 저, 한빛미디어
- 컴퓨터 구조 및 설계, David A. Patterson · L. Hennessy 저, 박명순 · 김병기 외 1명 역, 한티미디어
- 컴퓨터 개론, 김대수 저, 생능출판사
- 인공지능, 이건명 저, 생능출판사
- 인공지능 기술과 산업의 가능성, 석왕헌 · 이광희 저, ETRI
- 컴퓨터구조론, 김종현 저, 생능출판사
- 컴퓨터시스템구조(COMPUTER SYSTEMS ORGANIZATION & ARCHITECTURE), John Carpinelli 저, 권갑현 역, 사이텍미디어
- 최신 정보통신 개론, 고응남 저, 한빛아카데미
- 네트워크 개론, 전혜진 저, 한빛미디어
- 손에 잡히는 TCP/IP, 백금란 외, 대림출판사
- 데이터 통신과 컴퓨터 네트워크, 박기현 저, 한빛아카데미
- 정보통신과 컴퓨터 네트워크, 김은환 외, 북스홀릭퍼블리싱
- 운영체제(그림으로 배우는 원리와 구조), 구현회 저, 한빛미디어
- 컴퓨터구조 및 운영체제, 최종언 저, 예문사
- Operating System Concepts, Silberschats 저, 홍릉과학출판사
- 운영체제개론, 김대영 · 이선근 저, 공학교육사
- 운영체제론, 조유근 외, 홍릉과학출판사
- 데이터베이스 시스템, 이석호 저, 정익사
- 데이터베이스, 류근호 외, 한국방송대학교출판부
- 데이터베이스 시스템, 김형주 저, McGraw-Hill Korea
- 데이터베이스 시스템, 황규영 저, ITC
- 소프트웨어 공학, 최은만 저, 정익사
- 소프트웨어 공학, LAN SOMMERVILLE, 홍릉과학출판사
- 소프트웨어 공학, PRESSMAN 저, 사이텍미디어
- 소프트웨어 공학론, 이주헌 저, 법영사
- 소프트웨어 공학, 곽덕훈 외, 한국방송대학교출판부
- C로 쉽게 풀어쓴 자료구조, 천인국 저, 생능출판사
- C로 쓴 자료구조론, 이석호, 교보문고
- C언어 프로그래밍, 안병호 외, 한티미디어
- 자료구조와 C, 이석호 저, 정익사
- 자료구조론, 홍은선 외, 이한출판사
- 자바로 배우는 쉬운 자료구조, 이지영 저, 한빛미디어
- 자바 프로그래밍, 오경주 외, 한빛미디어
- 컴파일러 입문, 오세만 저, 정익사
- 프로그래밍 언어론, 원유헌 저, 정익사
- 프로그래밍 언어론, ROBERT W. SEBESTA 저, 홍릉과학출판사
- 프로그래밍 언어론, ALLEN B.TUCKER · ROBERT E. NOONAN 저, 생능출판사

MEMO